U0386874

磷资源开发利用丛书

总主编 池汝安

副总主编 杨光富 梅 毅

磷元素化学

第 1 卷

池汝安 余军霞 张道洪 徐志高 程清蓉 编著

科 学 出 版 社

北 京

内　容　简　介

本书共 6 章，包括磷元素化学概论、磷元素地球化学、磷元素无机化学、磷元素有机化学、磷元素分析化学和磷元素生物化学，详尽地介绍了磷的发现、赋存形态、磷单质及化合物的结构、性质、用途及检测等。

本书可作为从事磷化工研究与生产的高等院校师生、科研院所的科研人员及企事业单位技术人员的参考用书。

图书在版编目（CIP）数据

磷元素化学 / 池汝安等编著. -- 北京 ：科学出版社，2025. 1.
(磷资源开发利用丛书 / 池汝安总主编). --ISBN 978-7-03-079809-1

Ⅰ. O613.62

中国国家版本馆 CIP 数据核字第 2024Z0M296 号

责任编辑：刘翠娜　孙静惠 / 责任校对：王萌萌
责任印制：师艳茹 / 封面设计：赫　健

科学出版社 出版
北京东黄城根北街 16 号
邮政编码：100717
http://www.sciencep.com

北京中科印刷有限公司印刷
科学出版社发行　各地新华书店经销
*
2025 年 1 月第　一　版　开本：787×1092　1/16
2025 年 1 月第一次印刷　印张：21 1/4
字数：480 000

定价：280.00 元

（如有印装质量问题，我社负责调换）

“磷资源开发利用”丛书编委会

“磷资源开发利用”丛书出版说明

磷是不可再生战略资源，是保障我国粮食生产安全和高新技术发展的重要物质基础，磷资源开发利用技术是一个国家化学工业发展水平的重要标志之一。“磷资源开发利用”丛书由湖北三峡实验室组织我国300余名专家学者和一线生产工程师，历时四年，围绕磷元素化学、磷矿资源、磷矿采选、磷化学品和磷石膏利用的全产业链编撰的一套由《磷元素化学》、《磷矿地质与资源》、《磷矿采矿》、《磷矿分选富集》、《磷矿物与材料》、《黄磷》、《热法磷酸》、《磷酸盐》、《湿法磷酸》、《磷肥与磷复肥》、《有机磷化合物》、《药用有机磷化合物》、《磷石膏》、《磷化工英汉词汇》组成的丛书，共计 14 卷，以期成为磷资源开发利用领域最完整的重要参考用书，促进我国磷资源科学开发和磷化工技术转型升级与可持续发展。

丛 书 序

磷矿是不可再生的国家战略性资源。磷化工是我国化工产业的重要组成，磷化学品关乎粮食安全、生命健康、新能源等高新技术发展。我国磷矿资源居全球第二位，通过多年的发展，磷化工产业总体规模全球第一，成为全球最大的磷矿石、磷化学品生产国，形成了磷矿开采、黄磷、磷酸、无机磷化合物、有机磷（膦）化合物等完整产业链。但是，我国仍然面临磷矿综合利用水平偏低、资源可持续保障能力不强、磷化工绿色发展压力较大、磷化学品供给结构性矛盾突出等问题。为了进一步促进磷资源的高效利用，推动我国磷化工产业的高质量发展，2024 年 1 月，工业和信息化部、国家发展和改革委员会、科学技术部、自然资源部、生态环境部、农业农村部、应急管理部、中国科学院联合发布了《推进磷资源高效高值利用实施方案》。

湖北三峡实验室是湖北省十大实验室之一，定位为绿色化工。2021 年，湖北省人民政府委托湖北兴发化工集团股份有限公司牵头，联合中国科学院过程工程研究所、武汉工程大学和三峡大学等相关高校和科研院所共同组建湖北三峡实验室，围绕磷基高端化学品、微电子关键化学品、新能源关键材料、磷石膏综合利用等研究方向开展关键核心技术研发，为湖北省打造现代化工万亿产业集群提供关键科技支撑，提高我国现代化工产业的国际竞争力。

为推进磷资源高效高值利用、促进我国磷资源科学开发与利用，湖北三峡实验室组织编撰了“磷资源开发利用”丛书，组织了 300 多位学者和专家，历时数年，数易其稿，编著完成了由 14 个专题组成的丛书。我们相信，该丛书的出版，将对我国磷资源开发利用行业的产业升级、科技发展和人才培养做出积极贡献！本书可为从事磷资源开发和磷化工相关行业生产、设计和管理的工程技术人员及高等院校和科研院所的广大学者和学生提供参考。

2024 年 1 月

序

磷是组成生命体不可或缺的一种重要元素，广泛存在于地壳、岩石、水体、湿地、土壤和生物体中。磷元素化学性质活泼，可通过共价键、配位键和离子键等形式组成种类繁多的磷单质及化合物。磷单质主要包括白磷、红磷、黑磷和紫磷等；磷化合物包括无机磷化合物、有机膦化合物等。不同的磷单质和含磷化合物因其结构的差异，性质与用途有所区别。因此，全面了解磷的来源、赋存形态、磷单质及其化合物性质、检测方法、合成途径及应用领域对磷化工产业至关重要。

磷化工产业是国民经济中不可或缺的重要产业，在国民经济和高新技术发展中具有举足轻重的地位。磷化工产品广泛应用于农业、食品、医药、电子、新能源等领域，呈现出广阔的应用前景，出现了大量新产品，如：电子特气材料、传感元件材料、离子交换剂、催化剂、人工生物材料、太阳能电池材料和光学材料及新能源材料等。作为湖北十大实验室之一的湖北三峡实验室，定位绿色化工，聚焦磷资源开发利用，十分重视知识积累与总结。为了更全面地了解磷元素的性质，助力磷化工发展，实验室组织专家编写了《磷元素化学》。作为“磷资源开发利用”丛书第 1 卷，《磷元素化学》围绕磷元素地球化学、磷元素无机化学、磷元素有机化学、磷元素分析化学到磷元素生物化学等进行了较详尽的介绍，引入了国内外相关领域的最新研究成果，使读者更全面地理解和掌握磷元素化学相关知识，为后续更好地理解“磷资源开发利用”丛书的其他内容奠定了理论基础。

《磷元素化学》的出版对了解磷元素的物理和化学性质，拓宽磷资源深度和高端应用将有着积极作用，对从事磷资源开发利用的高等院校、科研院所和企事业单位师生、科研工作者、工程技术人员和企业家等教学与科研及管理将有所裨益。

吴明红

中国工程院院士

福州大学校长

2024年9月10日

前　言

磷元素是大自然馈赠给地球生物体的一种重要的资源，是地球生物赖以生存的六种化学元素之一，也是地球上生命的关键。从人类发现了磷元素的存在至今，磷元素在人类历史发展的长河中发挥举足轻重的作用。在生命科学领域，磷是生命体的必需元素，也是植物生长发育所必需的营养元素之一，在植物中起着重要的作用，它能够促进植物的根系发育和生物能量的转化，从而提高植物的产量和品质。磷元素在农业、食品加工、化学工业、医药、火药和炸药、电子工业和防火材料等众多领域都有重要的应用。磷的广泛应用促进了农业生产的发展、提高了食品加工的效率、推动了化学工业的进步、促进了医药技术的发展、满足了国防和安全的需求、推动了电子工业的创新发展。

基于磷元素在国计民生中的重要地位，湖北三峡实验室勇担政治责任，肩负历史使命，组织了各行业专家，历时两年，数易其稿，编写完成了专著《磷元素化学》。本书从磷元素的起源、磷化学和磷化工发展历程、磷元素地球化学、磷元素无机化学、磷元素有机化学、磷元素分析化学和磷元素生物化学等方面综述了磷元素研究成果和发展动向，分析提炼后编撰成书。

本书第 1 章全面介绍了人类对磷元素的发现历程，讲述了磷化学在国计民生和高科技发展领域中的重要地位，重点阐明了各种磷系产品在工、农业生产中的研究与应用，并对磷化工在当今和未来的发展趋势进行了梳理分析；第 2 章阐述了磷在自然界中的赋存形态及其迁移循环；第 3 章详细介绍了磷单质和各种化合物等的结构、性质、合成及应用；第 4 章系统介绍了有机磷化合物在工、农业生产中的应用和研究进展；第 5 章重点阐述了各种含磷化合物分析方法的原理和应用；第 6 章详细论述了磷元素在生物学领域中的应用和研究进展。

本书第 1 章由殷玮琰撰、余军霞撰写；第 2 章由徐志高、池汝安撰写；第 3 章由程清蓉、池汝安编写；第 4 章由张道洪、胡晓允撰写；第 5 章由游文章、程清蓉撰写；第 6 章由殷玮琰、余军霞撰写。全书由湖北三峡实验室主任池汝安统筹规划、框架设计、思路规划及稿件定稿审查，由余军霞、张道洪、徐志高、程清蓉、郭莉、李小娣统稿。本书的部分工作得到了国家重点研发计划“中低品位硅钙质胶磷矿绿色高效利用及耦合制备高质磷化产品技术（2022YFC2904700）”、“磷石膏提质与规模化消纳技术及集成示范（2022YFC3902700）”、“长江流域‘三磷’复合污染源头控制关键技术及示范（2023YFC3207400）”和国家自然科学基金委员会联合基金重点支持项目“磷矿绿色酸解制备磷酸的过程强化（U23A202407）”等项目的资助，也得到了科学出版社的大力支持，在此一并深致谢忱。

由于编者的水平有限，尽管想力求编撰完整，但难免挂一漏万，敬请各位读者批评指正和支持鼓励。

作　者

2024 年 2 月

目　录

第 1 章
磷元素化学概论

磷元素的元素符号是 P，原子序数是 15，相对原子质量是 30.97，在元素周期表中处于VA 族。磷化学是现代化学的重要组成部分，是发展国民经济的重要基础，是发展高新技术的重要支撑。经磷化学及化工技术得到的磷化学制品数以万计，主要包括元素磷、磷化物、磷酸及其盐、膦酸酯、亚磷酸酯、磷酸酯、有机磷农药、磷肥以及磷系高技术材料等，在国民经济和高新技术的发展中占据极其重要的地位。

1.1 磷的发现和磷化学工业发展简史

磷在现代人类历史上一直是一种决定性的元素。了解人类使用磷的历史，将有助于为磷的未来可持续使用开发创新的解决方案。

1.1.1 磷元素的发现和传奇的磷史

人类对元素持之以恒的坚持与追寻，造就了现代世界，丰富着美丽生活，同样也延续了我们鲜活的化学文化。其中磷元素的发现不仅极具传奇色彩，同时其变化多端的化学身份也令人神往。说起磷元素的发现，还有一段有趣的故事。古老的东方，皇帝为追求长生不老，涌现大量道士进行炼丹之术，同样早在 16 世纪，西方人民为追求长生之术，大量炼金师的身份随之也迎面而来。炼金师在执着于长生之术的同时，也向往金钱名利的追求，致力于“金”的提炼，虽然此时他们还不知道元素的存在，但已经懂得如何利用碱金属提炼金。为此，大量炼金师不断寻求能够提炼金的物质，他们认为金是太阳的眼泪，是精神的支持，是权力的象征，也是长生的灵药，也正是对金的迷恋，为探索元素之旅迈出了突破性的第一步。

通过金的提炼实现财富的追求，使得炼金师何尼格 · 布兰德（Hennig Brand）认为，人类作为宇宙的缩影，金可能隐藏在人的体内。带着这一猜想，布兰德着手进行了他的实验探索[1]。他认为尿液与金有着相同的颜色，则金可能隐藏在人体尿液中，因此展开了用尿提取金的实验操作，具体实验大体分为三个步骤。

（1）将 50 桶尿液进行加热煮沸，去掉尿液中多余的成分水。

（2）将得到的提取物进行蒸馏直至糊状。

（3）在高温条件下对其糊状物持续加热至两到三天。

实验持续加热到最后一步时，相继产生了一缕缕白烟，并在空气中出现了自发燃烧的现象。可是这种物质并没有太阳般的金色，也没有金子般相同的性质，但在燃烧过程中有着太阳般耀眼的光亮及深夜间寒冷的温度，因此布兰德将其称为“phosphorus”，原意是“发光”。词典中“phosphorus”一词有两种解释：一种是磷元素，另一种就是发光体或闪光体。现代名词“phosphorus”还指“冷光”。布兰德当初所制得的发光体就是磷。

虽然布兰德于 1675 年从尿液中提取出了新的可自燃元素，揭示了磷的存在，但没有提取出金，于是在他的实验中这个秘密并未得到重视，并以较低的价钱将其出售。然而，炼金术士丹尼尔·克拉夫特通过展示这种神秘的新光源，为欧洲贵族创造了名声和收入，磷开始在欧洲宫廷中受到大力追捧。

1677 年，磷被传送到查尔斯二世的宫廷中，同样是炼金师的罗伯特·玻意耳在目睹这一发光物质后，对其进行了深入研究[2]。玻意耳的《关于寒冷的夜光的新实验和观察》，同样记载了关于磷的具体实验操作：取半粒干燥的磷和 6 倍重的硫粉，放在折好的纸片中并用刀柄进行摩擦，磷燃烧了。后来，这一实验不仅被誉为制造火柴的前驱体，同时还催生了一个庞大的工业，迅速促进社会发展。

磷的发现使一位炼金师变成了第一位伟大的现代化学家，并为未来新元素的发现奠定了基础，使炼金术远离阴暗，进入一个开明、理性的时期。同时，伴随“元素”这一概念的诞生与发展，拉瓦锡（现代化学的创始人）才真正认识到布兰德所提取的发光物质其实也是一种元素，于是根据布兰德的名称将其命名为磷（P），自此磷正式成为元素家族中的一员。

在布兰德对磷进行化学分离后，17 世纪和 18 世纪磷的主要用途是用于非常可疑的药用。然而，在 18 世纪末，人们发现骨骼是比尿液更丰富的矿物质磷来源，这导致了磷火柴的大规模生产，并出现了可怕的职业危害“磷下巴”。白磷是一种危险物质，现在可以大量生产。白磷是磷的一种单质，反应性很高，因此在自然界中找不到。当暴露在空气中时，它易自燃，是低剂量的致命毒药。磷被称为“魔鬼元素”，因为它在军事应用（如炮弹、示踪剂、手榴弹、烟雾弹和火灾爆炸）和有机磷杀生物剂中具有破坏生命的特性。其中最有效的是神经毒气 VX，当应用于暴露的皮肤时，其致死浓度为每千克体重 0.1 mg。到 20 世纪，其已经成为一种常见的“战争元素”，Emsley 指出，具有悲剧性讽刺意味的是，在第二次世界大战的一个夏季，2000 t“燃烧的磷”被用于“蛾摩拉行动”，轰炸汉堡，并制造了一场可怕的风暴。

1.1.2 磷化学工业发展简史

磷化学工业是一个既相对古老又充满活力、既孕育着经典又不断创新的工业，是国民经济的重要基础工业[3,4]。

1669 年德国 H. Brand 利用尿和炭的混合物进行蒸馏首次制得了磷；稍后 B. Albino 从植物中检出磷。

1694 年 Boyle 由磷的氧化物五氧化二磷（P_2O_5）水解得到磷酸。

1769 年 J. G. Gahn 和 C. W. Scheel 发现人和兽骨中含有磷。

磷的主要矿物是磷灰石。磷灰石是一种含氟的磷酸钙，成分主要为 $Ca_5(PO_4)_3F$，此外还含有铁、铝的氧化物，以及碳酸盐、硅酸盐等杂质。这种矿石除去杂质后，用石英、焦炭在电炉中于 1450℃熔炼，便可得到磷。这是目前磷的主要制备方法。

1783 年 P. Gengembre 制得膦（PH）。

1808 年 J. L. Gay-Lussac 和 L. J. Thenard 制得 PCl_3 和 PCl_5。

1833 年 T. Graham 指出有正、偏和焦三种磷酸盐，接着 J. J. Berzelius 制得焦磷酸。

1840 年 Richmond 证实磷对生长的重要性。

1843 年 J. Murray 获得制造过磷酸钙的专利。

1844 年 A. Albright 为制造火柴开始在英国生产单质磷。

1848 年 A. Schrotter 发现无定形红磷。

1850 年开始小量生产湿法磷酸，1870～1872 年德国工业化规模生产磷酸，主要用于生产磷肥，现在广泛采用的二水物流程是从 1900 年开始，当时主要用于生产过磷酸钙。

1888 年英国 J. B. Reaman 用电法生产黄磷，并取得电炉法生产元素磷的专利。

1890 年英国 Albright 和 Ilson 用 Readman 专利建立一台单相悬吊式电极电炉生产黄磷。同年，利用 Readman 专利制备出热法磷酸。

1914 年 D. W. Bridgmann 在高温高压条件下制备出黑磷。

1925 年德国法本公司（Interessen-Gemeinschaft Farbenindustrie AG）提出热法磷酸一步法。

1927 年德国法本公司在 Piesteriz 用电热法磷酸工业化生产出磷酸钠盐。1948 年以来，洗涤助剂和其他工业应用对磷酸盐的需求急剧增长，促进了磷酸盐工业的快速发展。

1932 年道尔公司开发出湿法磷酸料浆循环法生产工艺，使湿法磷酸的生产得到了快速的发展。后来人们在提高磷酸浓度方面作了大量的改进，出现了浓酸法的各种生产工艺，如半水物法（HH）、二水物-半水物法（DH/HH）、半水物-二水物法（HH/DH），直接生产高浓度湿法磷酸。

1972 年美国 Stuffer 化学公司开发出用湿法磷酸通过净化生产出食品级磷酸。现在人们已可以用湿法磷酸为原料，生产医药级甚至电子级磷酸或磷酸盐产品。

应该说，磷酸盐工业的发展经历了过磷酸钙肥料、黄磷、热法磷酸、湿法磷酸，从肥料磷酸盐到工业磷酸盐等发展阶段，特别是 20 世纪 70 年代以后，磷酸盐新型功能材料的大量研究开发，促进了磷酸盐在高科技领域和新兴产业的广泛应用。

在磷酸盐工业快速发展的进程中，有机磷化学的研究和应用开发不断取得新的进展，如下所示。

1812 年 Vauquelin 发现第一个磷酸酯类天然产物卵磷脂（lecithin）。

1820 年 Lassaigne 在实验室通过磷酸与醇反应首次合成出磷酸酯。

以德国化学家 Michaelis（1847—1916）为代表，对有机磷化学特别是芳基含磷化合物的合成进行了大量的研究，涉及许多有机化合物的反应类型，先后发表上百篇文章，成为有机磷化学发展的奠基人。

1929 年 C. H. Fiske 和 Y. Subbarow 从肌肉纤维中发现腺苷三磷酸（ATP），1957 年，A. R. Todd 因合成 ATP 获得诺贝尔化学奖。

20 世纪前半个世纪，苏联 A. E. Arbuzov 为首的科学家在研究磷酸酯重排、异构化、反应机理和立体化学等方面作出了卓越的贡献，奠定了磷酸酯化学的基础。

第二次世界大战期间，德国科学家 Schrader 等在研究有机磷毒剂时发现许多磷酸酯具有杀虫活性，可作为杀虫剂，这些重大发现不仅开拓了有机磷化合物应用的新纪元，也开创了有机磷农药工业的新时代，实现了有机磷化合物从实验室和理论上的研究探讨向工业生产应用的飞跃。

科学家证实所有细胞中含有高聚磷酸酯（核酸），它是染色体的组分。

1953 年 F. H. C. Crick、J. D. Watson 和 M. H. F. Wilkins 确定 DNA 为双螺旋结构。

G. Markl 等首次合成出杂环磷化合物。

近 20 年有机磷化学正向纵深发展，不少新型结构类型的有机磷化合物被合成出来，大量的各种类型有机磷化合物应用于国民经济各个方面，如有机磷农药、有机磷工业助剂、有机磷药物和中间体等成为最具活力、最有发展前途的精细磷化工领域。

1.2 磷化合物的基本结构及磷原子的成键

磷位于元素周期表第三周期ⅤA 族，原子序数 15，是典型的非金属元素。磷的电负性是 2.1，与氢相当，小于碳（2.5）和氧（3.5）的电负性，但大于硅的电负性（1.8）。磷常见的价态有：+3、−3 和+5。磷的原子半径 r = 1.90 Å，失去 5 个电子形成 P（Ⅴ）时，半径减小，r = 0.34 Å；得到 3 个电子形成 P^{3-}时，半径增大，r = 2.12 Å。

磷外层电子排布如下：$1s^2 2s^2 2p^6 3s^2 3p^3 3d^0$，外层有 3 个未成对的 p 电子和 5 个 3d 空轨道。磷外层电子从 3s 轨道跃迁到 3d 轨道的激发活化能是 16.5 eV，比同主族的氮（22.9 eV）要低，因此磷可利用空的 3d 轨道参与形成σ 键和π 键。需要指出的是，尽管磷 4s 轨道的能量实际上比其 3d 轨道低，但由于 4s 轨道是球形分布，延展性差，不易参与成键。磷的高能量 3d 轨道使磷具有较大的有效原子半径和较大的极化度，同时，磷的电负性又较小，特殊的电子结构使有机磷化合物具有从三配位到六配位多种复杂结构式。

当 P 原子与 O、N、F 等有孤对电子的原子成键时，P 原子（有 5 个价电子）首先进行 sp^3轨道杂化，其中的一个杂化轨道中有 2 个电子，与 O 原子成键。O 原子（有 6 个价电子）进行 sp 杂化形成 2 个杂化轨道，其中一个杂化轨道中有 2 个电子，即 O 原子的一对孤对电子；另一个杂化轨道是空的，与 P 原子的占有 2 个电子的 sp^3杂化轨道重叠，形成σ 配键。O 原子的另外两对电子分别占据未杂化的 $2p_y$ 和 $2p_x$ 轨道，这两对电子再由氧分别进入磷原子的 $3d_{xy}$ 和 $3d_{x^2}$空轨道，形成反馈的 d-p-π 键。这种由 1 个σ 配键和 2 个反馈 d-p-π 键组成的磷氧双键（P═O）具有较高的内能，特别稳定。

P 原子的另外 3 个 sp^3 杂化轨道各有 1 个电子，分别与 3 个 F 原子形成共价单键。按理说，F 原子（也是 sp^3 杂化）也有孤对电子（它有 7 个价电子，只有 1 个电子在 1 个 sp^3 轨道中与 P 原子成键），也应能进入 P 原子的 3d 空轨道，但由于 F 原子的电负性太大，吸引电子能力太强，其价电子不能接近 P 原子，因而无法进入 P 原子的 3d 轨道形成反馈键[5]。

1.3 元素磷及磷化合物的分类

磷元素及磷化合物的分类方法比较多，可按产物组成结构分类，按磷的氧化数或配位数分类等，各有特点。

1.3.1 元素磷

磷至少有 10 种同素异形体，其中主要的是白磷、红磷、黑磷和紫磷四种。

白磷是由 4 个 P 原子以 60° 键角构成正四面体（P_4）分子，分子中 P—P 键长是 221 pm，键角是 60°（图 1-1）。理论上认为，P—P 键是 98%的 3p 轨道形成的键（3s 和 3d 轨道成键占比较少），纯 p 轨道间的夹角应为 90°，而实际仅有 60°，因此 P_4 分子中 P—P 键是受了很大应力而弯曲的键。其键能比正常无应力时的 P—P 键要弱，易断裂，使白磷在常温下就具有很高的化学活性。块体白磷熔点约为 44℃，在室温下就可以与空气中的氧气发生反应，引发“自燃”。它外状是一种柔软的淡黄色蜡状固体，不溶于水，但可溶于苯、乙醚等有机溶剂，有臭味，剧毒。其实，纯白磷几乎是一种透明如水的状态，但放置一段时间后，其部分表面白磷会形成微量红磷，使白磷变成淡黄色，这是常见白磷为浅黄色半透明态固体的原因。现实中的白磷需要在水中避光保存，白磷遇到阳光会发生光化学反应，颜色由白色透明变为黄色甚至红色，化学性质上由白磷逐渐转化为红磷。因为各种条件的限制，白磷在运输和存储时很难做到完全避光，这导致大部分的白磷实际上是黄色的，也就是人们所称的黄磷。黄磷和白磷实际上是同一种物质，它们结构相同、各种物理化学性质也相同，颜色不同的主要原因是纯度不同，黄磷可以通过蒸馏提纯重新变为透明状的白磷。

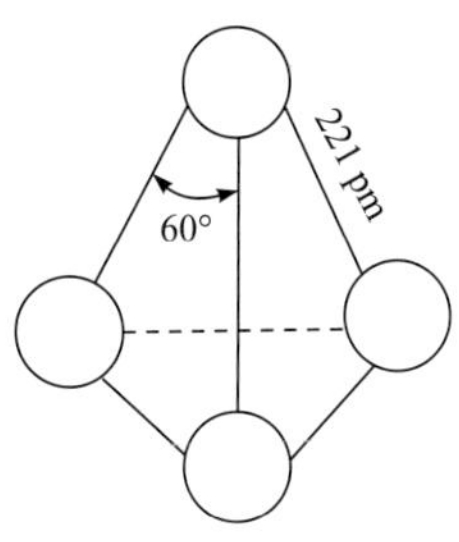

图 1-1 白磷分子

白磷有毒，人的中毒剂量为 15 mg，致死量为 50 mg，误服白磷后很快产生严重的胃肠道刺激腐蚀症状。大量摄入可因全身出血、呕血、便血和循环系统衰竭而死。若患者暂时得以存活，也会由于肝、肾、心血管功能不全而慢慢死去。皮肤被磷灼伤面积达 7%以上时，可引起严重的急性溶血性贫血，以致死于急性肾功能衰竭。长期吸入磷蒸气，可导致气管炎、肺炎及严重的骨骼损害。在军事上曾有白磷制作的炸药，白磷燃烧的热量非常大，可以熔穿骨骼，并且具有依附性，一旦沾染便很难去除，不过后来这类武器被全世界禁用。

继白磷之后，早在 1845 年奥地利化学家施勒特尔（A. Schratter）发现了磷的第二种同素异形体——红磷。红磷是一种紫红或略带棕色的颗粒状或块状物质，难溶于水，无毒无味，但在其燃烧时产生的白烟有毒。红磷中磷原子的排列为链状，相较于白磷会更加稳定，也不会在空气中自燃，其熔点约为 300℃，因此难与氧发生反应，红磷比白磷化学性质稳定很多，因此在生活中的用途也比白磷更加广泛，人们通常用红磷取代白磷制作更为安全的火柴。红磷在空气中十分容易吸水潮解，因此火柴也需要干燥保存，久置在潮湿的空气中的火柴很容易就打不着火。红磷在工业中也常用于半导体作扩散源，也用作各式有机化学反应制作杀虫剂、杀鼠剂和烟雾弹。红磷可由白磷在阳光中暴晒制得。与白磷不同的是，红磷的结构至今仍然是个谜，事实上，“红磷”也并非只有一种，一般认为结构不清楚的红磷是无定形红磷。无定形红磷的结构也不稳定，继续加热或光照无定形红磷可以将其转变为更稳定的晶体红磷[6]。

黑磷是白磷和红磷在高温高压条件下转化生成的最不活泼的另一种同素异形体，其化学性质最稳定，密度最大，又因为其在外观、性能和结构上类似于石墨，也被称为金属磷[7]。由于黑磷在生活中并不常见，也无毒，因此黑磷是很安全的磷单质。黑磷具有正交结构，且是反应活性最低的磷同素异形体。其晶格是一个相互连接的六元环，每个原子都与其他三个原子相连。黑磷在常温常压下是一种热力学稳定的磷的同素异形体，因此黑磷难以制备。黑磷呈现黑色、片状，并能导电。在层状黑磷结构中的声子、光子和电子表现出高度的各向异性，在电子薄膜和红外线光电子技术上有重大潜在应用价值。

常见的黑磷有四种：斜方、菱形、立方和无定形。无定形的黑磷在 125℃向红磷转变。黑磷具有类似石墨的片状结构（波形层状结构）。层之间的键合比层内的键合弱，与石墨相似，具有导电性。黑磷是一种二维直接带隙半导体，具有优异的光电特性，但是在自然环境下极易被氧化分解，并吸水发生潮解，表面形成磷酸。这严重阻碍了对黑磷本征物理、化学性质的深入研究和应用开发。

将白磷在 12000 atm（$1\ \text{atm} = 1.01325\times10^5\ \text{Pa}$）下持续加热一段时间，可以得到少量黑色的类似于石墨的物质，这种物质便是黑磷，但是这种方法由于温度和压力不易控制，合成黑磷的成功率并不高。效率更高的合成法为红磷矿化法，这种方法是将红磷、Sn、SnI_4 密封在石英安瓿中，真空下在管式炉中加热到 650℃并恒温 5 h，后降温到 500℃，通过甲苯回流将目标产品与残留矿化剂分离可得黑磷。

1865 年，德国人希托夫（Hittorf）在一根密闭的石英管中加热红磷，得到了一个单斜六方晶体，呈现出漂亮的紫罗兰色，所以命名为紫磷。这之后一直没有相关合成晶体的实验数据，因而紫磷几乎未被探索。直到 2019 年，其宏观尺寸单晶才通过化学气相转移方法被成功合成出来，其宏观单晶为暗红色透明晶体。紫磷在空气中能稳定存在，它的起始热解温度达到 512℃以上，比黑磷高出 52℃，这表明紫磷是磷元素中最稳定的同素异形体。紫磷经过剥离后可以得到薄层的紫磷，称为紫磷烯，紫磷烯比黑磷烯更稳定。

1.3.2 磷化合物的分类

磷化合物按其结构特点有多种分类方式：

（1）按原子价分类，分成三价和五价磷化合物。磷原子常见的价数是+3 和+5。当磷原子为+3 价时，所形成的化合物的构型类似于胺类化合物，为四面体构型。磷原子处于四面体的中心，与磷原子成键的 3 个原子分别占据四面体的 3 个顶点。此时，磷原子只用 3 个外层电子成键，另外 2 个外层电子就以孤对电子的形式占据四面体的一个顶点（若不考虑这对电子，则三价磷化合物的构型也可看作是三角锥形）。此类化合物包括 PH_3、R_3P、$R_2P\text{-}PR_2$、PCl_3、$P(OR)_3$、$RP(OR)_2$、$(NH_2)PCl_2$ 等，它们分别属于膦、三卤化磷、亚磷酸酯、烷基亚膦酸酯、亚磷酰胺等。膦和亚磷酸都是三价磷化合物，“磷”与“膦”的差别在于后者有烷基-磷（即碳-磷）键或氢-磷键，而前者无。

（2）按磷的氧化数分类，无机化学一般采用元素原子的氧化数描述氧化还原反应中原子的氧化态，有机化学中也采用有机磷化合物中磷的不同氧化状态进行分类。

（3）单纯用价数来说明磷原子的成键情况，难以讨论清楚，因而通常使用配位数来进行分类。磷具有易于成键的 3d 空轨道，其化合物的成键一般采取杂化轨道，以 σ 键相连，所以有机磷化合物中心原子磷的配位数可以是 1、2、3、4、5、6。

除此之外，还可按组成结构特点进行分类：无机磷化合物、有机磷化合物。本章按照无机和有机磷化合物进行分类讲解。

1. 无机磷化合物

1）磷化物

金属磷化物：如 GaP、InP、FeP、Ca_3P_2 等。

磷的氢化物：如 PH_3、P_2H_4。

磷的卤化物：如 PCl_3、PF_5、$POCl_3$、$PSCl_3$ 等。

磷的氧化物：P_4O_6、P_4O_{10} 等。

磷的硫化物：P_4S_{10}、P_4S_3 等。

磷的氮化物：P_3N_3、$(NPCl_2)_3$、$(NPR_2)_n$ 等。

2）磷的含氧酸及其盐

次磷酸及其盐：如 H_3PO_2、NaH_2PO_2、$Zn(H_2PO_2)_2$ 等。

亚磷酸及其盐：如 H_3PO_3、$CaHPO_3$ 等。

正磷酸及其盐：如 H_3PO_4、KH_2PO_4、$(NH_4)_2HPO_4$、$Ca_3(PO_4)_2$ 等。

聚磷酸及其盐：如 $Na_2H_2P_2O_7$、$Na_5P_3O_{10}$（STPP）、$(NH_4)_{n+2}P_nO_{3n+1}$（APP）等。

杂多酸及其盐：如 $H_7[P(W_2O_7)_6]\cdot xH_2O$、$(NH_4)_3H_4[P(W_2O_7)_6]\cdot xH_2O$ 等。

取代磷酸盐：如 Na_2PO_3F、$LiPF_6$、Na_3PO_3S、$NH_4HPO_3NH_2$ 等。

2. 有机磷化合物

1）膦及盐

如 PH_3、$(C_4H_9)_3P$、$(C_6H_5)_3P$、$(C_4H_9)_2PCl$ 等。

2）膦酸和膦酸酯

膦酸[$HP(O)(OH)_2$]和膦酸酯[$(RO)_2P(O)R$]。

氨基膦酸：如氨基三亚甲基膦酸 $N[CH_2P(O)(OH)_2]_3$（ATMP）。

羟基膦酸：如羟乙基二膦酸 $CH_3C(OH)[PO(OH)_2]_2$（HEDP）。

亚磷酸酯：有一酯 $ROP(OH)_2$、二酯 $(RO)_2P(OH)$、三酯 $(RO)_3P$。

3）磷酸酯类

磷酸酯：有一酯 $(RO)PO(OH)_2$、二酯 $(RO)_2PO(OH)$、三酯 $(RO)_3PO$；根据 R 基团不同，又可分为对称酯和不对称酯等。

硫代磷酸酯：如 $(RO)_3PS$。

聚磷酸酯。

4）含有 C—P 键的膦酸衍生物

膦酸中含 C—P 键，即含有烃基-磷共价键，这种键非常牢固，在一般反应中均不易断裂。这类化合物命名时，中文用“膦”代替“磷”，英文用“phosphono”代替“phosphoro”。膦酸的衍生物酰卤、酰胺和酯等，其命名法与亚磷酸、磷酸的衍生物相似。

5）含磷杂环化合物

如 2,4-膦杂环戊二烯、膦杂苯、膦杂二氢茚、膦杂吲哚、膦杂喹啉、9-膦杂芴等。

6）其他含磷有机物

如磷叶立德、磷氮烯等。

1.4 磷化学在国民经济和高新技术发展中的作用

磷化学工业是国民经济的重要基础工业，磷化工系列产品广泛应用于工业、农业、日常生活、高科技领域和国防军工等的发展中。除肥料磷酸盐外，各种精细磷酸盐、特种磷酸盐、专用有机磷化学品以及磷系新型功能材料等，在国防工业和高科技领域进一步推广应用，使磷化工产业更加生机勃勃，进一步奠定了磷化学工业在国民经济的重要地位和科技发展中的不可替代作用。下面略举几例说明。

1.4.1 磷在农业中的应用

在农业中，磷、氮、钾被称为肥料三要素，直接参与农作物光合作用、呼吸作用、细胞分裂等过程。对于农作物的生长，磷具有一定的促进作用，可增强其根系发育、成熟速率，还可增色增味，提高产物品质。此外，磷对于农作物的抗旱、抗寒、抗倒伏能力具有一定的帮扶作用，并可降低其虫害发生概率、减少落花落果数量，提高农作物生产率。

土壤中的磷主要是以螯合态的形式存在，不易被植物吸收，如若过量使用，则会造成一定的产业弊端，导致农业面源污染、土壤板结、水体富营养化等现象，所以为了保护生态环境，科学指导施肥是防止污染的有效措施。随着科技的发展，为了从源头进行污染管理，科学家利用解磷微生物制作生物肥料，这种肥料可以将土壤中难以吸收的磷转化为能够被农作物主动吸收的可溶性磷，不仅对生态环境起到保护作用，还提高了磷的利用率[8]。

1.4.2 磷在生物学中的应用

P 与 C、H、O、N、S 等非金属元素共同被称为生命组成中必不可少的常量元素。人体内，磷大约占体重的百分之一，其中百分之八十与钙结合，以磷酸钙的形式储存在坚硬的骨骼和牙齿中，除此之外在 DNA 序列、血液及人体其他组织中也都含有磷元素。而体内多余的磷元素将以尿液的形式排出体外，且正常每升尿中磷含量小于 1 g[9]。

在医学中，磷对其载药性、抗菌活性及神经再生等功能方面也具有一定的医疗效应。例如，含磷合成药物可促进骨骼增长，治疗骨质疏松症等疾病。同时由于黑磷层内原子之间较强的共价键及层与层之间较弱的范德华力，黑磷很容易被剥离为单层或超薄的纳米片，根据这一性质，现阶段随着纳米技术的发展，新兴的黑磷纳米材料也在生物医学领域中被广泛应用，其出色的光学吸收能力、高效的药物负载率、良好的生物相容性及无毒的生物降解性等功能，为口腔医学、脑靶向药物的运输创造了新的平台[10]。

1.4.3 磷在工业中的应用及重要的磷化工产品

磷最重要的下游应用是生产化肥，全球大约 71%的磷矿石被用于生产磷酸，90%的磷酸用于生产化肥，因此，磷资源对世界粮食生产有着重要作用。此外，磷元素还可用于合成各种磷酸盐，被广泛地用于农药、水处理剂、生物医药、电子、食品等产业中。

磷化工是基础化工的重要分支。磷化工上游为磷矿石；磷化工的中游为黄磷、湿法磷酸和湿法净化磷酸，将磷元素富集；下游为各种含磷的终端产品。下游磷产品精细化的要求不同，使用的磷酸纯度也不同。农肥产业链中，对磷纯度要求较低，直接使用湿法磷酸即可制取普通肥料，如磷酸一铵、磷酸二铵、钙镁磷肥、过磷酸钙等。用于工业生产磷酸盐、杂质要求高的水溶肥等新型肥料制备，以及食品级磷酸盐制备时，需要用到纯度更高的黄磷路线热法磷酸或者湿法净化磷酸。磷化工最终产品可以用于农牧水产业、食品工业、精细化工、冶金工业、水处理剂、医疗等众多领域。

1. 精细磷酸盐

磷酸盐市场主要分为饲料级的磷酸钙盐、工业用磷酸钠盐以及其他精细磷盐产品[11]。

1）饲料磷酸钙

饲料级磷酸钙盐是除了化肥外第二大磷化工大宗产品。饲料磷酸钙主要品种为磷酸二氢钙[$Ca(H_2PO_4)_2 \cdot H_2O$，磷酸一钙（MCP）]、磷酸氢钙[$CaHPO_4 \cdot 2H_2O$，磷酸二钙（DCP）]、磷酸一二钙[钙含量介于磷酸二氢钙和磷酸氢钙的产品（MDCP）]、磷酸三钙[$Ca_3(PO_4)_2$，脱氟磷酸钙（DFP）]。

饲料磷酸盐需求与养殖业饲料生产联系紧密。饲料磷酸盐需要按照一定比例加入到动物饲料中使用，比例依据饲养动物的品种来定，因此饲料磷酸盐的需求与畜牧业饲料需求正相关。我国饲料产量在 2016 年至今总量平稳波动，磷酸氢钙消费量在 2016～2021 年也维持先降后升总量平稳波动趋势。

我国饲料磷酸盐产能较为分散，分布在磷资源丰富的四川、云南、贵州和湖北四省份。根据百川盈孚数据，单看磷酸氢钙品种，2020 年我国有厂家超过 29 家，市场集中度较低。在国外市场饲料磷酸盐是相对集中的生产品种，主要生产商集中在北美、欧洲和亚洲，且以大规模生产磷肥的企业为主，美国市场 CR3 为 90%，欧洲 CR5 为 84%，日本 CR1 为 80%。我国的磷酸盐企业多是专业生产企业，并非相关的专业磷肥类生产企业。

中国磷化工中大宗的磷酸钙盐产品主要有过磷酸钙和饲料级磷酸钙两种。但随着中国高浓度磷肥产品结构调整，过磷酸钙等低浓度磷肥产量逐年萎缩，根据 2017 年统计数据，仅约 108.06 万 t（以 P_2O_5 计）[12]。而 DCP、MCP 等饲料磷酸钙盐因为在家畜家禽饲料添加剂中具有不可替代的作用，而成为大宗磷酸钙盐产品。

饲料级磷酸钙盐的生产工艺有浓酸法和稀酸法[13]。浓酸法是把湿法磷酸浓缩到 52%左右，同时氟逸出到气相，铁铝等杂质进入渣酸，浓缩合格的磷酸（磷氟质量比为 250 以上）与石灰混合生产饲料级磷酸钙盐；另外，这种工艺对磷矿中的铁铝镁等杂质要求比较严格，高杂质磷矿不宜采用此工艺路线。稀酸法是中国自主开发的饲料级 DCP 生产工艺，该工艺采用石灰脱氟，固相为肥料级 DCP，合格的清液与石灰中和生产饲料级 DCP。该工艺对磷矿的品位和杂质没有太多的指标要求，适合中国中低品位和高杂质磷矿的现状。稀酸法工艺路线最早由四川大学原创研发，并于 1992 年在四川省汉源化工总厂建成中国第一套万吨级饲料级 DCP 工程装置[14]。此后该工艺技术在国内应用逐渐广泛，是国内绝大多数饲钙企业采用的生产工艺。

中国饲料磷酸盐行业与饲料行业发展趋势基本同步，改革开放 40 多年来，中国饲料磷酸盐生产装置和技术不断创新，其全球市场份额从 1%增加到近 40%，一跃成为世界第一的饲料磷酸盐生产、消费和出口大国[15,16]。虽然 DCP 在饲料级钙盐中占比超过 70%，但中国 DCP 行业已步入成熟期，产能过剩严重，需求形势也不容乐观，加速转型是行业未来发展的主要方向。可以预见，具有更高水溶性和吸收率、生物学效价更高的 MCP 将会越来越多地替代 DCP 产品。而从技术发展趋势来看，随着中国磷矿资源的逐渐贫化，稀酸法工艺流程仍将是主流工艺，同时在 MCP 生产工艺中，DCP 法也将逐渐替代脱氟浓酸法，但稀酸法工艺副产磷石膏和白肥这一严峻的环保挑战将对未来饲钙行业的可持续发展产生重大影响。

2）工业磷酸二氢钾

磷酸二氢钾在农业、医药、食品和饲料等行业有广泛应用，其中，农用磷酸二氢钾的用量比例超过国内总产量的 40%。磷酸二氢钾的制备工艺最早和最多是以苛性碱或碳酸钾中和热法磷酸，但因成本较高，使用受到限制。近年来，复分解法、萃取法和电解法等新工艺研究取得明显进展，国内四川大学率先在欣龙控股（集团）股份有限公司建成万吨级示范装置，产品质量达到工业级标准，另有部分企业实现了湿法磷酸生产磷酸二氢钾，所得产品完全可用于水溶肥原料。电解法被认为是成本最低、最具发展潜力的方法之一[17]。该法以氯化钾（或硫酸钾）和磷酸为原料制备磷酸二氢钾。一般要采用离子交换膜，选择性允许 $H_2PO_4^-$或 K^+穿过膜层。由于采用了离子交换膜，分隔了阴、阳极，分别得到的 H_2 和 Cl_2 纯度高，一般不做太多的处理就可以利用。该法的反应温度为 80～90℃，其产物磷酸二氢钾的纯度高。该法对环境污染轻微，工艺流程短，对设备腐蚀弱。

中国磷酸二氢钾的生产厂家有四五十家，中国是世界上最大的磷酸二氢钾生产国和消费国，磷酸二氢钾的生产主要集中在四川和湖北两地，其生产能力和产量分别占总生产能力、总产量的 85%和 80%以上。随着国家对黄磷发展的限制，以黄磷为原料生产磷酸二氢钾将会逐渐退出历史舞台，而以湿法磷酸为原料的磷酸二氢钾生产技术因为显著的成本优势将成为主流工艺。

3）工业磷酸钠盐

工业磷酸钠盐主要包括三聚磷酸钠、磷酸二氢钠、磷酸氢二钠、磷酸三钠、六偏磷酸钠等产品。三聚磷酸钠是我国产能最高的磷酸盐种类，用于生产洗衣粉、印染助剂、食品添加剂、陶瓷原料分散剂等，具有保水剂、水质软化剂、乳化剂、防腐剂的性质，生产洗衣粉是下游最主要的应用，其次用于食品工业、印染工业等。目前中国磷化工企业有 400 家以上，磷酸盐总生产能力（以 P_2O_5 计）约 600 万 t/a，产量约 350 万 t/a，共有 80 多个品种，100 多个规格。迄今，发现最早、用途最广、用量最大的磷酸盐品种当属磷酸钠盐（包括正磷酸钠盐、焦磷酸钠盐、聚磷酸钠盐和偏磷酸钠盐）。中国磷酸钠盐工业最早始于 20 世纪 30 年代，比发达国家晚 20 多年，主要用于水处理。新中国成立后，中国磷酸二氢钠等极少数生产装置陆续建成，标志着磷酸盐工业的起步。到 1994 年中国包括磷酸钠盐在内的磷酸盐年产量仅为 91 万 t，共有 60 多个品种，三聚磷酸钠、磷酸二氢钠、磷酸氢二钠、磷酸三钠、六偏磷酸钠名列 10 大主要产品。2000 年后，中国的磷化工产业在稳固大宗基础磷化产品的基础上，向高品质、精细化、专用化、系列化的高附加值产品的方向发展，可生产的磷酸盐产品规格可达百余种，产量在数百万吨以上的产品有数十种，产业布局逐步形成并规范。中国磷酸盐工业已逐渐形成母体产品靠近原料产地，沿海地区重点发展磷系衍生品和精细化学品的格局。2018 年中国三聚磷酸钠（STPP）的生产能力约为 100 万 t/a；磷酸氢二钠（DSP）、六偏磷酸钠（SHMP）和磷酸钠（TSP）的生产能力大于 5 万 t/a，处于世界领先水平。近年来，由于环境保护力度增强和相关政策限制，三聚磷酸钠的使用量逐渐降低。未来工业磷酸钠盐产量增长趋于平稳，年均增速为 1.0%～1.5%[18]。

2. 电子级磷酸

近年来，随着我国集成电路和面板产业的高速发展，世界上许多著名 IC 晶圆代工、TFT-LCD 企业巨头在我国投资建厂，湿电子化学品的需求越来越大。据统计，2020 年我国湿电子化学品市场需求量高达 147 万 t，平均年增长率为 15%以上。电子级磷酸由于具有优良的性能，已成为电子工业不可缺少的湿电子化学品之一，其需求量正逐年增长。

磷酸因制备工艺的差别可分为肥料级、工业级、食品级、药用级、试剂级、电子级等级别。电子级磷酸是工业磷酸经过纯化精制而成的高纯磷酸，是磷酸中等级最高的，被称为“磷酸行业皇冠上的明珠”。电子级磷酸是中强酸，无色、无臭，具有酸味，常温下为液态，长时间受冷即生成柱状结晶，溶于水并放热，有腐蚀性，常储存于洁净库房内。电子级磷酸属高纯磷酸，是电子行业使用的一种超高纯化学试剂，属于关键湿电子化学品之一，广泛应用于超大规模集成电路（VLSI）、大屏幕液晶显示器等电子工业，主要用于芯片的清洗和蚀刻。长期以来，世界上仅有美国、日本、韩国等少数国家能够生产电子级磷酸，电子级磷酸关键技术被其长期垄断，严重制约着我国电子产业的发展[19]。湖北兴发化工集团股份有限公司（以下简称兴发集团）自 2006 年起，主动承担电子级磷酸关键技术攻关。2009 年，兴发集团控股子公司湖北兴福电子材料有限公司开始投资兴建 3 万 t/a 电子级磷酸生产示范装置，2010 年 4 月装置投产，经过十多年持续研究攻关，攻克了“芯片用超高纯电子级磷酸和高选择性蚀刻液制备关键技术”，整体技术达到了国际先进水平，其中电子级磷酸中 As、Sb 等杂质控制技术居国际领先水平，并荣获 2019 年度国家科学技术进步奖二等奖。电子级磷酸关键技术的成功开发打破了电子级磷酸长期依赖进口的局面，实现国产替代。电子级磷酸所能达到的纯度及品质对电子产品的综合性能将有直接影响。

中国于 2012 年 7 月正式实施了电子级磷酸国家标准《电子级磷酸》（GB/T 28159—2011），其中，将电子级磷酸分为 E1 普通电子级磷酸和 E2 高纯电子级磷酸，并分别对其中阴阳离子和金属含量做了要求，但具体到产品的实际控制指标，以及与国外电子市场要求标准的差别，由于涉及应用及技术的秘密，绝大部分电子化学品供应商对电子磷酸产品的详细质量指标都是保密的，所以企业如何执行该标准存在不确定性，但可以确定的是，在不同线宽的集成电路制程工艺中，必须使用不同规格的超净高纯试剂进行清洗和蚀刻。

国内规模的电子级磷酸生产技术均采用热法路线（包括一步法、两步法），产能在 20 万 t/a 左右，具体产品指标可能区别较大。国内热法电子级磷酸的制备路线主要集成了黄磷净化和磷酸净化，生产全过程建立关键的杂质监控体系，通过合理组合净化方式实现环节的系统优化[20]。

电子级磷酸属国际高端垄断产品，世界上仅有少数大公司能够生产，如德国默克、美国 J.T.Baker、日本 RASA、磷化学、日本化学、韩国东方、韩国东友等公司。目前我国 TFT-LCD 用磷酸，已有部分生产企业可以生产并供应，如江阴澄星实业集团有限公司，其产品技术指标可达到《电子级磷酸》（GB/T 28159—2011）E1 标准要求。但 IC 用磷酸的生产技术要求高，需要企业解决生产工艺参数、核心设备、自动控制、产品质量稳定性控制等技术难题，需要企业投入大量的资金进行研发，建立无尘室、高端检测仪器等硬件设施。湖北兴福电子材料有限公司主要从事电子级磷酸、电子级硫酸、功能型化学品等电子化学品研发、生产、销售，其 3 万 t/a 电子级磷酸生产规模居全球第一，产品质量达到《电子级磷酸》（GB/T 28159—2011）E2 标准要求，优于 SEMIC36-1107 Grade 3 标准，处于国内领先，国际先进水平电子级磷酸产品成功供应国内外中高端客户，国内电子级磷酸市场占有率达到 80%以上。目前，我国已成为世界重要的集成电路制造基地之一和世界 LCD 需求增长最快的国家。随着 5G、物联网、人工智能、智能驾驶、云计算和大数据、机器人和无人机等电子领域的蓬勃发展，我国电子级磷酸的用量将会有大幅增长。2020 年，我国电子级磷酸消耗量约 20 万 t，而亚洲需求量约为 30 万 t，预计未来几年将维持 8%左右的增速，巨大的市场需求为我国电子级磷酸产业发展提供了新机遇。

我国电子工业发展已进入快车道。2014 年《国家集成电路产业发展推进纲要》出台，以全球产业发展趋势和国内产业基础为出发点，提出了 2015 年、2020 年和 2030 年三个阶段的产业发展目标。同时，国家投入巨资支持集成电路产业的发展，设立了国家集成电路产业投资基金，国家大基金一期于 2014 年 9 月成立，注册资本 987.2 亿元，投资总规模达 1387 亿元；国家大基金二期于 2019 年 10 月成立，注册资本 2041.5 亿元。大基金二期是一期的延续，相比于一期规模扩大了 45%，可见国家扶持集成电路产业的决心，芯片国产化大趋势已不可逆转。并且政府提出的“一带一路”“中国制造 2025”“互联网+”等，无疑给我国信息经济快速发展植入新动力，促进传统行业转型升级，引入智能基因，从而带动国内微电子行业发展。

3. 磷系电池材料

锂离子电池是新一代的绿色高能电池，广泛用于各种便携式电动工具、电子仪表、摄录机、移动电话、笔记本电脑、武器装备等，被认为是 21 世纪对国民经济和人民生活具有重要意义的高新技术产品。锂离子电池的性能和成本主要取决于正极材料磷酸铁锂 $LiFePO_4$（LFP）。LFP 正极材料的理论比容量为 170 mA · h/g，具有成本低、循环寿命长、安全性好等优势。1997 年，Goodenough 首次报道了 LFP 作为锂离子电池正极材料，引起了广泛关注。此后 A. Michel 提出通过碳包覆技术来改善 LFP 导电性，J. Y. Ming 提出通过纳米化来进一步提高其性能。国外最早进行 LFP 生产的有加拿大魁北克水电公司、美国 Valence 公司和 A123 系统公司等，上述 3 家公司也同时掌握着 LFP 的基础核心专利。1999 年，北京大学周恒辉教授开展 LFP 研究并创立了北大先行科技产业有限公司。2004 年，天津斯特兰能源科技有限公司的前身北京中辉振宇率先实现了 LFP 的工业化生产，比亚迪、力神电池、比克电池等电池公司也在 2008 年左右建立 LFP 专用电池厂，国内 LFP 生产厂商开始大量涌现，多达 100 多家，但受市场规模及金融危机影响，LFP 市场发展较为缓慢。2012～2017 年，随着国家的大力补贴，国内新能源市场迅速增加，LFP 市场也快速发展。2017 年之后由于补贴政策对于三元材料更加有利，LFP 市场又重回低迷，但随着消费者对安全问题的重视，LFP 的市场份额有所增加[21]。2019 年中国 LFP 产量为 9.28 万 t，同比增长 52.4%，德方纳米、国轩高科、贝特瑞、北大先行、湖北万润的出货量分列前五。LFP 的生产工艺总体上可分为固相法和液相法两种，固相法工艺较为简单，适合大规模生产。固相法中磷酸铁工艺易实现自动化控制，成品率高，是现阶段的主流工艺路线。液相法主要是反应物在液相中反应制得 LFP，产品电化学性能优良，低温性能较有优势。德方纳米自主开发了“自热蒸发液相法合成纳米磷酸铁锂”工艺，制备条件简单，成本低，批次稳定性好，低温性能优异。由于下游 LFP 电池需求的高增长，我国 LFP 产能从 2020 年开始迅速增长，2021 年产能已经达到 68.9 万 t/a，2021 年同比增长 90%，2022 年及以后将投产的在建产能预计将有 71 万 t/a，届时 LFP 产能将达到 140 万 t/a。企业产能分布上，湖南裕能产能 14 万 t/a，居行业第一位，德方纳米 12 万 t/a，居行业第二位，其次是湖南升华、融通高科，CR3 合计为 47.9%，CR10 合计为 88.9%。LFP 应用不断扩容，产量增长下大宗商品化趋势明显，低成本将成为企业重要的竞争优势。在众多工艺路线中，磷酸铁工艺路线愈加受到重视，同样原材料磷酸铁的产能建设也在提高。2021 年多家公司宣布进入磷酸铁的生产，2020 年磷酸铁产能为 25.6 万 t，2021 年产能增加到 47.6 万 t，同比提高 86%。目前，中国 LFP 行业主要面临以下问题：①产能过剩，目前中国 LFP 产能已超过 20 万 t/a；②低温型、倍率型等高端产品缺乏；③核心专利掌握在外国公司手中，缺乏自主知识产权[22,23]。

LFP 正极材料与大多数常规正极材料（如 $LiCoO_2$、$LiNiO_2$ 和 $LiMn_2O_4$）相比具有理论比容量高（室温下为 170 mA · h/g）、热稳定性良好、电压平台稳定、原料来源广、价格低、对环境友好等特点，被认为是一种很有前途的新一代绿色正极材料。但是随着研究的深入，发现 LFP 的电子电导率、离子扩散系数和振实密度较低，电子导电性差主要是由原始 LFP 的大带隙引起的，同时这种结构缺陷也可能阻碍了锂离子的一维扩散，这些因素制约了它作为正极材料的应用。因此，需要对 LFP 改性以弥补这些缺陷。目前，主要的改性方法有表面包覆、离子掺杂及材料纳米化等。

今后，在 LFP 正极材料方面还需要努力的方面包括：①开发新型高比能磷酸盐正极材料。对新型高电压、高容量正极材料进行设计和材料性能预测，通过理论计算分析离子类型、浓度、离子占位对聚阴离子型正极材料本征结构、储锂容量、储锂电位、离子输运、电子结构等的影响，量化其特殊的体相结构与电化学本征特性关系。②磷酸盐正极材料电化学机理研究。借助系列电池原位表征技术，分析电极材料工作过程中的相转变、界面作用机制，探究微纳米电极材料结构、成分和形貌与其电化学性能的内在关联，为电极材料优化、电池系统优化提供更精准的科学指导。③开发与磷酸盐正极材料适配的耐高压电解液。研究电解液成分、浓度、添加剂种类等对电解液活性、电化学稳定窗口的影响。探索制备耐高压窗口稳定、储能效率高的电解液新途径。揭示电极/电解液异质界面作用机制，弄清界面快速荷质传输规律。④开发锂离子全电池。综合研究磷酸盐正极与电解质、负极之间的相互作用，全电池系统在高低温环境中的电化学表现，研究其相容性和匹配性。通过正交实验寻找出最优的电池组合，优化电池组装工艺，制备全电池单体，评估材料在全电池体系中的综合表现[24]。

除了 LFP 正极材料外，六氟磷酸锂作为锂离子电池电解质材料的研究和开发，也是人们极为关注的。六氟磷酸锂（$LiPF_6$）主要用作锂离子电池的电解质，具有电导率高、电化学窗口大、安全隐患低和成本较为低廉等优势，其产业化进程发展非常快。日本是六氟磷酸锂生产大国，2010 年六氟磷酸锂量超 300 t。

中国多氟多公司自 2006 年起开始研究 $LiPF_6$，发明了双釜氟化氢工艺，具有转化率高、反应速率快等优势，并于 2010 年建成年产 2000 t 装置，打破了国外技术垄断，产能已突破 10000 t/a，产销量位居全球第一。除此之外，延安必康制药股份有限公司、广州天赐高新材料股份有限公司、天津金牛电源材料有限责任公司和山东石大胜华化工集团股份有限公司等也是国内 $LiPF_6$ 的主要生产厂家。制备 $LiPF_6$ 的主流工艺是氟化氢溶剂法。该工艺先将 LiF 溶解在无水 HF 中，制成 LiF-HF 溶液，再导入 PF_5 气体制成 $LiPF_6$；也可以向 LiF 的无水 HF 溶液中加入 PCl_5，PCl_5 与 HF 生成 PF_5，生成的 PF_5 与

LiF 进一步反应制成 $LiPF_6$。目前中国六氟磷酸锂行业主要面临产能过剩以及产品残酸值高、高端产品缺乏等问题[25]。

4. 磷系阻燃剂及其阻燃材料

目前全球阻燃剂市场消费量达到145万～155万t，而美国阻燃剂的消费量占其中的三分之一以上。积极发展阻燃剂及其阻燃材料，对于确保经济建设的顺利进行和人们生命财产安全具有重要意义。近年来中国发生了一系列重大火灾，教训是深刻的。在三大阻燃剂系列中，磷系阻燃剂及其复合材料由于具有优良的阻燃性能，低烟、低毒、无腐蚀性气体产生，适应阻燃剂及其阻燃材料技术绿色化的发展需要，成为当今世界阻燃剂发展的主流，其市场销售额占整个阻燃剂销售总额的 23%以上。磷系阻燃剂以其用量少、不影响材料加工效果、高效阻燃、对环境危害小、低烟、低毒等优势得到了最为广泛的应用。

无机磷系阻燃剂主要包括红磷、磷酸铵盐等，均属于添加型阻燃剂。无机磷系化合物表现出耐高温、阻燃持久、不挥发、无卤等优势，应用比较广泛[26,27]。

红磷阻燃剂阻燃效果比较好[28]，具有高效、抑烟的特点，在 400℃受热分解，形成白磷，白磷与水生成磷的含氧酸，作用于燃烧物质表面，促使其加速脱水炭化，形成炭层，起到阻燃作用。但在燃烧过程中容易产生有毒有害气体，发生火灾时更容易对人员造成伤害[29]。为克服上述缺陷，红磷的阻燃方法偏向于微胶囊处理[30]，即将一层或多层外膜覆盖在红磷表面，外膜分无机、有机及无机-有机混合三种。魏占锋等将红磷进行微胶囊化处理[31]，将其添加到低密度聚乙烯、线型低密度聚乙烯和木粉三元复合体系中，制备出阻燃剂，结果表明随着阻燃剂含量的增加，木塑复合材料的抗拉和抗冲击性能增强，有效提高了材料的韧性和初始分解温度，阻燃耐热性能变好。

磷酸盐类阻燃剂当前以磷酸铵盐为主，目前，对性能较好的无机磷阻燃剂聚磷酸铵（APP）研究比较多。APP 具有热稳定好、阻燃性能持久、价廉、低毒等特点，可用于单独阻燃或复合阻燃。另外，聚磷酸也有显著的脱水作用，可使燃烧物质炭化，起到阻燃的作用。常海等研究磷酸盐阻燃剂对聚氨酯包覆层动态力学性能，发现适量的三聚氰胺磷酸盐阻燃剂具有“补强”和增塑功能，随着阻燃剂含量的增加，增塑作用愈发明显。

有机磷系阻燃剂同样具备无机磷所表现出的低烟、无卤优势，具有很好的前景。在天然高分子材料（塑料、涂料、纸张、木材、橡胶、纤维等）阻燃处理过程中应用广泛，可提高这些材料的抗燃性，降低火灾风险。现在应用比较广泛的主要有磷酸酯和膦酸酯两种。

磷酸酯类阻燃剂绝大多数以添加型为主，具有阻燃与增塑的双重功能，制备方式主要采用三氯氧磷与酚或醇等化合物发生反应。受环境保护的影响，阻燃剂偏向于无卤化要求越来越高，伴随着磷酸酯阻燃剂的应用越来越广泛。磷酸酯类阻燃剂可以归纳为三类：含氮磷酸酯阻燃剂、含磷的磷酸酯阻燃剂以及含卤磷酸酯阻燃剂。刘波等[32]采用环氧氯丙烷、乙二醇、三氯氧磷等作为原料，制备成阻燃剂，对聚氨酯泡沫进行处理，实验表明，材料的耐火性能显著增强。郭子斌等[33]制备了酚醛树脂基芳基磷酸酯

（NDDMPP）阻燃剂，并将其应用于阻燃聚碳酸酯（PC）中，结果表明，NDDMPP 具有良好的热稳定性，满足 PC 材料的热加工条件。当添加量为 10%（质量分数）时，PC 复合材料的极限氧指数（LOI）达到 32.3%，UL-94 垂直燃烧测试阻燃级别提高到 V-0 级并且无熔滴产生。最后通过扫描电子显微镜（SEM）对 PC 复合材料的炭层形貌进行表征，提出了 NDDMPP 阻燃 PC 材料的阻燃机理：NDDMPP 可以催化 PC 的分解过程，提高成炭速率，并形成连续致密的膨胀炭层以隔绝氧气和可燃物，增强阻燃效果。

膦酸酯兼具磷酸酯的性质，分为伯膦酸酯和仲膦酸酯，其均为结晶状物质，受热时形成膦酸酐，由于碳-磷键的存在，热稳定性很高，同时还具有耐水耐溶剂性，添加到高分子材料里具有阻燃和增塑的双重作用，是一种很有发展前景的阻燃剂。王丹等[34]通过工艺合成一系列膦酸酯阻燃剂，将其应用于聚氨酯泡沫中，当添加量为 13%（质量分数）时，材料的 LOI 值显著提升，阻燃级别达到 UL-94V-0 级。黄严等[35]采用无水乙醇、乙二醇、三氯氧磷作为原料，制备合成膦酸酯，随后加入改性氢氧化镁用于发泡聚苯乙烯阻燃实验，结果发现，材料的阻燃效果显著增强。范望喜等[36]采用苯乙烯、无水甲醇、五氯化磷作为原料，通过反应制备出阻燃剂苯乙烯基膦酸二甲酯。结果表明，其阻燃效果非常明显，可作为添加剂用于各类塑料和树脂等阻燃。曹东东等[37]合成了一种有机硅膦阻燃剂甲基硅酸三环膦酸酯，实验表明，当甲基三甲氧基硅烷与甲基硅酸季戊四醇酯（MSTRP）物质的量比为 1∶3，反应温度为 170℃时，收率达到 80.7%，该产物有着很好的阻燃特性，在不饱和树脂中的稳定性较好。

有机磷系阻燃剂是与卤系阻燃剂同样重要的有机阻燃剂，它包括磷酸酯与膦酸酯、含卤的磷酸酯及膦酸酯、亚磷酸酯、有机磷盐、氧化膦、含磷多元醇及磷氮化合物等，品种众多，应用广泛，主要用于阻燃合成及天然高分子材料（包括塑料橡胶、纤维、木材、纸张、涂料等），可提高这些材料的抗燃性，减少火灾危险。但作为阻燃剂，应用最广的是磷酸酯和膦酸酯，特别是含卤的磷酸酯及膦酸酯[38]。

近年来，以新戊二醇为基的具有笼状或环状结构的含磷化合物因其优异的热稳定性和成炭性，同时含有丰富的碳源和酸源，表现出较高的应用前景，在无卤阻燃剂研究和开发中备受关注。就磷酸酯类阻燃剂的发展过程来说，TPP 等是第一代主流磷酸酯系的产品，主要用于办公自动化（OA）机器中包装用的变性 PPO 塑胶、PC、ABS 合金等，但 TPP 具有挥发性，在工程塑胶等成形温度较高的塑胶中会引起金属污染，可能会恶化作业环境。因此，迫切需要新的磷系阻燃剂来改变，磷酸酯系阻燃剂——四苯基（双酚 A）二磷酸酯（BDP）与四苯基间苯二酚二磷酸酯（RDP）应运而生。

根据已掌握的资料和市场调研的结果，目前国内市场上的 BDP 阻燃剂年需求量大约在 10 万 t，而且正在以每年 20%的数量递增，BDP 的市场潜力巨大。但与国内 BDP 的巨大市场相矛盾的是，国内还没有实现 BDP 产品的工业化生产，所需产品全部依赖进口，造成引进成本居高不下，目前进口 BDP 产品的市场价格约在 4 万元/t。引进的产品主要是美国阿克苏诺贝尔（AkzoNobel）公司的 BDP，由此可以看出在今后相当长的一段时期内，受阻燃剂市场价格整体走高的趋势影响，进口 BDP 产品的价格不会降低。现在已经成功合成 BDP 阻燃剂，自行合成的 BDP 阻燃剂在使用时对被阻燃材料在拉伸强度、伸长率、弯曲强度、弯曲模量、熔流指数、密度等方面的影响达到使用要求，材料在这些方面的参数均达到并超过了国外专利产品的性能指标，但是该新 BDP 在使用时，对材料在冲击强度和燃烧性能的影响较大，其性能有待进一步提高。

磷系阻燃剂以其品种繁多、阻燃性能优良获得广泛的应用，随着人们对高分子材料热降解历程和阻燃体系的作用机理深入研究，新的阻燃理论和技术逐步被认识，如高聚物化学改性阻燃、高效阻隔炭化层阻燃、交联接枝阻燃和协同阻燃体系等，大大丰富了阻燃科学的内容和人们选择最优阻燃体系的范围。今后较长一段时间内，磷系阻燃剂仍占主导地位，有极大的发展潜力。

5. 有机磷农药

目前，世界上已商品化的有机磷农药达到上百种。有机磷农药作为当今农药的重要类别之一，其涵盖除草、杀虫及杀菌的所有农业生产应用领域[39]。近年来，随着人们环保意识的增强，高毒农药对环境造成的影响已引起全球广泛关注。许多国家和国际组织纷纷出台法规禁止或限制高毒农药的生产和使用。例如，联合国粮食及农业组织和环境规划署专门制定了《鹿特丹公约》，对 22 种高毒农药作出了进出口限制，其中就包括 4 种高毒有机磷杀虫剂；美国颁布了《联邦食品安全法》，要求对其每一种农药重新进行全面的危险性评估；我国也针对高毒农药制定出台了一系列的政策法规。其中，农业部公告，自 2008 年起，全面禁止使用甲胺磷、对硫磷、甲基对硫磷、久效磷、磷胺等 5 种高毒有机磷农药，并制定相关政策逐步限制或禁止使用其他多种高毒有机磷农药。随着高毒农药在市场上的淡出，有关高毒有机磷农药替代产品的研发，已成为全世界农药研究的热点之一。

近年来，虽然有很多超高效的杂环类新农药问世，并大有取代有机磷农药之势，但由于成本价格以及使用习惯等多种因素的影响，有机磷类农药仍然占有相当的市场份额。加之一些低毒、高效、与环境相容性好的新型膦（磷）酸酯类农药的成功开发，有机磷农药的销量仍占世界农药销量的前列。由此可见，一些世界著名的农药公司，仍然对有机磷农药的研发保有一定的兴趣，并相继开发出一些新的有机磷农药品种。例如，拜耳公司开发了新的有机磷杀虫剂 tebupirimfos，该药剂主要防治叶甲类害虫，且对鸟类安全；巴斯夫开发了不对称有机磷杀虫杀线虫剂 phosphocarb（BAS-01）；韩国化学所开发了有机磷杀虫剂 flupyrazofos；此外，日本 Agro Kanesho 公司报道了硫代磷酸酯类杀线虫剂 imicyafos（AKD-3088），该杀虫剂是由不对称有机磷与烟碱类杀虫剂的氰基亚咪唑烷组合而成，主要用于萝卜、黄瓜、土豆、番茄以及西瓜等作物田防治害虫与线虫。

我国作为一个农药需求与生产大国，对有机磷农药的年需求量近 10 万 t，有机磷农药品种约有 30 个。为了加强对我国人民的健康和环境生态的保护，已逐渐禁用了 23 种高毒农药，限制了 19 种农药在蔬菜、水果等作物上使用。其中甲胺磷、久效磷等 5 种高毒有机磷品种于 2008 年在我国全部停止生产和使用；但到目前为止，除生物农药、杀鼠剂以外，我国生产使用的高毒农药还有 22 种，主要用于防治地下害虫和仓储害虫。这 22 种高毒农药大部分是杀虫剂。涉及的生产企业有 400 多家，产品 900 多种，现有生产能力大约 10.4 万 t，每年产量在 5 万 t 左右，大约占农药总产量的 2.5%。随着我国禁止使用的高毒有机磷农药品种的不断退出，农药市场对“环境友好”农药的需求大增。这也为新型“环境友好”含磷农药的发展提供了更大的发展空间，并一定程度上引起人们对新型有机磷农药的关注与研发投入。为了改变长期以来高毒有机磷农药占据我国农药工业主体的状况，使我国农药工业可持续发展，必须从源头上采取措施，逐步减少高毒有机磷农药的生产，以高效、低毒、低残留、环保型农药来替代目前仍在生产销售的一部分高毒、高污染的有机磷农药老品种。而创制具有自主知识产权的对环境友好无公害的有机磷农药是取代高毒有机磷农药品种的有效途径之一。值得庆幸的是，近年来我国农药研发也取得了很大的进步，创制了一批具有完全自主知识产权的新农药品种。以国内新近开发的有机磷类农药为例，如南开大学创制的双甲胺草磷，其具有高效、广谱、低毒及安全等显著特点，已获得中国农药临时登记；华中师范大学创制的氯酰草膦（clacyfos）也具有低毒、低残留，对生态环境中的蜂、鸟、鱼及蚕无影响等绿色农药的显著特点。此外，氯酰草膦经生化实验证实为新型的丙酮酸脱氢酶系抑制剂，具有与现有商品化除草剂不同靶标酶的特点，于 2007 年获得中国农药临时登记；贵州大学开发的含氟氨基膦酸酯类新型抗植物病毒剂毒氟磷，也对环境友好且生产工艺简单、无“三废”污染，同时还兼具有提高植物抗病能力，于 2007 年获中国农药临时登记；四川省化学工业研究设计院创制的有机磷杀虫剂硝虫硫磷，具有毒性低、杀虫谱广的特点，目前也取得了中国农药临时登记[39]。

值得关注的是我国虽是磷资源和磷生产大国，但由于我国出口的磷产品主要是磷矿及低附加值的磷肥和无机磷盐，经济效益并不高。为了有效利用我国有限的磷资源，2009 年中国科学院院士常务委员会委托赵玉芬院士主持召开“磷化学与国计民生可持续发展战略研讨会”，提出：大力支持具有高技术含量和较高经济附加值的含磷医药、农药以及先进材料等精细磷化工产业的发展是我国走向磷科技强国的必由之路。进入 20 世纪 90 年代以后，世界级的大型农药公司对有机磷杀虫剂的创新研究渐入低潮，但针对有机磷除草剂的研究工作方兴未艾。与高毒有机磷杀虫剂被限制和使用量萎缩的情况相反，有机磷除草剂由于其价格低廉、杀草谱广、低毒、在环境中易降解等特性正被大面积推广使用。目前我国农药产量虽已位居世界第一，但多数仍为仿制国外的老品种，在我国应用的有机磷除草剂也均为国外研发的老品种。鉴于我国磷矿资源丰富，开发低毒、对环境友好无公害的有机磷农药可以充分利用我国有机磷农药的原料、中间体系统较完备以及磷化工基础好的优势。所以利用我国的磷资源，倡导和加强高效、低毒、低残留、环保型的自主创新有机磷除草剂品种的研发也是我国磷化工重点发展的方向。

近 10 多年以来，随着人们对有机磷农药研究的不断深入，“推陈出新”使得一些具有新颖结构或新作用靶标的高效低毒、环境友好型的含磷农药不断被创制出来，这也一定程度上激发了农药工作者利用我国的磷化工基础，对具有农药活性的新型膦（磷）酸酯类化合物进一步开展研究的兴趣。

6. 磷系水处理剂

工业生产中需要大量的冷却水作为冷却介质来冷却产品和换热设备。钢铁、冶金工业中需要用大量的水来冷却高炉、平炉、转炉、电炉等各种加热炉的炉体；炼油、化肥、化工等生产中需要大量的水来冷却半成品和产品；发电厂、热电站需要大量的水来冷凝汽轮机回流水；纺织厂、化纤厂则需要大量水来冷却空调系统和冷冻系统[40]。这些工业的冷却水用量平均约占工业用水量的 70%。如果一次性排放，不仅浪费大量的水资源，增加大量的用水费用，而且将废热排给了环境。为了节约冷却水，工业上普遍采用循环冷却水系统，使冷却水重复使用。在循环冷却水系统中，由于溶解盐类的浓缩及大量溶解氧、尘土、孢子和细菌，循环水水质恶化。此外，冷却水在不断循环使用的过程中，由于水温的升高，水流速度的变化，水的反复蒸发，水中有害离子（如 Ca^{2+}、Mg^{2+}、HCO_3^-、CO_3^{2-}、SO_4^{2-}、Cl^-）的浓度不断升高，以及设备结构和材料等多种因素的作用，产生严重的腐蚀、结垢、菌藻以及微生物黏泥等问题。最终将降低生产效率，增加生产成本，降低设备的使用寿命，甚至引发安全事故[41]。

为了有效地控制系统的腐蚀、结垢和微生物带来的危害，工业冷却用水需对高浊度、高硬度、高碱度的水进行处理，而利用水处理剂处理冷却水是目前广泛使用的方法。向水体中投加水质稳定剂（或称为缓蚀阻垢剂），达到控制水垢、污泥的形成，减少泡沫，减少与水接触的材料的腐蚀，除去水中悬浮固体和有毒物质，除臭、脱色、软化和稳定水质等目的。磷系水处理剂和共聚物类阻垢剂是目前应用最为广泛的水质稳定剂。

20 世纪 50 年代后期，亚硝酸盐、铬酸盐由于本身的毒性而受到严格的限制。到 20 世纪 60 年代，磷酸盐和聚磷酸盐开始大量使用。一方面，聚磷酸盐（如三聚磷酸钠和六偏磷酸钠）可以与水中的金属离子形成胶溶状态的络合离子，沉积于金属阴极表面形成电沉积层保护膜，抑制阴极反应而起到保护金属的作用；另一方面，它有较好的螯合、吸附分散作用，因此又能抑制无机盐垢的沉积，是性能较好的缓蚀阻垢剂。但由于无机磷酸盐容易水解成正磷酸盐，可能生成坚硬的磷酸钙沉积，而且使用浓度高，随排污水进入江河湖泊，容易引起水域的富营养化，因此从环保的需要出发，无机磷酸盐于 20 世纪 70 年代已基本被一些性能优良的膦酸盐代替。循环水系统广泛使用的药剂除了膦酸外，还有多种性能各异的膦系水溶性聚合物。

无论是磷系缓蚀阻垢剂还是共聚物系阻垢分散剂的研究开发，都与适应环境保护的要求分不开。为了符合国家环保相关政策的要求，且为了尽可能节约水资源、提高浓缩倍数、实现中水回用，循环水处理从最初的高磷、酸性处理逐步过渡到低磷含量的碱性处理或中性处理。正是工矿企事业单位对水处理技术和产品要求的提高与国家相关环保政策的不断完善、环保执法力度的加大，促使科研院所和水处理相关的生产厂家不断地加大科技投入，开发性能更好的新型水处理剂以适应市场需求。随着环保法规的日益严格，以及发展循环经济、实现可持续发展观念的不断深入宣传，可以预测，性能优良、环境友好、符合可持续性发展战略的具有阻垢、缓蚀杀菌灭藻和分散等多项功能的低磷含量的大分子膦酸和无磷水处理剂是水处理剂研究开发的热点之一，将具有广阔的应用前景[42]。

7. 磷酸酯类表面活性剂

磷酸酯类表面活性剂是一类性能优良、应用广泛的精细化学品，因而广泛用于洗涤助剂、日用化学品、纺织印染助剂、皮革加工助剂、造纸化学品、矿物浮选助剂、油品添加剂以及材料加工等。

磷酸酯表面活性剂可与阴离子、非离子、两性离子很好地配伍，在酸碱溶液中稳定性好，在较大温度范围内均比较稳定，耐电解质、耐硬水性和耐电离性较好。存在于产品中的非离子物对其性能有重要影响，若非离子物能起辅助活性剂的作用，则磷酸酯的去污、净洗和润湿性能均将得到改善，若是疏水物或不溶于水，则会产生消泡作用，因此磷酸酯也被誉为有特殊功能的表面活性剂。

工业上用于合成磷酸酯表面活性剂最常用的磷酸化剂是五氧化二磷，此法简单易行，条件温和，不需要特殊设备，反应得率高，成本低。合成烷基磷酸酯时可在备有夹套和搅拌器的反应釜中，将醇或酚加热到一定温度，徐徐加入一定量的五氧化二磷。一般脂肪醇或烷基酚与五氧化二磷的物质的量比为2∶1～4∶1，60～70℃下搅拌4～5 h，用适当的碱中和后，制成的产品中单烷基磷酸酯含量为 45%～70%，双烷基磷酸酯含量为 30%～55%。合成烷基聚氧乙烯醚磷酸酯的过程基本同烷基磷酸酯，五氧化二磷与非离子活性物的物质的量比为 1∶2～4∶5，30～50℃，搅拌 1 h 即可，也有采用 100℃，搅拌 5 h 的。磷酸化剂还可用聚磷酸和三氯氧磷，使用它们一般是为了得到纯度较高的特定磷酸酯，如采用聚磷酸与醇反应可得 90%以上的单酯；采用三氯氧磷与醇反应得到纯度较高的单酯，或与烷基聚氧乙烯醚化物反应得到纯度较高的三酯；采用三氯化磷与醇反应可获得 90%以上的双酯[43]。

在印染前处理中应用时磷酸酯类表面活性剂较少单独使用，常与其他表面活性剂配合使用，以充分利用其特殊的性能。由于改变反应条件、原料配比和种类可制得性能差别很大的磷酸酯，在实际应用过程中，应当充分利用其组成和结构对其水溶性和表面张力的关系，扩大其应用范围。例如，酸性酯中和后溶解度明显增加，随憎水基链长增加，其溶解度下降，引入烷基醚可增加其溶解度。单酯的溶解度大于双酯，单酯二钠盐的溶解度与相同碳链的脂肪醇硫酸盐相似。烷基磷酸酯一般采用中碳醇来加强其溶解性，烷基聚氧乙烯醚磷酸酯的溶解度很大，因此在前处理助剂中使用量占磷酸酯的 2/3。

磷酸酯的表面张力，单酯比双酯高，而三酯又低于双酯，正构醇磷酸酯高于异构醇并随烷基碳链的增长而下降。作消泡剂、渗透剂及润湿剂时常采用辛醇和二甲基己醇经磷酸化制备的磷酸二辛基酯钠盐和磷酸双（2-乙基己基）酯钠盐。磷酸三异丁基酯与非离子表面活性剂适当复配可制成脱泡型润湿剂，如巴斯夫公司的 Leophon M 不溶于水，对水的表面张力几乎无影响，因而不起泡。作消泡剂时，带支链烷基的磷酸酯效果尤佳，如磷酸三异丁基酯和磷酸三（2-乙基己基）酯可以降低溶液的表面张力而使泡沫薄膜中的水分减黏，从而加速破泡。作去污剂双酯的去污力大于单酯，C_{10} 的双酯的去污力最好，在碳数相同的情况下，带支链者去污力较正构者更好。双酯与其他表面活性剂相比，去污力大于牛油醇硫酸钠及十二烷基苯磺酸钠。

净洗剂是由于表面活性剂降低了界面张力而产生润湿、渗透、乳化、分散等多种作用的综合效果，而磷酸酯则具备了上述全部特点，而且还兼具良好的耐调温性能。尤其是烷基聚氧乙烯醚磷酸酯，由于其水溶性好、泡沫和渗透性适中、在碱性溶液中的溶解性及稳定性高，因此在印染前处理中大量应用。它与烷基磷酸酯的特殊复配，在连续式或间歇式煮炼过程中完全可以达到满意的润湿和去垢效果[44]。

8. 含磷药物

在精细磷化工中，含磷药物的研究开发是人们关注的热点。磷是生命中最重要的元素之一，在自然界中广泛分布。例如，含磷酸盐单元是核苷酸的重要组成部分，核苷酸是脱氧核糖核酸（DNA）和核糖核酸（RNA）的基本结构。含磷化合物涉及从生物化学、生物地球化学、生态学、农业到工业的重要过程或功能。例如，最著名的农业和工业应用之一是敌敌畏（DDVP），它曾经是一种广谱杀虫剂和杀螨剂，但由于其抑制乙酰胆碱酯酶的高毒性，自 1998 年以来被禁止使用[45]。含磷药物是一类重要的治疗药物，靶向广泛的疾病。长期以来，它们的发展引起了制药公司和制药行业的极大关注。例如，罗氏公司开发的甲二醇二磷酸钠于 1941 年被批准为维生素 K4 衍生物，用于降低出血风险[46]。根据含磷官能团的结构特征，它们可分为磷酸酯、磷酰胺、膦酸酯、亚膦酸酯、氧化膦、双膦酸酯、磷酸酐等。从机理上讲，这些含磷药物或通过对现有药物的改性来改善其性能，或衍生自生物类似物[47,48]。许多含磷药物被设计为磷酸三酯、膦酸盐、次膦酸盐和氧化膦形式的前药，以实现更高的选择性和生物利用度。与临床给药中未修饰的前药相比，这种用磷官能团修饰的前药物被认为具有更高的极性，并在体内提供更强的氢键[49]。例如，克林霉素磷酸酯单酯是针对细菌感染开发的，并用于各种药物组合，如 Benzaclin®2000、Ziana/Veltin®2006 等[50,51]。合成类固醇，如倍他米松、地塞米松、泼尼松龙、氢化可的松和依司他霉素，已发展为相应的磷酸钠，用于治疗炎症[52-54]。另一种重要的含磷药物是生物类似物。例如，索非布韦是一种 NS5B 聚合酶的核苷酸类似物抑制剂，开发用于丙型肝炎治疗[55-57]，而瑞德西韦是一种抗病毒核苷酸类似物，被授权作为新冠治疗药物紧急使用[58]。

目前，大多数含磷药物被设计为前药，以减少副作用和毒性，提高选择性和生物利用度。这类药物的特征在于磷酸基团和母体药物的羟基之间的直接连接，或者具有带有官能团（如氨基和卤素）的间接连接体。母体药物的溶解度和水亲和力显著提高。虽然在某些情况下，由仲醇和叔醇的磷酸单体衍生的前药（如磷酸钠和磷酸钙）的转化率很低，但它们都是通过化学合成的简单取代而开发的。

在广泛的重要临床应用中，含磷药物的磷酸酐和多磷酸盐衍生物是通过在体内模拟生物化学分子来开发的，包括一些内源性结构（ATP 和 ADP）和酶。例如，在碳原子上具有羟基取代的双磷酸盐通过降低破骨细胞活性，对骨吸收、构建和重建具有活性。未来几代含磷的骨质疏松症药物和其他化学结构更复杂的药物具有相同的优势。

研究表明，从快速发展的临床研究中开发出了各种形式的含磷药物分子，其具有多种生物学活性，包括抗癌、抗菌、抗炎、抗骨质疏松和脑血管循环。表 1-1 列举了一些含磷药物的重要品种和应用。大多数常见的应用都是由于其潜在的优势而不断发展起来的，包括前药修饰和类似于生化实体。可以肯定的是，含磷药物将继续成为临床应用中一类重要的有价值的治疗药物。

表 1-1　含磷药物的重要品种和应用

分类	品种	应用
心血管药	福辛普利钠	抗高血压药
	果糖二磷酸钙	治疗心血管药
	环磷腺苷	抗心绞痛
	腺苷三磷酸	治疗心衰
	肉醇磷酯	强心剂
	磷酸丙吡胺	治疗心室早搏、房颤
	膦地尔	扩张血管
	肌苷磷酸钠	强心剂，治疗心绞痛
抗肿瘤药	环磷酰胺/环磷氮芥	广谱抗肿瘤
	异环磷酰胺	广谱抗肿瘤
	氯膦酰胺	抗肿瘤
	曲洛磷胺	广谱抗肿瘤
	噻替哌	广谱抗肿瘤
	磷酸雌莫司汀	抗前列腺癌
	氟达拉宾	抗胰腺瘤，淋巴瘤
	双二甲磷酰胺乙酯	抗肺癌
	阿仑膦酸钠	治疗骨瘤
抗菌、抗病毒药	膦霉素	广谱抗生素
	磷酸氯洁霉素	抗革兰氏阳性菌感染
	膦甲酸钠	抗病毒
	西多福韦	新型抗病毒药
	替诺福韦	抗艾滋病药
营养康复药	复合磷酸酯酰酶	肝营养康复药
	磷脂颗粒	改善机体新陈代谢

9. 磷系新型功能材料

磷系化合物由于结构的多样性和应用的广泛性，作为新型功能材料，如电子材料、光学材料、生物医学材料、特种材料等正异军突起，在关系国计民生和高新技术的发展中扮演着越来越重要的角色[59]。

羟基磷灰石、磷酸钙生物陶瓷和聚磷酸酯等作为生物医学材料，对于救死扶伤、确保人们身体健康具有重要意义；而且带动新型生物医用材料产业的迅速崛起，生物医用材料及其制品每年以高达 10%的速率递增。

在磷系新型功能材料中最令人瞩目的是磷腈聚合物。聚磷腈是一类骨架由磷和氮原子交替排列的无机高分子化合物，可用通式$[NPX_2]_n$（X=F、Cl、R、OR、NHR 等）表示，聚磷腈结构的多样性导致性质的多功能性，侧链的多种有机取代物赋予聚磷腈化合物新奇优良的特性。除了用作生物医用材料外，其作为高技术材料在航空航天、军事工业、石油化工、光电子工业等领域具有重要的应用[60,61]。迄今，人们制备了数以百计的各种聚磷腈化合物。

例如，聚氟代烷氧基磷腈是优良的低温弹性体材料，某些性能优于氟烃聚合物和氟硅氧烷聚合物，国外商品商标名为“PNF”。又如，含有过渡金属活性基团的聚磷腈是人们重点研究的领域之一，它显示出良好的电学和光学性能，可以制备出导电聚合物、磁性聚合物、高分子电解质材料、液晶材料。

此外，磷系催化剂广泛应用于制备化学品、生物医药和新材料，在催化领域日益受到重视。催化技术是现代化学工业的重要支柱，化学工业的进步和发展与各种新催化剂的研究开发和应用密不可分。在催化剂的研究开发中，手性膦配体配合物作为不对称催化合成的催化剂是极富于挑战性的研究领域[62,63]。1968 年，W. S. Knowles 第一个将手性膦铑配合物（CAMP-Rh）应用于功能化烯烃的不对称氢化反应。1973 年，Knowles 又成功地将这种手性膦配体配合物催化剂应用于治疗帕金森（Perkinson）病的特效药物 L-Dopa 的工业制备中。1988 年，R. Noyori 等发现“超手性膦配体”（*R*）和（*S*）-2,2′-双（二苯膦基）-1,1′-联萘（BINAP），合成了一系列新型手性膦钌配合物，并成功地应用于包括脱氢氨基酸在内的多种前手性 C═C、C═O、C═N 键的不对称氢化，其优异的对映选择性使手性钌配合物成为合成光学活性或生物活性产物的有效催化剂[64]，从而使这些手性膦配体配合物不对称催化成为制取手性醇、手性胺、手性酸、手性氨基酸等手性药物或药物中间体的绿色合成关键技术[65]。表 1-2 列出了目前世界上一些公司应用不对称催化合成技术工业化生产具有光学活性的药物、香料、农用化学品等精细化工产品[66]。

表 1-2　不对称催化在工业中的应用

反应类型	金属	产物	生产公司
氢化	Rh	L-多巴	Monsanto
	Rh	L-苯丙氨酸	Anic, Enichem
	Ru	沙纳霉素	高砂
	Ru	(*S*)-萘普生	Monsanto
	Ru	(*S*)-布洛芬	Monsanto
氢甲酰化	Rh	(*S*)-萘普生	Union Carbide
氢氰化	Ni	(*S*)-萘普生	Dupont
环氧化	Ti	(+)-disparlure	中国科学院上海有机化学研究所
	Ti	缩水甘油	ARCO
	Ti	普萘洛尔	ARCO
	Mn	Cromakatin 类药	E.Merck
环丙烷化	Cu	Cilastatin	住友集团，E. Merck

续表

反应类型	金属	产物	生产公司
异构化	Rh	(−)-薄荷醇	高砂
	Rh	铃兰香料	高砂
羰基还原	B	酶阻滞剂 MK-0471	E. Merck
	Ni	^{14}C-β-羟基酸	Hoffman-LaRoche

值得指出的是，2001 年诺贝尔化学奖授予了 Knowles、Noyori 和 Sharpless 三位化学家，以表彰他们在不对称催化合成研究方面所取得的卓越成就，特别是他们将这些技术应用于多种手性药物和香料等精细化学品的工业合成。这必将对 21 世纪不对称催化合成研究和工业应用产生深远的影响，激励化学家们更加关注精细化学品合成技术的创新和发展。

1.5　磷化工发展的趋势与展望

由于各国工业化进程的加快，资源和能源的大量耗竭，环境保护的压力越来越大，另外，受全球经济复苏缓慢的影响，世界磷化工发展态势正发生深刻的变化，国际化、大型化是当代磷化工发展的新趋势，精细化和专用化是磷化工发展的新特点[67]。

1. 国际化和大型化成为世界磷化工发展的新趋势

由于资源、能源的导向和环境保护政策的调整，近年来国外一些大公司、大企业进行兼并重组、产业结构和布局的调整，致力于发展高科技、高附加值的磷化工产品和技术，以提升技术水平和扩大产品的应用面，增强企业核心竞争能力。最典型的例证就是 Rhodia 和 Al-bright & Wilson 的兼并重组，使 Rhodia 公司成为全球生产精细磷化学品的“领头羊”。同时，IMC 和 Cargill 这两个北美最大的磷肥企业宣布合并成立新美盛公司，其磷矿石的产能占全球的 13.9%，磷肥的产能占全球的 17.1%，钾肥的产能占 15.5%，成为磷肥行业的巨无霸。

2. 精细化和专用化是磷化工发展的新特点

当今国际上知名的大公司无一不是走精细化的发展道路，通过自己的专利技术，大力发展精细磷化工主导产品，以提高核心技术的竞争力。例如，Rhodia、Innophos 等在全球精细磷化工市场中占有很大的份额，在阻燃剂、水处理剂、磷系催化剂、含磷药物以及中间体、表面活性剂等领域加强研究和开发，提高竞争力。又如，美国 Monsanto 公司是全球最大的草甘膦除草剂生产企业，以色列 ICL 公司是世界上最大的磷系阻燃剂生产企业，荷兰 Thermphos 公司是全球最大的食品和药物用磷酸盐制造企业，日本化学和罗莎公司则是全球最大的高纯电子级磷酸生产企业。

3. 多联产、一体化和循环化的特点正越来越凸显出来

多联产就是不同产业或企业间进行耦合共生，拓宽产业幅，无机、有机、化肥联合生产，有利于延伸产业链；而一体化就是原料、产品上下游一体化，磷矿、磷肥和磷酸盐生产一体化；循环化就是发展循环经济，合理利用资源和节省能源，搞好综合利用，加强生态环境的保护。

参 考 文 献

[1] 梁锐. 化学发展简史[M]. 北京: 科学出版社, 1980.
[2] Toy A D F. Phosphorus Chemistry in Everyday Living[M]. New York: American Chemical Society, 1976.
[3] 熊加林, 刘钊杰, 贡长生. 磷化工概论[M]. 北京: 化学工业出版社, 1994.
[4] 贡长生, 梅毅, 何浩明, 等. 现代磷化工技术和应用[M]. 北京: 化学工业出版社, 2013.
[5] 赵玉芬, 赵国辉. 元素有机化学[M]. 北京: 清华大学出版社, 1998.
[6] 曹宝月, 崔孝炜, 乔成芳, 等. 再谈磷的同素异形体(1): 块体磷的同素异形体[J]. 化学教育, 2019, 40(16): 19-30.
[7] 曹福臣, 袁振东. 黑磷的发现及其制备和应用发展史[J]. 化学通报, 2021, 84(2): 185-191.
[8] 宋建利, 石伟勇. 磷细菌肥料的研究和应用现状概述[J]. 化肥工业, 2005(4): 18-20.
[9] 周国萍. 磷在生命化学过程中的作用[J]. 贵州化工, 2008(6): 52-55.
[10] 唐子龙, 郝远强, 刘又年. 基于薄层黑磷的电化学传感器研究进展[J]. 化工进展. 2022, 41(4): 1925-1940.
[11] 王辛龙, 许德华, 钟艳君, 等. 中国磷化工行业 60 年发展历程及未来发展趋势[J]. 无机盐工业, 2020, 52(10): 9-17.
[12] 汤建伟, 许秀成, 化全县, 等. 新时代我国低浓度磷肥发展的新机遇[J]. 磷肥与复肥, 2018, 33(5): 8-15.
[13] 王励生, 金作美. 饲料用脱氟磷酸钙盐的工艺研究[J]. 磷肥与复肥, 2001(1): 14-18.
[14] 王励生. 饲料级磷酸氢钙工程开发新进展[J]. 磷肥与复肥, 1999(5): 3-5.
[15] 曹惠, 黄齐升. 中国磷酸氢钙产业回顾及展望: 寻找变革中的出路[J]. 饲料工业, 2009, 30(17): 63-64.
[16] 李自炜, 周萌, 吴宁兰, 等. 全球饲料磷酸盐生产技术与发展趋势[J]. 无机盐工业, 2016, 48(4): 6-12.
[17] 杨林, 张志业, 陈智勇. 磷酸二氢钾的制备方法综述[J]. 磷肥与复肥, 2004, 19(1): 54-56.
[18] 问立宁, 叶丽君. 我国磷化工产业现状及发展建议[J]. 磷肥与复肥, 2019, 34(9): 1-4.
[19] 范相虎, 周聪, 袁军, 等. 电子级磷酸研发现状及芯片级磷酸展望[J]. 粘接, 2019, 40(5): 61-64.
[20] 张大洲, 龙辉, 卢文新, 等. 电子级磷酸研究现状及发展趋势分析[J]. 化肥设计, 2022, 60(4): 1-4.
[21] Yuan L X, Wang Z H, Zhang W X, et al. Development and challenges of $LiFePO_4$ cathode material for lithium-ion batteries[J]. Energy & Environmental Science, 2011, 4(2): 269-284.
[22] 陈玉华, 余碧涛, 付花荣, 等. 锂离子电池正极材料磷酸铁锂专利申请情况分析[J]. 陶瓷学报, 2014, 35(2): 193-197.
[23] 焦延峰, 余碧涛, 付花荣, 等. 从专利角度分析磷酸铁锂技术[J]. 电源技术, 2017, 41(5): 828-829, 833.
[24] 陆晓挺. $LiFePO_4$正极材料的合成与包覆改性性能影响因素研究进展[J]. 化工设计通讯, 2022, 48(8): 88-89.
[25] 付豪, 陈俊彩, 李宣丽, 等. 六氟磷酸锂的纯化[J]. 化工进展, 2013, 32(11): 2675-2678.

[26] 王洪志，焦传梅. 硅烷偶联剂改性聚磷酸铵的制备及其阻燃热塑性聚氨酯弹性体的性能研究[J]. 青岛科技大学学报(自然科学版), 2018, 39(5): 85-93.

[27] 刘晓双. 磷系阻燃剂的应用及研究进展[J]. 山东化工, 2022, 51(13): 83-84.

[28] 周逸潇，杨丽，毕成良，等. 磷系阻燃剂的现状与展望[J]. 天津化工, 2009, 23(1): 1-4.

[29] 洪晓东，孙超，黄金辉，等. 微胶囊红磷的制备及其阻燃环氧树脂的性能研究[J]. 工程塑料应用, 2012, 40(8): 86-89.

[30] 张亨. 无机磷系阻燃剂[J]. 上海塑料, 2011, 156(4): 1-5.

[31] 魏占锋，郭玉花，原泽坤，等. 微胶囊红磷阻燃木塑复合材料的性能研究[J]. 包装工程, 2020, 41(3): 133-137.

[32] 刘波，兰建武. 一种磷酸酯阻燃剂的合成[J]. 皮革科学与工程, 2007, 17(4): 39-42.

[33] 郭子斌，韩忠强. 酚醛树脂基芳基磷酸酯的合成及其阻燃 PC 性能研究[J]. 塑料科技, 2016, 44(11): 86-91.

[34] 王丹，周浩. 无卤阻燃剂 1, 2-亚乙基双膦酸四甲酯的合成[J]. 精细化工, 2011, 28(4): 389-392.

[35] 黄严，赵云涛. 新型磷酸酯的合成及应用[J]. 现在塑料加工应用, 2015, 27(1): 43-45.

[36] 范望喜，张舟. 苯乙烯基膦酸酯阻燃剂的合成与表征[J]. 涂料工业, 2012, 42(3): 29-31.

[37] 曹东东，李果，王彦林. 甲基硅酸三环膦酸酯阻燃剂的合成与应用研究[J]. 苏州科技学院学报(自然科学版), 2016, 33(4): 44-47.

[38] 高振昊，任向征，苗志伟. 磷系阻燃剂阻燃聚碳酸酯研究进展[J]. 化学通报, 2021, 84(11): 1191-1199.

[39] 王威，贺红武，王列平，等. 有机磷农药及其研发概况[J]. 农药, 2016, 55(2): 86-90.

[40] 叶文玉. 水处理化学品[M]. 北京：化学工业出版社, 2002.

[41] 吴兵，徐瑞银，何绪文，等. 用于循环冷却水处理的新型阻垢剂的合成及性能研究[J]. 环境工程, 2003, 21(5): 13-15.

[42] 孙清，石晓坚，王风贺. 磷系水处理药剂的研究进展[J]. 辽宁化工, 2007, 4: 276-278.

[43] 兰云军，邹祥龙，谷雪贤. 磷酸酯两性表面活性剂的合成及应用[J]. 中国皮革, 2003, 15: 37-40.

[44] 林子云. 磷酸酯类表面活性剂及其应用[J]. 胶体与聚合物, 2004(4): 43-44.

[45] Okoroiwu H U, Iwara I A. Dichlorvos toxicity: A public health perspective[J]. Interdisciplinary Toxicology, 2018, 11(2): 129.

[46] Swarbrick J. Encyclopedia of Pharmaceutical Technology: Volume 6[M]. New York: CRC Press, 2013.

[47] Yao Q, Reng L, Ran M, et al. Review on the structures of phosphorus-containing drugs used in clinical practice[J]. Chemical Reagents, 2019, 41: 139-146.

[48] Rodriguez J B, Rodriguez G C. The role of the phosphorus atom in drug design[J]. ChemMedChem, 2019, 14(2): 190-216.

[49] Karaman R. Prodrugs design: A new era//Karaman. Pharmacology-Research, Safety Testing and Reaction[M]. New York: Nova Science Publisher, Inc. Nova Biomedical, 2014: 112-115.

[50] Thielitz A, Gollnick H. Recent therapeutic developments for acne[J]. Expert Review of Dermatology, 2013, 8: 37-50.

[51] Cambazard F. Clinical efficacy of Velac®, a new tretinoin and clindamycin phosphate gel in acne vulgaris[J]. Journal of the European Academy of Dermatology and Venereology, 1998, 11: 20-27.

[52] Kulkarni P S, Bhattacherjee P, Eakins K E, et al. Anti-inflammatory effects of betamethasone phosphate, dexamethasone phosphate and indomethacin on rabbit ocular inflammation induced by bovine serum albumin[J]. Current Eye Research, 1981, 1(1): 43-47.

[53] Esselinckx W, Bacon P A, Ring E F, et al. A thermographic assessment of three intra-articular prednisolone analogues given in rheumatoid synovitis[J]. British Journal of Clinical Pharmacology, 1978, 5(5): 447-451.

[54] Benson R, Hartley-Asp B. Mechanisms of action and clinical uses of estramustine[J]. Cancer Investigation, 1990, 8(3-4): 375-380.

[55] Pol S, Corouge M, Vallet-Pichard A. Daclatasvir-sofosbuvir combination therapy with or without ribavirin for hepatitis C virus infection: From the clinical trials to real life[J]. Hepatic Medicine: Evidence and Research, 2016: 21-26.

[56] Fung A, Jin Z, Dyatkina N, et al. Efficiency of incorporation and chain termination determines the inhibition potency of 2′-modified nucleotide analogs against hepatitis C virus polymerase[J]. Antimicrobial Agents and Chemotherapy, 2014, 58(7): 3636-3645.

[57] Shiha G, Soliman R, Elbasiony M, et al. Addition of Epigallocatechin gallate 400 mg to Sofosbuvir 400 mg + Daclatisvir 60 mg with or without ribavirin in treatment of patients with chronic hepatitis C improves the safety profile: A pilot study[J]. Scientific Reports, 2019, 9(1): 13593.

[58] Warren T K, Jordan R, Lo M K, et al. Therapeutic efficacy of the small molecule GS-5734 against Ebola virus in rhesus monkeys[J]. Nature, 2016, 531(7594): 381-385.

[59] 贡长生. 我国精细磷化工的发展思路和技术创新[J]. 现代化工, 2006, 12: 1-7.

[60] McWilliams A R, Dorn H, Manners I. New inorganic polymers containing phosphorus[J]. Topics in Current Chemistry, 2002: 141-167.

[61] Gleria M, De Jaeger R. Polyphosphazenes: A review[J]. New Aspects in Phosphorus Chemistry V, 2005: 165-251.

[62] Bruwel J M, Buono G. New chiral organophosphorus catalysts in asym-metric synthesis[M]//Majoral J-P. New Aspects in Phosphorus Chemistry I, Berlin, Heidelberg: Springer-Verlag, 2002, 220: 79-105.

[63] Tang W, Zhang X. New chiral phosphorus ligands for enantioselective hydrogenation[J]. Chemical Reviews, 2003, 103(8): 3029-3070.

[64] Ohkuma T, Kitamura M, Noyori R. Catalytic Asymmetric Synthesis[M]. New York:VCH, 2000.

[65] 贡长生, 单自兴, 等. 绿色精细化工导论[M]. 北京: 化学工业出版社, 2005.

[66] 张生勇, 郭建权. 不对称催化反应——原理及其在有机合成中的应用[M]. 北京: 科学出版社, 2002.

[67] 殷宪国. 精细磷化工发展方向及其技术开发进展[J]. 磷肥与复肥, 2019, 34(9): 17-21.

第 2 章 磷元素地球化学

磷（P）是第 15 号化学元素，处于元素周期表的第三周期、VA 族。在自然界中，磷是普遍存在的一种元素，在地壳中的丰度占第 11 位。磷元素是通过恒星核聚合形成的。虽然其在自然界中存在形式多种多样，但以磷矿石的形式存在为主。磷矿石是重要的、难以再生的战略性非金属矿物资源。人们通过磷矿开采、磷化工生产、农业种植和动物养殖等过程，将矿物磷转化为植物磷和动物磷，以满足人类生存和社会运转的磷需求。

磷是活泼的化学元素，易与氧、硫、卤素和其他金属反应形成化合物，如磷的氧化物、氢化物、硫化物、磷酸和磷酸盐以及磷的有机化合物等。

磷是一种典型的非金属元素，与氧、氟、氯的亲和力强，自然界中通常以+5 价的氧化态存在。因此，磷酸盐是自然条件下最主要的磷化物。此外，由于磷原子具有 sp^3 型杂化轨道，因此它只能形成一种磷酸根离子 PO_4^{3-} 。自然界中磷主要以无机磷酸盐矿物和有机磷酸盐衍生物的形式存在于岩石和土壤中。磷存在于不同的地质作用过程中。全球的磷矿主要有原生磷矿床和次生磷矿床两大类。其中，原生磷矿床按成矿作用又包括沉积型磷矿床、岩浆型磷矿床和变质型磷矿床等三种主要类型[1,2]。目前全球工业开采的所有磷矿石中，沉积型磷矿大约占 85%[3]。

磷是生命体的必需元素，也是粮食生产的重要限制因素。磷矿石的主要用于农业，因为磷是植物生产必不可少的元素之一，它是构成细胞核中核蛋白的重要物质。一旦缺乏磷，作物根系便不发达，叶呈紫色，结实迟，而且果实小。要想农作物生长好，每年都应施用一定量的磷肥。磷矿石主要用于制造磷肥，约占总消费量的 66%，它还可以用来生产黄磷、黑磷、磷酸、有机磷、精细磷酸盐和电子级磷酸盐等各种产品，广泛地用于医药、食品、火柴、染料、制糖、陶瓷、国防和芯片等工业部门[4]。

磷元素的化学特性决定了磷在自然界中的存在形式，也决定了其在生物地球化学循环中“流通”和“转化”的形式。磷在陆地和海洋生态系统中的生物地球化学循环模式是地球系统中大气圈、水圈、岩石圈（地壳、地幔、地核）和生物圈（包括人类）相互作用、相互影响的动态过程。磷的生物地球化学循环不仅调控海洋的初级生产力，而且影响全球气候系统，并决定磷矿资源的形成和分布，与地球上生命的生存繁衍息息相关。人类的工业和农业活动改变了磷的生物地球化学循环过程，造成了磷矿枯竭的资源危机和水体富营养化的环境问题[3]。

随着经济社会的发展和人们生活水平的提高，特别是人口的剧增和饮食结构的多元化，对磷化学品的需求日益增长，从而对磷资源的需求量不断增加，导致磷矿的开采和消费量也逐年增长，磷短缺已与气候变化、水短缺、氮管理并列成为 21 世纪重要的全球问题。近年来，习近平总书记和党中央把粮食安全问题提到了新的高度，在确保粮食安全的链条上，磷矿资源的开发利用和保护是其关键节点。

2.1 磷元素的发现

磷，按照希腊文原意，是“鬼火”。“鬼火”实际是人或动物的尸体腐烂时，身体内所含的磷会被分解成磷化氢，其中常含有易自燃的联膦（P_2H_4），该物质易与空气接触发生自燃，发出淡绿色或淡蓝色的光，又称为冷光。清末，我国化学家徐寿最初从英文中把磷写作“燐”，后来我国化学界统一化学名词，凡在常温下是固态的非金属其部首一律写成“石”，如碘、硫、碳、硼等[5]。在这一背景下“燐”也就改写为“磷”了。

名词“磷”，即“鬼火”，最早出现在公元前 1046～前 771 年的古代中国《诗经》中记载的联膦自燃现象。虽然古人早就有了将骨、鸟粪、粪便等作为肥料用于增加农作物产量的经历，但在化学史上最早发现磷元素的是德国人布兰德（1630—1710）。他信奉炼金术，听人说从尿液中可以制得黄金，于是采用尿液做了大量的试验。1669 年，他将砂、木炭和石灰等与尿液混合，加热蒸馏，虽然没有得到想要的黄金，却意外地得到一种像白蜡一样的物质，这种物质在黑暗的小屋里发出绿色的光。他发现这种绿火不发热，不引燃其他物质，是一种冷光。于是他以“冷光”来命名这种新发现的物质。他所发现的物质，就是我们现在所说的白磷。

德国化学家孔克尔（1630—1703）得知布兰德制得的这种发光物质是从尿液里提取出来的，也开始用尿做试验，1678 年他也取得成功。英国化学家玻意耳和他的助手德国人亨克维茨也独立地从尿中制得了磷，并改进了制备方法，使磷可实现大量生产而成为商品。除了发现磷能发出冷光以外，还发现磷在燃烧后生成白烟，白烟与水作用后生成的溶液具有酸性；磷与碱在一起加热能制得一种气体（磷化氢），这种气体与空气接触能产生缕缕白烟。因此，玻意耳被认为是最早研究磷的性质及其化合物的化学家。

最早研究磷酸的是法国化学家拉瓦锡。1772 年，他将磷放在以汞密封一定量空气的钟罩里使其燃烧，发现一定量的磷能燃烧于某容量的空气中，生成无水磷的白色粉末，比燃烧前约重 2.5 倍，溶于水即成磷酸；燃烧后瓶中的空气约剩原来容量的 4/5。拉瓦锡还发现磷酸可用浓硝酸与磷反应制得。最早制得亚磷酸的是瑞典化学家舍勒。1777 年，他将固体磷棒置于漏斗上，使其在有限的空气中作有烟无焰的燃烧，所得液体即为无水亚磷酸，溶于水则为亚磷酸。1812 年，英国化学家戴维用三氯化磷与水反应制得较纯的亚磷酸。

白磷在空气中易氧化，当氧化到表面积聚的能量使温度达到 40℃时，便达到白磷的燃点而自燃。白磷曾在 19 世纪早期被用于火柴的制作，但白磷有剧毒，而且常常会发生自燃，不安全，直至红磷被发现后才不再用于制造火柴。1845 年，奥地利化学家施勒特尔发现了红磷，并确定了红磷是白磷的同素异形体。红磷由于无毒，在 240℃时燃烧，成为制造火柴的原料，一直沿用至今。

黄磷最早是 1830 年用骨灰、硫酸和炭通过小规模生产制得的，后来也采用熔矿炉法进行了工业化的尝试。1888 年，英国首先采用电炉生产出黄磷。1890 年，英国建立了一台单相悬吊立式电极电炉生产黄磷。1891 年，法国建设了世界上第一台工业磷电炉开始生产黄磷。1914 年，美国南方电气公司建成当时世界上容量最大的黄磷电炉。黄磷成本降低，为磷化物和磷酸盐的生产创造了良好的条件。为了满足热法磷酸和水处理、洗涤剂用磷酸盐以及战争的需要，并进一步降低黄磷生产成本，自 1940 年起，各国竞相建设大容量电炉。在这期间除了研究电炉法制黄磷外，还研究了高炉法制黄磷，但因产品纯度和生产成本等存在难题未能大量推广。

1890 年，热法磷酸在英国第一次生产出来。热法磷酸是生产磷酸盐的重要中间原料，第一次世界大战以后，由于黄磷实现了大规模生产和磷酸盐在水处理方面的应用，热法磷酸有了很大的发展。1927 年，德国用电热法磷酸工业化生产出磷酸钠盐。由于洗涤剂、饲料以及肥料工业对磷酸盐的需求量急剧增长，该工艺自 1948 年以来得到很大发展。但 1970 年以后由于大量使用含磷洗涤剂，江河、湖水富磷化污染，从而限制了磷酸盐的生产，进而限制了黄磷及磷酸盐的产量。

湿法磷酸是比热法磷酸产量大得多的产品，约 10%用于制造磷酸盐。1850 年，湿法磷酸开始生产，主要用于制造磷复合肥料。1870～1872 年，德国实现工业化生产湿法磷酸。

尽管在常规条件下黑磷比白磷和红磷的热力学稳定性更高[6]，但黑磷是三者中最晚被发现的。直到 1914 年，美国物理学家 Bbidgman[7]在对白磷施加高压时观察到白磷相态发生转变，得到新的同素异形体黑磷。

2.2 磷元素的形成

自门捷列夫 1865 年发现元素周期律以来，目前已被发现的化学元素有 118 种，其中地球上有 92 种，其余人工合成 26 种。地球上所有生命和非生命，如矿产、能源、土地、水、大气和生物等自然资源都是由这 92 种化学元素组成的。那么，地球上的这些化学元素是哪里来的？据有关文献资料，地球上化学元素的形成经历了宇宙大爆炸、恒星核聚合和超新星爆炸中子捕获三个阶段（图 2-1）[8]。

第一阶段：第 1 s～30 万年，大爆炸核聚合形成氢和氦。宇宙在 138 亿年前发生大爆炸，第 1 s 内形成了夸克及其他粒子，夸克形成质子和中子。大爆炸 10 s 后，温度降到约 30 亿℃，质子和中子开始结合形成氢、氦类稳定的原子核，宇宙呈等离子体状态。

1 H	宇宙大爆炸																2 He
3 Li	4 Be		恒星核聚变				超新星爆炸中子捕获					5 B	6 C	7 N	8 O	9 F	10 Ne
11 Na	12 Mg											13 Al	14 Si	15 P	16 S	17 Cl	18 Ar
19 K	20 Ca	21 Sc	22 Ti	23 V	24 Cr	25 Mn	26 Fe	27 Co	28 Ni	29 Cu	30 Zn	31 Ga	32 Ge	33 As	34 Se	35 Br	36 Kr
37 Rb	38 Sr	39 Y	40 Zr	41 Nb	42 Mo	43 Tc	44 Ru	45 Rh	46 Pd	47 Ag	48 Cd	49 In	50 Sn	51 Sb	52 Te	53 I	54 Xe
55 Cs	56 Ba	57 La	72 Hf	73 Ta	74 W	75 Re	76 Os	77 Ir	78 Pt	79 Au	80 Hg	81 Tl	82 Pb	83 Bi	84 Po	85 At	86 Rn
87 Fr	88 Ra	89 Ac	104 Unq	105 Unp	106 Unh	107 Uns	108 Uno	109 Une	110 Unn								

超新星爆炸中子捕获

58 Ce	59 Pr	60 Nd	61 Pm	62 Sm	63 Eu	64 Gd	65 Tb	66 Dy	67 Ho	68 Er	69 Tm	70 Yb	71 Lu
90 Th	91 Pa	92 U	93 Np	94 Pu	95 Am	96 Cm	97 Bk	98 Cf	99 Es	100 Fm	101 Md	102 No	103 Lr

图 2-1　元素周期表中元素形成的三个阶段[8]

此后，宇宙温度继续降低，大约持续了 30 万年，质子和电子开始结合形成大部分氢和少量氦。

第二阶段：131 亿年前开始，恒星核聚合形成原子序数小于铁（26）的元素。20 世纪 40 年代，英国天体物理学家弗雷德·霍伊尔提出元素是通过核聚合产生的，通过计算发现这个过程需要极度的压力与数百万摄氏度的高温条件，在宇宙中符合这样的条件只能存在于恒星内部。他计算出太阳有足够的温度来核聚合出碳、氮和氧，3 个氦核聚合成 1 个碳核，碳核再加 1 个氦核生成氧核，这种核聚合反应持续进行，一直到铁原子的形成。铁核作为结合能最高的原子核，是聚变释放能量和裂变释放能量的分界线，聚变反应到铁就停止了。

第三阶段：超新星爆炸形成中子星，原子核捕获中子形成原子序数比铁更大的元素，一直到 92 号元素铀。超新星爆炸温度极高，质子和电子融合形成中子（形成中子星），中子被原子核捕获形成原子序数比铁更大的元素，一直到 92 号元素铀。在太阳形成之前的 90 亿年里，也就是 46 亿年前，元素周期表中这些元素就都已形成了。

地球上的化学元素来源于 46 亿年前太阳系形成过程中捕获的喷洒在太空中的 92 种化学元素。恒星太阳诞生于 46 亿年前银河系中超新星爆炸的废墟中。超新星爆炸形成的星云状尘埃和许多元素构成的气团在引力作用下向中心聚集形成幼体，在漫长的岁月中吞噬旅途中所遇到的超行星爆炸物质残体，体积不断增大，质量不断增加，终于吸引住了一个体积较大的固态物质，这样就形成了行星和卫星系统。由于太阳的引力作用，靠近太阳的四个行星（水星、金星、地球和火星）质量较大，由固态岩石构成，而离太阳远的几个行星（木星、土星、天王星和海王星）则较轻，多呈气态[8]。

随着粒子加速器技术的不断进步，能够进行的核反应也就越来越多。大量的核反应实验数据表明了化学元素的起源途径为[9]：①大爆炸产生氢，氢转化形成氦；②氦燃烧产生了质量数大于 5 的核素，直至 ^{12}C 的形成；③通过（α，γ）反应和（p，γ）反应生成一些中等质量的元素，直到 ^{56}Fe 的形成；④中子辐射俘获再加上 β-衰变的快过程和慢过程也可以产生中等质量的元素，直至其质量数可达 270；⑤通过核裂变和核散变反应得到一些中等质量的核素。核素由质子和中子这两种基本粒子组成，核素中的质子数确定了核素的电荷，质子和中子的总数就是核素的质量数。一个核素有它固定的质子数和中子数，具有相同质子数的核素（同位素）在一起形成一种化学元素。

在太阳内进行核聚合主要的核反应，见反应（2-1）、反应（2-2）和反应（2-3）。

$$^{1}H+^{1}H \longrightarrow (^{2}He) \longrightarrow ^{2}H+e^{+}+\upsilon \tag{2-1}$$

$$^{2}H+^{1}H \longrightarrow ^{3}H+\gamma \tag{2-2}$$

$$^{3}He+^{3}He \longrightarrow ^{4}He+2^{1}H \tag{2-3}$$

随着核聚合反应的进行，体系的温度不断升高，氢核、氦核可以从体系中获得的能量越来越多，达到一定程度就发生核反应产生反应产物。它们的核子数目不断积累，形成核素的质量越来越大，氮、氧、镁、钠、氖、硅、硫、氩、钙、磷等元素也随之产生。直接的核聚合反应见反应（2-4）和反应（2-5）。

$$^{4}He+^{12}C \longrightarrow ^{16}O+\gamma \tag{2-4}$$

$$^{12}C+^{12}C \longrightarrow ^{24}Mg+\gamma \tag{2-5}$$

而另一些核素则由聚合的新核再经历了一次核衰变，或者连续多次的融合叠加衰变形成另一些中等质量的核素，如从 ^{16}O 到产生出 ^{18}O、^{25}Mg、^{31}P 和 ^{39}K，其发生的核过程如图 2-2 所示[9]。

$$^{16}O + ^{1}H \longrightarrow ^{17}F + \gamma$$
$$\downarrow \beta^{-}$$
$$^{17}O + ^{1}H \longrightarrow ^{18}F + \gamma$$
$$\downarrow \beta^{-}$$
$$^{18}O$$
$$^{24}Mg + ^{1}H \longrightarrow ^{25}Al + \gamma$$
$$\downarrow \beta^{+}$$
$$^{25}Mg$$
$$^{18}O + ^{18}O \longrightarrow ^{31}Al + ^{4}He + ^{1}H$$
$$\downarrow \beta^{-}$$
$$^{31}Si$$
$$\downarrow \beta^{-}$$
$$^{31}P$$
$$^{40}Ca + \gamma \longrightarrow ^{39}Ca + ^{1}n$$
$$\downarrow \beta^{+}$$
$$^{39}K$$

图 2-2 ^{16}O 产生 ^{18}O、^{25}Mg、^{31}P 和 ^{39}K 的核过程[9]

地球形成的早期还处于熔融的状态时，由于重力作用，元素不断分异，最重的元素沉入核心，而较轻的元素则构成外层，导致各垂向圈层富集的元素各不相同。地核富集铁（Fe）、硫（S）、镍（Ni）、钴（Co）、锇（Os）、铱（Ir）、铼（Re）、铂（Pt）和金（Au）等元素；地幔富集氧（O）、硅（Si）、镁（Mg）、铁（Fe）和钙（Ca）等元素；地壳富集氧（O）、硅（Si）、铝（Al）、钾（K）、钠（Na）、锶（Sr）、铷（Rb）、磷（P）和铀（U）等元素；水圈富集氢（H）、氧（O）、钠（Na）、镁（Mg）、氯（Cl）、硼（B）、硫（S）和溴（Br）等元素；大气圈富集氮（N）、氧（O）、氢（H）、碳（C）、氖（Ne）、氩（Ar）、氙（Xe）和氪（Kr）等元素[8]。

地球由地核、地幔、地壳以及水圈和大气圈组成，其中地核、地壳和地幔构成了固体地球，地核、地幔和地壳分别约占地球质量的 67.2%、

32.4%和 0.4%，而大气圈和水圈占地球质量不足 0.03%。整个地球元素含量：铁（Fe）占 32.1%，氧（O）占 30.1%，硅（Si）占 15.1%，镁（Mg）占 13.9%，硫（S）占 2.9%，镍（Ni）占 1.8%，钙（Ca）占 1.5% 及铝（Al）占 1.4%。其中地壳中元素含量：氧（O）占 46.6%（质量分数，下同），硅（Si）占 27.7%，铝（Al）占 8.1%，铁（Fe）占 5.0%，钙（Ca）占 3.6%，钠（Na）占 2.8%、钾（K）占 2.6%，镁（Mg）占 2.1%，钛（Ti）占 0.6%，氢（H）占 0.1%，其他占 0.8%[8]。

2013 年，天文学家在仙后座 A 中检测到了磷，证实了磷元素在超新星中是作为超新星核合成的副产品产生的。超新星残骸物质中的磷铁比一般比银河系高出 100 倍，它是在深空发现的两大元素之一，可能给科学家提供有关生命在宇宙里的可能性的线索[10]。因此，磷元素是通过恒星核聚合形成的，而比铁重的原子，如铜、金和铀等，则需要进入超新星爆炸阶段才能形成。

2.3 磷元素的分布

2.3.1 磷在地壳中的分布

磷是自然界中普遍存在的一种元素，在地壳中的丰度占第 11 位，在岩石圈、水圈和生物圈均有分布。磷在地幔中的平均含量为 0.053%（质量分数，下同），在地壳中的平均含量为 0.12%，在岩石圈的平均含量为 0.08%。磷在生物圈内的分布很广泛，主要存在于动植物组织中，也是人体含量较多的元素之一。成人体内含有 600～900 g 的磷，约占人体重的 1%，而人体内 85.7%的磷主要集中于骨和牙，其余散布于全身各组织及体液中。

由于磷易被氧化，常以+5 价状态和氧结合形成稳定的磷酸根，在自然界中以无机化合物[正磷酸盐（orthophosphate）、焦磷酸盐（pyrophosphate）、多聚磷酸盐（polyphosphates）和含磷酸盐矿物（phosphate-containing minerals）]或有机化合物[磷酸单酯（phosphate monoester）、磷酸二酯（phosphate diester）、膦酸酯（dhosphonates）、腺苷三磷酸（ATP）和脱氧核糖核酸（DNA）]的形式存在，没有发现游离状态的磷。磷酸盐是自然条件下最主要的磷的化合物。因此自然界中磷主要以无机磷酸盐矿物和有机磷酸盐衍生物的形式存在于岩石和土壤中[11]。磷的有机化合物中，ATP 是最重要的磷酸盐有机化合物。

磷存在于不同的地质作用过程中。在内生作用中，磷在鲍文反应序列中的最早期以磷灰石的形式结晶分离出来。磷灰石是火成岩中最常见的副矿物，且火成岩中 95%以上的磷都存在于磷灰石中。表生作用中，物理风化作用使岩石破碎，可产生细小的颗粒态磷灰石。化学风化作用中，磷从磷灰石矿物中以溶解态的磷被释放出来，赋存在土壤孔隙水中[3]。

磷灰石是地壳中最常见的天然含磷矿物，在火成岩、变质岩、沉积岩和生物环境中形成。沉积岩中磷主要赋存在碳酸盐氟磷灰石[$Ca_5(PO_4,CO_3,OH)_3(OH,F)$，CFA]中。火成岩中的磷主要赋存在氟磷灰石[$Ca_5(PO_4)_3F$]中[12, 13]。氟磷灰石是一种在成岩早期形成的副矿物，表现为与铁镁矿物相关联的微小的自形晶体。除磷灰石之外，自然界还有300 多种含有磷酸盐的矿物，但这部分矿物占地壳中总磷不足 5%。然而，也有研究表明，磷灰石并不是磷在地壳中赋存的最主要矿物相。磷可以取代硅酸盐矿物中的硅，且不同类型岩石硅酸盐矿物中的硅含量大不相同。因此，各种不同类型的硅酸盐矿物中磷的含量也各不相同，如花岗岩中的长石普遍含有磷[13]。除磷灰石外，在自然界中比较常见的含磷酸盐的无机化合物形成的矿物如表 2-1 所示，其中蓝铁矿是自然界中除自生磷灰石外最普遍的沉积型自生磷矿物相[14]。富含重金属的磷酸盐矿物，如独居石、磷钇矿和磷稀土矿等广泛以微晶形式分布于火成岩和沉积岩中[3]。

表 2-1　自然界中主要的含磷酸盐矿物[3]

矿物名称	化学式
氟磷灰石（fluorapatite）	$Ca_5(PO_4)_3F$
氯磷灰石(chlorapatite)	$Ca_5(PO_4)_3Cl$
羟基磷灰石(hydroxyapatite)	$Ca_5(PO_4)_3OH$
碳酸盐氟磷灰石(CFA)	$Ca_5(PO_4, CO_3, OH)_3F$
钙铀云母(autunite)	$Ca(UO_2)_2(PO_4)_2\cdot 10\sim 12H_2O$
独居石(monazite)	(REE, U, Th) PO_4
磷稀土矿(rhabdophane)	$(REE)PO_4\cdot H_2O$
红磷铁矿(strengite)	$FePO_4\cdot 2H_2O$
磷氯铅矿(pyromorphite)	$Pb_5(PO_4)_3Cl$
绿松石(turquoise)	$CuAl_6(PO_4)_4(OH)_8\cdot 4H_2O$
磷铝石(variscite)	$AlPO_4\cdot 2H_2O$
蓝铁矿(vivianite)	$Fe_3(PO_4)_2\cdot 8H_2O$
银星石(wavellite)	$Al_3(PO_4)_2(OH)_3\cdot 5H_2O$
磷钇矿(xenotime)	(Y, REE) PO_4

地球在形成的初期，各种元素在地球中的分布是均一的，磷也不例外。磷矿的形成本质上是磷元素在地球不同圈层和储库之间运移、累积的结果。相对于整个地球，地壳和地幔中则更加富集磷。地幔中磷的含量为 0.19%，地壳中磷的含量为 0.27%，表明在原始地球圈层分异过程中，磷元素更偏向于进入地球的上部圈层。此外，相对于大陆下地壳，大陆上地壳中磷是亏损的，表明大陆上地壳中的磷在大陆风化的作用下不断流失，并成为地球各圈层中与磷的生物地球化学循环联系最密切的圈层[3]。

全球的磷矿主要有原生磷矿床和次生磷矿床两大类。其中，原生磷矿床按成矿作用可分为沉积型磷矿床、岩浆型磷矿床和变质型磷矿床等 3 种主要类型[1, 2]。目前全球工业开采的所有磷矿石中，沉积型磷矿大约占 85%[1]。沉积型磷矿主要形成于三个地史时期：震旦纪、寒武纪和泥盆纪。关于沉积型磷矿的成因，目前主要流行三种假说：生物成因说[15]、上升洋流说[16]和交代成因说[17, 18]。生物成因说认为海水中生物吸收了海水中的磷质而大量繁殖，生物死亡后遗体下沉并分解，进而聚集形成磷块岩矿床。上升洋流说认为上升洋流从深海底部带来大量富含磷的水体，到达浅海区域，由于压力、pH、CO_2浓度等海水物理化学条件的变化，海水对磷酸盐的溶解度下降，进而促使磷质以无机沉淀的方式沉积下来形成磷块岩。交代成因说认为海相磷块岩是由先前形成的碳酸盐岩被后期富含大量磷质的侵入海水交代形成的[3]。

周强等[3]研究发现大型沉积型磷矿的形成往往取决于生物、洋流和后期交代这三者的共同作用。因此，大型磷矿的形成一般会经历以下过程：①上升洋流带来的富磷水体到达浅海区，使浅海区域水体中磷含量骤然升高；②海水中生物吸收了海水中的磷质而大量繁殖；③生物死亡后壳体的腐烂分解作用导致水体中 pH 减小、CO_2 浓度升高、水体溶解磷的能力增强，促使了磷以沉淀的方式富集初步成矿；④富含大量磷质的海水侵入发生磷酸盐交代作用使磷发生进一步富集，进而形成大型磷矿。然而不同的磷矿在形成过程中可能主要受控于其中一种或两种作用。例如，中国震旦纪陡山沱期磷块岩和梅树村期磷块岩的形成都与生物的作用有着密不可分的联系[19]。

磷矿石由磷矿物组成，其中的主要矿物为磷灰石，主要化学成分是磷酸钙，按附加阴离子的不同，磷灰石有氟磷灰石、氯磷灰石、羟基磷灰石、碳磷灰石、碳氟磷灰石 5 种。根据磷矿石中磷矿物的结构特点，磷矿石类型目前可分为两大类[20]：以隐晶质、显微晶质磷灰石为主的磷块岩型矿石和以显晶质磷灰石为主的磷灰岩与磷灰石型矿石。磷矿的主要脉石矿物包括硅质矿物、硅酸盐类矿物。根据脉石矿物中碳酸盐类矿物的含量以及选矿加工技术特征，可进一步将磷矿石划分为硅质及硅酸盐型（碳酸盐含量<30%）、混合型（碳酸盐含量介于 30%～70%）和碳酸盐型（碳酸盐含量>70%）3 个亚类[21]。

世界磷矿资源分布十分广泛，但分布不均衡。世界磷矿资源主要集中在西北非、中东、北美、中国以及俄罗斯等国家和地区，而欧美、印度等国家和地区对磷矿进口需求均较大，尤其欧盟国家 92%的磷矿依靠进口，欧盟于 2017 年将磷列为 27 种关键矿产之一[22]。据估计，世界磷矿可供开采 300 年以上，而产磷大国摩洛哥的磷矿更是可开采 2000 年以上[23]，总体上世界磷矿可基本满足人类所需。世界磷矿产丰富，据美国地质调查局统计，2019 年世界磷矿储量为 694.88 亿 t，其中磷矿储量达 10 亿 t 以上的有摩洛哥和西撒哈拉、中国、阿尔及利亚、叙利亚、巴西、沙特阿拉伯、南非、埃及、澳大利亚、美国和约旦等 11 个国家/地区（表 2-2）。

表 2-2　2019 年世界磷矿主要资源国磷矿储量[20]

国家/地区	储量/亿 t	占世界总储量/%	世界排名
摩洛哥和西撒哈拉	500	71.95	1
中国	32	4.61	2
阿尔及利亚	22	3.17	3
叙利亚	18	2.59	4
巴西	17	2.45	5
沙特阿拉伯	14	2.01	6

续表

国家/地区	储量/亿 t	占世界总储量/%	世界排名
南非	14	2.01	6
埃及	13	1.87	7
澳大利亚	12	1.73	8
美国	10	1.44	9
约旦	10	1.44	9

据国家统计局的数据，2016 年我国磷矿储量为 32.4 亿 t，占世界的 4.6%左右，居世界第二，但与世界第一的摩洛哥（储量为 500 亿 t）相差甚远，而且中国磷矿丰而不富，贫矿多，富矿少，难选矿多，易选矿少[24]，近 90.8%的磷矿为中低品位磷矿，平均品位 w（P_2O_5）仅 16.85%，远低于摩洛哥（33%）和美国（30%）[25]。在技术上可以利用、具有经济价值的磷矿储量只占总储量的 22%，除少数富矿可直接用于生产磷酸外，多数磷矿需经过复杂的选矿程序才能使用，增加了磷产品生产成本。在磷矿产量方面，近年来中国磷矿石产量稳居世界第一位，2019 年中国磷矿石产量达 9332.4 万 t，中国以不到全球 5%的资源供应了全球 53%以上的需求[26]。相比之下，储量世界第一位的摩洛哥和西撒哈拉 2019 年磷矿产量尽管高居世界第二，但只占世界年度磷矿总产量的 16.07%；美国磷矿产量占世界年度磷矿总产量的 10.23%，俄罗斯磷矿产量占世界磷矿总产量的 6.25%，其余国家的磷矿产量在世界磷矿总产量中的占比均在 5%以下[20]。

2.3.2 磷在水中的分布

1. 水中的磷

磷在水中的含量很不均一，随水在地壳中的空间分布而差异很大。大陆地表水中 PO_4^{3-}含量平均为 0.25 mg/L，大陆地下水平均为 0.06 mg/L，海水中含 PO_4^{3-} 0.07～0.088 mg/L，最高可达 0.31 mg/L。海水中磷的含量随深度、温度、纬度、洋流和季节变化较大。0～50 m 深度的表层海水含磷较低，500～1000 m 深度的海水基本上为磷酸盐所饱和，含磷量最高，1000 m 以下深度的海水含磷量趋于稳定，甚至形成海底磷结核，总储量高达约 3000 亿 t，其分布与寒性洋流的活动有着非常密切的关系[27]。

虽然磷存在很多的化合形态，有不同的分类标准，但天然水中磷的赋存状态一般是溶解态、悬浮态和胶体。磷在水中的赋存形态从物理和化学角度进行分类[27]。

（1）按物理角度分类（借助 0.45 μm 的微孔滤膜）。水体中的磷可分为溶解态磷（DP）和颗粒态磷（PP）。DP 又可以分为溶解态活性磷（DRP）和溶解态非活性磷（DPP），前者包括正磷酸盐、不稳定有机磷酸盐（核酸、磷脂、肌醇磷酸盐、亚磷酰胺、磷蛋白、糖磷酸盐和含磷杀虫剂等）和不稳定无机磷酸盐（无机磷、多磷酸盐和偏磷酸盐等），后者包括胶体磷和稳定有机磷酸盐。按照能否被藻类吸收利用，正磷酸盐又可以分为可反应正磷酸盐（SRP）和视溶态磷（粒径 $<$ 0.45 μm 的无机磷和有机磷）。

PP 可以分为颗粒有机磷（POP）和颗粒无机磷（PIP），前者包括存在于植物、浮游动物、藻类和细菌等体内及残体中的磷（即非矿石磷），后者包括被沉积物、岩石碎屑和黏土等吸附在表面或共存于内部的磷（即矿石磷）。

（2）按化学角度分类。水体中的磷可分为正磷酸盐（PO_4^{3-}、HPO_4^{2-}、$H_2PO_4^-$）、聚合磷酸盐（$P_2O_7^{4-}$、$P_3O_{10}^{5-}$、$(PO_3)_n^{n-}$）和有机磷酸盐（磷脂等），其中 PO_4^{3-}、HPO_4^{2-}、$H_2PO_4^-$和 $P_2O_7^{4-}$等磷酸根离子既能以游离态存在，又可以络合态或化学态存在，如 $Ca(H_2PO_4)_2$、Na_2HPO_4、$Mg_2P_2O_7$和 KH_2PO_4等。聚合磷酸盐可通过解聚反应转化为磷循环中的最终分解产物正磷酸盐，其能被植物直接吸收。

因此，水体中磷的赋存形态直接影响其生物活性及其在水环境中的迁移转化。水体中磷的浓度并非简单的输入、输出、沉降和自净过程，而是受磷的收支平衡、水体沉积物交换平衡、水相生物吸收与分解释放平衡等的多重控制，其地表水体磷赋存形态及其迁移循环如图 2-3 所示。

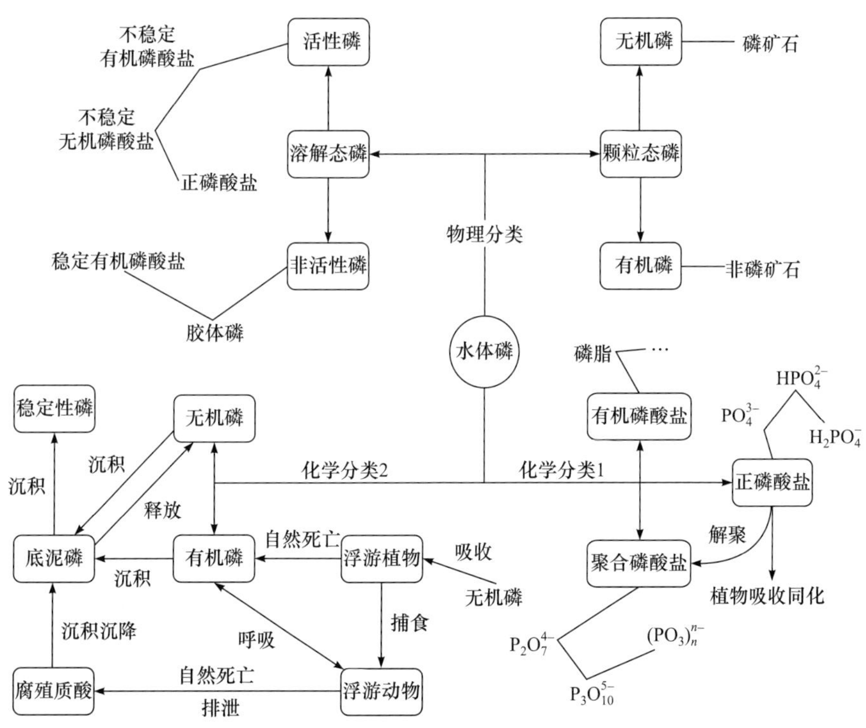

图 2-3　地表水体磷赋存形态及其迁移循环示意图[27]

2. 沉积物中的磷

根据《湖泊富营养化调查规范》，水体沉积物中磷的赋存形态可分为[28]：可溶性磷、铁结合磷（Fe-P）、铝结合磷（Al-P）、钙结合磷（Ca-P）和有机磷（OP）。沉积物中磷的赋存形态也可以总体分为有机形态的磷和无机形态的磷。有机形态的磷大致和一些已知的生物体组成中的含磷有机化合物相似，如植素（菲丁及其衍生物）、核酸、磷脂、磷蛋白和代谢磷酸盐等。无机形态的磷可分为矿物态、代换态和水溶态[29]。①矿物态：包括磷酸铁铝沉积物和磷酸钙镁沉积物两大类型，前者在酸性沉积物中含量较高，后者在中性-碱性沉积物中含量较高。②代换态：包括通过各种引力为沉积物固相吸附的磷酸或磷酸根阴离子，通常以 $H_2PO_4^-$和 HPO_4^{2-}为主。③水溶态：指溶于间隙水中的磷，主要是正磷酸和金属离子与磷酸根形成的可溶性络合物。

磷在沉积物中的各种赋存形态并不是固定不变的，会随着沉积物类型、温度、盐度等水文条件以及一些生物扰动效应而相互转化[28]。例如，藻类等浮游植物对沉积物中 Al-P 和 OP 具有优先吸收的性能。Fe-P 经常被认为是含磷沉积物中赋存形态最易变的，因为它会随环境氧化还原电位（Eh）的变化而改变，从而改变沉积物中磷的各种赋存形态的分配比例。当 Eh 降低时，Fe^{3+}被还原并溶解，同时与 Fe^{3+}结合态的磷就会被活化而进入水体中，与其他离子结合；而 Eh 升高时，Fe^{2+}氧化为 Fe^{3+}重新沉淀。沉积物中磷的各种结合态赋存形态比例也会受盐度的影响，当盐度增加，水体中 Fe^{2+}含量迅速减少，相应的 Fe^{2+}吸附磷的能力就会减弱，而 Ca^{2+}含量相对变高，促使 Fe-P 向 Ca-P 转化。此外，沉积物中磷的各种赋存形态含量与沉积物中 Ca、Al、Fe 的含量相关。当沉积物中 Ca、Al、Fe 的含量受人为污染等因素变化时，磷就会在不同的赋存形态之间发生一系列解吸释放和重新结合等变化过程，从而实现磷在不同赋存形态间转化[30]。因此，Fe-P 在沉积物中的含量可以作为污染的指标之一，利用它可以了解并评价海域在不同历史时期的污染状况。此外，根据磷的不同形态及其相对含量的差异，可以了解并评价海域不同历史时期的污染情况[31]。

由于磷酸盐的沉积物-水界面反应，其对水体 pH 具有缓冲作用。对于磷酸盐的缓冲机制有以下两种观点[32]：①沉淀溶解作用，认为羟基磷灰石[$Ca_5(PO_4)OH$]的沉淀和溶解控制着磷酸盐的浓度。这种观点由 Fox 等提出，他们认为羟基磷灰石与水反应生成表面络合物，这种络合物处于亚稳态，并可分解释放 HPO_4^{2-}。②吸附解吸作用，认为水体悬浮物能从富磷水中吸附磷酸盐，同时也能在低磷水中将磷酸盐释放出来，这样就使磷酸盐浓度保持在一个恒定的范围[28]。

2.3.3 磷在湿地中的分布

湿地是处于水陆交互作用处的自然综合体，湿地土壤中参与水-陆-生物界面交换过程及有效态磷的多少，取决于土壤中磷的赋存形态。湿地中总磷主要由有机磷和无机磷组成，其中每部分又分为溶解态和不溶态（表 2-3），各种赋存形态磷在湿地中的循环和吸收过程受多种因素影响，有的并未完全为人们所了解。

表 2-3 湿地土壤磷的主要赋存形式[33]

	溶解态	不溶态
无机态	正磷酸盐（PO_4^{3-}、HPO_4^{2-}、$H_2PO_4^-$）	黏土-磷的复合体
	$FeHPO_4^+$	金属氢氧化物的磷酸盐
	$CaH_2PO_4^+$	$Ca_{10}(OH)_2(PO_4)_6$
有机态	可溶的有机物如糖磷酸盐	不溶有机物（有机物中束缚的磷）

湿地土壤中吸附或溶解的无机磷约占土壤总磷的70%，而有机磷（包括磷酸肌醇、磷脂、核酸及少量的磷蛋白和磷酸糖及微生物态磷等）约占土壤总磷的30%，每年释放出来的有机磷量为2%～4%，它作为磷源不如无机磷重要。磷的无机赋存形态主要是正磷酸盐，包括PO_4^{3-}、HPO_4^{2-}和$H_2PO_4^-$等离子，哪种离子占优势取决于pH的大小。

2.3.4 磷在土壤中的分布

磷在外生作用条件下在生物圈、岩石圈和水圈进行循环。动植物吸取磷元素变成自身组织中的一种成分。因此，大量生物死亡的堆积，对磷的富集起着重要的作用，鸟粪中含磷很丰富，因而常形成鸟粪磷矿床。根据土壤的酸碱度、有机质、水分、温度、矿物组成、可溶性阳离子性质、氧化还原状况等环境条件，土壤中各种形态的磷进行着固定或释放的转化与循环过程（图2-4）[34]。

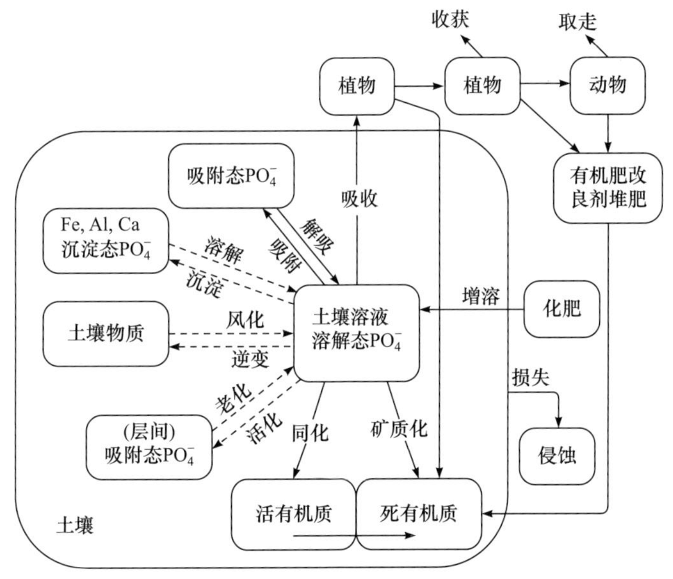

图2-4 土壤中磷的转化和循环[34]

根据土壤中磷的赋存形态也可分为有机态磷和无机态磷，无机态磷又包括矿物态磷、吸附态磷和土壤溶液中的磷。

无机态磷以矿物态磷为主，其含磷矿物主要是石灰性土壤中的磷灰石与酸性土壤中的磷酸铁铝两大类。磷灰石包括氟磷灰石[$Ca_{10}(PO_4)_6F_2$]、羟基磷灰石[$Ca_{10}(PO_4)_6(OH)_2$]和碳酸磷灰石[$Ca_5(PO_4)_3(CO_3)_2$]的混合物或其中间产物。氟磷灰石是原生矿物残留，土壤中的数量不多，含磷量18.44%；羟基磷灰石在土壤中含量最多，是氟磷灰石的同晶替代产物，或由土壤中的磷酸二钙和磷酸三钙转化而来，含磷约19.31%。3种磷灰石中磷的有效性以氟磷灰石最低，碳酸磷灰石最高，羟基磷灰石居中。除磷灰石外，土壤中还有磷酸一钙、磷酸二钙、磷酸三钙、磷酸八钙和磷酸十钙等多种磷酸盐的化合物，以及一系列的水化和含羟基的磷酸钙。其中磷酸一钙、磷酸二钙和磷酸三钙有效性较高，磷酸八钙为缓效性磷源，磷酸十钙只是一种潜在性磷源[35]。

吸附态磷是土壤中被黏土矿物或有机物所吸附的磷酸盐，含量很低，通常以 $H_2PO_4^-$ 和 HPO_4^{2-}为主，PO_4^{3-}很少。吸附态磷一般随pH下降而升高，且能通过pH调节而释放。在相同pH条件下，胶体吸附磷的数量因胶体种类而异，如氧化铁、铝吸附量最大，蒙脱石最少，高岭石介于其间。一般来说，土壤中 SiO_2/R_2O_3 值越小，胶体吸附的磷越多[29]。

土壤溶液中的磷是最有效的部分，也是可供植物直接吸收利用的主要形态，其含量极低，一般只有 0.1～1.0 mg/kg，最低甚至只有 0.1 μg/kg。而正磷酸是磷土壤溶液中磷的主要存在形态，它是一种三元酸，随着氢离子的逐步解离，可形成 3 种不同的磷酸根，即 $H_2PO_4^-$、HPO_4^{2-}和 PO_4^{3-}。在不同的 pH 溶液中，各种磷酸根离子的浓度是不相等的：游离磷酸只有在 pH 4.0 以下的溶液中存在；在 pH 3.0～7.0 范围内，以 $H_2PO_4^-$为主；在 pH 7.0～12.0 范围内，以 $H_2PO_4^-$为主；在 pH 11.0 以下，PO_4^{3-}很少。因此，酸性土壤溶液中的磷酸根以 $H_2PO_4^-$为主，在 pH 7.0 左右时 $H_2PO_4^-$浓度最大[36]。

与无机态磷相比，有机态磷在土壤中具有较大的移动性，被土壤无机矿物的固定程度低，即使是难溶于水的有机态磷经矿化后可持续释放出无机态磷，对作物生长也极为有利[37]。有机态磷包括植酸、核酸、磷脂、磷蛋白、糖脂和磷酸盐等。植酸类有机态磷占土壤有机态磷的 40%～80%，可在植酸酶或植素酶的作用下分解释放出磷酸。核酸类有机态磷占土壤总有机态磷 10%，与植素酶相比，较为容易被磷酸酶水解释放出磷酸和糖类。磷脂、磷酸化糖类等其他有机态磷一般很少，几乎不到有机态磷总量的 1%，且不稳定，易分解。有机态磷占土壤总磷的 10%～15%，有少数耕地土壤甚至达到 50%，草地、森林土壤中有机态磷占总磷的 20%～50%。因土壤母质的不同，土壤中有机态磷占总磷的含量有明显差异，如发育于长江中游老冲积物上的水稻土，有机态磷含量为 0.012%～0.025%，占总磷的 30%～50%；发育于酸性母岩风化物和红壤上的水稻土，有机态磷含量为 0.015%～0.050%，占总磷的 26%～49%；发育于石灰性母岩上的水稻土，有机态磷含量为 0.02%～0.055%，占总磷的 18%～48%[29]。

2.4 元素磷的电子层结构和性质

2.4.1 元素磷的电子层结构

磷（phosphorus），符号 P，是第 15 号化学元素，处于元素周期表的第三周期ⅤA 族，原子量为 30.975。磷的核外电子排布为 $1s^22s^22p^63s^23p^3$。

磷原子的壳层电子结构是 $3s^23p^33d^0$，外层轨道有 5 个电子，其中 3 个不配对，化合价呈−3、0、+1、+3 和+5。磷外层电子从 3s→3d 的激发活化能为 16.5 eV，比相应的氮化合物的 22.9 eV 要低，因而磷原子可利用 3d 空轨道参与形成杂化轨道[38]。

磷原子的第三能级有 3d 空轨道，在形成化合物或单质时可以形成离子键、共价键和配位键，且价电子离原子核较远，受到原子核的束缚力较小[39]。

1. 离子键

P 原子的电负性为 2.1，易从电负性低的原子获得 3 个电子，形成 P^{3-}离子型化合物。如

$$P+3Na \longrightarrow Na_3P \quad (2\text{-}6)$$

由于 P^{3-}离子半径大，电荷高，易变形，易水解，因此在水溶液中不存在 P^{3-}离子，水解溶液显碱性。如

$$Na_3P+3H_2O \longrightarrow PH_3\uparrow +3NaOH \quad (2\text{-}7)$$

2. 共价键

若 P 原子采取 sp^3 杂化态，形成 3 个σ 键，1 对孤对电子，则 P 的化合价呈−3 或+3，分子构型为三角锥形，如 PH_3 和 PCl_3；若 P 原子采取 sp^3 杂化态，形成 4 个σ 键，没有孤对电子，则 P 的化合价呈−3，分子构型为正四面体，如 PH_4^+；若 P 原子采取 sp^3 杂化态，形成 4 个σ 键，1 个π键，没有孤对电子，则 P 的化合价呈+5，分子构型为四面体，如 H_3PO_4 和 $POCl_3$。

P 原子同电负性较高的元素（F、O、Cl）进行化合时，还可以拆开成对的 3s 电子，把多出的 1 个电子激发到 3d 能级上去，从而磷原子采取 sp^3d 杂化态，形成 5 个σ 键，则 P 的化合价呈+5，分子构型为三角双锥形，如 PCl_5。

3. 配位键

+3 价 P 原子上的一对孤对电子可以成为电子对给予体与金属离子配位。膦（PH_3）和它的取代衍生物 PR_3 是非常强的配位体，配位能力比 NH_3 或胺 NR_3 强得多，能形成稳定的膦类配位化合物。这是因为不仅 PR_3 提供配位的电子对，配合物的中心离子还可以向 P 原子的空 d 轨道反馈电子，提高了配离子的稳定性，如 $CuCl\cdot 2PH_3$、$Ni(PCl_3)_4$ 和 $PtCl_2\cdot 2PR_3$ 等。

+5 价 P 原子可以作为配合物的中心原子，利用空 d 轨道接受外来的配位电子对，从而磷原子采取 sp^3d^2 杂化，配位数为 6，如 PCl_6^-。

2.4.2 元素磷的性质

磷在不同条件下的性质各不相同，既可以呈氧化性，又可以呈还原性。VA 族元素间的电负性有明显的差别，氮的电负性最强，铋的电正性最强。电负性是表示原子对价电子的吸引能力。VA 族元素的电负性见表 2-4[40]，其中磷的电负性（2.1）与氢相等，大于硅（1.6）而小于碳（2.5）和氧（3.5）。

表 2-4 VA 族元素的电负性

元素	N	P	As	Sb	Bi
电负性（*E*）	3.0	2.1	2.0	1.8	1.8

磷的氧化态之间的标准电势如下[40]：

酸性介质中：$PH_3 \xrightarrow{-0.89V} P \xrightarrow{-1.73V} PO_2^- \xrightarrow{-1.12V} PO_4^{3-}$ （2-8）

碱性介质中：$PH_3 \xrightarrow{0.06V} P \xrightarrow{-0.50V} H_3PO_3 \xrightarrow{-0.28V} H_3PO_4$ （2-9）

磷是活泼的化学元素，易与氧、硫、卤素和其他金属化合形成化合物，其化合反应主要有以下几种[41]。

（1）磷对氧的亲和力较大，极易被氧化，生成各种氧化物，五氧化二磷是磷氧化后的最终产物，是一种强脱水剂。在+5 价 P 的含氧化合物中，P—O 键有很高的稳定性，P—O 键能为 360 kJ/mol，使（ PO_4^{3-} ）四面体成为一个稳定的结构单元。

$$4P+5O_2 \longrightarrow 2P_2O_5 \quad (2\text{-}10)$$

$$2P_2O_5+6H_2O \longrightarrow 4H_3PO_4 \quad (2\text{-}11)$$

正磷酸是磷的含氧酸中最重要的一种。在氧气不足时，则生成三氧化二磷（即亚磷酸酐）：

$$4P+3O_2 \longrightarrow P_4O_6(2P_2O_3) \quad (2\text{-}12)$$

（2）磷在氢氧化钠水溶液中加热生成次亚磷酸钠和磷化氢气体：

$$4P+3NaOH+3H_2O \xrightarrow{\triangle} 3NaH_2PO_2+PH_3\uparrow \quad (2\text{-}13)$$

（3）磷与卤素直接作用，能生成+3 和+5 价两系列的卤化物：

氯气中燃烧： $2P+3Cl_2 \xrightarrow{\triangle} 2PCl_3$ （2-14）

氯气过量时： $PCl_3+Cl_2 \longrightarrow PCl_5$ （2-15）

（4）磷还能与氢、硫等元素作用，生成相应的各种化合物。

磷是氮族元素在自然界中唯一不以游态状态存在的元素，通常以磷酸盐矿物形态存在于地壳中。磷的化合物中，最重要的是磷酸钙盐，常见的是磷灰石，它除了含有磷酸钙[$Ca_3(PO_4)_2$]外，还含有氟化钙（CaF_2）或者氯化钙（$CaCl_2$）。磷在高温高压下具有亲铁性。在金属相陨石中磷呈负三价，它的氧化还原电位很低，常以磷铁镍钴矿[$(Fe, Ni, Co)_3P$]的形式出现。

磷单质及各种化合物间的相互转化一般以单质磷或湿法磷酸为起点进行制备，两者均以磷灰石为原料。单质磷需要通过磷灰石的高温炭还原反应获得，而湿法磷酸是磷灰石与强酸（硫酸、盐酸或硝酸及其混合强酸）溶液直接反应制备，进而通过相应的反应制得磷的氧化物、氢化物、硫化物、磷酸和磷酸盐以及磷的有机化合物等。

1. 单质磷的制备

目前，全世界每年工业生产约百万吨的单质磷（又称热法黄磷）的生产工艺，由磷酸钙、硅石和炭混合，在电炉中加热，经高温还原制得[42]。

$$4Ca_5(PO_4)_3F+18SiO_2+30C \longrightarrow 3P_4\uparrow+30CO\uparrow+18CaSiO_3+2CaF_2 \quad (2\text{-}16)$$

$$2Ca_3(PO_4)_2+6SiO_2+10C \longrightarrow P_4\uparrow+10CO\uparrow+6CaSiO_3 \quad (2\text{-}17)$$

该过程也可以看作是磷酸钙中的五氧化二磷（P_2O_5）先被硅石中的二氧化硅（SiO_2）置换出来，再被碳在高温下还原得到单质磷[41]。

$$3CaO \cdot P_2O_5+3SiO_2 = 3CaSiO_3+P_2O_5 \quad (2\text{-}18)$$

$$2P_2O_5+10C = P_4\uparrow+10CO\uparrow \quad (2\text{-}19)$$

此时产生的磷蒸气经水洗冷却后在盛有水的收集槽中凝固，一般得到的为黄磷。

2. 磷的氧化物[43]

磷的氧化物一般为 P_4O_{10}、P_4O_6 与$(PO_2)_n$ 三种。磷在空气中燃烧一般得到 P_4O_{10} 与 P_4O_6 的混合物；在过量的氧气中燃烧时生成 P_4O_{10}。45～50℃的白磷通以 N_2、O_2 混合气体即得 P_4O_6。一般在不充足的氧与温度低于 100℃时多生成 P_4O_6；在密闭管内加热 P_4O_6 至 200℃可生成$(PO_2)_n$。

$$nP_4O_6 \xrightarrow{\triangle} 3(PO_2)_n+\frac{n}{4}P_4 \quad (2\text{-}20)$$

隔绝空气将 P_4O_{10} 加热至 400℃，使其分解也可制得$(PO_2)_n$。

P_4O_{10} 为白色雪花状六角晶体，熔点 420℃，在 359℃升华，在空气中吸湿，迅速潮解，广泛地用作强干燥剂。P_4O_{10} 的生成焓极高，很稳定，也是很弱的氧化剂，与有限量的水作用生成偏磷酸$(HPO_3)_x$。

$$xP_4O_{10}+2xH_2O \longrightarrow 4(HPO_3)_x \quad (2\text{-}21)$$

P_4O_{10} 与较多的水作用时生成焦磷酸（$H_4P_2O_7$），最后可生成正磷酸：

$$P_4O_{10}+6H_2O \longrightarrow 4H_3PO_4+3.69\times10^5\ \text{kJ/mol} \quad (2\text{-}22)$$

P_4O_6 是白色蜡状晶体，熔点 23.8℃，沸点 173.5℃，有蒜味，剧毒，在空气中会缓慢地被氧化。P_4O_6 在空气中被加热至 70℃即着火，生成 P_4O_{10}；隔绝空气加热可被分解为 P_8O_{16} 与红磷。P_4O_6 缓慢地溶于冷水制得亚磷酸（H_3PO_3）；其在热水中不稳定，易发生歧化反应生成磷酸与膦：

冷水： $$P_4O_6+6H_2O \longrightarrow 4H_3PO_3 \quad (2\text{-}23)$$

热水： $$P_4O_6+6H_2O \longrightarrow PH_3+3H_3PO_4 \quad (2\text{-}24)$$

$(PO_2)_n$ 是无色有光泽的结晶，常压下不能熔融，也不被分解，但能直接升华。

3. 磷的氢化物[43]

磷的氢化物称为膦。膦（PH_3）为气体，无色，有臭鱼般腥味，剧毒，微溶于水，是一种强还原剂，着火点 150℃，沸点−87.5℃，凝固点−135℃。膦受热时易分解。纯膦在空气中不能自燃。联膦（P_2H_4）常温下是无色液体，沸点 52℃，凝固点−99℃，在保存中会逐渐分解为 PH_3 与 P_4。联膦与水不发生反应，常温下在空气中可自燃。

磷与氢混合很难直接发生反应，然而在密闭的容器中 300 atm 下加热至 350℃，可以生成膦，但产率很低。

$$\frac{1}{2}P_4+3H_2 \rightleftharpoons 2PH_3+20.9\ kJ/mol \quad (2-25)$$

将白磷与苛性钾或苛性钠的水溶液加热制得膦，同时夹杂部分联膦，而联膦易发生自燃。

$$P_4+3KOH+3H_2O \rightleftharpoons PH_3\uparrow+3KH_2PO_2 \quad (2-26)$$

为了制备纯净的膦，可采用碘化膦同水或 KOH 溶液作用而制得。

$$PH_4I+KOH = PH_3\uparrow+KI+H_2O \quad (2-27)$$

也可将金属磷化物水解来制取。

$$Ca_3P_2+6H_2O = 2PH_3\uparrow+3Ca(OH)_2 \quad (2-28)$$

4. 磷的硫化物[43]

熔融的白磷能溶解硫。由于白磷与硫的反应过于剧烈，一般是在惰性气氛（如 CO_2），且温度高于 230℃时用红磷与硫反应制得硫化磷；若是常温，则需要高压条件下才能反应得到硫化磷。硫化磷主要有 P_4S_3、P_4S_7 和 P_4S_{10}，其中 P_4S_3 是黄色结晶，熔点 172℃，沸点 407℃，普通温度下较稳定；P_4S_7 是几乎白色的结晶，熔点 310℃，沸点 523℃；P_4S_{10} 是灰黄色结晶，熔点 290℃，沸点 514℃。在干燥的空气中，普通温度下它们都较为稳定，受热时着火燃烧。受潮时，P_4S_7 与 P_4S_{10} 会慢慢水解生成磷的含氧酸，并产生 H_2S 气体。

5. 磷酸和磷酸盐[43]

磷酸是磷的含氧酸中最稳定的。在自然界中元素磷以磷酸盐的形式存在。五氧化二磷与水作用可以生成多种含氧酸。根据所加合的水分子数目，可以分为下列几种。

$$P_4O_{10}+2H_2O = 4HPO_3\text{（偏磷酸）} \quad (2-29)$$

$$3P_4O_{10}+10H_2O = 4H_5P_3O_{10}\text{（三聚磷酸）} \quad (2-30)$$

$$P_4O_{10}+4H_2O = 2H_4P_2O_7\text{（焦磷酸）} \quad (2-31)$$

$$P_4O_{10}+6H_2O = 4H_3PO_4\text{（正磷酸）} \quad (2-32)$$

正磷酸被强热脱水也会逐步分解生成焦磷酸和偏磷酸。

$$2H_3PO_4 \xlongequal{213℃} H_4P_2O_7+H_2O \quad (2-33)$$

$$H_3PO_4 \xlongequal{300℃} HPO_3+H_2O \quad (2-34)$$

磷酸是无色晶体，熔点 42℃，在空气中立即潮解，无毒，通常以浓浆状的 85%水溶液出售。焦磷酸呈软的玻璃状，熔点 61℃，易溶于水。偏磷酸则是聚合体，其组成为$(HPO_3)_x$（$x=2\sim6$），为无色玻璃状体，约在 40℃熔化。

磷酸是一种中强的三元酸，有磷酸二氢钠（NaH_2PO_4）、磷酸一氢钠（Na_2HPO_4）和磷酸钠（Na_3PO_4）三种盐类，其中磷酸钠称为正盐，其余两种称为酸式盐。PO_4^{3-}离子无色，因此磷酸盐一般也无色。所有的磷酸二氢盐都易溶于水，而磷酸氢盐和正盐中，只有钠盐等少数几种可溶于水。

磷酸钠（Na_3PO_4）、三聚磷酸钠（$Na_5P_3O_{10}$）和聚偏磷酸钠$(NaPO_3)_x$都是水的软化剂，聚偏磷酸钠是长链聚合体，称为六偏磷酸钠，是一种最常见的磷酸盐玻璃体，没有固定的熔点，在水中有很大的溶解度，但不恒定。

次磷酸（H_3PO_2）是一种无色晶体的一元酸，由单质磷和磷酸在200℃时反应制得，熔点26.5℃，易潮解，在水溶液中电离式为：

$$H_3PO_2 \rightleftharpoons H^+ + H_2PO_2^- \tag{2-35}$$

次磷酸盐有毒，易溶于水，但其碱土金属的盐水溶性较小。

亚磷酸（H_3PO_3）是一种无色固体，熔点73℃，易溶于水。

6. 磷的有机化合物[40]

磷的有机化合物种类繁多，含有一个P—C键或者P—H键的称为膦。按磷的化合价分类，可分为+3价和+5价两大类，前者至少具有一个O—P键，称为亚磷（膦）酸及其衍生物，后者含有P═O结构，称为磷（膦）酸及其衍生物。

亚磷（膦）酸及其衍生物中磷原子呈+3价。亚磷酸以“ous”为后缀，其相应的酯以“ite”为后缀；含有P—C键时以“nous”为后缀，其相应的酯以“nite”为后缀（表2-5）。

表2-5　常见的几种亚磷（膦）酸及其衍生物[40]

化学式	名称	英文名称
$(HO)_3P$	亚磷酸	phosphorous acid
$HP(OH)_2$	亚膦酸	phosphonous aicd
$H_2P(OH)$	次亚膦酸	phosphinous aicd
$(RO)_3P$	亚磷酸三烷基酯	trialkyl phosphite
$RP(OR^1)_2$	*O,O*-二烷基烷基亚磷酸酯	*O,O*-dialky1 alkylphosphonite
$R_2P(OR^1)$	*O*-烷基二烷基次亚膦酸酯	*O*-alky1 dialkylphosphinite

磷（膦）酸及其衍生物中磷原子呈+5价。磷酸以“ic”为后缀，其酯以“ate”为后缀；含有P—C键时，以“nic”为后缀，其酯以“nate”为后缀（表2-6）。常见的几种磷氢化合物及其衍生物如表2-7所示。

表2-6　常见的几种磷（膦）酸及其衍生物[40]

化学式	名称	英文名称
$(HO)_3P{=}O$	磷酸	phosphoric acid
$HP(O)(OH)_2$	膦酸	phosphonic aicd
$H_2P(O)(OH)$	次膦酸	phosphinic aicd

续表

化学式	名称	英文名称
$(RO)_3P{=}O$	三烷基磷酸酯	trialkyl phosphate
$(OR)_2P(O)R^1$	*O*,*O*-二烷基烷基膦酸酯	*O*,*O*-dialky1 alkylphosphonate
$ROP(O)R^1_2$	*O*-烷基二烷基次膦酸酯	*O*-alky1 dialky1phosphinate

表 2-7 常见的几种磷氢化合物及其衍生物[40]

化学式	名称	英文名称
H_3P	膦	phosphine
$H_3P(O)$	氧化膦	phosphine oxide
$H_3P(S)$	硫化膦	phosphine sulphide
PH_5	膦烷	phosphorane
PH_4^+	膦阳离子	phosphonium cation
PH_6^-	六氢磷酸根负离子	hexaphosphate anion
Me_3P	三甲基膦	trimethyl phosphine
$Et_3P(O)$	氧化三乙基膦	triethyl phosphine oxide
$Bu_3P(S)$	硫代三丁基膦	tributyl phosphine sulfide
ph_5P	五苯基膦烷	pentaphenyl phosphorane

2.5 磷的生物地球化学循环

磷的生物地球化学循环是地球生态系统中最特别的沉积型循环之一。无人类活动干扰情况下的大陆风化过程中，地壳中最主要矿物岩石（氟磷灰石）中的磷并不能被生物直接利用，而是需要溶解形成正磷酸盐才能被生物吸收并参与到海洋生物地球化学循环当中，其生物地球化学循环过程见图 2-5，其过程具体表现为[3]：大陆风化作用将矿物岩石中的磷灰石以溶解态和颗粒态的形式释放出来（过程 1），通过河流、大气、地下水等方式搬运到海洋（过程 2）。大部分颗粒态的磷进入海洋后直接沉积在近岸海域的陆架上，约占总输入磷的 90%[44]。而溶解态的磷对海洋的磷循环具有主要贡献，约占总输入磷的 10%[45]。这些颗粒态的磷与溶解态的磷经河流

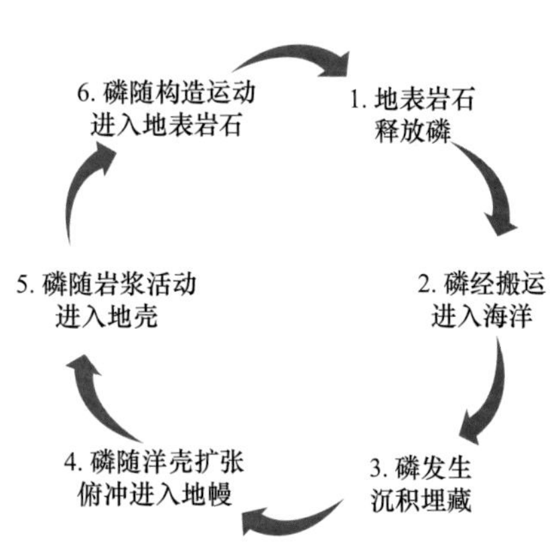

图 2-5 磷的生物地球化学循环示意图[3]

搬运后，直接在近岸海底沉淀，最终都会转化为磷灰石（过程 3）。这些磷灰石随洋壳扩张俯冲作用进入地幔，再随岩浆活动进入地壳，最终随构造运动进入地表岩石（过程 4～6）[44]。

在土壤中磷的难溶性和难移动性使得大多数自然生态系统中磷的流失量很低，完成这一过程可能需要花费上亿年，这意味着在人类存在的时间尺度上，磷矿是一种不可再生资源。但是随着人口激增和现代技术的快速发展，人类活动对自然界磷循环的干预日益增强，磷的迁移过程逐步由以地质作用为主导向以人类活动为主导转变，且流动速度加快，迁移转化路径复杂化[3]。

磷的生物地球化学循环主要表现在陆地和海洋生态系统中的循环，前者包括大气圈、陆地水圈、陆地岩石圈、陆地生物圈，后者包括大气圈、海洋水圈、海洋岩石圈、海洋生物圈，二者既相对独立，又密不可分。

2.5.1 磷在陆地生态系统中的循环

磷在陆地生态系统的循环是磷在陆地生态系统内以各种途径输入和输出，还包括植物与土壤、各营养级生物之间、生物体内和土壤内部的迁移转化（图 2-6）。

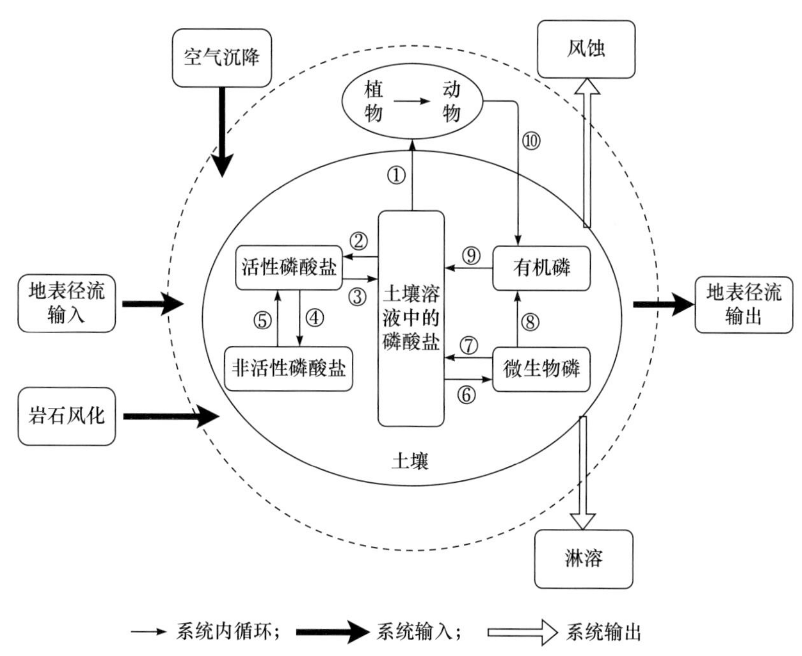

图 2-6 陆地生态系统磷循环概述[3]

① 植物吸收；② 微生物吸收；③ 吸附和沉淀；④ 解吸附、溶解；⑤ 矿化；⑥ 动植物归还；⑦、⑩ 微生物释放；⑧ 固定；⑨ 活化

在陆地生态系统中，磷几乎都以磷灰石的形式赋存于岩石和土壤，且随着土壤的发育和时间的推移，磷越来越多地从矿物中释放出来，与其他物质结合在一起，不断通过地表和地下径流流失，土壤中的磷被大量迁移至海洋，与此同时土壤底部磷灰石风化形成的磷慢慢补充地表径流流失的磷[3,46]。

自然生态体系中，磷输入的主要途径为矿物岩石的风化、地表径流和空气沉降；而人工生态系统中，磷输入的最主要途径是施肥。因此，凡是影响岩石风化与空气沉降的气候、地形、土壤发育阶段、植被覆盖状况、物候、周围环境条件等因素都对生态系统的磷输入有影响。虽然大多数磷的循环研究都采用小流域的方法，不需考虑地表径流输入，但对海岸生态系统和地势低的陆地生态系统进行研究时，地表径流输入与输出同等重要。自然陆地生态系统磷的输出途径主要有地表径流、沿土壤剖面的淋溶和风蚀，系统输出的磷多以正磷酸盐、磷酸二酯和磷酸单酯等磷酸盐形式随着地表径流被带出生态系统，进入地表水[3]。

土壤中+5 价的磷非常稳定，几乎没有氧化和还原作用，大多以各种有机磷酸盐和无机磷酸盐存在，且无机磷酸盐占比较有机磷酸盐大得多。由于土壤溶液中可溶性磷酸盐易于被土壤颗粒、有机质和其他矿物吸附、络合、沉降以及土壤微生物吸收固定，参与生物循环的磷仅仅是土壤总磷的很小的部分。土壤中不同形态磷的转化和植物对磷的吸收利用一直是陆地生态系统磷循环的研究重点。生物活动对于磷的活化有着强烈的促进作用，主要包括[47]：①植被从根际释放有机酸和二氧化碳以降低土壤溶液 pH，从而加速磷灰石的溶解。②植被吸收溶解的磷用于生命活动，降低土壤溶液中磷的浓度以促进磷灰石溶解。③植被根系和菌根的生长。现今陆地生命活动广泛存在，正常环境下无生物参与和有生物参与的对比研究难以进行[3]。

2.5.2 磷在海洋生态系统中的循环

磷在海洋生态系统中主要的输入途径为河流输入、大气输入和地下水输入。对于近大陆边缘环境，磷主要通过河流被运输到海水中[48]；大气沉积在远离大陆的海域中发挥更大的作用[49]；而海底地下水对磷的循环也起着重要作用[50]。

河流输入的磷主要是颗粒有机磷（POP）、颗粒无机磷（PIP）、溶解有机磷（DOP）和溶解无机磷（DIP）[51]，其中 PIP 占其中的绝大多数，POP 次之，DOP 和 DIP 最少。人类活动前，河流每年搬运 9～17 Tg 磷到海洋中[11]。而在人类活动后，河流每年向海洋中搬运的磷的总量为 21～31 Tg[52]，且溶解态磷的总通量增加，达到了 4～6 Tg/a[53,54]，约为人类活动前的两倍。

大气输入的磷约占海洋磷输入总量的 5%，其通量约为 1 Tg/a[55]。这种通过大气输入的磷在远离海岸的区域更为重要[49]，通常以有机和无机化合物的形式存在于气溶胶中，且有机和无机化合物比例大致相同[56]。其中无机磷主要与铁氧化物结合，或与钙、镁、铝、铁等元素结合[57]，而有机磷的存在形式尚不清楚。

输入到海洋中的磷一般以溶解态和颗粒态形式存在，而溶解态的磷主要有无机磷化合物、有机磷化合物和大分子胶体磷[11]。其中最主要的是可溶性活性磷（soluble reactive phosphorus，SRP），主要由 DIP 组成，也包括其他一些容易水解的无机磷和有机磷[51]。可溶性非活性磷（soluble nonreactive phosphorus，SNP），主要为 DOP（蛋白质、碳水化合物和脂质），也包含无机聚磷酸盐[11]。由于浮游植物的光合作用，大多数表层海水的磷酸盐浓度接近于零[44]。因此，海水中的 DIP 在海洋深度剖面中展示出表面耗竭和深层富集的特征趋势[11]。在深海区域，由于下沉颗粒物的不断积累和再生，DIP

浓度随着深层海水年龄的增大而增长，表现出表层耗竭和深层富集的特征，而 DOP 浓度则相反，在表层海水中浓度较高，主要是因为合成这些有机化合物的海洋生物大多生存在表层海洋中[58]。这些 DOP 大部分被细菌水解为 DIP，随后被生物体迅速吸收和利用，只有一小部分被转移到深海。因此，随着海水深度的增加，DOP 的浓度通常较低。海洋中总磷、无机磷和有机磷在不同深度的通量随季节变化，且随深度的增加而显著降低。这表明了海洋磷循环在时空上的复杂性和高度上的可变性[3]。

海洋中的磷不断在有机态和无机态、颗粒态和溶解态之间发生着转化。DIP 被浮游植物吸收并转化为有机磷化合物进入食物链。在此期间被吸收的磷主要通过生物的排泄物和死亡残体以 DOP 和 DIP 的形式回到海水中[59]。有机结合态的磷（POP 与 DOP）必须先经过水解生成正磷酸盐才能够被生物体直接利用，此过程发生在整个水体中。细菌和浮游植物合成的酶（磷酸单酯酶、磷酸二酯酶、核酸酶、核苷酸酶、激酶）可以催化 POP 与 DOP 水解释放磷酸盐，然后将其吸收[59]。因此，细菌和浮游植物是海水中 POP 与 DOP 向 DIP 转化的主要驱动者[3]。

2.5.3 磷的生物地球化学循环模型

磷在地球系统中的循环可以大致分为陆地生态系统和海洋生态系统。陆地生态系统参与循环的储库主要有：磷矿（8300 Tg）、土壤（95000 Tg）和陆生生物（470 Tg）[60]；海洋生态系统参与循环的储库主要有：表层海水（3100 Tg）[11]、海洋生物（100 Tg）[60]和深层海水[11,44,45]。陆地生态系统和海洋生态系统之间相对独立又密不可分。磷在陆地生态系统中的循环是一个地表岩石中的磷不断被地表径流搬运流失的过程。因此，陆地生态系统是全球磷生物地球化学循环的源。磷在海洋生态系统中的循环是一个海水中的磷不断通过类似生物泵的效应传递到海底沉积物中的过程。因此，海洋生态系统是全球磷生物地球化学循环的汇[3]。

人类活动前，磷在源和汇之间的转化主要受到气候环境、风化作用和构造作用的控制。人类的工业和农业活动作为一种新的地质营力极大地影响和改变了磷的生物地球化学循环过程，使陆地生态系统输入海洋生态系统的磷的通量提升了 0.5～3.0 倍[48]。这个过程不但加速了磷矿资源的消耗，而且这些额外输入海洋的磷会造成海洋初级生产力激增，产生大规模的水体富营养化现象，从而改变大气成分，进而产生气候效应。气候变化不但会对大陆风化的速率产生影响，还会对人类的工业和农业活动产生影响。这个过程是十分复杂的，很难去控制这个动态循环的过程。因此，需要找到调控当前磷循环的有效方法，以维持未来的粮食生产并保持河流、湖泊和海洋的健康[3]。

参考文献

[1] 薛珂，张润宇. 中国磷矿资源分布及其成矿特征研究进展[J]. 矿物学报, 2019, 39(1): 7-14.

[2] Gerald S, Bernhard G, Ingrid W, et al. Efficiency developments in phosphate rock mining over the last three decades[J]. Resources, Conservation & Recycling, 2015, 105: 235-245.

[3] 周强，姜允斌，郝记华. 磷的生物地球化学循环研究进展[J]. 高校地质学报, 2021, 27(2): 183-199.

[4] Cordell D, Neset T S S. Phosphorus vulnerability: A qualitative framework for assessing the vulnerability of national and regional food systems to the multidimensional stressors of phosphorus scarcity [J]. Global

Environmental Change, 2014, 24: 108-122.
[5] 陈潜. 磷与社会[J]. 化学教育, 1994(2): 1-4.
[6] Keyes R W. The electrical properties of black phosphorus[J]. Physical Review, 1953, 92(3): 580-584.
[7] Bbidgman P W. Two new modifications of phosphorus[J]. Journal of the American Chemical Society, 1914, 36(7): 1344-1363.
[8] 王学求, 吴慧. 化学元素: 地球的基因[J]. 国土资源科普与文化, 2018(3): 4-11.
[9] 李虎侯. 化学元素的形成和地球年龄——为侯德封先生百年诞辰而作[J]. 第四纪研究, 2000(1): 30-40.
[10] Koo B C, Lee Y H, Moon D S, et al. Phosphorus in the young supernova remnant cassiopeia A[J]. Science, 2013, 342(6164): 1346-1348.
[11] Paytan A, Mclaughlin K. The oceanic phosphorus cycle[J]. Chemical Reviews, 2007, 107: 563-576.
[12] Filippelli G M. The global phosphorus cycle: past, present, and future[J]. Elements, 2008(4): 89-95.
[13] Manning D A C. Phosphate minerals, environmental pollution and sustainable agriculture[J]. Elements, 2008(4): 105-108.
[14] Egger M, Jilbert T, Behrends T, et al. Vivianite is a major sink for phosphorus in methanogenic coastal surface sediments[J]. Geochimica et Cosmochimica Acta, 2015, 169: 217-235.
[15] 陈其英, 陈孟莪, 李菊英. 沉积磷灰石形成中的生物有机质因素[J]. 地质科学, 2000, 35(3): 316-324.
[16] Baturin G N. Phosphorites on the Sea Floor-origin, Composition and Distribution[M]. New York: Elservier Scientific Publishing Company, 1981.
[17] 叶连俊, 陈其英, 刘魁梧. 工业磷块岩物理富集成矿说[J]. 沉积学报, 1986, 4(3): 1-22.
[18] Baturin G N. The origin of marine phosphorites[J]. International Geology Review, 1989, 31(4): 327-342.
[19] 高磊. 贵州织金寒武系磷块岩中生物的结构特征及与成磷关系分析[D]. 贵阳: 贵州大学, 2019: 1-3.
[20] 吴发富, 王建雄, 刘江涛, 等. 磷矿的分布、特征与开发现状[J]. 中国地质, 2021, 48(1): 82-101.
[21] 邵厥年, 陶维屏, 张义勋. 矿产资源工业要求手册[M]. 北京: 地质出版社, 2010.
[22] De Boer M A, Wolzak L, Slootweg J C. Phosphorus: Reserves, production, and applications[J]. Phosphorus Recovery and Recycling, 2019: 75-100.
[23] 郝庆. 中国磷矿资源开发利用现状及建议[J]. 科学, 2014, 66(5): 51-55.
[24] 刘建雄. 我国磷矿资源开发利用趋势分析与展望[J]. 磷肥与复肥, 2009, 24(2): 1-4.
[25] 孙小虹, 陈春琳, 王高尚, 等. 中国磷矿资源需求预测[J]. 地球学报, 2015, 36(2): 213-219.
[26] 崔荣国, 张艳飞, 郭娟, 等. 资源全球配置下的中国磷矿发展策略[J]. 中国工程科学, 2019, 21(1): 128-132.
[27] 崔键, 杜易, 丁程成, 等. 中国湖泊水体磷的赋存形态及污染治理措施进展[J]. 生态环境学报, 2022, 31(3): 621.
[28] 江永春, 吴群河. 磷的沉积物-水界面反应[J]. 环境技术, 2003, 21: 16-19.
[29] 袁可能. 植物营养元素土壤化学的若干进展[J]. 土壤学进展, 1981(3).
[30] 岳维忠, 黄小平. 近海沉积物中氮磷的生物地球化学研究进展[J]. 台湾海峡, 2003, 22(3): 407-414.
[31] 阳立平, 曾凡棠, 黄海明, 等. 环境介质中磷元素的迁移转化研究进展[J]. 能源环境保护, 2015, 29(5): 1-7.
[32] 余恒, 王红磊. 黄河河口磷酸盐的缓冲作用探讨[J]. 四川环境, 1999, 18(3): 40-43.
[33] 王国平, 刘景双. 湿地生物地球化学研究概述[J]. 水土保持学报, 2002, 16(4): 144-148.
[34] 曾宪坤. 磷的农业化学(Ⅲ) [J]. 磷肥与复肥, 1999(3): 54-57.
[35] 蒋柏藩, 顾益初. 石灰性土壤无机磷分级体系的研究[J]. 中国农业科学, 1989, 22(3): 58-66.
[36] 于君宝, 刘景双, 王金达, 等. 典型黑土 pH 值变化对营养元素有效态含量的影响研究[J]. 土壤通报, 2003, 34(5): 404-408.

[37] 向万胜, 黄敏, 李学垣. 土壤磷素的化学组分及其植物有效性[J]. 植物营养与肥料学报, 2004, 10(6): 663-670.
[38] 常雁红. 有机化学[M]. 北京: 冶金工业出版社, 2016.
[39] 车云霞, 申泮文. 化学元素周期系[M]. 天津: 南开大学出版社, 1999.
[40] 刘纶祖, 刘钊杰. 有机磷化学导论[M]. 武汉: 华中师范大学出版社, 1991.
[41] 白天和. 热法加工磷的化学及工艺学[M]. 昆明: 云南科学出版社, 2001.
[42] 曹宝月, 崔孝炜, 乔成芳, 等. 再谈磷的同素异形体 (1)——块体磷的同素异形体[J]. 化学教育, 2019, 40(16): 19-30.
[43] 汪大洲. 钢铁生产中的脱磷[M]. 北京: 冶金工业出版社, 1986.
[44] Filippelli G M. The global phosphorus cycle[J]. Reviews in Mineralogy and Geochemistry, 2002, 48(1): 391-425.
[45] Wiliam H S. Biogeochemistry: An Analysis of Global Change[M]. Waltham: Academic Press, 2013.
[46] McDowell R W, Sharpley A N. Approximating phosphorus release from soils to surface runoff and subsurface drainage[J]. Journal of Environmental Quality, 2001, 30(2): 508-520.
[47] Pawlik Ł, Phillips J D, Šamonil P. Roots, rock, and regolith: Biomechanical and biochemical weathering by trees and its impact on hillslopes—A critical literature review[J]. Earth-Science Reviews, 2016, 159: 142-159.
[48] Ruttenberg K C. The global phosphorus cycle[J]. Treatise on Geochemistry, 2003, 8: 682.
[49] Mahowald N, Jickells T D, Baker A R, et al. Global distribution of atmospheric phosphorus sources, concentrations and deposition rates, and anthropogenic impacts[J]. Global Biogeochemical Cycles, 2008, 22(4).
[50] Paytan A, Shellenbarger G G, Street J H, et al. Submarine groundwater discharge: An important source of new inorganic nitrogen to coral reef ecosystems[J]. Limnology and Oceanography, 2006, 51(1): 343-348.
[51] Benitez-Nelson C R. The biogeochemical cycling of phosphorus in marine systems[J]. Earth-Science Reviews, 2000, 51(1-4): 109-135.
[52] Smil V. Phosphorus in the environment: Natural flows and human interferences[J]. Annual Review of Energy and the Environment, 2000, 25(1): 53-88.
[53] Wallmann K. Phosphorus imbalance in the global ocean?[J]. Global Biogeochemical Cycles, 2010, 24(4).
[54] Liu Y, Villalba G, Ayres R U, et al. Global phosphorus flows and environmental impacts from a consumption perspective[J]. Journal of Industrial Ecology, 2008, 12(2): 229-247.
[55] Duce R A, Liss P S, Merrill J T, et al. The atmospheric input of trace species to the world ocean[J]. Global Biogeochemical Cycles, 1991, 5(3): 193-259.
[56] Chen Y, Mills S, Street J, et al. Estimates of atmospheric dry deposition and associated input of nutrients to Gulf of Aqaba seawater[J]. Journal of Geophysical Research: Atmospheres, 2007, 112(D4).
[57] Ridame C, Guieu C. Saharan input of phosphate to the oligotrophic water of the open western Mediterranean Sea[J]. Limnology and Oceanography, 2002, 47(3): 856-869.
[58] Aminot A, Kérouel R. Dissolved organic carbon, nitrogen and phosphorus in the NE Atlantic and the NW Mediterranean with particular reference to non-refractory fractions and degradation[J]. Deep Sea Research Part I: Oceanographic Research Papers, 2004, 51(12): 1975-1999.
[59] Cotner J B, Biddanda B A. Small players, large role: Microbial influence on biogeochemical processes in pelagic aquatic ecosystems[J]. Ecosystems, 2002, 5: 105-121.
[60] Yuan Z, Jiang S, Sheng H, et al. Human perturbation of the global phosphorus cycle: Changes and consequences[J]. Environmental Science & Technology, 2018, 52(5): 2438-2450.

第 3 章

磷元素无机化学

3.1 引言

1669 年，德国商人布兰德(H. Brand)对人尿进行强热蒸发时得到一种与白蜡类似的物质，其在黑暗的小屋里闪闪发光，这种绿光不发热，不引燃其他物质，是一种冷光。于是，他就以“冷光”的意思命名这种新发现的物质为“磷”。磷的拉丁文名称 phosphorum，就是“冷光”之意。

磷是第 15 号化学元素，符号 P，在元素周期表的第三周期 VA 族。磷存在于人体所有细胞中，是维持骨骼和牙齿的必要物质，几乎参与所有生理上的化学反应。磷还是使心脏有规律地跳动、维持肾脏正常机能和传达神经刺激的重要物质。此外，在实际的工农业生产、科研中，磷及其化合物占有着非常重要的位置[1]。

3.2 磷的存在

磷在地壳中的丰度为 0.142%，介于氯（0.228 %）和碳（0.134%）之间。

磷在自然界中主要以磷酸盐的形式存在，目前人们发现了 200 余种磷酸盐矿，其中磷灰石和磷矿岩最具有工业价值。磷灰石的组成接近于 $M_5(PO_4)_3X$，M 为 Ca^{2+}，X 为 F^-、Cl^-、OH^-。Ca^{2+}在有些情况下也能被 Na^+、Mg^{2+}、Ba^{2+}、Pb^{2+}、Sr^{2+}、RE（稀土）等取代。地壳中约 95%的磷以磷灰石矿物的形式存在，分布很广，几乎存在于所有的火成岩中（平均含量为 0.13%）。在俄罗斯科拉半岛上有着世界上最大的磷灰石矿（火成岩）。

目前世界上磷矿的年产量已超过 2.2 亿 t，其中约 80%是由美国、摩洛哥、俄罗斯、突尼斯等国开采的。我国具有丰富的磷矿资源，已探明的资源储量仅次于摩洛哥和美国，居世界第 3 位。云南、贵州、四川、湖南和湖北等省份是我国主要磷矿资源储藏地区，储量达 98.6 亿 t，占全国总储量的 74.5%。

高品位的磷灰石矿（P_2O_5 含量大于 30%）能直接用于生产，而低品位的需经过浮选富集后再用。纯的氟磷酸钙中 P_2O_5 含量约为 42.22%，F 含量约为 3.77%[或 92.2%的

$Ca_3(PO_4)_2$]。由于实际矿物中存在着共晶取代物，P_2O_5 的平均含量约为 40%，F 的为 2.8%～3.4%，相当于 87% $Ca_3(PO_4)_2$。摩洛哥磷矿的品位较高，P_2O_5 含量约为 34%，相当于 74% $Ca_3(PO_4)$[2]。

人们将矿石中的磷元素通过化学方法加工成两大类磷化工产品：一类是磷肥如磷酸一铵、磷酸二铵及磷酸氢钙等；另一类则是磷酸及磷酸盐，如三聚磷酸钠、磷酸氢钙等，用于工业、农业、食品、饲料、日化、医药等领域。约 70%的磷矿用于生产磷肥，其余用来提取黄磷，进一步制造磷酸及其他磷酸盐系列产品。此外，随着新能源汽车的快速发展，新的磷化工产品磷酸铁锂的需求日益增长。

磷矿不仅是提取磷的原料，也是提取钙、氟、稀土、铀的原料。例如，美国佛罗里达州磷矿中含 U_3O_8 约 0.018%，摩洛哥等地磷矿中含 U_3O_8 0.001%～0.016%，南非、挪威等地火成岩磷矿中含 U_3O_8 0.001%～0.03%。渤海湾沉积物中铀的平均含量为 1.6～6.3 ppm。

3.3 磷的单质

在工业上，将磷酸钙、石英砂和炭粉的混合物在电弧炉中熔烧还原可制得单质磷。

$$2Ca_3(PO_4)_2+6SiO_2+10C \xrightarrow{1400\sim1500℃} 6CaSiO_3+P_4+10CO\uparrow$$

磷的同素异形体较多，有 4 种重要的同素异构体：白磷、红磷、紫磷及黑磷。4 种磷均有几种变体，白磷有两种变体，红磷有多种变体，黑磷则有四种变体[3]。

在隔绝空气条件下，将白磷加热到 533 K，可转变为红磷，将红磷加热到 689 K 时升华，其蒸气冷凝又可转变为白磷。将高压白磷蒸气加热急冷可转变为钢灰色固体黑磷。

$$\text{红磷} \underset{689\ \text{K以上}}{\overset{\text{加热到}533\ \text{K}}{\rightleftharpoons}} \text{白磷} \xrightarrow[\triangle]{1215.9\ \text{MPa},\ 473\ \text{K}} \text{黑磷}$$

$$\text{白磷} \xrightarrow{823\ \text{K}} \text{紫磷}$$

3.3.1 白磷

将磷蒸气通入水面下迅速冷却可得到凝固的白磷，由于白磷表面容易生成氧化物而略带黄色，也称为黄磷。白磷为蜡状物质，质地软，熔点为 44.1℃，沸点为 280℃，着火点为 313 K。密度为 1.82 g/cm^3，不溶于水，易溶于 CS_2、PCl_3、$POCl_3$、SO_2(l)、NH_3(l)，能溶于 Et_2O、C_6H_6 等有机溶剂中。白磷在空气中会逐渐氧化积聚热量达到燃点（313 K），容易引起自燃，因此应将其封存于水中。白磷是剧毒物质，服入 0.1 g 白磷即可使人中毒死亡。工业上用白磷制备高纯度的磷酸，由于磷燃烧生成 P_2O_5 时，有烟雾产生，因此可用来制造烟雾弹。

白磷在低温蒸气中或在 CS_2 溶剂中以四面体的 P_4 分子存在（图 3-1），其为分子晶体，易溶于非极性溶剂。白磷蒸气温度较高时，存在着 P_4 与 P_2 的解离平衡。当温度到

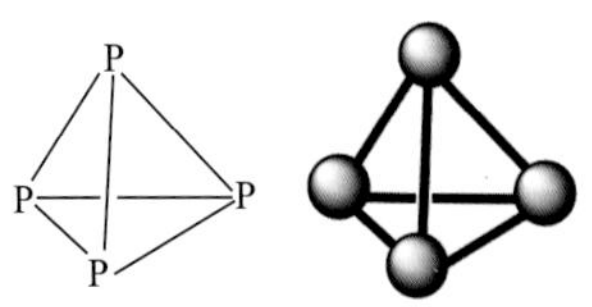

图 3-1 白磷 P_4 的分子结构

达 1073 K 时，少量 P_4 可解离为 P_2，在 1173～1473 K 间 P_4 和 P_2 处于平衡态。P_2 为 P≡P，键长约为 189.5 pm，当温度高于 2473 K 时，P_2 解离为 P。

$$P_4(g) \xlongequal{} 2P_2(g)$$

白磷有两种变体，立方体心晶格的 α 型和斜方晶体的 β 型，α 型可以转变为 β 型。

$$\text{“高”温下稳定的}\alpha\text{型} \xrightarrow[196.3\ \text{K}]{101.325\ \text{kPa}} \text{“低”温下稳定的}\beta\text{型}$$

在 P_4 分子中，P—P 键长为 221 pm，P—P—P 键角为 60°。每个 P 原子用它的 3 个 p 轨道与另外三个 P 原子的 p 轨道间形成三个σ 键，这种纯 p 轨道间的键角理应为 90°（由于 P_4 分子中的 P—P 键含有少量的 s、d 轨道成分），实际上为 60°。p 轨道的对称轴与键轴之间存在一定的偏角，导致电子云不能沿着对称轴方向重叠从而形成了有张力的分子，所以 P_4 分子有张力，使得 P—P 键的键能较弱（201 kJ/mol），易断裂，因此白磷有较强的化学活性。

3.3.2 红磷

红磷的颜色由深红色、褐色到紫色。一般大晶体呈紫色，粉末状固体呈深红色。红磷有光泽，无毒，不溶于水、碱和 CS_2 中。红磷有几种变体，它们的密度在 2.0～2.4 g/cm^3 之间，熔点在 585～600℃，沸点约 200℃，着火点约 240℃。红磷加热升华，但在 4300 kPa 压强下加热至 590℃可熔融。气化后再凝华则得白磷。难溶于水、二硫化碳、乙醚、氨等，略溶于无水乙醇，无毒无气味，燃烧时产生白烟，烟有毒。红磷的化学活动性比白磷差，不发光。磷在常温下稳定，难与氧反应。以还原性为主，与卤素、硫反应时皆为还原剂。

红磷有多种结构，其中一种结构是由 P_4 分子中的一个 P—P 键断开，转变成等边三角形连成的链状的巨大分子（图 3-2）。

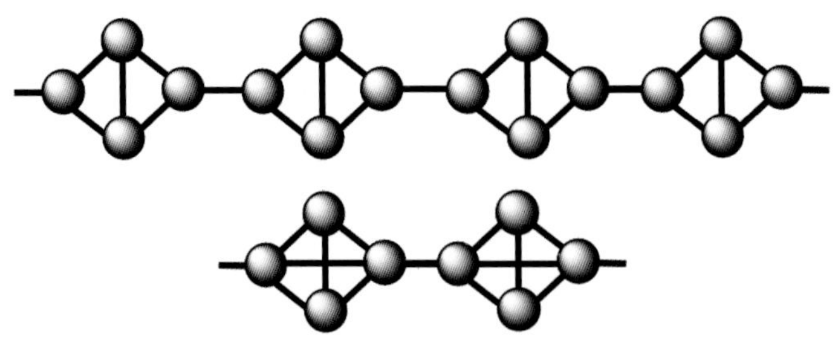
图 3-2 红磷的一种分子结构

白磷在 523～623 K 下转化为红磷。紫外光也能促进白磷转化为红磷，所以纯的白磷应保存在暗处。此外，磷蒸气和热钨丝接触，在 473～698 K 时，也可得到无定形红磷。红磷用于生产农药、火柴。火柴盒侧面的涂层就是红磷和三硫化二锑的混合物。

红磷、紫磷统称为赤磷。赤磷为紫红色无定形粉末，有光泽，无毒。它的密度为

2.1～2.3 kg/m^3，熔点为 592.5℃，沸点为 725℃。它在一般情况下不发磷光，也没有毒，并不易着火。它具有较高的稳定性，不溶于水、二硫化碳、苯和其他能溶解黄磷的溶剂，微溶于无水乙醇，溶于碱液。赤磷在空气中氧化很慢，直至 265℃才燃烧，密度为 2.2～2.3 kg/m^3。赤磷受热直接升华，但升华后的赤磷蒸气冷凝又生成白磷[4]。

赤磷是一种不稳定物质，在常温下与空气中水分和氧气作用，将产生磷化氢和次磷酸，同时放热，若大量赤磷堆存在空气中会发生自燃。铜、铁、锡和镍等金属屑能显著地加速赤磷的氧化，铅和铬略能促使赤磷的氧化，而铝和锌则能缓和赤磷的氧化。商品赤磷中经常含有铁屑和铜屑，有时分别高达 250 mg/kg 和 30 mg/kg，使得赤磷的稳定性较差。通常先采用 5%的硫酸及 5%的氰化钠溶液煮洗，再用 1.5%的氢氧化钠煮洗，以除去铁屑和铜屑等金属物质，使含铁量从 250 mg/kg 降至 5 mg/kg，含铜量从 30 mg/kg 降至 3 mg/kg。经此处理后赤磷的稳定度是未处理的 15 倍。将氢氧化铝沉淀在赤磷的外表面也可以有效地阻止赤磷氧化[5]。

3.3.3 黑磷

黑磷是磷单质中最稳定的一种同素异形体，其密度比红磷大，为 2.70 g/cm^3，不溶于普通溶剂中。黑磷有多种晶型，结构与石墨相似，呈片层结构，磷原子通过共价键互相连接成网状结构（图 3-3）。黑磷略显金属特性，能导电。

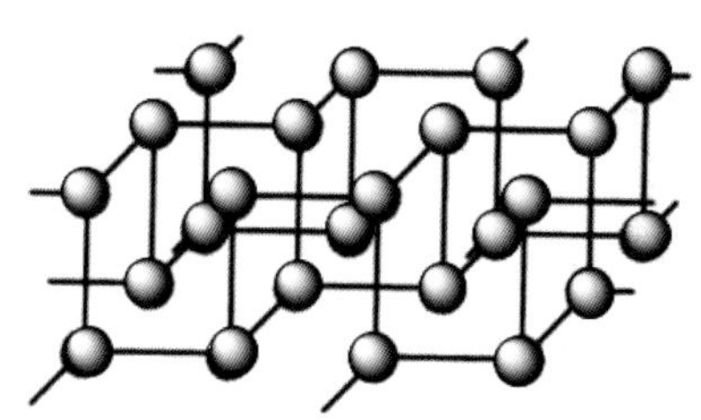

图 3-3　黑磷的分子结构

常温常压下黑磷呈层状的正交晶型结构，其空间群类型为 *Cmca*，晶胞沿主轴三个方向的长度分别为 a = 0.33133 nm、b = 1.0473 nm、c = 0.4374 nm，层间距约为 0.53 nm[6]。黑磷是具有直接带隙的 p 型半导体，这种结构的半导体表现出很好的电学性质，其块体结构的电子和空穴迁移率分别达 220 cm^2/(V · s)和 350 cm^2/(V · s) [7]。

黑磷具有类似石墨的层层堆叠结构，层与层之间通过弱的范德华力相互作用，而层内则通过较强的共价键相连接。黑磷由 6 个磷原子组成的六元环结构单元组合成层状结构，每一个磷原子通过 sp^3 杂化轨道与相邻的另三个磷原子结合，s-p 轨道使得褶皱层状十分稳定，每个 sp^3 轨道中有五个电子，原子之间通过共价键饱和[8]。

随着压强的增大，黑磷的结构会发生变化。2010 年，Clark 等[9]研究发现，当压强增大至约 5 GPa 时，黑磷开始由半导体的正交结构向半金属的六方结构转变，当压强进一步增大至约为 10 GPa 时，黑磷转变为金属性的简单立方结构。特别有意思的是，金属性黑磷在温度降至 6 K 时展现出了超导特性。

黑磷的单层结构又被称为磷烯（phosphorene），一般呈蜂窝褶皱状，与石墨烯中的碳原子结构类似，每个磷原子与其相邻的三个磷原子相连，形成一个稳定的环状结构，每个环状结构由六个磷原子组成，由于成键类型为 sp^2 杂化，黑磷的化合键结构在常温常压下很稳定（图 3-4）。块状黑磷内部每个单层通过弱范德华力相互作用，因此黑磷可通过机械剥离法得到磷烯。由于单层黑磷特殊的褶皱结构降低了其对称性，因此黑磷晶体的各种性质存在着平面内各向异性[10]。

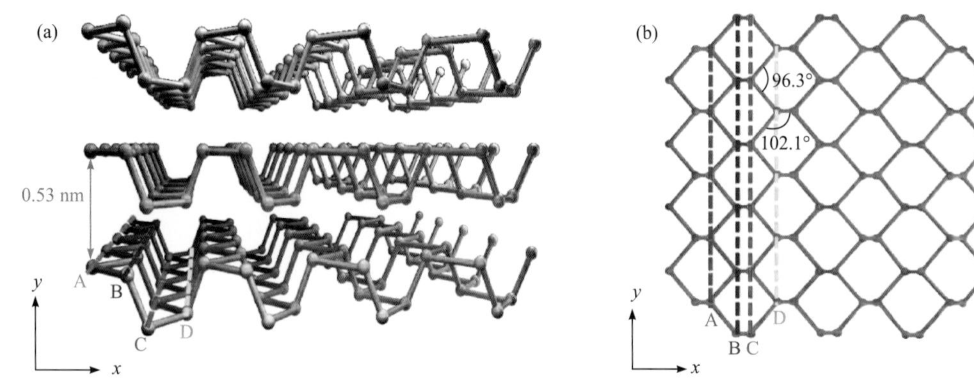

图 3-4　黑磷的晶体结构和带结构

(a) 黑磷晶格侧视图，层间距为 0.53 nm；(b) 单层黑磷晶格的顶视图[11]

黑磷具有弯曲和褶皱结构，使其具有较多优异的性能，如可调的直接带隙、高的载流子迁移率、强的各向异性（光学各向异性、导热各向异性、载流子迁移各向异性和力学性能各向异性等）、高的理论比容量和良好的导电性等，因此黑磷在许多领域将有良好的应用前景[8]。

黑磷的制备方法主要有：高压转化法、球磨法、铋熔化法、矿化法和溶剂热法等。高压转化法和球磨法通过高压使红磷或白磷发生相变，进一步转化为黑磷。高压转化法制备的黑磷重现性较好，但是制备成本高，难以实现低成本及规模化制备[12]。球磨法制备黑磷所需时间长，黑磷晶型差异大，制备条件苛刻。铋熔化法和矿化法是在常压下加入催化剂降低反应活化能来制备黑磷[13]。铋熔化法制备的黑磷中含有大量金属铋，需要用强酸将其脱除，产生的废液造成环境污染。以锡、碘、磷等化合物在密闭石英管中催化红磷蒸气转化形成黑磷的矿化法是目前黑磷制备的主流方法，但是其以价格高昂的红磷为原料，且制备效率低[14]。

黑磷是一种具有广泛应用潜力的材料，其独特的物理和化学性质使其在锂电池、太阳能电池、氢能源、芯片制造、通信、医疗等多个领域展现出巨大的应用价值。黑磷层平面内的高载流子迁移率使其在高性能光电器件领域有巨大应用前景。黑磷的能带跨越了带隙为 0 的石墨烯和带隙相对较大的过渡金属二硫族化合物，覆盖了较宽的电磁波谱。无论黑磷厚度如何，其带隙始终是带隙可调的直接带隙，在高效光探测和光发射方面具有明显优势。带隙对垂直电场很敏感，并且可以通过外部偏置电压动态调谐，此外，利用黑磷的可饱和吸收特性，可实现黑磷的全光调制。黑磷晶体结构的不对称性导致其具有折射率、消光系数和激子效应等各向异性光学特性，在光探测和光偏振的光子器件中具有巨大的潜在应用前景。

黑磷具有的与厚度相关的直接带隙（0.3～2.1 eV）、强可见光和近红外光吸收能力、高载流子迁移率、平面内结构的各向异性、低毒性和良好的生物兼容性，使得黑磷可作为分解水和其他光氧化还原反应的催化剂。

基于黑磷理化性质，通过简单表面修饰手段，设计精准黑磷纳米药物也成为肿瘤治疗主要思路，其中就包括功能分子（如药物、siRNA、基因等）递送、光热治疗、光动力治疗、声动力治疗，以及基于以上治疗策略的多模协同治疗。黑磷在生物成像中的应用主要依赖于其优异的近红外光热效应、生物相容性和生物可降解性。黑磷量子点具有荧光信号，可与生物体内多种物质发生内滤效应。基于这一特性，黑磷量子点常被设计成生物传感器。

3.3.4 紫磷

紫磷的发现：19 世纪 80 年代，奥地利化学家施勒特尔将单质磷放在密闭容器中，经过 8 天 260℃的处理，得到一些紫红色物质，这些磷单质密度远大于普通磷单质，施勒特尔命名为“无定形态磷”。1885 年，希托夫将白磷和铅按 1∶30 比例混合，加热至熔融状态，从混合物熔融体中缓慢冷却结晶，得到磷的一种紫红体，将其命名为“紫磷”，但他认为这是一种金属性磷。1909 年，德国化学家德姆卡尔等利用含磷金属电解液在 6%醋酸和醋酸铅的混合溶液中（二者以 1∶4 的比例混合）分离出几乎呈方形横截面的微小板状紫磷晶体。1969 年，德国科学家瑟恩和克雷布斯基于如前所述两种方法制备出紫磷并报道了其晶体结构。2019 年，西安交通大学张锦英课题组利用化学气相传输法，以无定形红磷为磷源、$Sn+SnI_4$ 为传输剂成功合成毫米级紫磷单晶，并测出其晶体结构。

紫磷为紫红色固体，密度 2.36 g/cm^3，起始热解温度达到 512℃以上（高出黑磷 52℃），熔点为 590℃，不溶于水和有机溶剂。其晶体结构如图 3-5 所示。

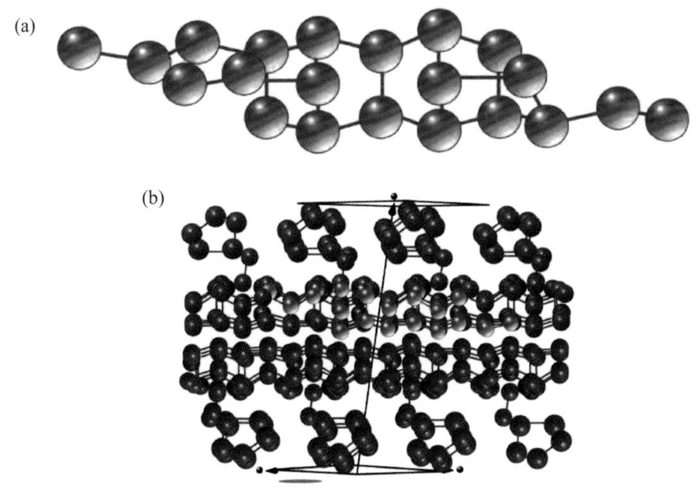

图 3-5　紫磷的晶体结构

紫磷的晶体结构特征：基本组成单元是由-P_2-P_8-P_2-P_9-循环构成的管状结构，管状结构平行排列成一个平面，构成一系列平行平面，上下两个相邻的平面间管状结构走向互相垂直，两个平行面间相邻的两个垂直排列的管状结构之间通过最近邻的两个 P9 的顶点原子互相连接构成紫磷烯。

紫磷的理论计算载流子迁移率[1307 cm^2/(V·s)]明显高于黑磷[1100 cm^2/(V·s)]。紫磷的间接带隙为 1.42～1.45 eV，紫磷的带隙比黑磷的带隙（0.3 eV）大得多，这为层状半导体的电子特性提供了重要的调整途径。紫磷良好的稳定性和高载流子迁移率，可提升光传感性能，在光电子器件上具有应用优势。紫磷与其他二维材料结合形成的复合材料，如紫磷锑单晶，通过锑取代引起的能带结构变化，可加速光生载流子的分离和输运，显著提高光催化产氢的性能。这种性能的提升得益于紫磷基光催化材料的独特结构和组成，使其在光催化领域具有广泛的应用潜力。紫磷纳米片可通过液相剥离制备，在去离子水中保质期长达 10 天，远多于黑磷，同时紫磷也具备优异的生物安全性，因此也适用于生物医疗领域。由紫磷制备的单层紫磷烯，其二维杨氏模量远高于已知的其他二维材料，包括石墨烯，这使得紫磷在力学性能上具有优势。同时，紫磷的高理论比容量以及优良的电子传导性使其被认为是一种极佳的锂离子电池负极材料，在作为锂离子电池和钠离子电池的负极材料方面表现出巨大潜力。

3.4 磷的化学性质

磷原子的核外有 15 个电子，其价电子层结构为$3s^2 3p^3$，第三电子层有5 个价电子，还有5 个空的 3d 轨道。磷的成键有离子键、共价键和配位键。

1. 离子键

磷原子得到 3 个电子，可形成离子型化合物，如 Na_3P。由于 P 的电负性小而 P^{3-}的半径较大，易变形，因此这种离子型化合物并不常见。磷的离子化合物极易水解，在水溶液中不存 P^{3-}。

2. 共价键

磷原子可以同 3 个原子形成 3 个共价单键，如 PF_3、PCl_3 和 PH_3，磷原子采取 sp^3 杂化方式[图 3-6（a）]，因为保留了一对孤对电子，所以分子呈三角锥形。

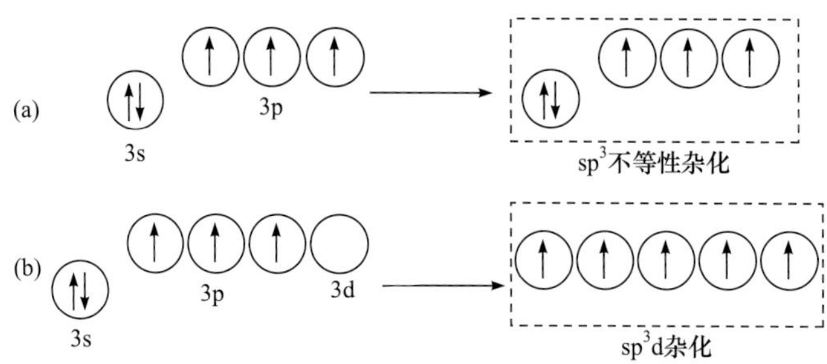

图 3-6　磷的两种杂化方式

此外，磷原子的 1 个 3s 电子被激发后进入 3d 轨道中，能形成五个共价单键，如气态的 PCl_5，磷原子采取 sp^3d 杂化方式[图 3-6（b）]，所以分子呈三角双锥形。

3. 配位键

磷的化合物能以两种形式形成配位键。三配位磷化合物中磷原子上有一对孤对电子作为电子对给予体形成配合物。PH_3 及其衍生物都是非常强的配位体，能和某些化合物结合，如形成 H_3PBF_3、R_3PAlR_3 等。另一种是磷的化合物有可利用磷的空 3d 轨道接受电子对形成配合物，如 PCl_6。此外，磷的化合物能与过渡金属形成稳定的配合物，原因在于磷的孤对电子在和过渡金属配位的同时，磷的空 3d 轨道也能接受过渡金属的 d 电子形成 d-d π配键，如在 $Pt(PR_3)_2Cl_2$ 中。

磷单质不稳定，易发生歧化反应。

$$4P+6H_2O \longrightarrow PH_3+3H_3PO_2$$

在室温下该歧化反应非常缓慢，可以忽略不计，因此可以把磷置于水下保存，避免与空气接触。在碱性条件下，歧化反应很容易进行，并随着温度的升高加剧。反应生成的 H_3PO_2 也不稳定，可进一步歧化为 H_3PO_3 或 H_3PO_4。

$$4P+3NaOH+3H_2O \longrightarrow 3NaH_2PO_2+PH_3\uparrow$$

白磷的蒸气在空气中能发生氧化反应，部分能量会以光的形式放出，使白磷在暗处能发光（磷光现象）。白磷能够自燃，而红磷和黑磷都比白磷稳定。

白磷的还原性较强，和卤素单质激烈地反应，在氯气中能自燃生成 PCl_3 或 PCl_5。白磷在空气中燃烧时火焰呈黄色，生成 P_4O_6 或 P_4O_{10}。白磷与硝酸反应生成磷酸。

$$3P_4 + 20HNO_3 + 8H_2O = 12H_3PO_4 + 20NO\uparrow$$

白磷可以和有氧化性的金属离子反应，置换出金属，甚至和金属继续反应生成磷化物。

$$2P + 5CuSO_4 + 8H_2O \longrightarrow 5Cu + 2H_3PO_4+ 5H_2SO_4$$

$$11P + 15CuSO_4 + 24H_2O \longrightarrow 5Cu_3P + 6H_3PO_4 +15H_2SO_4$$

白磷有剧毒，皮肤接触后也能引起中毒。硫酸铜可用作白磷中毒的解毒剂，若皮肤接触白磷后可用 $CuSO_4$（0.2 mol/L）浸洗。

3.5 磷的氢化物

磷的氢化物有多种，通式为 P_nH_{n+2}（n = 1～6）。其中，最为人们熟知的是膦（phosphine），PH_3。

1. 膦的结构和物理性质[15]

膦在常温下是无色气体，极毒，有鱼腥臭气味。熔点−134℃，沸点−87.8℃，在水中的溶解度 31.2 mg/100 mL（17℃）。纯的 PH_3 在空气中会自燃，自燃点 100～150℃。膦是由 P 原子的 p 轨道和 H 原子的 s 轨道结合而成，P—H 键长为 142 pm，H—P—H 键角为 93.6°，分子的偶极矩为 0.55 D，P—H 平均键能为 320 kJ/mol，是 C_{3v} 构型。P 原子

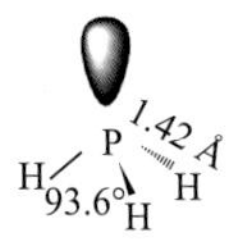

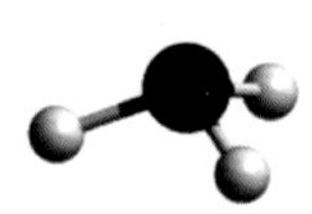

图 3-7　膦分子结构

上孤对电子主要是 s 轨道特性。膦分子的结构与氨分子类似，呈三角锥形（图 3-7）。

由于 P 的半径大，且 H^+没有电子反馈到 P 原子的空 d 轨道上，所以 PH_3 与 H^+的结合能力比 NH_3 与 H^+的结合能力弱，即 PH_3 碱性小于 NH_3，其水溶液近乎中性。

$$PH_3+H_2O \rightleftharpoons PH_2^-+H_3O^+ \qquad K_a^\ominus=1.6\times10^{-29}$$

$$PH_3+H_2O \rightleftharpoons PH_4^++OH^- \qquad K_b^\ominus=4\times10^{-28}$$

与铵盐不同，鏻盐在水中会强烈水解，因此在水溶液中无 PH_4^+存在，PH_4^+只在固态中存在，如 PH_4I。

$$PH_3(g) + HI(g) = PH_4I(s)\text{（62℃升华）}$$

$$PH_4I + H_2O = PH_3 + H_3O^+ + I^-$$

2. 膦的化学性质

PH_3 化学性质很活泼，自燃温度约 423.2 K。其和空气混合，遇火会爆炸，爆炸下限为 1.79%（体积分数）。爆炸是一个支链式的反应且受杂质的影响，有些"惰气"能降低爆炸下限，如 H_2、N_2、Ar、Ne、CO_2 及 SO_2。另一些"惰气"则提高爆炸下限，如 C_2H_4、C_6H_6、CCl_4 及 $Pb(Et)_4$。爆炸反应产物为磷的各种氧化物（含氧酸）及水。

PH_3 能在氯中燃烧，火焰呈浅绿色，在 Br_2 中立即自燃：

$$PH_3 + 3Cl_2 = PCl_3 + 3HCl$$

PH_3 和 I_2 发生如下反应：

$$2PH_3 + 3I_2 = 2P + 6HI$$

$$8PH_3 + 5I_2 = P_2I_4 + 6PH_4I$$

PH_3 和 S 作用生成 H_2S 和硫化磷的混合物（P_4S_x）；PH_3 和 H_2S 反应的速率比前者要慢得多，生成 H_2 和 P_4S_x。

PH_3 和 PX_3 作用生成单质磷和相应的 HX；和 PX_5 作用生成 PX_3 和 HX。

$$3PCl_5 + PH_3 = 4PCl_3 + 3HCl$$

膦的还原性很强。其标准电极电势为

$$\frac{1}{4}P_4 + 3H^+ + 3e = PH_3 \qquad \varphi_A^\ominus = -0.065\ V$$

$$\frac{1}{4}P_4 + 3H_2O + 3e = PH_3 + 3OH^- \qquad \varphi_B^\ominus = -0.89\ V$$

因此 PH_3 无论在酸性还是碱性条件下均具有还原性。一定温度下，PH_3 可在空气中燃烧生成磷酸。

$$PH_3 + 2O_2 = H_3PO_4$$

PH_3还可以和某些金属盐溶液反应还原出金属单质。例如，将PH_3通入到$CuSO_4$溶液中，会析出Cu_3P和Cu沉淀。

$$8CuSO_4 + PH_3 + 4H_2O \xlongequal{} H_3PO_4 + 4H_2SO_4 + 4Cu_2SO_4$$

$$3Cu_2SO_4 + 2PH_3 \xlongequal{} 3H_2SO_4 + 2Cu_3P\downarrow$$

$$4Cu_2SO_4 + PH_3 + 4H_2O \xlongequal{} H_3PO_4 + 4H_2SO_4 + 8Cu\downarrow$$

类似的反应还有$AgNO_3$被还原成Ag_3P或Ag；氯化金(Ⅲ)——$AuCl_3$被还原成AuP或Au；$HgCl_2$被还原成Hg_2Cl_2等。

膦及其衍生物（PR_3）是强的配位剂，与过渡金属配位能力比NH_3强。这是因为PH_3或PR_3是电子对给予体，同时P原子中有空的3d轨道（N的原子中无d轨道），可接受过渡金属离子中的d电子对，形成反馈键，即d-d π配键，因此形成的配合物更稳定，如配合物$Cu(PH_3)_2Cl$、$PtCl_2(PR_3)_2$、$AlCl_3(PH_3)$、$Cr(CO)_3(PH_3)_3$等。

3. 膦的制备

膦有多种制备方法，主要有如下几种。

（1）金属磷化物水解可以制得高达10 mol的PH_3，而且反应定量进行，如

$$Ca_3P_2 + 6H_2O \xlongequal{} 3Ca(OH)_2 + 2PH_3\uparrow$$

（2）鏻盐在强碱条件下可制得高纯度的PH_3。

$$PH_4I + NaOH \xlongequal{} NaI + H_2O + PH_3\uparrow$$

（3）白磷在碱中发生歧化反应可制得PH_3，只是该方法不适于工业生产。

$$P_4(s) + 3OH^- + 3H_2O \xlongequal{} 3H_2PO_2^- + PH_3\uparrow$$

3.6 磷的卤化物

磷和卤素形成的二元卤化物主要有三个系列：PX_3、P_2X_4和PX_5[4]。另外，还有混合卤化磷（PX_2Y、PX_2Y_3）、拟卤化磷[如$P(CN)_3$、$P(NCO)_3$、$P(NCS)_3$等]及多卤化磷(如PCl_3Br_4、PCl_3Br_8、PCl_2Br_9、PBr_7、PBr_{11}等)。卤化物可由白磷或红磷与卤素反应生成，至于生成何种系列的卤化物，与反应物的比例和反应条件有关，要得到纯的卤化物，无论在何种条件下反应都必须对产物进行分离和纯化。

3.6.1 四卤化二磷

四卤化二磷是含P—P键的三配位的卤化磷。

1. 四氟化磷

P_2F_4可以由PF_2I和Hg反应制得：

$$2PF_2I + 2Hg \xlongequal{} P_2F_4 + Hg_2I_2$$

P_2F_4 和布朗斯特酸（Brønsted 酸）作用，如 HX 反应生成过渡态配合物，再分解为 F_2PH、F_2PX。

$$P_2F_4 + HX \longrightarrow [P_2F_4 \cdot HX] \longrightarrow F_2PH + F_2PX$$

P_2F_4 和路易斯（Lewis）酸作用，如和 B_2H_6 反应可得到较稳定的 $P_2F_4 \cdot BH_3$。

$$P_2F_4(g)+\frac{1}{2}B_2H_6(g) \xlongequal{298\ K} P_2F_4 \cdot BH_3(g)$$

该物质能缓慢分解为 $F_3P \cdot BH_3$（气体）及黄色的$(PF)_n$固体。

P_2F_4 在 1173 K 条件下可发生热分解，生成为三（二氟代膦）膦$[P(PF_2)_3]$。

P_2F_4 发生的化学反应，多数情况下是在 P—P 键处断裂，或形成加合物。

2. 四氯化磷

P_2Cl_4 可由 PCl_5 和 H_2 的混合气在低压下经放电而制得。P_2Cl_4 不稳定，在 273.2 K 条件下，会缓慢分解为 PCl_3 和黄色固体[P 和$(PCl)_n$]。

由于 P_2Cl_4 分子中每个 P 原子上都有一对孤对电子，因此是 Lewis 碱。在 273.2 K 时，作为单基配体，过量 P_2Cl_4 和 $Ni(CO)_4$ 作用可生成 $Ni(CO)_2(P_2Cl_4)_2$、$Ni(CO)(P_2Cl_4)_3$、$Ni(P_2Cl_4)_4$；P_2Cl_4 作为双基配体，和过量 $Ni(CO)_4$ 作用形成$(CO)_3NiP_2Cl_4Ni(CO)_3$；当 P_2Cl_4 和 $Ni(CO)_4$ 的摩尔比适中时，产物中含有 P_2Cl_4 以单基和双基配位形成的配合物。

3. 四碘化磷

P_2I_4 可以通过三种方法制得：将红磷和碘的混合物在 453～463 K 条件下加热；碘化正丁烷中，将 PI_3 和红磷混合加热；将白磷和碘在 CCl_4 或 CS_2 中作用，冷却后得到橘色晶体。

P_2I_4 能溶于 CS_2 中。和 O_2 反应生成不稳定、组成可变的黄色聚合物$(P_3I_2O_6)_n$；和 S 生成 $P_2I_4S_2$；和 Br_2 生成 $PBrI_2$（产率 90%）。

P_2I_4 在冰水中就能水解，产物有多种，包括 PH_3、P_2H 及 H_3PO_2、H_3PO_3、H_3PO_4、$(HO)_2(O)PP(O)(OH)_2$ 等。

P_2I_4 参与的反应，多数情况下是 P—P 键断裂。

3.6.2 三卤化磷

三卤化磷中除了三碘化磷（低熔点红色固体）之外，其余的都是无色气体或无色挥发性液体。三卤化磷的性质见表 3-1。

表 3-1　三卤化磷的性质[16]

卤化物	物态	熔点/℃	沸点/℃	$\Delta_f H_m^\ominus$/(kJ/mol)	$\Delta_f G_m^\ominus$/(kJ/mol)	P—X 键长/pm
PF_3	无色气体	−153.5	−101.8	−919	−898	156
PCl_3	无色液体	−93.6	76.1	−287	−268	204

续表

卤化物	物态	熔点/℃	沸点/℃	$\Delta_f H_m^\ominus$/(kJ/mol)	$\Delta_f G_m^\ominus$/(kJ/mol)	P—X 键长/pm
PBr_3	无色液体	−41.5	173.2	−139	−163	222
PI_3	红色晶体	61.2	>200(分解)	45.61	—	243

1. 制备方法

白磷或红磷分别与氯和溴反应可制得 PCl_3 和 PBr_3。用 CaF_2、ZnF_2 或 AsF_3 与 PCl_3 作用可制取 PF_3：

$$P_4 + 6Cl_2 = 4PCl_3$$

$$PCl_3(l) + AsF_3(l) = PF_3(g) + AsCl_3(l)$$

在 CS_2 中白磷和碘以理论比值（P 和 I 的原子比为 1∶3）混合可制得 PI_3。

2. 化学性质

PX_3 容易水解，生成 H_3PO_3 和 HX。

$$PX_3 + 3H_2O = H_3PO_3 + 3HX$$

PF_3 在湿空气中会缓慢地水解，在水中稍快，而在碱性溶液中最快。

$$PF_3 + 5KOH = K_2HPO_3 + 3KF + 2H_2O$$

PF_3 在稀的 $KHCO_3$ 溶液中水解得一氟代亚磷酸（H_2PO_2F）。

$$PF_3 + 2H_2O = H_2PO_2F + 2HF$$

PCl_3 的水解反应很剧烈。在低温、微碱性介质中水解产物为 HPO_3^{2-}、$H_2P_2O_5^{2-}$及少量 $HP_2O_5^{2-}$、$H_2P_2O_7^{2-}$、HPO_4^{2-}，在碱性介质中，产物中 $H_2P_2O_5^{2-}$量减少，HPO_3^{2-}量增多。

PBr_3、PI_3 更易水解，PBr_3 的水解产物为 H_3PO_3 和 HBr。PI_3 水解产物中除 HI 和 H_3PO_3 外，还有相当量的 PH_3 和含有 P—P 键的化合物。

因此，PX_3 的制备需要在干燥条件下进行，否则将有含 P—O 键的化合物混杂在产物中，需要经过分级蒸馏来提纯。

PCl_3 和醇、酚的反应类似于三氯化磷的水解：

$$PCl_3 + 3C_6H_5OH = P(OC_6H_5)_3 + 3HCl$$

$$PCl_3 + 3ROH = R_2P(O)H + RCl + 2HCl$$

第二个反应，当有叔胺时生成亚磷酸三酯[P(OR)$_3$]：

$$PCl_3 + 3ROH + 3R'_3N = P(OR)_3 + 3R'_3NHCl$$

PX_3 容易被 O_2、S、X_2 氧化，分别生成三卤氧化磷（POX_3）、三卤硫化磷（PSX_3）和五卤化磷。

$$2PX_3 + O_2 = 2POX_3 \quad (\text{X 为 Cl、Br，反应很快})$$

$$PX_3 + S = PSX_3 \quad (\text{X 为 Cl、Br，需加热})$$

$$PX_3 + X_2 = PX_5 \qquad (X 为 F、Cl，反应快)$$

PCl_3 和 O_2 的反应比较顺利；PBr_3 和 O_2 的反应不易控制，可能发生爆炸反应而生成 P_4O_{10} 和 Br_2。

三卤化磷分子中磷原子采取 sp^3 不等性杂化，呈三角锥形，在磷原子上还有一对孤电子，因此三卤化磷能和金属离子配位，形成配合物。PF_3 作为配位体，P 原子和过渡金属配位，导致配合物中的 PF_3 更不容易水解，所以，$Ni(PF_3)_4$ 在蒸馏时只有部分发生水解作用。

$$Ni(CO)_4 + 4PF_3 = Ni(PF_3)_4 + 4CO$$

其他 PX_3 也能形成类似配合物，如$(X_3P)M(CO)$(X = Br、I，M = Cr、Mo、W)、$Ni(PX_3)_4$(X = Cl、Br)。只是这些配合物中，P—M 间的 π 键合不明显，所以配合物中的 PX_3 仍能发生明显的水解反应。

作为 π 受体，PF_3 比其他配位体强（NO^+除外）：

$$PF_3 > CO > PCl_3 > P(OR)_3 > PR_3$$

PF_3 能和许多过渡金属形成低氧化态的配合物。

$Cr(CO)_6$	$Fe(CO)_5$	$Co_2(CO)_8$	$Ni(CO)_4$
$Cr(PF_3)_6$	$Fe(PF_3)_5$	$Co_2(PF_3)_8$	$Ni(PF_3)_4$
$Mo(PF_3)_6$	$Ru(PF_3)_5$	$Rh_2(PF_3)_8$	$Pd(PF_3)_4$
$W(PF_3)_6$	$Os(PF_3)_5$	$Pt(PF_3)_4$	

这类化合物配位数与某些性质和相应的羰基化合物很相似，如$(PF_3)_2PtCl_2$ 和 $(CO)_2PtCl_2$ 的偶极矩分别为 4.4 D 和 4.65 D。

3.6.3 五卤化磷

1. 五卤化磷的结构

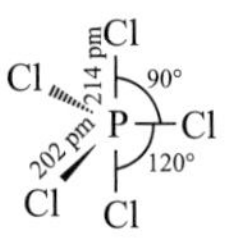

图 3-8 PCl_5 分子结构

气态五卤化磷（PX_5）分子中 P 原子采用 sp^3d 杂化方式，分子结构呈三角双锥（图 3-8）。P 原子采用 sp^3d 轨道分别和 5 个 X 形成共价键，属 D_{5h}。其中 sp_xp_y，组成赤道面，$p_xd_{x^2}$ 成两轴向键。轴向键 P—X 键长比赤道面 P—X 键长略长，PF_5 中分别为 158 pm 和 153 pm，PCl_5 分别为 214 pm 和 202 pm。固态的 PCl_5 和 PBr_5 不是三角双锥结构，在 PCl_5 晶体中，含$[PCl_4]^+$(正四面体构型)和$[PCl_6]^-$(正八面体构型)，而在 PBr_5 晶体中，含$[PBr_4]^+$和 Br^-。

五卤化磷的性质见表 3-2。

表 3-2 五卤化磷的性质[16]

卤化物	物态	熔点/℃	沸点/℃	$\Delta_f H_m^\ominus$/(kJ/mol)	$\Delta_f G_m^\ominus$/(kJ/mol)	P—X 键长/pm
PF_5	无色气体	−97.3	−84.5	—	—	158(轴),153(赤道)
PCl_5	白色晶体	157	160(升华)	−375	−305	214(轴),202(赤道)

续表

卤化物	物态	熔点/℃	沸点/℃	$\Delta_f H_m^\ominus$/(kJ/mol)	$\Delta_f G_m^\ominus$/(kJ/mol)	P—X 键长/pm
PBr_5	橙黄色晶体	<100(分解)	106(分解)	–253	—	—
PI_5	褐黑色晶体	41	—	—	—	—

五卤化磷的热稳定性次序为

$$PF_5 > PCl_5 > PBr_5$$

稳定性随着卤离子还原能力的增强和卤离子半径的增大而降低。

2. 制备方法

三卤化磷和相应卤素反应可以制得五卤化磷。

$$PX_3 + X_2 = PX_5$$

工业上，PCl_5的制备方法是将Cl_2通入PCl_3于CCl_4的溶液中，可生成PCl_5。

PBr_5极易分解，液态的PBr_5或溶于非极性溶剂中的PBr_5也会解离，所以用PBr_3和Br_2作用制备PBr_5时，需要避免升温和需过量的Br_2。

PF_3和F_2生成PF_5的反应很完全，PF_5在较高温度下分解明显，所以没有实际意义。PF_3可以用氟化剂和五氯化磷反应制得。

$$PCl_5 + MF_n \longrightarrow PF_3 + MCl_n$$

氟化剂是CaF_2、AsF_3等。

P_4O_{10}和CaF_2反应液可以生成PF_5。PF_3和Br_2反应生成三氟二溴化磷（PF_3Br_2），再歧化为PF_5和$PFBr_4$。

$$PF_3 + Br_2 = PF_3Br_2$$

$$2PF_3Br_2 = PF_5 + PFBr_4$$

3. 化学性质

PX_5稳定性比PX_3差，其热稳定性按卤素原子量增大次序而急剧减弱，PF_5在573 K时还比较稳定，PCl_5在473 K时近一半会分解，液态PBr_5就分解更明显了，PI_5最不稳定。

PX_5极易水解成H_3PO_4和HX：

$$PX_5 + 4H_2O = H_3PO_4 + 5HX$$

PCl_5和PBr_5的水解反应都很剧烈，所以在制备和使用PCl_5时必须保持干燥。PF_5水解能力比PCl_5弱。523 K时，干的PF_5也不侵蚀玻璃。

PCl_5和限量水作用生成$POCl_3$：

$$PCl_5 + H_2O = POCl_3 + 2HCl$$

PCl_5能和含有羟基（OH）的许多化合物发生反应，如

$$SO_2(OH)_2 + PCl_5 = POCl_3 + HCl + SO_2(OH)Cl$$

$$2B(OH)_3 + 3PCl_5 = 3POCl_3 + 6HCl + B_2O_3$$

$$CH_3COOH + PCl_5 = POCl_3 + HCl + CH_3COCl$$

$$ROH + PCl_5 = POCl_3 + HCl + RCl\ (R，烷基)$$

PF_5 和 NH_3 反应：

$$3PF_5 + 4NH_3 = (H_2N)_2PF_3 + 2NH_4PF_6$$

PF_5 和 NH_3 的反应与 PX_5 的水解过程非常相似，产物中的$(H_2N)_2PF_3$类似于水解产物$(HO)_2PX_3$（脱去一个 H_2O 生成 POX_3），此外还会生成稳定的 NH_4PF_6。但 PCl_5 和 NH_3 反应的最终产物是$(PN)_n$。这也是 PF_5 区别于 PCl_5 的一个性质。

MF 和 PCl_5 共热，直接化合成 MPF_6。MF 和 PF_5 一起加热也能生成 MPF_6。

$$PCl_5 + 6MF = MPF_6 + 5MCl$$

若与 NH_4F 或 KF 反应，产率达 70%～80%，反应过程放热，说明 MPF_6 很稳定，可重结晶提纯。

3.6.4 磷酰卤、硫代磷酰卤及有关化合物

POX_3（X = F、Cl、Br、I）称为磷酰卤或正磷酰卤，或三卤（一）氧化磷。PSX_3 是硫代磷酰卤[15]。

1. 磷酰卤的制备

制备 POX_3 的方法很多。

1）以三氯化磷为原料

将纯 O_2 在 293～323 K 时通入到液态 PCl_3 中生成 $POCl_3$。

$$2PCl_3 + O_2 = 2POCl_3$$

2）以五卤化磷为原料

采用五卤化磷和含羟基（OH）的化合物反应来制备。

PF_5 或 PCl_5 和限量水反应：

$$PX_5 + H_2O = POX_3 + 2HX \quad (X = F、Cl)$$

PCl_5 和 $H_2C_2O_4$ 反应（实验室制磷酰氯方法）：

$$PCl_5 + H_2C_2O_4 = POCl_3 + CO + CO_2 + 2HCl$$

PBr_5 和 CH_3COOH 反应：

$$PBr_5 + CH_3COOH = POBr_3 + CH_3COBr + HBr$$

PBr_5 和叔丁醇反应：

$$PBr_5 + 2t\text{-}C_4H_9OH = POBr_3 + 2t\text{-}C_4H_9{}^tBr + H_2O$$

3）以五氧化二磷为原料

P_4O_{10} 和 PCl_5 或 PBr_5 反应：

$$P_4O_{10} + 6PX_5 = 10POX_3\ (X = Cl、Br)$$

反应的产率高达80%。

P_4O_{10}和气态或液态HF、IF_3或FSO_3H反应均能得到磷酰氟（POF_3）。

4）卤化反应

对磷酰卤（氯、溴）进行氟化可以制备磷酰氟，溴（碘）化制备磷酰溴（磷酰碘）。

$POCl_3$和氟化剂反应：

$$POCl_3 + 3MF = POF_3 + 3MCl\ (MF 是 PbF_2、ZnF_2、AgF、NaF、MgF_2 等)$$

在无水$AlCl_3$催化下，$POCl_3$和HBr在353 K反应能生成$POBr_3$。若HBr量不足，生成磷酰混合卤（$POCl_2Br$）。

$$POCl_3 + 3HBr = POBr_3 + 3HCl$$

2. 磷酰卤的化学性质

常温下，POF_3为无色气体，$POCl_3$为无色易挥发的液体，$POBr_3$为无色固体，POI_3为暗紫色固体。

POX_3在空气中因水解会冒烟，和水反应生成H_3PO_4和HX：

$$POX_3 + 3H_2O = H_3PO_4 + 3HX$$

POF_3的水解能力较弱，当它发生水解时，生成两种中间物：

$$POF_3 + H_2O = OP(OH)F_2 + HF$$

$$OP(OH)F_2 + H_2O = OP(OH)_2F + HF$$

$$OP(OH)_2F + H_2O = OP(OH)_3 + HF$$

水解若在微碱性介质中进行，生成室温下稳定的二氟代磷酸和一氟代磷酸，可被分离出来。

$POCl_3$、$POBr_3$水解的中间物还未被分离过。

$POCl_3$在pH = 7时的水解分两步进行，第一步反应较快，第二步反应较慢，两个Cl几乎同时水解。

$$POCl_3 + H_2O \xrightarrow{快} O-\overset{\overset{\displaystyle O}{\|}}{P}Cl_2 \xrightarrow[+2H_2O]{慢} H_3PO_4 + 2HCl$$

POX_3中的X可被—NH_2、—OR、—SH取代：

$$POCl_3 + 3ROH = (RO)_3PO + 3HCl\ (R，烷基)$$

$$POCl_3 + 3ArOH \longrightarrow (ArO)_3PO + 3HCl\ (Ar，芳基)$$

产物$(RO)_3PO$为中性物质，可以和HCl进一步反应，为避免该反应继续进行，可以添加一些碱性物质来抑制。

POX_3还能和一些化合物形成加合物。POF_3能和BF_3、SbF_3等形成以氧键合成的1∶1加合物。其和$SnCl_4$生成$SnCl_4 \cdot POCl_3$、$SnCl_4 \cdot 2POCl_3$。

相比于POF_3，$POCl_3$、$POBr_3$形成加合物的倾向更强，得到的加合物更稳定。$POCl_3$能和BBr_3、BCl_3、$AlBr_3$、$AlCl_3$、$TiCl_4$、$SbCl_3$、$SnCl_4$、$TeCl_4$、$MoCl_5$等形成1∶1的加

合物，经 X 射线衍射实验证明，它们都是以氧键合形成的，如 $Cl_3PO \longrightarrow SbCl_5$。室温下 $POCl_3$ 和 $MgBr_2$ 形成的 $MgBr_2 \cdot 2POCl_3$、$MgBr_2 \cdot 3POCl_3$，以及 $AlI_3 \cdot 2POCl_3$、$TiCl_4 \cdot 2POCl_3$、$ZrCl_4 \cdot 2POCl_3$ 等也都是通过氧键合形成的。将 $POCl_3$ 和 $ZrCl_4$、$HfCl_4$ 的加合物进行分级蒸馏，可以用来分离锆和铪。将 $POCl_3$ 和 $NbCl_5$、$TaCl_5$ 的加合物进行分级蒸馏，可分离铌和钽。

随卤素原子量增大，卤素离子还原能力增强，五卤化物的热稳定性减弱。

$$PF_5 > PCl_5 > PBr_5$$

$$PCl_5 \xrightarrow{473\ K} PCl_3 + Cl_2$$

3.7 磷的氧化物

磷的氧化物是磷的一类重要的化合物，至少有六种是已知的，其中最重要的是六氧化四磷[P_4O_6，俗称三氧化二磷（P_2O_3）]和十氧化四磷[俗称五氧化二磷（P_2O_5）]，此外还有 PO、PO_2、P_4O_7、PO_3 等[17]。

3.7.1 六氧化四磷

六氧化四磷（P_4O_6）为白色蜡状固体，有大蒜气味，有滑腻感，具有吸潮性，毒性大。熔点 23.8℃，沸点 173℃，可溶于许多有机溶剂。

白磷在 50℃左右条件下，压力为 12 kPa 的混合气流中（氧气占 75%和氮气占 25%）氧化，蒸馏纯化产物后得到六氧化四磷（P_4O_6）的纯品。氧分子进攻时，由于 P_4 分子中的 P—P 键具有弯曲应力不稳定，容易断裂，于是在每两个 P 原子间嵌入了一个氧原子，形成了 P_4O_6 分子，其结构见图 3-9。P_4O_6 分子形成后，4 个 P 原子的相对位置没有发生变化，氧原子作为桥氧将 P 原子连接起来形成近似球状的结构。

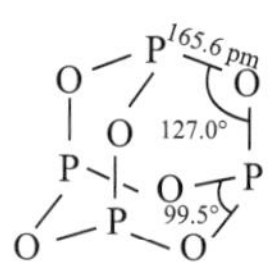

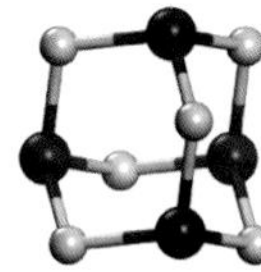

图 3-9　P_4O_6 分子结构

此外，在白磷的 CCl_4 溶液中通入 O_2，可得到浅黄色物，真空干燥后得白色 P_4O_6。

P_4O_6 在 200～400℃的密封管中减压加热分解为四氧化二磷和红磷：

$$2P_4O_6 \xrightarrow{200\sim240℃，减压} 3P_2O_4 + 2P(红磷)$$

P_4O_6 与冷水反应较快，形成亚磷酸。

$$P_4O_6 + 6H_2O(冷) = 4H_3PO_3$$

在热水中即发生强烈的歧化反应。

$$P_4O_6 + 6H_2O(热) = 3H_3PO_4 + PH_3$$

P_4O_6 与氯、溴单质反应分别生成三氯氧磷和三溴氧磷。与碘反应很慢，生成红色的产物。加压条件下，P_4O_6 和 I_2 在 CCl_4 中反应，生成四碘化二磷（橘红色）。

$$5P_4O_6 + 8I_2 \xrightarrow{CCl_4,\ 加压} 4P_2I_4 + 3P_4O_{10}$$

P_4O_6 与氯化氢反应生成亚磷酸和三氯化磷：

$$P_4O_6 + 6HCl = 2H_3PO_3 + 2PCl_3$$

此外，P_4O_6 还能作为配体（类似于亚磷酸根），取代四羰基合镍或五羰基合铁中的羰基，形成一系列配合物，如 $P_4O_6[Ni(CO)_3]_4$、$(P_4O_6)_2Ni(CO)_2$、$Ni(CO)(P_4O_6)_3$、$Fe(CO)_4(P_4O_6)$。$Fe(CO)_4(P_4O_6)$的结构如图 3-10 所示，P_4O_6 中的一个 P 原子和 Fe 原子进行了配位。

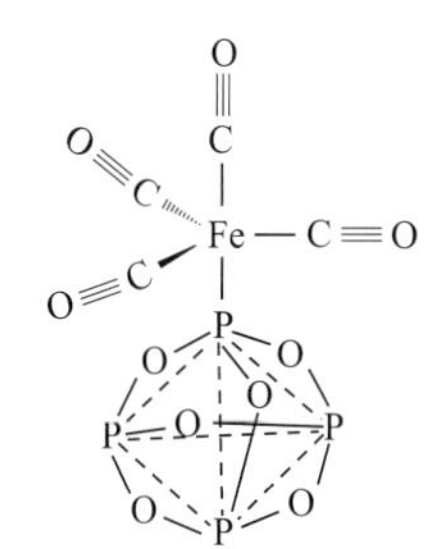

图 3-10　$Fe(CO)_4(P_4O_6)$配合物结构

S 在高于 423 K 时能将 P_4O_6 氧化成 $P_4O_6S_4$。

$$P_4O_6 + 4S = P_4O_6S_4$$

P_4O_6 和 HCl 反应生成 H_3PO_3 和 PCl_3，和 B_2H_6 反应可生成 $H_3BP_4O_6BH_3$：

$$P_4O_6 + 6HCl = 2H_3PO_3 + 2PCl_3$$

$$P_4O_6 + B_2H_6 = H_3BP_4O_6BH_3$$

3.7.2　十氧化四磷

P_4O_{10} 为白色粉末状固体，熔点 562℃，在低于熔点温度时会升华。P_4O_{10} 有极强的吸水性，在空气中很快就潮解，是一种干燥能力超强的干燥剂。常温下 P_4O_{10} 有多种变体。无定形 P_4O_{10} 在真空中或 CO_2 中升华得六方晶体，称为 H 型。H 型在不同温度下加热（加热的时间长短不同）得斜方晶体，称为 O 型和 O′型。

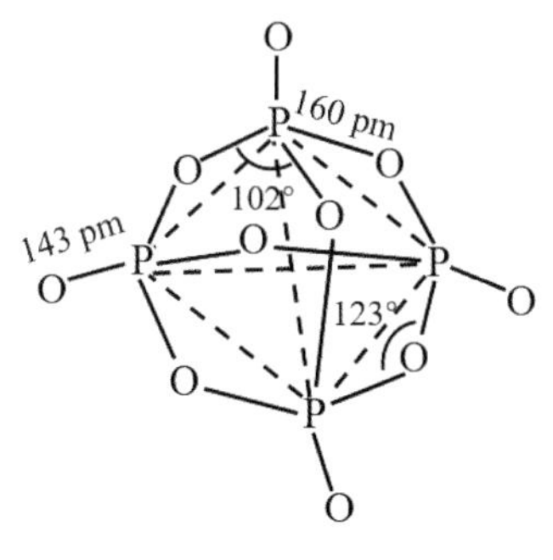

图 3-11　P_4O_{10} 分子结构

P_4O_{10} 具有$[PO_4]$结构单元，由于每个 P 原子上有一个孤对电子，可以和氧原子空的 p 轨道形成 σ 配键，同时 O 原子 p 轨道中的电子对进入 P 原子空的 d 轨道中形成 d-p π 键，即每个磷上又增加一个端氧形成 P_4O_{10}。在 P_4O_{10} 分子中有 6 个桥氧和 4 个端氧，端氧与磷之间的化学键可以看成 P═O 双键。P_4O_{10} 分子的结构见图 3-11。

P_4O_{10} 与水作用先生成偏磷酸，然后是焦磷酸，最后形成正磷酸：

水少时：$P_4O_{10} + 2H_2O = (HPO_3)_4$　环偏磷酸

水多时：$2HPO_3 + H_2O = H_4P_2O_7$　焦磷酸

这种转化通常不能完全，只有在 HNO_3 作催化剂时，H_2O 量大于 P_4O_{10} 的 6 倍时，才可能很快完全转化成 H_3PO_4。

$$P_4O_{10} + 6H_2O \xrightarrow{HNO_3 催化} 4H_3PO_4$$

P_4O_{10} 是强脱水剂，在空气中吸收水分迅速潮解，因此常作气体和液体的干燥剂。它甚至可以使硫酸、硝酸等脱水成为相应的氧化物。

$$P_4O_{10} + 6H_2SO_4 = 6SO_3 + 4H_3PO_4$$

$$P_4O_{10} + 12HNO_3 = 6N_2O_5 + 4H_3PO_4$$

P_4O_{10} 还能和一些含羟基、酰胺的化合物反应，使其脱除水，如：

$$4HNO_3 + P_4O_{10} = 2N_2O_5 + 4HPO_3$$

$$2H_2SO_4 + P_4O_{10} = 2SO_3 + 4HPO_3$$

$$4HClO_4 + P_4O_{10} = 2Cl_2O_7 + 4HPO_3$$

$$2RCONH_2 + P_4O_{10} = 2RCN + 4HPO_3$$

$$H_2NCOCONH_2 + P_4O_{10} = (CN)_2 + 4HPO_3$$

$$CH_2(COOH)_2 + P_4O_{10} = C_3O_2 + 4HPO_3$$

3.8 磷的硫化物

磷的硫化物是 P 和 S 共热产物，硫化磷有多种，以 P_4 为基础的有四种硫化物，即三硫化四磷（P_4S_3）、五硫化四磷（P_4S_5）、七硫化四磷（P_4S_7）及十硫化四磷（P_4S_{10}）。这些分子都是以 P_4 四面体为结构基础，分子中的四个 P 原子保持着 P_4 四面体中原来的相对位置，其结构如图 3-12 所示。这些硫化物中 P_4S_3 和 P_4S_{10} 较为重要[15,17]。

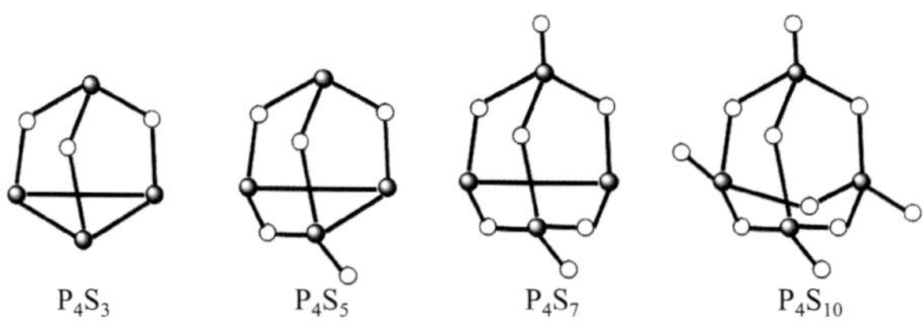

图 3-12　磷的硫化物

磷的硫化物的性质见表 3-3，硫化磷是制造安全火柴的原料。

表 3-3　磷的硫化物性质

硫化磷	熔点/℃	沸点/℃	密度(固体，17℃)/(g/cm³)	颜色		溶解度(17℃)/(g /100 g 溶剂)		
				固态	液态	水中	CS_2 中	苯中
P_4S_3	172.5	407	2.03	黄色	棕黄色	—	100	25
P_4S_5	276	514	2.17	黄色	—	—	约 10	—
P_4S_7	310	523	2.19	几乎白色	浅黄色	—	0.029	—
P_4S_{10}	288	514	2.09	黄色	红棕色	—	0.222	—

3.8.1 四硫化三磷

四硫化三磷（P_4S_3）为黄色固体，熔点为434～435 K，沸点为680～681 K。P_4S_3能溶于 CS_2、C_6H_6、$C_6H_5CH_3$、PCl_3、$PSCl_3$ 等，溶解度也较大。例如，290 K 时 100 g $C_6H_5CH_3$ 中能溶解 31.2 g P_4S_3。P_4S_3 在高温下不易分解。

在惰性气氛下 453 K 时，S 和 P 发生反应可得到 P_4S_3。由于反应放热，需要采用连续加料的办法来控制反应速率，产物往往需要在常压下蒸馏，或在甲苯中重结晶来纯化。

在 CO_2 气氛下将过量红磷和硫（粉）加热到 373 K 时，两者可发生反应。反应过程中需要加热，用来降低产物中含硫较多的硫化磷的含量。反应结束冷却后，产物用 CS_2 萃取，或在 CO_2 气氛下蒸馏，可得到易溶于 CS_2、C_6H_6、$C_6H_5CH_3$ 的黄色斜方晶体。

工业生产上，红磷和硫在 CO_2 气氛下 603 K 时反应，能得到 P_4S_3 粗品。在 593～653 K，硫和白磷在铸铁容器中熔融反应，加热数小时后，产物经真空蒸馏或/和水或 HCO_3^-溶液洗涤，在 313～323 K 真空干燥后得到。

P_4S_3 的其他生产的方法有：

$$4PH_3 + 9S \xlongequal{} P_4S_3 + 6H_2S$$

$$4PH_3 + 3SOCl_2 \xlongequal{} P_4S_3 + 6HCl + 3H_2O$$

P_4S_3 和空气在室温下不反应，但于 413～423 K 时可以被氧化，同时伴随着磷光。P_4S_3 常温下在水中很稳定，但在沸水中会发生缓慢的水解反应。其和冷 HCl、H_2SO_4 的作用也很慢，与冷 HNO_3 作用得磷和磷的含氧酸。与王水（在适当的条件下）生成 H_3PO_4 和 H_2SO_4。在碱性溶液中，P_4S_3 的水解反应速率较快，生成 S^{2-}、PH_3、H_2、$H_2PO_2^-$及 HPO_3^{2-}。P_4S_3 水解产物中有 H_3PO_3 和 H_3PO_2 及其他物质。

3.8.2 十硫化四磷

十硫化四磷（P_4S_{10}）是工业上最重要的硫化磷。P_4S_{10} 为黄色固体，熔点为 559～4563 K，沸点为 790～792 K。十硫化四磷有毒，在空气中的含量不能超过 1 mg/m^3。

1. 制备方法

573 K 时，P（白磷）和 S 在惰性气氛下以 2∶5 的摩尔比连续加料反应，产物经蒸馏得 P_4S_{10} 纯品。

973 K 时，P（红磷）和 S（按照摩尔比为 2∶5，同时外加 1%过量的 S）在抽空的容器中反应，反应结束后缓慢冷却，用 CS_2 萃取、重结晶得浅黄色 P_4S_{10} 晶体。

P（红磷）和 S（按照摩尔比为 2∶5，另加 10%的过量 S）在 CS_2 中反应，可得到 P_4S_{10}；423～473 K 时，S、P、$C_{10}H_8$（萘）在 CS_2 中反应，冷却得 P_4S_{10}。

此外，磷铁和硫、硫化铁反应也能得到 P_4S_{10}：

$$4Fe_2P + 18S \xlongequal{} P_4S_{10} + 8FeS$$

$$4Fe_2P + 18FeS_2 \xlongequal{} P_4S_{10} + 26FeS$$

2. 化学性质

P_4S_{10}熔融时会失去一个角硫生成P_4S_9。

P_4S_{10}沸腾时分解，初期的反应为：$P_4S_{10} = P_4S_7 + 3S$

当蒸气冷凝时会发生逆向反应。蒸气在极冷（如液态空气温度）表面上冷凝得绿色晶体，然后在173 K可转化为黄色晶体。

P_4S_{10}的水解产物主要是H_2S和H_3PO_4：

$$P_4S_{10} + 16H_2O = 10H_2S + 4H_3PO_4$$

在373 K的1 mol/L盐酸中，P_4S_{10}的水解速率很快，而在1 mol/L NaOH中，1 h后，约有75%转化为H_3PO_3S和$H_3PO_2S_2$。

P_4S_{10}和含有羟基的醇、酚作用生成二烷（芳）基硫代磷酸酯。

$$P_4S_{10} + 8ROH = 4(RO)_2P(S)SH + 2H_2S$$

这种二烷（芳）基磷酸酯的锌、钡盐可以作为润滑油的添加剂，也可用作抗氧剂、洗涤剂、抗蚀剂等。某些短链烷基二硫代磷酸酯的钠、铵盐可以用作浮选捕集剂，能从尾矿中分离ZnS、PbS。

P_4S_{10}和K_2S反应生成K_3PS_4。P_4S_{10}也能和液氨（240 K）、RNH_2反应：

$$P_4S_{10} + 6K_2S = 4K_3PS_4$$

$$P_4S_{10} + 8RNH_2 = 4(RNH)_2P(S)SH + 2H_2S$$

$$P_4S_{10} + 12RNH_2 = 4(RNH)_3PS + 6H_2S$$

423 K时，将P_4S_{10}和PCl_5混合在密封管中加热，生成$PSCl_3$。

$$P_4S_{10} + 6PCl_5 = 10PSCl_3$$

在加压条件下，P_4S_{10}与HF反应生成PSF_3：

$$P_4S_{10} + 12HF = 4PSF_3 + 6H_2S$$

3.9 磷的含氧酸及含氧酸盐

磷的含氧酸最多，见表3-4。含氧酸中P原子均采用sp^3杂化方式。每个P原子上有一个孤对电子，与端O原子之间形成σ配键和d-p π配键。在磷的含氧酸及其含氧酸盐中，磷的氧化数为+1、+3和+5，其中氧化数为+5的最多，并且很重要。磷的含氧酸及其盐在工业、农业和生命过程中都很重要[17,18]。

表3-4 磷的含氧酸

分子式（磷的氧化数）	名称	结构式
H_3PO_2(+Ⅰ)	次磷酸	O=P(H)(H)—OH（H—P(=O)(—H)—OH）

续表

分子式（磷的氧化数）	名称	结构式
$H_4P_2O_5$(+Ⅲ)	焦亚磷酸，二亚磷酸	H—P(=O)(OH)—O—P(=O)(OH)—H
H_3PO_3(+Ⅲ)	亚磷酸	H—P(=O)(OH)—OH
$H_4P_2O_6$(+Ⅳ)	二磷酸(Ⅳ)，连二磷酸	HO—P(=O)(OH)—P(=O)(OH)—OH
$H_4P_2O_6$(+Ⅲ，+Ⅴ)	异连二磷酸	HO—P(=O)(H)—O—P(=O)(OH)—OH
H_3PO_4(+Ⅴ)	磷酸	HO—P(=O)(OH)—OH
$H_4P_2O_7$(+Ⅴ)	二磷酸(Ⅴ)，焦磷酸	HO—P(=O)(OH)—O—P(=O)(OH)—OH
$H_5P_3O_{10}$(+Ⅴ)	三磷酸	HO—P(=O)(OH)—O—P(=O)(OH)—O—P(=O)(OH)—OH
$H_{n+2}P_nO_{3n+1}$(+Ⅴ)	聚磷酸，$n=17$	HO—P(=O)(OH)—O—[P(=O)(OH)—O]$_{n-2}$—P(=O)(OH)—OH
$(HPO_3)_4$(+Ⅴ)	四偏磷酸	环状：4个 P(=O)(OH) 经 O 桥连接成八元环
$(HPO_3)_n$(+Ⅴ)	偏磷酸	HO—P(=O)(OH)—O—P(=O)(OH)—O—P(=O)(OH)—O···
H_3PO_5	过一磷酸	HO—P(=O)(OH)—O—O—H
$H_4P_2O_8$	过二磷酸	HO—P(=O)(OH)—O—O—P(=O)(OH)—OH

3.9.1 次磷酸及其盐

纯次磷酸（H_3PO_2）为白色晶体，易潮解，熔点为 299.8 K。次磷酸结构中含有一个羟基，它是一元酸，pK_a = 1.1（293～298 K）。

1. 次磷酸及其盐的制备方法

膦和碘发生反应可得到次磷酸：

$$PH_3 + 2I_2 + 2H_2O = H_3PO_2 + 4HI$$

次磷酸盐经酸化得次磷酸（H_3PO_2）。例如，$Ca(H_2PO_2)_2$ 和 H_2SO_4 或 $H_2C_2O_4$ 等摩尔反应都能得到 H_3PO_2 溶液。次磷酸钡[$Ba(H_2PO_2)_2$]和 H_2SO_4 等摩尔反应可制得较纯的 H_3PO_2。纯 H_3PO_2 可用乙醚经过液液萃取得到。

$$Ca(H_2PO_2)_2 + H_2SO_4 \longrightarrow CaSO_4\downarrow + 2H_3PO_2$$

$$Ba(H_2PO_2)_2 + H_2SO_4 \longrightarrow BaSO_4\downarrow + 2H_3PO_2$$

次磷酸盐可由白磷和碱溶液的反应制得：

$$P_4 + 4OH^- + 4H_2O \longrightarrow 4H_2PO_2^- + 2H_2$$

$$P_4 + 4OH^- + 2H_2O \longrightarrow 2HPO_3^{2-} + 2PH_3$$

2. 次磷酸及其盐的化学性质

H_3PO_2 及其盐都不稳定，易受热分解放出 PH_3：

$$2H_3PO_2 \xrightarrow{400\ K} H_3PO_4 + PH_3\uparrow$$

$$4H_2PO_2^- \xrightarrow{500\ K} P_2O_7^{4-} + 2PH_3\uparrow + H_2O$$

因为分子中含有两个 P—H 键，所以次磷酸比亚磷酸的还原性更强，因此次磷酸及其盐溶液是强还原剂。例如，H_3PO_2 能被 Cl_2、Br_2、I_2 氧化成 H_3PO_3，甚至 H_3PO_4：

$$H_3PO_2 + X_2 + H_2O = H_3PO_3 + 2HX$$

$$H_3PO_3 + X_2 + H_2O = H_3PO_4 + 2HX$$

此外，H_3PO_2 能把冷的浓硫酸还原为 S，尤其是在碱性溶液中 $H_2PO_2^-$ 是极强的还原剂，能使 Ag^+、Cu^{2+}、Hg^{2+} 分别还原成 Ag、Cu、Hg_2^{2+} 或 Hg，把 $K_2Cr_2O_7$ 还原为 Cr(Ⅲ)，还能使 Ni^{2+} 还原为金属 Ni。例如，

$$H_2PO_2^- + 2Cu^{2+} + 6OH^- = PO_4^{3-} + 2Cu + 4H_2O$$

$$Ni^{2+} + H_2PO_2^- + H_2O = HPO_3^{2-} + 3H^+ + Ni$$

利用次磷酸盐的强还原性，H_3PO_2 可用于化学镀中将金属离子还原为金属，如在其他金属表面或塑料表面沉积，形成牢固的镀层。近些年来，在工业上，大量的水合次磷酸钠（$NaH_2PO_2 \cdot H_2O$）被用作还原剂，尤其是用于在金属、非金属或塑料表面化学镀镍（阀、泵表面镀镍后耐腐蚀）。

H_3PO_2 中的 H 能被有机基团取代，生成次膦酸(HO)(O)P(H)R，其盐为次膦酸盐。

3.9.2 亚磷酸及其盐

亚磷酸（H_3PO_3）是无色固体，易潮解，极易溶解于水，298.4 K 下 100 g 饱和溶液

中含 82.6 g H_3PO_3。H_3PO_3 溶解时会释放出热量，为 544 J/mol。H_3PO_3 的熔点为 344.9～346.8 K，熔融时的吸热量为 12.85 kJ/mol。

1. 亚磷酸的制备

在工业上，458 K 时，用 N_2 将 PCl_3 喷入到含有过量水蒸气的反应器中，会生成 H_3PO_3，此外，还含有 HCl、少量 H_3PO_4（<1.4%）和 H_2O（<1.5%）。

其他制备方法：在浓 HCl 加入 PCl_3，加热（453 K）赶掉 HCl，得 H_3PO_3（含有少量 H_3PO_4）。在冰浴中把水加到溶有 PCl_3 的 CCl_4 中，使 PCl_3 水解，分出的水层在 333 K 真空脱除 HCl 和水，得 H_3PO_3 纯品。

H_3PO_3 为二元酸，$K_1 = 5.1 \times 10^{-2}$，$K_2 = 1.8 \times 10^{-7}$（291 K）。H_3PO_3 能形成两个系列的盐，即正盐，如 Li_2HPO_3、$Na_2HPO_3 \cdot 5H_2O$、K_2HPO_3、$(NH_4)_2HPO_3 \cdot H_2O$，另一系列为酸式盐，如 LiH_2PO_3、$NaH_2PO_3 \cdot 2.5H_2O$、KH_2PO_3、$NH_4H_2HPO_3$、$M(H_2PO_3)_2$（M 为 Ca、Sr、Ba）。其中碱金属的正盐（除锂盐难溶外）、酸式盐均易溶于水，如 273.2 K 时 100 g 饱和溶液中含 35.9 g $NaH_2PO_3 \cdot 2.5H_2O$，而其他金属的亚磷酸盐较难溶解。

2. 亚磷酸及其盐的化学性质

小心加热酸式亚磷酸盐，会脱水生成焦亚磷酸盐。

$$4NaH_2PO_3 \xlongequal{-2H_2O,\ 433\ K} 2Na_2H_2P_2O_5$$

亚磷酸分子中的 P—H 键容易被氧原子进攻，因此具有还原性。亚磷酸及其盐还原能力很强，能将 Ag^+、Cu^{2+}等离子置换成单质，能将热、浓 H_2SO_4 还原为二氧化硫。例如，

$$H_3PO_3 + CuSO_4 + H_2O \xlongequal{} Cu + H_3PO_4 + H_2SO_4$$

亚磷酸及其盐溶液受热时发生歧化反应：

$$4H_3PO_3 \xlongequal{} 3H_3PO_4 + PH_3\uparrow$$

H_3PO_3 中与 P 原子直接相连的 H 可以被有机基团（R）取代，生成膦酸，如 $(HO)_2P(O)R$。

PCl_3 和 ROH 反应生成亚磷酸三烷基酯[$P(OR)_3$]或亚磷酸二烷基酯[$(RO)_2P(O)H$]：

$$PCl_3 + 3ROH \xlongequal{} P(OR)_3 + 3HCl \qquad \text{（R 烷基）}$$

$$PCl_3 + 3ROH + 3RN \xlongequal{} P(OR)_3 + 3RNHCl$$

$$PCl_3 + 3ArOH \xlongequal{} P(OAr)_3 + 3HCl \qquad \text{（Ar 芳基）}$$

$$2P(OAr)_3 + P(OH)_3 \xlongequal{} 3(ArO)_2P(O)H$$

亚磷酸三甲酯还能直接转化为甲基膦酸二甲酯：

$$P(OCH_3)_3 \xlongequal{} (CH_3O)_2P(O)CH_3$$

而其他的亚磷酸三烷基酯则需和卤代烷反应，经中间物（鏻的化合物）再转化为

烷基膦酸二烷基酯。

$$\mathrm{P(OR)_3 + R'X \longrightarrow [(RO)_3PR']^+X^- \longrightarrow (RO)_2P(O)R' + RX}$$

亚磷酸酯也具有强还原性。$(C_6H_5O)_3P$ 被用作聚乙烯醇的稳定剂。

3.9.3 连二磷酸及其盐

1. 连二磷酸的制备方法

连二磷酸的分子式为 $H_4P_2O_6$，有两种异构体，即含有 P—P 键的连二磷酸 $[(HO)_2P(O)P(O)(OH)_2]$ 和含有 $P^{III}—O—P^{V}$ 的异连二磷酸 $[HO(H)P(O)OP(O)(OH)_2]$。

$H_4P_2O_6$ 是四元酸，$K_1 = 6 \times 10^{-3}$，$K_2 = 1.5 \times 10^{-3}$，$K_3 = 5.4 \times 10^{-8}$，$K_4 = 9.3 \times 10^{-11}$（298.2 K）。由 K_a 值得知，电离第一个 H^+ 和第二个 H^+ 的倾向相近，而 K_2、K_3、K_4 之间差别较大，所以易形成二氢盐（$Na_2H_2P_2O_6 \cdot 6H_2O$）、一氢盐（$Na_3HP_2O_6 \cdot 9H_2O$）及正盐（$Na_4P_2O_6 \cdot 10H_2O$），不容易形成三氢盐。

278 K 时，将 NaOH（0.2 mol/L）和 NaOCl（1.5 mol/L）的混合溶液剧烈搅拌，把红磷加入到该溶液中，反应制得 $Na_2H_2P_2O_6$：

$$\mathrm{2P + 4NaOCl + 2NaOH = Na_2H_2P_2O_6 + 4NaCl}$$

使 $Na_2H_2P_2O_6$ 溶液流过 H 型离子交换树脂，可得二水合连二磷酸（$H_4P_2O_6 \cdot 2H_2O$），即 $[H_3O]_2[(OH)P(O)_2P(O)_2(OH)]$。经 P_4O_{10} 脱水二个月得无水 $H_4P_2O_6$。H_2S 和难溶的 $Pb_2P_2O_6$ 反应也能得无水 $H_4P_2O_6$。

2. 连二磷酸及其盐的化学性质

273.2 K 时，无水和二水合 $H_4P_2O_6$ 在空气中都很稳定。温度升高将发生重排或歧化反应生成异连二磷酸、焦磷酸和焦亚磷酸。

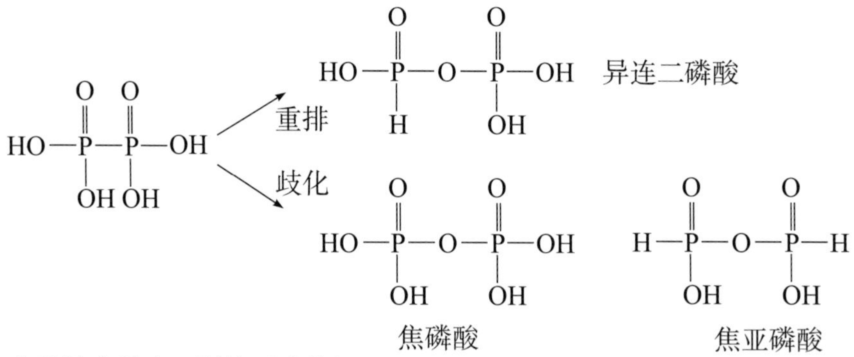

$$\mathrm{HO-\overset{\overset{O}{\|}}{\underset{\underset{OH}{|}}{P}}-\overset{\overset{O}{\|}}{\underset{\underset{OH}{|}}{P}}-OH \xrightarrow{\text{重排}} HO-\overset{\overset{O}{\|}}{\underset{\underset{H}{|}}{P}}-O-\overset{\overset{O}{\|}}{\underset{\underset{OH}{|}}{P}}-OH \quad \text{异连二磷酸}}$$

$$\mathrm{HO-\overset{\overset{O}{\|}}{\underset{\underset{OH}{|}}{P}}-\overset{\overset{O}{\|}}{\underset{\underset{OH}{|}}{P}}-OH \xrightarrow{\text{歧化}} \underset{\text{焦磷酸}}{HO-\overset{\overset{O}{\|}}{\underset{\underset{OH}{|}}{P}}-O-\overset{\overset{O}{\|}}{\underset{\underset{OH}{|}}{P}}-OH} \quad \underset{\text{焦亚磷酸}}{H-\overset{\overset{O}{\|}}{\underset{\underset{OH}{|}}{P}}-O-\overset{\overset{O}{\|}}{\underset{\underset{OH}{|}}{P}}-H}}$$

在酸性介质中，则按下式分解：

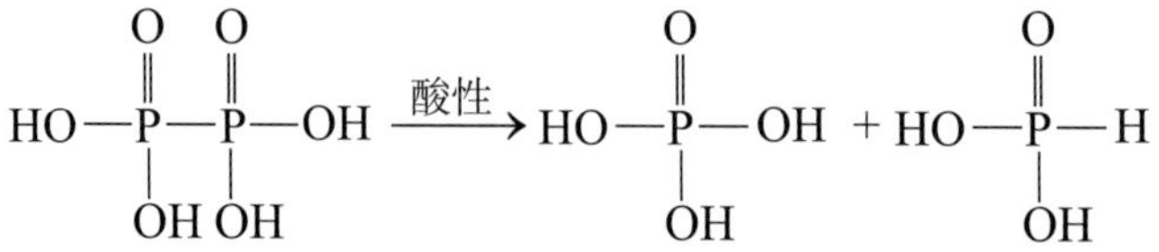

$$\mathrm{HO-\overset{\overset{O}{\|}}{\underset{\underset{OH}{|}}{P}}-\overset{\overset{O}{\|}}{\underset{\underset{OH}{|}}{P}}-OH \xrightarrow{\text{酸性}} HO-\overset{\overset{O}{\|}}{\underset{\underset{OH}{|}}{P}}-OH + HO-\overset{\overset{O}{\|}}{\underset{\underset{OH}{|}}{P}}-H}$$

异连二磷酸的核磁共振谱表明：酸中的二个 P 原子是不同的，有 P—H 键，但没有

P—P键，所以其结构式为(HO)(H)P(O)OP(O)(OH)₂。

323 K时，异连二磷酸可由PCl_3和计量的H_3PO_4、H_2O反应制得：

$$PCl_3 + H_3PO_4 + 2H_2O = H_3[HP_2O_6] + 3HCl$$

$H_3[HP_2O_6]$是三元酸，其钠的正盐可在453 K用等摩尔$Na_2HPO_4 \cdot 12H_2O$和$NaH_2PO_3 \cdot 2.5H_2O$加热制得：

$$Na_2HPO_4 \cdot 12H_2O + NaH_2PO_3 \cdot 2.5H_2O = Na_3[HP_2O_6] + 15.5H_2O$$

$H_4P_2O_6$的还原性较弱，X_2（Cl_2或Br_2）、$K_2Cr_2O_7$都不能将其氧化。室温下，$H_4P_2O_6$能和$KMnO_4$反应，但速率很慢，适当升高温度可以加快反应速率。

3.9.4 磷酸及其盐

1. 磷酸的制备方法

H_3PO_4是一种重要的化学工业品，广泛地应用于制药、食品和肥料。工业上制备H_3PO_4的方法有热法和湿法二种。

热法磷酸指的是以黄磷为原料，经氧化、水化等反应而制取的磷酸。根据不同的温度下P_2O_5发生不同的水合反应，可得到正磷酸（简称磷酸）、焦磷酸与偏磷酸等多种含氧酸，其中最重要的是正磷酸。

黄磷燃烧的总反应式：

$$P_4 + 5O_2 = P_4O_{10}$$

实际上，上述反应是一个很复杂的多级反应，反应常常不能进行彻底，因此反应物中除主产品P_4O_{10}外，还存在少量的低氧化物P_4O、P_4O_2、P_4O_6等。磷的低氧化物经水合后，将生成次磷酸（H_3PO_2）与亚磷酸（H_3PO_3）。可用硝酸、双氧水等强氧化剂将次、亚磷酸氧化为正磷酸。

在不同温度下，P_2O_5与水有以下不同的水合反应。

230℃时，P_2O_5与三个水分子结合生成磷酸:

$$P_2O_5 + 3H_2O = 2H_3PO_4$$

450℃时，P_2O_5与两个水分子结合生成焦磷酸:

$$P_2O_5 + 2H_2O = H_4P_2O_7$$

700℃时，P_2O_5与三个水分子结合生成偏磷酸:

$$P_2O_5 + H_2O = 2HPO_3$$

当大量空气与磷进行氧化时，首先生成磷酸酐，磷酸酐在359℃升华，在高温下，它的蒸气聚合成P_4O_{10}。磷酸酐溶于水可生成优质的正磷酸。

湿法制H_3PO_4就是用强酸处理磷灰石，其反应式为

$$Ca_5(PO_4)_3F + 5H_2SO_4 + 10H_2O = 5CaSO_4 \cdot 2H_2O + HF + 3H_3PO_4$$

将$CaSO_4$（消耗1 t磷灰石约生成1.5 t石膏）和不溶性杂质（如SiO_2）过滤除去，并使氟转化为难溶的氟硅酸钠（Na_2SiF_6），得到不同浓度的H_3PO_4溶液（溶液浓度因反

应器装置而异），为 35%～70%，再经浓缩得到 H_3PO_4。

与湿法磷酸不同的是，热法磷酸可以得到纯度较高的磷酸，而湿法磷酸则只能得到含有一定杂质的磷酸。湿法制得的 H_3PO_4，因含有 Na^+、Mg^{2+}、Ca^{2+}、Al^{3+}、Fe^{3+}、SO_4^{2-}、F^-等呈暗绿色甚至褐色。此法适用于制磷肥。

P_4O_{10} 完全水解，可生成四个酸分子。磷酸为白色的固体，熔点为 42.35℃，能和水以任意比混溶。磷酸为三元中强酸。市售磷酸为含 75%～85% H_3PO_4 的难挥发黏稠状的溶液，相当于 14.7 mol/dm^3，密度为 1.7 g/cm^3。

磷酸由单个的磷氧四面体构成（图 3-13），在磷酸分子中 P 原子采用 sp^3 杂化方式，3 个 sp^3 杂化轨道与氧原子的 p 轨道之间形成了 3 个 σ 键，另一个 P—O 键是由一个从磷到氧的 σ 配键和两个由氧到磷的 d-p π键组成的。σ 配键是磷原子上的一对孤对电子进入氧原子的空轨道配位而形成。d←p 配键是氧原子的 p_y、p_z 轨道上的两对孤对电子和磷原子的 d_{xz}、d_{yz} 空轨道重叠而成。因为磷原子 3d 能级比氧原子的 2p 能级能量高很多，组成的分子轨道不是很有效，所以 P—O 键从数目上来看是三重键，但从键能和键长来看介于单键和双键之间。纯 H_3PO_4 和它的晶体水合物中都存在氢键，这可能是磷酸浓溶液比较黏稠的原因。

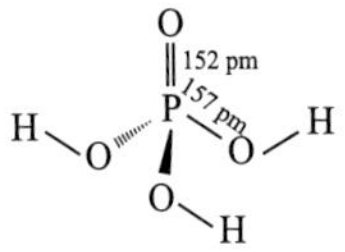

图 3-13　磷酸分子结构

2. 磷酸及其盐的化学性质

铝、镁、锌、铅、钢、铁等金属都可以和 H_3PO_4 反应，在稀 H_3PO_4 溶液中，钢、铁的表面形成保护膜，镍、铜和 H_3PO_4 的反应不明显，而银、铂、锆、钽等金属不和磷酸反应。

H_3PO_4-H_2CrO_4、H_3PO_4-H_2SO_4 的混合液可以用作电抛光铝、钢的电解液；H_3PO_4-HNO_3 混合液用作铝的化学抛光液，如一种典型抛光液的组成为：H_3PO_4 60%～64%，H_2SO_4 23%～27%，HNO_3 10%～14%，$CuSO_4$ 0.3%～0.7%及 $KMnO_4$ 0.3%～0.7%。

H_3PO_4 和其他酸、肼、有机溶剂等形成加合物，如 $H_3PO_4\cdot CH_3COOH$、$N_2H_4H_3PO_4$、$Et_2OH_3PO_4$、$Me_2COH_3PO_4$、$CO(NH_2)_2\cdot H_3PO_4$。

此外，H_3PO_4 还能形成一系列的复盐：

$LiMPO_4$（M 为 Mg、Fe、Co、Ni、Mn）。

$MBePO_4$（M 为 K、Rb、Cs）。

$MM'PO_4$（M 为 Na、K、NH_4；M′为 Mg、Ca、Sr、Ba、Cu、Z）。

$MM'(PO_4)_2$（M 为 Ca、Sr、Ba；M′为 Ce、Ti、Zr、Hf、Th、U）。

$Na_2M(PO_4)_2$（M 为 Ge、Zr、Hf）。

$M_3M'(PO_4)_3$（M 为 Ca、Sr、Ba；M′为 Sc、Y、La、Nd、In、Bi）。

磷酸难挥发，可以和一些挥发性酸反应，制备出挥发性酸，如：

$$NaBr + H_3PO_4（浓）=\!=\!= NaH_2PO_4 + HBr\uparrow$$

$$NaI + H_3PO_4（浓）=\!=\!= NaH_2PO_4 + HI\uparrow$$

在强热条件下，磷酸会发生不同程度的脱水，依次生成焦磷酸、三磷酸（链状结构）和多聚偏磷酸（环状结构），如图 3-14 所示。

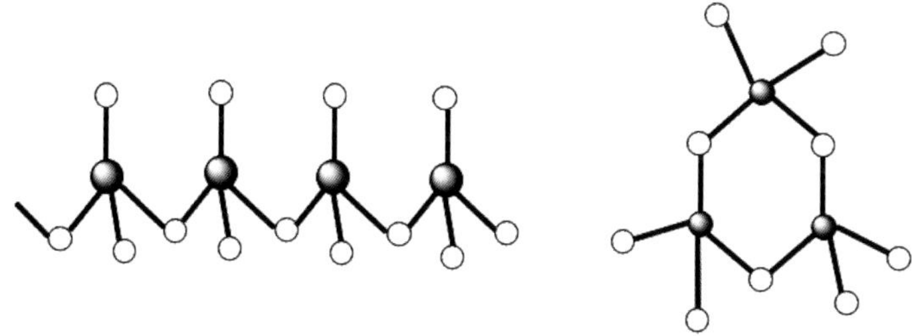

图 3-14　多磷酸根（链状）和偏磷酸根的结构（环状）

$$2H_3PO_4 \xrightarrow[473\sim573\,K]{-H_2O} H_4P_2O_7$$

$$3H_3PO_4 \xrightarrow[>573\,K]{-2H_2O} H_5P_3O_{10}$$

$$4H_3PO_4 \xrightarrow[>573\,K]{-4H_2O} (HPO_3)_4$$

磷酸形成的磷酸盐有三种类型，如 NaH_2PO_4（磷酸二氢钠或第一磷酸钠）、Na_2HPO_4（磷酸氢二钠或第二磷酸钠）、Na_3PO_4（磷酸三钠或第三磷酸钠）。

磷酸二氢盐易溶于水，大多数磷酸一氢盐和磷酸正盐的溶解性都很差（除其碱金属盐和铵盐外）。可溶性的磷酸盐在其水溶液中会发生不同程度的水解，呈现不同的酸碱性，如磷酸二氢盐的水溶液中存在两种平衡：

$$H_2PO_4^- + H_2O \rightleftharpoons HPO_4^{2-} + H_3O^+$$

$$H_2PO_4^- + H_2O \rightleftharpoons H_3PO_4 + OH^-$$

由于 $H_2PO_4^-$释放质子的倾向比获得质子的倾向强，因此溶液显酸性。

磷酸一氢盐在水中也存在两种平衡：

$$HPO_4^{2-} + H_2O \rightleftharpoons PO_4^{3-} + H_3O^+$$

$$HPO_4^{2-} + H_2O \rightleftharpoons H_2PO_4^- + OH^-$$

但磷酸一氢盐获得质子的能力强于释放质子的能力，故溶液呈碱性。

由于磷酸正盐的溶液具有强碱性，PO_4^{3-}只存在一种平衡，获得质子。

$$PO_4^{3-} + H_2O \rightleftharpoons HPO_4^{2-} + OH^-$$

磷酸盐在浓硝酸溶液中加热与过量的钼酸铵反应，可缓慢析出黄色磷钼酸铵晶体，这个特征反应往往用于鉴定 PO_4^{3-}：

$$PO_4^{3-} + 12MoO_4^{2-} + 3NH_4^+ + 24H^+ = (NH_4)_3[P(Mo_{12}O_{40})] \cdot 6H_2O \downarrow + 6H_2O$$

PO_4^{3-}的配位能力很强，能与许多金属离子形成配合物，如

$$Fe^{3+} + 2H_3PO_4 \rightleftharpoons [Fe(HPO_4)_2]^- + 4H^+$$

由于生成了可溶性、无色的$[Fe(HPO_4)_2]^-$配离子，PO_4^{3-}在分析化学中被用作 Fe^{3+}的掩蔽剂。

磷酸盐的钙盐和铵盐是重要的无机肥料，由于天然磷酸盐溶解性差，需要经过化学处理变为溶解性好的磷酸盐，才能被作物吸收，如磷酸钙和适量硫酸反应：

$$Ca_3(PO_4)_2 + 2H_2SO_4 = 2CaSO_4 + Ca(H_2PO_4)_2$$

所生成的硫酸钙和磷酸二氢钙的混合物称为磷酸钙，可直接用作肥料，其有效成分为可溶于水的 $Ca(H_2PO_4)_2$，容易被植物吸收，主要的磷酸盐肥料和它们的成分与制造方法见表 3-5。

表 3-5 主要的磷酸盐肥料和成分、制造方法

肥料品种	主要成分	含量/%	简要的制造过程	适用范围
过磷酸钙（普钙）	$Ca(H_2PO_4)_2^+$ $CaSO_4 \cdot H_2O$	P_2O_5：16～18	用 62%硫酸分解磷矿粉，然后熟化 $Ca_5F(PO_4)_3 + 5H_2SO_4 = 3H_3PO_4 + 5CaSO_4 + HF$	油、粮、棉、甜菜等作物
重过磷酸钙（重钙）	$Ca(H_2PO_4)_2$	P_2O_5：40～50	用磷酸分解磷矿粉，堆置熟化 $Ca_5F(PO_4)_3 + 7H_3PO_4 + 5H_2O = 5Ca(H_2PO_4)_2 \cdot H_2O + HF$	油、粮、棉、甜菜等作物
钙镁磷肥	复杂的钙镁硅酸盐	P_2O_5：12～18	磷矿石、蛇纹石和焦炭投入高炉中燃烧，将熔体水淬后粉碎	酸性土壤
脱氟磷肥	$Ca_5(OH)(PO_4)_3$	P_2O_5：18～30	磷矿石在 1400℃高炉中通入水蒸气脱氟 $Ca_5F(PO_4)_3 + H_2O(g) = Ca_5(OH)(PO_4)_3 + HF$	酸性土壤
硝酸磷肥（氮磷混肥）	$CaHPO_4$ NH_4NO_3 $Ca(NO_3)_2$	P_2O_5：10 N：16	用硝酸分解磷矿粉，然后用氨中和溶液即得复合肥料 $Ca_5F(PO_4)_3 + 10HNO_3 = 3H_3PO_4 + 5Ca(NO_3)_2 + HF$ $H_3PO_4 + Ca(NO_3)_2 + 2NH_3 = CaHPO_4 + 2NH_4NO_3$	适用于各种土壤、各种作物
安福粉	磷酸的铵盐	P_2O_5：30 N：18	用硫酸分解磷矿粉生成 H_3PO_4，再与 NH_3 反应 $Ca_5F(PO_4)_3 + 5H_2SO_4 = 3H_3PO_4 + 5CaSO_4 + HF$ $2H_3PO_4 + 3NH_3 = (NH_4)_2HPO_4 + NH_4H_2PO_4$	偏酸性土壤，各种作物，也可用于根外施肥
磷酸二氢钾	KH_2PO_4	P_2O_5：52 K：30	用氢氧化钾或碳酸钾中和磷酸	粮食、棉花，根外施肥

3.9.5 焦磷酸及其盐

焦磷酸（$H_4P_2O_7$）是无色黏稠液体，长期放置会生成晶体（无色玻璃状物质），密度为 2.04 g/cm³（25℃），熔点为 61℃，易溶于水，其酸性强于正磷酸。焦磷酸在水中逐渐转变为正磷酸。

$$H_4P_2O_7 + H_2O = 2H_3PO_4$$

$H_4P_2O_7$为四元酸，291 K 时的$K_{a1}^{\ominus}=1.4 \times 10^{-1}$，$K_{a2}^{\ominus}=1.1 \times 10^{-2}$，$K_{a3}^{\ominus}= 2.1\times 10^{-7}$，$K_{a4}^{\ominus} = 4.1 \times 10^{-10}$。能形成 $M_2H_2P_2O_7$、$M_3HP_2O_7$及 $M_4P_2O_7$，而不易形成 $MH_3P_2O_7$。

焦磷酸常用作催化剂，制备有机磷酸酯等。

将正磷酸加热至 210℃失水，会生成磷酸。将磷酸氢二钠加热得焦磷酸钠，溶解后再转变为焦磷酸铅沉淀，通入硫化氢后，将其滤液真空低温浓缩得到纯焦磷酸。类似地，将 $Na_4P_2O_7$和 $CuSO_4$反应得 $Cu_2P_2O_7$沉淀，后者和 H_2S 作用生成 $H_4P_2O_7$：

$$Na_4P_2O_7 + 2CuSO_4 = Cu_2P_2O_7 + 2Na_2SO_4$$

$$Cu_2P_2O_7 + 2H_2S = H_4P_2O_7 + 2CuS$$

常见的焦磷酸盐有 $M_2H_2P_2O_7$ 和 $M_4P_2O_7$。将 $Na_4P_2O_7$ 溶液分别加入到 Cu^{2+}、Ag^{+}、Zn^{2+}、Hg^{2+}、Sn^{2+}等盐溶液中，均会生成难溶的焦磷酸盐沉淀，当 $Na_4P_2O_7$ 过量时，又会和这些金属离子形成可溶性的配阴离子（如$[Cu(P_2O_7)_2]^{6-}$、$[Mn_2(P_2O_7)_2]^{4-}$）而使沉淀溶解，这些配阴离子常用于无氰电镀中。

3.9.6 多聚偏磷酸及其盐

将磷酸加热至 673 K 以上可制备多聚偏磷酸$(HPO_3)_x$。

$$xH_3PO_4 \rightleftharpoons (HPO_3)_x + xH_2O$$

聚偏磷酸是无色透明黏稠状液体，易潮解。以聚合分子的形式存在，具有环状结构（图 3-14）；能与水混溶并水解为正磷酸，不结晶；有腐蚀性。

多聚偏磷酸盐是简单磷酸盐高温缩合的产物。常见的如六偏磷酸钠（格氏盐）。这类多磷酸盐往往被用作锅炉用水的软化剂，因为多磷酸根离子可以和硬水中的 Ca^{2+}、Mg^{2+}、Fe^{3+}等离子配位，并生成稳定的可溶性配合物（胶体的多阴离子）。另外，多磷酸根离子的存在阻止了磷酸钙和碳酸镁结晶的生长，防止锅炉水垢沉积。另外，多聚的偏磷酸盐玻璃体还可用作钻井泥浆和油漆颜料的分散剂。

可以用硝酸银和蛋白来鉴定正、焦、偏三种磷酸。正磷酸与硝酸银会生成黄色沉淀，焦、偏磷酸与硝酸银反应都会生成白色沉淀，但偏磷酸能使蛋白沉淀。

3.10 几种重要的磷酸盐

3.10.1 钠的磷酸盐

在钠的磷酸盐溶液中，当温度在 298～373 K 时，可得到下列晶体[4]。

$Na_3PO_4 \cdot nH_2O$　n= 0，1/2，6，8，12。

$Na_2HPO_4 \cdot nH_2O$　n= 0，2，7，8，12。

$NaH_2PO_4 \cdot nH_2O$　n= 0，1，2。

此外，还能形成一些复合物：$NaH_2PO_4 \cdot H_3PO_4$[即 $NaH_5(PO_4)_2$]、$NaH_2PO_4 \cdot Na_2HPO_4$[即 $Na_3H_3(PO_4)_2$]、$2NaH_2PO_4 \cdot Na_2HPO_4 \cdot 2H_2O$ 及 $NaH_2PO_4 \cdot 2Na_2HPO_4$。

H_3PO_4用NaOH或Na_2CO_3中和，于pH≈4.5时，可得无色菱形晶体$NaH_2PO_4 \cdot 2H_2O$（330.4 K 熔化，373 K 脱水）；于 pH≈9.2 时，得无色菱形 $Na_2HPO_4 \cdot 12H_2O$ 晶体（311 K 熔化，373 K 失水，在空气中风化）。在制备 Na_2HPO_4时，要严格控制溶液的 pH，以及反应物的浓度和温度。一旦反应物浓度过大、体系温度过高，会生成少量 $Na_4P_2O_7$。

NaOH 过量时和 H_3PO_4 反应生成 $Na_3PO_4 \cdot 12H_2O$。NaOH 过量的浓度不同，还会生成含 NaOH 的 Na_3PO_4 晶体，其中含 NaOH 量最高的是 $Na_3PO_4 \cdot \frac{1}{4}NaOH \cdot 12H_2O$。

Na_3PO_4 的水合物能和一些钠盐结合，如 $Na_3PO_4 \cdot \frac{1}{4}NaNO_2 \cdot 11H_2O$、$Na_3PO_4 \cdot \frac{1}{4}NaOCl \cdot 11H_2O$、$Na_3PO_4 \cdot \frac{1}{5}NaCl \cdot 11H_2O$、$Na_3PO_4 \cdot \frac{1}{7}NaMnO_4 \cdot 11H_2O$。

无水 Na_3PO_4 可以通过 Na_2O 和 P_2O_5 以摩尔比为 3∶1，于 673 K 以上反应制得。

磷酸钠的酸式盐能配制缓冲溶液，维持血液 pH = 7.413（298 K）的缓冲溶液，就是由 0.0087 mo1/L $H_2PO_4^-$和 0. 0304 mol/L HPO_4^{2-}组成的。

固态 $Na_2HPO_4 \cdot 12H_2O$ 还能应用于“储热”系统——熔解吸热，再次固化释热，如 $Na_2HPO_4 \cdot 12H_2O$ 和 $Na_3PO_4 \cdot 12H_2O$ 以 8∶2 摩尔比的混合物 150 g 在 333 K 熔化后，能将经过的冷空气升温 10 K（10 dm^3/min）达 2 h 以上。

3.10.2 钾、铵的（正）磷酸盐

钾（正）磷酸盐有：KH_2PO_4；$K_2HPO_8 \cdot nH_2O$，n = 0，3，6；$K_3PO_4 \cdot nH_2O$，n = 3，7，9；$KH_2PO_4 \cdot H_3PO_4$；$KH_2PO_4 \cdot 2K_2HPO_4 \cdot H_2O$；$KH_2PO_4 \cdot 3K_2HPO_4 \cdot 2H_2O$。

铵的（正）磷酸盐有：$NH_4H_2PO_4$、$(NH_4)_2HPO_4$、$(NH_4)_3PO_4 \cdot 3H_2O$ 及 $NH_4H_2PO_4 \cdot H_3PO_4 \cdot nH_2O$，（$n$ = 0，1，2）、$(NH_4)_2HPO_4 \cdot (NH_4)_3PO_4$。

用计量 KOH 和 H_3PO_4 反应可分别生成 KH_2PO_4、K_2HPO_4、K_3PO_4。

在浓度约为 80%H_3PO_4 溶液中通入 NH_3，若控制 pH = 3.8～4.5，能得到 $NH_4H_2PO_4$ 晶体；控制 pH = 8.05～8.15 能得到$(NH_4)_2HPO_4$ 晶体。由于生成物容易分解，反应温度不能高于 323 K。在室温下，$(NH_4)_2HPO_4 \cdot 3H_2O$ 稳定性差，会释放出氨，酸式磷酸铵的热稳定性比磷酸铵高，其热稳定性顺序为

$$NH_4H_2PO_4\ (443\ K) > (NH_4)_2HPO_4\ (413\ K) > (NH_4)_3PO_4\ (303\ K)$$

在 403～723 K 时，$NH_4H_2PO_4$ 会形成链状磷酸铵，在 823～1223 K 时，环$(NH_4)_3P_3O_9$、环$(NH_4)_4P_4O_{12}$ 会形成超磷酸盐。

磷酸二氢盐中存在氢键，如 KH_2PO_4 晶体中，P—O 键长为 151 pm，P—OH 为 155～158 pm，氢键键长为 250 pm。

酸式磷酸盐受热会生成偏、焦磷酸盐。若酸式盐含结晶水，受热时首先失去结晶水。例如，$K_2HPO_4 \cdot 3H_2O$ 受热失去 3 个结晶水分子的温度分别在 385 K、405 K、431 K，当温度继续升至 674 K，转化为 $K_4P_2O_7$。KH_2PO_4 在 523～563 K 分解生成 KPO_3（523 K 分解成 $K_2H_2P_2O_7$ 的速率常数为 3.7×10^{-3}，563 K 为 19.3×10^{-3}）。

钾的磷酸盐往往用于配制缓冲溶液、用作肥料等，铵的磷酸盐可用作复合肥料，$NH_4H_2PO_4$、$(NH_4)_2HPO_4$ 还可作为抗火剂用于纤维织物，这是因为它们受热分解成 NH_3 和 H_3PO_4，而 H_3PO_4 是纤维素转变为炭的催化剂（炭燃烧比纤维燃烧缓和）。此外，木材吸收一定量的酸式磷酸铵后就能阻燃。

在 pH 为 7.85 时，加热稀$(NH_4)_2HPO_4$ 溶液至沸时会产生 NH_3，若保持沸热 2.5 h，溶液的 pH 会降为 5.78。将胶体羊毛染料沉积在羊毛织物上就是利用了这一性质（在碱性溶液中羊毛染料能保持其分散状态，在酸性溶液中羊毛染料会立即沉淀）。

3.10.3 钙的磷酸盐

H_3PO_4 与碱土金属氢氧化物作用能生成正盐，H_3PO_4 与碱土金属氧化物作用能生成酸式盐。可溶的碱土金属盐溶液与碱金属的（正）磷酸盐溶液反应生成较难溶解的碱土金属磷酸盐，低温条件下反应得到的磷酸盐含有结晶水，高温下的为无水盐，如低于 313 K 得到 $CaHPO_4 \cdot 2H_2O$，373～383 K 得 $CaHPO_4$。

1. 磷酸二氢钙

H_3PO_4 和计量石灰反应会析出 $Ca(H_2PO_4)_2 \cdot H_2O$ 晶体。若蒸干该反应体系，会有部分 $Ca(H_2PO_4)_2$ 分解为 $CaHPO_4$ 和 H_3PO_4，蒸干的产品中 $CaHPO_4$ 占 8%～9%（析出晶体中 $CaHPO_4$ 占 5.8%），生成的 H_3PO_4 可用 CaO 将其进一步转化。产物中的 H_3PO_4 易吸水，并能促进 $Ca(H_2PO_4)_2$ 转化为 H_3PO_4 和 $CaHPO_4$。$Ca(H_2PO_4)_2 \cdot H_2O$ 的溶度积为 7.19×10^{-2}（298 K）。

2. 磷酸一氢钙

411～413 K 时，H_3PO_4 和计量石灰浆反应可生成 $CaHPO_4 \cdot 2H_2O$。该产物不稳定，经 $Ca_8H_2(PO_4)_6 \cdot 5H_2O$ 和 H_3PO_4 转变为羟基磷酸钙 $Ca_{10}(PO_4)_6(OH)_2$[或 $Ca_5(PO_4)_3(OH)$]和 H_3PO_4。升高温度和水过量对该转化反应有利。若溶液中有 F^-，也有利于上述转化反应，不过产物为 $Ca_5(PO_4)_3F$。

制备 $CaHPO_4$ 时，在体系中加少量 $Na_4P_2O_7$ 或 2%～3%的 $Mg_3(PO_4)_2$，都能使 $CaHPO_4$ 变得稳定，只是机理尚不清楚，研究表明 0.0005 mol/L Mg^{2+} 能抑制 $Ca_8H_2(PO_4)_6 \cdot 5H_2O$ 水解。

$CaHPO_4$ 和 $CaHPO_4 \cdot 2H_2O$ 的溶度积为 2.18×10^{-7}（298 K）。

在 423 K 时 $CaHPO_4$ 就开始分解，温度升至 673 K 时，即分解为焦磷酸钙。

$CaHPO_4 \cdot 2H_2O$ 可用于制造牙膏。

3. 磷酸钙

在有 1% Mg^{2+}存在时，$Ca(NO_3)_2$ 与 Na_2HPO_4 于 343 K 反应生成磷酸钙 $Ca_3(PO_4)_2$。若把石灰浆加入到 H_3PO_4 溶液中，产物中含有羟基磷酸钙，通常以 $Ca_5(PO_4)_3(OH)$或 $Ca_{10}(PO_4)_6(OH)_2$ 来表示。羟基磷酸钙的组成因合成方法不同而异，Ca/P 摩尔比为 1.41～1.75（理论摩尔比为 1.67），见表 3-6。

表 3-6 羟基磷酸钙的 Ca/P 摩尔比与制备方法

Ca/P 摩尔比	制备方法
1.41 1.50	298 K 时，将过量 Na_2HPO_4 溶液加入到稀 $CaCl_2$ 溶液中；把 $Ca(OH)_2$ 加入到 H_3PO_4 中直到酚酞变色；或 $CaHPO_4 \cdot 2H_2O$ 慢水解
1.67 1.75	$Ca(OH)_2$ 溶液和稀 H_3PO_4 溶液加热至沸，并加石灰中和新沉淀“磷酸钙”

$Ca_5(PO_4)_3(OH)$的溶度积为$10^{-67.5}$。

羟基磷灰石有很强的热稳定性，在 1273 K 时也不失水（1273 K 真空下脱水），达 1773 K 时失水。

$$Ca_{10}(PO_4)_6(OH)_2 = 2Ca_3(PO_4)_2 + Ca_4O(PO_4)_2 + H_2O$$

1173 K 时，与CaF_2反应生成氟磷灰石：

$$Ca_{10}(PO_4)_6(OH)_2 + CaF_2 = Ca_{10}(PO_4)_6F_2 + CaO + H_2O$$

磷灰石是一类矿物的总称，其化学式为$M_{10}(RO_4)_4X_2$。其中 M 为 Na、K、Ca、Sr、Mn、Pb、Zn、Cd、Mg、Fe(Ⅱ)、Al 及稀土（尤其是 Ce）；X 为 F、OH、Cl、Br；R 为 P、As、V、S、Si、Ge 及 Cr。

矿物学上把天然磷灰石分成两类：①阳离子以Ca^{2+}为主的磷灰石系列，其中 X 主要是F、OH；R以P为主，可被S、Si取代一定量，但这类磷灰石矿物中的大多数不含As，尤其是不含V。②阳离子以Pb^{2+}为主的磷氯铅矿系列。其中X^-要是Cl^-等较大的阴离子，PO_4易被VO_4、AsO_4取代。在磷氯铅矿系列中，很少发现有SO_4、SiO_4取代PO_4的矿物。

磷酸根PO_4^{3-}为四面体，其 IR、Raman、NMR 谱对固态、液态或溶液的数据表明：在晶体中，PO_4^{3-}并不是正四面体结构，而略有变形，而在稀溶液中PO_4^{3-}变形不明显。

4. 某些三价金属的磷酸盐

MPO_3，M 为 B、Al、Ga、Fe、Mn，属于共价型的化合物，其中的 M 和 P 都是四配位氧，相当于二氧化硅晶体中的硅原子被 M 原子和 P 原子有规则地取代了。

BPO_4、$AlPO_4$是SiO_2的等电子体。$AlPO_4$有 6 种型态，其结构均和二氧化硅相似：

$$AlPO_4\text{：类石英} \underset{978\text{ K}}{\rightleftharpoons} \text{类鳞石英} \underset{1298\text{ K}}{\rightleftharpoons} \text{类方石英} \underset{>1873\text{ K}}{\rightleftharpoons} \text{熔体}$$

$$\beta \underset{859\text{ K}}{\rightleftharpoons} \alpha\beta \underset{366\text{ K}}{\rightleftharpoons} \alpha_1 \underset{403\text{ K}}{\rightleftharpoons} \alpha_2\beta \underset{483\text{ K}}{\rightleftharpoons} \alpha$$

$$SiO_2\text{：石英} \underset{1140\text{ K}}{\rightleftharpoons} \text{类鳞石英} \underset{1734\text{ K}}{\rightleftharpoons} \text{类方石英} \underset{1986\text{ K}}{\rightleftharpoons} \text{熔体}$$

$$\beta \underset{846\text{ K}}{\rightleftharpoons} \alpha\beta \underset{390\text{ K}}{\rightleftharpoons} \alpha_1 \underset{436\text{ K}}{\rightleftharpoons} \alpha_2\beta \underset{493\text{ K}}{\rightleftharpoons} \alpha$$

BPO_4、$AlPO_4$的性质和石英很相似，硬度大、熔点高（BPO_4的熔点高于 1923 K）、难溶于水。和石英不同之处在于，在低于熔点 200～300 K 时，会失去“P_2O_5”，即便如此，这两种磷酸盐可以用作耐火材料。

BPO_4、$AlPO_4$分别可由下列反应制得：

$$H_3BO_3 + H_3PO_4 = BPO_4 + 3H_2O$$

$$Al(OH)_3 + H_3PO_4 = AlPO_4 + 3H_2O$$

$$BCl_3 + (EtO)_3PO = BPO_4 + 3EtCl$$

BPO_4、$AlPO_4$ 可用作催化剂，$AlPO_4$ 还能用作吸附剂。作为催化剂和吸附剂的$AlPO_4$可通过$Al(OH)_3$和H_3PO_4在 423～473 K 加热制得。

水合磷酸铝和无水磷酸铝的结构不同，前者是由水合Al^{3+}和PO_4^{3-}结合而成的固体。

酸式磷酸铝有：$AlH_3(PO_4)_2 \cdot 3H_2O$、$AlH_3(PO_4)_2 \cdot H_2O$、$Al_2(HPO_4)_3 \cdot 3H_2O$、$Al_2(HPO_4)_3$、$AlH(HPO_4)_2 \cdot H_2O$、$Al(H_2PO_4)_3 \cdot 1.5H_2O$ 及 $Al(H_2PO_4)_3$。酸式磷酸铝（无水或含水）受热时脱水能缩合成多磷酸盐：

$$Al_2(HPO_4)_3 \xrightarrow{673\ K} Al_4(P_2O_7)_3 \xrightarrow{>673\ K} AlPO_4$$

脱水产物实际上是无水酸式磷酸铝、磷酸铝及无定形物质的混合物，具体组成因反应条件而异。

铁的磷酸盐有：$Fe_3(PO_4)_2$、$Fe_3(PO_4)_2 \cdot 4H_2O$、$Fe_3(PO_4)_2 \cdot 8H_2O$、$FePO_4$、$FePO_4 \cdot 2H_2O$。$FePO_4$ 和 $AlPO_4$ 是等结构体。

酸式磷酸铁有：$FeHPO_4$、$FeHPO_4 \cdot H_2O$、$FeHPO_4 \cdot 2H_2O$、$Fe(H_2PO_4)_2$、$Fe(H_2PO_4)_2 \cdot 2H_2O$ 和 $Fe(H_2PO_4)_3$。铁(Ⅱ)和铁(Ⅲ)的混合磷酸盐有：$Fe_7(PO_4)_6$[即 $Fe_3(PO_4)_2 \cdot 4FePO_4$]、$Fe_2(PO_4)O$（即 $FePO_4 \cdot FeO$）、$Fe_3PO_4 \cdot O_3$（即 $FePO_4 \cdot Fe_2O_3$）等（实验测定 $FePO_4$ 中还含有少量 $Fe_7(PO_4)_6$ 及 $Fe_3P_5O_{17}$）。

将 H_2CrO_4 和 H_3PO_4 的混合溶液迅速加热到 973 K，可得到无水磷酸铬：

$$2H_3PO_4 + 2CrO_3 = 2CrPO_4 + 3H_2O + (3/2)O_2$$

无水磷酸铬是无定形粉末，长时间加热后可成为晶体。

和其他铬盐相似，水合磷酸铬（$CrPO_4 \cdot 6H_2O$）有紫色和绿色两种晶体。紫色晶体由 $Cr(H_2O)_6^{3+}$和 PO_4^{3-}组成，其水溶液为紫色。在有 CH_3COONa 存在时，$KCr(SO_4)_2$ 和 Na_2HPO_4 于约 273 K 反应能得到紫色晶体。

$$2KCr(SO_4)_2 + 2Na_2HPO_4 + 6H_2O = 2CrPO_4 \cdot 6H_2O + 2Na_2SO_4 + K_2SO_4 + H_2SO_4$$

若反应温度高于 293 K，紫色溶液转化为绿色，含有 $CrHPO_4^+$、$Cr(PO_4)_2^{3-}$及多核配离子等。

HF、$CrPO_4$、水合氧化铝的混合物和铝反应，可得到一种绿色物质，其组成为 $xCrPO_4 \cdot yAl_2O_3 \cdot zH_2O$。将其附着在金属表面，提高金属的耐腐蚀性，对涂料有较强的吸着力。

独居石[(La,Ce,Th)PO_4]是一种磷酸盐矿物，此外还有磷酸钇（YPO_4），它们都是稀土元素的主要矿物（其中常含少量四价铀）。

3.10.4 焦磷酸盐

$H_4P_2O_7$ 可形成四系列的钠盐，如 $NaH_3P_2O_7$、$Na_2H_2P_2O_7 \cdot nH_2O$（$n = 0.6$）、$Na_3HP_2O_7 \cdot nH_2O$（$n = 0$，1.9）和 $Na_4P_2O_7 \cdot nH_2O$（$n = 0.10$），都能溶于水。

Na_2HPO_4 受热脱水能得到 $Na_4P_2O_7$。通过热重分析脱水过程，结果表明：Na_2HPO_4 在 603～613 K 就能脱水，在 773 K 生成 $Na_4P_2O_7$。

$$2Na_2HPO_4 = Na_4P_2O_7 + H_2O$$

由于 $Na_4P_2O_7$ 能溶解 SiO_2，该反应需在白金容器中进行。

$Na_4P_2O_7$ 易溶于水，通过在水中重结晶可以提纯 $Na_4P_2O_7$：在 272.8～352 K 间得到其水合晶体 $Na_4P_2O_7 \cdot 10H_2O$。

无水 $Na_4P_2O_7$ 有五种晶体，相互间的转变温度如下：

$$Na_4P_2O_7\text{-V} \xrightleftharpoons[673\ K]{} Na_4P_2O_7\text{-IV} \xrightleftharpoons[783\ K]{} Na_4P_2O_7\text{-III}$$

$$\xrightleftharpoons[793\ K]{} Na_4P_2O_7\text{-II} \xrightleftharpoons[818\ K]{} Na_4P_2O_7\text{-I} \xrightleftharpoons[1258\ K]{} \text{熔融}$$

$Na_4P_2O_7$用适量 HCl 酸化，在低于 308 K，分离出 NaCl 后可得到 $Na_3HP_2O_7 \cdot 9H_2O$ 晶体，在大约 303 K 时可得到 $Na_3HP_2O_7 \cdot H_2O$，该物质在 423 K 温度下经长时间脱水后，可得到无水 $Na_3HP_2O_7$。

NaH_2PO_4受热脱水生成 $Na_2H_2P_2O_7$：

$$2NaH_2PO_4 = Na_2H_2P_2O_7 + H_2O$$

该脱水反应是在498～523 K，一定的水蒸气分压下完成的，固定一定的水蒸气分压是为了避免 $Na_2H_2P_2O_7$进一步脱水。

$$nNa_2H_2P_2O_7 = 2(NaPO_3)_n + nH_2O$$

将等摩尔 $H_4P_2O_7$和 $Na_2H_2P_2O_7$于 273 K 混合，真空蒸发得 $NaH_3P_2O_7$晶体：

$$Na_2H_2P_2O_7 + H_4P_2O_7 = 2NaH_3P_2O_7$$

钾、铵的焦磷酸盐有三种：$M_2H_2P_2O_7$、$M_3HP_2O_7$、$M_4P_2O_7$，都易溶于水。

$Na_4P_2O_7$ 溶液和过量易溶金属盐，如 Ag^+、Cu^{2+}、Ce^{3+}、La^{3+}、Sm^{3+}、Eu^{3+}、Fe^{3+}等反应生成相应的难溶焦磷酸盐，如

$$Na_4P_2O_7 + 4AgNO_3 = Ag_4P_2O_7 + 4NaNO_3$$

某些二价金属的焦磷酸盐可用含铵的磷酸盐或相应的酸式磷酸盐热分解制得：

$$2NH_4NiPO_4 \cdot 6H_2O = Ni_2P_2O_7 + 2NH_3 + 13H_2O$$

$$2CaHPO_4 = Ca_2P_2O_7 + H_2O$$

$$2Al_2(HPO_4)_3 = Al_4(P_2O_7)_3 + 3H_2O\ (673\ K)$$

制备其他金属焦磷酸盐的方法还有许多种，如

$$PbO_2 + 2H_3PO_4 = PbP_2O_7 + 3H_2O$$

$$2FePO_4 + H_2 = Fe_2P_2O_7 + H_2O$$

$$2Hg_3(PO_4)_2 = 2Hg_2P_2O_7 + 2Hg + O_2$$

焦磷酸盐中均含有焦磷酸根（$P_2O_7^{4-}$离子），其 P—O—P 键角不尽相同（120°～180°）。此外，P—O—P 中 P—O 键的键长长于末端 P—O 键（图 3-15）。

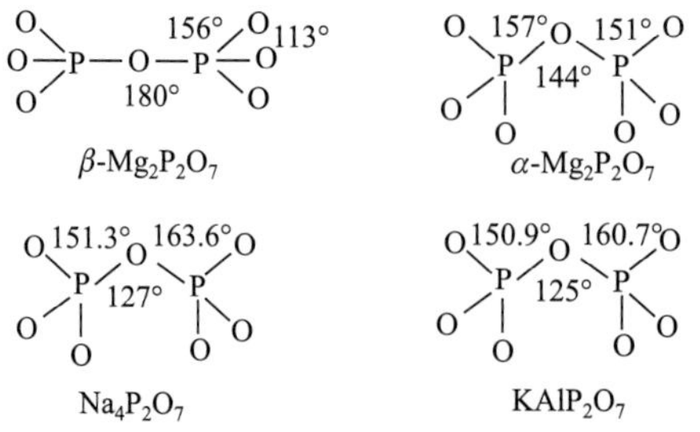

β-$Mg_2P_2O_7$（156°，113°，180°）　α-$Mg_2P_2O_7$（157°，151°，144°）

$Na_4P_2O_7$（151.3°，163.6°，127°）　$KAlP_2O_7$（150.9°，160.7°，125°）

图 3-15　几种焦磷酸盐的结构

3.10.5 三聚磷酸钠（三磷酸钠）

将摩尔比为 5∶3 的 Na_2O 和 P_2O_5 混合物的熔体冷却得 $Na_5P_3O_{10}$。将摩尔比为 2∶1 的 Na_2HPO_4 和 NaH_2PO_4 固体混合物加热也可得到 $Na_5P_3O_{10}$。

$$2Na_2HPO_4 + NaH_2PO_4 = Na_5P_3O_{10} + 2H_2O$$

在碱中将环-$Na_3P_3O_9$ 水解可生成 $Na_5P_3O_{10}$：

$$(NaPO_3)_3 + 2NaOH = Na_5P_3O_{10} + H_2O$$

$Na_5P_3O_{10}$ 有六水合物（$Na_5P_3O_{10} \cdot 6H_2O$）和无水盐两种。

$Na_5P_3O_{10} \cdot 6H_2O$ 在室温下，于密封体系中的水解反应式为

$$2Na_5P_3O_{10} \cdot 6H_2O = Na_4P_2O_7 + 2Na_3HP_2O_7 + 11H_2O$$

在 373 K 水解的主要反应式为

$$Na_5P_3O_{10} \cdot 6H_2O = Na_3HP_2O_7 + Na_2HPO_4 + 5H_2O$$

室温下，$Na_5P_3O_{10}$ 易溶于水，100 g 水中能溶解 15 g。1%的 $Na_5P_3O_{10}$ 溶液的 pH = 9.7，它在溶液中缓慢水解，会生成 $Na_4P_2O_7$ 和 Na_3PO_4，373.2 K 下，在其自身 pH 的条件下，水解一半需 6 h。

将 $Na_5P_3O_{10}$ 溶液和适量 $HClO_4$、CH_3COOH 混合，再加乙醇得 $Na_3H_2P_3O_{10} \cdot 1.5H_2O$ 或 $Na_4HP_3O_{10}$。

目前有近百种三聚磷酸盐为人们所已知。锂盐和钠盐的制法相同。钠盐可用来制备其他三聚磷酸盐，如

$$2Na_5P_3O_{10} + 5BaCl_2 = Ba_5(P_3O_{10})_2 + 10NaCl$$

$$2Na_5P_3O_{10} + Cr_2(SO_4)_3 + 12H_2O = 2Na_2CrP_3O_{10} \cdot 6H_2O + 3Na_2SO_4$$

$P_3O_{10}^{5-}$ 和金属离子有较强的配位作用，还能使尘粒胶溶或悬浮，所以常被用来制洗涤剂。

3.10.6 四聚磷酸盐(四磷酸盐)

313 K 时，在碱性介质中环-$Na_4P_4O_{12}$ 水解可生成四聚磷酸钠($Na_6P_4O_{13}$)：

$$(NaPO_3)_4 + 2NaOH = Na_6P_4O_{13} + H_2O$$

从溶液中得到的产物为油状或玻璃状，不易得到晶体。已经制得的四聚磷酸盐并不多，如$(NH_4)_6P_4O_{13}$、$Ba_3P_4O_{13}$、$Bi_2P_4O_{13}$、$Pb_3P_4O_{13}$ 等。

$P_4O_{13}^{6-}$ 是链状结构，它在中性、碱性介质中比较稳定。338.5 K 时，在 pH = 10 的条件下，$Na_6P_4O_{13}$ 还比较稳定。随着溶液 pH 下降，$P_4O_{13}^{6-}$ 水解明显。水解从链状结构的末端开始，断裂为 PO_4^{3-} 和 $P_3O_{10}^{5-}$ 酸根，接着 $P_3O_{10}^{5-}$ 再水解（图 3-16）。

$$\mathrm{^{-}O-P(=O)(O^{-})-O-P(=O)(O^{-})-O-P(=O)(O^{-})-O-P(=O)(O^{-})-O^{-}}$$

$$\downarrow \mathrm{H_2O}$$

$$\mathrm{^{-}O-P(=O)(O^{-})-O-P(=O)(O^{-})-O-P(=O)(O^{-})-OH} \qquad \mathrm{HO-P(=O)(O^{-})-O^{-}}$$

$$\downarrow \mathrm{H_2O}$$

$$\mathrm{^{-}O-P(=O)(O^{-})-O-P(=O)(O^{-})-OH} \qquad \mathrm{HO-P(=O)(O^{-})-OH} \qquad \mathrm{HO-P(=O)(O^{-})-O^{-}}$$

$$\downarrow \mathrm{H_2O}$$

$$\mathrm{^{-}O-P(=O)(O^{-})-OH} \qquad \mathrm{HO-P(=O)(O^{-})-OH} \qquad \mathrm{HO-P(=O)(O^{-})-OH} \qquad \mathrm{HO-P(=O)(O^{-})-O^{-}}$$

图 3-16　$P_4O_{13}^{6-}$ 的水解

3.10.7　长链聚磷酸盐

链状聚磷酸阴离子 $P_nO_{3n+1}^{(n+2)-}$ 中，若 $n>50$，称其为长链聚磷酸盐。一般长链磷酸盐的 n 值在 500～10000。n 很大时，$3n+1\approx 3n$，可用 $(PO_3)_n^{n-1}$ 来表示，与环磷酸盐的环状结构化学式相同，早期文献中常把多聚磷酸盐和环磷酸盐混淆了。长链多聚磷酸盐的两端均有一个 OH，因此真正的化学式是 $H_2P_nO_{3n+1}^{n-}$，结构为

$$\mathrm{HO-P(=O)(O^{-})-O}\left[\mathrm{P(=O)(O^{-})-O}\right]_{n-2}\mathrm{P(=O)(O^{-})-OH}$$

将 $NaNH_4HPO_4$、NaH_2PO_4 或 $Na_2H_2P_2O_7$ 的混合物加热到熔融，迅速冷却后可得到玻璃状多聚磷酸钠。在工业上，将 NaOH 的喷雾直接和 P_4O_{10} 反应，在干冷的金属表面迅速冷却，可制得玻璃状多聚磷酸钠，其中高分子量的多聚磷酸盐的混合物约占 90%，其余为环磷酸盐，约占 10%，它的性质特点为无毒，对染料、织物无影响，不燃。

玻璃状磷酸盐易溶于水，能和重金属离子如 Ag^+、Pb^{2+}反应生成相应的沉淀。在工业上，由于能和 Ca^{2+}生成稳定的配离子，在水处理中，往往被作为“除钙”的试剂，试剂中约含 67.8% P_2O_5，相当于 $Na_2O : P_2O_5 = 1.1 : 1$（摩尔比），其摩尔质量为 1500～2000 kg/mol，平均聚合度（n）为 15～20。

室温条件下的中性介质中，多聚磷酸盐比较稳定，但在酸性介质和加热的条件下，水解速度加快。水解反应历程是逐个断开末端的 PO_4 的过程。

多聚磷酸的酸式盐 $[Na_2H(PO_3)_3]_n$ 和 $[Na_3H(PO_3)_4]_n$ 已被制得。

多聚磷酸钾可通过两种方法制得：

$$n\mathrm{KH_2PO_4} = \mathrm{(KPO_3)}_n + n\mathrm{H_2O}$$

$$\mathrm{P_4 + 4KCl + 6O_2} = 4/n\mathrm{(KPO_3)}_n + \mathrm{2Cl_2}$$

在 P_2O_5 含量约为 85%的多磷酸溶液中通入 NH_3，将水加入到生成物中，能沉淀出多聚偏磷酸铵$(NH_4PO_3)_n$。将 H_3PO_4 和 $CO(NH_2)_2$ 的混合物加热，反应得到尿素的磷酸盐，然后在低温下分解，生成多聚偏磷酸铵：

$$2H_3PO_4 + CO(NH_2)_2 = 2/n\,(NH_4PO_3)_n + CO_2 + H_2O$$

除钠、钾盐外，还有锶、铷、铯、铍、钙、锶、钡、铅、铝及铁盐，均能通过加热分解磷酸二氢盐，生成多聚磷酸盐。此外，过量磷酸和氧化物或碳酸盐反应可生成链状多聚磷酸盐，如铝、铁、铋、镉等。

$$nCdCO_3 + 2nH_3PO_4 = n[Cd(PO_3)_2] + nCO_2 + 3nH_2O$$

长链多聚磷酸盐具有多种晶型，如 $Ca(PO_3)_2$ 有四种晶型，NH_4PO_3 有五种晶型，KPO_3 有四种，$NaPO_3$ 有多种。多晶型的形成是因为链构型间的微弱区别及聚合度不同，如一种$(NH_4 \cdot PO_3)_n$ 的平均聚合度为 50～200，而另一种的聚合度为 10^5；又如α，β-$Ca(PO_3)_2$ 的聚合度为 10^4，而 γ 和 δ 型的聚合度为 200～600。

3.10.8 偏磷酸盐

偏磷酸钠的化学式为$(NaPO_3)_n$，具有环状结构，其中聚合度为3～8的已得到了分离和鉴定。玻璃状的偏磷酸盐中存在聚合度更高的环状偏磷酸根。

控制加热 NaH_2PO_4 条件（573～873 K，最佳温度为 773 K），NaH_2PO_4 转化成偏磷酸钠$(NaPO_3)_3$：

$$3NaH_2PO_4 \xlongequal{773\ K} (NaPO_3)_3 + 3H_2O$$

常见的稳定型$(NaPO_3)_3$为$Na_3P_3O_9$-Ⅰ，易溶，又称为Knorre盐。690 K时，$Na_3P_3O_9$-Ⅰ在密封管内（有少量水汽）可转化为 $Na_3P_3O_9$-Ⅱ。

将 Na_2HPO_4（3 份）和 NH_4Cl（1 份）的混合物在 603 K 加热 6 h 后，可得到 Knorre 盐。

加热 $Na_4P_2O_7$ 和 NH_4Cl 混合物可生成 $Na_3P_3O_9$：

$$3Na_4P_2O_7 + 6NH_4Cl = 2Na_3P_3O_9 + 6NaCl + 6NH_3 + 3H_2O$$

通过上述方法得到的产物中，除$(NaPO_3)_3$ 外，还有其他的磷酸钠。由于 Pb^{2+}、Ag^+ 等能与磷酸根产生沉淀，而不与$(NaPO_3)_3$ 产生沉淀，可以在上述产物中加 Pb^{2+}或 Ag^+ 盐，分离出$(NaPO_3)_3$。

水溶液中 $Na_3P_3O_9$ 可重结晶得到 $Na_3P_3O_9 \cdot 6H_2O$，后者在空气中易风化，受热脱水生成 $Na_3P_3O_9 \cdot 1.5H_2O$、$Na_3P_3O_9 \cdot H_2O$ 和 $Na_3P_3O_9$。当 $Na_3P_3O_9 \cdot H_2O$ 脱水时，会有开环作用发生。

$Na_3P_3O_9$ 易溶于水，室温下其饱和溶液的浓度为 18%，而碱土金属及镧系元素偏磷酸盐的溶解度较小，如 $Ba_3(P_3O_9)_2$ 的仅为 1.03%，因此，可利用 $Na_3P_3O_9 \cdot 6H_2O$ 溶液和镧系元素的可溶性盐溶液反应生成相应的 MP_3O_9。

将$(CH_3CO)_2O$ 和 KH_2PO_4 的混合物加热可制得 $K_3P_3O_9$。

三偏磷酸可形成一系列复盐 $MM'P_3O_9$，M = K、NH_4、Rb、Tl、Ag，M′ = Mg、

Ca、Mn、Co、Zn、Cd，可通过下列反应制得：

$$2(NH_4)_2HPO_4 + CdCO_3 + TlH_2PO_4 = CdTlP_3O_9 + 4NH_3 + CO_2 + 4H_2O$$

$Na_4P_4O_{12}$ 的制备方法：288 K 时将六方 P_4O_{10} 水解，用 30% NaOH 中和产物到 pH = 7.0，再加入 NaCl，可得到 $Na_4P_4O_{12} \cdot 10H_2O$。

$Na_4P_4O_{12} \cdot 10H_2O$ 受热会分阶段脱水：

$$Na_4P_4O_{12} \cdot 10H_2O \xrightarrow{298.2\,K} \underset{\text{低温稳定}}{Na_4P_4O_{12} \cdot 4H_2O} \xrightarrow{327.2\,K} \underset{\text{高温稳定}}{Na_4P_4O_{12} \cdot 2H_2O} \xrightarrow{348.2\,K} Na_4P_4O_{12}$$

$Na_4P_4O_{12}$ 于 523 K 在空气中少量水作用下形成链状式 Maddrell 盐。

许多金属的磷酸二氢盐（如 Al^{3+}、Fe^{3+}、Cr^{3+}、Ti^{3+}、Mg^{2+}、Ni^{2+}、Co^{2+}、Mn^{2+}、Fe^{2+}、Zn^{2+}、Cd^{2+}）在一定的条件下加热得相应的偏磷酸盐。

$M_2P_4O_{12}$（M 为 Cu、Zn）和 Na_2S 或 K_2S 反应可生成 $Na_4P_4O_{12}$ 或 $K_4P_4O_{12}$。

四水合四偏磷酸锂易脱去两个水分子：

$$333\,K \quad Li_4P_4O_{12} \cdot 4H_2O \longrightarrow LiP_4P_4O_{12} \cdot 2H_2O$$

最后两个水不易脱去，但在高温下脱水会开环生成高分子量的聚磷酸盐。

373 K 时，$K_4P_4O_{12} \cdot 2H_2O$ 脱水会生成 $K_4P_4O_{12}$。当温度高于 373 K 时，$K_4P_4O_{12}$ 和空气中的水汽作用生成 Kurrol 盐。

673 K 时，$Na_4P_4O_{12}$ 加热会转化为 $Na_3P_3O_9$；473 K 时，偏酸磷钾盐也能转化为三偏磷酸钾盐。总之，从热力学角度看，四偏磷酸盐的稳定性弱于三偏磷酸盐。

玻璃态磷酸钠（Na_2O/P_2O_5 摩尔比≤1.25）中含有少量$(NaPO_3)_5$、$(NaPO_3)_6$，已被分离得到。

548 K 时，加热 Li_2O/P_2O（摩尔比=1.4）的混合物，冷却后得$(LiPO_3)_6$ 及少量 $Li_4P_2O_7$。将该锂盐溶液通过 H 型交换树脂，用 Na_2CO_3 中和流出液到 pH = 5～6，再加入醇，会析出 $Na_6P_6O_{18} \cdot 6H_2O$ 针状晶体，该物质于 393 K 脱水生成无水盐。

加热四偏磷酸铅（$Pb_2P_4O_{12} \cdot 4H_2O$）和 Na_2CO_3 时，前者会发生重排反应生成八偏磷酸铅（$Pb_4P_8O_{24}$），产率约为 70%，其余 30%会转变为摩尔质量更高的偏磷酸铅：

$$2Pb_2P_4O_{12} \cdot 4H_2O = Pb_4P_8O_{24} + 8H_2O$$

$Pb_4P_8O_{24}$ 和 Na_2S 作用生成 $Na_8P_8O_{24} \cdot 6H_2O$。

八偏磷酸钠的复盐 $M_2Cu_3P_8O_{24}$（M = NH_4、Rb、Cs、Tl）也已被制得。

为了便于比较，把焦磷酸盐、偏磷酸盐的水解一起讨论。

$P_2O_7^{2-}$（相对偏磷酸盐而言）不容易水解。353 K 时，其水溶液中有下列平衡：

$$2H_2PO_4^- \rightleftharpoons H_2P_2O_7^{2-} + H_2O$$

355 K 时，6000 份 $H_2PO_4^-$ 和 16 份 $H_2P_2O_7^{2-}$ 处于平衡态。$H_2P_2O_7^{2-}$ 水解反应的 $\Delta H^{\ominus} = -19.67\,kJ/mol$ ，$\Delta G^{\ominus} = -13.39\,kJ/mol$ 。338.5 K 时，$H_2P_2O_7^{2-}$ 的水解速度常数（k）随溶液的 pH 而变。pH 越小，水解速度越快。

当温度≤293 K 时，$Na_3P_3O_9$ 在中性溶液中较稳定。在酸性介质中容易发生水解，水解是一级反应。

$$P_3O_9^{3-} \xrightarrow{+H_2O} H_2P_3O_{10}^{3-} \xrightarrow{+H_2O} H_2P_2O_7^{2-} + H_2PO_4^- \xrightarrow{+H_2O} 3H_2PO_4^-$$

在 pH 为 8.0，温度为 353 K 时，$P_3O_9^{3-}$ 水解速度较 $H_2P_3O_{10}^{3-}$、$H_2P_2O_7^{2-}$ 慢很多，所以在溶液中往往不易检测出 $H_2P_3O_{10}^{3-}$、$H_2P_2O_7^{2-}$。在 pH 为 10，温度为 413 K 时，$P_3O_9^{3-}$ 能定量转化成 $Na_5P_3O_{10}$。$Na_3P_3O_9$ 的转化反应因其他某些阳离子存在而加速。溶液中若有 Ag^+、Cu^{2+}、Zn^{2+}、Pb^{2+}、Bi^{3+}及 Ln^{3+}（稀土），还能加速水解反应。

$P_4O_{12}^{4-}$ 在碱中水解为 $P_4O_{13}^{6-}$ 是二级反应。

低于室温时，$P_4O_{12}^{4-}$ 在 pH = 5～10 的水溶液中较稳定。但在低 pH 的溶液中，即使是温度低于 313 K，也会发生明显水解。水解过程首先是开环，接着末端的 PO_4 断裂。

$$P_4O_{12}^{4-} - P_4O_{13}^{6-} - H_2P_3O_{10}^{3-} + H_2PO_4^- \longrightarrow H_2P_2O_7^{2-} + 2H_2PO_4^- \longrightarrow 4H_2PO_4^-$$

在强碱溶液中 $P_4O_{13}^{6-}$ 的水解速度比 $P_4O_{12}^{4-}$ 慢。

$P_3O_9^{3-}$ 水解速度比 $P_4O_{12}^{4-}$ 快。

小环（偏）磷酸盐在 NaOH 溶液中的水解开环反应比大环（偏）磷酸盐容易。例如，在 0.1 mol/L NaOH 溶液中，$(NaPO_3)_3$ 水解开环反应的 $t_{1/2}$=4.5 h，$(NaPO_3)_4$ 的 $t_{1/2}$=150 h，$(NaPO_3)_5$ 的 $t_{1/2}$=200 h，$(NaPO_3)_6$ 的 $t_{1/2}$=1000 h。

高分子量多磷酸盐的水解反应也和 pH 及温度有关。例如，333 K 时水解反应的 $t_{1/2}$ 和 pH 的关系为：pH 越大，$t_{1/2}$ 的值也越大。

在溶液中，环偏磷酸盐和链状多聚磷酸盐存在以下几个区别。

（1）环偏磷酸盐和链状多聚磷酸盐可通过双向纸上色层分离。

（2）环偏磷酸盐只有一个特征的 ^{31}P 的核磁共振峰，而链状多聚磷酸盐有多个共振峰。

（3）环偏磷酸上的 H^+都是强酸，而链状多聚磷酸中除了每个 P 上有一个表现为强酸的 OH 基外，末端两个 P 原子上都有一个弱酸 OH。

（4）和链状多聚磷酸盐相比，环偏磷酸盐（$n < 6$）的溶解度较大，不易形成配合物，在碱溶液中较易水解。

3.10.9 超磷酸盐

PO_4 四面体分别以角氧和另外三个 PO_4 四面体相连结的盐，称为超磷酸盐，化学式中 $M_2O/P_2O_5 < 1$。环、链状磷酸盐中的 PO_4 四面体以两个角氧分别和另外两个 PO_4 四面体相连，而超磷酸盐采用的是某个 PO_4 分别以氧原子和三个 PO_4 相连，相对环、链状磷酸盐而言，它容易水解，因为环、链状磷酸盐结构中存在共振作用而趋于稳定，而超磷酸盐中的某些 PO_4 没有共振作用：

$$—O—\overset{\overset{\large O}{\|}}{\underset{\underset{\large O^-}{|}}{P}}—O— \rightleftharpoons —O—\overset{\overset{\large O^-}{|}}{\underset{\underset{\large O}{\|}}{P}}—O—$$

简单的超磷酸盐和链、环状磷酸盐是异构体，如

$P_4O_{13}^{6-}$ (超磷酸盐)　　　　$P_4O_{12}^{4-}$ (超磷酸盐)

3.10.10　过氧磷酸盐和磷酸盐的过氧化氢合物

过氧磷酸（盐）指的是含有过氧键的磷酸（盐）。过氧磷酸（盐）共有三种：过氧磷酸[过一磷酸，$PO(OH)_2(OOH)$]、过氧二磷酸[$(HO)_2(O)P(OO)P(O)\cdot(OH)_2$]和二过氧磷酸[$PO(OH)\cdot(OOH)_2$]。

H_3PO_5 只能在溶液中存在，可用浓 H_3PO_4 和 95.3% H_2O_2 反应制得，或过氧二磷酸水解制得：

$$H_3PO_4 + H_2O_2 = H_3PO_5 + H_2O$$

$$H_4P_2O_8 + H_2O = H_3PO_5 + H_3PO_4$$

过氧磷酸（H_3PO_5）是三元酸，$K_1 = 8\times10^{-2}$，$K_2 = 3\times10^{-6}$ ，$K_3 = 2\times10^{-13}$（298.2 K）。H_3PO_5 不稳定，在酸性介质（$HClO_4$）中会分解，生成 H_3PO_4 和 O_2，酸越浓，分解速度越快。

$$H_3PO_5 = H_3PO_4 + 1/2O_2$$

H_3PO_5 氧化能力很强，是强氧化剂，能把 I^-氧化成 I_2。

过（氧）二磷酸（$H_4P_2O_8$）是四元酸（$K_1 \approx 2$，$K_2 = 3\times10^{-1}$，$K_3 = 6.6\times10^{-6}$，$K_4 = 2.1\times10^{-8}$）。尽管纯 $H_4P_2O_8$ 尚未制得，但其盐是存在的。

$K_4P_2O_8$ 溶液和一些金属盐（如 Ba^{2+}、Zn^{2+}、Pb^{2+}、Li^+、…）等反应会生成相应的难溶物。

$P_2O_8^{4-}$还能和碱金属、碱土金属等离子发生配位作用，不过其配位能力较弱。

室温下，在中性或碱性溶液中 $P_2O_8^{4-}$比较稳定，但在酸性介质中易水解生成 H_3PO_4 和 H_3PO_5。

$K_4P_2O_8$ 和 $NaClO_4$ 或者 $K_4P_2O_8$ 和 $NaClO_4$ 与 $HClO_4$ 的混合溶液反应生成 $Na_4P_2O_8$ 或 $Na_2H_2P_2O_8$（酸式盐）：

$$K_4P_2O_8 + 4NaClO_4 = Na_4P_2O_8 + 4KClO_4$$

$$K_4P_2O_8 + 2NaClO_4 + 2HClO_4 = Na_2H_2P_2O_8 + 4KClO_4$$

固态 $K_4P_2O_8$ 受热分解，生成 $K_4P_2O_7$ 和 O_2。

在酸性条件下，$K_4P_2O_8$ 也有氧化性，但氧化反应速率比 K_3PO_5 慢，$K_4P_2O_8$ 氧化 I^-

的速率就很慢。

二过氧磷酸（H_3PO_6）不稳定，可由焦磷酰氯或 P_4O_{10} 和 H_2O_2 反应制得：

$$P_2O_3Cl_4 + 4H_2O_2 + H_2O = 2H_3PO_6 + 4HCl$$

温度低于 273.2 K，在磷酸盐（偏磷酸盐、焦磷酸盐）和 H_2O_2、H_2O 的体系中，能得到一系列的过氧化氢合物。该化合物中的 H_2O_2 相当于结晶水，溶解时释出 H_2O_2。绝大多数过氧化氢合物在低于 373 K 时就分解了，往往可用作漂白剂。

钠、钾磷酸盐的过氧化氢合物有：$Na_3PO_4 \cdot H_2O_2$、$Na_3PO_4 \cdot 2H_2O_2$、$Na_4P_2O_7 \cdot 2H_2O_2$、$Na_3PO_4 \cdot 4H_2O_2 \cdot 2H_2O$、$Na_4P_2O_7 \cdot 2H_2O_2 \cdot 8H_2O$、$K_4P_2O_7 \cdot 3H_2O_2$、$Na_5P_3O_{10} \cdot H_2O_2 \cdot 5H_2O$、$Na_3P_3O_9 \cdot H_2O_2$。

用紫外线在低温下辐照过氧化氢合物，能释出 HO_2 自由基。

3.10.11 硫代磷酸（盐）

磷酸（盐）中的一个或几个氧原子被硫原子取代生成硫代磷酸（盐）。

378 K 时，由 $PSCl_3$ 在 NaOH 溶液中水解生成一硫代磷酸钠（Na_3PO_3S）。

$$PSCl_3 + 6NaOH = Na_3PSO_3 + 3NaCl + 3H_2O$$

在常温下，一硫代磷酸钠比较稳定，会缓慢释放 H_2S，释放速度随温度升高加快。到 333 K 时速度就很快了。

1023 K 时，$NaPO_3$ 和 Na_2S 在 N_2 气氛下反应生成无水 Na_3PO_3S。

$$NaPO_3 + Na_2S = Na_3PO_3S$$

无水 Na_3PO_3S 属硫代磷酸盐中最稳定的，即使是加热到 373 K，其也比较稳定。

Na_3PO_3S 和 I_2 在酸性条件下反应生成 $H_2P_2S_2O_6^{2-}$（和 I_2 与 $S_2O_3^{2-}$ 作用生成 $S_4O_6^{2-}$ 相似）。

293.2 K 时，P_4S_{10} 和被 H_2S 饱和的 NaOH 溶液反应可生成二硫代磷酸盐，分离后得 $Na_3PS_2O_2 \cdot 11H_2O$ 和 $Na_3PS_3O \cdot 10H_2O$。323 K 时，在 NaOH 溶液中 P_4S_{10} 发生部分水解，主要产物是 $Na_3PS_2O_2$。

$$P_4S_{10} + 12NaOH = 4Na_3PS_2O_2 + 2H_2S + 4H_2O$$

温度低于 321 K，从溶液中析出 $Na_3PS_2O_2 \cdot 11H_2O$，在较高的温度下，会发生明显的水解。

273 K 时，P_4S_{10} 和 MgO 的悬浊液反应生成二硫代磷酸镁：

$$P_4S_{10} + 6MgO + 2H_2O = 2Mg_3(PS_2O_2)_2 + 2H_2S$$

四硫代磷酸钠（$Na_3PS_4 \cdot 8H_2O$）可以由 P_4S_{10} 和 Na_2S 溶液反应制得，而四硫代磷酸钾需由 P_4S_{10} 和 $K_2S \cdot 5H_2O$ 熔融制得。

此外，在无水条件下，许多四硫代磷酸盐由金属氯化物（如 Cu、Ag、Zn、Pb、Cd、Ni、Sn）和 P_4S_{10} 直接反应制得：

$$P_4S_{10} + 3ZnCl_2 \xlongequal{} Zn_3(PS_4)_2 + 2PSCl_3$$

在无水无氧条件下，将计量的 P、B 和 S 在密封管中加热，得无色的 BPS_4。

923 K 时，将 AlP 和 S 在密封管中加热，得到 $AlPS_4$，它易潮解，在空气中能释放出 H_2S。

Na_3PS_4溶液和某些重金属盐反应会生成相应的重金属硫代磷酸盐，后者和酸反应得到相应的 H_3PS_4，H_3PS_4 能水解生成 H_2S。

P_4S_{10} 与 Na_2S 或（和）NaHS 反应可生成硫代焦磷酸盐：

$$P_4S_{10} + 4NaHS \xlongequal{} 2Na_2H_2P_2S_7$$

$$P_4S_{10} + 2NaHS + 2Na_2S \xlongequal{} 2Na_3HP_2S_7$$

$$P_4S_{10} + 4Na_2S \xlongequal{} 2Na_4P_2S_7$$

3.11 氮和磷直接结合的化合物

3.11.1 磷的氨基化合物

1. 三氨基磷[4]

195 K 时，PCl_3 和 NH_3 在 $CHCl_3$ 中反应，可生成三氨基磷[$P(NH_2)_3$]，只是产物 $P(NH_2)_3$ 和 NH_4Cl 难以分离。

$$PCl_3 + 6NH_3 \xlongequal{} P(NH_2)_3 + 3NH_4Cl$$

$P(NH_2)_3$ 在室温下能释放出 NH_3，温度较高时，会分步失去，最后生成 PN，反应过程如下：

$$P(NH_2)_3 \xrightarrow{-NH_3} HN{=}P{-}NH_2 \xrightarrow{-NH_3} HN\begin{cases} P{=}NH \\ P{=}NH \end{cases} \xrightarrow{-N_2,\ -H_2} PN$$

PN 是一种黄色无定形物质，不溶于液 NH_3、$CHCl_3$。

203 K 时，PCl_5 和液 NH_3 反应只生成氯化四氨基磷 $P(NH_2)_4Cl$，而不会生成 $P(NH_2)_5$（该物质至今尚未制得）。

$$PCl_5 + 8NH_3 \xlongequal{} P(NH_2)_4Cl + 4NH_4Cl$$

$P(NH_2)_4Cl$ 经真空蒸出，在 CH_3OH 中重结晶，该物质于 473 K 时会分解。PCl_5 和液氨反应时，若 PCl_5 过量，会和产物继续反应：

$$P(NH_2)_4Cl + 4PCl_5 \longrightarrow \left[Cl_3P{=}N{-}\overset{\overset{\displaystyle N{=}PCl_3}{|}}{\underset{\underset{\displaystyle N{=}PCl_3}{|}}{P}}{-}N{=}PCl_3 \right]^+ Cl^- + 8HCl$$

PF_5和PCl_5不同，和NH_3反应生成$PF_3(NH_2)_2$与NH_4PF_6。

2. 磷的含氧酸的氨基化合物

H_3PO_4中的OH分别被NH_2取代，会生成含有不同氨基数目的化合物：一氨基磷酸$[PO(NH_2)\cdot(OH)_2]$、二氨基磷酸$[PO(NH_2)_2(OH)]$及三氨基磷酰$[PO(NH_2)_3]$。

同样，亚磷酸（H_3PO_3）中的OH分别被NH_2取代后，也会得到相应的氨基化合物：氨基亚磷酸$[P(NH_2)(OH)_2]$、二氨基亚磷酸$[P(NH_2)_2(OH)]$及三氨基磷$[P(NH_2)_3]$。前两种氨基化合物中，存在着三配位的磷化合物和四配位磷化合物的两种平衡结构：

$$H_2N-P(OH)_2 \longrightarrow HP(=O)(NH_2)(OH) \quad \text{氨基亚磷酸}$$

$$H_2N-P(NH_2)(OH) \longrightarrow HP(=O)(NH_2)(NH_2) \quad \text{二氨基亚磷酸}$$

上述这些化合物中的H被X（卤素）或有机基团取代后，可以形成氨基膦、氨基磷酸酯、卤化氨基膦等化合物，如氨基膦（R_2PNR_2'）、二氨基膦$[RP(NR_2')_2]$、氨基亚磷酸酯$[(RO)_2PNH_2]$、二氨基亚磷酸酯$[(RO)P(NH_2)_2]$、二卤化氨基膦（X_2PNR_2）、卤化二氨基膦$[XP(NR_2)_2]$、氨基氧化膦$[R_2P(O)NR_2']$、二氨基氧化膦$[RP(O)\cdot(NR_2')_2]$、氨基磷酸酯$[(RO)_2P(O)NR_2]$、二氨基磷酸酯$[ROP(O)\cdot(NR_2')_2]$、二卤氨基氧化膦$[X_2P(O)NR_2]$、卤二氨基氧化膦$[XP(O)\cdot(NR_2)_2]$等。

此外，上述化合物中的氧若部分或全部被硫取代，会生成相应的硫代化合物。

用卤素的磷化合物分别与氨、氨基化合物反应，可以制得上述化合物。

$$(MeO)PCl_2 + 4NH_3 = (MeO)P(NH_2)_2 + 2NH_4Cl$$

$$(PhO)_2PCl + 2NH_3 = (PhO)_2PNH_2 + NH_4Cl$$

$$(PhO)P(O)Cl_2 + 4NH_3 = (PhO)P(O)(NH_2)_2 + 2NH_4Cl$$

$$(PhO)_2P(O)Cl + 2NH_3 = (PhO)_2P(O)(NH_2) + NH_4Cl$$

这些酯类化合物，在碱中会发生水解反应，再通入H_2S，可制得相应的酸：

$$(PhO)P(O)(NH_2) \xrightarrow[-PhOH]{NaOH\text{水解}} (NaO)P(O)(NH_2)_2 \xrightarrow[-Na_2S]{+H_2S} (HO)P(O)(NH_2)_2$$

$$(PhO)_2P(O)(NH_2) \xrightarrow[-PhOH]{NaOH\text{水解}} (NaO)_2P(O)(NH_2) \xrightarrow[-Na_2S]{+H_2S} (HO)_2P(O)(NH_2)$$

氨基磷酸$[(HO)_2P(O)(NH_2)]$的酸常数分别为$pK_{a1} = 3.4$，$pK_{a2} = 8.15$，二氨基磷酸的酸常数$pK_a = 4.8$，因此前者的酸性强于后者。

$(HO)_2P(O)(NH_2)$在室温下的水解速度较慢，随着温度的升高，水解速度增大，如373 K时水解速度较快，可水解生成$(NH_4)_3PO_4$。

373 K时，将$(OH)_2PO(NH_2)$加热数小时，会生成易溶的多聚磷酸盐：

$$HO-P(OH)(=O)-NH_2 \longrightarrow HO-P(O^-)(=O)-NH_3^+ \longrightarrow HO-P(=O)_2 + NH_3 \longrightarrow \frac{1}{n}(NH_4PO_3)_n$$

在碱性条件下，$PO(NH_2)_3$ 发生水解，生成二氨基磷酸 $PO(OH)(NH_2)_2$。P_4O_6 和 NH_3 在苯中反应，可生成二氨基膦酸 $HPO(NH_2)_2$，该物质为白色粉末，易溶于水，溶解时会有大量的热释放出来。

$$P_4O_6 + 8NH_3 \xlongequal{} 4HPO(NH_2)_2 + 2H_2O$$

$POCl_3$ 和 $PSCl_3$ 分别与 NH_3 反应，会生成三氨基磷酰[$PO(NH_2)_3$]或三氨基硫代磷酰[$PS(NH_2)_3$]：

$$POCl_3 + 6NH_3 \xlongequal{} PO(NH_2)_3 + 3NH_4Cl$$

$$PSCl_3 + 6NH_3 \xlongequal{} PS(NH_2)_3 + 3NH_4Cl$$

$PO(NH_2)_3$、$PS(NH_2)_3$ 都是无色晶体，易溶于水。为了便于分离出 NH_4Cl，往往加入二乙胺，使 NH_4Cl 转化为氯化二乙铵（可溶于水）并释出 NH_3。

$PO(NH_2)_3$ 在稀酸中或湿润的空气中水解为氨基磷酸一铵[$HOP(O)(NH_2)(ONH_4)$]，若在 NaOH 中水解，则生成氨基磷酸一钠[$HOP(O)(NH_2)(ONa)$]：

$$PO(NH_2)_3 + 2H_2O \xlongequal{} HOP(O)(NH_2)(ONH_4) + NH_3$$

$$PO(NH_2)_3 + NaOH + H_2O \xlongequal{} HOP(O)(NH_2)(ONa) + 2NH_3$$

总的来说，P—NH_2 比 P—OH 更易水解。

与含氧酸类似，许多氨基化合物也能发生缩（氨）合反应，如 263 K 时，将 HCl 通入 $PO(NH_2)_3$ 在乙醚中的悬浊液中，会发生缩合反应：

$$2H_2N-P(NH_2)(=O)-NH_2 + HCl \longrightarrow H_2N-P(NH_2)(=O)-NH-P(NH_2)(=O)-NH_2 + NH_4Cl$$

483 K 时，真空条件下，$Na_2PO_3(NH_2)$会缓慢发生缩合反应，生成亚氨基二磷酸四钠：

$$2H_2N-P(O^-)(=O)-O^- \xrightarrow{-NH_3} O^--P(O^-)(=O)-NH-P(O^-)(=O)-O^-$$

生成物可在水中重结晶得 $Na_4P_2O_6NH \cdot 10H_2O$。

$PO(NH_2)_3$ 和 $PS(NH_2)_3$ 受热后，分别会生成$(PON)_n$ 和$(PSN)_n$。

$$nPO(NH_2)_3 \xlongequal{} (PON)_n + 2nNH_3$$

$$nPS(NH_2)_3 \xlongequal{} (PSN)_n + 2nNH_3$$

$P_2O_3Cl_4$ 和干燥的 NH_3 反应得无色、无嗅的四氨基焦磷酰。

$$Cl-\underset{\underset{O}{\|}}{\overset{\overset{Cl}{|}}{P}}-O-\underset{\underset{O}{\|}}{\overset{\overset{Cl}{|}}{P}}-Cl + 8NH_3 \longrightarrow H_2N-\underset{\underset{O}{\|}}{\overset{\overset{NH_2}{|}}{P}}-O-\underset{\underset{O}{\|}}{\overset{\overset{NH_2}{|}}{P}}-NH_2 + 4NH_3Cl$$

若有水存在时，则生成 $HOP(O)(NH_2)_2$、$NH_4OP(O)(NH_2)_2$、$OP(NH_2)_3$。

$P_2O_3F_4$ 和 NH_3 反应生成二氟代磷酸铵、二氟氨基氧化膦。

$$F-\underset{\underset{O}{\|}}{\overset{\overset{F}{|}}{P}}-O-\underset{\underset{O}{\|}}{\overset{\overset{F}{|}}{P}}-F + 2NH_3 \longrightarrow F-\underset{\underset{O}{\|}}{\overset{\overset{F}{|}}{P}}-ONH_4 + F-\underset{\underset{O}{\|}}{\overset{\overset{F}{|}}{P}}-NH_2$$

3.11.2 氨基衍生物的磷化合物

氨基衍生物的磷化合物[15]，如含有 P—NR_2 的物质，可以通过卤化磷和 R_2NH 反应来制备：

$$PX_3 + 6R_2NH = P(NR_2)_3 + 3R_2NH_2X$$

$$PX_3 + 4R_2NH = XP(NR_2)_2 + 2R_2NH_2X$$

$$PX_3 + 2R_2NH = X_2P(NR_2) + R_2NH_2X$$

$P(NMe_2)_3$ 的结构是以 N 为中心的平面三角形构型：$\begin{matrix}C \diagdown \\ \quad N-P \\ C \diagup\end{matrix}$，N—P 键长为 163 pm，比 P—N 单键键长短（177 pm），表明还有 2p(N)→3d(N)的 π 键。

$P(NMe_2)_3$ 可以分别和 O_2、S、X_2、H_2O_2 反应，生成物为 $OP(NMe_2)_3$、$SP(NMe_2)_3$、$[XP(NMe_2)_3]X$。

$$393K \qquad 2(Me_2N)_3P + O_2 = 2(Me_2N)_3PO$$

$$\text{室温} \qquad (Me_2N)_3P + H_2O_2 = (Me_2N)_3PO + H_2O$$

$P(NMe_2)_3$ 属于 Lewis 碱，能和 MeI 反应生成$[MeP(NMe_2)_3]I$，与 B_2H_6 反应生成 $(Me_2N)_3PBH_3$。

$P(NMe_2)_3$ 和醇、其他氨基化合物反应，如与乙醇反应得 $P(OEt)_3$，与苯胺得 $(Me_2N)P(NHPh)_2$。

$$P(NMe_2)_3 + 3EtOH = P(OEt)_3 + 3HNMe_2$$

$P(NMe_2)_3$ 和一些三配位磷的化合物进行交换，如和 PCl_3 发生交换反应得 $PCl(NMe_2)_3$、$PCl_2(NMe_2)$。

$P(NMe_2)_3$ 还能和 CdI_2 加合得 $CdI_2[P(NMe_2)_3]$，或取代羰基镍中的一氧化碳生成 $Ni(CO)_2[P(NMe_2)_3]_2$ 或 $Ni(CO)_3[P(NMe_2)_3]$。

室温下，HBr、BCl_3 能将$(NMe_2)_3$ 中的 P—N 键拆开：

$$(Me_2N)_3P + 2HBr = (Me_2N)_2PBr + Me_2NH_2Br$$

$$2(Me_2N)_3P + 6BCl_3 = 2PCl_3 + 3(Me_2NBCl_2)_2$$

$POCl_3$ 和$(CH_3)_2NH$ 反应得磷酰六甲基胺$[OP(NMe_2)_3]$：

$$POCl_3 + 6Me_2NH \longequal OP(NMe_2)_3 + 3Me_2NH_2Cl$$

磷酰六甲基胺是一种易挥发的无色液体，其偶极矩 $\mu = 5.54$ D，是一种优良的非质子传递的极性溶剂，能溶解离子型化合物。碱金属溶于磷酰六甲基胺可得到蓝色溶液，其性质和 Na 的液氨溶液相似，具有顺磁性。磷酰六甲基胺可以用氧原子和过渡金属离子配位，生成配合物，如 $Cr[OP(NMe_2)_3]_6 \cdot (ClO_4)_2$、$Th[OP(NMe_2)_3]_2Cl_4$、$Co[OP(NMe_2)_3]_2(NO_3)_2$、$Zn \cdot [OP(NMe_2)_3]_4(ClO_4)_2$、$Fe[OP(NMe_2)_3]Cl_3$ 等。

POX_3、PSX_3 和 R_2NH 的反应为

$$P(O，S)X_3 + 6R_2NH \longequal (O, S)P(NR_2)_3 + 3R_2NH_2X$$

$$P(O，S)X_3 + 4R_2NH \longequal (O，S)P(NR_2)_2X + 2R_2NH_2X$$

$$P(O，S)X_3 + 2R_2NH \longequal (O，S)P(NR_2)X_2 + R_2NH_2X$$

$OPX(NMe_2)_2$、$OPX_2(NMe_2)$中的 X 能和醇或硫醇作用：

$$OPCl_2(NR_2) + R(O，S)H \longrightarrow OP(OR，SR)_2(NR_2) + HCl$$

$$OPCl(NR_2)_2 + R(O，S)H \longrightarrow OP(OR，SR)(NR_2)_2 + HCl$$

若 Grignard 试剂和 $OPX_2(NR_2)$反应，会生成含 P—C 键的磷有机化合物：

$$OPX_2(NR_2) + 2R'MgBr \longequal OPR'_2(NR_2) + 2MgXBr$$

在碱性溶液中，$PO(NR_2)_3$ 中的 P—N 键会发生逐步水解反应：

$$OP(NPh_2)_3 \xrightarrow{KOH} OP(OK)(NPh_2)_2 \xrightarrow{KOH} OP(OK)_2(NPh_2) \xrightarrow{KOH} OP(OK)_3$$

3.11.3 单磷氮烯

单磷氮烯是含有 P═N 双键的 $R_3P═NR'$，有以下两种合成的方法[15]。

(1) Staudinger 法：三配位磷化合物$[PCl_3$、$P(OR)_3$、$P(NR_2)_3$、PPh_3、PPh_2Cl、$PR_2Cl]$和有机叠氮化合物（PhN_3、RSO_2N_3、$PbCON_3$、Pb_3SiN_3、Me_3SiN_3）反应。如

$$PX_3 + RN_3 \longrightarrow X_3P═N—N═N—R \longrightarrow X_3P═NR + N_2$$

$$PPh_3 + PhN_3 \longrightarrow Ph_3P═NPh$$

$$PR_3 + Me_3SiN_3 \longrightarrow R_3P═N—SiMe_3$$

(2) Kirsanov 法：以 PCl_5、Ph_3PCl_2、PF_3Cl_2、$(PhO)_3PCl_2$ 为磷的原料和 NH_3、$PhNH_2$、$RCONH_2$、$ArSO_2NH_2$、$SO_2(NH_2)_2$ 作为氮的原料合成单磷氨烯：

$$Ph_3PCl_2 + PhNH_2 \longequal Ph_3P═NPh（熔点 405 K）+ 2HCl$$

单磷氨烯 $Cl_3P═NR'$在水中完全水解生成 H_3PO_4、HCl 及胺的磷酸盐。

单磷氮烯的化学反应有两类：R′OH 发生（对磷的）亲核反应及 EtI 等和 N 的结合：

$$Cl_3P{=}NSO_2R + R'OH \xrightarrow{-HCl} Cl_2(R'O)P{=}NSO_2R$$

$$Cl_3P{=}NSO_2R + R'OH \xrightarrow{-HCl} Cl_2(HO)P{=}NSO_2R \longrightarrow Cl_2(O)P{-}NHSO_2R$$

$$Ph_3P{=}NH + EtI \longrightarrow Ph_3P{=}NEt + HI$$

$$Ph_3P{=}NH + ClSO_2NH_2 \longrightarrow Ph_3P{=}NSO_2NH_2 + HCl$$

$$2Ph_3P{=}NH + X_2 \longrightarrow Ph_3P{=}NX + [Ph_3PNH_2]X \quad (X = Cl, Br, I)$$

$[Ph_3PNH_2]X$ 和 Et_3N 作用又生成单磷氮烯：

$$[Ph_3PNH_2]^+Br^- + Et_3N = Ph_3P{=}NH + Et_3NHBr$$

单磷氮烯中 P—N 键键长短于 177pm（P—N 单键键长），表明 P—N 间除 σ 键外，还有 $2p_x(N) \rightarrow 3d_{xz}(P)$的 π 键（图 3-17）。

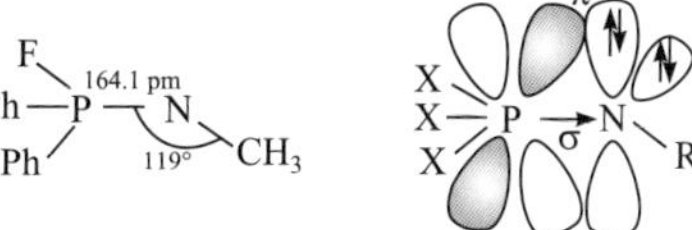

图 3-17　单磷氮烯的结构

3.11.4　环二磷氮烯

环二磷氮烯也称环二磷氮，主要有两种：$(X_3PNR)_2$ 和 $[X(O, S)PNR]_2$。

环二磷氮可以通过 RNH_2（或其盐酸盐）与 PCl_3、POX_3 或 PSX_3 反应而制得[4]。

$$MeNH_3Cl + PCl_5 \xrightarrow{-HCl} [Cl_3P(\mu\text{-}NMe)_2PCl_3] + [Cl_3P(\mu\text{-}NMe)_2PCl(\mu\text{-}NMe)_2PCl(\mu\text{-}NMe)_2PCl_3]$$

$$2P(O, S)Cl_3 + 2ArNH_3Cl \xrightarrow{-HCl} [(O, S)ClP(\mu\text{-}NAr)_2PCl(O, S)] \xrightarrow{+ArNH_3Cl} [(O, S)(ArHN)P(\mu\text{-}NAr)_2P(NHAr)(O, S)]$$

此外，$P_2Cl_6(NMe)_2$ 和 SO_2 或 H_2S 反应也能制得环二磷氮：

$$[Cl_3P(\mu\text{-}NMe)_2PCl_3] \xrightarrow{+SO_2} [O{=}PCl(\mu\text{-}NMe)_2PCl{=}O]$$

$$[Cl_3P(\mu\text{-}NMe)_2PCl_3] \xrightarrow{+H_2S} [S{=}PCl(\mu\text{-}NMe)_2PCl{=}S]$$

环二磷氮一般为晶态物质，极易水解。

（三氯）环二磷氮的化学性质较活泼，胺、醇、醇盐与其能发生开环反应：

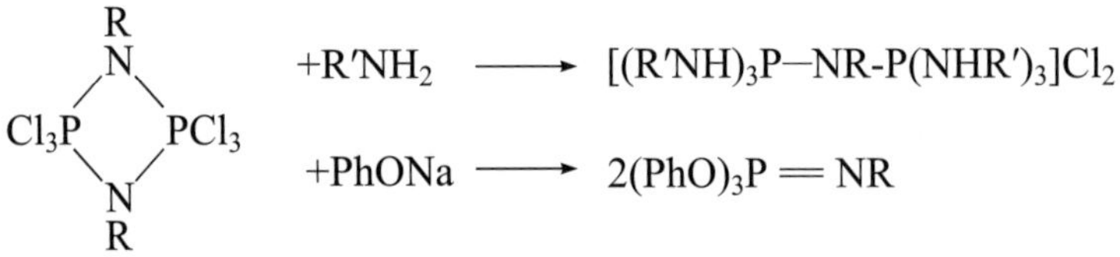

$$\text{(Cl}_3\text{PNR)}_2 \begin{cases} +R'NH_2 \longrightarrow [(R'NH)_3P\text{—}NR\text{-}P(NHR')_3]Cl_2 \\ +PhONa \longrightarrow 2(PhO)_3P{=}NR \end{cases}$$

环二磷氮和醇、酚也能发生开环反应：

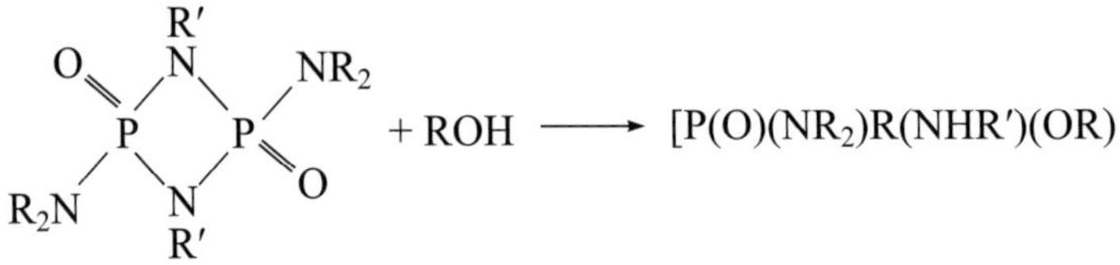

$$[\text{R}_2\text{N}(\text{O})\text{P}(\mu\text{-NR}')_2\text{P}(\text{O})\text{NR}_2] + ROH \longrightarrow [P(O)(NR_2)R(NHR')(OR)]$$

羰基铬中的羰基还可以被$(Cl_3PNMe)_2$取代，如$Cr(CO)_6$中两个CO被取代后生成$(Cl_3PNMe)_2Cr(CO)_4$（可能是N和Cr发生了配位作用）。

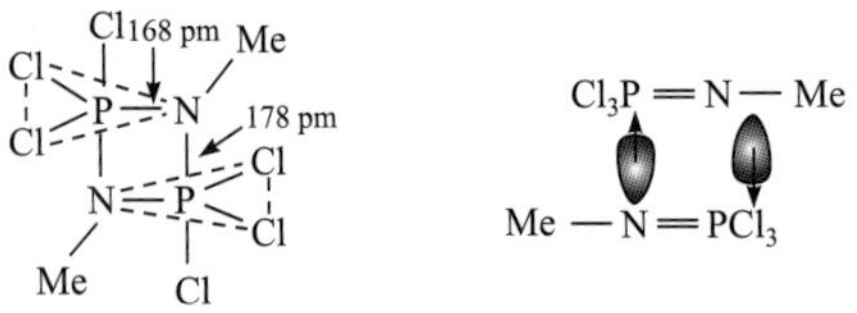

图3-18 $(Cl_3PNMe)_2$的结构

$(Cl_3PNMe)_2$中的N原子采用sp^2轨道成键，P原子和三个Cl原子、2个N原子形成三角双锥构型（图3-18），其中P—N轴向键是N原子给予P原子电子对而形成的σ键，其键长为178 pm，键能为289 kJ/mol。P—N赤道键是由N原子2p向P原子的3d提供电子对而形成的π键，其键长为168 pm，具有双键性质，键能为326 kJ/mol。

3.11.5 环聚磷氮烯

1. 环聚磷氮烯的结构

环聚磷氮烯的结构简式为$(NPX_2)_n$，具有环状结构，如$(NPCl_2)_3$：

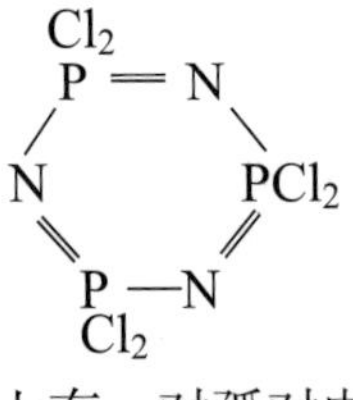

$$\text{cyclo-}[\text{Cl}_2\text{P}{=}\text{N}\text{—}\text{PCl}_2{=}\text{N}\text{—}\text{PCl}_2{=}\text{N}\text{—}]$$

环聚磷氮烯N原子上的sp^2轨道上有一对孤对电子，在其2p轨道上还有一个电子，它们和P原子3d电子轨道上的电子能形成π键。因结合不同，有两种π键（图3-19）。

N原子上未成对的一个p电子和P原子上未成对的一个$3d_{xz}$或$3d_{yz}$上的d电子能形成垂直于PN环的π键；N原子上的孤对电子（sp^2轨道上的）和P原子上空的$3d_{xy}$或$3d_{x^2-y^2}$上的d电子能形成在平面上的π′键。

此外，P原子上d_{z^2}上的电子和取代基p轨道的电子会形成环外π键。由于P—N键存在dπ—pπ共轭稳定作用，因此该类化合物骨架比较稳定。

2. 环聚磷氮烯的制备

PCl_5和NH_4Cl混合后在密封管中加热，或PCl_5和NH_4Cl混合后在1,1,2,2-$C_2H_2Cl_4$

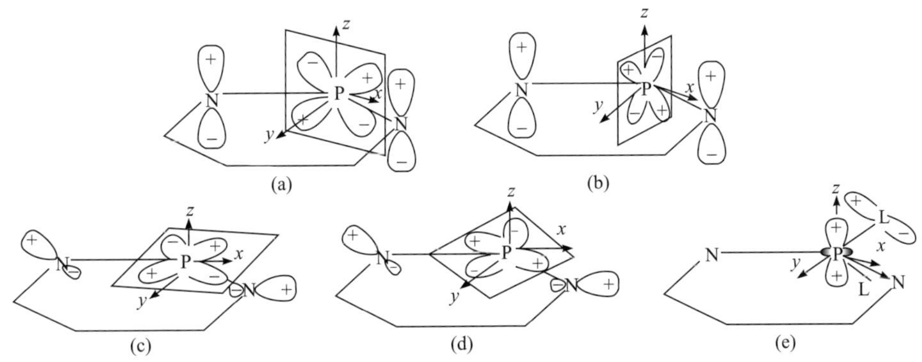

图 3-19　环三磷氮烯的π键

环π键：(a) d_{xz}，(b) d_{yz}；π′键：(c) d_{xy}，(d) $d_{x^2-y^2}$；环外π键：(e) d_{z^2}

（沸点为419 K）中回流，以金属（Co^{2+}、Cu^{2+}、Mn^{2+}、Ti^{4+}、Zn^{2+}、Sn^{4+}）氯化物为催化剂（其中 $ZnCl_2$ 的催化效率最高），可制得$(NPCl_2)_n$。例如，0.50 mol PCl_5 和 0.50 mol NH_4Cl 于 1000 cm^3 1,1,2,2-$C_2H_2Cl_4$ 中回流 3 h，得环状结构的产物（95%产率），其中$(NPCl_2)_3$、$(NPCl_2)_4$、$(NPCl_2)_{5,6,7}$分别占 60%、20%、20%。

通过 NMR、释出 HCl 速度、溶液的电导等数据对该反应进行分析，结果表明该过程是分两步进行的，反应过程中有 PCl_4NH_2、PCl_3NH 中间物生成：

$$PCl_5 + NH_4Cl = PCl_4NH_2 + 2HCl$$

$$PCl_4NH_2 = Cl_3P{=}NH + HCl$$

$$PCl_3NH + PCl_5 = Cl_3PNPCl_4 + HCl$$

$$Cl_3PNPCl_4 + PCl_5 = [Cl_3P{=}N{-}PCl_3]PCl_6$$

第一步于 1 h 内完成近 80%：

$$3PCl_5 + NH_4Cl = [Cl_3P{=}N{-}PCl_3]PCl_6\downarrow + 4HCl$$

第二步反应中 P_3NCl_{12} 量逐步减少，链状、环状产物产量逐渐增多。链生长的反应：

$$Cl_3PNPCl_3PCl_6 + NH_4Cl = [Cl_3PNPCl_2NPCl_3]Cl + 4HCl$$

$$[Cl_3PNPCl_2NPCl_3]Cl + Cl_3PNH = [Cl_3P(NPCl_2)_2NPCl_3]Cl + HCl$$

环化反应：

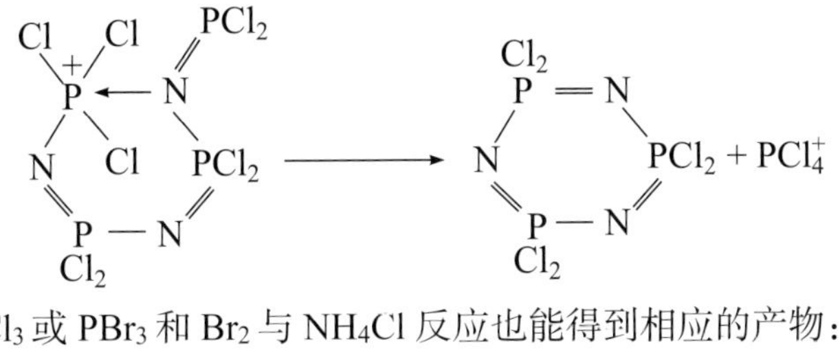

$$\longrightarrow (NPCl_2)_3 + PCl_4^+$$

$RPCl_4$、R_2PCl_3 或 PBr_3 和 Br_2 与 NH_4Cl 反应也能得到相应的产物：

$$RPCl_4 + NH_4Cl = 1/n(NPClR)_n + 4HCl$$

$$R_2PCl_3 + NH_4Cl = 1/n(NPR_2)_n + 4HCl$$

$$308\ K\qquad PBr_3 + Br_2 + NH_4Cl = 1/n(NPBr_2)_n + HCl + 3HBr$$

制备$(NPBr_2)_n$需在溶剂 1,2- $C_2H_4Br_2$ 中进行，若用 1,1,2,2-$C_2H_2Cl_4$ 作溶剂，则产物中含有氯的化合物。

若用 PCl_5 和 NH_4Br 或 PCl_5、PBr_3、Br_2 和 NH_4Br 反应得 $P_3N_3Br_nCl_{6-n}$，其中 $P_3N_3Br_2Cl_4$ 有三种异构体：

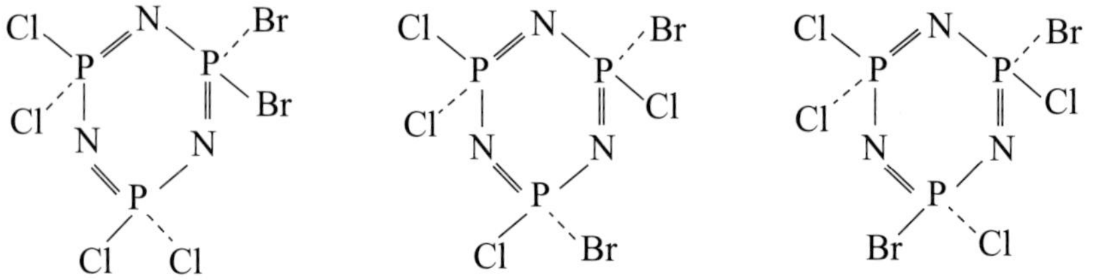

$(NPF_2)_{3,4}$ 可以用$(NPCl_2)_{3,4}$ 和 NaF 作用来制得：

$$(NPCl_2)_{3,4} + NaF \xrightarrow[\text{或乙腈}]{\text{硝基苯}} (NPF_2)_{3,4} + NaCl$$

3. 环聚磷氮烯的化学性质

1）取代反应

$(PNCl_2)_n$ 中的 Cl 容易全部或部分分别被—OH、—OR、—OC_6H_5、胺、伯胺、仲胺、金属有机试剂或某些金属盐取代，发生亲核取代：

$$(NPCl_2)_3 + 6H_2O = [NP(OH)_2]_3 + 6HCl$$

$$(NPCl_2)_3 + 6NaOR = [NP(OR)_2]_3 + 6NaCl$$

$$2(NPCl_2)_3 + 8NaSR = P_3N_3Cl_4(SR)_2 + P_3N_3(SR)_6 + 8NaCl$$

$$(NPCl_2)_3 + 4NH_3 = N_3P_3Cl_4(NH_2)_2 + 2NH_4Cl$$

$$(NPCl_2)_3 + 12RNH_2 = [NP(NHR)_2]_3 + 6RNH_3Cl$$

$$(NPF_2)_3 + LiPh \longrightarrow N_3P_3F_nPh_{6-n}(n = 2 \sim 4) + NaF$$

$$(NPCl_2)_3 + 6NaNCS = [NP(NCS)_2]_3 + 6NaCl$$

$$(NPCl_2)_3 + NaF \longrightarrow N_3P_3F_nP_{6-n}(n = 1 \sim 3) + NaCl$$

2）热重排反应

烷氧基环磷氮烯受热会发生重排反应，制得 *N*-烷基环磷氮。

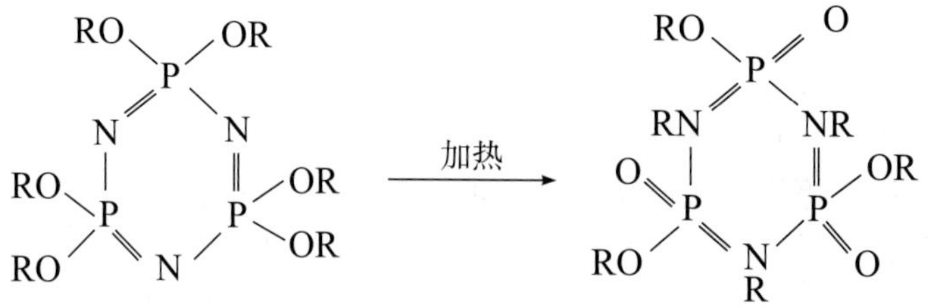

3）聚合能和聚合平衡

523 K 时，环聚磷氮烯于能聚合成橡胶状的聚合物，该聚合为放热过程，释放的热量因环增大而减小，如$(PNCl_2)_3$的聚合热为 5.82 kJ/mol，而$(PNCl_2)_7$为零。在 X 射线照射下$(PNCl_2)_n$晶体也能聚合。

623 K 时，高聚合物解聚为低聚合物和环聚物，873 K 以上解聚为低聚合物，解聚率达 76%～82%。

$$(NPCl_2)_3 \xrightarrow[2d]{523\ K} (NPCl_2)_n \xrightarrow{543\ K} (NPCl_2)_n \xrightarrow{623\ K} (NPCl_2)_{3,4,5\cdots}$$

(链状)　　　(交链)

n 高达 15000 以上，$(NPF_2)_3$ 开环聚合成链状聚合物的温度为 623 K。羧酸、酮、醇、硝基苯、某些金属（锌、锡）等能作为该反应的催化剂。由于叔丁基过氧化物对上述聚合反应无效应，且在 523 K 时用 ESR 未测到自由基，因此该聚合反应是离子的过程。

4）水解作用

$(PNCl_2)_3$ 和 $(PNF_2)_3$ 水解性都不很强，所以 $(PNCl_2)_3$ 可以在水中进行水蒸气蒸馏。相较而言，四聚物水解能力稍强，此外四聚物的水解产物比三聚物水解产物更为稳定。两种产物上的 H^+ 都能迁移到环内的氮原子上：

$$(PNCl_2)_3 \xrightarrow{H_2O} [PN(OH)_2]_n \xrightarrow{H^+迁移}$$

HO　O
P
HN　NH
O　　OH
P　P
HO　N　O

$N_3P_3Ph_5Cl$ 水解后，生成 $N_3P_3Ph_5OH$，由于该物质中含有推电子基团 Ph，使 O 的碱性强于 N，所以该物不发生质子迁移反应。

$(PNCl_2)_n$ 中的 P—Cl 较易水解，即使在潮湿空气中也发生慢降解作用。

其他的环聚磷氮烯取代物，特别是“氧”“氨基衍生物”的取代物不易水解。例如，烷氧基衍生物在冷水中比较稳定，但在热 HCl 中能分解。氟代烷氧基衍生物更稳定，只有在 NaOH-CH_3OH 中，于 348 K 保持 7 d 后才会分解。

就水解反应而言，三聚芳氧基衍生物也比相应四聚物稳定。

总之，$(PNCl_2)_{3,4}$ 被有机基团取代后，在空气、溶液中会更为稳定，如三氟代乙氧基的取代物在碱溶液中经数日也不分解。

3.12 电极材料磷酸铁锂

1997 年，自 John. B. Goodenough 课题组发现了具有橄榄石型结构的 $LiFePO_4$ 材料以来，$LiFePO_4$ 作为一种正极材料，由于具有较高理论比容量、长的循环寿命、低成本、安全可靠、环保等优点，被认为是一种极具发展前景的锂离子电池（LIBs）正极材料，也是动力型 LIBs 最有潜力的正极材料[19]。

1. 磷酸铁锂的结构及性质

$LiFePO_4$ 为橄榄石型结构，其空间群为 *Pnma*，晶格参数为 a = 1.033 nm，b = 0.601 nm，c = 0.469 nm，V = 0.291 nm³。图 3-20 为 $LiFePO_4$ 的晶体结构，每个 $LiFePO_4$

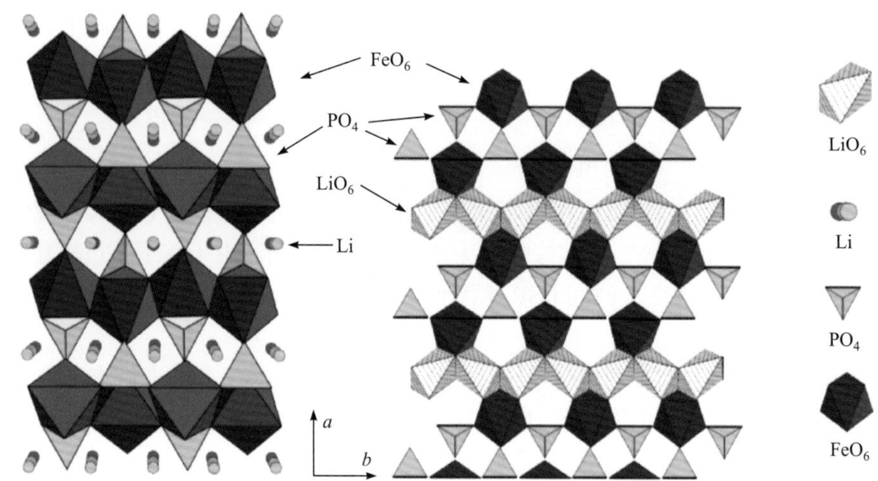

图 3-20 $LiFePO_4$ 晶体结构示意图

晶胞中包括 4 个 $LiFePO_4$ 结构单元，氧原子（O）排列成略微扭曲的六方紧密堆积方式，锂（Li）和铁（Fe）分别占据了 O 八面体的 4a 位和 4c 位；磷（P）原子占据了 O 四面体的 4c 位，形成 PO_4 四面体。在 *bc* 面，由于采用共顶点的连接方式，FeO_6 八面体形成了 FeO_6 八面体层。在层与层之间，由于相邻的 LiO_6 与 FeO_6 共棱，形成的连续直链平行于 *c* 轴，由此，Li^+能在二维方向上移动。在 FeO_6 层与层之间，由于存在的 PO_4 四面体堵塞了 Li^+的扩散通道，Li^+只能从一维通道中嵌入和脱出，所以 $LiFePO_4$ 材料具有极低的 Li^+扩散系数。由于 FeO_6 八面体不能形成共棱的连续结构，$LiFePO_4$ 材料具有较低的电子电导率。尽管 $LiFePO_4$ 材料存在着这些缺陷，但 $LiFePO_4$ 结构中的复合阴离子 $(PO_4)^{3-}$具有稳定的磷酸盐金属键，在一定程度上析氧风险被降低了，而且 $LiFePO_4$ 材料的安全性能也增强了。并且稳定的$(PO_4)^{3-}$聚阴离子在电极循环期间可以缓解晶格体积变化，使其具有良好的充/放电能力[20]。

2. 磷酸铁锂充/放电原理

在 $LiFePO_4$/磷酸铁（$FePO_4$）两相共存时，$LiFePO_4$ 正极材料可发生充/放电过程。$LiFePO_4$ 和 $FePO_4$ 两相转变过程如图 3-21 所示，充电时 Li^+从 $LiFePO_4$ 的 FeO_6 八面体层

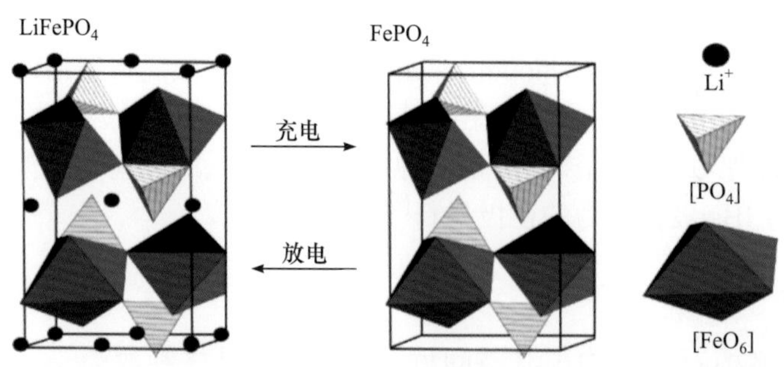

图 3-21 $LiFePO_4$ 和 $FePO_4$ 两相转变过程图

面间迁移出来，穿过电解液和隔膜后，Li^+进入负极，同时Fe^{2+}被氧化为Fe^{3+}，而电子经外电路到达正极，$LiFePO_4$相转变为$FePO_4$相。放电时，Li^+和电子的转移路径与上述正好相反[21-23]。

$LiFePO_4$正极材料充/放电可以用如下反应式表示：

充电反应： $LiFePO_4 - xLi^+ - xe = xFePO_4 + (1-x)\,LiFePO_4$

放电反应： $FePO_4 + xLi^+ + xe = xLiFePO_4 + (1-x)FePO_4$

3. 磷酸铁锂材料制备方法

1）固相合成法

将铁源、锂源和磷源按照化学计量比混合均匀，首先于惰性气保护下在300～350℃烧结5～10 h，前驱体初步分解，继续升温至600～800℃烧结10～20 h，经冷却获得$LiFePO_4$材料。采用$FePO_4$和碳酸锂（Li_2CO_3）制备$LiFePO_4$，以5.0 wt%①的蔗糖和醋酸共聚物作为碳源，在还原气氛下700℃反应8 h。合成的样品在较高倍率下表现出优异的容量保持率，在10 C时放电比容量为130.0 mA · h/g。该方法操作简单，但合成周期较长，$LiFePO_4$材料均匀性较差[24]。

2）碳热还原法

碳热还原法有两种。其一：以葡萄糖等作为碳源，氧化铁或$FePO_4$作为铁源，与锂源混合均匀后，在氮气（N_2）等惰性气氛下高温烧结，Fe^{3+}被碳还原成Fe^{2+}，从而获得$LiFePO_4$材料[25]。其二：通过新型碳热还原法合成$LiFePO_4$/C正极材料，采用两步加入碳源（蔗糖和Tween 80），在$LiFePO_4$颗粒表面上获得均匀的碳涂层，得到$LiFePO_4$/C复合材料。在0.1 C下具有较高初始放电比容量（159.4 mA · h/g），即使循环到第50次时仍具有98.0%的容量保持率[26]。碳热还原法生产过程简单可控，合成过程中能够产生强烈的还原性气氛，不仅降低了成本，而且材料的导电性得到了改善，但该方法对铁源和碳源要求较高。

3）水热合成法

水热合成法是指以水为溶剂，将原料置于密封的压力容器中，在高温高压下进行化学反应，经过滤洗涤、烘干后得到纳米前驱体，最后经高温煅烧得到$LiFePO_4$材料。采用氢氧化锂、硫酸亚铁和磷酸（85.0 wt%溶液）作为起始材料，保持Li：Fe：P的最佳摩尔比为3：1：1，在水热反应过程中加入聚乙二醇，可得到结晶良好的$LiFePO_4$颗粒，样品的初始放电比容量为143.0 mA · h/g[27]。水热法具有材料的晶型、粒径易控，过程简单等优点，但需要高温高压设备，成本高，且工艺比较复杂[28]。

4）溶胶-凝胶法

溶胶-凝胶法是以可溶性盐为原料，经水解和缩聚反应得到透明溶液，调节pH并加热形成凝胶，再干燥和热处理后得到$LiFePO_4$材料。采用己二酸辅助得到的溶胶-凝胶在氩气（Ar）气氛中制备$LiFePO_4$颗粒。该颗粒尺寸小（100 nm），有良好的放电性能和循环稳定性，其放电比容量超过150.0 mA · h/g，即使在第70次循环也没有容量损失；

① wt%表示质量分数。

而且在超过 30 C 的高倍率下，循环稳定性也保持得很好。溶胶-凝胶法制备的材料具备多个优点：粒径小、均一性好、比表面积大，但其合成周期长和工艺复杂，限制了其工业化[29]。

5）液相共沉淀法

液相共沉淀法是指将不同化学成分的可溶性盐混合，形成溶液，加入沉淀剂后得到难溶的前驱体沉淀，经干燥煅烧获得 $LiFePO_4$ 材料。以碘化锂作为还原剂，过氧化氢（30.0 wt%）为氧化剂，硫酸亚铁铵和磷酸二氢铵在水溶液中自发沉淀，得到无定形 $FePO_4$(Ⅲ)，在还原气氛（Ar/H_2 = 95/5，体积比）下的管式炉中以 550℃加热 1 h 获得 $LiFePO_4$ 颗粒。该颗粒具有单晶球状结构（100～150 nm）。该材料在低于 3 C 下，有着优异的放电比容量[30]。液相共沉淀法制备的材料活性大，粒度分布均匀，由于不同原料具有相似的水解或沉淀条件，从而使原料的选择范围受到了限制，增加了生产工艺的复杂程度[31]。

参 考 文 献

[1]《化学发展简史》编写组. 化学发展简史[M]. 北京：科学出版社, 1980:86.

[2] Greenwood N N, Earnshaw A. Chemistry of the Elements[M]. New York: Pergemon, 1984:547.

[3] Toy A D F. Inorganic Chemistry[M]. New York: Pergemon, 1973: 391-394.

[4] 汪大洲, 炼钢. 钢铁生产中的脱磷[M]. 北京：冶金工业出版社, 1986.

[5] 白天和. 热法加工磷的化学及工艺学[M]. 昆明：云南科技出版社, 2001.

[6] Liu H, Du Y, Deng Y, et al. Semiconducting black phosphorus: Synthesis, transport properties and electronic applications[J]. Chemical Society Reviews, 2015, 44(9): 2732-2743.

[7] Appalakondaiah S, Vaitheeswaran G, Lebegue S, et al. Effect of van der Waals interactions on the structural and elastic properties of black phosphorus[J]. Physical Review B, 2012, 86(3): 035105.

[8] 廉培超, 梅毅, 蒋运才. 黑磷制备与应用[M]. 北京：化学工业出版社, 2022.

[9] Clark S M, Zaug J M. Compressibility of cubic white, orthorhombic black, rhombohedral black, and simple cubic black phosphorus[J]. Physical Review B, 2010, 82(13): 134111.

[10] 蒋冲, 李耳士, 魏节敏, 等. 黑磷的特性, 制备与应用研究进展[J]. Electronic Components & Materials, 2019, 38(9):13-21.

[11] Ling X, Wang H, Huang S, et al. The renaissance of black phosphorus[J]. Proceedings of the National Academy of Sciences, 2015, 112(15): 4523-4530.

[12] 蒋运才, 李雪梅, 吴兆贤, 等. 黑磷的制备及储能应用研究进展[J]. 无机盐工业, 2021, 53(6): 59-71.

[13] 殷宪国. 增强纳米黑磷稳定性和其他活性的技术进展[J]. 磷肥与复肥, 2022, 37(3):20-26.

[14] 杨文娟, 何宾宾, 朱桂华. 黑磷在新兴领域的应用研究进展[J]. 磷肥与复肥, 2023, 38(2):19-23.

[15] 项斯芬, 严宣中, 曹庭礼, 等. 无机化学丛书(第四卷)[M]. 北京:科学出版社, 2011: 168.

[16] 邵学俊, 董平安, 魏益. 无机化学(下册)[M]. 武汉:武汉大学出版社, 2003: 587-597.

[17] 宋天佑, 程鹏, 徐家宁, 等. 无机化学(下)[M]. 北京:高等教育出版社, 2019: 493-500.

[18] 游文章. 基础化学[M]. 北京：化学工业出版社, 2019: 369-373.

[19] Padhi A K, Nanjundaswamy K S, Goodenough J B. Phospho-olivines as positive-electrode materials for rechargeable lithium batteries[J]. Journal of the Electrochemical Society, 1997, 144(4): 1188.

[20] Liang Y, Wen K, Mao Y, et al. Shape and size control of $LiFePO_4$ for high-performance lithium-ion batteries[J]. ChemElectroChem, 2015, 2(9): 1227-1237.

[21] Love C T, Korovina A, Patridge C J, et al. Review of $LiFePO_4$ phase transition mechanisms and new

observations from X-ray absorption spectroscopy[J]. Journal of The Electrochemical Society, 2013, 160(5): A3153-A3161.

[22] Malik R, Zhou F, Ceder G. Kinetics of non-equilibrium lithium incorporation in $LiFePO_4$[J]. Nature Materials, 2011, 10(8): 587-590.

[23] Vortmann-Westhoven B, Winter M, Nowak S. Where is the lithium? Quantitative determination of the lithium distribution in lithium ion battery cells: Investigations on the influence of the temperature, the C-rate and the cell type[J]. Journal of Power Sources, 2017, 346: 63-70.

[24] Zaghib K, Mauger A, Gendron F, et al. Relationship between local structure and electrochemical performance of $LiFePO_4$ in Li-ion batteries[J]. Ionics, 2008, 14: 271-278.

[25] Wang L, Liang G C, Ou X Q, et al. Effect of synthesis temperature on the properties of $LiFePO_4$/C composites prepared by carbothermal reduction[J]. Journal of Power Sources, 2009, 189(1): 423-428.

[26] Hu Y, Wang G, Liu C, et al. $LiFePO_4$/C nanocomposite synthesized by a novel carbothermal reduction method and its electrochemical performance[J]. Ceramics International, 2016, 42(9): 11422-11428.

[27] Tajimi S, Ikeda Y, Uematsu K, et al. Enhanced electrochemical performance of $LiFPO_4$ prepared by hydrothermal reaction[J]. Solid State Ionics, 2004 (175): 287-290.

[28] 叶向果. 磷酸铁锂制备工艺及改性研究进展[J]. 新疆有色金属, 2014, 37(B07): 117-118.

[29] Lee S B, Cho S H, Cho S J, et al. Synthesis of $LiFePO_4$ material with improved cycling performance under harsh conditions[J]. Electrochemistry Communications, 2008, 10:1219-1221.

[30] Zane D, Carewska M, Scaccia S, et al. Factor affecting rate performance of undoped $LiFePO_4$[J]. Electrochimica Acta, 2004, 49(25): 4259-4271.

[31] 罗成果, 刘海霞. 锂离子电池正极材料磷酸铁锂行业研究[J]. 河南化工, 2009 (9): 20-22.

第 4 章 磷元素有机化学

元素有机化学是化学科学研究中发展最为迅速、最富有生命力的领域之一。元素有机化学的研究提出了一系列新概念、新理论和新结构，发现了众多新试剂、新催化剂、新反应和新的合成方法，并极大地促进了有机合成化学的快速发展。第二次世界大战后的诺贝尔化学奖的研究工作，有近三分之一涉及元素有机化合物。此外，元素有机化学的研究也极大地促进了材料化学的快速发展，发展了诸多耐高温、耐严寒、耐辐射、耐腐蚀、高弹性、高绝缘的特种橡胶、树脂及其他特种物料，也为应用化学领域提供了具备特殊性能的新型化工材料和特种化学品[1]。

有机磷化学和氟化学、硼化学、硅化学是元素有机化学中的四大主要支柱。有机磷化合物是一类重要的元素有机化合物，在各个工业领域都有广泛的应用。有机磷农药具有强烈的生理活性，是一类应用广泛的农药；威尔金森催化剂的发现极大地促进了石油工业的发展；Wittig 试剂是一类重要的有机合成试剂；有机磷化合物在工业上还用作萃取剂、增塑剂、稳定剂、阻燃剂等。此外，有机磷化合物在生命化学中也扮演了重要的角色，如核酸、腺苷三磷酸（ATP）、磷脂和葡萄糖磷酸酯等。人体内磷的含量约占元素总量的 1%，占人脑总质量的 0.3%，肝脏总质量的 0.2%。在生命活动的过程中，绝大多数的生命化学历程都有磷元素的参与。可逆的蛋白质磷酸化是细胞应答外界刺激的重要的信号传导方式。蛋白质的磷酸化和去磷酸化反应几乎调节着生命活动的所有过程，如细胞的增殖、发育和分化、神经活动、肌肉收缩、新陈代谢、肿瘤的发生等。因此，磷元素被认为“生命活动的调控中心”[2,3]。本章内容的重点放在有机磷化合物的命名、结构、性质、合成及应用等方面。

4.1 常见有机磷化合物的命名

有机磷化合物一般是指含 C—P 键的化合物和含有机基团的磷酸衍生物。化合物分子中含有 C—P 键或 P—H 键的化合物称为膦，有机磷化合物的季盐称为鏻，不含 P—C 键，而是含有 P—O 键的化合物是磷酸的衍生物，一般以磷酸单酯、磷酸双酯、二磷酸单酯（焦磷酸酯）和三磷酸单酯的形式存在。特殊的电子结构使有机磷化合物具有从三配位到六配位多种复杂结构式，而多变的结构使其具有丰富的物理性质和化学性质，有机磷化合物在生物医药、材料、有机合成等领域发挥着举足轻重的作用。接下来介绍几类重要的有机磷化合物的命名。

4.1.1 膦

PH_3 称为膦或三氢化磷，国际理论和应用化学联合会（IUPAC）推荐 PH_3 使用名称磷烷。PH_3 分子中的 H 原子被烃基 R 取代，可得到与胺类似的衍生物，依次称为伯膦（RPH_2）、仲膦（R_2PH）和叔膦（R_3P）。五价磷的氢化物 PH_5 称为膦烷或五氢化磷，IUPAC 推荐 PH_5 使用名称：λ^5-磷烷。其烃基衍生物也称为膦，命名以其氢化物为母体，加上取代基前缀，常见膦的命名如下：

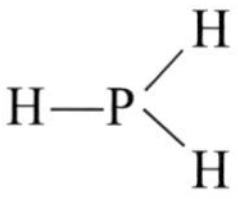

膦 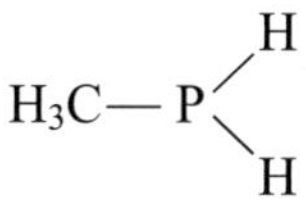　　甲(基)膦 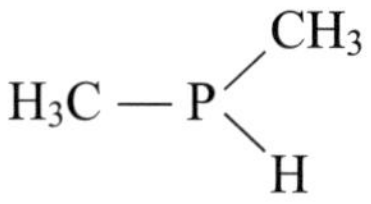　　二甲(基)膦 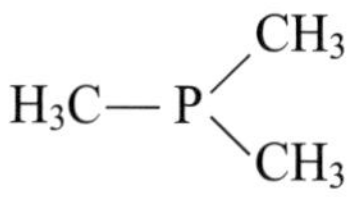　　三甲(基)膦

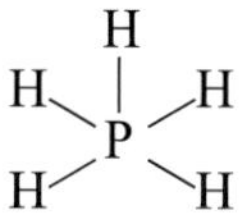

膦烷 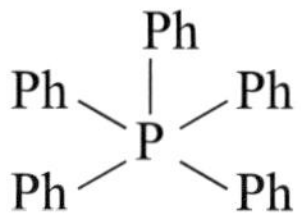　　五苯基膦烷 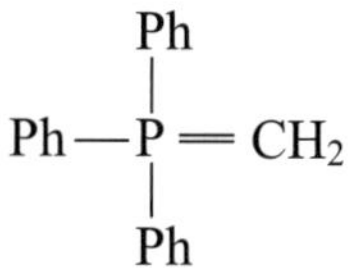　　亚甲基三苯基膦 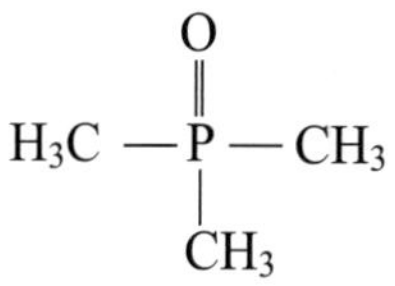　　氧化三甲(基)膦

4.1.2 三价磷（膦）酸及其衍生物的命名

$P(OH)_3$ 称为亚磷酸，$HP(OH)_2$ 称为亚膦酸，H_2POH 称为次亚膦酸。其衍生物的命名分别以亚磷酸、亚膦酸和次亚膦酸为母体，加上相应的取代基。亚膦酸酯和次亚磷酸酯，含氧酯基用“*O*-烃基”来表示。常见三价磷（膦）酸及其衍生物的命名如下：

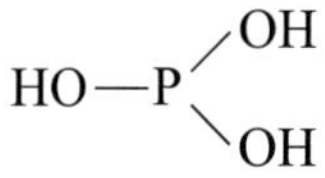

亚磷酸 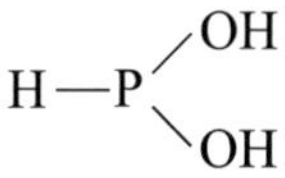　　亚膦酸 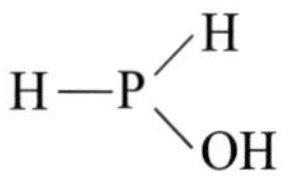　　次亚膦酸

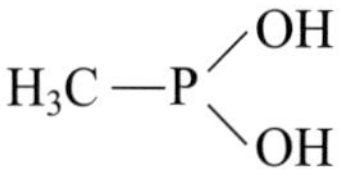

甲基亚膦酸 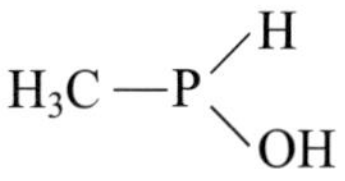　　甲基次亚膦酸 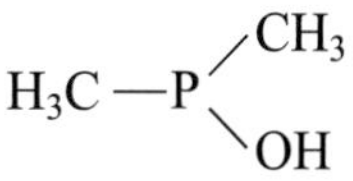　　二甲基次亚膦酸

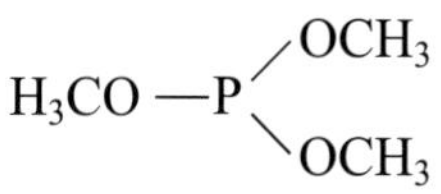

三甲基亚磷酸酯 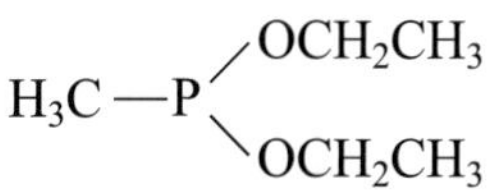　　*O*,*O*- 二乙基甲基亚膦酸酯 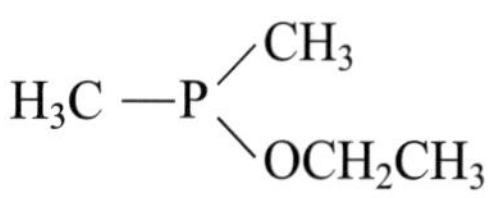　　*O*-乙基二甲基次亚膦酸酯

4.1.3 五价磷（膦）酸及其衍生物的命名

$(HO)_3PO$ 称为磷酸，$HP(O)(OH)_2$ 称为膦酸，$H_2P(O)(OH)$称为次膦酸。其衍生物的

命名分别以磷酸、膦酸（含一个 C—P 键的化合物）和次磷酸（含两个 C—P 键的化合物）为母体，加上相应的取代基。膦酸酯和次磷酸酯，含氧酯基用“*O*-烃基”来表示。常见五价磷（膦）酸及其衍生物的命名如下：

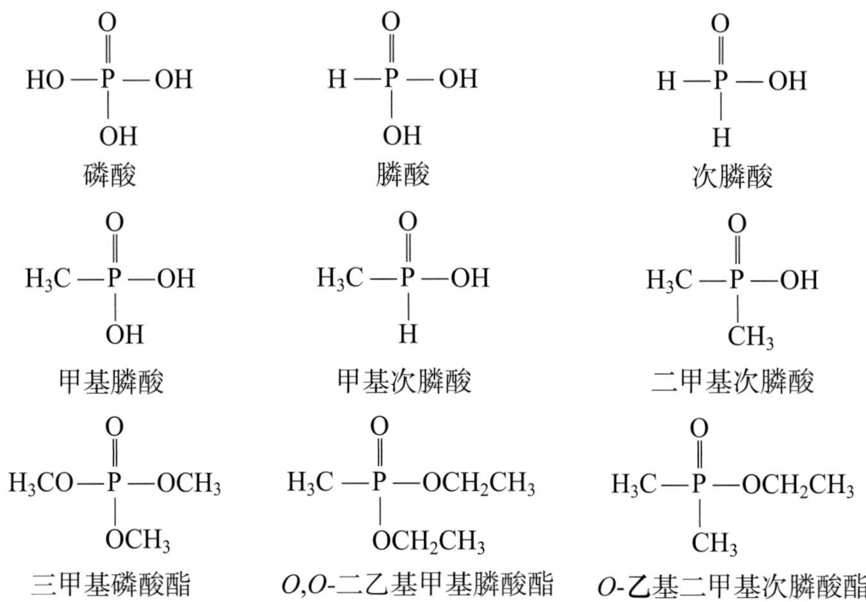

4.1.4 含磷-卤素和磷-氮键化合物的命名

含有磷-卤素和磷-氮键的化合物，可以看成含氧酸的羟基被卤素或氨基取代，生成的酰卤或酰胺。例如，

Ph—P(Cl)—Cl　　Ph—P(=O)(Cl)—Cl　　C_2H_5O—P(=O)(OC_2H_5)—Cl　　Ph—P(=O)(NH_2)—NH_2

二氯苯膦　　苯基膦酰二氯　　*O*,*O*-二乙基膦酰氯　　苯基膦酰胺

4.1.5 含磷杂环化合物的命名

含磷杂环化合物的命名遵从杂环化合物的命名原则，称为“膦杂环 X 烃”，X 包括 P 原子和碳原子数，对于含磷杂环芳烃，称为“膦杂芳烃”。常见含磷杂环化合物的命名如下：

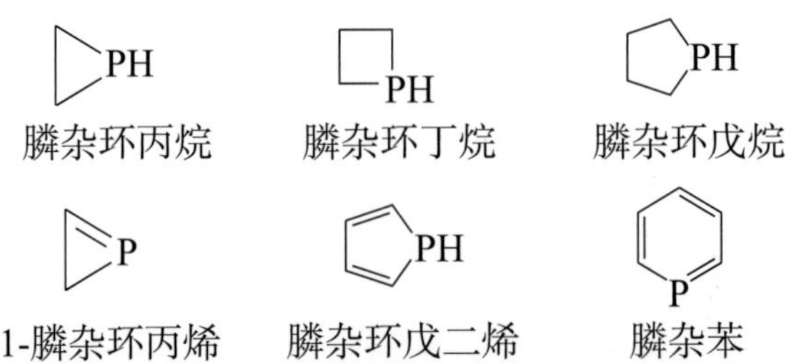

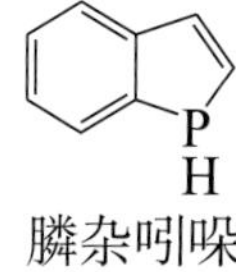

膦杂吲哚

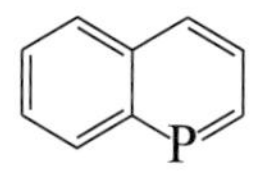

膦杂喹啉

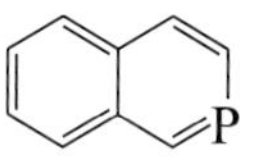

异膦杂喹啉

4.1.6 鏻盐/磷叶立德的命名

鏻盐的命名同铵盐的命名类似，一般按照无机化合物的命名原则，即“负离子”化“正离子”，$R_4P^+Cl^-$称为季鏻盐，$R_4P^+OH^-$称为季鏻碱。例如，

$(n\text{-}C_4H_9)_4P^+Br^-$	$(n\text{-}C_4H_9)_4P^+OH^-$	$Ph_4P^+I^-$
溴化四正丁基鏻	氢氧化四正丁基鏻	碘化四苯基鏻

磷叶立德的主要结构 P═C 称为膦亚甲基或磷亚烷基化合物，此外，也可以按膦烷命名。例如，

$H_3P{=}CH_2$	$Ph_3P{=}CH_2$
鏻甲叶立德	三苯基鏻甲叶立德
膦亚甲基	三苯基膦亚甲基
亚甲基膦烷	亚甲基三苯基膦烷

有机磷化合物命名时，几个相关字的用法和规律如下。

（1）含有 C—P 键的化合物（鏻盐除外）用膦，音 lìn。

（2）磷原子带有正电荷的化合物用鏻，音 lǐn。

（3）磷原子不直接和烃基相连的化合物用磷，音 lín。

（4）磷的三价含氧酸及其衍生物，前面一般加“亚”。

（5）两个烃基直接和磷相连的含氧酸及其衍生物，前面一般加“次”。

4.2 含磷有机化合物的分类和结构

磷位于元素周期表第三周期ⅤA族，原子序数15，是典型的非金属元素。磷的电负性是 2.1，与氢相当，小于碳（2.5）和氧（3.5）的电负性，但大于硅的电负性（1.8）。磷常见的价态有：+3、−3 和+5。磷的原子半径 $r = 1.9$ Å，失去 5 个电子形成 P^{5+}时，半径减小，$r = 0.34$ Å；得到 3 个电子形成 P^{3-}时，半径增大，$r = 2.12$ Å[4]。

磷外层电子排布如下：$1s^22s^22p^63s^23p^33d^0$，外层有 3 个未成对的 p 电子和 5 个 3d 空轨道。磷外层电子从 3s 轨道跃迁到 3d 轨道的激发活化能是 16.5 eV，比同主族的氮（22.9 eV）要低，因此磷可利用空的 3d 轨道参与形成 σ 键和 π 键。需要指出的是，尽管磷 4s 轨道的能量实际上比其 3d 轨道低，但由于 4s 轨道是球形分布，延展性差，不易参与成键。磷的高能量 3d 轨道使磷具有较大的有效原子半径和较大的极化度，同时，磷的电负性又较小，特殊的电子结构使有机磷化合物具有从三配位到六配位多种复杂结构式[4,5]。

有机磷化合物有多种分类方式：①按原子价分类，分为三价和五价有机磷化合物，但随着有机磷化学的快速发展，这种简单的分类方法已不适用；②按磷的氧化数分类，无机化学一般采用元素原子的氧化数描述氧化还原反应中原子的氧化态，有机化学中也采用有机磷化合物中磷的不同氧化状态进行分类；③按配位数分类，磷具有易于成键的3d空轨道，其化合物的成键一般采取杂化轨道，以σ键相连，所以有机磷化合物中心原子磷的配位数可以是1、2、3、4、5、6。本章按照有机磷化合物的配位数进行分类讲解。

4.2.1 一配位有机磷化合物

一配位有机磷化合物是指中心磷原子以一个σ键与其他原子相连的化合物，这种σ键是由 sp 杂化形成的，如膦炔 HC≡P 和烷基膦炔 RC≡P 等。该类化合物可以看作是相应氮化合物 HC≡N 和 RC≡N 的类似物，但由于磷和碳的原子半径相差较大，轨道匹配性较差，因此其稳定性没有 HC≡N 和 RC≡N 好，一般只能在低温条件下保存在惰性气体中。例如，膦炔在–124℃以下是稳定的，高于此温度会发生聚合反应，生成黑色固体 $(HCP)_n$[4]。

如图 4-1 所示，甲炔膦是直线形分子，分子中的碳原子与磷原子形成 C≡P 三键（图 4-1，左）。磷原子的 3s 和 2p 轨道杂化形成两个 sp 杂化轨道，其中一个杂化轨道与碳原子的 sp 杂化轨道生成 C—P σ键，另一个 sp 杂化轨道被孤对电子占据，磷原子未参与杂化的两个 p 轨道与 sp 杂化轨道之间是相互垂直的关系（图 4-1，右）。

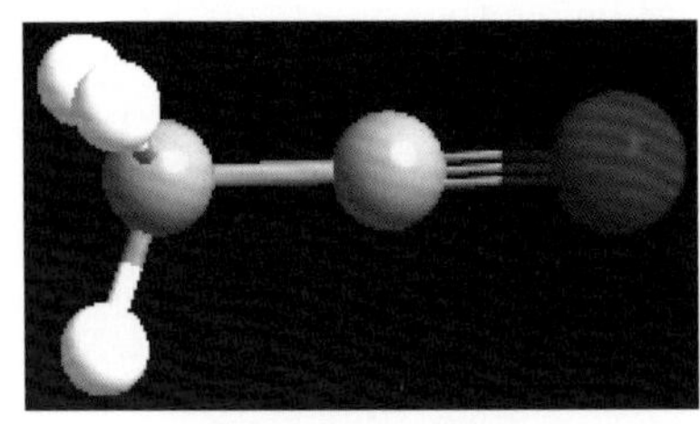

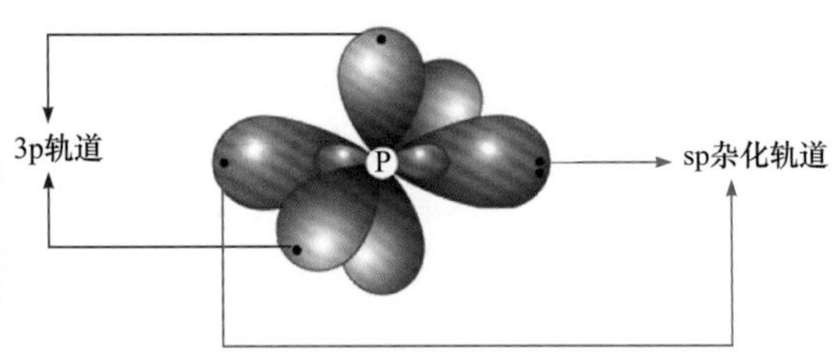

图 4-1 甲炔膦的结构（左）和磷原子的 sp 杂化轨道示意图（右）

如图 4-2 所示，磷原子两个未参与杂化的 3p 轨道分别从侧面与相邻碳原子的 2p 轨道重叠形成两个π键，两个红色的块状电子云代表一个π键，两个蓝色的块状电子云代表另一个π键，二者是相互垂直的关系。也就是说，两个π键分别处于两个相互垂直的平面。

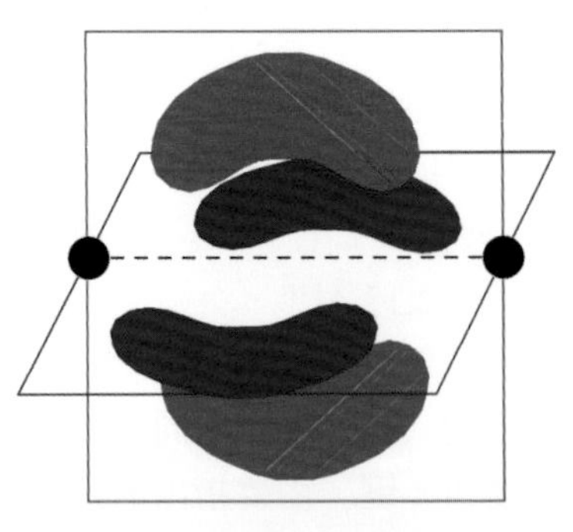

图 4-2 C≡P 中两个π键的电子云结构示意图

4.2.2 二配位有机磷化合物

二配位有机磷化合物是指中心磷原子以 2 个σ键与其他原子或基团相连的化合物，对该类化合物的研究较多，主要分为 $\sigma^2\lambda^3$ 和 $\sigma^2\lambda^5$ 两大类。其中，σ 指中心磷原子的配位数，λ 指中心磷原子的价数。

1. $\sigma^2\lambda^3$ 二配位有机磷化合物

图 4-3 所示的膦腈化合物是有机磷化合物研究历史上的第一个二配位有机磷化合物，是通过三（羟甲基）膦与2-氯苯并噻唑盐的反应制得的（图4-3，上）。在该化合物分子中，磷原子的 3s 和两个 3p 轨道杂化形成三个 sp^2 杂化轨道，呈平面三角形（图 4-3，下）。两个杂化轨道分别与两个碳原子的 sp^2 杂化轨道生成 C—P σ 键，还有一个 sp^2 杂化轨道被孤对电子占据。磷原子未参与杂化的 p 轨道与其中一个碳原子的 p 轨道从侧面重叠形成一个 π 键，该类膦腈化合物通过中心磷原子形成大的共轭体系。

S
Cl
N
R
$P(CH_2OH)_3$
P
sp²杂化轨道
3p轨道

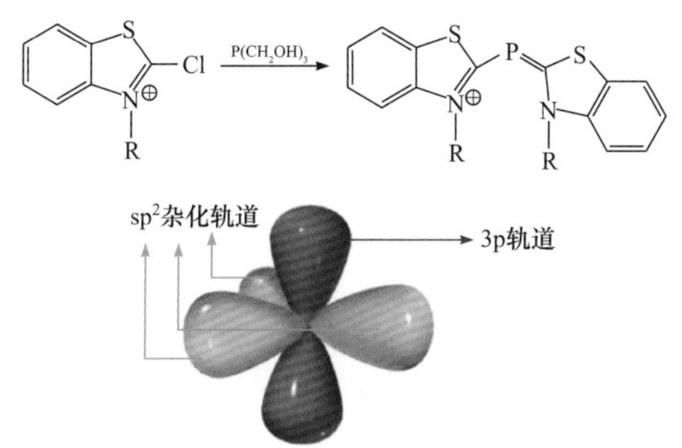

图 4-3 二配位膦腈的制备（上）及磷原子的 sp^2 杂化轨道示意图（下）

膦杂苯类化合物也是一大类二配位有机磷化合物。如图 4-4 所示，膦杂苯是平面六边形结构，五个碳原子与一个磷原子均采取 sp^2 杂化，磷原子的两个杂化轨道分别与两个相邻碳原子形成 σ 键，还有一个杂化轨道是一对孤对电子。五个碳原子和一个磷原子各有一个未参与杂化的 p 轨道，侧面重叠形成大的共轭 π 键，因此具有芳香性，且其性质比吡啶更接近于苯。^{1}H-NMR 分析表明，与苯相比，膦杂苯环上的氢质子的核磁共振化学位移向低场偏移：8.9 ppm (H_α)，7.5 ppm (H_β)，8.0 ppm (H_γ)[5]。

除以上介绍的两大类 $\sigma^2\lambda^3$ 二配位有机磷化合物之外，还有带正电荷或自由基的二配位有机磷化合物，如图 4-5 所示。

H_γ
H_β
H_α

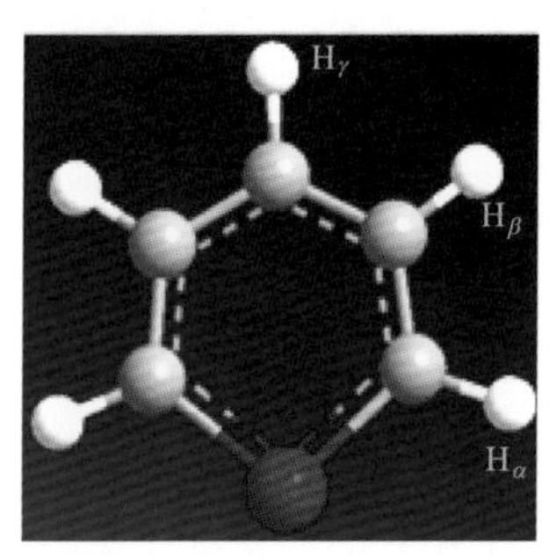

图 4-4 膦杂苯的结构示意图

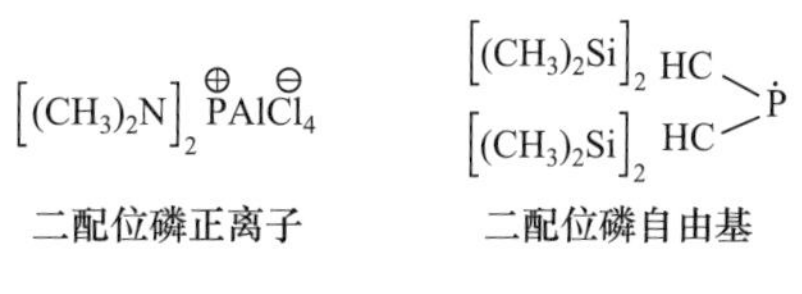

$[(CH_3)_2N]_2\overset{\oplus}{P}Al\overset{\ominus}{Cl_4}$
$[(CH_3)_3Si]_2HC$
$[(CH_3)_3Si]_2HC$
P
二配位磷正离子
二配位磷自由基

图 4-5 带正电荷和自由基的二配位有机磷化合物

2. $\sigma^2\lambda^5$ 二配位有机磷化合物

一般而言，$\sigma^2\lambda^5$ 二配位有机磷化合物很不稳定，但有关于此类化合物的报道。

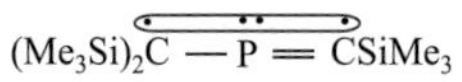

$(Me_3Si)_2C—P═CSiMe_3$

图 4-6　$\sigma^2\lambda^5$ 二配位有机磷化合物中共轭 π键形成示意图

如图 4-6 所示，该 $\sigma^2\lambda^5$ 二配位有机磷化合物中，与中心磷原子相连的两个碳原子分别以 sp^2（左边 C 原子）和 sp 杂化轨道（右边 C 原子）成键，磷原子分别以两个 sp^2 杂化轨道与两个碳原子的杂化轨道形成 σ 键。同时，磷原子未参与杂化的 p 轨道与右边 C 原子上未参与杂化的 p 轨道形成一个 p-p π 键。此外，磷原子上有孤对电子的 sp^2 杂化轨道又与左边 C 原子上未参与杂化的 p 轨道和右边 C 原子的另一个未参与杂化的 p 轨道形成一个大的共轭 π 键。

4.2.3　三配位有机磷化合物

三配位有机磷化合物是指中心磷原子以 3 个 σ 键与其他原子或基团相连的化合物。该类化合物主要分为 $\sigma^3\lambda^3$ 和 $\sigma^3\lambda^5$ 两大类。

1. $\sigma^3\lambda^3$ 三配位有机磷化合物

$\sigma^3\lambda^3$ 有机磷化合物是一类常见的且广泛应用的有机磷化合物，如膦（PH_3）、亚磷酸及其衍生物等。此类化合物分子一般为三角锥结构，P 原子处于锥体的顶点，顶角一般在 90°～100°之间，小于相应的氮化合物的键角，如 NH_3 分子的顶角为 106°45′，PH_3 分子的顶角为 93°50′，如图 4-7 所示。这是因为 P 原子半径较大，原子核对价电子层上电子对的束缚力减小，对 P—H 成键电子对的束缚力更小，P 的一个 sp^3 杂化轨道被孤对电子占据，其对 P—H 成键电子对的斥力作用大于成键电子对之间的斥力作用。

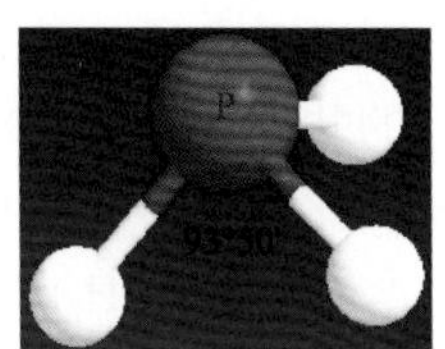
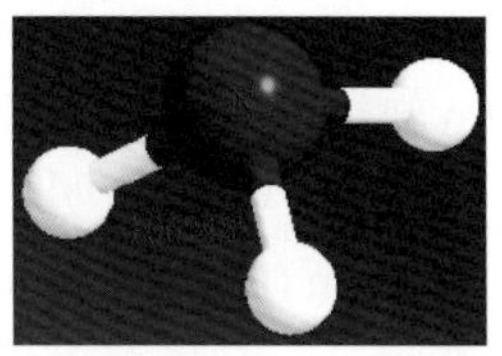

图 4-7　PH_3 和 NH_3 分子的结构示意图

亚磷酸及其酯与磷酸及其酯之间存在互变异构，此外，亚膦酸和次亚膦酸之间也存在互变异构，如图 4-8 所示。

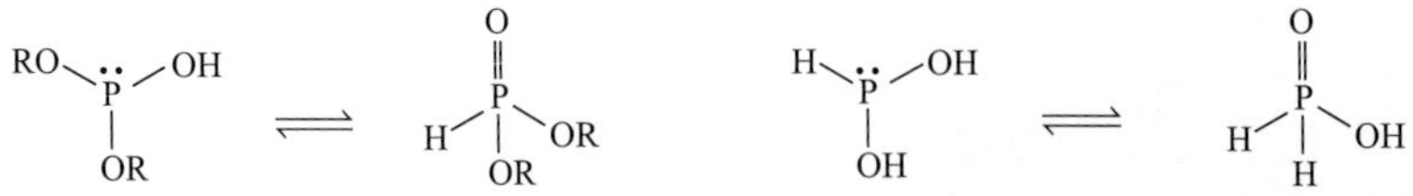

亚磷酸双酯 ⇌ 膦酸双酯　　亚膦酸 ⇌ 次膦酸

图 4-8　亚磷酸酯与亚膦酸的互变异构

对于连有不同取代基的三配位有机磷化合物来说，由于具有三角锥体构型，P 原子位于该锥体的顶点，该有机磷化合物是手性化合物，且因为中心磷原子体积较大，难以发生构型变化，所以三配位有机磷化合物的手性构型稳定。在适宜条件下，连有不同取代基的三配位有机磷化合物可以拆分为旋光性的对映异构体。图 4-9 所示是两种常见的三配位手性膦化合物。

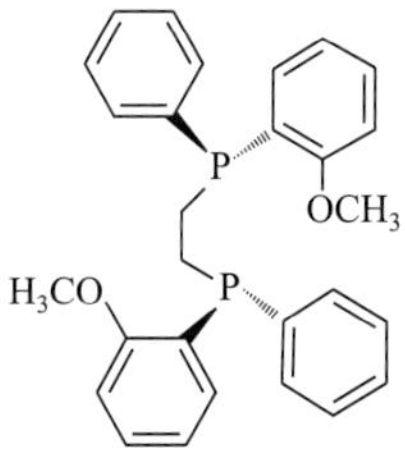

(*R*, *R*)-DIPAMP 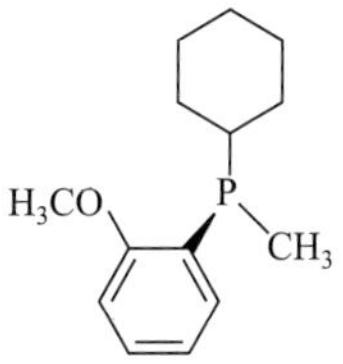　　(*R*)-CAMP

图 4-9　常见的三配位手性膦化合物

2. $\sigma^3\lambda^5$ 三配位有机磷化合物

$\sigma^3\lambda^5$ 有机磷化合物主要指具有$-\overset{/\!/}{\underset{\backslash\!\backslash}{P}}$结构的化合物，如磷双氮烯类型的化合物，中心 P 原子是 sp^2 杂化，分别以 3 个 σ 键与 N 相连，P 原子上还有一对孤对电子和两个 N 原子上的单电子形成共轭大 π键，如图 4-10 所示。

此外，还有 $\sigma^3\lambda^5$ 有机磷负离子，其结构如图 4-11 所示，是一个四中心的共轭体系。

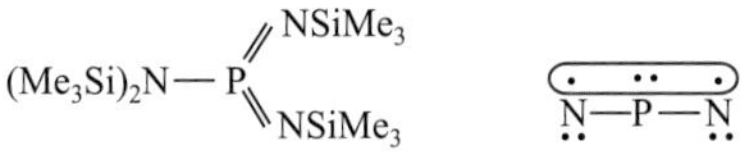

图 4-10　磷双氮烯分子（左）及其共轭大 π键示意图（右）

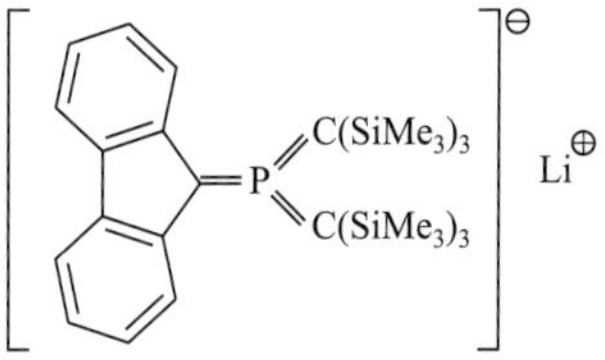

图 4-11　$\sigma^3\lambda^5$ 有机磷负离子化合物结构

4.2.4　四配位有机磷化合物

四配位有机磷化合物是相当大的一类化合物，主要有鏻盐、磷（膦）酸衍生物、磷叶立德、磷氮烯等。

1. 鏻盐

鏻盐类化合物的中心 P 原子是 sp^3 杂化，其中三个 sp^3 杂化轨道分别与三个原子或基团形成 3 个 σ 键，还有一个杂化轨道上的孤对电子与路易斯酸配位形成带正电荷的鏻盐阳离子。连有不同基团的四配位鏻盐具有四面体构型，和含一个不对称碳原子的化合物类似，具有手性，其外消旋体可以被拆分为具有旋光性的对映异构体。如图 4-12 所示，该鏻盐就具有手性。

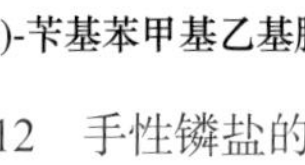

(*S*)-苄基苯甲基乙基膦

图 4-12　手性鏻盐的结构

2. 磷（膦）酸衍生物

磷酸具有四面体结构单元，如图 4-13 所示，在磷酸分子中，磷原子是不等性的 sp^3 杂化，三个杂化轨道分别与氧原子形成 3 个 σ 键，P—O 键长稍长（157 pm），还有一个

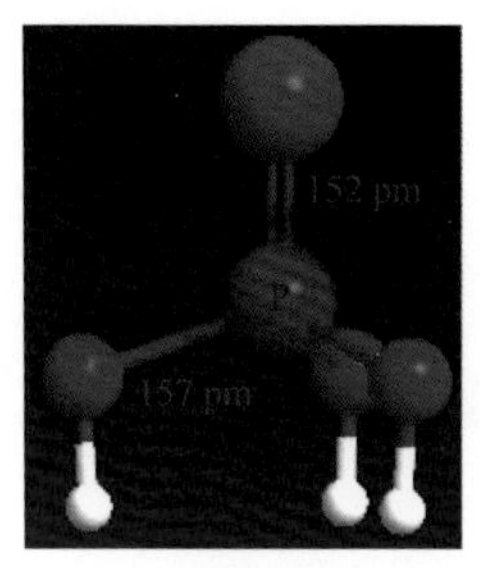

图 4-13　磷酸结构示意图

sp^3 杂化轨道上有一对孤对电子，与磷酰氧形成配键（磷的孤对电子给氧），磷酰键的氧是 sp 杂化形成直线结构，还有两对孤对电子分别处于两个相互垂直的 2p 轨道。由于磷原子具有空的 3d 轨道，氧原子上的两对孤对电子分别进入磷的两个3d空轨道，从而形成两个相互垂直的d-p π 键，所以磷酰氧键是由一个 σ 配键和两个 d-p π 键构成的，同炔键类似，但由于磷的 3d 轨道能级比氧的 2p 能级能量高很多，且3d轨道具有多向性，轨道重叠程度较小，这种 d-p π 键比常见的 p-p π 键要弱一些。所以，磷酰氧键从数目上看是三重键，但其键能和键长介于单键和双键之间，一般用 P═O 双键表示，键长较短（152 pm）。

磷酰氧键由于是由一个 σ 配键和两个 d-p π 键组成的，d-p π 键使氧原子上的电子通过 d 轨道反馈到磷原子上，从而使 P═O 键稳定性增加，比较牢固，不像 C═O 双键一样易发生加成反应，所以磷酸类化合物在自然界广泛存在，一般以磷酸单酯、磷酸双酯、焦磷酸酯和三磷酸酯形式存在。

磷酸是一种中等强度的酸，酸性比羧酸强，所以在不对称催化合成中，各种类型的环状手性磷酸被设计合成并用作手性 Brønsted 酸催化剂催化不对称反应，手性磷酸作为 Brønsted 酸在不对称催化中的开发和应用正在迅速发展。在探究新的催化反应的同时，化学家们开发出结构多样的手性磷酸，如 BINOL、H_8-BINOL、VAPOL、TADDOL、SPINOL 为骨架的手性磷酸，常见的手性磷酸结构如图 4-14 所示。

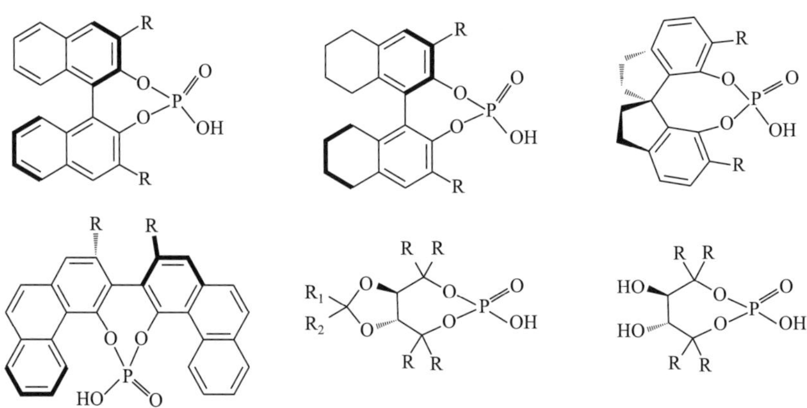
图 4-14　常见的手性磷酸

膦酸衍生物和磷酸衍生物的不同在于膦酸衍生物有 P—C 键。P—C 键一般比较牢固，在反应中不易断裂，但如果与磷相连的 *α* 或 *β* 位碳原子上连有强吸电子基团，该 P—C 键在碱性或酸性条件下会发生断裂。如图 4-15 所示，常用的农药敌百虫就是一种膦酸衍生物，因 *α* 碳上连有强吸电基三氯甲基和羟基，所以在碱性条件下会发生 P—C 键断裂，转变为敌敌畏。

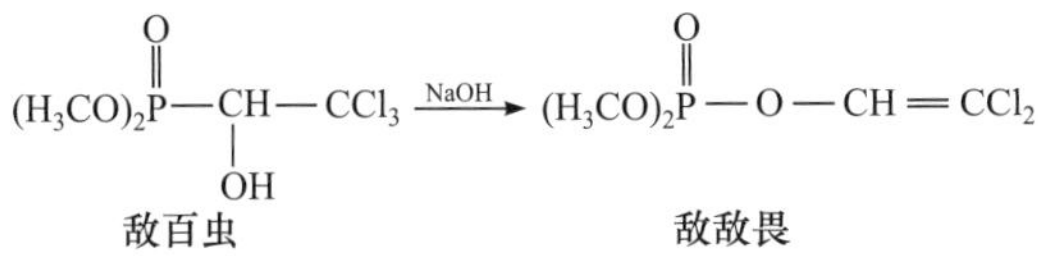

$$(H_3CO)_2P(=O)-CH(OH)-CCl_3 \xrightarrow{NaOH} (H_3CO)_2P(=O)-O-CH=CCl_2$$

敌百虫　　敌敌畏

图 4-15　敌百虫水解转变为敌敌畏

3. 次膦酸衍生物

次膦酸是指中心磷原子上有两个氢的酸，它和三配位的亚磷酸是互变异构体。次磷酸是无色油状物，具有强还原性，高温加热会分解为正磷酸和磷化氢，如图 4-16 所示。

次磷酸中的氢被烃基取代得到烃基次膦酸。如图 4-17 所示，次磷酸中的一个氢被烃基取代得到伯次膦酸，两个氢都被烃基取代得到仲次膦酸。

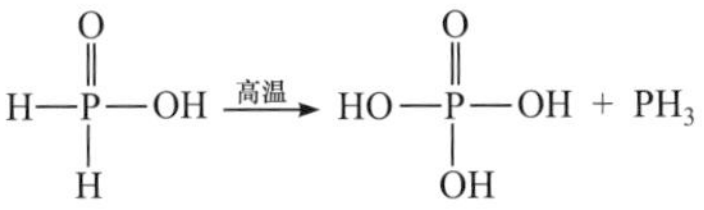

$$H-P(=O)(H)-OH \xrightarrow{高温} HO-P(=O)(OH)-OH + PH_3$$

图 4-16　次膦酸的分解

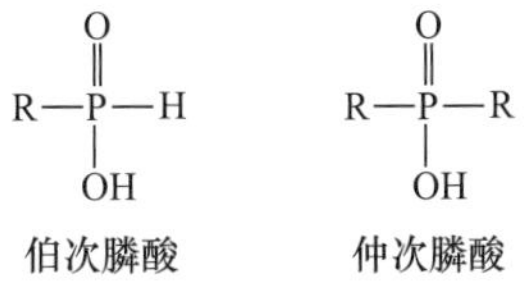

$$R-P(=O)(OH)-H \qquad R-P(=O)(OH)-R$$

伯次膦酸　　仲次膦酸

图 4-17　伯次膦酸和仲次膦酸的结构

4. 氧化膦衍生物

氧化膦是指膦的氧化物，如三苯基氧化膦。和磷酸衍生物一样，三苯基氧化膦分子中的 P═O 含有 d-p π 键，因此性质很稳定。三苯基氧化膦为纯白色结晶粉末，能溶于乙醇和苯，微溶于热水。其结构和 $POCl_3$ 类似，都是四面体结构，如图 4-18 所示。

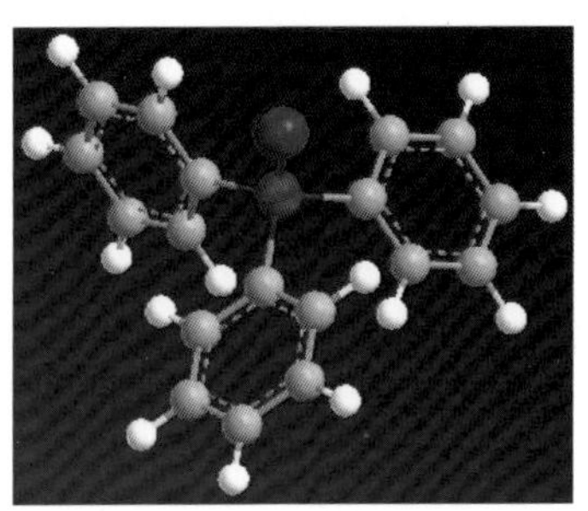

图 4-18　三苯基氧化膦的结构示意图

5. 磷叶立德

叶立德（Ylide）是指正负电荷在相邻原子的内盐，可以用双键式或偶极式两种方式表示。磷叶立德是指带正电荷的磷原子与带负电荷的碳原子直接相连，具有较强分子内极性的化合物。P═C 双键和 P═O 双键一样，由磷原子的孤对电子反馈到氧原子的 σ 配键和 d-p π 键组成，该类化合物具有共振结构，可以是内鎓盐，也可以是 P═C 双键的膦烯式，如图 4-19 所示。

磷叶立德中的磷原子是四面体结构，如图 4-20 所示。该类化合物一般是黄色晶体或红色晶体，在受热的情况下易分解，且对水及空气敏感[6]。

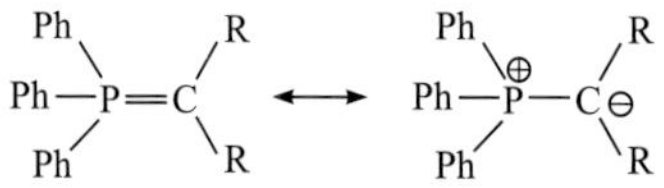
Ph
R
Ph—P=C
Ph
R
Ph
R
Ph—P—C⊖
Ph
R

图 4-19　磷叶立德试剂的通式

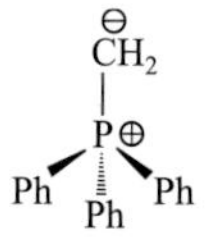
CH2
P⊕
Ph
Ph
Ph

图 4-20　磷叶立德试剂的结构式

迄今，多种类型的磷叶立德化合物已被合成出来。与中心磷原子相连的烃基一般是芳基，如苯基，也可以是烷基，如甲基；与碳相连的基团可以是 H、烷基、烯基、炔基、芳基、烷氧基、酯基、酰基和氰基等。根据磷叶立德中的碳负离子中心所连取代基的拉电子能力的不同，磷叶立德可以划分为三种类型：活泼的磷叶立德、稳定的磷叶立德和半稳定的磷叶立德，如图 4-21 所示[7]。

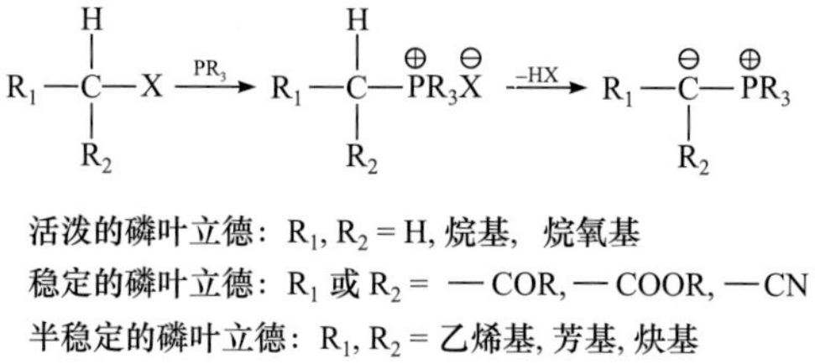
PR3
-HX
活泼的磷叶立德：R1, R2 = H, 烷基，烷氧基
稳定的磷叶立德：R1 或 R2 = —COR, —COOR, —CN
半稳定的磷叶立德：R1, R2 = 乙烯基, 芳基, 炔基

图 4-21　磷叶立德的简单分类

当磷叶立德中与碳相连的基团是氢、烷基和烷氧基等给电子基团时，碳上的负电荷更加集中，不稳定，化学性质很活泼；当与碳相连的基团是酰基、酯基、氰基等强拉电子基团时，碳上的负电荷得到有效的分散，稳定性好；当与碳相连的基团是烯基、炔基、芳基等基团时，共轭作用使其相对较稳定。

根据磷叶立德化合物所带叶立德官能基的数目，还可以将磷叶立德化合物分为单叶立德和双叶立德[6]。单叶立德化合物是指分子内只含有一个磷叶立德官能基，双叶立德化合物是指含有两个磷叶立德官能基。单叶立德化合物包括两种类型：膦烯式和膦酸酯式。如图 4-22 所示，当磷原子上连苯基、烷基，碳原子上连 H、烷基时，该膦烯式叶

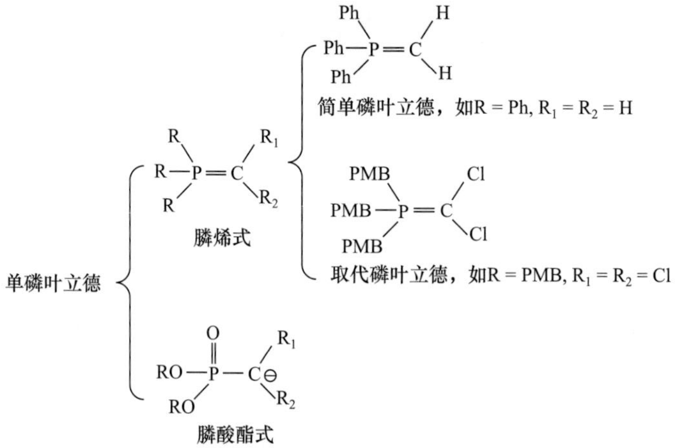
单磷叶立德
膦烯式
膦酸酯式
简单磷叶立德，如R = Ph, R1 = R2 = H
取代磷叶立德，如R = PMB, R1 = R2 = Cl

图 4-22　单磷叶立德的分类

立德称为简单磷叶立德；当磷原子上连芳基或复杂的烷基，碳原子上连烷氧基、酯基、酰基、氰基及卤原子时，该膦烯式叶立德称为取代磷叶立德。

和二烯烃的分类类似，根据两个 P═C 双键的相对位置关系，可以把双磷叶立德分为三类：累积式、共轭式和孤立式，如图 4-23 所示。其中，共轭式双磷叶立德稳定性相对较好。

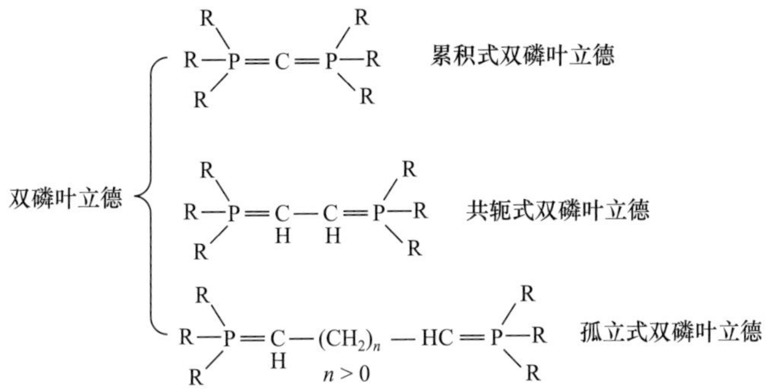

双磷叶立德：

- $R_3P{=}C{=}PR_3$　累积式双磷叶立德
- $R_3P{=}CH{-}CH{=}PR_3$　共轭式双磷叶立德
- $R_3P{=}CH{-}(CH_2)_n{-}HC{=}PR_3$（$n > 0$）　孤立式双磷叶立德

图 4-23　双磷叶立德的分类

根据磷叶立德化合物分子中 P═C 双键中与磷和碳原子所连的原子和基团性质的不同，可将磷叶立德化合物分为如下几类[8]：有机磷叶立德、C-杂原子取代磷叶立德、P-杂原子取代磷叶立德、联烯型磷叶立德、C-金属化磷叶立德和环状磷叶立德化合物，如图 4-24 所示。

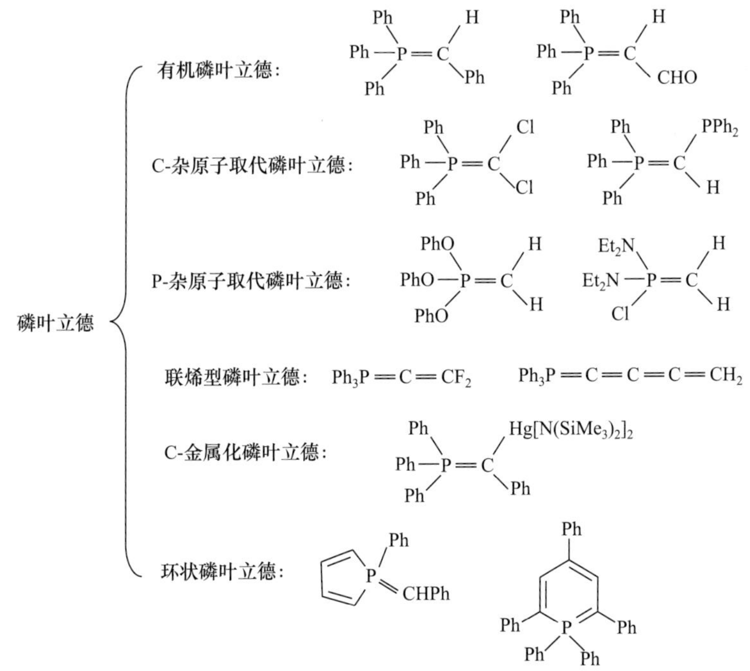

图 4-24　P═C 双键连不同原子或基团的磷叶立德

有机磷叶立德是指 P═C 键中磷原子连接烷基或芳基，碳原子连接氢原子或烷基，如亚苄基三苯基磷；C-杂原子取代磷叶立德是指 P═C 键中碳原子直接与杂原子相连，如二氯代亚甲基三苯基磷；P-杂原子取代磷叶立德是指 P═C 键中 P 原子直接与杂原子相连，如亚甲基三苯氧基膦等；联烯型磷叶立德是指含有两个磷叶立德或磷叶立德与多重碳碳双键相连；金属化磷叶立德是指 P═C 键中的 C 原子与金属连接，或者 P 原子上带有与金属连接的烷基；环状磷叶立德是指 P═C 双键参与成环的化合物。

6. 磷氮烯

磷氮烯是四配位五价的有机磷化合物，具有$>$P═N—结构单元。按照分子形状，一般分为链状磷氮烯和环状磷氮烯。链状磷氮烯如三甲基膦氮烯和三苯基膦氮烯，结构如图 4-25 所示。磷氮烯中的═NH 具有一定的酸性，可与强碱或溴反应。氮原子上如果连给电子基团，则 P—N 键易水解断裂；如果连吸电子基团，则比较稳定，不易水解。

环状磷氮烯有六元环、八元环以及稠环化合物，如图 4-26 所示是六元环的环状磷氮烯，又称为磷腈化合物。磷腈化合物是由氮和磷组成的功能材料，可以引入各种官能团，将其用于阻燃剂、润滑油、弹性体、医疗材料、耐热材料、分离膜以及离子导电材料等。

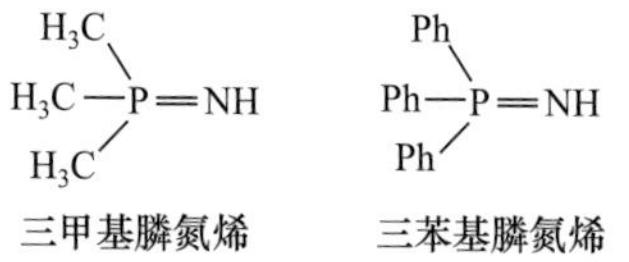

三甲基膦氮烯　　三苯基膦氮烯

图 4-25　三甲基膦氮烯和三苯基膦氮烯的结构

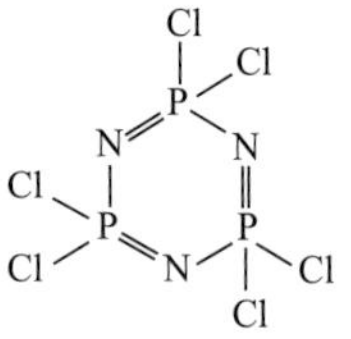

图 4-26　六元环的环状磷氮烯结构

六元环的环状磷氮烯和具有类似苯环的结构，环内 P═N 键等长，是一个平面型分子，具有芳香性。六元环的环外取代基处于该平面垂直的位置，因此，环状磷氮烯具有顺反异构。

聚磷氮烯及其衍生物是一大类无机高聚物。研究发现链状聚磷氮烯和环状三聚磷氮烯为平面结构，其他的环状聚磷氮烯则为巢式结构[9]。聚磷氮烯具有较强的交联倾向，有很好的柔韧性，是一类橡胶状的聚合物，可用于橡胶和塑料工业；聚磷氮烯有较好的化学稳定性，解聚温度较高，可用于制作燃料电池的隔膜材料；部分聚磷氮烯的衍生物具有亲生物性、生物降解和生物活性，被研究用于医疗器件。

4.2.5　五配位有机磷化合物

磷原子有 3d 空轨道，最外层有 5 个电子，所以可以进行 sp^3d 杂化，利用 sp^3d 杂化轨道与其他原子成键。五配位有机磷化合物的结构一般有两种：三角双锥体和四角锥体。

如图 4-27 所示，有机磷化合物的三角双锥体中，有三个配体和中心磷原子处在同一平面上，和磷原子之间形成 e 键（equatorial），称为平伏键。如果将磷原子看作地球的地心，三个配体犹如处在地球的赤道上，因此其成键也被称为赤道键；另外两个配体犹如处在地球的南北极上，与中心磷原子形成 a 键（apical），称为直立键。a 键比 e 键一般长些，磷原子价电子层上的电子对的库仑斥力较小，三角双锥体较为稳定，所以五配位磷化合物主要是以三角双锥体结构存在。

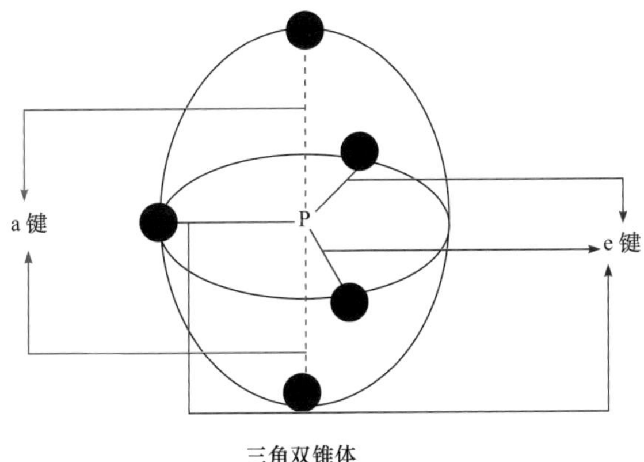

图 4-27　有机磷化合物的三角双锥体结构示意图

需要指出的是，按照三角锥体的结构，处于 a 键和 e 键的配体应具有不同的能级，但核磁共振谱图无法区分这两种不同能级的配体。这是因为 a 键和 e 键之间可以互变，三角锥体的五配位磷化合物分子的 a 位和 e 位在不断地互相变换，在磷核磁共振谱中不易区分这两种配体。如图 4-28 所示，这种现象可以用 Berry 提出的假旋转理论来解释，这里不再展开阐述。

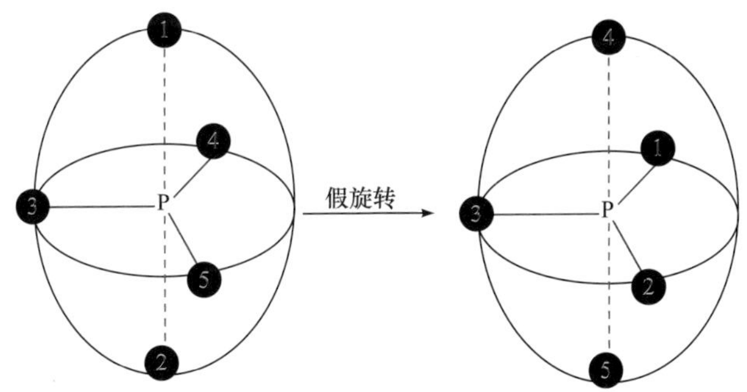

图 4-28　三角锥体的假旋转示意图

如图 4-29 所示，五配位有机磷化合物还可以是四角锥体。四个配体处于四角锥体

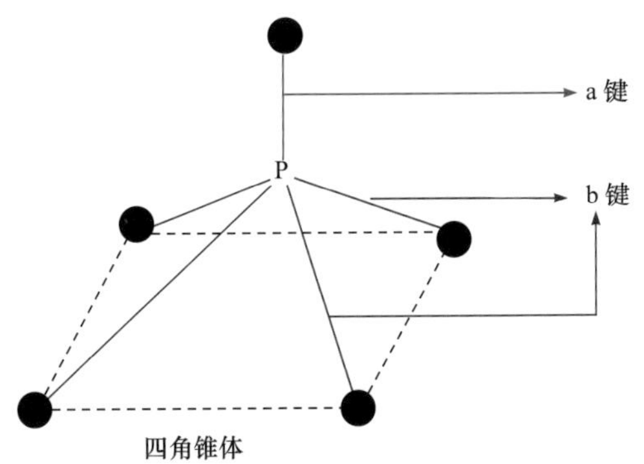

图 4-29　有机磷化合物的四角锥体结构示意图

的同一个平面上，与中心磷原子形成的键称为 b 键；还有一个配体处于四方锥体的顶点，与中心磷原子形成的键称为 a 键。由于处于顶点的一个配体会受到四个处于同一平面配体的斥力作用，稳定性比双三角锥体差。

4.2.6 六配位有机磷化合物

六配位有机磷化合物中的中心磷原子是 sp^3d^2 杂化，由于磷原子最外层只有五个电子，有一个杂化轨道是空轨道，该空轨道上的配体是给电子的，所以中心磷原子带负电荷。六配位有机磷化合物可以是游离的负离子，也可以是与正离子相连的负离子，如图 4-30 所示。

六配位有机磷化合物由于有六个配体，个数较多，为了尽可能减少空间位阻，空间排列一般是具有八面体的四方双锥结构，如图 4-31 所示，该化合物的结构已经得到 X 射线单晶衍射分析证明。

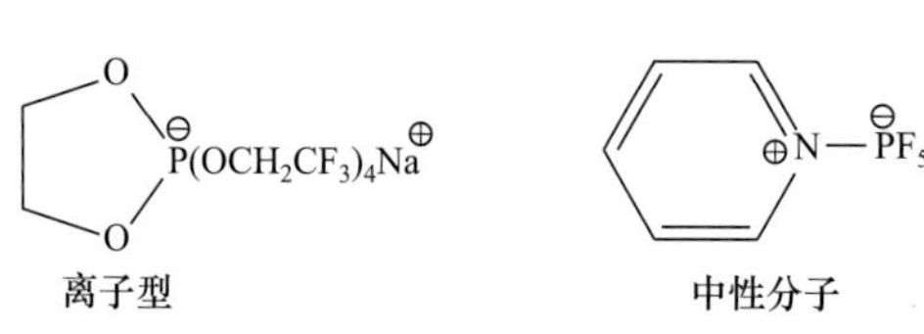

图 4-30　六配位有机磷化合物

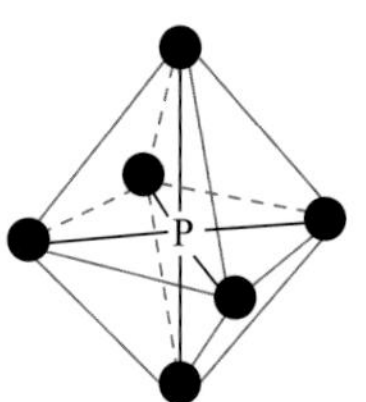

图 4-31　有机磷化合物的八面体四方双锥结构示意图

4.3 常见含磷有机化合物

4.3.1 膦

有机膦一般指磷化氢分子（磷烷）中的一个或多个氢原子被烃基取代的三价有机磷化合物。如图 4-32 所示，一个氢原子被烃基取代的有机磷化合物称为伯膦，两个氢原子被烃基取代的有机磷化合物称为仲膦，三个氢原子全被烃基取代称为叔膦，常见的三苯基膦就是叔膦。

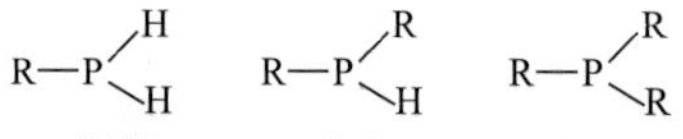

$R-PH_2$　　$R-PRH$　　$R-PR_2$

伯膦　　仲膦　　叔膦

图 4-32　伯、仲、叔膦的结构

膦一般有恶臭，且有毒性。低级的烷基膦稳定性较差，如三甲基膦在空气中会自燃；芳基膦稳定性较好，如三苯基膦在空气中可稳定存在。膦的化学性质与磷原子的孤对电子密切相关，与胺类化合物类似，其主要表现出亲核性和碱性。

与氮原子相比，磷原子电负性较小，对外层电子束缚力较小；同时，磷原子体积较大，取代基的空间位阻影响不明显，因此，膦的亲核性大于相应的胺类化合物。例如，三甲基膦可以与卤代烃反应生成季鏻盐，与环氧乙烷反应生成氧化叔胺和乙烯，如图 4-33 所示。

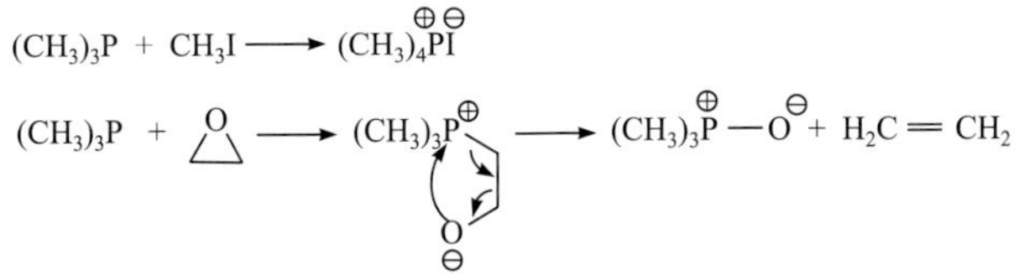

$$(CH_3)_3P + CH_3I \longrightarrow (CH_3)_4\overset{\oplus}{P}\overset{\ominus}{I}$$

$$(CH_3)_3P + \text{环氧乙烷} \longrightarrow (CH_3)_3\overset{\oplus}{P}CH_2CH_2\overset{\ominus}{O} \longrightarrow (CH_3)_3\overset{\oplus}{P}-\overset{\ominus}{O} + H_2C=CH_2$$

图 4-33　三甲基膦与各种底物的亲核反应

在强酸作用下，叔膦还可以与烯烃反应，生成季鏻盐，如图 4-34 所示。

$$H_2C=CHCH_3 + HBr \longrightarrow CH_3\overset{\oplus}{C}HCH_3\overset{\ominus}{Br} + R_3P \longrightarrow CH_3CH(PR_3)CH_3\overset{\ominus}{Br}$$

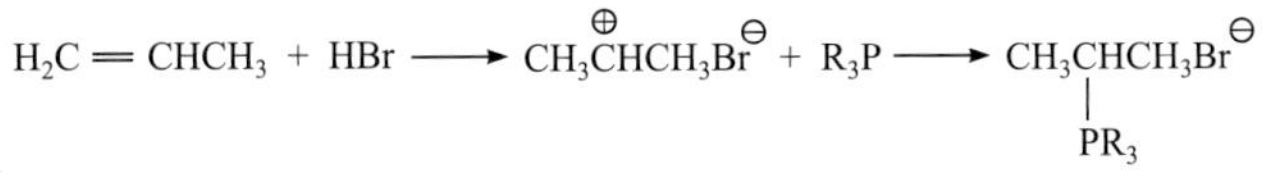

图 4-34　酸性条件下叔膦与烯烃的反应

此外，由于磷原子体积较大，取代基的空间效应对膦的亲核能力影响不明显，膦发生烃化反应的活性随磷原子上的烃基增加而增大，即 $R_3P > R_2PH > RPH_2$，这与胺的顺序相反。如图 4-35 所示，三苯膦易与溴甲烷发生亲核反应生成溴化甲基三苯基鏻，而三苯胺则不能发生类似的反应。

叔膦的烃化反应活性大于叔胺，这可以从叔膦和叔胺的结构上进行解释：膦分子中 C—P—C 键角小，使磷原子的孤对电子更容易接近缺电子中心，如图 4-36 所示，三甲胺分子中 C—N—C 键角为 108°，而三甲膦分子中 C—P—C 键角只有 99°。

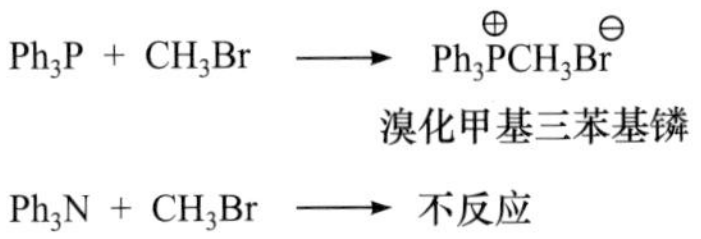

$$Ph_3P + CH_3Br \longrightarrow Ph_3\overset{\oplus}{P}CH_3\overset{\ominus}{Br}$$

溴化甲基三苯基鏻

$$Ph_3N + CH_3Br \longrightarrow \text{不反应}$$

图 4-35　三苯基膦与三苯胺反应活性对比

N: CH_3, CH_3, CH_3, 108°　　P: CH_3, CH_3, CH_3, 99°

图 4-36　三甲膦与三甲胺的键角比较

叔膦除了具有强的亲核能力外，还表现出碱性，可以与质子酸或路易斯酸作用生成相应的加合物，如图 4-37 所示。

三芳基膦在空气中相对稳定，但在过氧化氢或过氧酸等氧化剂作用下，可以被氧化。如图 4-38 所示，三苯膦被过氧化氢氧化为氧化三苯膦。三苯膦被氧化的过程如下：磷原子上的孤对电子与氧原子形成 σ 配键，并利用磷原子的空 3d 轨道，接受氧原子的孤对电子形成 d-p π 键。

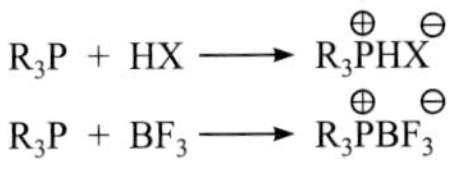

$$R_3P + HX \longrightarrow R_3\overset{\oplus}{P}H\overset{\ominus}{X}$$

$$R_3P + BF_3 \longrightarrow R_3\overset{\oplus}{P}\overset{\ominus}{B}F_3$$

图 4-37　叔膦与质子酸和路易斯酸的反应

$$Ph_3P + H_2O_2 \longrightarrow Ph_3P=O$$

图 4-38　三苯膦的氧化

氧化叔膦是一种含有 P═O 键的四配位化合物，与三氯氧磷的结构类似，是四面体结构，稳定性很好。叔胺也可以被氧化为氧化叔胺，但氧化叔胺的稳定性较差，氧化叔胺甚至可以被叔膦脱氧还原为胺，如图 4-39 所示。

$$Ph_3P + R_3N \rightarrow O \longrightarrow Ph_3P{=}O + R_3N$$

图 4-39　三苯膦与氧化叔胺的反应

氧化叔胺的稳定较差，这是因为氧化叔胺 N、O 之间的键是依靠氮原子上的孤对电子反馈给氧原子，与氧原子形成 σ 配键；而氧化叔膦分子中的 P、O 之间的键，除了 σ 配键外，还利用磷的 3d 空轨道，接受氧原子的孤对电子形成 d-p π 键，P═O 键的键能极强。所以，在很多有机化学反应中，叔膦及其衍生物有强烈生成含有 P═O 键四配位化合物，也就是氧化叔膦的趋势。例如，季鏻碱的热分解反应，和季铵碱的 Hofmann 热消除反应不同，不生成烯烃，而是生成叔膦氧化物（图 4-40，上），这是因为氢氧根离子进攻的是中心磷原子而不是氢，如图 4-40（下）所示。

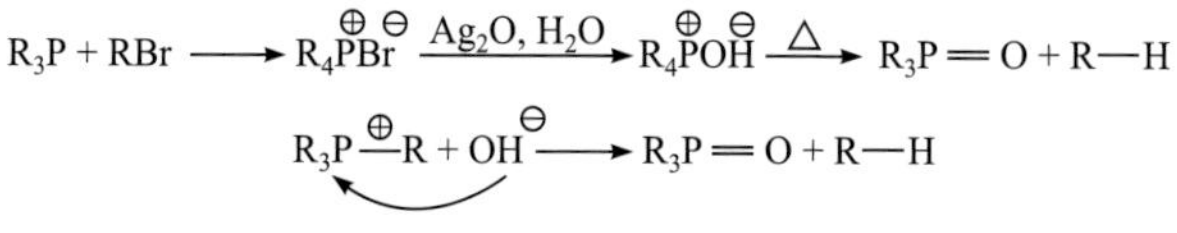

$$R_3P + RBr \longrightarrow R_4\overset{\oplus}{P}\overset{\ominus}{Br} \xrightarrow{Ag_2O,\ H_2O} R_4\overset{\oplus}{P}\overset{\ominus}{OH} \xrightarrow{\triangle} R_3P{=}O + R{-}H$$

$$R_3\overset{\oplus}{P}{-}R + \overset{\ominus}{OH} \longrightarrow R_3P{=}O + R{-}H$$

图 4-40　季鏻碱的热分解反应

如图 4-41 所示，卤代烷烃与磷化钠或其他金属磷化物反应可制备膦，伯膦、仲膦的金属衍生物也能发生类似的反应。

$$Na_3P + CH_3Cl \longrightarrow CH_3P$$

$$NaPH_2 + CH_3Cl \longrightarrow CH_3PH_2$$

$$NaPHCH_2CH_3 + CH_3Cl \longrightarrow CH_3PHCH_2CH_3$$

图 4-41　卤代烷烃与磷化钠制备膦

如图 4-42 所示，也可以通过格氏试剂与三氯化磷的取代反应制备膦。苯基格氏试剂与三氯化磷反应通常得到三苯基膦，但控制反应物比例（苯基格氏试剂：三氯化磷 = 1：1）和反应条件，可以使反应停留在一个氯原子被烃基取代的产物。制得的苯基亚膦

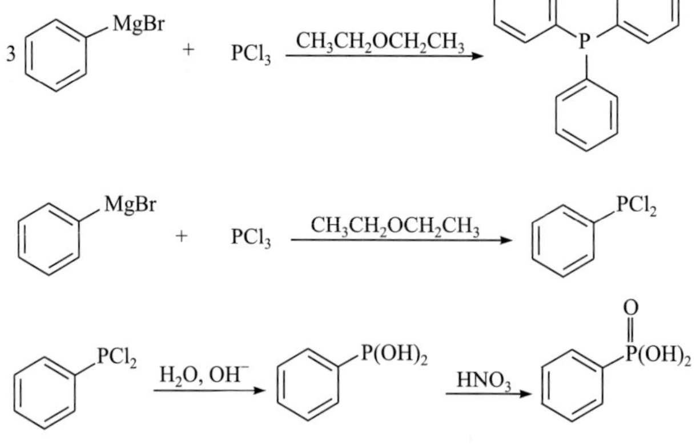

$$3\ C_6H_5MgBr + PCl_3 \xrightarrow{CH_3CH_2OCH_2CH_3} (C_6H_5)_3P$$

$$C_6H_5MgBr + PCl_3 \xrightarrow{CH_3CH_2OCH_2CH_3} C_6H_5PCl_2$$

$$C_6H_5PCl_2 \xrightarrow{H_2O,\ OH^-} C_6H_5P(OH)_2 \xrightarrow{HNO_3} C_6H_5P(O)(OH)_2$$

苯基亚膦酰氯　　苯基亚膦酸　　苯基膦酸

图 4-42　格氏试剂与三氯化磷的反应及苯基亚磷酰氯的转变

酰氯在碱性条件下水解，得到苯基亚膦酸。苯基亚膦酸可以进一步被氧化，如用硝酸氧化，可以制得苯基膦酸。

除了可以通过格氏试剂与三氯化磷的取代反应外，还可以通过三氯化磷与苯的傅克反应制备，如图 4-43 所示。

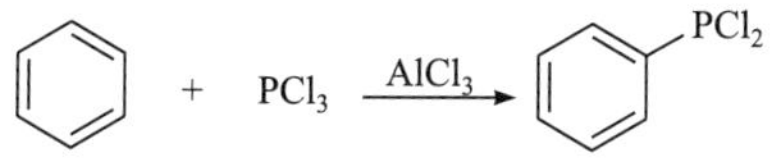

图 4-43　三氯化磷与苯的傅克反应

通过格氏反应与傅克反应，可以在磷原子上引入不同的取代基，从而制备各种类型的膦，如图 4-44 所示。

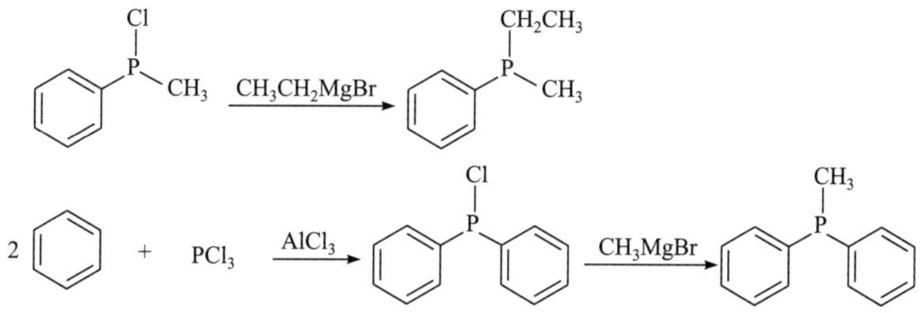

图 4-44　通过格氏反应和傅克反应制备膦

4.3.2　磷叶立德

某元素的叶立德是指该元素原子与碳负离子直接相连的化合物，硅、磷和硫都有叶立德的结构，这类化合物往往具有特殊的性质，但各元素的叶立德的结构和性质又有区别。图 4-45 所示为硅叶立德、磷叶立德和硫（4 价）叶立德、硫（6 价）叶立德。

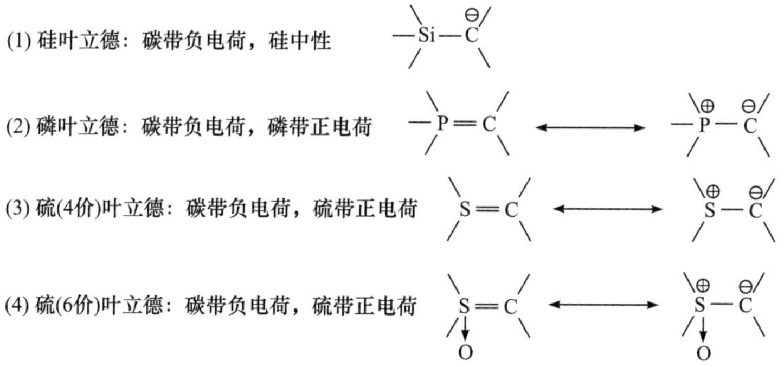

(1) 硅叶立德：碳带负电荷，硅中性

(2) 磷叶立德：碳带负电荷，磷带正电荷

(3) 硫(4价)叶立德：碳带负电荷，硫带正电荷

(4) 硫(6价)叶立德：碳带负电荷，硫带正电荷

图 4-45　常见的叶立德化合物

最常见的叶立德是磷叶立德。

1. 磷叶立德的制备

1894 年，Michaelis 等[10]利用三苯基膦与氯代乙酸乙酯合成季鏻盐，又用氢氧化钾水溶液处理，脱氢生成磷叶立德，这是历史上第一次合成磷叶立德化合物，开创了卤代

季鏻盐脱氢合成磷叶立德的方法，这也是合成磷叶立德化合物的常用方法。

1919 年，Staudinger 等[11]以磷腈化合物为原料，通过脱去氮气的方法合成了二苯基亚甲基三苯基膦，并对其结构进行了表征，这是历史上第一次对磷叶立德结构的表征，如图 4-46 所示。

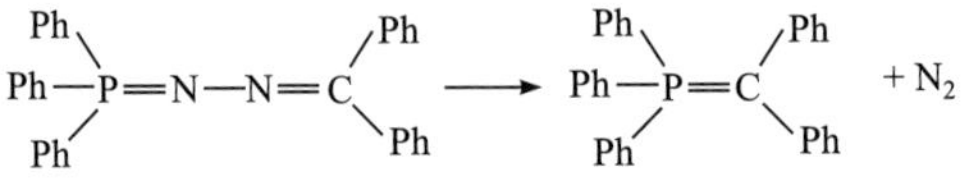

$$Ph_3P{=}N{-}N{=}CPh_2 \longrightarrow Ph_3P{=}CPh_2 + N_2$$

图 4-46　二苯基亚甲基三苯基磷的合成

1949 年，化学家 Wittig 等[12]利用溴化四甲基季鏻盐与苯基锂反应，生成了亚甲基三甲基膦，如图 4-47 所示。Märkl[13]将制得的磷叶立德试剂应用于合成烯烃，从而使磷叶立德化学的研究迅速发展，并将磷叶立德试剂称为 Wittig 试剂。

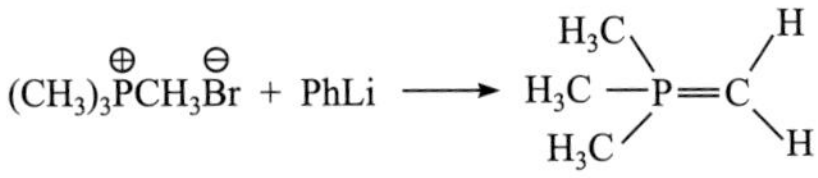

$$(CH_3)_3\overset{\oplus}{P}CH_3\overset{\ominus}{Br} + PhLi \longrightarrow (H_3C)_3P{=}CH_2$$

图 4-47　亚甲基三甲基膦的合成

通过卤代季鏻盐脱卤化氢制备磷叶立德是合成磷叶立德化合物的最常用方法。如图 4-48 所示，叔膦与卤代烃发生亲核取代反应制得相应的卤代季鏻盐，然后在强碱作用下，脱去 α-碳上的氢原子，生成相应的磷叶立德试剂。

$$R_3P + R_1CH_2X \longrightarrow R_3\overset{\oplus}{P}CH_2R_1\overset{\ominus}{Br} \xrightarrow[-HX]{碱} R_3P = CHR_1$$

图 4-48　制备磷叶立德试剂常用的方法

选用合适的碱是制备磷叶立德的关键。季鏻盐 α-碳上氢原子的酸性决定了所用碱的强度。当 α-碳上连有强吸电子基团时，稀的 NaOH 溶液或有机碱即可脱去氢质子；当 α-碳上连有强给电子基团时，则需要用强碱如 BuLi 或氢化物如 NaH 脱去氢质子；当 α-碳上所连基团电子性质处于这两者之间，如苄基或烯丙基，一般选择醇钠或醇钾脱氢。常用的碱如下：BuLi、PhLi、*t*-BuOK、$NaNH_2$、KH、NaH、NaOH、Na_2CO_3 等[13]。有机碱三乙胺、吡啶、1,8-二氮杂双环[5.4.0]十一碳-7-烯（DBU）也可用来脱去氢质子[12,14]。

制备磷叶立德试剂时，一般采用三苯基膦与伯卤代烃或仲卤代烃反应制得相应的季鏻盐，再利用强碱脱去 α-氢，而不能用叔卤代烃反应，因为叔卤代烃没有 α-氢，不能制得相应的磷叶立德试剂，如图 4-49 所示。

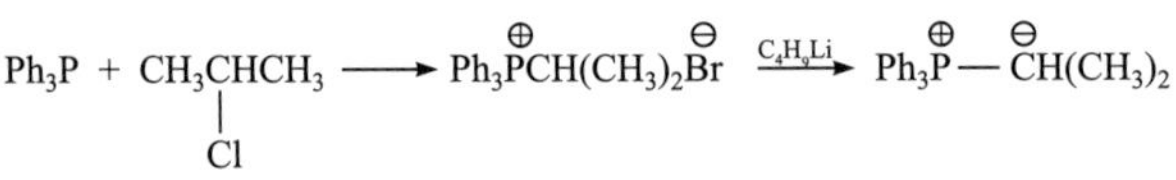

$$Ph_3P + CH_3CH(Cl)CH_3 \longrightarrow Ph_3\overset{\oplus}{P}CH(CH_3)_2\overset{\ominus}{Br} \xrightarrow{C_6H_5Li} Ph_3\overset{\oplus}{P}-\overset{\ominus}{C}H(CH_3)_2$$

图 4-49　仲卤代烃制备磷叶立德试剂

为了避免使用强碱，化学家研究利用电解的方法制备磷叶立德化合物。1977 年，Saveahn 和 Bihn 发现在非质子性溶剂如乙腈、DMF 和六甲基磷酰三胺中，季鏻盐经过电解还原可以合成磷叶立德。季鏻盐得到两个电子，通过两步合成磷叶立德。此反应是一个定量反应，1 mmol的季鏻盐参与反应，转移1 mmol的电子，生成产率为50%的磷叶立德[15]，如图4-50所示。

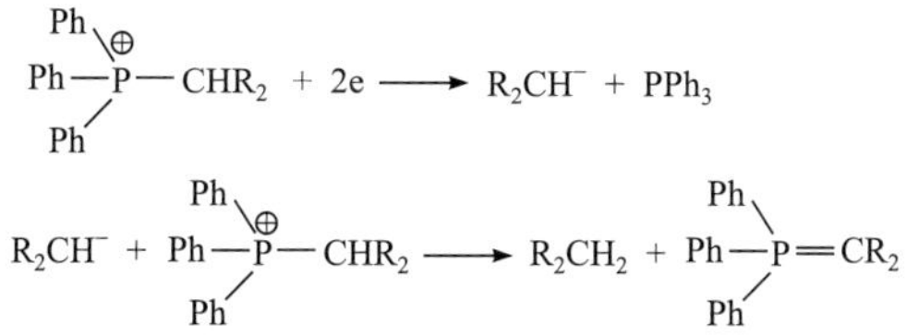

$$Ph_3\overset{\oplus}{P}-CHR_2 + 2e \longrightarrow R_2CH^- + PPh_3$$

$$R_2CH^- + Ph_3\overset{\oplus}{P}-CHR_2 \longrightarrow R_2CH_2 + Ph_3P{=}CR_2$$

图4-50　电解法制备磷叶立德化合物

1982年，Schlosser和Schau提出了快速合成磷叶立德法（instant ylide mixture）[16]：溴代烷基三苯基季鏻盐化合物和氨基钠混合在一起放置，两种组分以干粉的形式混合，可以储存很长一段时间。加入 THF 或者乙醚溶剂时，混合物就能立马发生反应，而且只需要15 min就能定量地生成需要的磷叶立德，如图4-51所示。

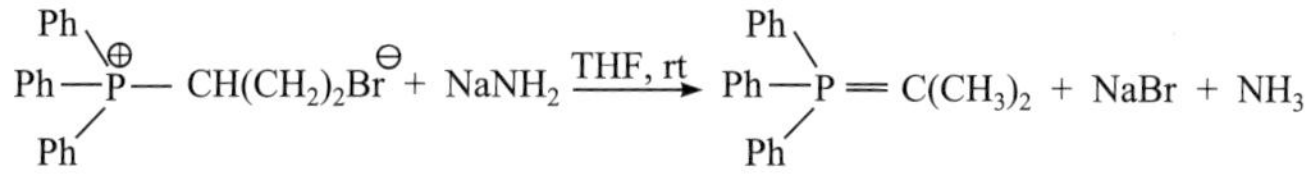

$$Ph_3\overset{\oplus}{P}-CH(CH_3)_2\overset{\ominus}{Br} + NaNH_2 \xrightarrow{THF,\ rt} Ph_3P{=}C(CH_3)_2 + NaBr + NH_3$$

图4-51　快速合成磷叶立德法

Schlosser 研究组对快速合成磷叶立德法进行了持续的研究和改进，1996 年，该研究组将粉末状的季鏻盐和氢化钾混合在一起，可以随时使用，制备了多种磷叶立德试剂，如图4-52所示[17]。该混合物在封闭的烧瓶中可以长时间保存而不会失活，在0℃下可以保存六个月而不影响使用。

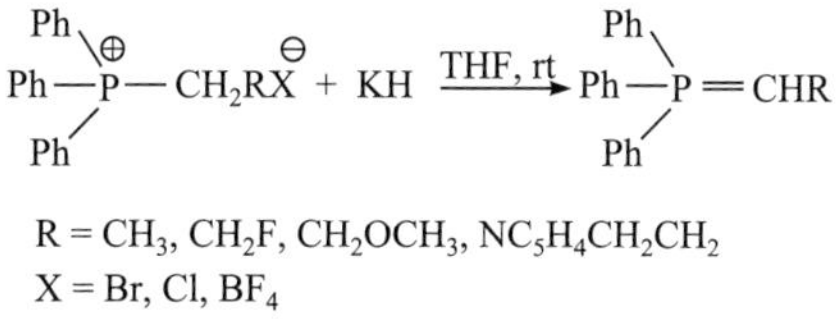

$$Ph_3\overset{\oplus}{P}-CH_2R\overset{\ominus}{X} + KH \xrightarrow{THF,\ rt} Ph_3P{=}CHR$$

$R = CH_3, CH_2F, CH_2OCH_3, NC_5H_4CH_2CH_2$
$X = Br, Cl, BF_4$

图4-52　快速合成磷叶立德法的改进

磷叶立德化合物的合成一般在溶剂中进行，2002 年，Balema 研究组报道了无溶剂条件下磷叶立德化合物的合成[18]：将季鏻盐化合物与无水碳酸钾混合，在钢瓶中利用球磨的方法，通过机械化学法进行反应，合成了磷叶立德化合物，如图4-53所示。

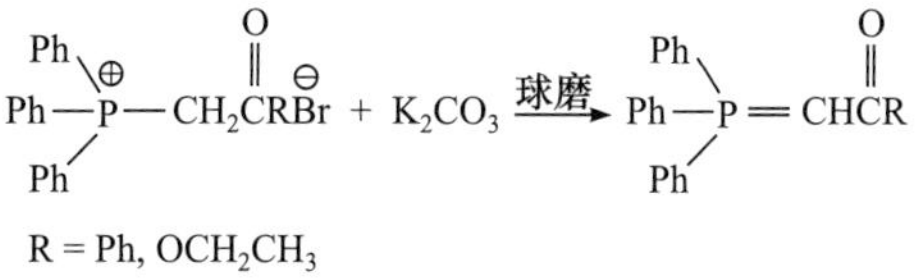

$$Ph_3\overset{\oplus}{P}-CH_2C(=O)R\overset{\ominus}{Br} + K_2CO_3 \xrightarrow{\text{球磨}} Ph_3P{=}CHC(=O)R$$

$R = Ph, OCH_2CH_3$

图4-53　机械化学法合成磷叶立德

迄今，已经发展了多种合成磷叶立德的方法，除了以上介绍的几种方法外，以磷叶立德为原料合成其他类型的磷叶立德也是常用的合成方法[19]。但磷叶立德试剂不稳定，受热易分解，此外，对空气和湿气也很敏感。因此，和格氏试剂一样，磷叶立德试剂制备后不用分离，直接用于合成反应中。

2. 磷叶立德的应用

磷叶立德化合物的结构中含有活泼的碳负离子，所以在有机合成中常被用作亲核试剂。Wittig 等将磷叶立德与酮作用，合成了烯烃，如图 4-54 所示 [20]。

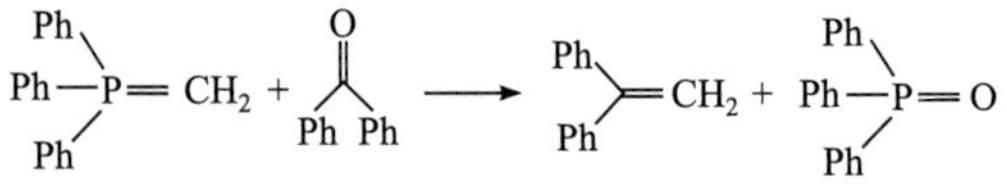

图 4-54 Wittig 反应

Wittig 首先发现并系统地研究了磷叶立德和醛酮生成烯烃的反应，因此磷叶立德和羰基化合物作用制备烯烃的反应被称为Wittig反应，磷叶立德被称为Wittig试剂。Wittig反应是由醛、酮制备烯烃的一种非常重要的方法，为有机合成提供了一种新的合成方法。因此，德国化学家 Wittig 和英国化学家 Brown（研究有机硼试剂及其在有机合成中的应用）一起获得了 1979 年的诺贝尔化学奖。

如图 4-55 所示，该反应历程为：磷叶立德试剂首先与羰基化合物进行亲核加成反应，生成内鏻盐中间体；然后形成四元环过渡态；最后迅速分解，生成烯烃化合物和氧化三苯膦。

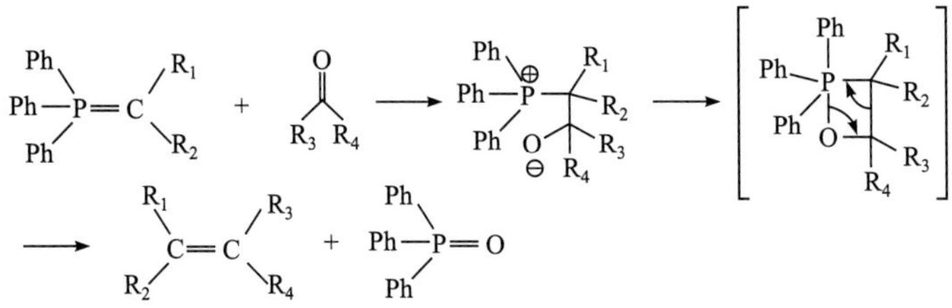

图 4-55 Wittig 反应的历程

2007 年，Kostyuk 课题组利用分子内的 Wittig 反应制备膦杂苯衍生物[21]，如图 4-56 所示，首先将带有强吸电子基团的季鏻盐与 10%的碳酸氢钠溶液在二氯甲烷溶剂中反应，生成稳定的磷叶立德化合物，然后在 150℃的高温下加热 5 min，与分子内的酮羰基发生分子内 Wittig 反应，从而高效制得膦杂苯衍生物。

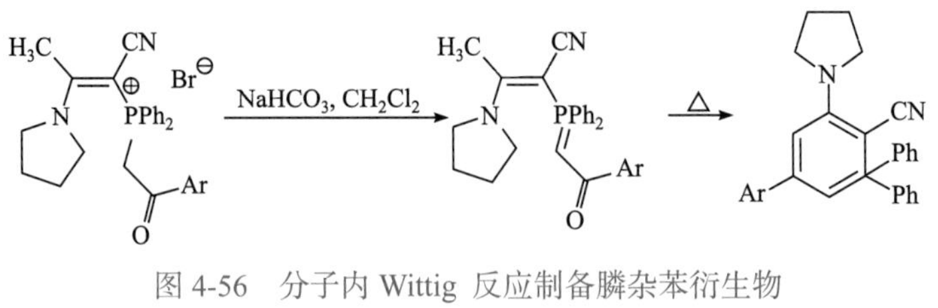

图 4-56 分子内 Wittig 反应制备膦杂苯衍生物

磷叶立德作为亲核试剂，除了可以用来制备烯烃外，还可用于烷基化反应。2010 年，中国科学院上海有机化学研究所的游书立课题组报道了 Pd 催化的烯丙基烷基化反应中，磷叶立德化合物作为亲核试剂，生成功能化的磷叶立德中间体，又与醛发生分子间的 Wittig 反应，生成相应的烯烃[22]，如图 4-57 所示。

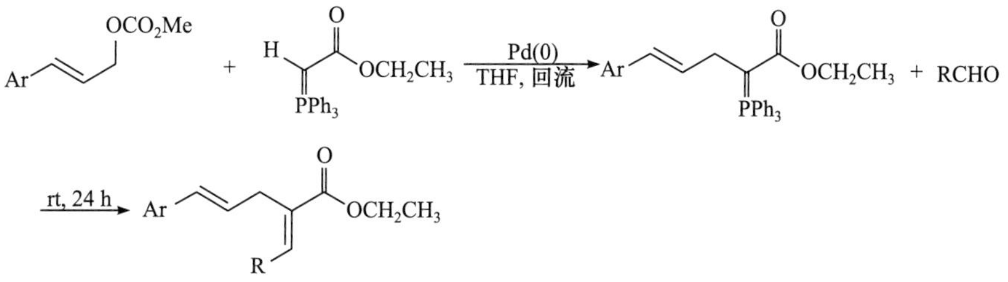

图 4-57　磷叶立德化合物用于烷基化反应

磷叶立德化合物还可以作为亲核试剂与未活化的炔烃发生反应。2014 年，郑州大学段征课题组使用季鏻盐化合物作为底物，在正丁基锂的作用下，脱氢生成磷叶立德化合物；磷叶立德作为亲核试剂，进攻带苯基或者供电子的 4-甲氧基苯基的未活化的炔烃，进行关环反应后又发生 1,3-氢迁移，生成环磷叶立德，酸化后形成了稳定的五元磷杂环戊烯类化合物[23]，如图 4-58 所示。

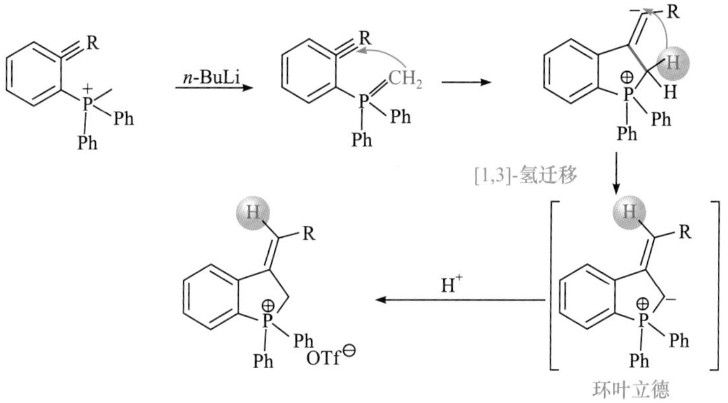

图 4-58　磷叶立德化合物与未活化炔烃反应的可能机理 [23]

磷叶立德化合物还可用于构建环状化合物，如图 4-59 所示。2017 年，Hayashi 课题组利用 2-（二苯基膦）苯甲酸甲酯与氯乙腈反应首先合成季鏻盐化合物，然后在碳酸钾的作用下生成相应的磷叶立德化合物，同时发生分子内亲核反应，从而关环生成苯并磷杂五元环化合物，该反应可以几乎定量进行[24]。

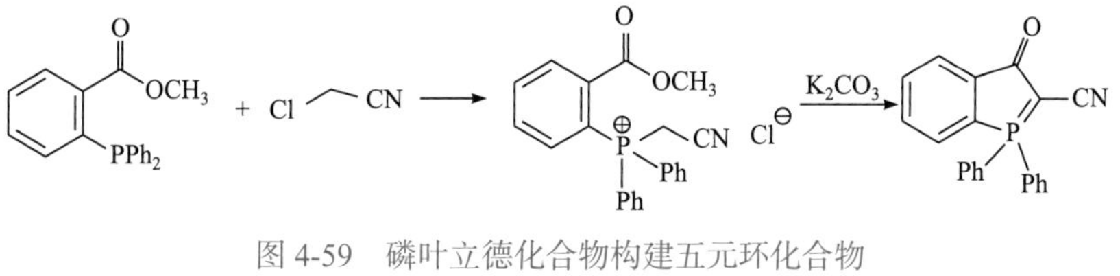

图 4-59　磷叶立德化合物构建五元环化合物

Wittig 反应在烯烃合成中具有十分重要的地位。Wittig 反应条件温和且收率较高，能够合成一些其他方法难以制备的烯烃，且反应具有高度的选择性而不会发生重排。但 Wittig 反应也存在一些问题：稳定的叶立德化合物活性较差，一般只能与醛反应，而不能与酮反应。这促使化学家对该反应进行了改进。1958 年，Horner 等报道了利用 α-位有吸电子基的膦酸酯与碱作用生成碳负离子，与羰基化合物反应可以高产率地得到烯烃和磷酸盐。反应中生成的亚甲基磷酸二乙酯负离子简称 Wittig-Horner 试剂，此反应称为 Wittig-Horner 反应[25]，如图 4-60 所示。

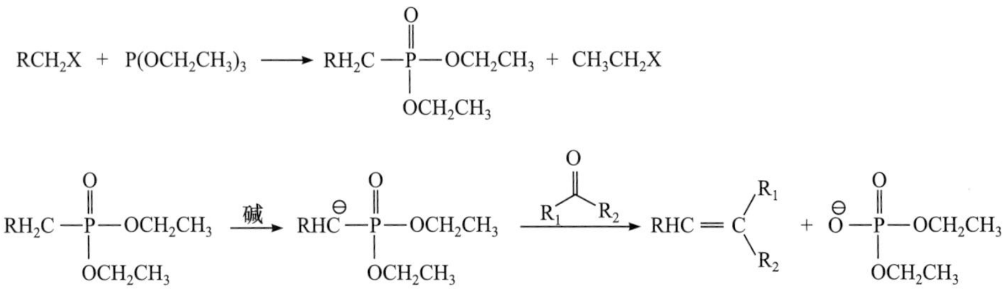

$$RCH_2X + P(OCH_2CH_3)_3 \longrightarrow RH_2C-\overset{O}{\overset{\|}{P}}(OCH_2CH_3)-OCH_2CH_3 + CH_3CH_2X$$

$$RH_2C-\overset{O}{\overset{\|}{P}}(OCH_2CH_3)-OCH_2CH_3 \xrightarrow{\text{碱}} RH\overset{\ominus}{C}-\overset{O}{\overset{\|}{P}}(OCH_2CH_3)-OCH_2CH_3 \xrightarrow{R_1C(=O)R_2} RHC=C(R_1)(R_2) + \overset{\ominus}{O}-\overset{O}{\overset{\|}{P}}(OCH_2CH_3)-OCH_2CH_3$$

图 4-60　Wittig-Horner 反应

这里常用的碱有 NaH、$NaNH_2$、KNH_2、NaOEt 等，反应溶剂一般是四氢呋喃等惰性溶剂。相对于 Wittig 反应，Wittig-Horner 反应具有以下优势：①Wittig-Horner 反应原料烷基膦酸盐的制备比 Wittig 反应原料季鏻盐的制备简单，且成本较低；②膦酸酯碳负离子的亲核能力比相应的磷叶立德强，在温和条件下，几乎可以与所有的醛、酮反应；③反应后生成的膦酸酯形成水溶性磷酸盐离子，烯烃更容易分离；④Wittig-Horner 试剂对空气、碱均较稳定，操作便捷。

4.3.3　膦配体

1973 年的诺贝尔化学奖授予英国化学家 G. Wilkinson 和德国化学家 E. Fischer，以表彰他们在金属有机化合物化学性质开创性研究方面所做出的贡献。1965 年，G. Wilkinson 开发了三（三苯基膦）合氯化铑[$RhCl(PPh_3)_3$]催化剂，实现了均相条件下烯烃的催化氢化，这一里程碑式的工作不仅建立了高效的均相催化体系，发现了过渡金属络合催化剂设计的结构规律，还影响了今后几十年对各种有机膦配体的设计合成及应用研究。膦配体的设计与合成一直是过渡金属络合物研究的重要内容之一，这是因为膦配体的结构和性质对过渡金属络合物的性能具有重要的影响。设计合成不同结构的膦配体，可以调节过渡金属络合物的催化性能，实现对不同反应的高效催化[26]。

2001 年的诺贝尔化学奖授予美国化学家 Knowles、Sharpless 和日本化学家 Noyori，以表彰他们在不对称催化氢化/氧化反应领域所做出的贡献。早在 1968 年，美国孟山都公司的 W. S. Knowles 等采用手性膦配体取代了 Wilkinson 催化剂中的 PPh_3 配体，尽管所获得的不对称诱导效果很差，ee 值最高仅为 15%，但实现了第一个不对称氢化反应[27]，开创了均相不对称催化合成手性分子的先河。Knowles 持续对手性磷配体的设计合成及应用进行研究，1975 年，Knowles 等发展了双膦配体双(2-甲氧基苯基)(苯基)膦乙烷（DIPAMP），应用于不对称催化氢化，立体选择性达 95%[28]。Knowles 在孟山都公司利用该不对称氢化方法实现了治疗帕金森病的手性药物 L-多巴的工业合成。这是世界上第一例手性合成工业化的例子，极大地促进了这个研究领域的发展，这也是 Knowles 获得诺贝尔奖的主要原因。1985 年，日本科学家 Noyori 成功地合成了著名的双膦配体 1,1′-联萘-2,2′-双二苯膦（BINAP）[29]。该手性磷配体具有强的刚性结构，且具有 C_2 对称轴，可有效地减少反应过渡态的构象数量，从而大大提高了催化不对称氢化反应的对映选择性。

至今数千种的手性膦配体被开发出来，但因为膦配体的催化活性和稳定性问题，只有少数手性膦配体具有非常优异的催化性能和工业化应用前景。其中，三价的手性膦化合物作为手性配体应用最为广泛，因此重点对三价手性膦化合物进行概述。如图 4-61 所示，手性膦配体大致可分为两大类[26,30]：①手性在磷原子上，如 DIPAMP、QuinoxP*、TangPhos 等，这些手性膦配体的手性诱导源于磷中心手性。一般情况下，手性催化剂中的手性结构单元应尽可能靠近中心金属原子，从而使手性催化剂展现出更强的手性诱导能力。手性在磷原子上的手性配体与金属配位后，其手性位点与中心金属原子的距离相对更近，所以理论上其催化活性和对映选择性比非磷中心手性配体更高。②手性在骨架上，如 BINAP、DIOP、螺环骨架双磷配体 SDP 等。骨架手性膦配体又可

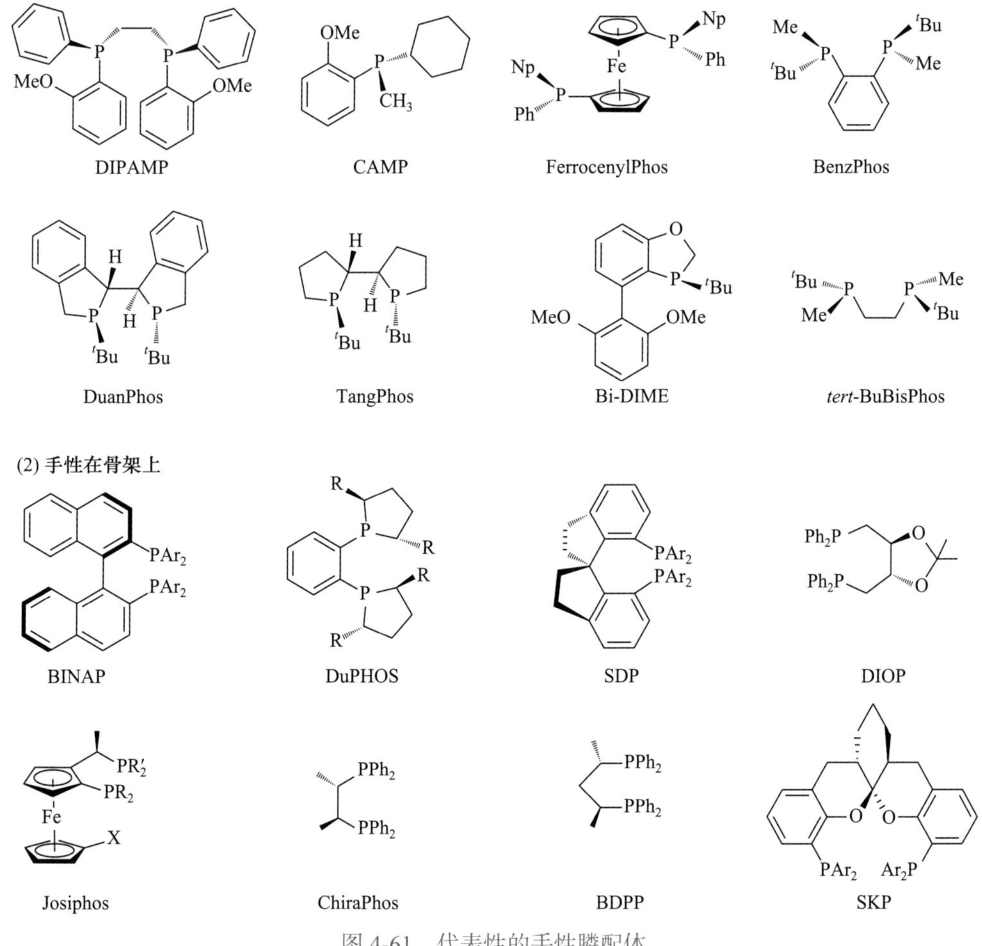

图 4-61　代表性的手性膦配体

细分为碳中心手性膦配体、轴手性膦配体和面手性膦配体。这类手性膦配体中磷原子上基本都连有相同的取代基，且大部分情况为芳香取代基，骨架手性膦配体的手性诱导源于其相邻的手性碳、手性轴或手性面。

接下来对这些代表性的手性膦配体的制备和在不对称催化合成中的应用进行概述和讲解。

1. 手性膦配体的制备

磷原子的电负性（2.19）比氮原子的电负性（3.04）小，因此膦烷中的磷原子上的孤对电子拥有更多 s 轨道的成分，其分子轨道难以杂化从而阻碍构型的翻转，且膦烷的键角比氨的键角小。室温条件下，膦烷的构型翻转能垒远大于氨（25.10 kJ/mol）（X = P 时，翻转能垒=112.97 kJ/mol；X = N 时，翻转能垒=25.10 kJ/mol），三甲基膦的翻转能垒更高，达到 150.62 kJ/mol[31]，如图 4-62 所示。所以与氮中心手性化合物相比，磷中心手性化合物的构型是相对稳定的，可以制备分离出来。

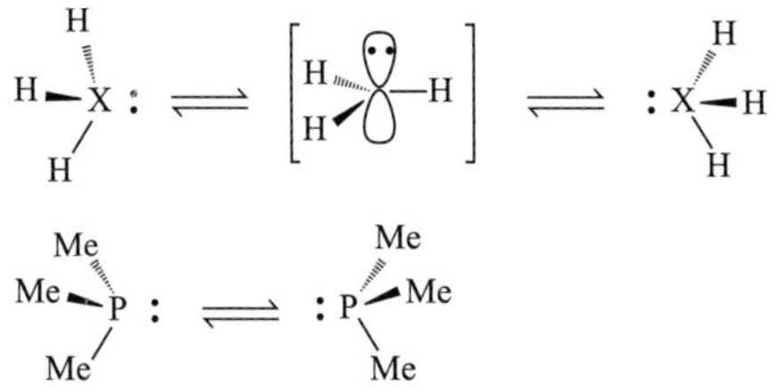

图 4-62　胺和膦中心手性化合物构型的翻转

构建磷中心手性配体主要面临以下几个挑战：原料昂贵、分离拆分困难、磷中心手性不稳定、易发生消旋化等。磷手性中心化合物的制备方法主要有以下几种：①通过立体选择性合成制备磷中心手性配体；②通过不对称催化制备磷中心手性化合物；③通过外消旋体的拆分制备磷中心手性化合物；④通过生物酶催化制备磷中心手性化合物。

1）通过立体选择性合成制备磷中心手性配体

光学活性的二级醇如 L-薄荷醇、*endo*-冰片和呋喃葡萄糖衍生物等，作为一类廉价易得的手性辅助试剂已经被广泛地应用于磷中心手性化合物的制备。其中，L-薄荷醇应用最为广泛，这是因为反应得到的薄荷基膦化合物是一种非常有用的中间体，可用于其他磷中心手性化合物的构建。

早在 1960 年，Nudelman 和 Cram 及 Mislow 等小组就利用 L-薄荷醇与苯基二氯化膦来制备薄荷基次膦酸酯化合物，并确定该化合物的非对映异构体混合物可以通过重结晶进行分离，从而得到单一构型的薄荷基次膦酸酯化合物，如图 4-63 所示[32]。

1977 年，Knowles 小组利用 L-薄荷醇与苯基二氯化膦来制备薄荷基次膦酸酯化合物，并通过重结晶的方法分离得到具有单一构型的薄荷基次膦酸酯，继而与格氏试剂发生立体选择性反应，最终得到磷中心手性构型完全反转的(*R*,*R*)-DIPAMP[32]，如图 4-64 所示[33]。

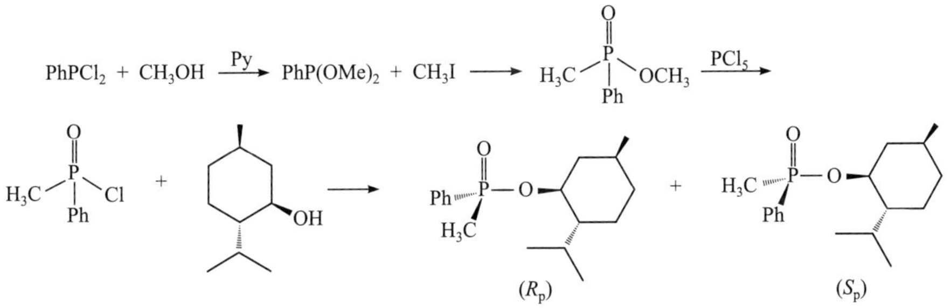

图 4-63　薄荷基次膦酸酯的合成

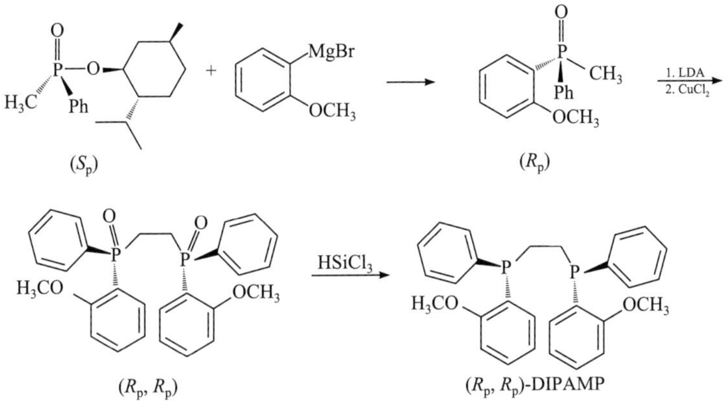

图 4-64　双磷手性配体 DIPAMP 的设计合成

磷中心手性配体本身合成难度大：不仅需要用到格氏试剂，还需要利用薄荷醇对外消旋体进行手性拆分，以及对磷氧化合物进行还原，且制备过程中磷氯化合物极度不稳定、毒性大、气味难闻。磷中心手性配体的这些缺点大大限制了它作为配体在不对称催化方面的应用。

1985 年，日本千叶大学的 Imamoto 教授等发现硼烷对三价手性磷起保护作用，能够很好地稳定磷手性中心且去保护操作方便，基于此他们开始了磷中心手性配体的研发[34]。1990 年，Imamato 小组利用硼烷保护策略制备磷中心手性化合物[35]。如图 4-65 所示，以 L-薄荷醇为手性辅助试剂，发展了一种 DIPAMP 配体制备新方法：利用硼烷与三价膦络合，该络合物在水、氧和酸碱环境中仍能保持化学和构型的稳定性，并且可以通过传统的重结晶或柱层析技术进行分离纯化，从而避免了氧化膦的还原操作；利用L-薄荷醇的手性诱导构建磷中心手性。此外，利用过量的二乙胺、DABCO 或强酸即可方便地除去络合的硼烷，且磷原子的手性构型不受影响。

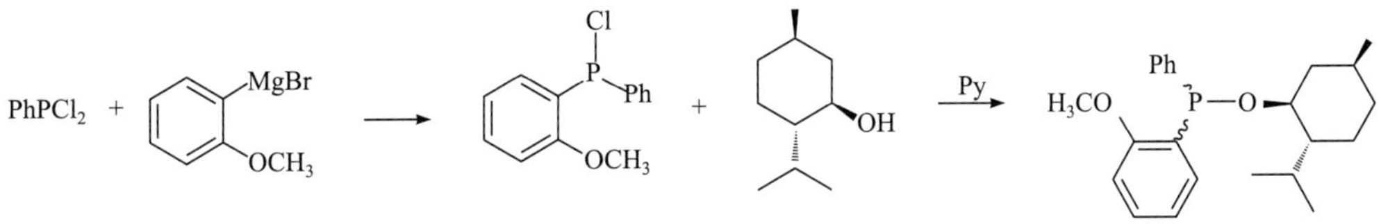

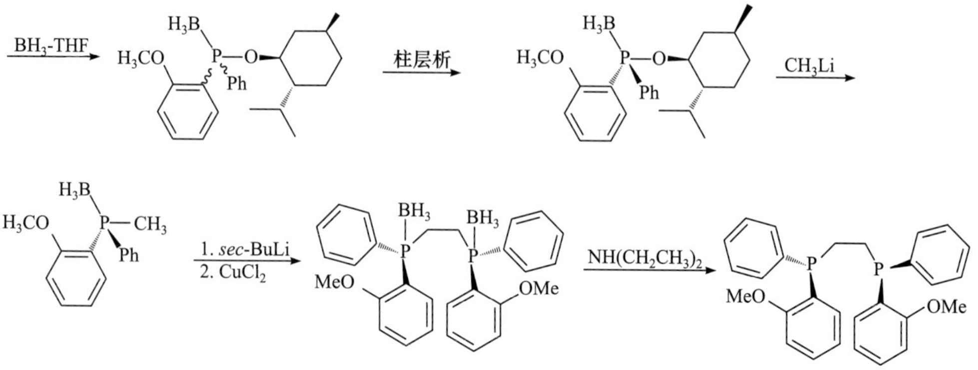

图 4-65　硼烷保护策略制备 DIPAMP

除了手性醇外，手性胺也可以用来诱导构建磷中心手性。手性胺与不对称取代的氯化膦反应，可以诱导磷原子产生手性，构建磷中心手性，通过重结晶可以得到光学纯的手性氨基膦化合物。

2003 年，Kolodiazhnyi 课题组报道了通过(*S*)-甲基苄胺诱导产生(*R*)-构型的磷中心手性产物；反之，通过(*R*)-甲基苄胺会诱导产生(*S*)-构型的磷中心手性产物[36]，如图 4-66 所示。研究发现，手性诱导过程中，该反应的立体选择性与所用的碱、溶剂及反应的温度和投料比有关。

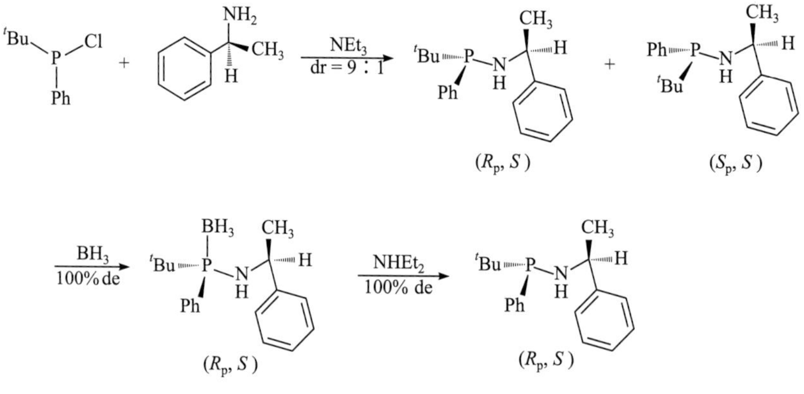

图 4-66　利用手性胺构建磷中心手性

手性氨基膦化合物是一类非常有用的化合物中间体，可用于制备其他磷中心的手性化合物，同时又保持了磷原子原有的构型，如图 4-67 所示[36]。

利用手性醇和手性胺作为手性辅助试剂构建磷中心手性化合物，最后均需通过亲核取代反应除去手性辅助试剂。因此，Jugé 等小组开发了一系列新的手性双功能辅助试剂，通过在磷原子上两个连续的取代反应制备磷中心手性化合物，其中因麻黄碱具有良好的通用性、立体选择性和操作简便性而应用最为广泛。如图 4-68 所示，在该合成方案中，关键步骤是氨基膦化合物与(−)-麻黄碱发生立体选择性的环化反应形成 1,3,2-噁唑膦硼烷加合物。有机锂试剂进攻 P—O 键，发生高度区域和立体选择性的亲核取代反应，引入烃基，得到高光学纯度的手性氨基膦化合物，磷原子的手性构型保持不变。然

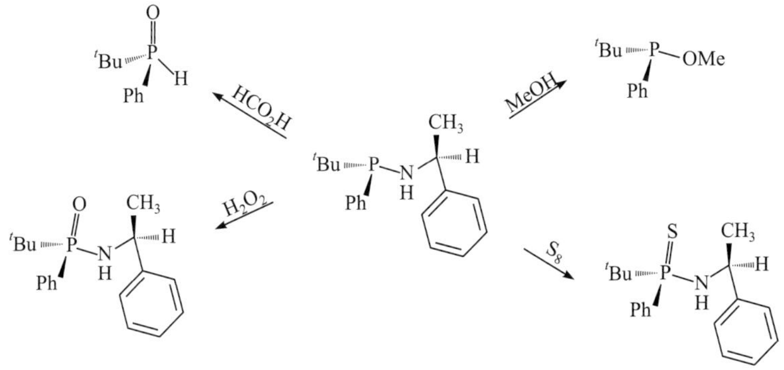

图 4-67　利用手性氨基膦构建其他磷中心手性化合物

后用酸性的醇溶液处理，发生 S_N2 反应，P—N 键断裂，磷原子的手性构型发生翻转，并游离出(–)-麻黄碱。醇解后的手性膦化合物再与另一种有机锂试剂反应，引入另一个烃基的同时，磷原子的构型再次翻转，最后脱除硼烷得到光学纯的磷中心手性化合物。其中，磷原子的手性构型由(–)-麻黄碱中与苯基所连的碳原子构型所决定[37]。

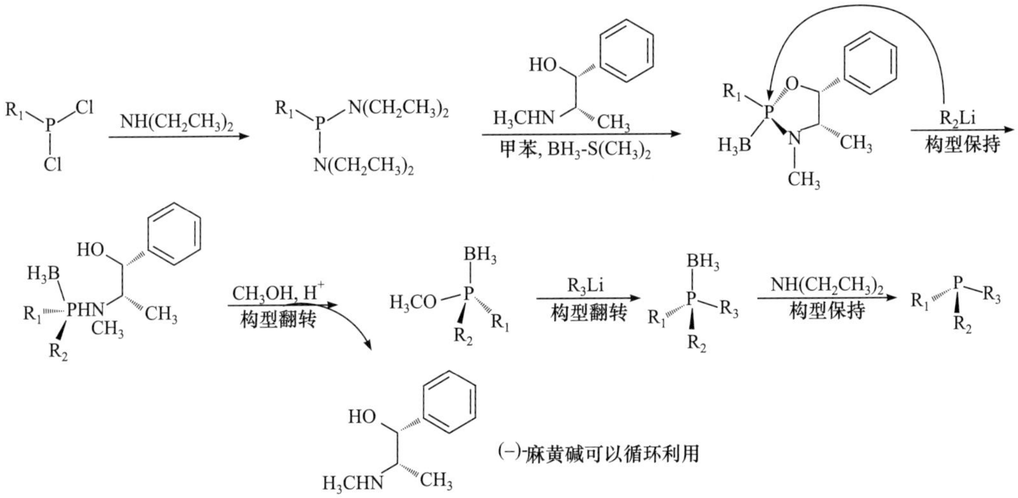

图 4-68　利用(–)-麻黄碱构建磷中心手性化合物

在甲基膦硼烷加合物中，硼烷不仅可以稳定中心磷原子，避免被氧化，还能活化与磷原子直接相邻的甲基上的 α-H，使之具有一定酸性，在强碱的作用下易去质子化。1995 年，Evans 课题组发现潜手性的二甲基苯基膦硼烷加合物在 *s*-BuLi/(–)-sparteine（金雀花碱）的作用下，其中一个甲基会发生对映选择性去质子化，得到手性 α-碳负离子，可以与各种亲电试剂反应或者自身偶联，从而构建各种磷中心手性化合物，如图 4-69 所示[38]。

2002 年，基于 *s*-BuLi/(–)-sparteine 的合成策略，张绪穆课题组设计合成出新型磷中心手性配体 TangPhos[39]。如图 4-70 所示，不同于 Imamoto 通过硼烷保护途径进行合成，以简单易得的三氯化磷为原料，在叔丁基格氏试剂与丁基双格氏试剂作用下，硫化得到磷杂环戊烷的硫化物，再利用 *n*-BuLi/(–)-sparteine 诱导构建磷中心手性，最后发生偶联、还原反应制得 TangPhos。

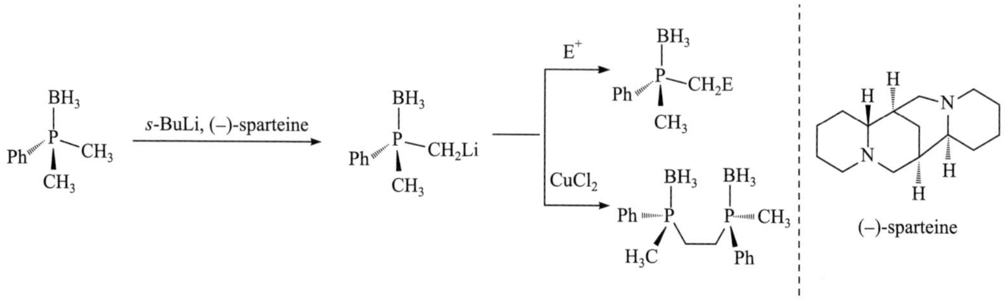

图 4-69 利用(–)-金雀花碱构建磷中心手性化合物

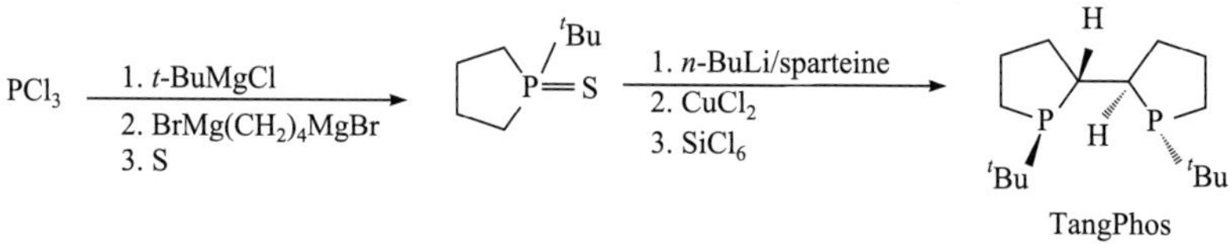

图 4-70 磷中心手性配体 TangPhos 的合成

2003 年，张绪穆课题组设计合成了具有轴手性及磷中心手性的配体 binapine[40]。磷中心手性是由轴手性的联萘诱导构建的，这是将轴手性的联芳基和磷中心手性的磷杂环结合起来的双齿膦配体的首例报道。如图 4-71 所示，从廉价易得的光学纯 2,2-二甲基联萘出发，通过双锂化接上叔丁基磷，再通过偶联还原得到 binapine。

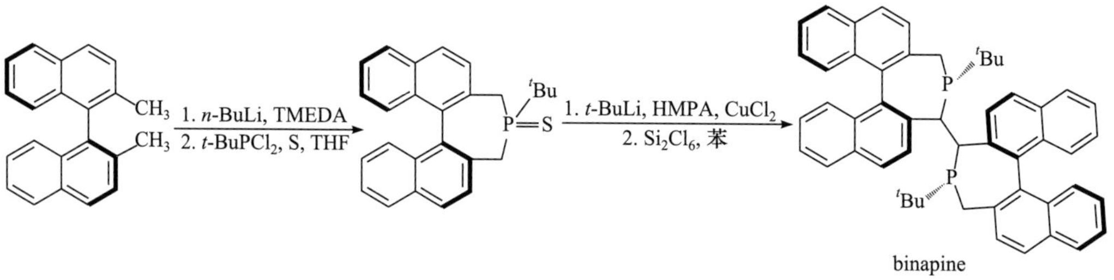

图 4-71 具有轴手性和磷中心手性配体 binapine 的合成

2004 年，同样基于 *s*-BuLi/(–)-sparteine 的合成策略，Imamoto 课题组设计合成了 DiSquareP*[41]。如图 4-72 所示，以简单易得的叔丁基二氢磷为原料，在丁基锂的作用下与 1,3-二氯丙烷反应，再硼烷配位得到四元磷杂环丁烷化合物，再利用 *s*-BuLi/(–)-sparteine 诱导构建磷中心手性，最后发生偶联、还原反应制得 DiSquareP*。

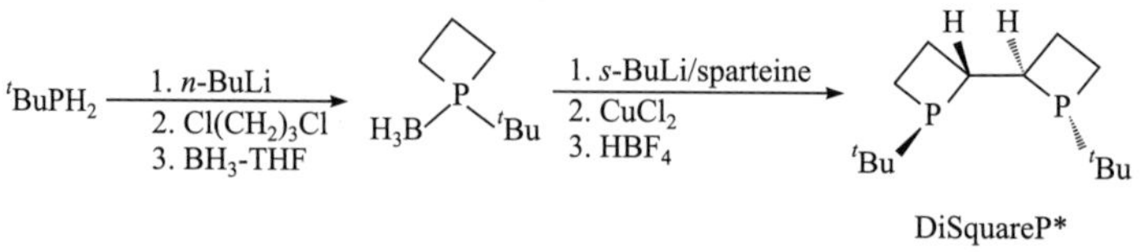

图 4-72 磷中心手性配体 DiSquareP*的合成

2010 年，张绪穆课题组设计合成了一组具有强供电子能力和刚性结构的磷中心手性的双齿配体 ZhangPhos[42]。如图 4-73 所示，以廉价易得的(*S*,*S*)-1,2-环己基二甲酸为原料，经过羧酸还原和与氯化亚砜的反应得到中间体磺酸酯，锂化后与叔丁基二氢磷化物反应，手性碳骨架诱导构建磷中心手性，最后通过偶联及还原得到 ZhangPhos。

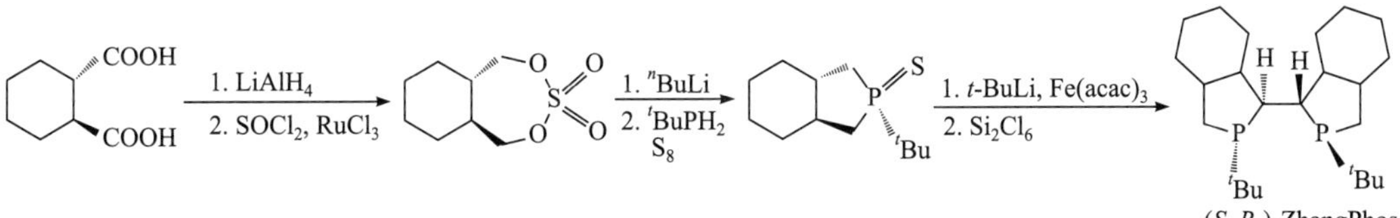

1. $LiAlH_4$ 2. $SOCl_2$, $RuCl_3$ 1. ^nBuLi 2. $^tBuPH_2$ S_8 1. t-BuLi, $Fe(acac)_3$ 2. Si_2Cl_6 (S, R_p)-ZhangPhos

图 4-73 磷中心手性的双齿配体 ZhangPhos 的合成

2020 年，Lu 课题组发展了一种便捷的方法制备具有不同构型的磷中心手性化合物[43]。如图 4-74 所示，该合成方法是采用对映纯的 1,2-环己二胺为手性原料，与外消旋的膦基苯甲酸硼烷加合物通过缩合反应制得手性酰胺，通过手性环己二胺诱导构建磷中心手性，从而制备具有不同构型的磷中心手性 Trost 配体的硼烷加合物。由于磷中心手性 Trost 配体对水和氧气比较敏感，该合成方案采用 Imamato 小组的硼烷保护策略，利用其硼烷加合物进行合成和分离纯化。该设计合成方案将环己二胺作为手性膦试剂的一部分，避免了手性助剂的引入和脱除，但会有几种构型的手性膦化合物生成，原子经济性有待进一步提高。

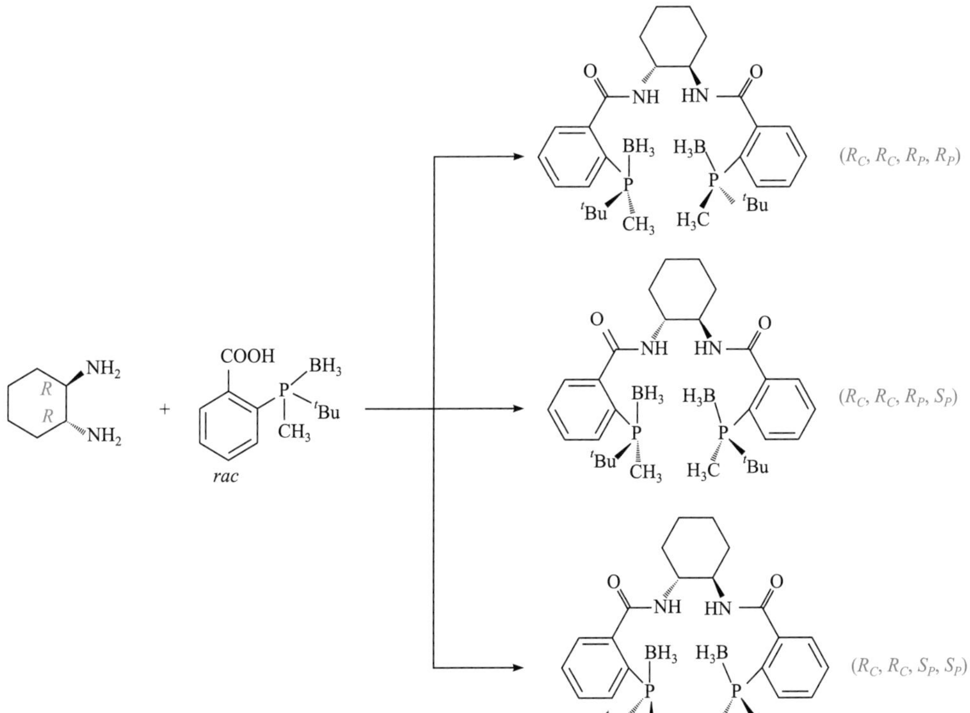

rac (R_C, R_C, R_P, R_P) (R_C, R_C, R_P, S_P) (R_C, R_C, S_P, S_P)

图 4-74 具有不同构型的磷中心手性化合物的合成

2）通过不对称催化制备磷手性中心化合物

通过手性助剂进行立体选择性合成制备磷中心手性化合物需要化学计量的手性助

剂，且反应完成后还需要脱去手性助剂，而不对称催化合成通过催化量的手性试剂可以实现大量的手性增殖，原子经济性更高，因此是目前研究的热点。

2000 年，Glueck 小组利用 Pt[(*R,R*)-Me-DuPhos]为手性催化剂，首次实现了二级膦烷对丙烯酸叔丁酯的不对称 1,4-氢膦化反应。但该反应的对映选择性较差，仅有 22% ee，采用大位阻的二级膦烷作反应底物时，过量的叔丁醇作为添加剂，则反应会快速进行，且反应的对映选择性达到 56%，如图 4-75 所示[44]。

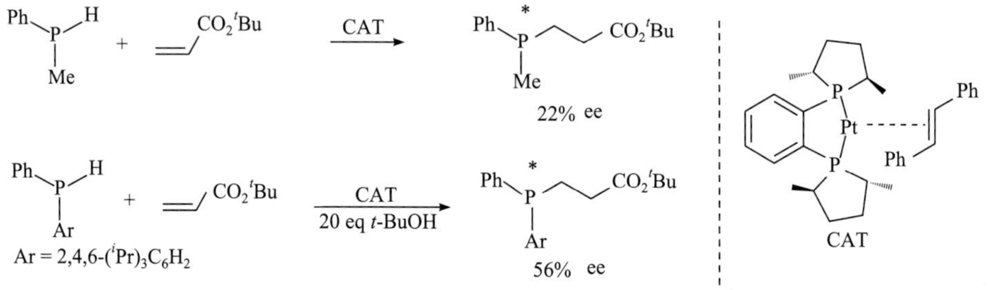

图 4-75　手性铂催化二级膦烷参与的不对称氢膦化反应

2002 年，Glueck 小组利用 Pd[(*R,R*)-Me-DuPhos] 催化芳基碘和二级膦烷的不对称芳基化反应构建磷中心手性化合物，反应的对映选择性达到 78%，为磷中心手性化合物的合成提供了一种新的方法，如图 4-76 所示[45]。

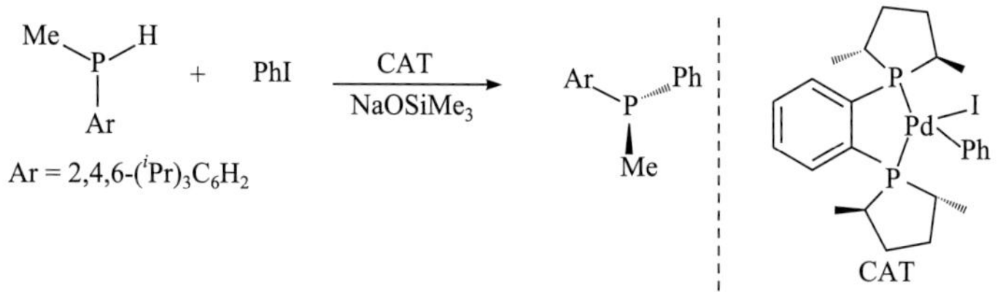

图 4-76　手性钯催化二级膦烷参与的不对称氢膦化反应

2007 年，Toste 小组利用 $PdCl_2$/Et-Ferro TANE 作催化剂，*N,N*-二甲基丙烯基脲(DMPU)存在条件下，实现了甲基苯基(三异丙基)硅膦和邻碘苯甲硅酰胺的不对称偶联反应，高对映选择性地得到磷中心手性化合物（98% ee），如图 4-77 所示[46]。

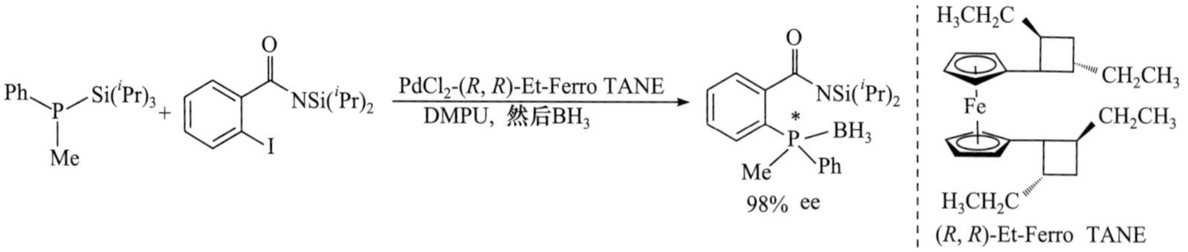

图 4-77　手性钯催化硅膦烷的不对称偶联反应

2012 年，Leung 小组利用具有磷-碳双手性中心的手性膦配体和钯的络合物催化二级膦烷与不饱和酮类化合物的不对称 1,4-氢膦化反应，以较好的收率和对映选择性得到具有磷-碳中心手性的手性膦化合物，如图 4-78 所示[47]。

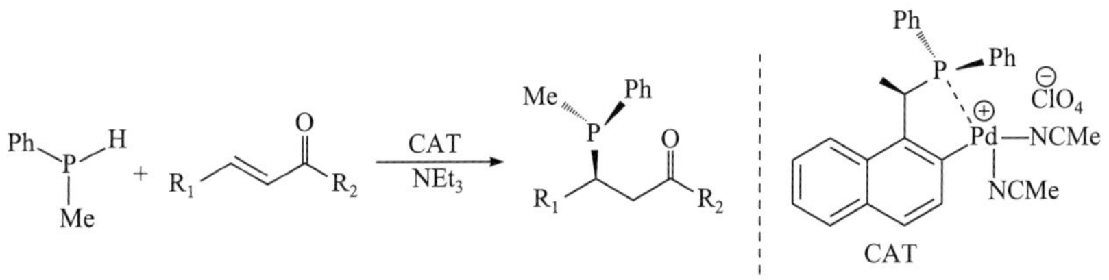

图 4-78　手性钯催化不对称 1,4-氢膦化制备磷-碳中心手性化合物

不对称催化合成构建磷手性中心的策略之一是催化不对称去对称化反应。2019 年，四川大学冯小明、刘小华教授课题组报道了手性双氮氧配合物与 Tm(Ⅲ)的络合物催化硫试剂与双炔基膦氧化物的亲核反应，实现了双炔基类磷氧化物的不对称去对称化反应[48]。如图 4-79 所示，该方法的底物普适性较好，高收率、高对映选择性地得到了一系列含有磷、硫原子的手性膦化合物。

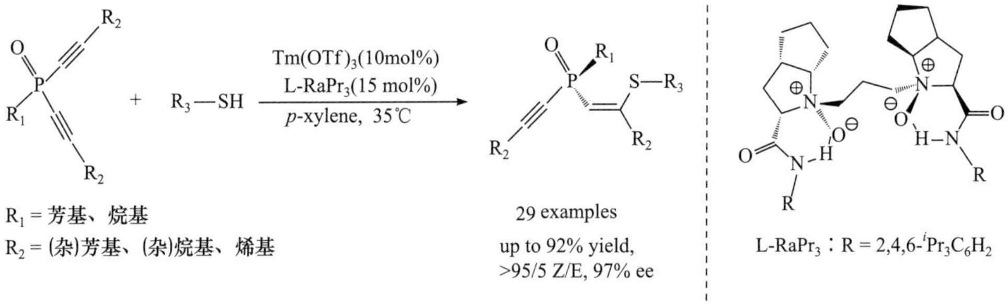

图 4-79　催化不对称去对称化反应制备手性膦化合物
mol%为摩尔分数

不对称催化合成构建膦手性中心的另一策略是动力学拆分。2021 年，张俊良教授和刘路教授课题组报道了采用 Palladium/Xiao-Phos 手性催化体系，实现了外消旋的二级膦氧化合物的高效动力学拆分[49]。如图 4-80 所示，该动力学拆分在获取高对映选择性的膦手性中心三级膦氧化合物的同时，也得到了更具实用价值的膦手性中心二级膦氧化合物。该动力学拆分反应条件温和，易操作，且具有较好的底物普适性和优异的立体选择性，可应用于多种含膦手性配体和手性催化剂的合成。

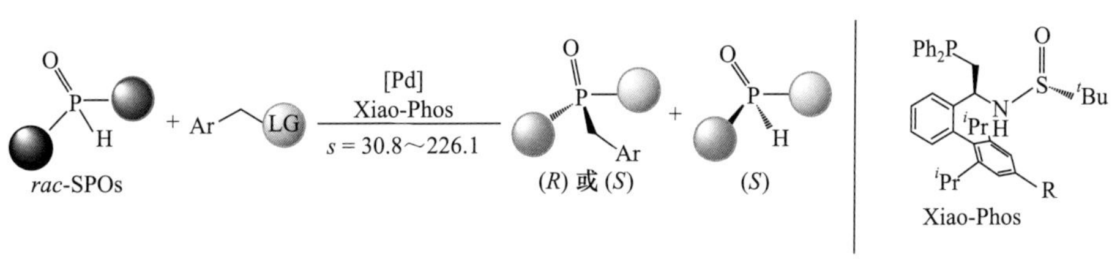

图 4-80　动力学拆分制备手性膦氧化合物[49]

3）通过外消旋体的拆分制备磷中心手性化合物

通过外消旋体的拆分制备磷中心手性化合物，是最初构建磷中心手性化合物的方法。通过物理手段，如重结晶、色谱分离等技术对外消旋体进行手性拆分，从而得到单一构型的磷中心手性化合物。

1971 年，Otsuka 等报道了通过手性辅助试剂手性苯乙胺或萘乙胺的环钯(Ⅱ)金属络合物，实现对单磷或双磷中心手性化合物的手性拆分[50]。如图 4-81 所示，环钯(Ⅱ)金属络合物的二聚体与外消旋体作用得到单核金属钯络合物，作为一种非对映异构体的混合物，可以通过重结晶来分离不同构型的磷中心手性化合物。

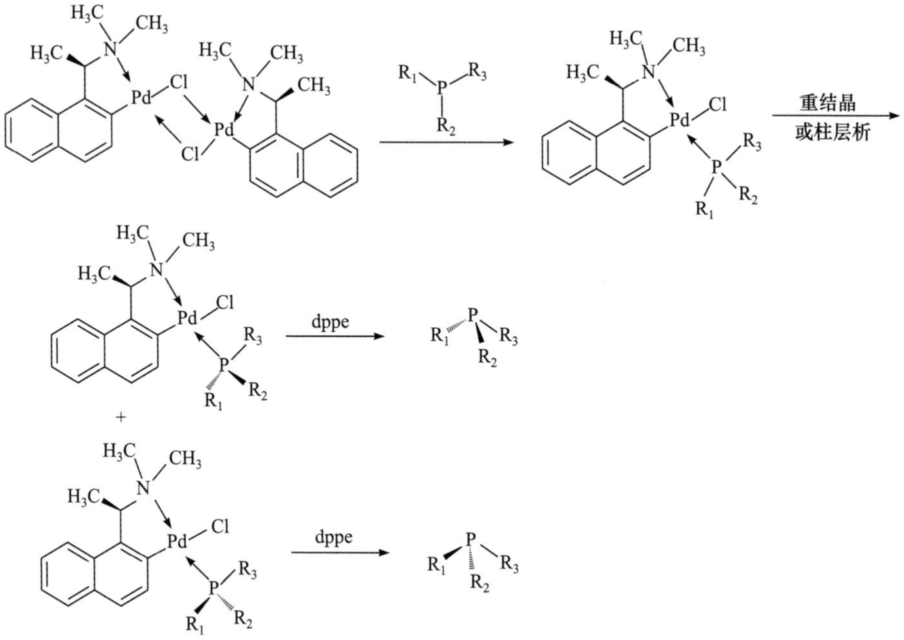

图 4-81　通过手性钯辅助试剂拆分膦化合物

dppe 为 1,2-双（二苯基膦）乙烷

2005 年，张绪穆课题组通过手性拆分的方法设计合成了具有两种构型的新型磷中心手性配体 DuanPhos[51]。如图 4-82 所示，通过对二醇类化合物羟基的活化、锂化，与膦试剂反应，双氧水氧化得到相应的苯并磷杂环戊烷，继而通过偶联反应得到双齿膦配体，最后利用不同构型的二苯甲酰酒石酸（DBT）实现对双齿膦配体的手性拆分，从而制得两种手性构型相反的磷中心手性配体 DuanPhos。

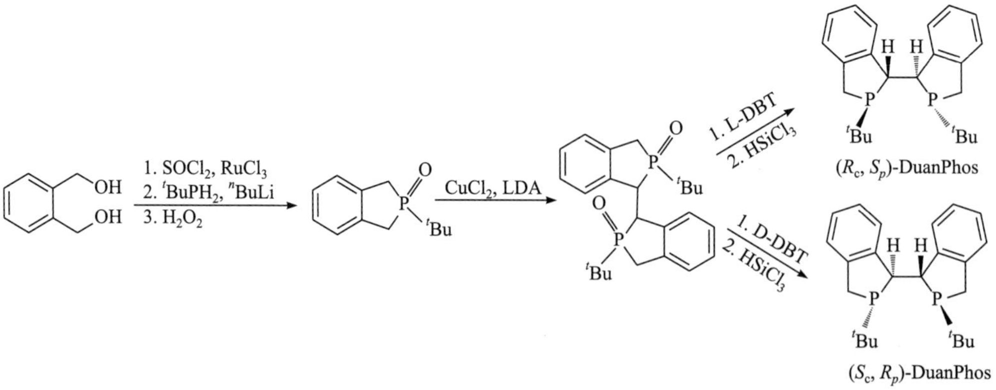

图 4-82　磷中心手性配体 DuanPhos 的合成及手性拆分

通过外消旋体的拆分制备磷中心手性化合物的方法一般需要多次重结晶或色谱分离过程，存在过程烦琐、产率较低的缺点。此外，该方法受磷原子上所连取代基的影响，且对手性辅助试剂或手性拆分剂的选择有高度的依赖性，因此限制了该拆分方法的普适性。

4）通过生物酶催化制备磷中心手性化合物

酶催化具有高效专一性，为合成高光学纯度的磷中心手性化合物提供了另一种合成方案。1994 年，Kazlauskas 课题组利用 Candida rugosa 脂肪酶，实现了对甲基二芳基氧化膦的动力学拆分，高对映选择性地得到两种对映异构体，再经过重结晶和还原反应得到磷中心手性化合物，如图 4-83 所示[52]。

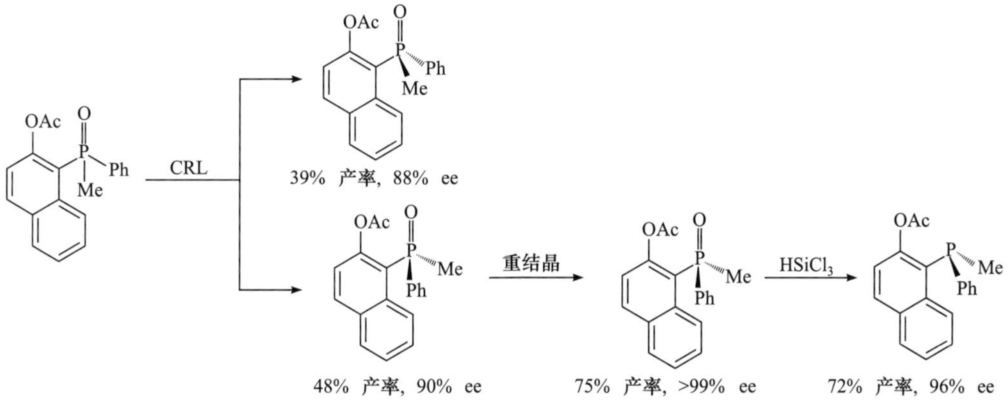

图 4-83 脂肪酶催化二芳基氧化膦的动力学拆分

2005 年，Johansson 和 Wiktelius 课题组利用南极假丝酵母脂肪酶 B（lipase）实现了对潜手性的苯基二羟甲基膦硼烷加合物的去对称化反应，反应的对映选择性高达 98%，制得的单乙酸酯化合物通过进一步衍生化可构建其他类型的磷中心手性化合物，如图 4-84 所示[53]。

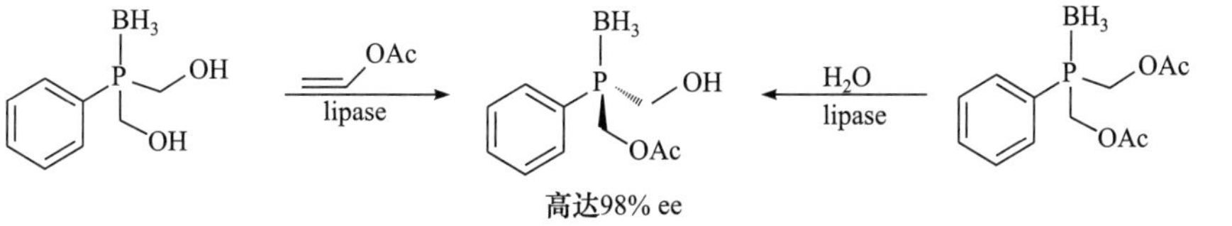

图 4-84 脂肪酶催化苯基膦硼烷化合物的去对称化

骨架手性膦配体的制备方法有很多，这里以几种代表性手性双膦配体的制备进行介绍：①以 DIOP 为代表的中心手性骨架膦配体；②以 BINAP 为代表的联芳环手性骨架膦配体；③以 Josiphos 为代表的二茂铁手性骨架膦配体；④以 SDP 为代表的螺环手性膦配体。

5）中心手性膦配体的制备

1971 年，Kagan 课题组设计合成了第一个手性双齿膦配体(*R,R*)-DIOP。如图 4-85 所示，(*R,R*)-DIOP 的制备是以天然酒石酸为手性源，首先通过生成缩酮将仲羟基保护起来，再将酯基还原为伯醇，将羟基转变为易离去的基团，与膦试剂发生亲核取代反应引入二苯基膦基团，经五步反应制得(*R,R*)-DIOP[54]。

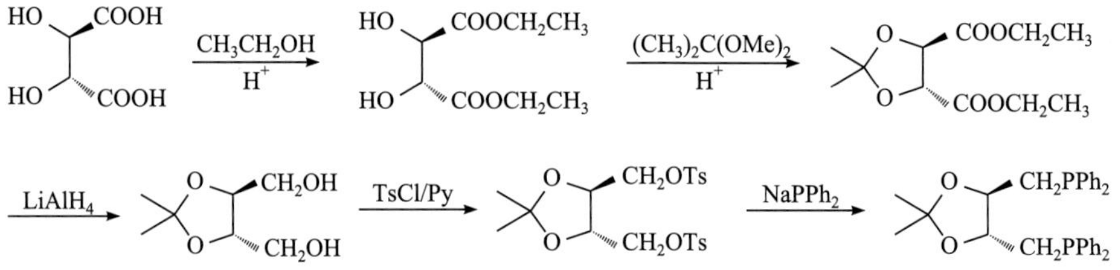

图 4-85 手性膦配体 DIOP 的设计合成

研究发现，手性膦配体 DIOP 在催化氢化潜手性底物时，只获得中等程度的对映选择性，这与碳骨架的手性传递受到一定的影响有关。为了提高 DIOP 在不对称催化氢化等方面的对映选择性，人们对其骨架进行修饰和改造，设计和合成出一系列 DIOP 类型的双膦配体。1997 年，张绪穆课题组在碳骨架上引入刚性的五元环，设计合成了双膦配体 BICP[55]。如图 4-86 所示，以廉价易得的 1,1′-双环戊烯为起始原料，利用(+)-单异戊二苯硼烷[(+)IpcBH$_2$]对 1,1′-双环戊烯进行不对称硼氢化反应，然后用碱性 H_2O_2 氧化得到手性二醇，制得的手性二醇经重结晶后，光学纯度达到 100%，然后将羟基转变为易离去的—OMs 基团，最后与二苯基膦锂反应得到手性膦配体 BICP。

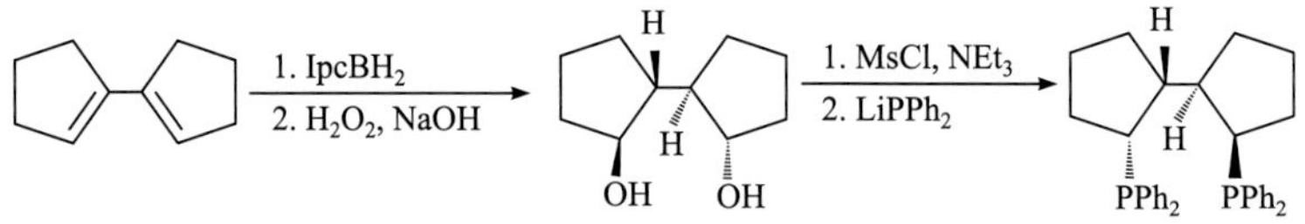

图 4-86 手性膦配体 BICP 的设计合成

2002 年，Lee 课题组设计合成了具有咪唑啉酮骨架的 1,4-双膦配体 BDPMI，该手性膦配体可以高立体选择性地实现不对称催化氢化[56]。如图 4-87 所示，手性二胺首先与羰基二咪唑（CDI）生成咪唑啉酮，接下来苄醚经 Pd-C 催化游离出羟基，再将羟基转变为易离去基团—OMs，最后与二苯基膦钾反应生成手性膦配体 BDPMI。

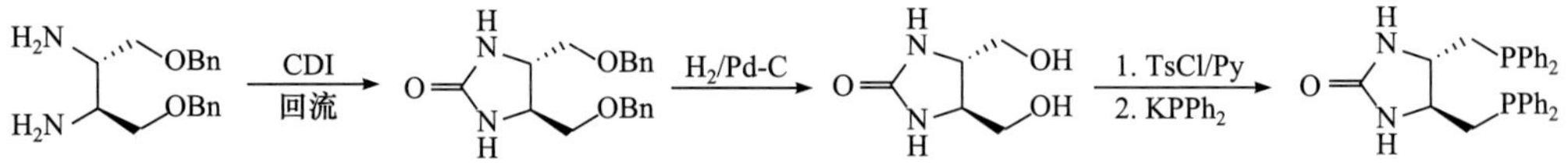

图 4-87 手性膦配体 BDPMI 的设计合成

6）联芳环骨架手性膦配体的制备

1980 年，Noyori 课题组首次合成了轴手性膦配体 BINAP。如图 4-88 所示，该合成方案以外消旋 1,1′-联二萘酚（BINOL）为原料，经高温溴化生成 2,2′-二溴-1,1′-联萘中间体，与叔丁基锂试剂、膦试剂反应后制得外消旋 2,2′-双二苯基膦-1,1′-联萘（BINAP），再经手性钯试剂拆分得到光学纯 BINAP[57]。

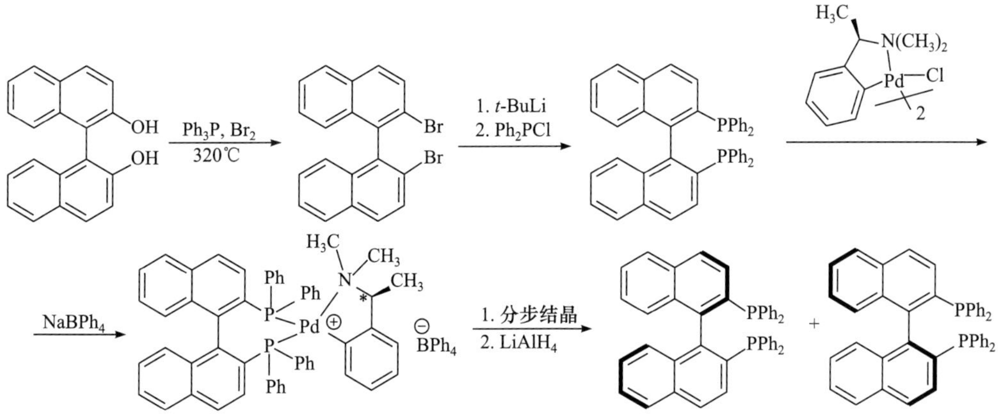

图 4-88 手性膦配体 BINAP 的设计合成

1986 年，Noyori 课题组对该合成方案进行了改进[58]：①利用格氏试剂代替有机锂试剂制得外消旋的膦氧化合物；②利用廉价易得的樟脑磺酸或二苯甲酰基酒石酸代替手性钯试剂进行手性拆分；③利用三氯硅烷代替氢化铝锂作还原剂，如图 4-89 所示。

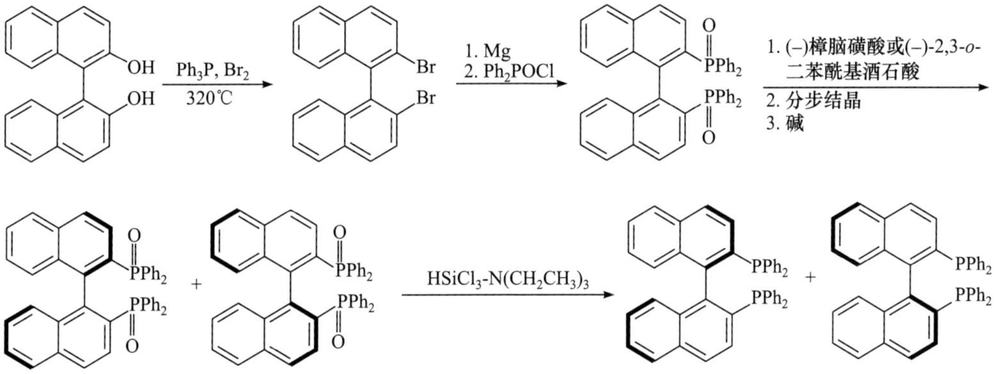

图 4-89 手性膦配体 BINAP 合成方案的改进

改进后的合成路线降低了制备成本，简化了合成操作，但仍存在一些问题：①1,1′-联二萘酚的溴化需要在高温下进行，不仅对实验设备要求苛刻，还会蒸发出大量的溴化氢酸性气体，且产率仅有 45%；②手性拆分这一步反应也降低了反应的总收率，因此该合成路线不适合大规模生产。

1994 年，Cai 课题组发展了一条制备手性 BINAP 的新方法[59]。如图 4-90 所示，在吡啶存在下，光学纯 1,1′-联二萘酚首先与三氟甲磺酸酐反应，得到双三氟甲磺酸酯，将酚羟基转变为易离去的□OTf 基团，然后在 1,2-双（二苯基膦）乙烷氯化镍（$NiCl_2$·dppe）催化下，与二苯基膦发生偶联反应生成手性 BINAP。该合成路线只需两步反应即可得到目标产物，产率达到 75%，且光学纯度达到 98.4%，因此，该方法具有很强的实用性。

Cai 课题组发展的合成方案产率高，操作便捷，但用到的二苯基膦具有自燃性和毒性，很危险，且反应过程中需多次加入过量的二苯基膦，反应时间长达 72 h。因此，美

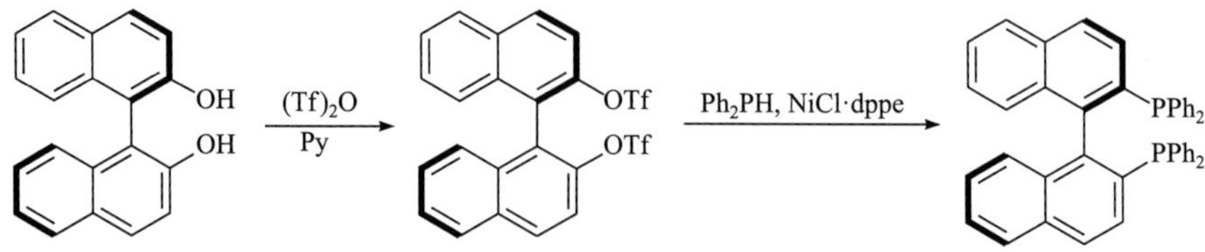

图 4-90　Cai 合成法制备手性膦配体 BINAP

国 Monsanto 公司发展出制备 BINAP 的新方法（专利 US5902904）：从光学纯 1,1′-联二萘酚出发，与三氟甲烷磺酸酐反应制得相应的三氟甲磺酸酯，再与二苯基氯化膦反应，最后用过量的锌粉还原得到 BINAP。该方法安全性较好，反应时间短，且操作相对简便，可用于上百千克级别地制备手性 BINAP，如图 4-91 所示。

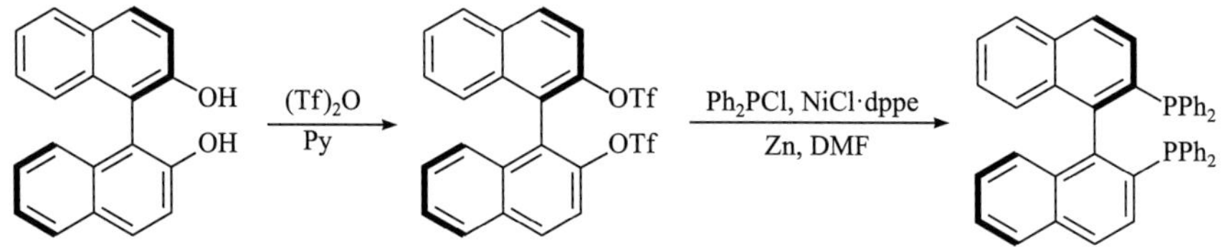

图 4-91　Monsanto 公司发展的制备手性膦配体 BINAP

随后，一系列新的有效轴向手性双膦配体被合成出来。1991 年，Takaya 课题组通过改造 BINAP 的联萘骨架合成了 H_8-BINAP[60]，用于钌催化氢化丙烯酸类底物时，其对映选择性明显高于相应的 BINAP。如图 4-92 所示，以 2,2′-二溴-1,1′-联萘为反应原料，与正丁基锂试剂、膦试剂反应后制得外消旋 2,2′-双二苯基膦-1,1′-联萘（BINAP），利用光学纯的二苯甲酰酒石酸（DBT）进行手性拆分，得到光学纯的膦氧化合物，最后利用大大过量的三氯硅烷高温还原，得到光学纯的 H_8-BINAP。

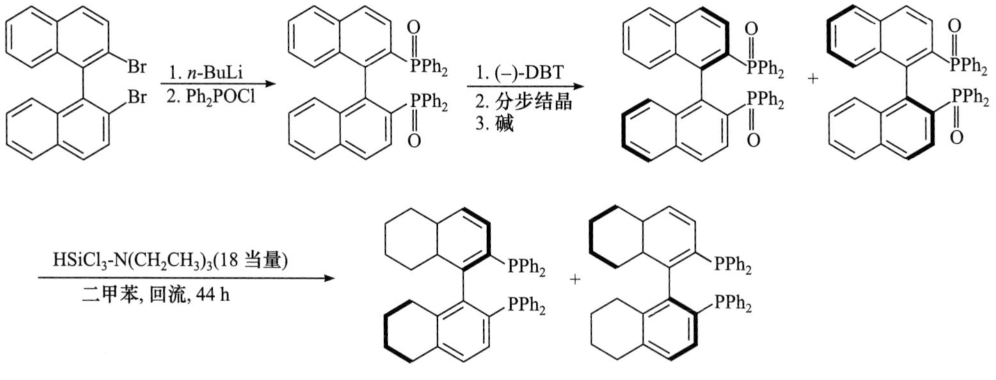

图 4-92　手性膦配体 H_8-BINAP 的设计合成

具联芳环骨架的轴手性双膦配体的二面角存在一定的差异，这些差异对不对称催化氢化的对映选择性产生一定的影响。2001 年，Takasago 公司报道了具有较小二面角的联芳环双膦配体 SEGPHOS 的设计合成，该配体在钌催化氢化一系列羰基化合物时对映选择性明显优于相应的 BINAP[61]。如图 4-93 所示，以 4-溴-1,2-亚甲基二氧苯为原料，与金属镁反应制得格氏试剂，再与二苯基氯氧膦反应，生成 1,2-亚甲基二氧苯-4-二苯基膦氧中间体，其与 LDA 反应锂化后，经无水三氯化铁氧化偶联得到外消旋的 EGPHOSO$_2$，利用D-DBT进行手性拆分，得到R-SEGPHOSO$_2$，最后利用三氯硅烷还原得到光学纯的手性膦配体 SEGPHOS。

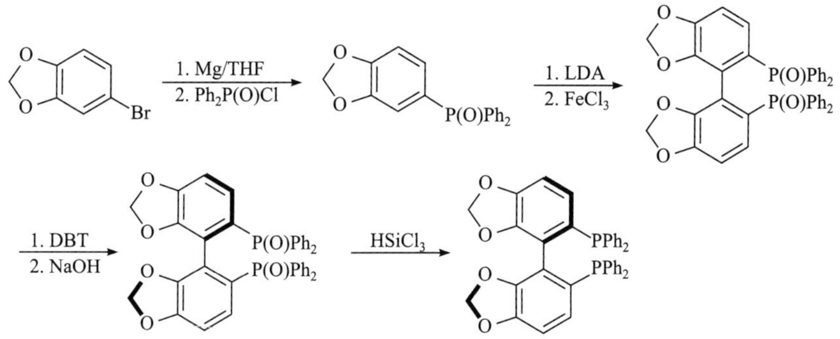

图 4-93　手性膦配体 SEGPHOS 的设计合成

7）二茂铁类手性膦配体的制备

手性二茂铁类膦配体可同时具有中心手性、轴向手性及平面手性，是不对称催化氢化反应中一类重要的手性双膦配体。1974 年，Hayashi 等首次合成以二茂铁为碳骨架的双膦配体 BPPFA[62]，同时具有中心手性和平面手性，可用于铑催化脱氢氨基酸的高对映选择性氢化。如图 4-94 所示，以(*S*)-*α*-二茂铁乙基二甲基胺[(*R*)-Ugi 胺]为原料，与正丁基锂反应进行定向锂化后，与二苯基氯化膦反应后制得(*R*,*S*)-BPPFA。

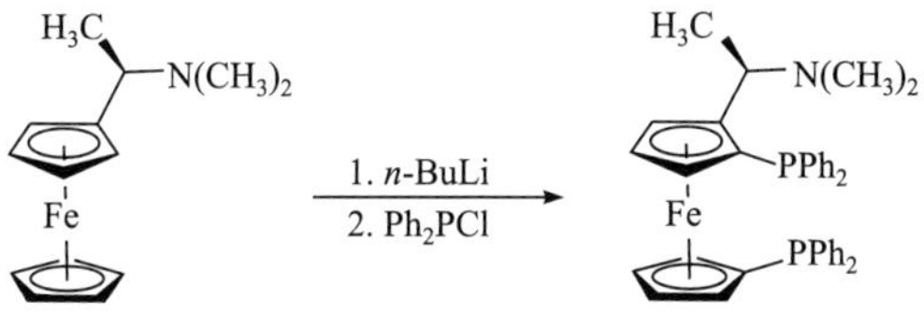

图 4-94　手性膦配体 BPPFA 的设计合成

1994 年，Togni 等报道了含二茂铁骨架的双膦配体 Josiphos[63]。Josiphos 双膦配体是非 C_2-对称的双膦配体，其铑络合物在催化不对称氢化、硼氢化反应，钯络合物催化烯丙基烷基化反应中均表现优异，且在工业生产上也得到成功的应用。如图 4-95 所示，以 *N*,*N*-二甲基-(*R*)-1-[(*S*)-2-二苯基膦二茂铁]乙胺为原料，在乙酸存在下，与双环己基膦反应制得手性双膦配体 Josiphos。

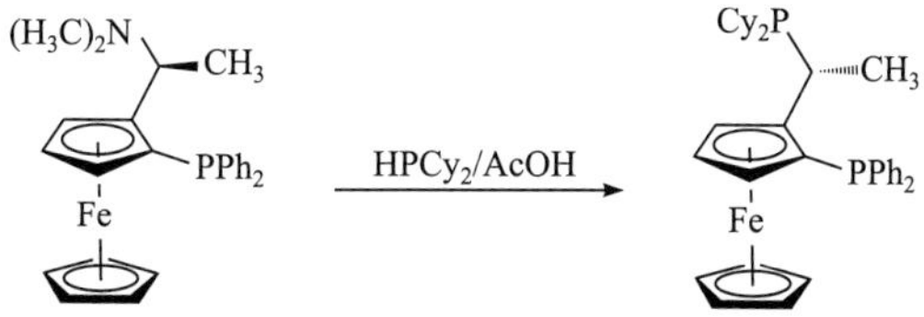

图 4-95　手性膦配体 Josiphos 的设计合成

2001 年，Weissensteiner课题组报道了手性二茂铁双膦配体Walphos的设计合成[64]。如图 4-96 所示，反应以(*R*)-Ugi 胺为原料，通过 Negishi 偶联反应引入溴苯取代基，锂化后与二苯基膦氯反应引入二苯基膦基团，再氧化为氧化膦。然后在乙酸作用下，与二苯基膦反应，最后用三氯硅烷还原制得手性膦配体 Walphos。

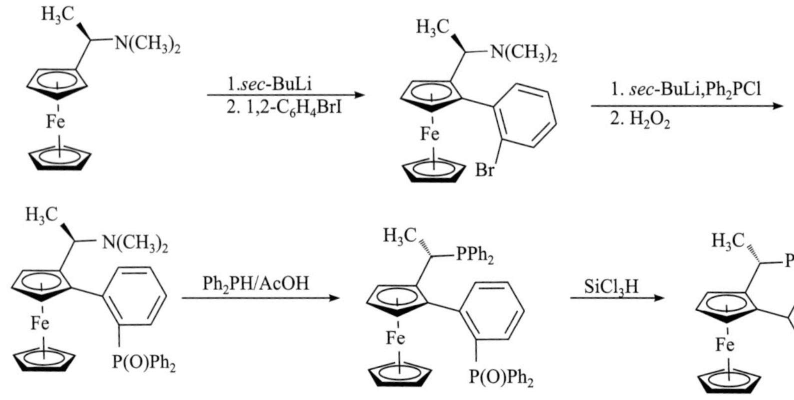

图 4-96　手性膦配体 Walphos 的设计合成

2016 年，武汉大学张绪穆课题组发展出以武汉大学命名的优势手性膦配体“Wudaphos”，这是一类高效高选择性的手性膦配体，具有高度稳定且易于合成和储存的优点[65]。如图 4-97 所示，反应以(*S*)-Ugi 胺为原料，通过“一锅多步”反应，在分子内手性诱导作用下，构建新的磷中心手性，并得到单一的非对映异构体，然后与有机锂试剂作用后，与膦试剂反应制得手性膦配体 Walphos。

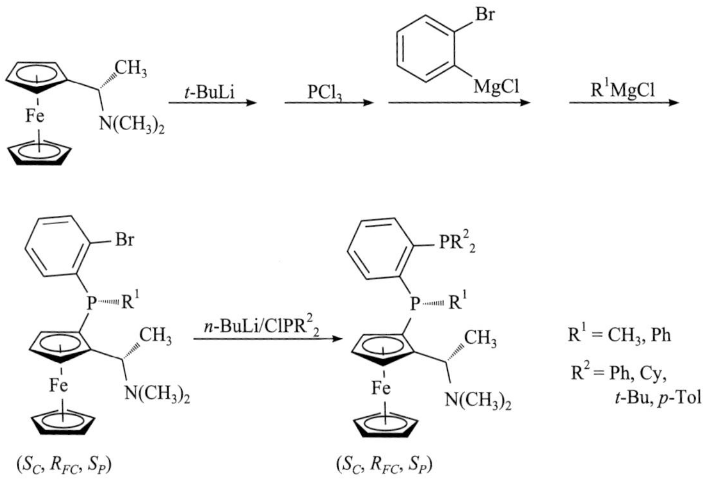

图 4-97　手性膦配体 Wudaphos 的设计合成

2017 年，张绪穆课题组设计合成了一系列二茂铁基的氨基膦酸配体，该类配体合成操作便捷，易制备，且对空气十分稳定[66]。如图 4-98 所示，以(*S*)-Ugi 胺为原料，通过“一锅多步”反应，引入二芳基膦，然后与醋酸酐作用，胺基被取代，接下来再与手性氨基酸反应制得二茂铁基的氨基膦酸配体。需要指出的是，在该衍生化过程中，手性碳的构型保持不变。

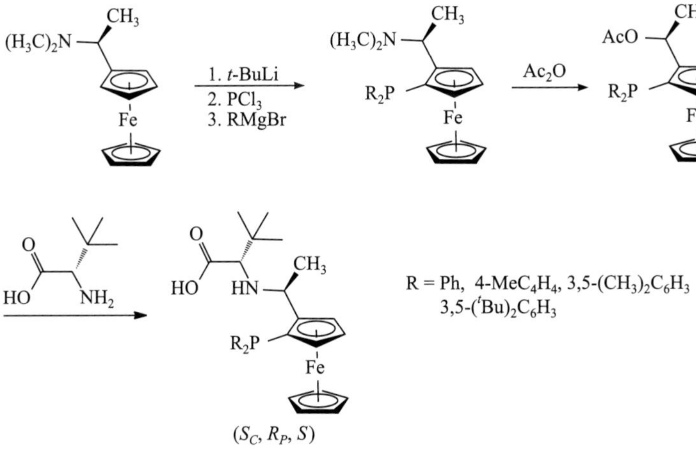

图 4-98　二茂铁基手性氨基膦酸配体的设计合成

2019 年，张俊良课题组设计合成了一系列新型的手性二茂铁磺酰胺膦配体 WJ-Phos[67]。如图 4-99 所示，以易得的手性二茂铁基醛为原料，通过与胺基手性亚砜作用生成烯胺，再与芳基锂试剂反应生成手性膦配体 WJ-Phos。

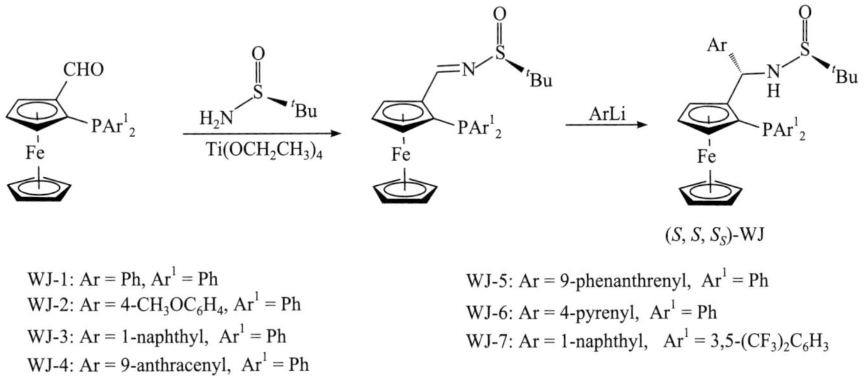

图 4-99　手性二茂铁磺酰胺膦配体 WJ-Phos 的设计合成

8）螺环手性膦配体的制备

手性分子包括中心手性分子、轴向手性分子、平面手性分子和手性螺烷分子。最简单的手性螺烷分子是螺[4,4]壬烷，其具有高度的 C_2 对称性，骨架的刚性大于联萘骨架。早在 1954 年，Cram 课题组就合成了外消旋的螺[4,4]壬烷-1,6-二醇[68]。1993 年，Keay 课题组报道了螺[4,4]壬烷-1,6-二醇制备的新方法及手性拆分方案[69]。1997 年，Chan 课题组首先报道了手性螺环膦配体 spirOP 的设计合成，如图 4-100 所示[70]。

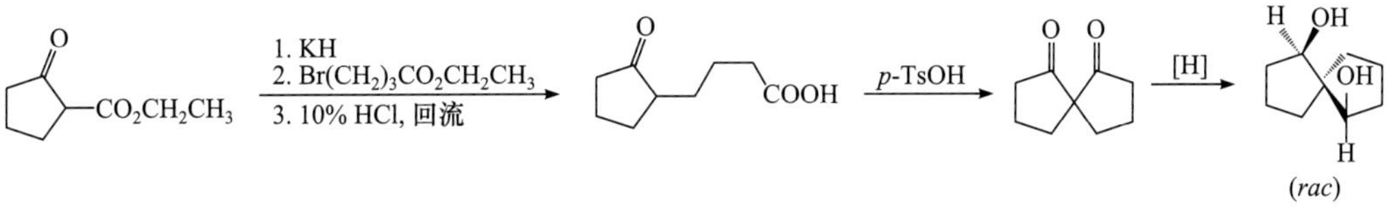

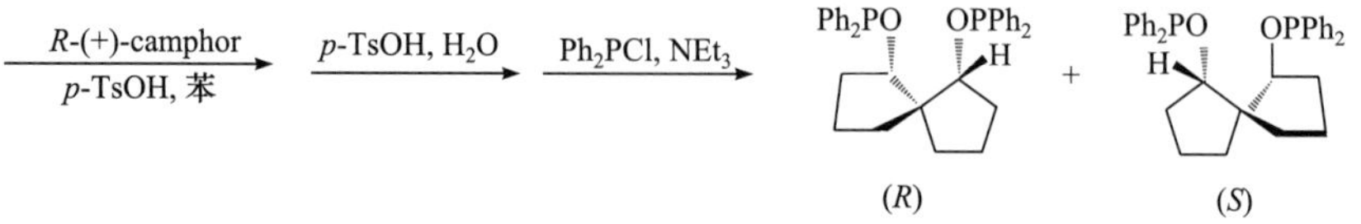

图 4-100 手性螺[4,4]壬烷-1,6-二醇的设计合成

2003 年，周其林课题组在螺[4,4]壬烷环上引入并苯环，衍生为 1,1′-螺二氢茚，进一步增强了手性骨架的刚性，并以 1,1′-螺二氢茚为手性骨架，在芳环上引入二芳基膦基制得三芳基手性双膦配体 SDP[71]。如图 4-101 所示，以手性螺环二酚为原料，在吡啶存在下与三氟甲磺酸酐反应，得到双三氟甲磺酸酯。在醋酸钯和 1,4-二苯基膦基丁烷（"Pd"）催化下，与二芳基氧膦反应，再用三氯硅烷还原，得到单膦取代产物，然后通过同样的反应引入另一个膦取代基，得到手性螺环双膦配体，从而制得一系列不同二芳基膦取代的手性螺环配体 SDP。

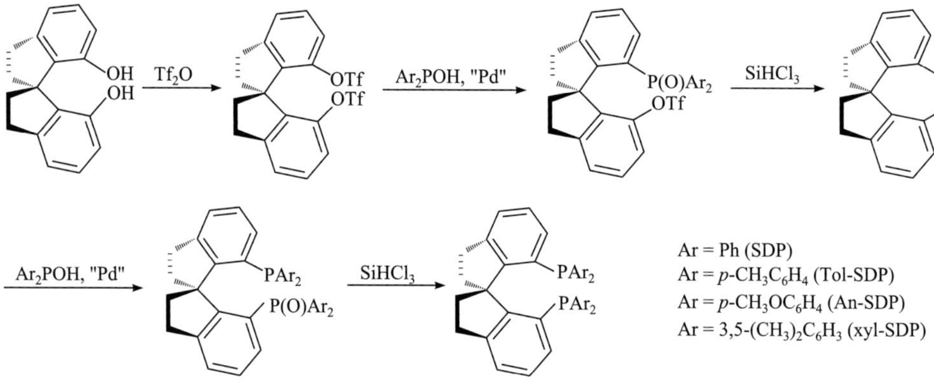

图 4-101 螺环手性膦配体 SDP 的设计合成

反应所用的手性螺环二酚一般是由相应的消旋体经手性拆分得到。如图 4-102 所示，消旋体以间茴香醛为原料，通过与丙酮的分子间羟醛缩合反应制得相应的不饱和酮，再利用兰尼镍催化氢化、芳环的溴化反应、分子内傅克反应和醚键断裂等多步反应制得外消旋的螺环二酚，再利用 L-氯甲酸薄荷酯对外消旋体进行手性拆分，从而得到两种光学纯的螺环二酚[72]。

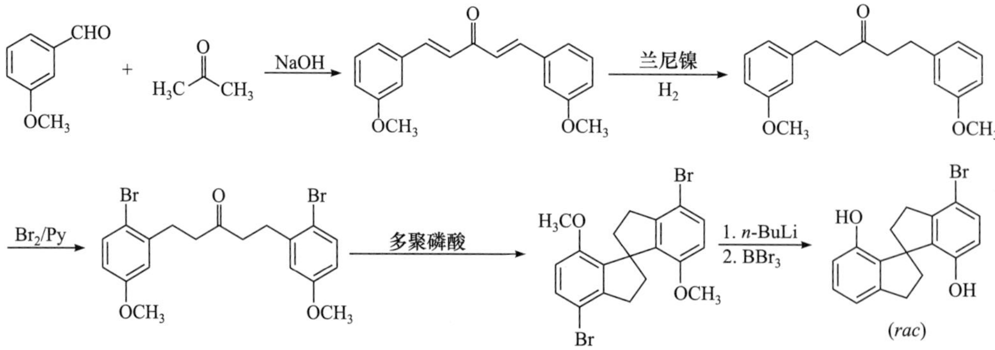

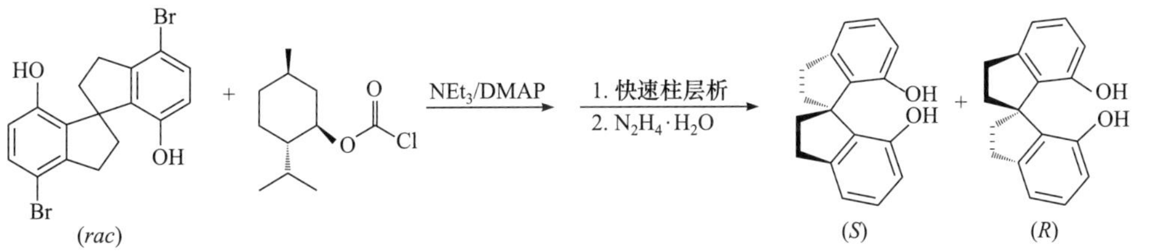

图 4-102　手性螺环二酚的设计合成

以上介绍的经典的手性膦配体的设计合成均是基于化学计量的不对称合成，化学计量的不对称合成对原料造成极大的浪费，而催化不对称合成手性膦配体可以极大地实现手性增殖，相对于化学计量的不对称合成，在合成上具有相对的优势。

2012 年，丁奎岭课题组采用铱催化的不对称氢化-缩酮化策略，首次实现了芳香螺缩酮化合物的催化不对称合成，并成功地应用于设计合成手性螺环双膦配体 SKP 的高效合成中，如图 4-103 所示[73]。该方法通过不对称催化的方式直接构建了手性配体的骨架，解决了配体本身的“手性”来源问题，SKP 手性配体已经商品化。

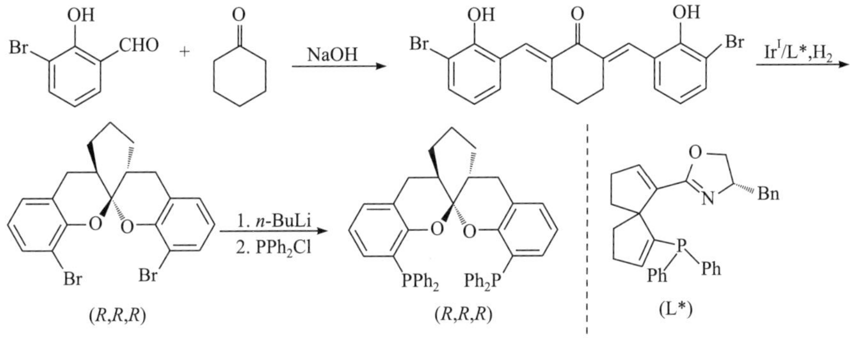

图 4-103　手性螺环双膦配体 SKP 的不对称催化合成

2. 手性膦配体的应用

不对称金属催化可以高效构建手性化合物，因此不对称金属催化成为化学家们研究的热门领域之一。其中，手性配体是反应立体选择性控制的关键，手性配体的电子效应、空间效应和立体效应等直接影响了催化剂的活性和立体选择性。设计合成新型的手性配体是解决过渡金属催化的高效性和选择性的重要途径[74]。在开发出的各类手性配体中，手性膦配体易于修饰，适用范围广，因此成为研究者关注的焦点。接下来对近年来手性膦配体在两类代表性的不对称催化反应中的应用进行介绍。

1）不对称氢化反应

Ryoji Noyori 设计合成的手性 BINAP 配体与 Ru 配位，得到手性催化剂 $Ru(BINAP)(OAc)_2$。该催化剂的底物适用范围十分广泛，可高对映选择性完成一系列烯烃类化合物，如 α,β-不饱和羧酸、烯胺、（高）烯丙醇，以及羰基化合物的不对称催化氢化。近年来，国内国外几个课题组开发了新型的手性膦配体，实现了对具有挑战性烯烃底物的不对称氢化[75-77]。

2016 年，武汉大学张绪穆教授课题组发展出以武汉大学命名的优势手性膦配体

“Wudaphos”[65]。Wudaphos 是一类高效高选择性的手性膦配体，具有高度稳定且易于合成和储存的优点。Wudaphos 成功地应用于铑催化的 2-取代丙烯酸的高效高选择性不对称氢化反应中，利用非共价离子键作用活化反应底物，提高了反应的选择性和活性，如图 4-104 所示。此外，该合成策略能够用于高效催化合成一系列手性药物，如合成“萘普生”药物，其具有抗炎、解热、镇痛的作用；合成“布洛芬”药物，其能治疗风湿和类风湿关节炎；以及合成“氟比洛芬”药物，其具有消炎、止痛作用。这类手性药物目前的合成方式均为用当量的手性拆分试剂拆分而获得，原料利用率低，合成成本高。相比之下，该方法具有更为高效、合成成本更低、对映选择性优异等特点。

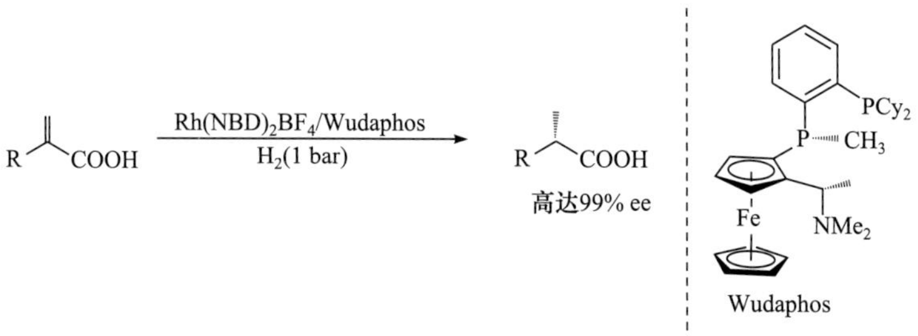

图 4-104　Wudaphos 与铑催化 2-取代丙烯酸的不对称氢化反应

1 bar = 10^5 Pa

2020 年，张绪穆、姜茹和陈伟平课题组[78]联合报道了 Rh 与手性 Josiphos 膦配体催化的高化学选择性、高对映选择性(*E*)-2-取代-4-羰基-2-烯基羧酸的不对称氢化反应，如图 4-105 所示，实现了这一具有挑战性的反应底物的不对称氢化，制得一系列的手性 α-取代-γ-酮酸，并利用该方法克级合成了消炎药物(*R*)-flobufen。

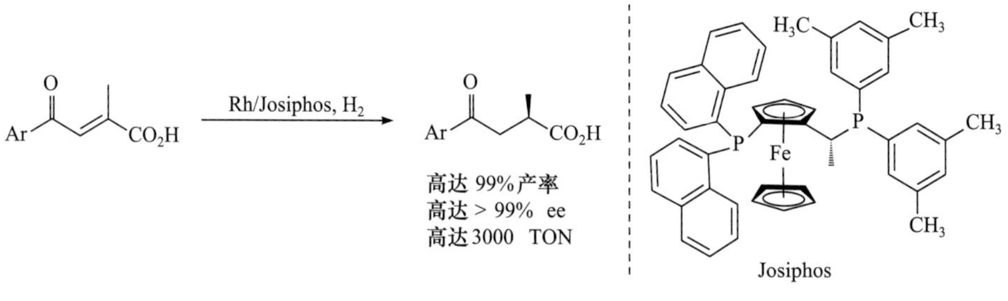

图 4-105　Rh 与手性 Josiphos 膦配体催化(*E*)-2-取代-4-羰基-2-烯基羧酸的不对称氢化反应

2023 年，陈芬儿课题组报道了 $Rh(cod)_2BF_4$/Si-SDP 催化下，1,6-烯炔的不对称氢硅化/环化反应，如图 4-106 所示，Si 中心的手性螺二膦配体（Si-SDP）表现出优异的催化性能，在室温下高产率、高对映选择性地催化合成一系列手性吡咯烷[79]。

2）不对称偶联反应

2020 年，汤文军课题组通过设计合成新型的手性单膦配体 BaryPhos，成功解决了大位阻不对称 Suzuki-Miyaura 偶联反应中存在的活性和选择性问题，利用手性单膦配体分别和两个偶联底物间的非共价键作用实现了不对称偶联新模式下对映选择性的有效控制，开发出对映选择性高、底物适用性广、实用性强的不对称 Suzuki-Miyaura 偶联反应，

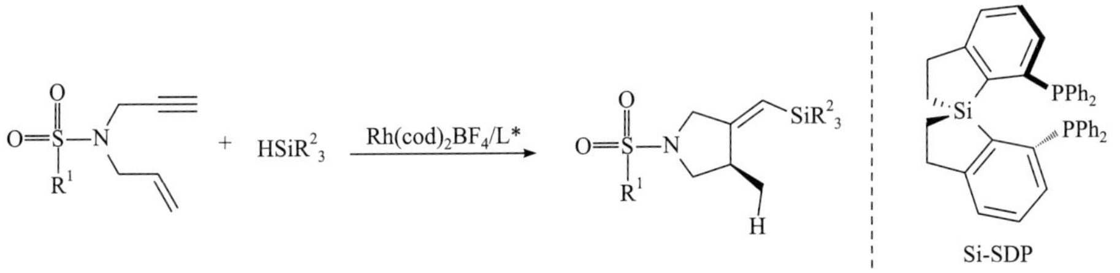

图 4-106 Rh 与手性 Si-SDP 膦配体催化 1,6-烯炔的不对称氢硅化/环化反应

高效合成了一系列轴手性邻位四取代联苯基和联萘基结构的轴手性化合物，如图 4-107 所示[80]。此外，利用该策略实现了男性避孕药及抗肿瘤药物棉酚的首次对映选择性合成。

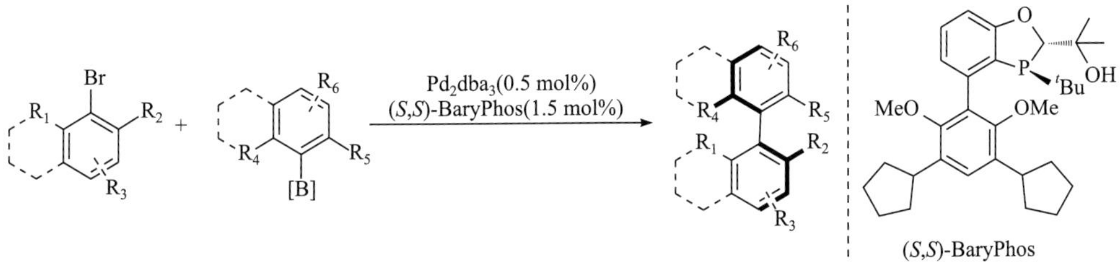

图 4-107 Pd_2dba_3 / BaryPhos 催化大位阻不对称 Suzuki-Miyaura 偶联反应

2022 年，剑桥大学 Phipps 教授课题组使用磺化的手性膦配体（sSPhos）与 $Pd(OAc)_2$ 形成的配合物作为催化剂，通过配体上磺酸根与底物间的非共价相互作用，成功地实现了对映选择性的 Suzuki-Miyaura 偶联反应，合成了一系列轴手性 2,2′-联苯酚类化合物，如图 4-108 所示[81]。

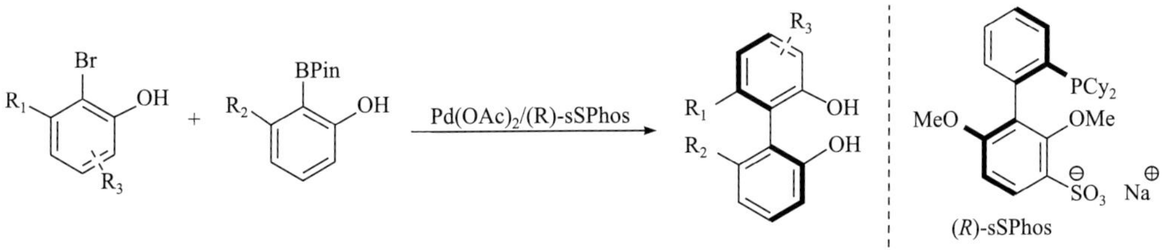

图 4-108 $Pd(OAc)_2$/ sSPhos 催化大位阻不对称 Suzuki-Miyaura 偶联反应

2023 年，Morken 课题组报道了金属钯/手性膦-噁唑啉催化的有机硼试剂、乙烯基格氏试剂与 sp^2 杂化卤代烃的交叉偶联反应。此外，该不对称催化体系还适用于有机锂试剂、乙烯基硼试剂与 sp^2 杂化卤代烃的交叉偶联反应，如图 4-109 所示[82]。

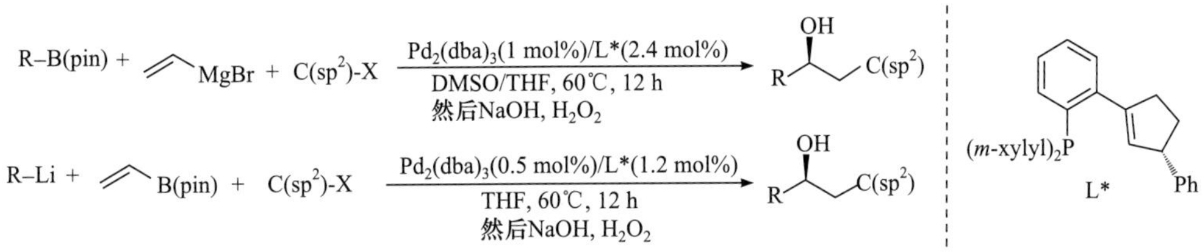

图 4-109 金属钯/手性膦-噁唑啉催化不对称交叉偶联反应

4.3.4 手性磷酸

2021 年的诺贝尔化学奖授予德国化学家 Benjamin List 和美国化学家 David W. C. MacMilla，以表彰他们在不对称有机催化领域所做出的贡献。不对称有机催化具有传统金属有机催化所不具有的优势：原料廉价易得、对湿气不敏感、毒性低。将不对称有机催化应用到药物分子合成中，解决了制药工业中金属残留的问题[83]。

根据对反应底物的不同活化方式，不对称有机催化主要分为如下几种催化方式。①烯胺催化：氨基与反应底物的羰基形成烯胺中间体，如 List 利用天然脯氨酸催化的不对称 Aldol 反应。②亚胺离子催化：氨基与反应底物 α,β-不饱和羰基化合物生成亚胺正离子，其亲电性比羰基大，可以活化 C═C 双键从而被亲核试剂进攻。MacMillan 课题组首次提出并应用亚胺离子催化模式。③Brønsted 酸催化：利用具有一定酸性的氢质子活化反应底物，代表性的手性催化剂有手性硫脲和手性磷酸。

自从 Akiyama 等[84]和 Terada 课题组[85]在 2004 年分别独立报道了手性磷酸催化的不对称 Mannich 反应，手性磷酸已经被广泛应用于不对称催化合成中并取得了丰硕的成果。与手性二醇（酚）的氢键作用相比，手性磷酸具有中等强度的酸性，催化活性更高。如图 4-110 所示，磷酸作为手性 Brønsted 酸催化剂具有以下特点：①磷酸中的磷原子处于一个环状结构中，能够提供手性环境的刚性骨架结构；②与磷原子相连的羟基作为 Brønsted 酸的酸性位点，而 P═O 双键中的氧原子可以作为一个 Lewis 碱位点，因此可作为一个酸/碱双功能催化剂；③手性骨架 R*上可以引入多种取代基 X，为提高立体选择性提供必要的手性环境。因此，手性磷酸的设计合成及不对称催化应用成为目前不对称催化合成研究的一个热点。

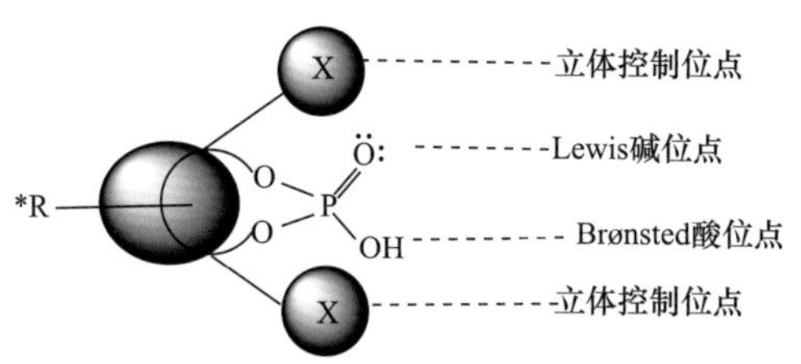

图 4-110　手性磷酸结构示意图

1. 手性磷酸的制备

手性磷酸的制备方法主要有两种：①活性较高的手性二醇（酚）直接与三氧化磷反应；②活性较低的手性二醇（酚）与活性更高的三氯化磷反应生成亚磷酸酯，再氧化为手性磷酸。

在不对称催化合成中已经广泛应用并且商品化的手性联萘酚衍生的手性磷酸就是采用手性联萘酚与三氯氧磷反应制备，代表性的合成方案如图 4-111 所示：以光学纯的联萘酚(BINOL)为原料，首先利用氯甲基甲基醚(MOMCl)对酚羟基进行保护，然后使用有机锂试剂拔氢，在 3,3′-位引入溴，再通过 Suzuki 偶联反应引入手性控制基团，然后用强酸处理将酚羟基游离出来，最后利用三氯氧磷与酚羟基反应制得相应的手性磷酸[86]。

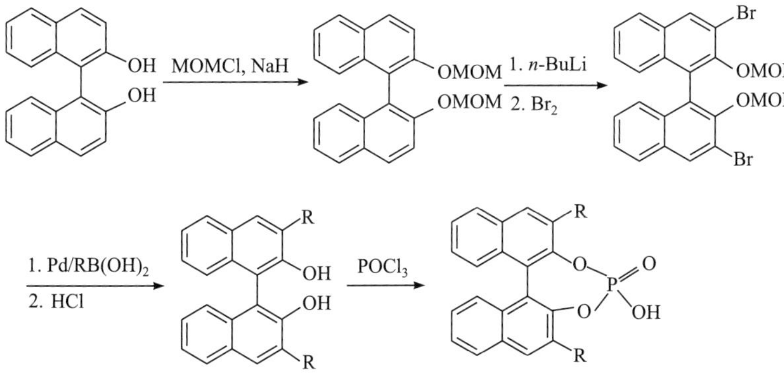

图 4-111　联萘酚手性磷酸的一般制备程序

但如果用空间位阻大、活性较差的手性二醇作为反应底物，需用利用活性更高的 PCl_3 与手性二醇反应，生成的亚磷酸二烷基酯再经单质 I_2 氧化制得手性磷酸。2005 年，Akiyama 课题组由缩醛保护的(+)-酒石酸二乙酯出发经格氏反应制得手性二醇，继而与三氯化磷反应生成亚磷酸酯，最后用碘单质氧化制得 4 种天然酒石酸衍生的手性磷酸，如图 4-112 所示[87]。需要指出的是，该合成方案中的手性二醇不能与三氯氧磷直接反应制备相应的手性磷酸。

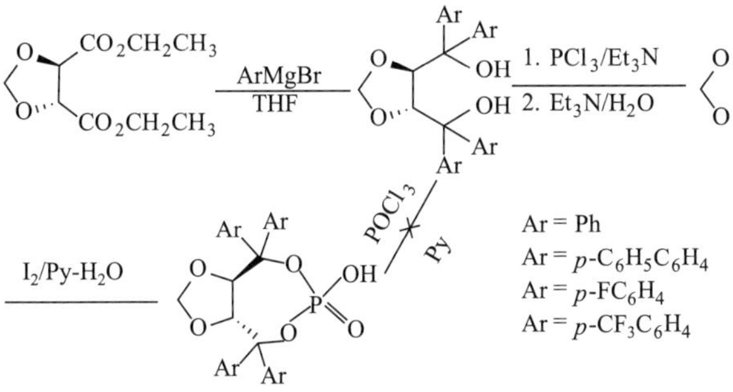

图 4-112　Akiyama 课题组制备酒石酸衍生手性磷酸的方案

2006 年，Voituriez 和 Charette 课题组采用了另一条合成路线制备酒石酸衍生手性磷酸[88]。如图 4-113 所示，以 TADDOLs 为原料，在三乙胺存在条件下，与三氯化磷反应，与 Akiyama 合成路线不同的是，P—Cl 键接下来与 3-羟基丙腈反应脱去 HCl 生成亚磷酸酯，再经 H_2O_2 氧化生成磷酸酯，最后水解酸化得到 TADDOLs 衍生手性磷酸。需要注意的是，由于亚磷酸酯的不稳定性，分离产率较低，因此制得的亚磷酸酯不经分离纯化，直接用 30%过氧化氢氧化，再通过快速色谱法纯化，最后用强碱 DBU 处理，再酸化后制得相应的手性磷酸。

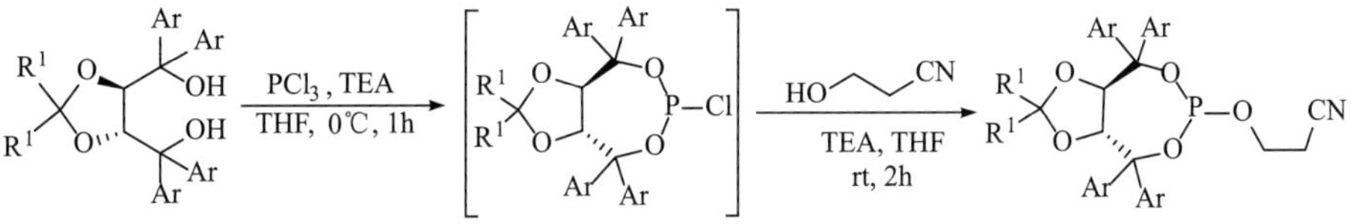

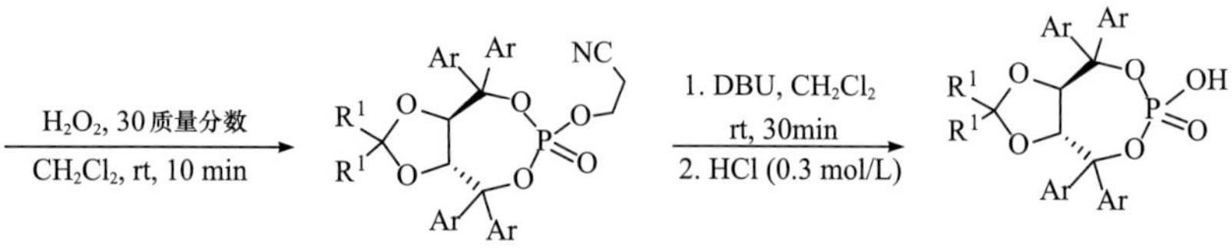

图 4-113　Voituriez 和 Charette 课题组制备酒石酸衍生手性磷酸方案

TADDOLs 衍生手性磷酸的制备都是先生成缩酮/醛，将酒石酸酯的两个仲羟基先进行保护，再进一步衍生化反应。考虑到羟基也是 Brønsted 酸，将仲羟基游离出来，仲羟基可以通过分子间氢键作用进一步活化反应底物，并提高催化反应的立体选择性。但 TADDOL 的仲羟基去保护比较麻烦，一般先用 DDQ（2,3-二氯-5,6-二氰基-1,4-苯醌）氧化，再用 $LiAlH_4$ 还原脱去醛/酮保护基[89][图 4-114（a）]。2007 年，Srimurugan 课题组报道可以用简单的无机盐 $NaBrO_3$-$Na_2S_2O_4$ 体系代替 DDQ[图 4-114（b）]，但仍然要用 $LiAlH_4$ 进行还原[90]。

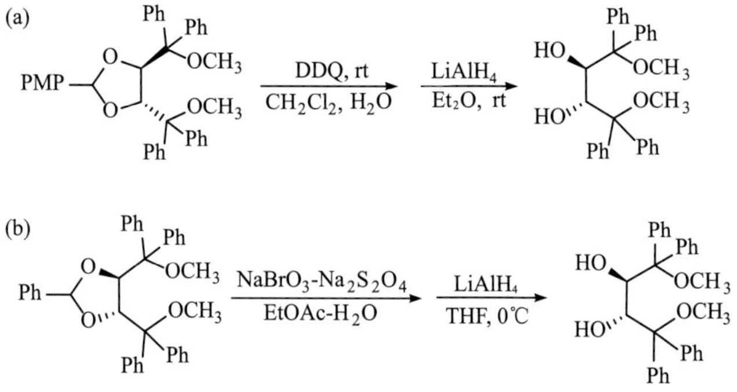

图 4-114　TADDOL 仲羟基的去保护方案

2020 年，胡晓允课题组基于 TADDOLs 的母体化合物——手性 1,1,4,4-四芳基丁四醇的高度区域选择性反应发展了制备酒石酸衍生双羟基手性磷酸的新的合成方案[91]。如图 4-115 所示，利用手性 1,1,4,4-四芳基丁四醇的仲羟基和叔羟基反应活性的差异及芳基取代基的空间位阻作用对其进行选择性的官能团转变，其与氯化亚砜发生高度区域选择性 2,3-环亚硫酸酯化反应，将 2,3-位仲羟基保护起来，游离的 1,4-位叔羟基与高活性的三氯化磷反应生成亚磷酸酯，继而用单质碘氧化，再水解脱去亚硫酸酯得到双羟基手性磷酸。

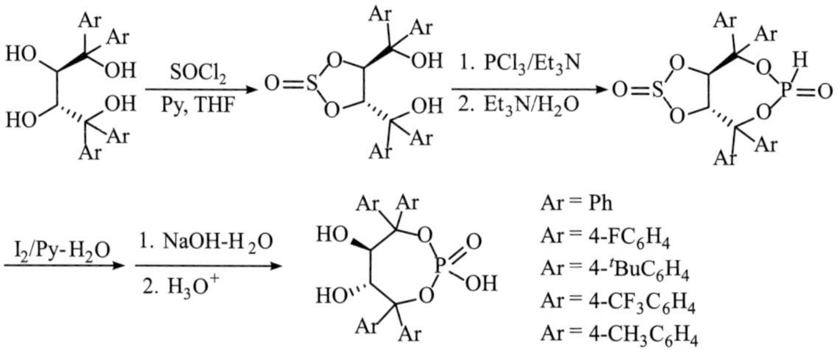

图 4-115　双羟基手性磷酸的制备方案

2. 手性磷酸的应用

2004年，Akiyama课题组[84]首先报道了联萘酚衍生手性磷酸催化醛亚胺与烯醇硅醚的不对称 Mannich-type 反应，产率高达 98%，对映选择性高达 89%，如图 4-116 所示。机理研究发现醛亚胺的 2-羟基部分对高对映选择性的获得起着至关重要的作用。

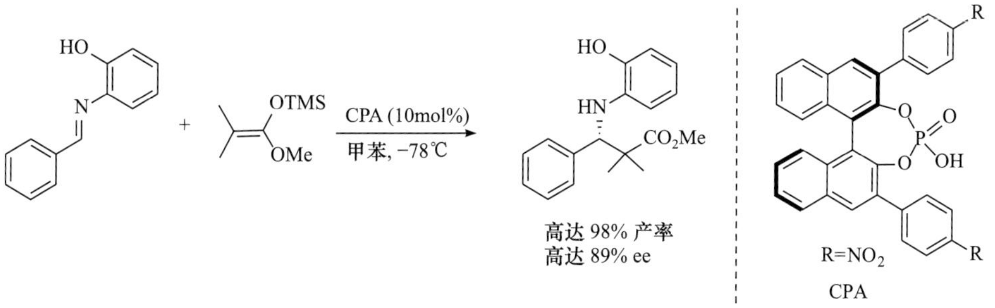

HO N + OTMS OMe CPA (10mol%) 甲苯, −78℃ HO HN CO_2Me 高达 98% 产率 高达 89% ee | R O O P O OH R R=NO_2 CPA

图 4-116 联萘酚衍生手性磷酸催化的不对称 Mannich-type 反应

几乎同时，Terada 课题组[85]报道了联萘酚衍生手性磷酸催化 *N*-Boc（Boc=叔丁氧羰基）亚胺与酰丙酮的直接 Mannich 反应，如图 4-117 所示。在该反应中磷酸作为双功能催化剂：Brønsted 酸部分（—OH）活化亚胺；Lewis 碱部分（P═O）与烯醇（乙酰丙酮）相互作用，该反应在手性磷酸构建的手性环境下通过氢键相互作用得到光学活性产物。

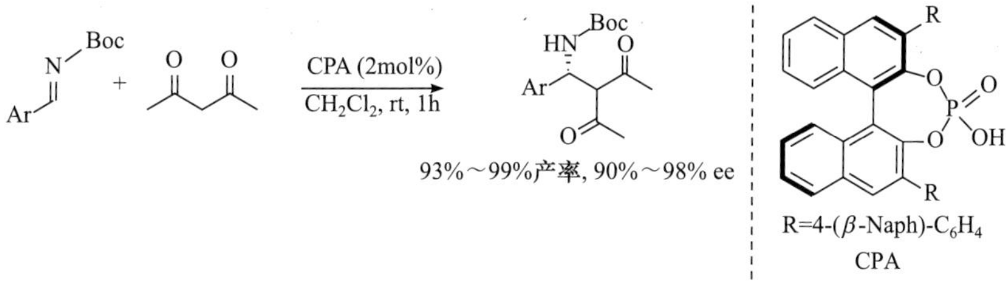

Boc N Ar + O O CPA (2mol%) CH_2Cl_2, rt, 1h Boc HN Ar O O 93%～99%产率, 90%～98% ee | R O O P O OH R R=4-(β-Naph)-C_6H_4 CPA

图 4-117 联萘酚衍生手性磷酸催化亚胺与乙酰丙酮的不对称 Mannich 反应

在 Akiyama 和 Terada 开创性工作之后，近二十年来，手性磷酸领域的科研产出出现了指数级增长，手性磷酸成为最强大的有机催化剂之一，在多种不对称催化反应中表现出优异的手性诱导能力[92-94]。接下来对近年来手性磷酸催化的几类代表性不对称催化反应进行介绍。

1）不对称多组分反应

多组分反应是指两种以上的反应底物通过一锅反应，生成包含所有或大部分反应底物的产物，具有很高的原子经济性，且反应过程中不需要纯化反应中间体。不对称多组分反应可以从简单易得的原料出发，高效便捷地制得具有结构多样性和复杂性的手性化合物，在天然产物、药物分子和催化剂的合成中具有重要的地位。手性磷酸催化的不对称多组分反应是目前研究的一个热点，有望通过不对称多组分反应合成出结构复杂的手性化合物[92]。

2018 年，谭斌教授及其合作者[95]报道了 SPINOL 衍生手性磷酸催化的不对称 Ugi 反应，该不对称催化反应具有操作便捷、反应温和、底物适用范围广、立体选择性优异等优点，如图 4-118 所示。手性磷酸的酸性强于反应底物羧酸，且手性磷酸和羧酸之间的氢键作用可以增强磷酸的酸性和羧酸的亲核性，由于亚胺的反应活性高于醛，从而有效抑制了 Passerini 反应。这是近 60 年来首次实现催化的对映选择性 Ugi 四组分反应，是催化不对称多组分反应研究领域的一次重大突破，该方法有望应用到化学生物学、生物医药和材料科学等领域。

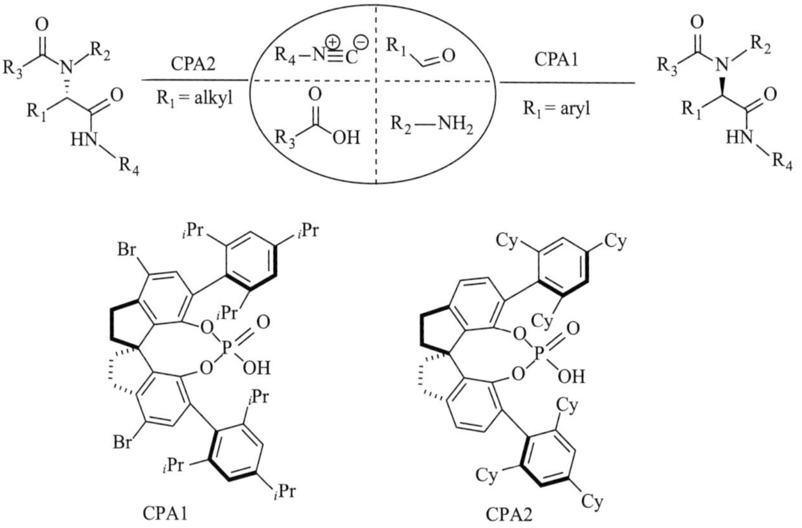

图 4-118　SPINOL 衍生的手性磷酸催化不对称 Ugi 反应

2019 年，刘心元课题组[96]采用手性螺环磷酸和 Cu(Ⅰ)双催化策略来直接实现具有多个碳中心自由基的前驱体和富电子芳烃的不对称反应，合成了一系列具有季碳中心的手性三芳基烷烃。该催化反应具有高效性及优异的化学和对映选择性，如图 4-119 所示。

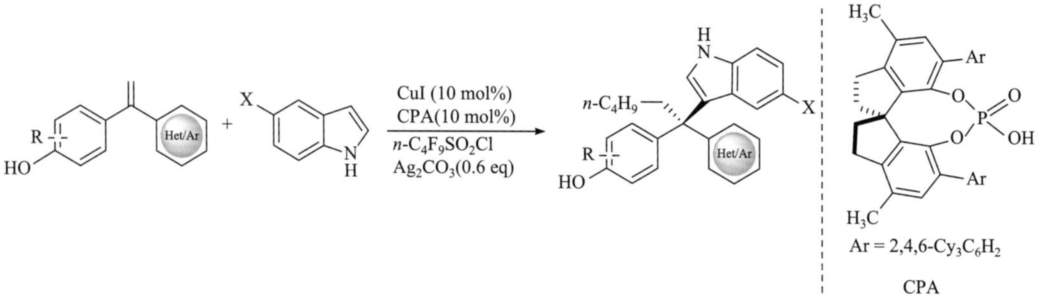

图 4-119　手性螺环磷酸/Cu(Ⅰ)催化不对称三组分反应

2020 年，胡晓允课题组[97]将设计合成的双羟基手性磷酸与碳酸银一起共催化简单酮作为供体的直接不对称三组分 Mannich 反应，这是手性抗衡阴离子导向催化（ACDC）的不对称 Mannich 反应的首例报道，如图 4-120 所示。研究发现两个游离仲羟基的存在对反应产率和对映选择性都具有重要影响，将仲羟基醚化，反应的产率和对映选择性则会大幅降低。

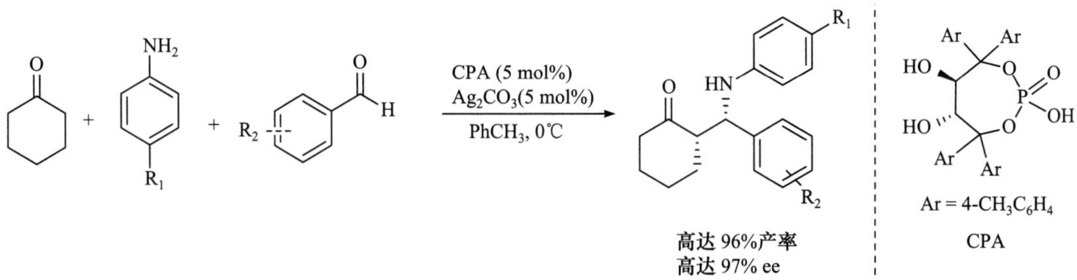

图 4-120　手性抗衡阴离子导向催化的不对称三组分 Mannich 反应

2020 年，胡文浩课题组报道了手性磷酸催化 α-重氮酮、醇与 1,3,5-三嗪的对映选择性三组分胺甲基化反应[98]。从简单的脂肪醇、烯丙醇、丙炔醇及复杂的天然醇类化合物出发，高效制备了一系列手性 β-氨基-α-羟基酮，如图 4-121 所示。研究发现：手性磷酸催化剂与反应活性中间体的双氢键作用对于高立体选择性的获得起到了至关重要的作用。

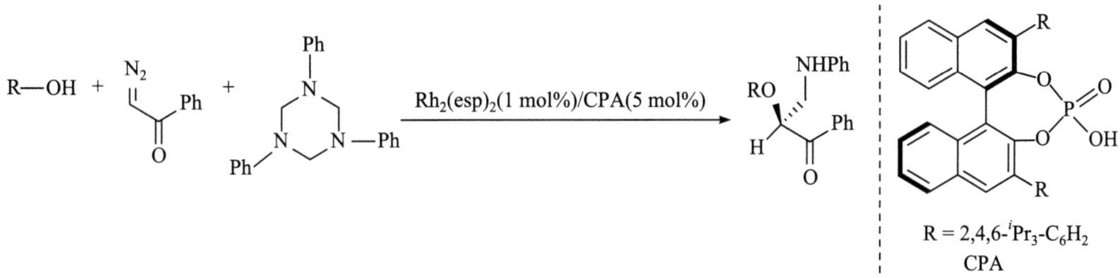

图 4-121　手性磷酸催化的不对称三组分胺甲基化反应

2022 年，关正辉课题组报道了 H_8-BINOL 衍生的手性磷酸催化芳胺、醛和环状烯胺参与的三组分不对称 Povarov 反应，如图 4-122 所示[99]。该不对称催化反应具有优异的收率（95%～99%收率）和对映选择性（94%～99% ee），且反应底物适用范围较广，扩大了不对称 Povarov 反应的底物范围。

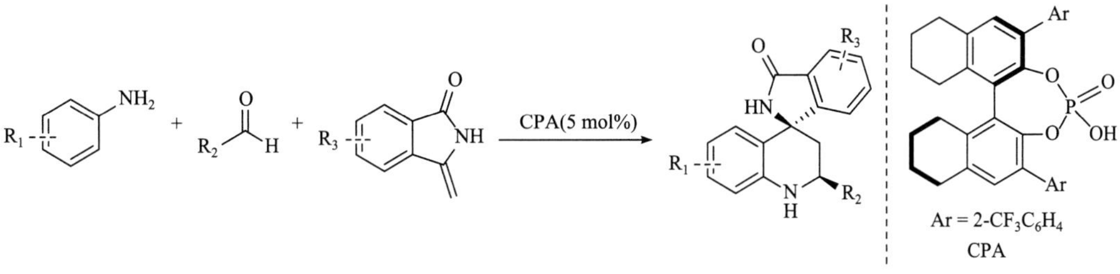

图 4-122　手性磷酸催化的不对称三组分 Povarov 反应

2）不对称重排反应

重排反应是有机合成中常见的一种有机转变反应，如霍夫曼重排反应、克莱森重排反应、Cope 重排反应等。不对称重排反应可以便捷地制备其他方法难以获得的结构复杂的手性分子，因此吸引了越来越多化学家们的兴趣。

2018 年，Uria 等报道了联萘酚衍生手性磷酸催化的不对称 Cloke-Wilson 重排反应[100]。如图 4-123 所示，以外消旋的环丙烷基酮为反应底物，通过手性磷酸的催化作用发生立体选择性重排反应，生成手性五元杂环化合物。

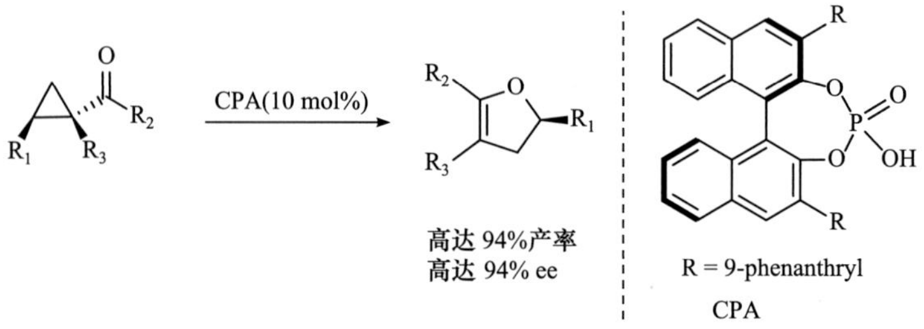

CPA(10 mol%)

高达 94%产率
高达 94% ee

R = 9-phenanthryl
CPA

图 4-123 手性磷酸催化的不对称 Cloke-Wilson 重排反应

2020 年，孙建伟课题组报道了通过螺环手性磷酸催化的具有氧杂环丁烷结构单元苯甲醇的重排反应，合成了一系列手性 1,4-苯并二氧杂环化合物，如图 4-124 所示[101]。该不对称重排反应的产率达到 85%～99%，对映选择性达到 87%～98%，为合成具有良好立体选择性的七元杂环化合物提供了新的方法。

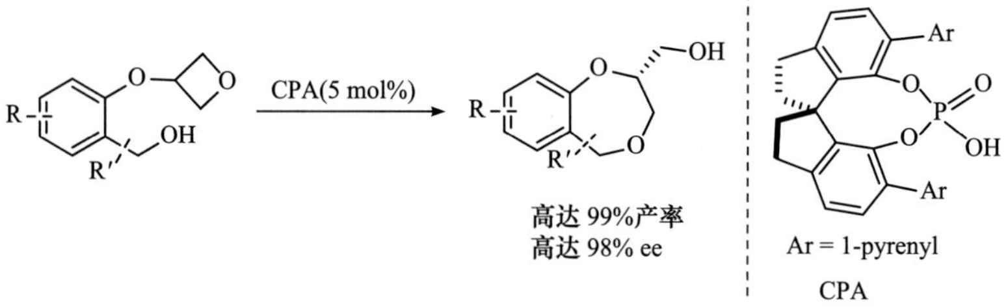

CPA(5 mol%)

高达 99%产率
高达 98% ee

Ar = 1-pyrenyl
CPA

图 4-124 螺环手性磷酸催化合成手性 1,4-苯并二氧杂环化合物

2021 年，Veselý 课题组报道了螺环手性磷酸催化的具有氧杂环丁烷结构单元芳胺的重排反应，生成手性 2*H*-1,4-苯并噁嗪的不对称重排反应，如图 4-125 所示[102]。该不对称重排反应在温和的条件下可以获得高达 99%的产率和 99%的对映选择性，为手性 2*H*-1,4-苯并噁嗪的合成提供了一种新的方法，并且该方法也被应用到前列腺 D2 受体拮抗剂的合成中。

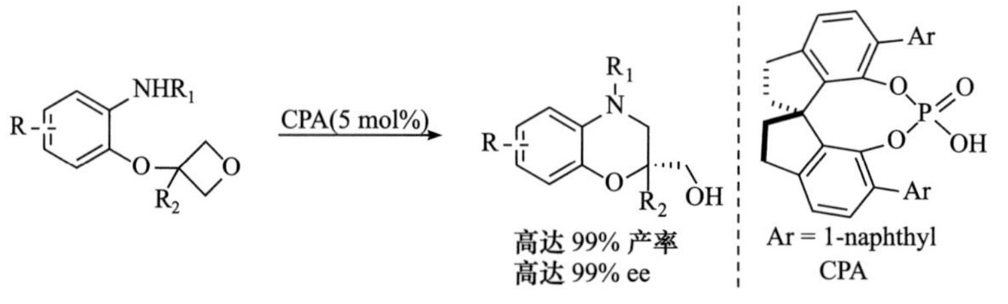

CPA(5 mol%)

高达 99% 产率
高达 99% ee

Ar = 1-naphthyl
CPA

图 4-125 螺环手性磷酸催化合成手性 2*H*-1,4-苯并噁嗪

2021 年，孙建伟和李鹏飞课题组报道了手性磷酸催化吲哚衍生物的对映选择性氧化重排反应，在温和条件下高效制得一系列手性螺环吲哚酮，如图 4-126 所示[103]。该

不对称催化合成方案具有优异的对映选择性，且反应底物适用范围较广，受芳基取代基和 *N*-保护基团的影响较小。此外，该不对称催化合成方法被用于(–)-horsfiline的合成中。

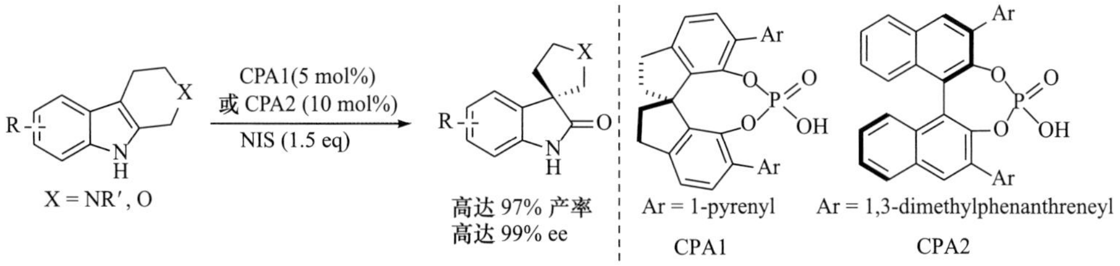

图 4-126 手性磷酸催化合成手性螺环吲哚酮

3）不对称加成反应

加成反应是有机化学反应的基本类型之一。如图 4-127 所示，手性磷酸催化的不对称加成一般是通过磷酸的氢质子活化 C═X 不饱和键，磷酰氧活化亲核试剂，通过双功能相互作用促进反应进行，并诱导反应产生立体选择性[93]。

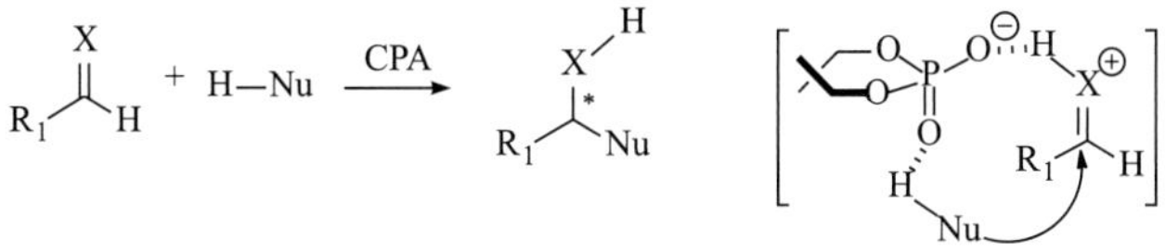

图 4-127 手性磷酸催化的活化模式

2018 年，Schneider 课题组报道了手性磷酸催化的邻羟基苯甲醇衍生物与 *α*-重氮芳基酮的不对称加成反应，合成了一系列手性 2,3-二氢苯并呋喃衍生物，如图 4-128 所示[104]。这种催化策略可以高产率、高立体选择性合成手性 2,3-二氢苯并呋喃（高达 91∶9 dr, 99∶1 er）。

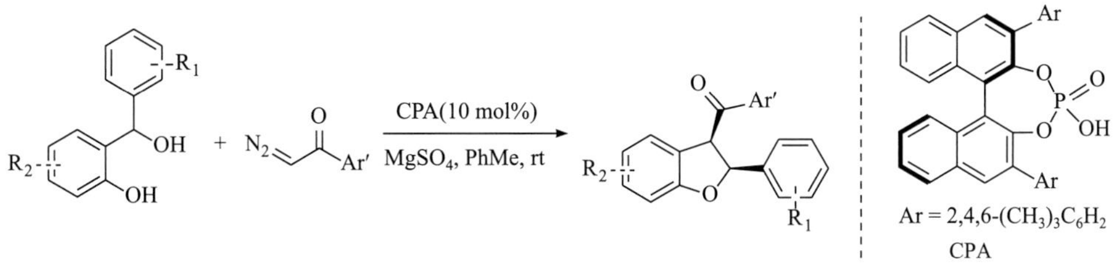

图 4-128 手性磷酸催化合成手性 2,3-二氢苯并呋喃衍生物

同年，杜海峰课题组报道了手性磷酸与氨硼烷作用脱氢生成新型手性氨硼烷，对亚胺和 *β*-烯氨基酯进行化学计量的不对称转移氢化反应，该反应具有较高的反应活性和对映选择性，如图 4-129 所示[105]。需要指出的是，在水和氨硼烷的协助下，该手性氨硼烷在转移氢化过程中可以连续再生，所以仅用 0.1 mol%的手性磷酸就可以获得令人满意的结果。

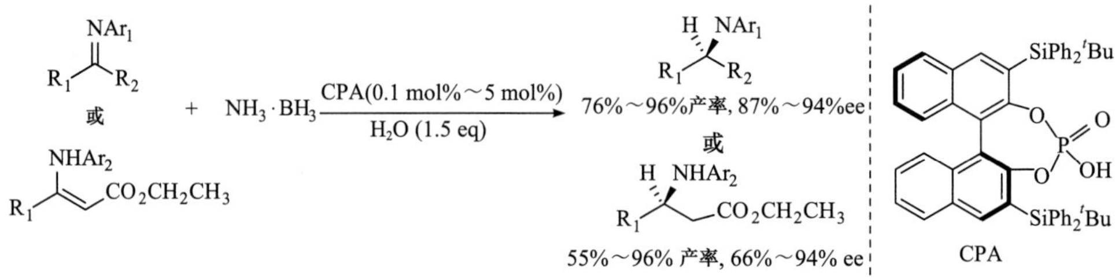

图 4-129　亚胺和 β-烯氨基酯的不对称转移氢化反应

2019 年，张书宇等利用手性磷酸催化 *N*-芳基-2-萘胺的分子间对映选择性 C-H 胺化反应，以偶氮二羧酸盐作为氨基酸来源合成 N-C 轴手性化合物[106]。该不对称催化合成采用π-π相互作用和双重氢键协同控制策略。一方面通过手性磷酸的氢键作用激活底物 *N*-芳基-2-萘胺和偶氮二酸，另一方面通过手性磷酸的芳基取代基与亲核试剂的 *N*-芳基之间形成的π-π相互作用提高反应的立体选择性，该方法具有广泛的底物适应性、优异的产率和对映选择性，如图 4-130 所示。

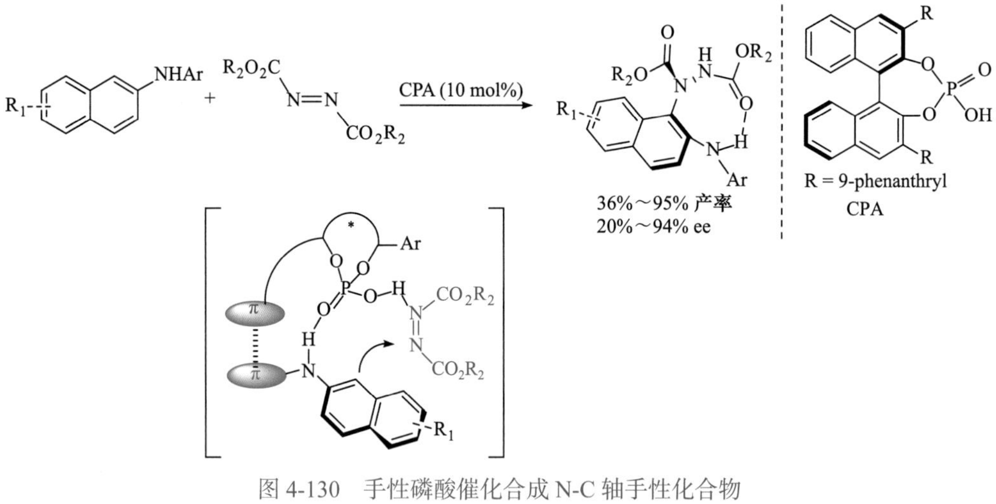

图 4-130　手性磷酸催化合成 N-C 轴手性化合物

2021 年，石枫课题组报道了手性磷酸和六氟异丙醇（HFIP）协同催化的硝酮与 2-吲哚甲醇的区域选择性和对映选择性(3+3)环加成反应，高效、高选择性地构建手性吲哚并六元杂环骨架[107]。该不对称催化反应实现了第一例有机小分子催化下硝酮参与的(3+3)环加成反应，如图 4-131 所示。

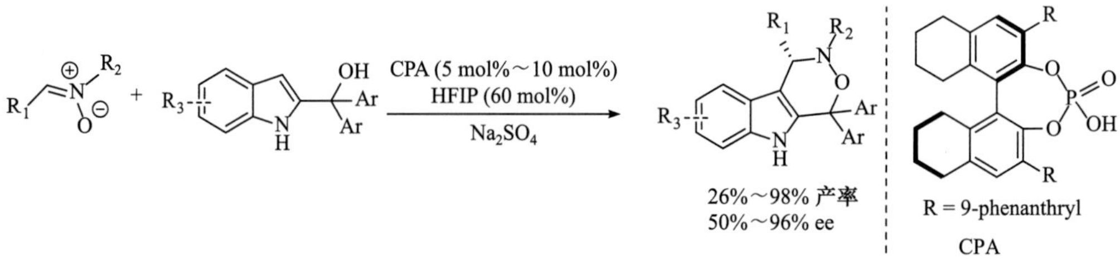

图 4-131　手性磷酸催化硝酮与 2-吲哚甲醇的区域、对映选择性(3+3)环加成反应

2022 年，周岭课题组报道了手性磷酸催化的 3-炔基吲哚与偶氮萘类化合物的不对称[3+2]环加成反应，该不对称催化反应以优异的收率和对映选择性合成了一系列吲哚基联芳基化合物，如图 4-132 所示[108]。此外，该策略还可用于轴手性杂二芳基骨架的对映选择性构建。

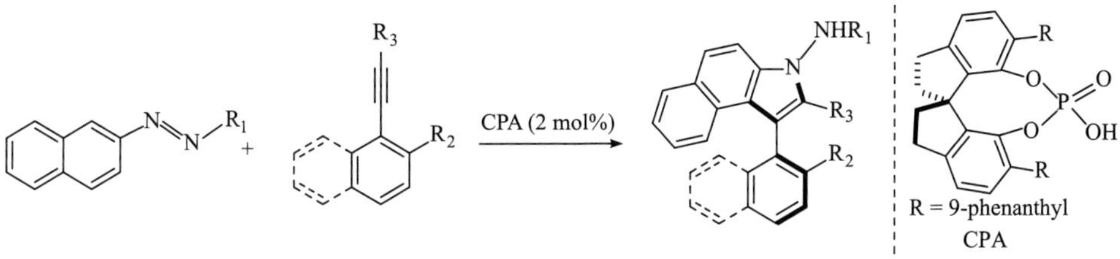

图 4-132　手性磷酸催化 3-炔基吲哚与偶氮萘类化合物的[3+2]环加成反应

4.3.5　有机磷农药

中国是农业大国，化学农药对于保证我国的农业丰收，发展国民经济具有重要意义。我国对化学农药的重大需求，表明我国也是农药生产大国。21 世纪以来我国农药工业发展迅猛，形成了涵盖科研开发、原药生产、制剂加工、毒性测定、残留分析、安全评价及推广应用等在内的较为完整的农药工业体系。

随着科技进步和经济发展，低效、高残留的有机氯农药被全面禁止使用，有机磷农药由于在使用中具有高效、低残留、种类多、控制范围广、选择成本低、对环境伤害小等特点，迅速成为全世界范围使用最多的农药品种之一[109]。1944 年德国科学家 Gerhard 合成了有机磷农药对硫磷、八甲磷、特普，从此有机磷农药在全世界农业上长期推广而久用不衰，这是因为有机磷农药在作物保护上具有显著的独特性和实用性，特别是有机磷农药具有低廉的价格，农民易于接受；相对简单的生产技术，易于工业化；相对简单的结构，分解后可简单地转化为植物的营养品，如氨、磷酸以及硫醇类小分子，与生态可和谐共存等独特的优势[110]。

有机磷农药属于磷酸酯类或硫代磷酸酯类化合物，大多数品种呈结晶状或油状，色泽为淡黄色或无色，极少有挥发性，有机磷农药一般不溶于水，但大多数有机磷农药具有很强的脂溶性，不仅能透过皮肤入侵机体，还可经呼吸系统及消化系统进入机体[111]。目前我国生产和使用的有机磷农药多达几十种，包含杀菌剂、杀虫剂、除草剂。按大鼠急性经口半数致死量，可划分为剧毒类有机磷农药：甲拌磷、特普、对硫磷、八甲磷等；高毒类有机磷农药：三硫磷、敌敌畏、甲胺磷、氧乐果等；中度毒类有机磷农药：敌百虫、久效磷、二嗪农、乐果等；低毒类有机磷农药：草甘膦、增甘膦、氯硫磷、三溴磷、辛硫磷等[112]。接下来，重点介绍几种常用的有机磷农药。

1. 敌敌畏

敌敌畏，化学名：*O,O*-二甲基-*O*-(2,2-二氯乙烯基)磷酸酯，是一种高效广谱有机磷杀虫剂。纯品为无色透明液体，微带芳香味，工业产品均为无色至浅棕色液体，密度比水大；易挥发，室温下微溶于水，但易溶于乙醇、芳烃等有机溶剂，基本参数如表 4-1

所示。敌敌畏易水解，如图 4-133 所示，在碱液中可分解为磷酸二甲基酯的钠盐和二氯乙醛，二氯乙醛在碱液中可以继续水解为甲酸钠和甲醛[113]。

表 4-1　敌敌畏的基本参数

项目	数值
分子量	220.98
CAS 登录号	62-73-7
熔点	–60℃
沸点	140℃（1133.322 Pa）
密度	1.415 g/cm³
水溶性	微溶，10 g/L （室温）

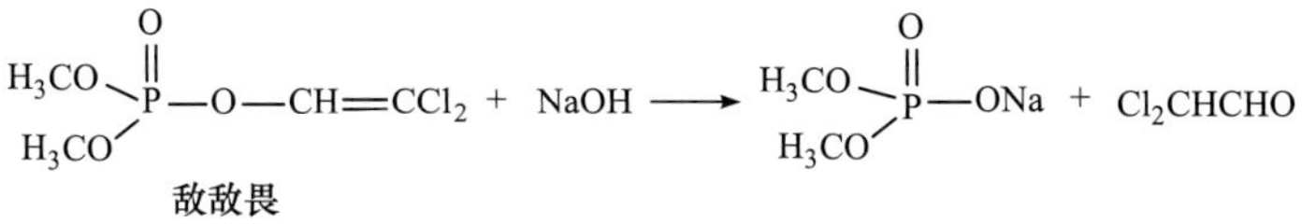

$$(H_3CO)_2P(=O)-O-CH{=}CCl_2 + NaOH \longrightarrow (H_3CO)_2P(=O)-ONa + Cl_2CHCHO$$

敌敌畏

图 4-133　敌敌畏的碱性水解

敌敌畏属于乙酰胆碱酯酶（AChE）抑制剂，进入虫体后，会抑制虫体内乙酸胆碱酯酶，使其失去分解乙酰胆碱的能力，造成乙酰胆碱积累，从而阻断神经冲动的正常传导，造成神经传导阻断而引起死亡。敌敌畏具有熏蒸、胃毒和触杀作用，且毒杀作用迅速、残效期短。敌敌畏对多种害虫都有活性，可有效防治斜纹夜蛾、菜青虫、尺蠖、黏虫、小卷叶蛾、棉铃虫、桑尺蠖等鳞翅目害虫，蚜虫、白粉虱、稻飞虱等半翅目害虫，黄守瓜、黄条跳甲等鞘翅目害虫，斑潜蝇等双翅目害虫，还能防治多种仓储害虫和卫生害虫。之前被用于小麦、水稻、棉花、青菜、桑树、苹果等多种植物上的害虫防治，但由于敌敌畏毒性很强，被列为禁用农药[114]。

2017 年，世界卫生组织国际癌症研究机构将敌敌畏列在 2B 类致癌物清单。因此，目前敌敌畏主要用作环境卫生杀虫剂，用于驱蚊、灭螺和毒鼠药等。不过目前敌敌畏杀虫剂仍然是防治各种桑园害虫的首选药剂，在治虫保桑中发挥着重要的作用。传统敌敌畏剂型是以芳烃为溶剂的乳油，对家蚕的残毒期维持在 5～7 天，这些有机溶剂的使用不仅增加了产品成本，而且加重了对环境的污染[115]。此外，由于残毒期较长，不能适应多批次滚动式养蚕连续性用叶的需求，有研究表明采用无有机溶剂的新剂型敌敌畏（90%敌敌畏可溶液剂）对桑螟幼虫的田间防效达到 95.13%，对家蚕的残毒期为 2 天，不仅降低了生产、包装和运输成本，还减少了环境污染，扩大了使用的范围，提高了药效，节省了人力物力[116]。

敌敌畏的合成一般采用敌百虫碱解重排和亚磷酸三甲酯一步法。前一种方法所得敌敌畏含量比较低，而且含有水，敌敌畏易水解，所以需要在真空条件下，利用苯和水共沸的原理脱去其中的水及部分溶剂苯从而得到敌敌畏原油，存在收率低、消耗高的问题。亚磷酸三甲酯一步法是利用亚磷酸三甲酯与三氯乙醛发生 Perkow 重排反应，可直接得到无水、高纯度的敌敌畏原油，如图 4-134 所示。该方法具有工艺流程短，需要设备少、操作人员少等优点。 我国敌百虫投产较早，生产较为成熟，且产量较大，所以我国相当一部分企业采用敌百虫碱解法制备敌敌畏。

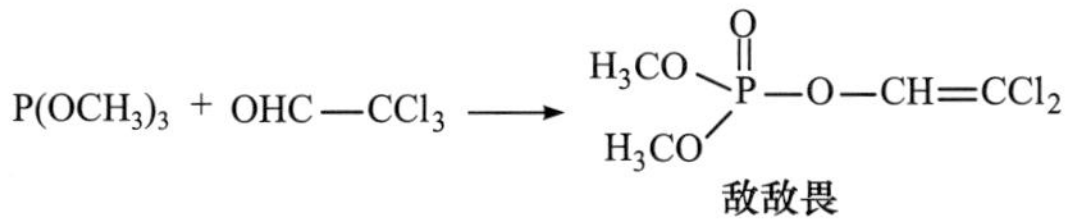

$$P(OCH_3)_3 + OHC—CCl_3 \longrightarrow (H_3CO)_2P(=O)—O—CH=CCl_2$$

敌敌畏

图 4-134 亚磷酸三甲酯一步法制备敌敌畏

2. 敌百虫

敌百虫，化学名：*O,O*-二甲基-(2,2,2-三氯-1-羟基乙基)膦酸酯，是一种高效、低毒、低残留、广谱性有机磷杀虫剂。纯品为白色结晶，有芳香味，易溶于水，可溶于甲苯、氯仿、酮类、苯等有机溶剂，难溶于乙烷、乙醚等，其基本参数如表 4-2 所示。此外，敌百虫受热可分解为三氯乙醛、敌敌畏、膦酸二甲酯。敌百虫在碱性条件下脱去氯化氢转成敌敌畏，毒性增强，但敌敌畏再进一步水解，则成为无杀虫效果的化合物。

表 4-2 敌百虫的基本参数

项目	数值
分子量	257.45
CAS 登录号	52-68-6
熔点	77～81℃
沸点	269.4℃
密度	1.73 g/cm³
水溶性	易溶，154 g/L（室温）

敌百虫以胃毒作用为主，兼有触杀作用，也有渗透活性，农业上应用范围很广。不仅可用于防治菜青虫、棉叶跳虫、桑野蚕、桑黄、象鼻虫、果树叶蜂、果蝇等多种害虫，还可用于防治猪、牛、马、骡牲畜体内外寄生虫，对家庭和环境卫生害虫均有效[117]。此外，敌百虫在淡水水产养殖生产中也有广泛的应用，主要用于治疗由寄生蠕虫和水生昆虫引起的淡水鱼和寄生甲壳类等水生生物疾病。其药效和安全性较好，常用于驱杀三代虫、指环虫、中华鳋、线虫等，在苗种生产过程中杀灭枝角类、桡足类等。杀虫机理是水解后的产物能与虫体的胆碱酯酶相结合，使虫体神经肌肉功能失常，先兴奋，后麻痹，直至死亡[118]。

敌百虫的制备方法主要有两种：①两步法：先用甲醇与三氯化磷反应制得二甲基亚磷酸酯，再与三氯乙醛重排缩合生成敌百虫原药，如图 4-135 所示。②一步法，分段进行：将三种原料按适当比例同时加入反应器，低温下（0～35℃）发生酯化反应，减压除去氯化氢和氯甲烷（敌百虫会与 HCl 发生副反应，生成去甲基敌百虫），然后不经分离，高温缩合（80～118℃）生成敌百虫，如图 4-136 所示。此法可间歇或连续操作，流程短、设备小、产量大，在我国广泛使用。

$$CH_3OH + PCl_3 \longrightarrow \underset{\text{二甲基亚磷酸酯}}{(H_3CO)_2P\text{—}OH} + Cl_3C\text{—}CHO \longrightarrow \underset{\text{敌百虫}}{(H_3CO)_2P(=O)\text{—}CH(OH)\text{—}CCl_3}$$

图 4-135　两步法制备敌百虫

$$CH_3OH + PCl_3 + Cl_3C\text{—}CHO \xrightarrow[2.80\sim118℃]{1.0\sim35℃} \underset{\text{敌百虫}}{(H_3CO)_2P(=O)\text{—}CH(OH)\text{—}CCl_3}$$

图 4-136　一步法制备敌百虫

3. 乐果

$$(H_3CO)_2P(=S)\text{—}SCH_2\text{—}C(=O)NHCH_3$$

图 4-137　乐果的结构

乐果，化学名：*O,O*-二甲基-*S*-(*N*-甲基氨基甲酰甲基)二硫代磷酸酯，是一种高效广谱有机磷杀虫剂，结构如图 4-137 所示。纯品为白色结晶性粉末，有樟脑气味，工业品通常是浅黄棕色的乳剂。室温下微溶于水，但易溶于乙醇等有机溶剂，基本参数如表 4-3 所示。乐果在酸性溶液中较稳定，在碱性溶液中迅速水解，因此不能与碱性农药混用。

表 4-3　乐果的基本参数

项目	数值
分子量	229.257
CAS 登录号	60-51-5
熔点	52～52.5℃
沸点	310.3℃
密度	1.305 g/cm³
水溶性	微溶

乐果是内吸性有机磷杀虫、杀螨剂，对害虫和螨类有强烈的触杀作用和一定的胃毒作用，其作用机制是抑制昆虫体内的乙酰胆碱酯酶，阻碍神经传导而导致死亡[119]。乐果对多种害虫特别是刺吸口器害虫，具有更高的毒效，杀虫范围广，能防治蚜虫、红蜘蛛、潜叶蝇、蓟马、果实蝇、叶蜂、飞虱、叶蝉、介壳虫。乐果还被用于控制柞蚕饰腹寄蝇病，乐果溶液喷施在柞叶上并被吸收后，柞蚕幼虫取食带药柞叶，乐果能杀死寄生在蚕体内的柞蚕饰腹寄蝇幼虫[120]。

乐果在植物体内外和昆虫体内均可被迅速氧化为氧化乐果而增加毒效。氧化乐果，又名氧乐果，结构如图 4-138 所示。化学名：*O,O*-二甲基-*S*-(*N*-甲基氨基甲酰甲基)硫代磷酸酯，属内吸性有机磷杀虫、杀螨剂，其作用原理是通过抑制乙酰胆碱酶活性，导致神经损伤，从而杀死目标物[121]。主要用于防治棉花、小

$$(H_3CO)_2P(=O)\text{—}SCH_2\text{—}C(=O)NHCH_3$$

图 4-138　氧化乐果的结构

麦、高粱等作物的害虫，其毒力和毒性都比乐果大，但水溶液的稳定性比乐果差，易分解失效。氧化乐果在中性和偏酸性的溶液中较稳定，但在碱性的条件下就会很快分解失效，其基本参数如表 4-4 所示。

表 4-4　氧化乐果的基本参数

项目	数值
分子量	213.1918
CAS 登录号	1113-02-6
熔点	–28℃
沸点	135℃
密度	1.32 g/cm³
水溶性	混溶

4. 草甘膦

草甘膦，化学名：*N*-(磷酸甲基)甘氨酸，又称草甘膦、镇草宁、农达等，是一种高效、低毒、广谱的灭生性除草剂，结构如图 4-139 所示。纯品为非挥发性白色无臭固体，溶于水，难溶于乙醇、乙醚和苯等有机溶剂，稳定性好，不可燃、不爆炸，其基本参数如表 4-5 所示[122]。

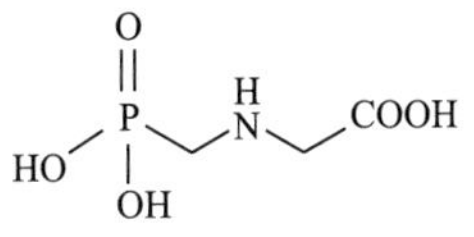

图 4-139　草甘膦的结构

表 4-5　草甘膦的基本参数

项目	数值
分子量	169.073
CAS 登录号	1071-83-6
熔点	230℃
沸点	465.8℃
密度	1.74 g/cm³
水溶性	微溶

草甘膦是一种内吸传导型有机膦除草剂，能抑制植物体内的 5-烯醇式丙酮酰莽草酸-3-膦酸盐合成酶（5-EPSP 合酶）的活性，阻止植物体内合成芳香族氨基酸如苯丙氨酸、酪氨酸和色氨酸等的合成代谢，从而使植物死亡[123]。草甘膦具有非选择性强、除草效果好等优点，且随着耐草甘膦转基因作物的大面积种植，其已成为目前全球广泛使用的除草剂[124]。

由于草甘膦的广泛使用，其经常在植物、土壤甚至食物和人类的尿液中被检测到[125]。草甘膦微溶于水，可经地表径流和土壤渗透等途径进入水体，且其存留在水体中的半衰期较长，约 47 天，有研究表明草甘膦不仅会危害水体中的藻类和高等植物，还会促使水生生物肝脏产生大量自由基，从而使生物出现血液血球体积变大并产生大量白细胞，影响生物的正常代谢[126]。

目前，草甘膦的生产工艺主要有两条路线：①甘氨酸法；②亚氨基二乙酸法（IDA 法）。我国生产草甘膦以甘氨酸法为主，如图 4-140 所示，主要以多聚甲醛、甘氨酸和亚磷酸二甲酯为原料，首先在三乙胺存在下，甲醇和多聚甲醛混合加热至多聚甲醛全部溶解，生成半缩醛和缩醛。解聚液不经处理，直接加入甘氨酸发生缩合反应，生成甘氨酸的双取代产物和单取代产物，以双取代产物为主。所得的缩合产物与亚磷酸二甲酯发生酯化反应，最后发生酸解反应，通过一锅多步的方法制得草甘膦[127]。

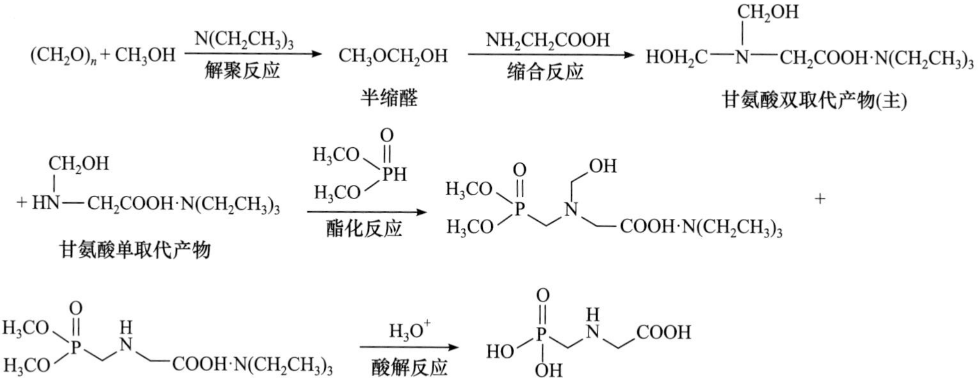

$(CH_2O)_n + CH_3OH \xrightarrow[\text{解聚反应}]{N(CH_2CH_3)_3} CH_3OCH_2OH$（半缩醛）$\xrightarrow[\text{缩合反应}]{NH_2CH_2COOH} HOH_2C—N(CH_2OH)—CH_2COOH·N(CH_2CH_3)_3$（甘氨酸双取代产物(主)）

$+ HN(CH_2OH)—CH_2COOH·N(CH_2CH_3)_3$（甘氨酸单取代产物）$\xrightarrow[\text{酯化反应}]{(H_3CO)_2P(O)H}$ $(H_3CO)_2P(O)CH_2N(CH_2OH)CH_2COOH·N(CH_2CH_3)_3$ +

$(H_3CO)_2P(O)CH_2NHCH_2COOH·N(CH_2CH_3)_3 \xrightarrow[\text{酸解反应}]{H_3O^+} (HO)_2P(O)CH_2NHCH_2COOH$

图 4-140　甘氨酸法制备草甘膦

5. 增甘膦

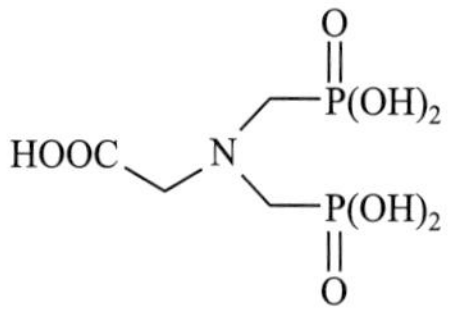

$HOOCCH_2N[CH_2P(O)(OH)_2]_2$

图 4-141　增甘膦的结构

增甘膦，化学名：*N,N*-双(膦酸甲基)甘氨酸，是一种低毒性膦酸类植物生长调节剂，结构如图 4-141 所示。纯品为非挥发性白色无臭固体，溶于水，微溶于乙醇，不溶于苯，稳定性好，储藏在阴凉干燥条件下数年不分解，其基本参数如表 4-6 所示。

表 4-6　增甘膦的基本参数

项目	数值
分子量	263.08
CAS 登录号	2439-99-8
熔点	263℃
沸点	—
密度	—
水溶性	易溶，248 g/L（室温）

增甘膦是美国在20世纪70年代首先推广使用的一种甘蔗催熟剂，由植物的茎、叶吸收后传导到植物的生长活跃部位，增甘膦具有抑制酸性转化酶活性的作用，可以延缓甘蔗的生成，减少呼吸的消耗，从而增加糖分的积累。同时，还促进α-淀粉酶的活性，使甘蔗的成熟期提前。增甘膦不仅可以用于蔗糖，还可以用于增加甜菜、西瓜和葡萄的含糖量以及大豆、棉花等作物的落叶剂[128]。

目前合成增甘膦普遍采用的方法是亚磷酸或三氯化磷直接与甘氨酸和甲醛的一步合成法。如图 4-142 所示，三氯化磷与水首先反应生成亚磷酸，所以这两条合成路线本质上都是甘氨酸、甲醛和亚磷酸之间的脱水缩合反应[129]。

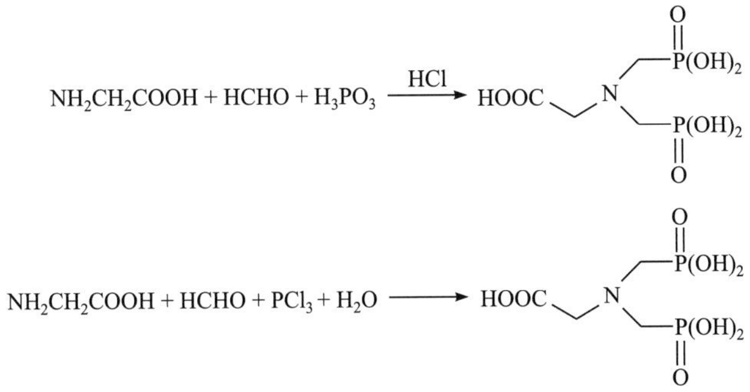

$$NH_2CH_2COOH + HCHO + H_3PO_3 \xrightarrow{HCl} HOOCCH_2N[CH_2P(O)(OH)_2]_2$$

$$NH_2CH_2COOH + HCHO + PCl_3 + H_2O \longrightarrow HOOCCH_2N[CH_2P(O)(OH)_2]_2$$

图 4-142　增甘膦的合成

4.3.6　有机磷阻燃剂

有机磷阻燃剂是指添加到有机高分子或塑料化合物中以保护可燃性物质的含磷有机化合物，主要包括（亚）磷酸酯、氧化磷、有机磷盐、磷杂菲类、磷腈类和磷（膦）酸酯类等阻燃剂[130]。其中，磷腈类、磷（膦）酸酯和磷杂菲及其衍生物的应用最广泛。通常情况下，有机磷阻燃剂在燃烧过程中，高温条件下会形成磷酰化的高聚物，并进一步脱水形成碳层，从而降低热传导，并隔绝空气阻止持续燃烧。有机磷阻燃剂具有阻燃和增塑的双重功能，阻燃过程中一般不会产生有毒或强腐蚀性气体，也很少有烟生成，对环境影响较小。因此，有机磷阻燃剂得到了广泛的研究和快速的发展[131]。接下来对两类有机磷阻燃剂进行简要介绍。

1. 磷（膦）酸酯类阻燃剂

磷酸酯类阻燃剂主要是由三氯氧磷与醇或者酚发生反应合成的一种磷酸酯阻燃剂。2020 年，班大明课题组以对甲苯酚为原料，与三氯氧磷反应生成二氯化磷酸对甲基苯酯（PPTP），再与 10-(2,5-二羟基苯基)-10-氢-9-氧杂-10-磷杂菲-10-氧化物(ODOPB)反应合成了一种新型聚磷酸酯阻燃剂聚磷酸-2-10-氢-9-氧杂-10-磷杂菲-10-氧化物基对苯二酚对甲苯酯(POTP)，如图 4-143 所示。将设计合成的 POTP 与对苯二甲酸单甲酯（MMT）及聚磷酸铵（APP）对环氧树脂（EP）进行改性，研究结果发现，磷酸酯阻燃剂 POTP 与 APP 和 MMT 可以进行协同作用，对 EP 材料的阻燃改性有很好的效果[132]。

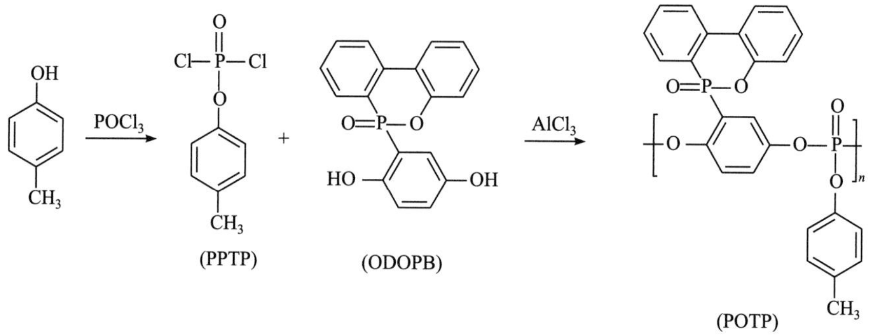

图 4-143　有机磷阻燃剂 POTP 的合成

9,10-二氢-9-氧杂-10-磷杂菲-10-氧化物（DOPO）是一种新型有机膦阻燃剂中间体，其具有良好的热稳定性、耐氧化性及阻燃性能，且与环氧树脂相容性较好。2022年，万金涛课题组利用 DOPO 活泼的 P—H 键与丁香酚衍生的环氧化合物反应，合成新型有机膦阻燃剂 DOPO-GE，如图 4-144 所示。设计合成的 DOPO-GE 不仅可以显著提高环氧树脂的热稳定性，还提高了环氧树脂的阻燃性[133]。

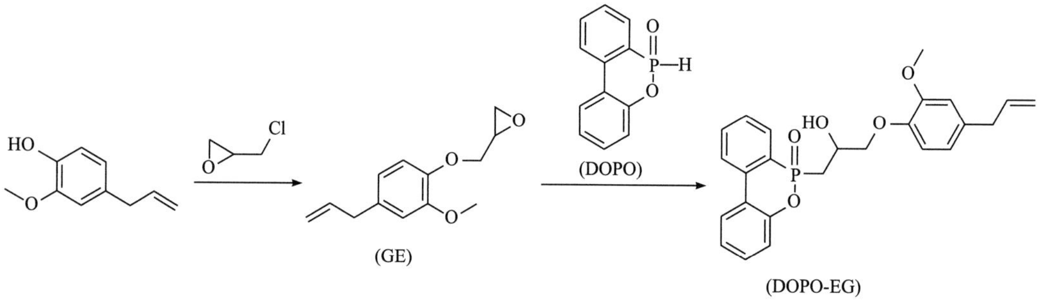

图 4-144　有机膦阻燃剂 DOPO-GE 的合成

2. 磷腈类阻燃剂

磷腈类阻燃剂是一种高效环保型阻燃剂，如环三磷腈类有机磷阻燃剂中的磷和氮元素可发挥协同效应，在阻止燃烧过程中可以吸收热量，发生高温裂解，并在聚合物表面形成一层保护膜隔绝空气，从而阻止燃烧。同时，在高温裂解过程中释放出的氨气和氮气可以稀释燃烧中产生的易燃气体，从而达到阻止燃烧的目的[134]。

六氯环三磷腈是最基本的磷腈化合物，磷-氮协同体系使其具有很好的阻燃效果，但因富含氯元素，阻燃过程中会释放出有毒的 HCl 气体和烟雾，对环境破坏较大。通过亲核取代反应生成环三磷腈衍生物，可以降低含卤量，从而得到绿色环保，具有协同阻燃效果的有机磷腈类阻燃剂[135]。

2019 年，王会娅等利用对羟基苯甲醛和六氯环三磷腈反应，制得的环三磷腈衍生物再与新戊二醇磷酰肼反应制备了有机磷腈类阻燃剂六[4(5,5-二甲基-1,3,2-二氧杂己内磷酰基)苯氧基]环三磷腈（HDDCPPCP），如图 4-145 所示。研究发现设计合成的 HDDCPPCP 具有特殊的结构，可以有效提高材料的阻燃性能及热稳定性[136]。

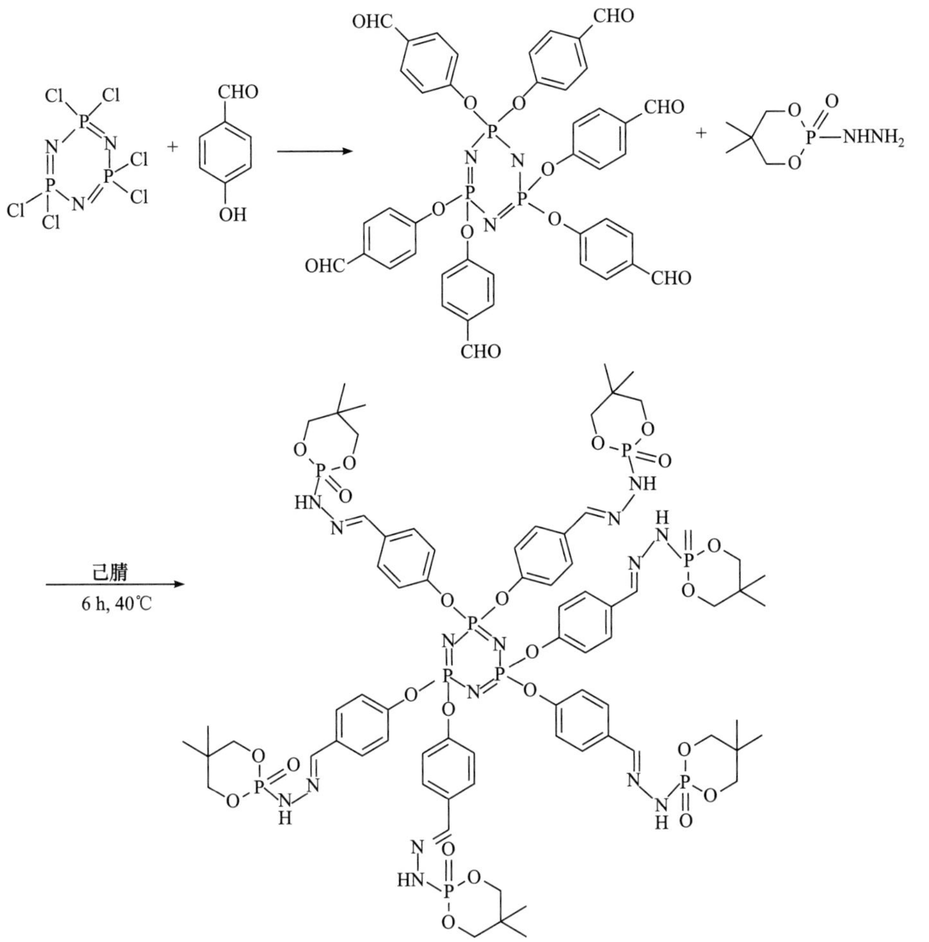

己腈
6 h, 40℃

图 4-145 有机磷腈类阻燃剂 HDDCPPCP 的合成

2021 年，王彦林课题组以六氯环三磷腈与丙三醇为原料，合成了一种新型无卤的磷氮协同阻燃剂三聚 *O,O*-2-羟基丙撑磷腈，研究结果表明其具有良好的阻燃效果。如图 4-146 所示，该有机磷腈类阻燃剂制备方法工艺简单，一步反应即可完成，制备成本低廉，适合规模化生产[137]。

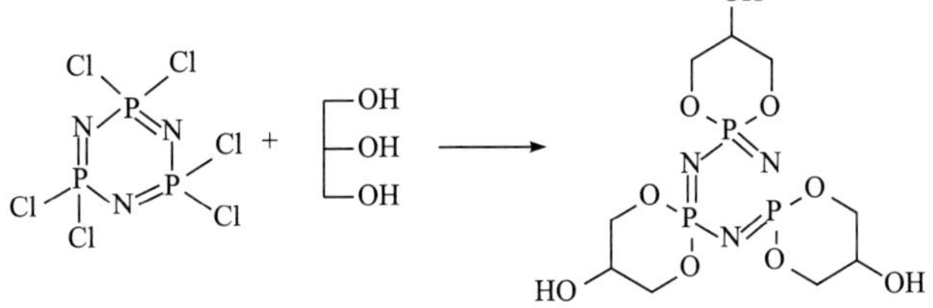

图 4-146 三聚 *O,O*-2-羟基丙撑磷腈的合成

参 考 文 献

[1] 单自兴. 什么是元素有机化学[J]. 大学化学,1997,12(4): 45-46.

[2] 赵玉芬, 赵国辉, 麻远. 磷与生命化学[M]. 北京: 清华大学出版社, 2005.

[3] 尹志刚. 有机磷化合物[M]. 北京:化学工业出版社, 2011.

[4] 李玉桂, 陈茹玉, 杨石先. 有机磷化合物的电子结构与成键[J]. 有机化学, 1984, 4(3): 175-180.

[5] 陈茹玉, 刘纶祖. 有机磷化学研究[M]. 北京:高等教育出版社, 2001.

[6] 杜诗初. 磷叶立德化学[J]. 河南大学学报(自然科学版), 1980(3): 130-142.

[7] 徐四龙, 贺峥杰. 原位生成的烯丙基磷叶立德与醛的化学反应性研究[J]. 有机化学, 2012, 32(7): 1159-1168.

[8] Kolodiazhnyi O I. Phosphorus Ylides: Chemistry and Application in Organic Synthesis[M]. New York: Wiley-VCH Verlag GmbH, 1999.

[9] 黄俭根, 施踏青, 罗秋艳. 聚磷氮烯及其衍生物电子结构的理论研究[J]. 化学学报, 2004, 62(3): 236-240.

[10] Michaelis A, Gimborn H V. Ueber das betaïn und cholin des triphenylphosphins [J]. Berichte der Deutschen Chemischen Gesellschaft, 1894, 27(1): 272-277.

[11] Staudinger H, Meyer J. Ueber neue organische phosphorverbindungen Ⅱ. Phosphazine [J]. Helvetica Chimica Acta, 1919, 2(1): 619-635.

[12] Wittig G, Rieber M. Über die metallierbarkeit von quaternären ammonium-und phosphonium-salzen [J]. Justus Liebigs Annalen der Chemie, 1949, 562(3): 177-186.

[13] Märkl G. Triphenylphosphin-halogen-acyl-methylene [J]. Chemische Berichte, 1962, 95(12): 3003-3007.

[14] Okuma K, Ono M, Ohta H. Synthesis and reaction of triphenylvinylphosphonium salts from epoxides [J]. Bulletin of the Chemical Society of Japan, 1993, 66(4): 1308-1311.

[15] Saveant J M, Binh S K. Electrochemical reduction of phosphonium cations in media of low proton availability [J]. Journal of Organic Chemistry, 1977, 42(7): 1242-1248.

[16] Mayo D W. Microscale organic laboratory: Ⅳ: A simple and rapid procedure for carrying out Wittig reactions [J]. Journal of Chemical Education, 1986, 63(10): 917.

[17] El-Khoury M, Wang Q, Schlosser M. A new generation of “instant ylides”: Powder mixtures of phosphonium salts and potassium hydride as storable precursors to Wittig reagents [J]. Tetrahedron Letter, 1996, 37(50): 9047-9048.

[18] Balema V P, Wiench J W, Pruski M, et al. Mechanically induced solid-state generation of phosphorus ylides and the solvent-free wittig reaction[J]. Journal of the American Chemical Society, 2002, 124(22): 6244-6245.

[19] Capuano L, Drescher S, Huch V. Neue synthesen mit 1,3-ambiden-nucleophilen phosphor-yliden, Ⅶ. heterocyclische triphenylphosphonium-chloride, triphenylphosphonio-olate, acyclische triphenylphosphonio-hiolate und ihre Wittig-Derivate [J]. Liebigs Annalen der Chemie, 1993, 1993(2): 125-129.

[20] Wittig G, Schollkopf U. Triphenyl phosphine methylene as an olefin-forming reagent[J]. Chemische Berichte, 1954, 87(9): 1318-1330.

[21] Svyaschenko Y V, Kostyuk A N, Barnych B B, et al. A convenient approach to λ^5-phosphinines via interaction of phosphorylated 3-pyrrolidinocrotonitrile with 2-bromoacetophenones [J]. Tetrahedron, 2007, 63(25): 5656-5664.

[22] Liu W B, He H, Dai L X, et al. A one-pot palladium-catalyzed allylic alkylation and wittig reaction of phosphorus ylides [J]. Chemistry-European Journal, 2010, 16(25):7376-7379.

[23] 徐尤智, 段征, 甘贞洁. 磷叶立德与炔烃分子内环加成初探[J]. 北京: 中国科技论文在线, http://www.paper.edu.cn/releasepaper/content/2014: 07-179.

[24] Hayashi M, Nishimura Y, Watanabe Y. Syntheses of 3-*oxo*-λ^5-benzophospholes by an intramolecular cyclization of phosphorus-ylide [J]. Chemistry Letters, 2017, 46(12): 1732-1735.

[25] Horner L, Hoffillon H, Wippel H G. Congenital hereditary horner's syndrome[J]. Chemische Berichte,1958, 60(5): 939-940.

[26] Tang W, Zhang X. New chiral phosphorus ligands for enantioselective hydrogenation[J]. Chemical Reviews, 2003, 103: 3029-3069.

[27] Knowles W S, Sabacky M J. Catalytic asymmetric hydrogenation employing a soluble, optically active, rhodium complex[J]. Chemical Communications, 1968: 1445-1446.

[28] Knowles W S, Sabacky M J, Vineyard B D, et al. Asymmetric hydrogenation with a complex of rhodium and a chiral bisphosphine[J]. Journal of the American Chemical Society, 1975, 97: 2567-2568.

[29] Berthod M, Mignani G, Woodward G, et al. BINAP, Modified BINAP: The how and the why[J]. Chemical Reviews, 2005, 105: 1801-1836.

[30] Ni H, Chan W L, Lu Y. Phosphine-catalyzed asymmetric organic reactions[J]. Chemical Reviews, 2018, 118(18): 9344-9411.

[31] Rauk A, Andose J D, Frick W G, et al. Semiempirical calculation of barriers to pyramidal inversion for first- and second-row elements [J]. Journal of the American Chemical Society, 1971, 93(24): 6507-6515.

[32] Nudelman A, Cram D J. The stereochemical course of ester-amide interchange leading to optically active phosphinic and sulfinic amides [J]. Journal of the American Chemical Society, 1968, 90(14): 3869-3870.

[33] Vineyard B D, Knowles W S, Sabacky M J, et al. Asymmetric hydrogenation. Rhodium chiral bisphosphine catalyst [J]. Journal of the American Chemical Society, 1977, 99(18): 5946-5952.

[34] Imamoto T, Kusumoto T, Suzuki N, et al. Phosphine oxides and lithium aluminum hydride-sodium borohydride-cerium(Ⅲ) chloride: Synthesis and reactions of phosphine-boranes [J]. Journal of the American Chemical Society, 1985, 107: 5301-5303.

[35] Imamoto T, Oshiki T, Onozawa T, et al. Synthesis and reactions of phosphine-boranes. Synthesis of new bidentate ligands with homochiral phosphine centers via optically pure phosphine-boranes[J]. Journal of the American Chemical Society, 1990, 112: 5244-5252.

[36] Kolodiazhnyi O I, Gryshkun E V, Andrushko N V, et al. Asymmetric synthesis of chiral *N*-(1-methylbenzyl)aminophosphines [J]. Tetrahedron: Asymmetry, 2003, 14(2): 181-183.

[37] Juge S, Stephan M, Laffitte J A, et al. Efficient asymmetric synthesis of optically pure tertiary mono and diphosphine ligands [J]. Tetrahedron Letters, 1990, 31(44): 6357-6360.

[38] Muci A R, Campos K R, Evans D A. Enantioselective deprotonation as a vehicle for the asymmetric synthesis of C_2-symmetric *P*-chiral diphosphines [J]. Journal of the American Chemical Society, 1995, 117(35): 9075-9076.

[39] Tang W, Zhang X. A chiral 1,2-bisphospholane ligand with a novel structural motif: Applications in highly enantioselective Rh-catalyzed hydrogenations [J]. Angewandte Chemie International Edition, 2002, 41: 1612-1614.

[40] Tang W, Wang W, Chi Y, et al. A bisphosphepine ligand with stereogenic phosphorus centers for the practical synthesis of β-aryl-β-amino acids by asymmetric hydrogenation [J]. Angewandte Chemie International Edition, 2003, 42: 3509-3511.

[41] Imamoto T, Oohara N, Takahashi H. Optically active 1,1′-di-tert-butyl-2,2¢-diphosphetanyl and its application in rhodium-catalyzed asymmetric hydrogenations [J]. Synthesis, 2004: 1353-1358.

[42] Zhang X, Huang K, Hou G, et al. Electron-donating and rigid P-stereogenic bisphospholane ligands for highly enantioselective rhodium-catalyzed asymmetric hydrogenations[J]. Angewandte Chemie International Edition, 2010, 49: 6421-6424.

[43] Du P, Lu X B. A simple strategy for the preparation of *P*-chirogenic trost ligands with different absolute configurations [J]. European Journal of Organic Chemistry, 2020: 5003-5008.

[44] Kovacik I, Wicht D K,Grewal N S, et al. Pt(Me-Duphos) catalyzed asymmetric hydrophosphination of activated olefins: Enantioselective synthesis of chiral phosphines[J]. Organometallics, 2000, 19(6): 950-953.

[45] Moncarz J R, Laritcheva N F, Glueck D S. Palladium-catalyzed asymmetric phosphination: Enantioselective synthesis of a P-chirogenic phosphine [J]. Journal of the American Chemical Society, 2002, 124(45): 13356-13357.

[46] Chan V S, Bergman R G, Toste F D. Pd-catalyzed dynamic kinetic enantioselective arylation of silylphosphines [J]. Journal of the American Chemical Society, 2007, 129(49): 15122-15123.

[47] Huang Y, Puilarkat S A, Li Y, et al. Palladacycle-catalyzed asymmetric hydrophosphination of enones for synthesis of C*-and P*-chiral tertiary phosphines [J]. Inorganic Chemistry, 2012, 51(4): 2533-2540.

[48] Zhang Y, Zhang F, Chen L, et al. Asymmetric synthesis of P-stereogenic compounds via thulium(Ⅲ)-catalyzed desymmetrization of dialkynylphosphine oxides [J]. ACS Catalysis, 2019, 9(6): 4834-4840.

[49] Dai Q, Liu L, Zhang J. Palladium/xiao-phos-catalyzed kinetic resolution of *sec*-phosphine oxides by *P*-benzylation [J]. Angewandte Chemie International Edition, 2021, 60(52): 27247-27252.

[50] Otsuka S, Nakanmra A, Kano T, et al. Partial resolution of racemic tertiary phosphines with an asymmetric palladium complex [J]. Journal of the American Chemical Society, 1971, 93(17): 4301-4303.

[51] Liu D, Zhang X. Practical P-chiral phosphane ligand for Rh-catalyzed asymmetric hydrogenation [J]. European Journal of Organic Chemistry, 2005: 646-649.

[52] Serreqi A N, Kazlauskas R J. Kinetic resolution of phosphines and phosphine oxides with phosphorus stereocenters by hydrolases [J]. Journal of Organic Chemistry, 1994, 59(25): 7609-7615.

[53] Wiktelius D, Johansson M J, Luthman K, et al. Biocatalytic route to P-chirogenic compotmds by lipase-catalyzed desynlmetrization of a prochiral phosphine-borane [J]. Organic Letters, 2005, 7(22): 4991-4994.

[54] Kagan H, Dang T P. Asymmetric catalytic reduction with transition metal complexes. Ⅰ. Catalytic system of rhodium(Ⅰ) with (–)-2,3-*o*-isopropylidene-2,3-dihydroxy-1,4-bis(diphenylphosphino)butane, a new chiral diphosphine [J]. Journal of the American Chemical Society, 1972, 94 (18): 6429-6433.

[55] Zhu G, Cao P, Jiang Q, et al. Highly enantioselective Rh-catalyzed hydrogenations with a new chiral 1,4-bisphosphine containing a cyclic backbone [J]. Journal of the American Chemical Society, 1997, 119 (7): 1799-1800.

[56] Lee S G, Zhang Y J, Song C E, et al. Novel 1,4-diphosphanes with imidazolidin-2-one backbones as chiral ligands: HighlyEnantioselective Rh-catalyzed hydrogenationof enamides [J]. Angewandte Chemie International Edition, 2002, 41 (5): 847-849.

[57] Miyashita A, Yasuda A, Takaya H, et al. Synthesis of 2,2′-bis(diphenylphosphino)-1,1′-binaphthyl (BINAP), an atropisomeric chiral bis(triaryl)phosphine, and its use in the rhodium(Ⅰ)-catalyzed asymmetric hydrogenation of *α*-(acylamino)acrylic acids [J]. Journal of the American Chemical Society, 1980, 102 (27): 7932-7934.

[58] Takaya H, Mashima K, Koyano K, et al. Practical synthesis of (*R*)- or (*S*)-2,2'-bis(diarylphosphino)-1,1′-binaphthyls (BINAPs) [J]. Journal of Organic Chemistry, 1986, 51 (5): 629-635.

[59] Cai D, Payack J F, Bender D R, et al. Synthesis of chiral 2,2'-bis(diphenylphosphino)-1,1′-binaphthyl (BINAP) via a novel nickel-catalyzed phosphine insertion [J]. Journal of Organic Chemistry, 1994, 59 (23): 7180-7181.

[60] Zhang X, Mashima K, Koyano K, et al. Synthesis of partially hydrogenated BINAP variants [J]. Tetrahedron Letters, 1991, 32 (49): 7283-7286.

[61] Saito T, Yokozawa T, Ishizaki T, et al. New chiral diphosphine ligands designed to have a narrow dihedral angle in the biaryl backbone [J]. Advanced Synthesis & Catalysis, 2001, 343 (3): 264-267.

[62] Hayashi T, Yamamoto K, Kumada M. Asymmetric catalytic hydrosilylation of ketones preparation of chiral ferrocenylphosphines as chiral ligands [J]. Tetrahedron Letters, 1974, 15 (49-50): 4405-4408.

[63] Togni A, Breutel C, Schnyder A, et al. A novel easily accessible chiral ferrocenyldiphosphine for highly enantioselective hydrogenation, allylic alkylation, and hydroboration reactions [J]. Journal of the American Chemical Society, 1994, 116 (9): 4062-4066.

[64] Sturm T, Xiao L, Weissensteiner W. Preparation of novel enantiopure ferrocenyl-based ligands for asymmetric catalysis [J]. Chimia International Journal for Chemistry, 2001, 55(9): 688-693.

[65] Chen C, Wang H, Zhang Z, et al. Ferrocenyl chiral bisphosphorus ligands for highly enantioselective asymmetric hydrogenation via noncovalent ion pair interaction [J]. Chemical Science, 2016, 7(11): 6669-6673.

[66] Yu J F, Long J, Yang Y H, et al. Iridium-catalyzed asymmetric hydrogenation of ketoneswith accessible and modular ferrocene-based amino-phosphine acid (f-Ampha) ligands [J]. Organic Letters, 2017, 19(3): 690-693.

[67] Han J, Zhou W, Zhang P C, et al. Design and synthesis of WJ-Phos, and application in Cu-catalyzed enantioselective boroacylation of 1,1-disubstituted allenes [J]. ACS Catalysis, 2019, 9(8): 6890-6895.

[68] Cram D J, Steinberg H. Synthesis and properties of derivatives of spiro[4.4]nonane [J]. Journal of the American Chemical Society, 1954, 76 (10): 2753-2757.

[69] Nieman J A, Parvez M, Keay B A. An improved synthesis and resolution of (±)-*cis*,*cis*-spiro[4.4]nonane-1,6-diol [J]. Tetrahedron: Asymmetry, 1993, 4 (9): 1973-1976.

[70] Chan A S C, Hu W, Pai C C, et al. Novel spiro phosphinite ligands and their application in homogeneous catalytic hydrogenation reactions [J]. Journal of the American Chemical Society, 1997, 119 (40): 9570-9571.

[71] Xie J H, Wang L X, Fu Y, et al. Synthesis of spiro diphosphines and their application in asymmetric hydrogenation of ketones [J]. Journal of the American Chemical Society, 2003, 125(15): 4404-4405.

[72] Birman V B, Rheingold A L, Lam K C. 1,1′-Spirobiindane-7,7′-diol: a novel, C_2-symmetric chiral ligand [J]. Tetrahedron: Asymmetry, 1999, 10(1): 125-131.

[73] Wang X, Han Z, Wang Z, et al. Catalytic asymmetric synthesis of aromatic spiroketals by SpinPhox/iridium(Ⅰ)-catalyzed hydrogenation and spiroketalization of α,α'-bis(2-hydroxyarylidene) ketones [J]. Angewandte Chemie International Edition, 2012, 51(14-15): 936-940.

[74] 许容华, 杨贺, 汤文军. P-手性膦配体促进的手性药物高效合成 [J]. 有机化学, 2020, 40(6): 1409-1422.

[75] Yang F, Xie J H, Zhou Q L. Highly efficient asymmetric hydrogenation catalyzed by iridium complexes with tridentate chiral spiro aminophosphine ligands [J]. Accounts of Chemical Research, 2023, 56(3): 332-349.

[76] Sen A, Chikkali S H. C_1-symmetric diphosphorus ligands in metal-catalyzed asymmetric hydrogenation to prepare chiral compounds [J]. Organic & Biomolecular Chemistry, 2021, 19(42): 9095-9137.

[77] Imamoto T. Synthesis and applications of high-performance P-chiral phosphine ligands [J]. Proceedings of the National Academy of Sciences, 2021, 97(9): 520-542.

[78] Liu X, Wen J, Yao L, et al. Highly chemo- and enantioselective hydrogenation of 2-Substituted-4-*oxo*-2-alkenoic acids [J]. Organic Letters, 2020, 22(12): 4812-4816.

[79] Hou F, Liu M, Ru T, et al. Chiral spirosiladiphosphines: Ligand development and applications in Rh-catalyzed asymmetric hydrosilylation/cyclization of 1,6-enynes with enhanced reactivity [J]. Chemical Science, 2023,14(17): 4641-4646.

[80] Yang H, Sun J W, Gu W, et al. Enantioselective cross-coupling for axially chiral tetra-orthosubstituted

biaryls and asymmetric synthesis of gossypol [J]. Journal of the American Chemical Society, 2020, 142(17): 8036-8043.

[81] Pearce-Higgins R, Hogenhout L N, Docherty P J, et al. An enantioselective Suzuki-Miyaura coupling to form axially chiral biphenols [J]. Journal of the American Chemical Society, 2022, 144 (33): 15026-15032.

[82] Gao C, Wilhelmsen C A, Morken J P. Palladium-catalyzed conjunctive cross-coupling with electronically asymmetric ligands [J]. Organic Chemistry, 2023, 88(3): 1828-1835.

[83] 杨慧, 游书力. 不对称有机催化: 手性分子合成新工具[J]. 科学, 2022, 74(1): 35-39.

[84] Akiyama T, Itoh J, Yokota K, et al. Enantioselective mannich-type reaction catalyzed by a chiral Brønsted acid [J]. Angewandte Chemie International Edition, 2004, 43(12): 1566-1568.

[85] Uraguchi D, Terada M. Chiral Brønsted acid-catalyzed direct mannich reactions via electrophilic activation [J]. Journal of the American Chemical Society, 2004, 126(17): 5356-5357.

[86] Akiyama T. Stronger Brønsted acids [J]. Chemical Reviews, 2007, 107(12): 5744-5758.

[87] Akiyama T, Saitoh Y, Morita H, et al. Enantioselective mannich-type reaction catalyzed by a Brønsted acid derived from TADDOL [J]. Advanced Synthesis & Catalysis, 2005, 347(11-13): 1523-1526.

[88] Voituriez A, Charette A B. Enantioselective cyclopropanation with TADDOL-derived phosphate ligands [J]. Advanced Synthesis & Catalysis, 2006, 348(16-17): 2363-2370.

[89] Luithle J E, Pietruszka J. Synthesis of enantiomerically pure cyclopropanes from cyclopropyl-boronic acids [J]. Journal of Organic Chemistry, 1999, 64(22): 8287-8297.

[90] Srimurugan S, Suresh P, Viswanathan B, et al. Facile synthesis and unusual methanesulfonylation reaction of (2*R*,3*R*)-1,4-dimethoxy-1,1,4,4-tetrasubstituted-2,3-butanediols [J]. Synthetic Communications, 2007, 37(15): 2483-2490.

[91] Hu X Y, Guo J X, Wang C, et al. Stereoselective biginelli-like reaction catalyzed by a chiral phosphoric acid bearing two hydroxy groups [J]. Beilstein Journal of Organic Chemistry, 2020, 16: 1875-1880.

[92] Gashaw A, Dereje K D. Recent progress on asymmetric multicomponent reactions via chiral phosphoric acid catalysis [J]. Journal of the Iranian Chemical Society, 2022, 19: 1593-1611.

[93] Jiménez E I. An update on chiral phosphoric acid organocatalyzed stereoselective reactions [J]. Organic & Biomolecular Chemistry, 2023, 21(17): 3477-3502.

[94] Li X, Song Q. Recent advances in asymmetric reactions catalyzed by chiral phosphoric acids [J]. Chinese Chemical Letters, 2018, 29(8): 1181-1192.

[95] Zhang J, Yu P, Li S Y, et al. Asymmetric phosphoric acid-catalyzed four-component Ugi reaction [J]. Science, 2018, 361(6407): eaas8707.

[96] Kallweit I, Schneider C. Bronsted acid catalyzed [6+2]-cycloaddition of 2-vinylindoles with *in situ* generated 2-methide-2*H*-pyrroles: Direct, catalytic, and enantioselective synthesis of 2,3-dihydro-1*H*-pyrrolizines [J]. Organic Letters, 2019, 21(2): 519-523.

[97] Yin Z Y, Guo J X, Zhang R, et al. Direct asymmetric three-component mannich reaction catalyzed by chiral counteranion-assisted silver [J]. Journal of Organic Chemistry, 2020, 85(16): 10369-10377.

[98] Che J, Niu L, Jia S, et al. Enantioselective three-component aminomethylation of α-diazo ketones with alcohols and 1,3,5-triazines [J]. Nature Communications, 2020, 11: 1511.

[99] Mo N F, Zhang Y, Guan Z H. Highly enantioselective three-component povarov reaction for direct construction of azaspirocycles [J]. Organic Letters, 2022, 24(35): 6397-6401.

[100] Ortega A, Manzano R, Uria U, et al. Catalytic enantioselective cloke-wilson rearrangement [J]. Angewandte Chemie International Edition, 2018, 57(27): 8225-8229.

[101] Zou X, Sun G, Huang H, et al. Catalytic enantioselective synthesis of 1,4-benzodioxepines [J]. Organic Letters, 2020, 22(1): 249-252.

[102] Bhosale V A, Nigríni M, Dračínský M, et al. Enantioselective desymmetrization of 3-substituted oxetanes: An efficient access to chiral 3,4-dihydro-2H-1,4-benzoxazines [J]. Organic Letters, 2021, 23(245): 9376-9381.

[103] Qian C, Li P, Sun J. Catalytic enantioselective synthesis of spirooxindoles by oxidative rearrangement of indoles [J]. Angewandte Chemie International Edition, 2021, 60(11): 5871-5875.

[104] Suneja A, Schneider C. Phosphoric acid catalyzed [4+1]-cycloannulation reaction of ortho-quinone methides and diazoketones: Catalytic, enantioselective access toward *cis*-2,3-dihydrobenzofurans [J]. Organic Letters, 2018, 20(23): 7576-7580.

[105] Zhou Q, Meng W, Yang J, et al. A continuously regenerable chiral ammonia borane for asymmetric transfer hydrogenations [J]. Angewandte Chemie International Edition, 2018, 57(37): 12111-12115.

[106] Bai H Y, Tan F X, Liu T Q, et al. Highly atroposelective synthesis of nonbiaryl naphthalene-1,2-diamine N-C atropisomers through direct enantioselective C-H amination [J]. Nature Communications, 2019, 10: 3063.

[107] Li T Z, Liu S J, Sun Y W, et al. Regio- and enantioselective (3+3) cycloaddition of nitrones with 2-indolylmethanols enabled by cooperative organocatalysis [J]. Angewandte Chemie International Edition, 2021, 60(5): 2355-2363.

[108] Yang H, Sun H R, He R Q, et al. Organocatalytic cycloaddition of alkynylindoles with azonaphthalenes for atroposelective construction of indole-based biaryls [J]. Nature Communications, 2022, 13: 632.

[109] Hannam M L, Hagger J A, Jones M B, et al. Characterisation of esterases as potential biomarkers of pesticide exposure in the lugworm Arenicola marina (Annelida: Polychaeta) [J]. Environmental Pollution, 2008,152(2): 342-350.

[110] 杨燕涛. 水稻害虫可持续治理中杀虫剂适用性评述[J]. 农药, 2007, 46(9): 580-585.

[111] 丁浩东, 万红友, 秦攀, 等. 环境中有机磷农药污染状况、来源及风险评价[J]. 环境化学, 2019(3): 463-479.

[112] 孔志明. 环境毒理学[M]. 南京: 南京大学出版社, 2004.

[113] 丁渭泉, 丁继承, 柳国全. 敌敌畏的水解分析法[J]. 化学世界, 1965(7): 35-37.

[114] 曲林姣, 王金鑫, 姜磊, 等. 基于植物酯酶-$Cu_3(PO_4)_2$ 杂化纳米花的酶抑制型方法检测敌敌畏残留[J]. 分析化学, 2021, 49(9): 1506-1514.

[115] 刘志英, 王少昆, 李社民. 敌敌畏乳油中无芳烃溶剂的开发动态[J]. 化工进展, 2002, 21(6): 437-438.

[116] 宾荣佩, 黄艺, 滕伟国, 等. 新剂型敌敌畏应用于桑树害虫的防治效果试验[J]. 广西蚕业, 2018, 55(3): 7-10.

[117] 刘建, 韩凤梅, 刘军, 等. 敌百虫在棉花和土壤中的残留研究[J]. 分析化学学报, 2009, 25(2): 139-142.

[118] 尹文林, 姚嘉赟, 盛鹏程, 等. 敌百虫在乌鳢体内和水环境中的代谢动力学及残留研究[J]. 安徽农业科学, 2017, 45(6): 41-42.

[119] 孙运光. 乐果毒性效应与 M 受体的研究[D]. 上海: 复旦大学, 2003.

[120] 张惠淳, 杨金琛, 黄均伟, 等. 乐果在柞树叶内的动态残留分析[J]. 北方蚕业, 2022, 43(1): 39-41.

[121] Scoy A, Pennell A, Zhang X Y. Environmental fate and toxicology of dimethoate [J]. Reviews of Environmental Contamination and Toxicology, 2016, 237: 53-70.

[122] 沈文静, 刘来盘, 刘标. 草甘膦在环境介质中的残留及对环境生物的影响[J]. 现代农药, 2023, 22(1): 27-36.

[123] 陈世国, 强胜, 毛婵娟. 草甘膦作用机制和抗性研究进展[J]. 植物保护, 2017, 43(2): 17-24.

[124] Charles M B. Trends in glyphosate herbicide use in the United States and globally[J]. Environmental

Sciences Europe, 2016, 28(1): 3.
[125] Liao Y, Berthion J M, Colet I, et al. Validation and application of analytical method for glyphosate and glufosinate in foods by liquid chromatography-tandem mass spectrometry [J]. Journal of Chromatography A, 2018, 1549: 31-38.
[126] 刘帅, 王腾, 王孜晔, 等. 草甘膦的水生生物水质基准及其生态风险评估[J]. 生态毒理学报, 2023, 18(1): 335-350.
[127] 郝雅琼, 黄泽春, 黄启飞, 等. 甘氨酸法生产草甘膦过程中母液产排节点与治理分析[J]. 环境科学研究, 2023, 36(6): 1210-1217.
[128] 马瑛. 甘蔗催熟剂的发展概况[J]. 农药工业, 1977, 16(6): 44-47.
[129] 郭国瑞, 朱如麟. 植物生长调节剂——增甘麟的合成[J]. 赣南师范大学学报, 1981, S2: 32-43.
[130] 徐洋, 职慧珍, 杨锦飞. 反应型磷酸酯阻燃剂的合成[J]. 塑料助剂, 2018(4): 27-29.
[131] Wendels S, Chavez T, Bonnet M, et al. Recent developments in organophosphorus flame retardants containing P—C bond and their applications [J]. Materials, 2017, 10(7): 784.
[132] 杨吉, 张永航, 范娟娟, 等. 聚磷酸酯阻燃剂复配蒙脱土及聚磷酸铵对环氧树脂阻燃性能的影响[J]. 中国科学(化学), 2020, 50(4): 489-497.
[133] Zhang D, Yang C, Ran H, et al. A new DOPO-eugenol adduct as an effective flame retardant for epoxy thermosets with improved mechanical properties [J]. Journal of Renewable Materials, 2022, 10(7): 1797-1811.
[134] 班大明, 徐春萍. 国内磷系阻燃剂在环氧树脂中的应用及研究进展[J]. 贵州师范大学学报(自然科学版), 2023, 41(3): 95-102.
[135] Zhou X, Qiu S, Mu X, et al. Polyphosphazenes-based flame retardants: A review [J]. Composites Part B, 2020, 202: 108397.
[136] 王会娅, 程哲, 卢林刚, 等. 新型环磷腈阻燃剂合成及其在环氧树脂中的应用[J]. 塑料, 2019, 48(5): 57-62.
[137] 董淑玲, 王红霞, 王彦林. 无卤磷腈阻燃剂的合成及在 PVC 中的应用[J]. 工程塑料应用, 2021, 49(6): 144-147

第 5 章

磷元素分析化学

5.1 磷元素分析的意义和目的

磷元素分析化学就是利用分析化学理论定性或定量分析含磷样品中磷元素存在的形态及磷元素的含量。含磷样品涉及有机化工原料及产品、无机化工原料及产品、核材料、核燃料及矿石、无机试剂、其他非金属矿、表面活性剂及日用化工产品等。此外，环境监测，如水质的评估就涉及磷元素的分析。食品、畜牧饲料、药物分析和临床检验等都涉及磷元素的分析。因此磷元素的分析涉及采矿冶金、环境监测、食品安全、种植业和养殖业、医药医疗等领域。

磷化工是以磷矿石为原料，经过一系列化学反应，制备含磷化工产品的工业。其产品在工业、国防、尖端科学和人民生活中已被普遍应用。其产业链见图 5-1[1-3]。磷元素分析是制备磷产品过程和黄磷及含磷化工产品的质量控制不可缺少的手段。例如，电炉法制磷工艺[4]磷矿石和硅石构成的混合料中，当磷矿石的 P_2O_5 含量大于 25%时，每吨黄磷生产的电耗低。然而 P_2O_5 每降低 1%，每吨磷电耗将增加 300～350 kW·h，磷回收率下降 0.5%左右。因此，为满足生产的要求（磷的生产成本），磷矿石和硅石的混合料中 P_2O_5 含量需控制在 22%～25%。可见磷矿石中 P_2O_5 含量测定对电炉法生产黄磷能耗控制具有重要的意义。

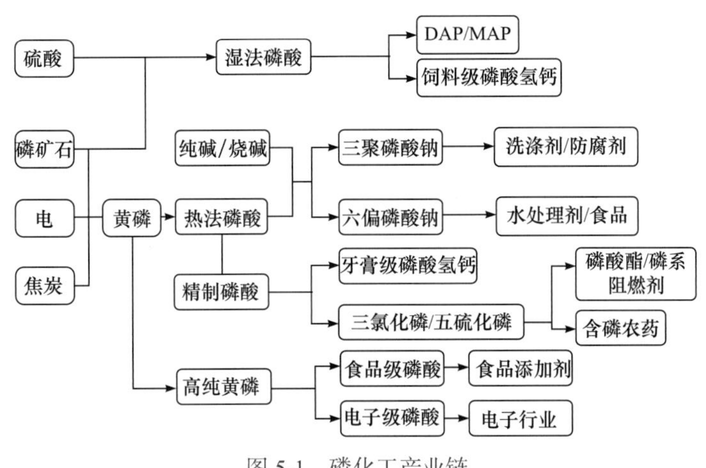

图 5-1　磷化工产业链

煤中磷含量不高，一般为 0.001%～0.1%，最高不超过 1%，但其是有害元素之一，在炼焦时磷进入焦炭，炼铁时磷又从焦炭进入生铁，磷含量超过 0.05%时就会使钢铁产生冷脆性；含磷煤作为锅炉燃煤时，由于煤中磷主要是无机磷如磷灰石，无机磷沸点很高（一般为 1700℃以上），所以在煤灰化过程中胶结成一些飞灰微粒，在锅炉加热面形成难于消除的沉积物，严重影响锅炉效率[5]。因此煤中磷含量分析是检测煤质的手段，对冶金、焦用煤和动力用煤等方面具有指导意义。

天然水中的磷含量通常很少，一般不应超过 0.1 mg/L，而生活污水中磷含量比较大，其主要来源于合成洗涤剂和人类食品及动物饲料的代谢产物。化肥、农药、合成洗涤剂、冶炼等行业的工业废水中磷含量也较高。由于化肥和有机磷农药的大量使用，农田排水中会含有大量的磷。这些含磷的污水和废水排入天然水域就会造成水体污染。受到污染的水域中，磷被生物逐渐富集，使得藻类异常增殖，水质恶化，这一过程称为“富营养化”。“富营养化”造成藻类大量增殖和腐烂，而增殖和腐烂过程需要氧，因此水中的溶解氧消耗，危害鱼类等水生动物的生长；藻类大量增殖还降低水的透明度，使污染水域带有腥味。污染水域理化性质的变化，降低了水资源的饮用、游览和养殖等方面的利用价值。浅水湖泊严重的富营养化往往导致湖泊沼泽化，致使湖泊内水生物死亡。因此，对排放的污水和废水及天然水体中磷含量的分析对于保护水质，控制危害具有重要的意义。

污水和废水及天然水体中磷含量的传统分析是测定水体中的总磷，但总磷的高低不能有效地揭示水体中藻类疯长或暴发水华的过程与机制。磷在水体以及沉积物中存在的形态各异[6-8]，不同形态的磷的生物活性及其在水环境中的迁移、循环和转化对环境的影响和反馈作用不同，因此，分析磷在水体以及沉积物中的存在形态，对于揭示磷在水体、沉积物、生物体系统中的作用过程与机制，水环境质量评价、预测污染状况、维系生态平衡具有重要的意义。

磷是植物生长必需的重要元素之一，我国耕地土壤中全磷的含量为 0.17～1.09 g/kg，大部分土壤中磷的含量为 0.43～0.66 g/kg。人们一般通过施用磷肥的方法来解决土壤磷元素不能满足植物生长需要的问题。施入土壤中的磷肥并不能完全被植物所利用，大部分磷肥被土壤固定，被固定的磷元素包括无机磷和有机磷[9,10]。无机磷在土壤中主要以钙、铁、铝等磷酸盐的形式存在，吸附在铝、钙、铁、氟等化合物中，这使得无机磷的溶解度相差很大，有的很容易溶解，有些很难溶。土壤中的有机磷主要是以磷酸酯形式存在，可分为五类：磷脂、核酸、肌醇磷酸酯、磷酸酯类和核苷酸。其中肌醇磷酸酯、磷脂和核酸这三种是主要形式。有机磷化合物在土壤当中占据着较高的比重，我国土壤有机磷的含量一般占到总磷的 25%～45%。由于肌醇磷酸盐含量较高且极难溶，因此有机磷不易被植物吸收，对于植物的营养作用不大，只有当有机磷转化成为能被植物吸收的磷才能被利用。这种植物能够有效利用的磷元素称“有效磷”。它由全部水溶性磷、部分吸附态磷及有机态磷组成。因此，测定土壤中磷元素的总量、存在的形态和有效磷能了解土壤中有效磷的供应状况，既能指导磷肥的施用，又能避免过量使用磷肥对土壤造成的伤害，对生态建设和农业生产有着重要的意义。

磷元素是动物体的重要组成元素之一，是构成核酸、多种酶以及生物膜不可缺少的元素，在生长发育、能量供应、脂肪与碳水化合物的代谢、酸碱平衡的调节等方面都有着十分重要的作用，是畜禽和水生动物所必需的矿物元素。动物饲料中磷元素的缺乏会使得畜禽和水生动物出现骨骼、牙齿发育不正常，食欲不振。如果磷过量则会导致甲状腺功能亢进、肾功能障碍、骨质疏松易碎、精神不振甚至崩溃，破坏其他矿物质的平衡。因此畜禽和水生动物饲料中的磷含量是评价饲料质量的一项重要指标，此外饲料中磷也是造成我国农村生态污染的重要污染物之一。首先，饲料中的磷被动物日常摄取后在体内进行吸收，其中一部分磷会被动物代谢出去，因此排泄物中会含有较多磷元素。这些粪尿被当作肥料施于土地后，就使得土地中的磷不断累积增多，最终导致磷元素失衡。其次，畜禽粪尿的管理不当会使磷元素直接被排放到河流中，土壤中富集的磷元素也会渗透到地表，因雨水等流入附近水域，河流与湖泊中出现磷污染。因此，科学地测定饲料中的总磷含量与畜禽日粮中磷酸盐的添加量在提高畜禽饲养效率，控制磷的排放量，改善水体水质及生态环境，减少环境中的磷污染等方面具有指导意义。

在农产品种植过程中，为防止病、虫害对农产品生长的影响，确保农产品健康生长，得到更多的农产品满足人类生活中必不可少的食物需要，农药的使用是必需的。一些有机磷化合物具有神经毒性，因此从 20 世纪 40 年代开始，有机磷类化合物作为农药在世界范围内迅速推广。商品化有机磷农药分为有机磷杀虫剂、除草剂和杀菌剂，如对硫磷、马拉硫磷和草甘膦等。在农产品生产过程中，使用农药后，农产品因农药分解不完全或因时间短来不及分解，农产品会残留极微量的农药。若残留超过一定的量，即农药残留超标，这些农药残留超标的农产品被人们食用之后，就会危害人体健康。因有机磷农药影响人的神经，所以摄入有机磷农药残留超标的农产品，会影响人体的神经中枢，严重时会导致神经痉挛直至坏死。食用有机磷农药残留超标的农产品，体内生化过程会发生变化，严重者会引起肝脏肿大或坏死[11]。某些有机磷农药含有致突变物质，可能存在一定的遗传毒性[12-15]，若食用过多的农药残留量超标的农产品，就会使致突变物质进入人体。若把致突变物质遗传给后代，就会影响后代的健康，严重的时候会导致后代畸形，对后代的寿命产生影响。长期食用农药残留超标的农产品，会导致人体产生慢性农药中毒，进而导致人体倦乏、头痛、食欲不振、肝肾损害等反应。许多农药具有明显的致癌作用，这类农药残留量超标，致癌性会直接作用于人体，对人体造成危害。

农产品上市前的农药残留量检测，可以清楚地了解农产品的农药残留量，避免因为农产品中的农药残留超标引起群体中毒的现象。有机磷农药在农产品中残留是引起群体中毒的罪魁祸首之一。人体摄入 1 mg/kg 的有机磷农药时就会发生中毒现象，因此可根据人体有机磷中毒的标准设定农产品中有机磷残留的标准。在农产品农药残留检测中对农产品中的有机磷农药残留进行检测，可以判断农产品中农药残留的量是否超标，从而防止农产品食用后对人体造成的危害，因此农产品中有机磷含量检测对人们的饮食健康具有重要的意义。此外检测农产品中的农药残留可以了解农产品种植中农药使用现状，便于及早地发现农药残留超标的农产品并加以处理，还可指导农产品生产者安全用药。另外食物中毒发生后，有机磷的检验对于快速筛查出是否是有机磷农药所致，对于及时抢救伤者具有重要意义。

20 世纪 40 年代人类利用有机磷化合物具有损害人的神经的特殊毒性来研制化学武

器，如沙林（甲氟膦酸异丙酯）、梭曼（甲氟磷酸频哪酯）和 VX(*O*-乙基-*S*-[2-(二异丙氨基)乙基]甲基硫代磷酸酯)。因此，有机磷化合物分析对预防化学武器和抢救化学武器中毒者具有重要意义。

磷元素分析具有重要的临床意义。例如，碱性磷酸酶是肝功能检查当中的项目，若碱性磷酸酶升高，配合其他检验，对于诊断患者是否有胆道梗阻，及制定治疗方案有一定指导意义。血清无机磷的临床检验中，血清无机磷升高对于诊断患者是否患有甲状旁腺功能减退或慢性肾功能不全等有一定的临床意义。而血清无机磷降低对于诊断患者是否患有原发性或继发性甲状旁腺功能亢进和维生素 D 缺乏及肾小管病变，如 Fanconi 综合征等具有重要的参考价值。

由于有机磷阻燃剂作为溴系阻燃剂主要替代品，其生产量和使用量逐年上升。而其中的有机磷酸酯主要是以非化学键合方式加入到材料中，这就提高了该类物质释放到周围环境中的概率，使得空气中有机磷含量增加，这可能会对人体产生直接影响，因此对人们活动周围的空气中有机磷化合物监测就显得重要。

综上所述，磷元素分析对所有的含磷产品和涉及磷化合物的领域必不可少。

5.2 磷元素分析样品的制备

磷元素分析样品的制备，即分析样品的前处理是磷元素分析的必不可少的步骤[16,17]。无论是化学分析还是仪器分析，在分析前几乎所有的磷元素分析样品都需制备成溶液。而磷元素分析样品的来源非常广泛，包括各种水样，如湖水、海水、自来水和各类污水等；动、植物组织样品，如动物血液及内脏样品和各种植物新鲜、风干样品等；矿石、土壤及磷化工产品等。这些样品除一些磷化工产品能直接制备成分析样品溶液外，其他样品都不能直接制备成溶液。许多样品以多相非均态的形式存在，如污水样品中含有乳液、固体微粒和悬浊物；土壤和湖泊沉积物中含有水分、植物纤维、砂砾和石块等。这些样品不经前处理是不能进行分析测定的。有些样品基质成分很复杂，它们会干扰磷元素的分析，使分析误差增大，影响分析结果的准确度，甚至使磷元素分析无法进行，这就需要将磷元素与基质分离，从而消除基质干扰；此外有些样品磷元素含量极低，低于方法的检测限而无法检测，这就需要浓缩以提高检测方法的灵敏度，降低检测限。对磷化合物含量低的样品在前处理时还可通过衍生化和其他反应，使被测物质转化为检测灵敏度更高的物质或转化为不受基质组分干扰的物质，从而提高方法的灵敏度和选择性，可见样品中磷化合物含量过低，提取和浓缩是磷化合物分析中一个重要的前处理步骤。样品经过前处理还可保护分析仪器及检测系统，如污水样品中的蛋白质、脂肪等在前处理过程中除去就可避免高速液相色谱分离柱堵塞，从而提高仪器的性能和延长仪器使用寿命。

磷元素分析样品的制备就是使其符合所选定的分析方法。例如，液相色谱分析和气相色谱分析，若样品制备不恰当，即使先进的分析设备，最好的进样手段，惰性高效的分析柱，完善的数据处理技术，也不能得到满意的信息。因此分析方法成功与否，常常取决于是否有合适的制备方法。

分析样品的前处理在整个样品分析过程中（样品分析包括样品采集、样品前处理、分析测定和数据处理与报告结果四个步骤）耗时是最多的，据统计约占整个分析时间的 2/3。分析样品前处理所用的时间是样品分析测定所用的时间的十几倍，甚至几十倍。往往一个样品前处理需几小时甚至几十小时，而分析只需几分钟至几十分钟。目前由于新的分析技术和新的分析方法的广泛应用，分析仪器灵敏度更高、分析速度更快、适应范围更广，因此分析样品的前处理就显得更为重要。快速、简便、自动化和环境友好性的样品前处理技术不仅省时、省力，而且避免有机溶剂的大量使用而造成环境污染；同时可以减少因不同人员操作及样品多次转移引起的误差。为此，本章在介绍磷元素分析方法时，重点放在分析样品的制备，也就是样品的前处理上。

5.2.1 磷元素样品总磷分析的样品制备

样品总磷就是样品中各种形态存在的磷元素的总量，包含无机磷化合物和有机磷化合物所含的磷元素。样品的前处理就是将样品中所有形态的磷元素全部转化为 PO_4^{3-}，这就需要破坏样品中原有的磷元素存在的形态。目前的处理方法有干法、湿法、碱熔法和酸溶解法等。

1. 干法

干法又称灼烧法，是利用高温使固体物质达到脱水、分解或除去挥发性杂质的目的。有机物通过灼烧使有机物的碳、氢、氮和硫等元素转化成可挥发性的物质除去。样品中的磷元素以无机磷的形式存在于灼烧残渣，即灰分中。此法一般用于饲料、食品和动、植物风干样品的总磷测定的分析样品制备。

干法操作[18]：准确称取一定量的试样（一般为 2～5 g，精确至 0.0002 g）于 10～30 mL 瓷坩埚中，在电炉上小心炭化，再放入高温炉，在 550℃灼烧 3 h，取出冷却，加入 10 mL 1∶1（V_{HCl}∶V_{H_2O}）盐酸溶液和浓硝酸溶液数滴，小心煮沸约 10 min，冷却后转入 100 mL 容量瓶中，用水稀释至刻度，摇匀，为试样分解液即总磷测试溶液。

干法处理的试样分解液一般会出现浑浊，会影响测试结果的准确度，尤其是测定总磷的重量法和光谱法。处理方法如下。

（1）盐酸溶液溶解后，用分析滤纸过滤到 100 mL 容量瓶中，并用蒸馏水洗涤坩埚和滤纸至少三次，然后用水稀释至刻度，摇匀，作为总磷测试溶液。

（2）没过滤的试样分解液放置澄清，取上清液供总磷测试，杨冬月[19]通过试验证实放置时间至少 2 h，最好过夜（12～20 h），可保证检测结果的准确度。

2. 湿法

湿法又称消解法，就是在中性或酸性介质中，利用氧化剂的氧化能力分解试样，将试样中的磷元素全部转化为 PO_4^{3-}。湿法因氧化剂不同可分为以下几种。

1）硝酸-高氯酸消解

硝酸-高氯酸消解一般用于饲料、食品和动、植物样品及各种水样的总磷测定的分析样品制备。

对于饲料、食品和动、植物等固体样品，硝酸-高氯酸消解法的操作[18]：准确称取一定量的试样（一般 0.5～5 g，新鲜动、植物样品适当增大样品量，精确至 0.0002 g）置于凯氏烧瓶中加入浓硝酸 30 mL，小心加热煮沸至黄烟逸尽，稍冷，加入浓高氯酸 10 mL，继续加热至高氯酸冒白烟（不得蒸干！）且溶液基本无色，冷却，加水 30 mL，加热煮沸，冷却后转入 100 mL 的容量瓶，定容至刻度，摇匀，即为试样分解液。

对于各种水样，硝酸-高氯酸消解法的操作[20]：准确量取一定体积（一般为 25.00 mL）的试样于锥形瓶中，加数粒玻璃珠，加 2 mL 浓硝酸在电热板上加热浓缩至 10 mL。冷却后加 5 mL 浓硝酸，再加热浓缩至 10 mL，放冷。加 3 mL 浓高氯酸，加热至高氯酸冒白烟，此时可在锥形瓶上加小漏斗或调节电热板温度，使消解液在锥形瓶内壁保持回流状态，直至剩下 3～4 mL，放冷。加水 10 mL，加 1 滴酚酞指示剂，滴加浓度为 1.0 mol/L 或 6.0 mol/L 氢氧化钠至溶液刚呈微红色，再滴加 0.5 mol/L 硫酸溶液使微红刚好退去，充分混匀。移至 50 mL 具塞（磨口）刻度管或 50 mL 的容量瓶中，用水稀释至标线。

2）过硫酸钾消解

过硫酸钾消解只适用于各种水样总磷测定的分析样品的制备。过硫酸钾消解需在中性介质中进行，若水样用硫酸保存，应先将试样调至中性。

过硫酸钾消解法的操作过程[20]：准确量取一定体积（一般为 25.00 mL）的试样于 50 mL 具塞刻度管中，加 4 mL 浓度为 50 g/L 过硫酸钾溶液，将具塞刻度管的盖塞紧后，用一小块布和线将玻璃塞扎紧（或用其他方法固定），放在大烧杯中置于医用手提式蒸气消毒器或一般压力锅（1.1～1.4 kg/cm^2）中加热，待压力达 1.1 kg/cm^2，相应温度为 120℃时，保持 30 min 后停止加热。待压力表读数降至零后，取出放冷。然后用水稀释至标线。

3）硫酸-高氯酸消解

硫酸-高氯酸消解可用于土壤总磷测定的分析样品制备。高氯酸是一种强氧化剂，能氧化有机质，分解矿物质，而且高氯酸的脱水作用很强，有助于胶状硅脱水，并能与 Fe^{3+}形成配合物，在磷元素的比色测定中抑制了硅和铁的干扰。硫酸的存在提高消化液的温度，同时防止消化过程中溶液蒸干，以利于消化作用的顺利进行。

硫酸-高氯酸消解制备土壤总磷测定的分析样品过程[21]：准确称取一定量（一般 0.5～1.0 g，精确至 0.0001 g）的通过 100 目筛子的风干土样置于 50 mL 凯氏瓶（或 100mL 消化管）中，以少量水湿润后，加 8～10 mL 浓 H_2SO_4，摇匀后，再加浓 $HClO_4$ 10 滴，摇匀，瓶口上加一个小漏斗，置于电炉上加热消煮至溶液开始转白后继续消煮 20 min。全部消煮时间为 40～60 min。将冷却后的消煮液转入 100 mL 容量瓶中（容量瓶中事先盛水 30～40 mL），用水冲洗凯氏瓶（用水应根据少量多次的原则），轻轻摇动容量瓶，待完全冷却后，加水定容。静置过夜，次日小心地吸取上层澄清液进行磷的测定；或者用干的定量滤纸过滤，将滤液接收在 100 mL 干燥的三角瓶中待测定。

4）王水消解

王水消解可用于磷矿石总磷测定的分析样品制备。

王水消解的操作过程[22]：准确称取一定量（一般称取 1 g，精确至 0.0001 g）试样置于 250 mL 烧杯中，用少量水润湿，小心加入 15 mL 浓盐酸、5 mL 浓硝酸，盖上表面皿，混匀，在低温电热板上加热至沸，保持微沸 15 min 后将表面皿移开一部分，继续加热 3～5 min，以逐出二氧化氮烟雾（溶液体积应不小于 8 mL），取下烧杯，用水冲洗表面皿和烧杯内壁，冷却后移入 250 mL 容量瓶中，定容至刻度，摇匀。用慢速定量滤纸过滤，滤液为总磷分析液。

5）盐酸-硝酸-氢氟酸消解

盐酸-硝酸-氢氟酸消解是用盐酸、硝酸、氢氟酸分解样品，用高氯酸将磷氧化成正磷酸，并通过高氯酸烟雾驱尽氟，若有不溶残渣，以碳酸钠熔融，水浸取液与消解液合并为总磷测定的分析液。盐酸-硝酸-氢氟酸消解一般用于磷铁中总磷测定样品的制备。

盐酸-硝酸-氢氟酸消解的操作过程[23]：准确称取一定量（一般 0.2 g，精确至 0.0001 g）的试样置于 250 mL 聚四氟乙烯烧杯中，加 10 mL 浓硝酸、10 mL 浓盐酸，滴加 5 mL 浓氢氟酸，低温加热溶解 10 min，加入 10 mL 浓高氯酸，继续加热高氯酸冒烟至溶液体积约 4 mL，取下稍冷，加 5 mL 浓硝酸和 50 mL 水，加热溶解盐类，冷却至室温，移入 250 mL 容量瓶中，定容至刻度，摇匀。

上述操作加热溶解盐类后若有残渣，则将试液用加有纸浆的慢速定量滤纸过滤至 250 mL 容量瓶，用热水洗涤三至五次，将残渣全部移至滤纸上，用热水洗净滤纸和残渣，滤液和洗液作为主液保存。将滤纸和残渣置于铂坩埚中，烘干、灰化，于高温炉中 900℃灼烧 10 min，取出待铂坩埚冷却至室温，加入固体碳酸钠，置于约 800℃高温炉中。缓慢加热至 1000℃，熔融 5 min，取出待铂坩埚冷却后，置于 250 mL 烧杯中，加入 50 mL 热水，加热溶解盐类，洗出铂坩埚，冷却至室温，溶液并入主液，定容至刻度，摇匀。

3. 碱熔法

碱熔法是在碱性介质中，利用高温分解样品，使样品中的磷元素转化为正磷酸盐，然后用水浸出得到测定总磷的样品溶液。此法分为 Na_2CO_3 熔融法和 NaOH 熔融法，Na_2CO_3熔融法分解样品完全，但操作手续较繁，且需要铂金坩埚；NaOH 熔融法不需铂金坩埚，可在银或镍坩埚中比较完全分解样品，且方法简便。目前我国已将 NaOH 碱熔法列为土壤、磷矿石等的总磷分析样品制备的国家标准。

NaOH 熔融法的操作过程[22]：准确称取一定量的试样（一般为 0.25～1.0 g，精确至 0.0001 g）置于盛有 4 g NaOH 的银（或镍）坩埚中，上面再覆盖 4 g NaOH，盖上坩埚盖并留有缝隙，置于高温炉中，从低温缓慢升高温度至 650～700℃，保持 10 min。取出坩埚并转动，稍冷，置于 250 mL 烧杯中，加入 70～80 mL 沸水，立即盖上表面皿，待熔融物脱落后，用热水和少量 1∶9（V_{HCl}∶V_{H_2O}）盐酸溶液洗净坩埚和盖（用带橡皮头的玻棒擦洗）。在不断搅拌下，立即加入 30 mL 浓盐酸酸化，加热煮沸至溶液清亮。将溶液冷却至室温，移入 250 mL 容量瓶中，定容至刻度，摇匀，用慢速定量滤纸过滤。滤液即为总磷分析溶液。

4. 酸溶解法

酸溶解法一般用于磷化工产品、饲料矿物质预混料等总磷的分析样品的制备。样品中磷元素的氧化数为+5，如磷酸盐、焦磷酸盐和多聚磷酸等，一般用盐酸溶解；而氧化数低于+5，如次磷酸、亚磷酸等，一般用硝酸溶解。

盐酸溶解法的操作过程[18]：准确称取试样（一般 0.2～1.0 g，精确至 0.0001 g）于 100 mL 烧杯中，缓缓加入 1∶1（V_{HCl}∶V_{H_2O}）盐酸 10 mL，使其全部溶解，冷却后转入 100 mL 容量瓶中，用水稀释至刻度，摇匀，为试样总磷的分析液。

硝酸溶解是在样品中加入浓硝酸，加热使样品溶解后加水，继续加热至沸，驱出 NO_2 黄色气体。硝酸溶解也可用于土壤和磷矿石中总磷，但溶解液需过滤后才能作为总磷测定的分析液。

5.2.2 有机磷化合物分析的样品制备

有机磷化合物是指含碳-磷键的化合物或含有机基团的磷酸衍生物。磷酸分子中的氢原子被烃基取代的衍生物称为磷酸酯。有机磷化合物大多是磷酸酯类有机衍生物。例如，普遍存在于生物体中的核酸便含有大量的磷酸酯基团。表 5-1[24]所示的有机磷农药大多是磷酸酯类。

表 5-1 有机磷农药种类

类型	通式	示例	特点	抑制 AChE
磷酸酯 (phosphateester)	$(OR)_2P(=O)OX$	敌敌畏、对氧磷	杀虫效率高、见效快	不可逆抑制
二硫代磷酸酯 (phosphorodithioate)	$(OR)_2P(=S)SX$	甲拌磷、马拉硫磷	见效快	氧化后不可逆
氟磷酸酯 (fluorophosphates)	$(OR)_2P(=O)F$	丙氟磷	对人畜毒性很高	不可逆抑制
膦酸酯 (phosphonate)	$(OR)_2P(=O)CX$	敌百虫	杀虫作用快	不可逆抑制
硫代磷酸酯 (thiophosphate)	$(OR)_2P(=S(O))O(S)X$	对硫磷、内吸磷	效果快	不可逆抑制
焦磷酸酯 (pyrophosphate)	$O=P(RO)_2-O-P(RO')_2=O$	四乙基焦磷酸酯	杀虫效果好、极易水解	不可逆抑制

注：其中“R”绝大多数为烷基，“X”部分的结构是多种多样的。

土壤中有机磷的主要类型为核酸及其衍生物、磷脂、植素，这些都是磷酸酯类衍生物[9,10]。磷酸分子中的羟基被烃基取代的衍生物称为膦酸，膦酸分子中的 1 或 2 个羟基被烃基取代后的衍生物分别为二元膦酸和一元膦酸（磷酸中的羟基全部被烃基取代后的化合物命名为“××氧膦”)，相应地，膦酸分子的羟基的 H 部分或全部被烃基取代即为膦酸酯，如广泛使用的植物生长调节剂草甘膦就是膦酸酯类化合物。可见磷酸酯和膦酸酯的区别是磷酸酯中只存在 P—O 键，而膦酸酯中存在 C—P 键。

磷酸酯和膦酸酯都易溶于有机溶剂，如乙醚、苯、三氯甲烷、正己烷、苯、乙醇等，不易溶于丙酮、水等极性溶剂。它们在不同的有机溶剂中的溶解度也不同，这是不同的磷酸酯或膦酸酯能用溶剂法分离的理论基础，如磷脂类的卵磷脂和脑磷脂均溶于乙醚而不溶于丙酮和乙酸乙酯，但卵磷脂溶于乙醇而脑磷脂不溶，故可将卵磷脂和脑磷脂分离。膦酸盐是难挥发的固体，难溶于有机溶剂，但可溶于水和醇。有机磷化合物的分析样品的制备就是根据不同的有机磷化合物在不同的溶剂中的溶解度不同而选用不同的溶剂提取纯化，达到与其基质及杂质分离的目的。

有机磷化合物样品有固体样品、液体样品和气体样品。固体样品有土壤、矿石、动植物组织和固体有机磷化工产品等，如大豆磷脂；液体样品有各种水样及液体有机磷化工产品，如有机磷增塑剂和阻燃剂及有机磷农药；气体样品有工厂废气和室内外空气。但气体样品相对于固体样品和液体样品基质成分要简单得多。且气体样品采样主要是动力采样法，即固体吸附法，这等同于液体样品的固相萃取；另外被动采样法，即固相微处理，也等同于液体样品的顶空萃取法。因此本章将不介绍气体样品的前处理。只讨论有机磷化合物固体样品和液体样品前处理。表 5-2[16,25]是按有机磷化合物固体样品和液体样品分类的前处理技术。

表 5-2 有机磷化合物样品前处理技术

固体样品前处理技术	液体样品前处理技术
溶剂浸提	液液萃取（LLE）
索氏提取	旋涡辅助液液萃取（VALLE）
加速溶剂萃取（ASE）	分散液液萃取（DLLE）
超临界流体萃取（SFE）	固相萃取（SPE）
QuEChERS 法	固相微萃取（SPME）
基质固相分散（MSPD）萃取	搅拌棒吸附萃取（SBSE）
微波辅助萃取（MAE）	分散固相萃取（DSPE）
超声辅助萃取（UAE）	磁性固相萃取（MSPE）
	圆盘固相萃取（DSPE）
	分子印迹聚合物（MIP）法
	浊点萃取（CPE）法

1. 固体样品前处理技术

1）溶剂浸提

溶剂浸提就是利用“相似相溶”的原则，对于风干样品和新鲜样品等选用适当的溶剂浸泡一定时间，然后通过过滤或离心提取有机磷化合物。例如，用丙酮、乙腈或丙酮和正己烷混合溶液等有机溶剂提取有机磷农药残留。在浸泡过程中可适当加热或机械振荡或利用超声波振荡提取。溶剂浸提法的步骤一般为：溶剂的选择、样品的粉碎（样品粒度越小越好）、浸提、过滤或离心等。当然不同的样品、不同的目的都要选择不同的溶剂和操作步骤。

2）索氏提取

索氏提取法[25]（Soxhlet extractor method）又名连续提取法，图 5-2[26]为索氏提取器，其利用溶剂的回流和虹吸原理，对固体混合物中目标物进行连续提取。因此适用于风干样品和新鲜样品。提取前将固体物质放在滤纸套内，放置于图 5-2 的提取管中，提取时溶剂（溶剂多为低沸点的有机溶剂，如三氯甲烷 61.2℃，乙酸乙酯 76.5～77.5℃）蒸气通过导气管（图 5-2 中的连接管）上升，被冷凝为液体滴入提取管中。当溶剂的液面超过索氏提取器的虹吸管时发生虹吸，提取管中的溶剂流回圆底烧瓶内，当回流入烧瓶溶剂再次被加热蒸发，溶剂蒸气经冷凝的液体又超过索氏提取器的虹吸管而发生虹吸。如此反复，溶于溶剂的目标物随着溶剂流回圆底烧瓶内，富集在烧瓶中。由于溶剂反复利用，缩短了提取时间，因此索氏提取法与普通的溶剂提取法相比节省了时间和溶剂，并提高了提取效率。

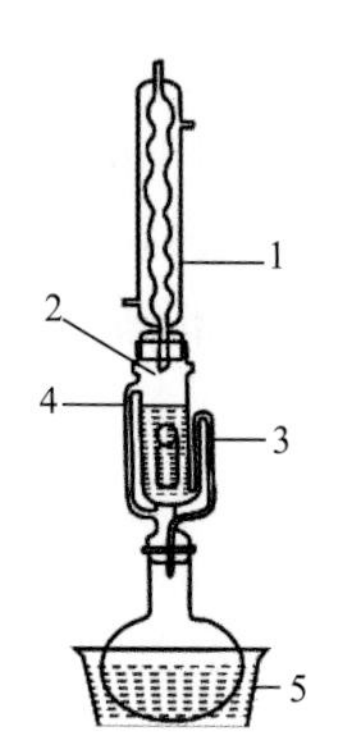

图 5-2　索氏提取器

1. 冷凝管；2. 提取管；3. 虹吸管；4. 连接管；5. 提取瓶

3）加速溶剂萃取

加速溶剂萃取[16,25,27-29]（accelerated solvent extraction，ASE）或加压液体萃取（pressurized liquid extraction, PLE）是 20 世纪末 Richer 等介绍的一种全新萃取方法，是在一定的温度（50～200℃）和压力（10.3～20.6 MPa）下用有机溶剂萃取固体或半固体的自动化萃取方法。此法因提高温度，极大地减弱由范德华力、氢键、目标物分子和样品基质活性位置的偶极吸引所引起的相互作用力。且温度的提高使溶剂的黏度降低，有利于溶剂分子向基质扩散，这样就加快目标物从基质中解吸快速进入溶剂，从而提高了目标物的溶解能力。增加压力使溶剂的正常沸点提高，确保溶剂在萃取过程中一直保持液态。另外在加压下，可将溶剂迅速加到萃取池和收集瓶。

加速溶剂萃取基本是自动化。加速溶剂萃取仪自动完成萃取，全过程仅需 13～17 min。而且可选择不同的溶剂先后萃取同一样品，也可用同一溶剂萃取不同的样品。

土壤、黏土、淤泥和废物固体等复杂样品的前处理，溶剂浸出和经典的索氏法耗时且回收率低。虽自动索氏萃取、微波消解、超声萃取和超临界萃取等方法有了很大的进步，但有机溶剂的用量仍然偏多，萃取时间较长，萃取效率还不够高。快速溶剂萃取突出优点就是有机溶剂用量少，10 g 样品仅需 10 mL 溶剂；快速，完成一次萃取全过程仅需 15 min；基质影响小，可进行固体和半固体（样品含水量 75%以下）样品萃取，对不同的基质都是相同的萃取条件；方法灵活方便，已成熟的溶剂萃取方法都可用快速溶剂萃取法替代；自动化程度高，可根据需要对同一样品进行多次萃取或改变溶剂萃取，所有萃取全自动控制；回收率高、重现性好；使用方便、安全性好。

尽管加速溶剂萃取是近年才发展的新技术，但其由于突出的优点，已受到分析化学界的极大关注。加速溶剂萃取已在环境、药物、食品和聚合物工业等领域得到广泛应用。在土壤、污泥、沉积物、大气颗粒物、粉尘、奶制品、谷物、茶叶、陆生和水生动物肉类、蔬菜和水果等样品中的有机磷化合物的萃取也得到广泛应用。有机磷农药萃取的研究结果表明加速溶剂萃取法测定甲拌磷、二嗪磷和乙拌磷等 12 种农药的回收率在74.8%～112.3%之间，优于液液萃取法（68.0%～109.1%）和索氏提取法（64.5%～123.0%）。

【示例】朱晓兰等[30]采用加速溶剂萃取法萃取土壤中的有机磷农药的操作：准确称取 10 g 土壤样品、20 g 无水 Na_2CO_3、0.5 g 中性氧化铝和 0.2 g 活性碳，混匀后装入 34 mL 的萃取池中。所用溶剂为丙酮和甲醇（1∶1，体积比）混合溶剂，温度60℃，压强10.3 MPa，预热 5 min，静态提取 10 min，用溶剂快速冲洗样品，氮气吹扫收集全部提取液，加少量无水 Na_2CO_3 干燥后用旋转仪浓缩至 1 mL 待 GC 分析。

4）超临界萃取

超临界萃取[16,31,32]又称超临界流体萃取（supercritical fluid extraction，SFE），是一种新型萃取分离技术。具有效率高，工艺条件容易控制，溶剂不易造成污染，适用于热敏性或易氧化的成分的特点。且提取混合物后一般不再经过净化环节即可直接进行色谱检测。不足之处是需要高压设备。

超临界流体是介于气液之间的一种既非气态又非液态的物态，这种物态只能在其温度和压力超过临界点时才能存在。超临界流体具有气体和液体的双重特性。超临界流体的密度和液体相近，黏度与气体相近，但扩散系数约比液体大 100 倍。因为溶解过程包含分子间的相互作用和扩散作用，所以超临界流体对许多物质有很强的溶解能力。超临界萃取就是利用超临界流体对有机化合物的强溶解能力，以超临界流体作为萃取剂从动、植物中提取各种有效成分，再通过减压将其释放出来的过程。

二氧化碳、一氧化亚氮、六氟化硫、乙烷、庚烷、氨、甲醇、乙烯、丙烷等都可以作为超临界流体萃取剂。其中尤以二氧化碳的应用最广。二氧化碳的临界点低，温度和压力均比较温和（临界温度和压力分别为 31.3℃和 7.39 MPa），对萃取物影响小。且无色、无毒、无味、不易燃、化学惰性、价廉、易制成高纯度气体。因此超临界 CO_2 具有类似气体的扩散系数、液体的溶解力，表面张力为零，能迅速渗透进固体物质之中，提取其精华，具有高效、不易氧化、纯天然、无化学污染等特点。

在超临界状态下，CO_2 具有选择性溶解性。CO_2 是非极性化合物，所以对低分子、低极性、亲脂性、低沸点的化合物表现出极强的溶解性。而对具有极性基团（—OH、—COOH 等）的多元醇，多元酸及多羟基的芳香物质难溶解，且极性基团越多，就越难溶解。对于分子量高的化合物也难溶解，分子量越高，越难溶解，分子量超过 500 的高分子化合物几乎不溶。然而加入甲醇、乙醇、丙酮、乙酸乙酯等夹带剂能改善和维持萃取选择性，并提高难挥发性溶质和极性溶质的溶解度。超临界 CO_2 萃取的超临界流体的溶解能力与其密度密切相关，而超临界流体的密度随温度和压力变化而大幅度改变，因此可通过改变压力或温度来改变其溶解能力，在超临界状态下，将超临界流体与待分离的物质接触，依次有选择性地萃取极性大小、沸点高低和分子量大小不同的成分。被萃取的物质通过降低压力或升高温度即可析出，不必经过反复萃取操作，所以超临界 CO_2 萃取流程简单。图 5-3[33]是超临界流体萃取的三个典型流程。

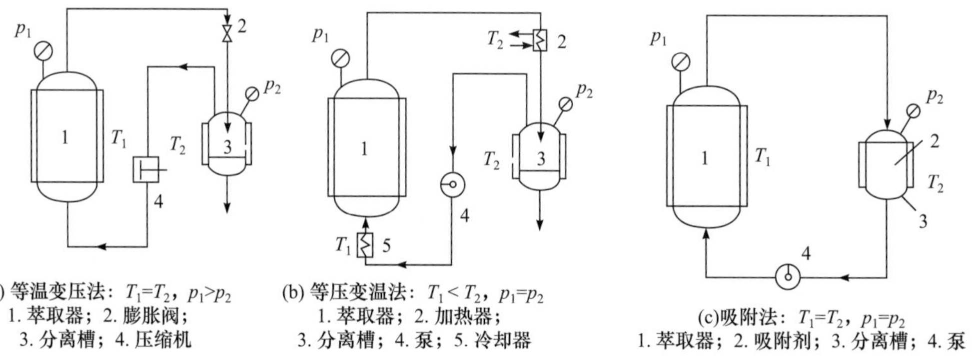

图 5-3 超临界流体萃取三种典型流程

（1）等温变压法：整个过程温度基本不变，压力变化，如图 5-3（a）所示。在一定温度下，使超临界流体减压、膨胀、降低其密度进行分离。此流程易于操作，应用最为广泛，而且适于对温度有严格限制的物质的萃取过程，但因萃取过程有不断的加压或减压步骤，能耗较高。

（2）等压变温法：利用超临界流体在临界压力以上一定范围内溶解度随温度升高而降低的性质，在分离釜中（压力恒定下）升温或降温，将超临界流体和溶解物分离，如图 5-3（b）所示。整个过程压力基本维持不变，气体压缩功耗较少。但需要加热蒸汽和冷却水。因萃取物品种的不同，分离效果也有较大差异。

（3）吸附法：利用活性炭等吸附剂，在分离釜中吸附溶解于超临界流体中的溶质分子，操作过程中体系的压力、温度变化都很小，如图 5-3（c）所示。因所用吸附剂需解吸再生，不利于连续生产。

超临界流体萃取技术由于样品前处理简单、萃取时间短、提取效率高、提取结果准确度高、重现性好等优点，在农药残留分析中得到广泛的应用。对于水分含量大的样品，只需在样品前处理过程中加入适量的干燥剂混匀即可；对于极性较大的物质，在萃取过程中加入一定量的夹带剂或将流体的配比加以改变就可以实现有效萃取。

超临界流体萃取技术越来越多地和多种方法联用，在农药残留分析中，能够显著地提高分析效率。例如，SFE 和分析仪器 GC、MS 联用，对动物组织中的有机磷农药进行分析，得到了很好的结果。

【示例】王建华等用超临界流体萃取法萃取水果和蔬菜中有机磷农药过程[34]：将水果蔬菜可食部分用均质器打成浆状，称取 20.00 g 样品于 100 mL 烧杯中，并加入 20.0 g Hydromatrix（一种高纯度的惰性硅藻土吸附剂），用玻璃棒搅匀。因为金橘含有大量纤维，无法搅拌均匀，因此用高速粉碎机打成均匀混合试样。称取 4.00 g 混合样品，上下各覆盖一层硅藻土使充满 10 mL 提取管放入萃取池。按设定的萃取条件进行萃取。馏出物收集于已加 3 滴癸醇溶液的 10 mL 乙酸乙酯中。实验采用等压变温法，25 MPa，50℃和 25 mL CO_2 为超临界萃取的条件。静态提取时间为 2 min，二氧化碳流出温度 75℃。

5）QuEChERS 法

QuEChERS（quick、easy、cheap、effective、rugged、safe）法[35]是美国林业部的 Anastassiades 等在 2003 年开发的一种快速样品前处理技术。其原理与高效液相色谱（HPLC）和固相萃取（SPE）相似，都是利用吸附剂填料与基质中的杂质相互作用，吸附杂质从而达到除杂净化的目的。

图 5-4 是 QuEChERS 样品前处理过程。由图可见，样品经粉碎后加入乙腈进行萃取，萃取液经硫酸镁或者硫酸钠等盐类除水，而后在萃取液中加入乙二胺-*N*-丙基硅烷（PSA）等除去杂质，取上清液进行检测。

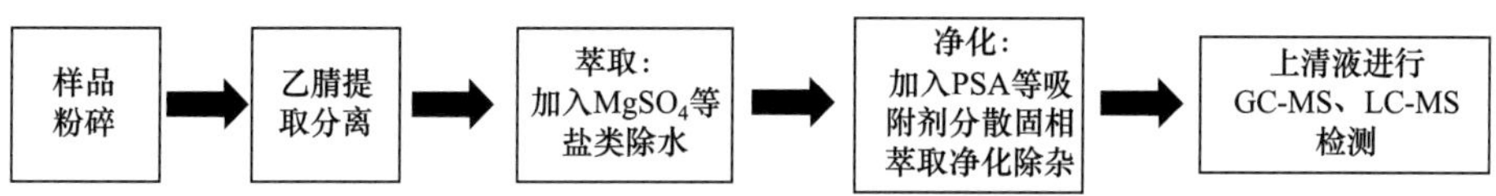

图 5-4　QuEChERS 样品前处理过程

此法广泛地用于极性、非极性的农药残留的分析样品前处理，具有回收率高、精确度和准确度高、快速、简便、污染小、对分析人员造成危害小等优点。

【示例】李晓晶等[36]用 QuEChERS 法萃取蔬菜中有机磷和拟除虫菊酯农药的操作：取蔬菜样品粉碎并混合均匀，称取已粉碎试样 10.00 g 于聚四氟乙烯离心管中，加乙腈溶液 10 mL，均质提取 3 min，加无水硫酸镁 4 g，氯化钠 1 g，柠檬酸钠 1g，柠檬酸氢二钠 0.5g，用力振摇 1 min，以 4500 r/min 离心 5 min。取 6mL 上清液于另一支已加入无水硫酸镁 900 mg，石墨化炭黑 45 mg 和 PSA 吸附剂 150 mg 的 15 mL 聚四氟乙烯离心管中，旋涡混合 1 min，以 4500 r/min 离心 5 min，移取上清液 2 mL 于 5 mL 离心管中，氮气浓缩近干，用二氯甲烷定容至 0.5 mL 备用。

6）基质固相分散萃取

基质固相分散萃取[37]（matrix solid-phase dispersion，MSPD）是美国 Barker 教授在 1989 年提出并给予理论解释的一种快速样品处理技术。这一方法主要用于固体和半固体样品的处理，也有用于液体样品处理的实例。MSPD 是在 SPE 基础上改进的，但 MSPD 操作更加简化。虽然 MSPD 和 SPE 都是利用固相萃取材料对样品基质或基质中待测组分的选择性进行分离净化，但 MSPD 是将涂渍有 C_{18} 等多种聚合物的材料与样品一起研磨，得到半干状态的混合物，并将其作为填料装柱，然后用不同的溶剂淋洗柱子，将各种待测物洗脱下来。若固相萃取材料吸附的是干扰物，而目标组分仍在液体基质之中，就无需装柱洗脱，只要过滤浓缩即可实现目标组分和样品基质的分离。因此 MSPD 浓缩了传统的样品前处理中的样品组织细胞裂解、提取、净化等过程，不需要进行组织匀浆、沉淀、离心、pH 调节和样品转移等操作步骤，避免了样品的损失。

图 5-5[37]显示的是基质固相分散萃取操作步骤，由图可见，基质固相分散萃取操作为研磨分散、转移和洗脱三个步骤。

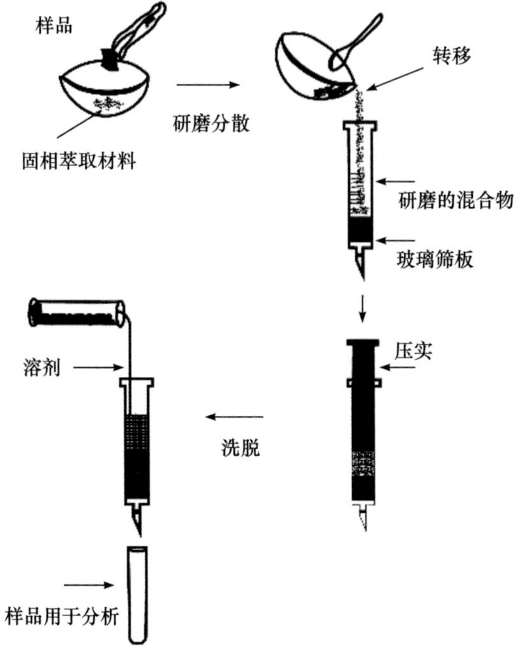

图 5-5　基质固相分散萃取操作步骤

（1）研磨分散：将样品和分散剂按一定比例混合（一般为 1∶4，常用的分散剂有硅藻土、弗罗里硅土、硅胶、石英砂、C_{18}、C_8、氧化铝等），手工研磨数十秒至数分钟。研磨时，可加入适当的改进剂，如酸、碱、盐、螯合剂等。注意：在瓷研钵中可能造成目标物丢失。

（2）将研磨好的样品与分散剂混合物装入合适的层析柱中，也可装入其他合适的柱状物中，如经过处理的注射器。柱底部需事先安装衬底，如筛板，以利于萃取液与样品基质的分离。也可事先填充与样品一起研磨的分散剂，从而对目标物进一步分离提纯。

（3）将柱内混合物压实，用合适的溶剂淋洗，收集淋洗液供分析或进一步处理后供分析，如用氮气吹干后再用合适的溶剂溶解。

【示例】杨阳等用基质固相分散萃取法萃取茶叶中有机磷农药的操作[38]：准确称取添加农药的茶叶样品 0.5 g 于研钵中，加入 2 g 无水硫酸钠及 2 g 弗罗里硅土（活度为 5%）充分研磨成均匀粉末状；在层析柱下端放入小块脱脂棉，依次加入 2 g 无水硫酸钠、研磨好的混合体和 1 g 无水硫酸钠，轻轻敲实；用 20 mL 乙酸乙酯淋洗液分 2 次淋洗（其中 5 mL 用来涮洗研钵和杵），收集淋洗液，用旋转蒸发器浓缩近干，以石油醚定容至 5 mL，再用氮吹仪吹干，以石油醚定容至 1 mL，待测。

7）微波辅助萃取

微波辅助萃取[16,39]（microwave-assisted extraction，MAE）是在微波反应器中，用适当的溶剂从植物、矿物、动物组织等中提取各种化学成分的技术和方法。微波是指频率在 300 MHz～300 GHz 的电磁波，比一般的无线电波频率高，通常也称为“超高频电磁波”，它具有波动性、热效应和非热效应等基本特性。在微波萃取过程中，高频电磁波（常用频率为 2450 MHz）穿透萃取介质，到达物料内部的微管束和腺细胞系统。由于吸收了微波能，微波能迅速转化为热能而使细胞内部的温度快速上升。从而使细胞内部的压力超过细胞壁膨胀所能承受的压力，结果细胞就会破裂，有效成分即从胞内流出，使得被萃取物质从基体或体系中分离，进入介电常数较小、微波吸收能力相对差（温度相对低）的萃取剂中，再通过进一步过滤分离，即可获得被萃取组分。

微波辅助萃取装置分为密封式和开罐式两类。开罐式即微波加热敞口容器内溶剂，溶剂可达到的最高温度由溶剂在大气压下溶剂的沸点所决定。而密封式即在密封的容器（密封罐）中，溶剂在微波能下可被加热到任意温度，仅受容器的耐压特性的限制。目前密封式可自动调节温度、压力，实现温-压可控萃取，在密封装置内，压力可达 600～1000 kPa，溶剂沸点可相应提高，有利于有效成分的萃取，且不易损失。

图 5-6[16]为标准萃取罐和控制萃取罐的剖面图，图 5-6（a）是标准微波溶剂萃取密封罐，它是由可穿透微波且不与溶剂反应的材料构成。这些萃取罐由全氟代烷氧乙烯材质的内衬、密封盖、排气接口、卡套螺母、排气管以及聚酰亚胺材质的罐体和罐帽组成。图 5-6（b）是带温度和压力控制的萃取罐，它的帽和盖与图 5-6（a）不同的是其带有用来连接监控罐内温度和压力的光纤测温探头和压力传感管。光纤测温探头是微波穿透的，因而其使用时不会扰乱腔内微波场。探头位于控制罐内的一玻璃导热管中。探头可与仪器连为一体，分析工作者可通过仪器为达到萃取最佳效率的温度进行程序升温。

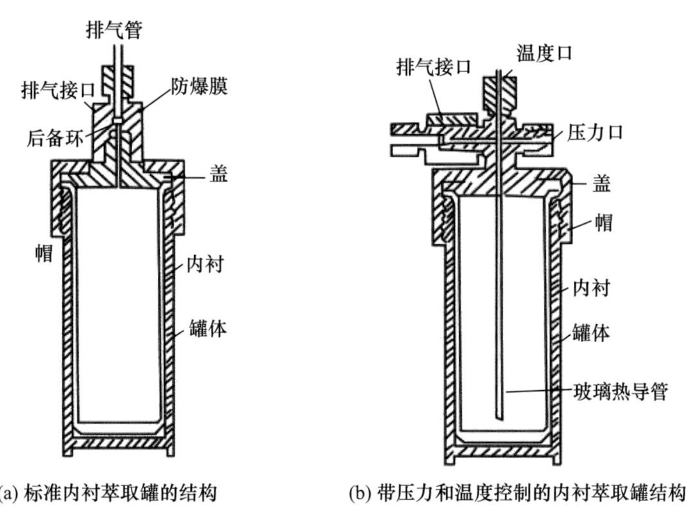

(a) 标准内衬萃取罐的结构　　(b) 带压力和温度控制的内衬萃取罐结构

图 5-6　标准萃取罐和控制萃取罐的剖面图

普通萃取罐可置于家用微波炉进行加热萃取。控制萃取罐需置于微波制样炉中。但无论是普通萃取罐还是控制萃取罐，都能在数分钟内进行多个样品的定量萃取。由于溶剂置于处于高温的密封容器内，只需要少量的溶剂。因可多个样品在同操作条件下同时进行，所以提高了重现性，并减少溶剂对实验室、工件人员及环境的侵害。可见微波萃取具有设备简单、适用范围广、萃取效率高、重现性好、节省时间、节省试剂、污染小等特点。

微波萃取还可与其他方法结合应用，进一步提高它的萃取效果，如超声-微波协同萃取。此外，还可将微波萃取与现代分析测定方法结合，形成萃取和分析连续进行，大力开发在线萃取分析结合应用的方式，从而简化试样的分析程序。

控制萃取罐萃取操作的基本步骤如下。

（1）准确称取一定量的待测样品置于微波制样杯内，根据萃取物情况加入适量的萃取溶剂（一般不超过 50 mL）。

（2）按微波制样要求，将装有样品的制样杯放入密封的罐内，然后把密封罐放到微波制样炉中。设置萃取温度和时间，加热萃取直至加热结束。

（3）将制样罐冷却到室温，取出制样杯，过滤或离心分离，所得溶液供分析测定。

【示例】杨云等用微波辅助萃取法萃取蔬菜中的有机磷农药的操作[40]：准确称取 5 g 蔬菜样品放入聚四氟乙烯萃取内罐中，加入一定体积的萃取溶剂，盖上密闭活塞后，放入萃取外罐中，旋好外盖，在微波炉中加热一定时间。从微波炉中取出萃取罐，在空气中冷却至罐内恢复常压。萃取液过滤后进行旋转蒸发，并用氮气吹扫至干。最后加入 0.5 mL 的正己烷溶解残留物，取 1 μL 进行 GC-MS 测定。

8）超声辅助萃取

超声辅助萃取[41]（ultrasonic-assisted extraction，UAE）又称超声波萃取，是用超声波作为辅助手段的萃取技术。超声波是一种机械波，有效频率一般在 20～50 kHz 范围。在超声波辅助萃取过程中，高频率的机械振动波使超声波能量在弹性介质中传播，同时加速介质质点的运动频率。超声波能传递到提取液中，使提取液分子产生高频运动，被提取物质和提取溶剂就会利用超声波能量加速分离。此外，超声波产生的空化作用相当于微观的爆破作用，不断地将被提取物轰击出来，使其充分分离从而加速浸取速率。因此超声波萃取是利用超声波能量产生的空化、振动、粉碎、搅拌等综合效应，增大物质分子运动频率和速度，增加有机溶剂的穿透力，从而增大样品中目标物的溶出速率，缩短萃取时间，加快前处理过程。

超声波辅助萃取不受成分极性、分子量大小的限制，适用于固体样品中绝大多数有效成分的提取。超声波辅助萃取不对提取物的结构、活性产生影响，因此有利于热不稳定活性物质的提取。其操作简单易行、提取料液杂质少、有效成分易于分离、纯化，已广泛地用于分析有机磷化合物样品的制备。

超声技术与其他新兴技术的联用是一个很好的研究与应用的方向，如超声强化超临界 CO_2 萃取技术是在超临界 CO_2 萃取的同时附加超声场，从而降低萃取压力和温度，缩短萃取时间，最终提高萃取率的一项新技术。下面示例为超声辅助萃取与固相微萃取联用。

【示例】何茂秋等用超声波萃取法萃取苗药中有机磷农药的操作[42]：将供试品于 60℃ 干燥 4 h，粉碎成细粉，准确称取 1.0 g 于具塞离心管中，加入 3 mL 石油醚/丙酮（1∶4），超声处理 20 min，取出 5000 r/min 离心 10 min。取 2 mL 上清液于 20mL 顶空瓶中，加入纯水至 5 mL，超声 2 min 使混匀。加入磁力搅拌子加热，在温度为 25℃，搅拌速率为 500 r/min 下插入萃取头萃取 30 min，取出后进样解析，250℃，解析 5 min。

2. 液体样品前处理技术

1）液液萃取

液液萃取[25]是最常用的液体样品萃取技术之一。其利用有机物在两种互不相溶的溶剂中的溶解性不同，将有机物从一种溶剂转移到另一种溶剂中。在液液萃取操作过程中一相通常为水相，而另一相为有机溶剂。亲水性强的化合物进入极性的水相多，而疏水化合物主要溶于有机溶剂中。有机磷化合物多为疏水性化合物，如磷脂类有机磷农药，因此一般选用正己烷、苯、乙醚、乙酸乙酯、氯甲烷等挥发性溶剂，这是由于这些溶液沸点低，萃取后易于浓缩。

常规的液液萃取方法使用分液漏斗。大部分的液液萃取为了获得较大的回收率，定量回收需要两次或更多次的萃取。萃取次数可用下式求得：

$$E = 1 - \left(\frac{1}{1 + K_D V}\right)^n \tag{5-1}$$

式中，E 为回收率；K_D 为分配系数，是被萃取物在有机相和水相中的浓度比，即 $K_D = \frac{c_{有}}{c_{水}}$；$V$ 为有机相和水相的体积比，即 $V = \frac{V_{有}}{V_{水}}$；n 为萃取次数。如果某一种物质的分配系数 K_D=5，V=1 时，回收率大于 99%以上必须进行 3 次萃取。常规液液萃取的实际萃取次数一般为 3～5 次，每一次萃取都使用新鲜的溶剂，萃取后将所有的萃取液合并，加入合适的干燥剂干燥，有时还需将萃取液进行蒸发浓缩。

由式（5-1）可知，K_D 值越小，萃取次数越多，而过多地增加萃取次数在实际操作中是麻烦的，并且萃取的总体积也大。在某些情况下，萃取的动力学可能是很慢的，需要很长时间才能建立平衡。在这些情况下，可以使用连续液液萃取技术。

在连续液液萃取中，有机溶剂可以循环地连续使用，新鲜的有机溶剂通过含有被萃取成分的水相，将目标物萃取出来。图 5-7[25]是一个用于密度比水大的有机溶剂进行萃取的连续液液萃取装置。萃取过程中萃取溶剂被加热蒸馏，蒸气被冷凝器冷凝，冷凝的溶剂因密度比水大，将经过水相进入有机相，在经过水相的过程中，因和水不混溶，溶剂萃取被测物质并返回到烧瓶中。此过程连续地进行直到足够量的被测物质被萃取出来。

该装置也可用于密度比水小的有机溶剂连续萃取。方法是关闭溶剂返回管，阻止萃取液流入溶剂收集器，并将一端有玻璃筛板的漏斗管放进装有样品和溶剂的萃取器中，漏斗连接冷凝管下端，漏斗的玻璃筛板插入萃取器底部。冷凝的溶剂掉入漏斗并由于冷凝液的静压高差通过玻璃筛板。较轻的溶剂通过液体上升，并且在萃取管中溢出而返回到烧瓶中。

连续液液萃取无需人工操作，可以处理低 K_D 萃取，使用较少的溶剂，具有较高的效率。但高挥发性的化合物在蒸馏过程中可能会损失，热不稳定化合物也可能会降解。

2）旋涡辅助液液微萃取

旋涡辅助液液微萃取（vortex-assisted liquid liquid microextraction，VALLM）是指将水样置于锥形离心管中，再加入少量密度比水大且无毒的有机物作萃取剂，然后将混合物在旋涡搅拌器中高速旋转产生涡流，从而达到使溶液充分搅拌的目的。旋涡搅拌器混合速度快、彻底，液体呈旋涡状，能将附在管壁上的试液全部混匀，因此大大增加了有机溶剂与样品的接触面积，从而减少了萃取时间。且因混合液体无需电动搅拌和磁力搅拌，所以混合液体不受外界污染和磁场影响。

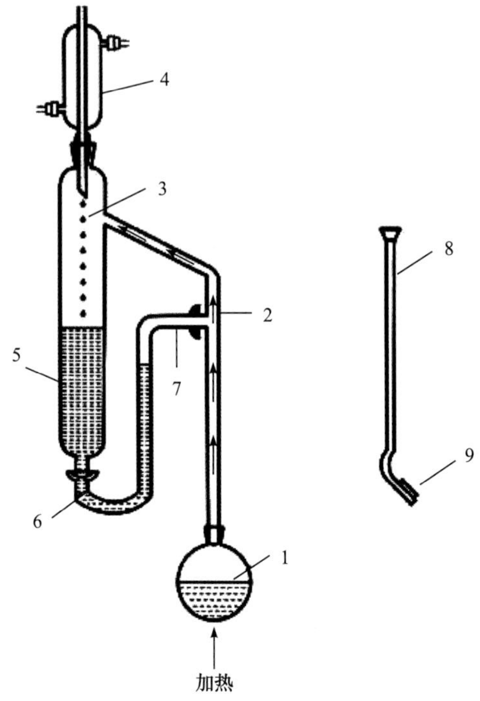

图 5-7 连续液液萃取装置结构图

1. 萃取溶剂收集器；2. 气态溶剂；3. 萃取溶剂；4. 冷凝管；5. 萃取液；6. 溶剂返回管；7. 萃取溶剂返回到收集器；8. 漏斗管；9. 玻璃筛板

【示例】白宝清等采用旋涡辅助分散液液微萃取法萃取茶叶和果汁中有机磷农药的操作[43]：将龙井绿茶、普洱红茶分别称取 0.5 g，20 mL 蒸馏水浸泡 30 min，过滤；取 20 mL 苹果汁和绿茶饮品，为了减少基质影响，普洱红茶、橙汁和红茶饮品均稀释 1 倍。所有样品均 0.045 μm 微孔膜过滤，于 100 mL 离心管中加入 40 mL 去离子水、20 μL 滤液、7.5 mL 正丙醇，摇匀，加入 9 g 硫酸铵，涡旋 2 min，静置分层，上清液为（2.2±0.2）mL，将上清液加入 50 mL 锥形离心管中，再加入 10 mL 蒸馏水和 30 μL 1-溴-3-甲基丁烷，涡旋 50 s，形成水/分散剂/萃取剂乳浊液，4000 r/min 离心 5 min，底部沉淀物为（10±0.1）μL，取出后进液相色谱-质谱测样。

3）分散液液微萃取

分散液液微萃取[25]（dispersive liquid-liquid microextraction，DLLME）是 2006 年由 Assadi 等首次提出的一种样品预处理方法。它是基于三元组分试剂体系，如均质液液萃取（homogenous liquid-liquid extraction，HLLE）和浊点萃取。此方法是利用微量不溶于水的有机试剂作为萃取试剂，同时利用既溶于水又溶于萃取剂的有机试剂作为分散剂，如甲醇、丙酮、乙腈和乙醇。在水相样品基质中加入微升级的萃取剂和毫升级的分散剂，水、分散剂和萃取剂形成三元组分的乳浊液体系。因分散剂把少量有机溶剂分散成无数的小液滴，这相当于无数的微型化的液液萃取，相对常规的液液萃取，增加了有机溶剂和样品溶液的接触面积，从而加快了萃取剂和样品之间的传质过程，使萃取很快达到平衡，目标物被快速地萃取到萃取剂中，这样不仅减少了样品和溶剂的使用量，还使萃取时间缩短。

分散液液微萃取整个过程只需一个具塞离心管和离心机即可完成样品的前处理，经过离心的上清液直接进行分析。具体操作过程是在带塞的离心管中加入一定体积的样品溶液，将适量的分散剂和萃取剂的混合溶液用注射器或移液枪快速地注入到样品溶液中。轻轻摇荡样品溶液，使样品溶液形成水、萃取剂和分散剂三元乳浊液，然后离心乳浊液，使水相和萃取相分离，取萃取相进行分析检测。因此分散液液微萃取具有操作简单、成本低、节省有机溶剂、环境友好、萃取时间短、高回收率和高富集因子等优点，但受分离原理所限，只适用于水相基质中中度或高度亲脂性目标物的提取（分配系数 $K_D > 500$）。亲水性中等而有酸碱性的目标物，可调节样品基质的 pH 使其以非离子化状态存在，这样就能增加方法的富集系数而提取目标物，但对于亲水性强的中性组分则不太适用。

分散液液微萃取这一全新的样品前处理技术与气相色谱仪和液相色谱仪等多种仪器联用，在有机磷农药和阻燃剂等分析中应用广泛。然而分散液液微萃取多用于水样萃取，对基质复杂性样品，如食品、尿样、动物组织或内脏、土壤和树叶等样品萃取的应用较少。

【示例】李晓晶等采用分散液液微萃取法提取水中 23 种有机磷农药过程[44]：移取 5.0 mL 水样于 10 mL 带旋帽的锥形离心管中，用气密型的注射器快速注入 1.00 mL 丙酮（含 11.0 μL 四氯乙烯），轻轻振荡后，混合溶液形成水/丙酮/四氯乙烯的乳浊液体系，四氯乙烯均匀地分散在水相中。以 4500 r/min 离心 4 min。四氯乙烯成小液滴并沉积于离心管底部，用 10 μL 微量注射器吸取沉积相并确定体积。取 0.6 μL 沉积相进行 GC 分析。

4）固相萃取

固相萃取[16]（solid phase extraction，SPE）是从 20 世纪 80 年代中期开始发展起来的一项样品前处理技术，是由柱色谱技术发展而来的有效分离、纯化和浓缩方法之一。SPE 是一个包括液相和固相的物理萃取过程。在固相萃取过程中，固体吸附剂将样品中的目标化合物吸附，与样品中的基体和干扰化合物分离，再用洗脱液洗脱或加热解吸附，达到分离和富集目标化合物的目的。与传统的液液萃取法相比，SPE 不需要大量的溶剂，不会产生乳化现象，可以提高分析物的回收率，更有效地将分析物与干扰组分分离，减少样品预处理时间，同时所需费用也有所减少，一般来说，固相萃取所需时间为液液萃取的 1/2，费用为液液萃取的 1/5，因此操作简单、省时、省力。在有机磷化合物分析的样品制备中得到广泛的应用。

固相萃取操作一般有四步，见图 5-8[16]。

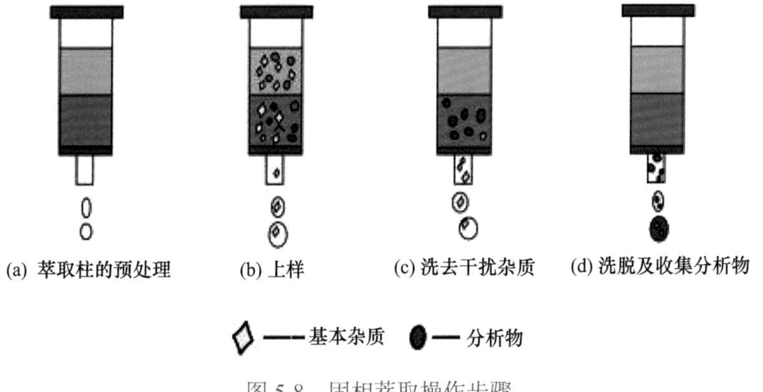

图 5-8　固相萃取操作步骤

（1）固相柱的预处理：固相柱预处理的目的主要包括两个方面：清洗固相柱中的固定相（填充料）和活化固定相。通常用两种溶剂来完成，第一种溶剂对固相柱进行清洗，除去固相柱上的杂质。一般可先用甲醇等水溶性有机溶剂冲洗填料，因为甲醇能润湿吸附剂表面，并渗透到非极性的硅胶键合相中，使硅胶更容易被水润湿。然后用水或缓冲液冲洗固相柱，用于建立一个合适的固定相环境，使样品分析物得到适当的保留。加样前，应使 SPE 填料保持湿润，如果填料干燥会降低样品保留值；而固相柱的干燥程度不一，则会影响回收率的重现性。

（2）添加样品：添加样品即上样是为了让分析物被固定相萃取。将样品溶液加入固相柱，用正压或负压通过固相柱（采用手动或泵以正压推动或负压抽吸方式，见图 5-9[16]）。流速应控制为 1 mL/min，流速快不利于待测物与固定相结合。

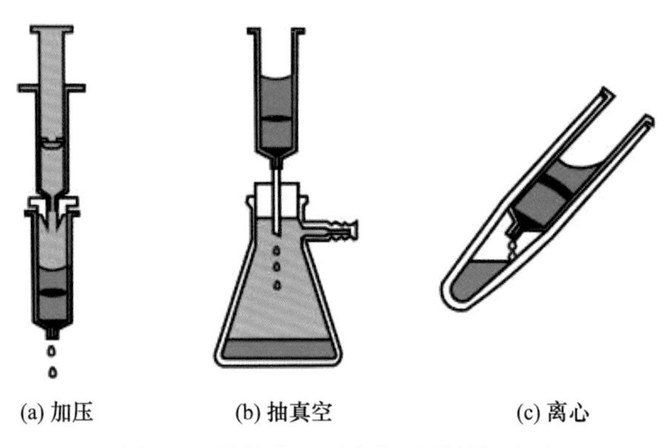

图 5-9　样品进入固定相吸附剂的方法

（3）固相柱的洗涤：即淋洗，其目的是除去吸附在固定相上少量的基体干扰组分，减少杂质的影响。洗涤一般选择中等强度的混合溶剂，尽可能除去基体中的干扰组分，又不会导致目标萃取物损失。例如，反相 SPE 的清洗溶剂多为水或缓冲液，可在清洗液中加入少量有机溶剂（有机溶剂的比例大于样品溶液而小于洗脱剂）、无机盐或调节 pH。加入固相柱的清洗液体积应不超过固相柱的容积。

（4）分析物的洗脱：淋洗后将固相柱吹干或抽干，以减少对下一步洗脱操作的影响。然后选择合适的溶剂洗脱分析物。选择洗脱溶剂时必须考虑两个因素：①溶剂强度应足够大，以最小量（一般 5～10 mL）保证吸附在固定相上的分析物定量洗脱下来。②洗脱剂必须有足够的选择性，即只将分析物洗脱，而将吸附力强的杂质保留在柱上。因此选择单一溶剂效果不理想时，可以考虑使用混合溶剂进行洗脱。此外选择洗脱液时还需考虑黏度小、纯度高、毒性小并与分析物和固定相不发生反应的溶剂及与后续的分析相适应。收集的洗脱液需挥干溶剂以备后用或直接进行在线分析，洗脱液若含有水，可选用冷冻干燥法。

有机磷化合物固相萃取，目前主要是稳定、强的抗基质干扰和优异的萃取性能的固体吸附剂的研究。侯秀丹等[45]用 ZrO_2 纳米颗粒修饰的三维石墨烯材料，即以金属网为基体，键合聚二烯丙基二甲基氯化铵增强的氧化石墨烯气凝胶，并将 ZrO_2 纳米颗粒沉积在石墨烯气凝胶的表面制备有机磷化合物的固体吸附剂，方法简单易行，成本较低。

该吸附剂性能稳定，具有良好的机械强度和优异的萃取性能。该固体吸附剂作为填充材料制备固相萃取小柱，用于有机磷农药检测，如蔬菜中的有机磷农药的富集检测，因石墨烯的巨大比表面积和 Zr 与磷酸酯官能团具有特异性较强的配位作用相结合，不仅具有较强的基质抗干扰能力，还具有良好的富集净化性能。经此固相萃取小柱萃取后进行高效液相色谱分析检测，该方法线性范围宽，检测限低，灵敏度高。

【示例】孙静等[46]采用固相萃取法提取净化生物检材中有机磷农药的步骤如下。

（1）用 5～10 mL 甲醇淋洗 GDX-403 或 C_{18} 固相柱使其活化，再用 10 mL 蒸馏水或 pH=6.0 的磷酸缓冲液将柱中的甲醇洗去，以便使小柱处于水溶性状态。

（2）将样品溶液以 2 mL/min 左右的流速加入到已活化过的 GDX-403 或 C_{18} 柱中，溶液通过固相柱后，用 5～10 mL 蒸馏水洗涤小柱，除去弱保留的亲水性杂质和色素。

（3）将柱中残留的水相挤干或抽干后，用 3 mL 氯仿将柱中农药洗脱下来，收集洗脱液，并于 80℃的空气流下抽至近干（注意：小心勿让样品溶液完全挥干，以防损失过多）。残渣分别用 50 μL 甲醇溶解备用。

5）固相微萃取

固相微萃取[16,47]（solid phase microextraction，SPME）技术是在固相萃取技术基础上发展起来的一种新型萃取分离技术。这一技术是 1989 年由加拿大 Waterloo 大学 Pawlinszyn 及其合作者 Arthur 等提出的。固相微萃取保留了固相萃取所有的优点，摒弃了其需要柱填充物和使用溶剂进行解吸的弊病，它只要一支类似进样器的固相微萃取装置即可完成全部前处理和进样工作。因此 SPME 克服了传统样品前处理技术的缺陷，集采样、萃取、浓缩、进样于一体，操作方便，耗时短，大大加快了分析检测的速度。该技术由于无需任何有机溶剂，是真正意义上的固相萃取，所以避免了对环境的二次污染。固相微萃取技术使用的是一支携带方便的萃取器，适合室内萃取分离，也适合野外的现场取样分析。因易于自动操作，对于样品数量多、操作周期短的常规分析极为重要，因此成为目前所采用的分析样品预处理中应用最为广泛的方法之一。

固相微萃取主要针对有机物进行分析，根据有机物与溶剂之间“相似相溶”的原则，在以熔融石英光导纤维或其他材料为基体支持物表面涂渍不同性质的高分子固定相薄层，利用石英纤维表面的色谱固定相对分析组分的吸附作用，将组分从样品基质中萃取出来，并逐渐富集，完成试样前处理过程。然后将富集了待测物的纤维直接转移到测试仪器（GC 或 HPLC）中，通过一定的方式解吸附后进行分离分析。可见固相微萃取方法包括吸附和解吸两步。吸附过程中，待测物在样品及石英纤维表面涂渍的固定相液膜中平衡分配遵循“相似相溶”原理。这一步是物理吸附过程，可快速达到平衡。解吸过程随后续分析手段的不同而不同。对于气相色谱，萃取纤维插入进样口后进行热解吸，对于液相色谱则是通过溶剂进行洗脱。

图 5-10[16]是 SPME 装置，装置的针头可穿刺固相微萃取专用容器隔膜塞及气相和液相的进样器隔膜。针头内有一伸缩杆，上连有一根熔融石英纤维，其表面涂有固定相，一根细的不锈钢管保护石英纤维不被折断，纤维头可在钢管内伸缩。一般情况下熔融石英纤维隐藏于针头内，需要时可推动进样器推杆使石英纤维从针头内伸出。

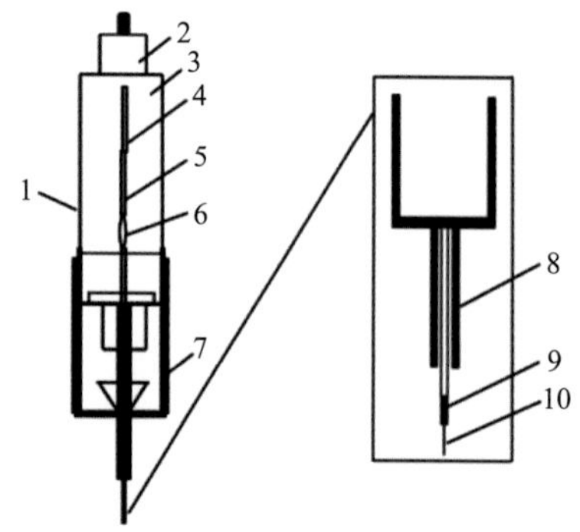

图 5-10　固相微萃取装置示意图

1. 手柄；2. 压杆活塞；3. 外套；4. 压杆卡持螺钉；5. Z 形槽；6. 简体视窗；7. 调节针头长度的定位器；8. 穿刺隔垫针头；9. 不锈钢针管；10. SPME 萃取头

分析时先将试样放入带隔膜塞的 SPME 专用容器中，如需要同时加入无机盐、衍生剂或对 pH 进行调节，还可加热或磁力转子搅拌。SPME 有三种萃取方式（图 5-11[16]）。

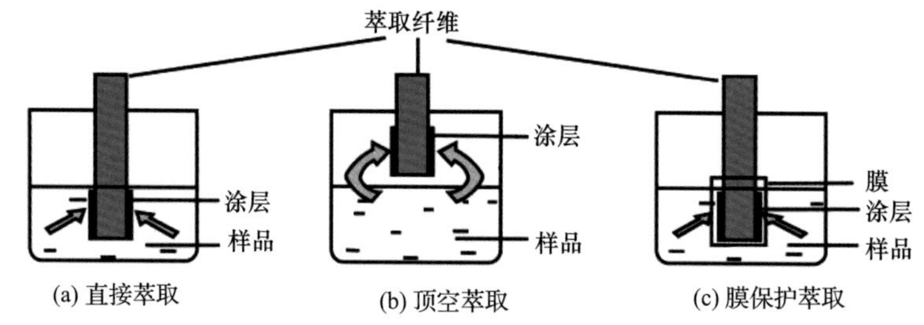

图 5-11　SPME 三种萃取方式

（1）直接萃取：直接萃取是涂有萃取固定相的石英纤维直接插入到样品基质中[图 5-11（a）]，目标组分直接从样品基质中转移到萃取固定相中。对于气体样品而言，气体的自然对流已经足以加速分析组分在两相之间的平衡。但是对于液体样品来说，组分在液体中的扩散速度要比气体中低 3～4 个数量级，因此需要有效的混匀技术来实现样品中组分的快速扩散。

比较常用的混匀技术有：加快样品流速、晃动萃取纤维头或样品容器、转子搅拌及超声波搅拌。这些混匀技术一方面加速组分在大体积样品基质中的扩散速度，另一方面减小萃取固定相外壁形成的一层液膜保护鞘而导致的“损耗区域”效应。

（2）顶空萃取：顶空萃取过程可以分为两个步骤[图 5-11（b）]：首先是将被分析组分从液相中扩散穿透到气相中，然后被分析组分从气相转移到萃取固定相中，这一转移速度一般远远大于前一扩散速度，所以将被分析组分从液相中扩散到气相中成为顶空萃取的控制步骤。这种改型可以避免萃取固定相受到某些样品基质（如人体分泌物或尿液）中高分子物质和不挥发性物质的污染。表 5-3 是顶空萃取与直接萃取的比较。

表 5-3　顶空萃取与直接萃取的比较

	顶空萃取	直接萃取
适用基质	复杂液体或固体样品	气体和较干净液体样品(强酸强碱性样品易破坏固定相涂层)
待萃取化合物	高挥发性或中等挥发性化合物	低挥发性或中等挥发性化合物
萃取时间	短（<5min）	长（>10min）
回收率	低	高

（3）膜保护萃取：膜保护萃取见图 5-11（c），其是通过一个选择性的高分子材料膜将萃取头与样品隔离，膜允许待测物通过而阻隔部分干扰物，萃取头吸附透过膜的待测物。因膜实现了样品的粗分离，从而增加选择性，同时膜保护萃取头，减少了基质污染，因此膜保护萃取法是十分脏的样品首选之法。与顶空萃取 SPME 相比，这种方法对难挥发化合物的萃取浓缩更加有利。但因为待测物先要扩散穿过膜，才能吸附到涂层上，所以萃取时间较长。

【示例】王凌等用固相微萃取法萃取海水中痕量的有机磷农药过程[48]：取 8 mL 萃取液置于 15 mL 萃取瓶中，加入磁力搅拌子（长约 1 cm，直径 3 mm），用顶端带有孔和聚四氟乙烯隔垫的盖子密封，电磁搅拌，将 SPME 萃取纤维（85 μm 厚涂层的聚丙烯酸酯）直接插入萃取瓶中，保持涂层完全进入水相，萃取针套管的其他部分不与萃取液接触，防止水进入萃取针管。在室温下萃取 30 min，将 SPME 直接插入 GC 进样器中热解吸 10 min，用 GC-MS 进行定性定量分析。

6）磁性固相萃取

磁性固相萃取[49,50]（magnetic solid phase extraction，MSPE）又称为磁纳米微萃取，是在 SPE 的基础上开发得到的一种以磁性或可磁化的材料作为吸附剂的新型有效的分散固相萃取技术。MSPE 与 SPE 不同（表 5-4），MSPE 的吸附剂与样品之间有充分的接触面积，无需过滤、离心、浓缩、定容等分离步骤，且有机溶剂的消耗量少，可见 MSPE 具有省时、省力、提取效率高、减少环境污染和易于自动化的优势。

表 5-4　MSPE 与 SPE 的差异

	MSPE	SPE
萃取时间	短	长
有机试剂用量	极少	少
萃取状态	固相分散萃取	填柱式萃取
洗脱溶剂	体积可控，无需浓缩、定容	体积不可控，需浓缩、定容
萃取低浓度目标物能力	强	弱
样品保留	有	无
抗杂质干扰能力	极好	中等

磁性固相萃取基于液-固色谱理论，在 MSPE 过程中，磁性吸附剂不直接填充到吸附柱中，而是被添加到样品的溶液或者悬浮液中，分散的磁性纳米颗粒将目标分析物吸附表面，然后利用外部磁场作用将吸附分析物的磁性纳米颗粒从悬浮液中转移出来，最终通过合适的溶剂洗脱被测物质，从而与样品的基质分离开来。

图 5-12[49]是磁性固相萃取操作步骤。由图可见，萃取过程是首先将磁性纳米颗粒添加到样品的溶液或者悬浮液中，搅拌将目标分析物吸附到纳米材料表面；然后将吸附了目标分析物的纳米颗粒通过外部磁场（磁铁）转移到清洗溶剂中去除杂质。最后将去除完杂质的纳米颗粒通过外部磁场转移到洗脱溶剂中洗脱，从而达到分离浓缩的目的。

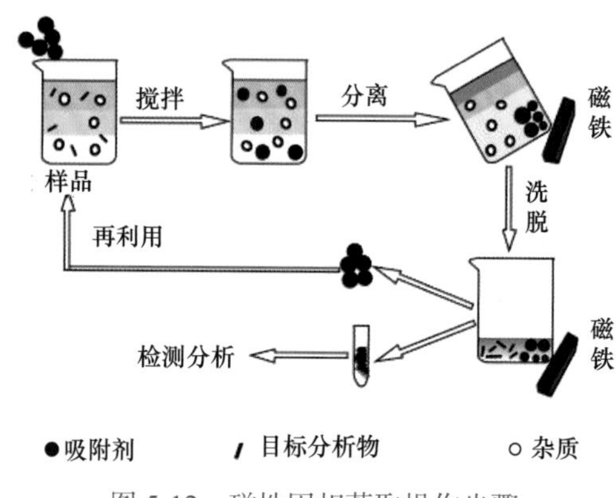

图 5-12　磁性固相萃取操作步骤

【示例】董融融等用磁性固相萃取法萃取黄瓜中丙溴磷[51]：黄瓜样品用水略微冲洗表面，带皮切块匀浆，准确称取 10.0 g 样品于 50 mL 离心管内，加入 5～6 g NaCl，20 mL 乙腈，振荡提取 5 min，10000 r/min 离心 5 min。移取 2 mL 于一干净的离心管内，加入 30 mg Fe_3O_4@C-MNPs，振荡吸附 5 min，用钕磁铁收集已经吸附了溶液中丙溴磷的 Fe_3O_4@C-MNPs 沉淀，此时弃去上清液，取沉淀加入 2 mL 乙腈，超声洗脱 3 min，钕磁铁吸附沉淀 5 min，重复 3 次洗脱步骤，收集洗脱液 6 mL。将洗脱液氮吹至近干，1 mL 丙酮定容，涡旋 30 s 后过 0.22 μm 有机滤膜，转移至进样瓶。采用 AOC-20I+S 自动进样器取 1 μL 进行 GC-FPD 检测。

7）分散固相萃取

分散固相萃取（dispersive solid-phase extraction，DSPE）是把吸附材料如多壁碳纳米管、碳片负载磁铁矿、ZnO 包覆氧化石墨烯等直接加入所需处理的水样中，进行搅拌或者振荡，吸附剂在分散的状态下极大地增加了与样品中目标物的接触面积，萃取效率显著提高，缺点是分散于水样中的吸附材料回收过程复杂甚至难以回收。分散固相萃取类似于 QuEChERS 法、基质固相分散萃取、磁性固相萃取，它们之间的异同见表 5-5。

表 5-5　分散固相萃取与 QuEChERS 法、基质固相分散萃取、磁性固相萃取的差异

	分散固相萃取	QuEChERS 法	基质固相分散萃取	磁性固相萃取
吸附剂	多壁碳纳米管等	SPA 等	C_{18} 等	磁性或可磁化的材料
待萃取样品	水样	固体样品	固体和半固体样品	液体样品

续表

	分散固相萃取	QuEChERS 法	基质固相分散萃取	磁性固相萃取
吸附剂作用	吸附目标物	吸附杂质，纯化	吸附目标物或杂质	吸附目标物
萃取状态	固相分散萃取	固相分散萃取	固相分散萃取	固相分散萃取
操作	吸附剂直接加入所需处理的水样中，弃去水样，用乙腈等解吸附	样品用乙腈萃取，萃取液经硫酸镁等盐类除水后，SPA 等吸附除去杂质	吸附剂与样品一起研磨，半干状态的混合物作为填料装柱，用不同的溶剂将各种待测物洗脱下来。若吸附剂吸附的是干扰物，无需装柱洗脱，只要过滤浓缩即可	磁性吸附剂加入样品溶液，利用外部磁场将吸附分析物的吸附剂从悬浮液中转移出来，用合适的溶剂洗脱被测物质

【示例】刘民等采用分散固相萃取法富集鱼塘水中有机磷农药的方法[52]：取鱼塘水样 4 L 于 5000 mL 烧瓶内，添加内标物混合标准溶液 100 μL；称取由 C_8、C_{18}、GDX403 和 X-5 按 1∶2∶1∶8 的质量比混合而成的吸附剂 6 g，经 10 mL 甲醇浸泡活化、过滤后，加入到上述水样中；将烧瓶固定在振荡器上振荡约 1 h，用布氏漏斗抽滤，将收集到的固相吸附剂连同滤纸一起放入 250 mL 锥形瓶中，加入 5 g 无水硫酸镁和苯、乙酸乙酯各 100 mL，振荡 10 min 后，用 1.0 μm 微孔有机滤膜过滤，将滤液吹氮至近干，加入 1 mL 甲醇定容、0.22 μm 微孔有机滤膜过滤，滤液按仪器工作条件进行测定。

8）搅拌棒吸附萃取

搅拌棒吸附萃取[53]（stir bar sorptive extraction，SBSE）是 1999 年由 Baltussen 等提出的一种新型的、微型化样品前处理技术。这一技术是在固相微萃取（SPME）技术的基础上发展起来的，但它比 SPME 使用的萃取体积（量）大，因此具有富集倍数高、重现性好、不使用有机溶剂及对操作人员的技术要求较低等优点，已被成功应用于环境、食品、生物样品中痕量有机物的分析。有机磷农药残留的分析中也广泛地应用这一前处理方法。然而目前 SBSE 的发展和应用同样受到一些限制，主要表现为商品化涂层种类少，且价格昂贵，涂层为广谱性涂层，选择性差，易损耗及难以实现自动化等。

SBSE 的核心部分是搅拌棒，搅拌棒是一内封磁芯的玻璃管，玻璃管上涂有吸附剂涂层，如厚度为 0.5 mm 或 1 mm 的聚二甲基硅氧烷（PDMS）硅橡胶涂层。搅拌棒的最内层是一根磁性搅拌杆，其作用是搅拌溶液以增加目标物的扩散速度。在磁性搅拌杆上覆盖的是一玻璃薄层，用以支撑外层吸附剂以吸附待测物。

商品化的搅拌棒有 PDMS、乙二醇/硅胶（EG/silicone）和聚丙烯酸酯（PA）三种涂层的搅拌棒。目前 PA 涂层的搅拌棒已不再销售。商用搅拌棒的规格为长度 10～20 mm，涂层厚度 0.5～1.0 mm，可根据样品体积选用不同规格的搅拌棒，10 mm 的搅拌棒可用于 1～50 mL 样品的萃取。PDMS 是非极性的，在萃取极性有机物时，可通过衍生降低有机物的极性，提高萃取效率。EG/silicone 和 PA 涂层的搅拌棒则对极性和强极性的化合物有很好的萃取效果。因此，在极性化合物的分析过程中，EG/silicone 和 PA 涂层能减少衍生化的过程，有效地节省时间和化学试剂，分析效率更高。

SBSE 萃取方式有直接吸附（DI-SBSE）和顶空吸附（HS-SBSE）两种，见图 5-13[53]。DI-SBSE 是搅拌棒吸附时自身完成搅拌[图 5-13（a）]，从而避免了 SPME 过程中磁子搅拌的竞争吸附；HS-SBSE 通常用于分析挥发性化合物，将搅拌棒悬挂在萃取瓶顶部进行采样[图 5-13（b）]，避免难挥发物的干扰。特别是在复杂基质中，可延长搅拌棒的使用寿命。由于 HS-SBSE 涂附的萃取材料远多于 SPME，HS-SBSE 检出限要低于 SPME。

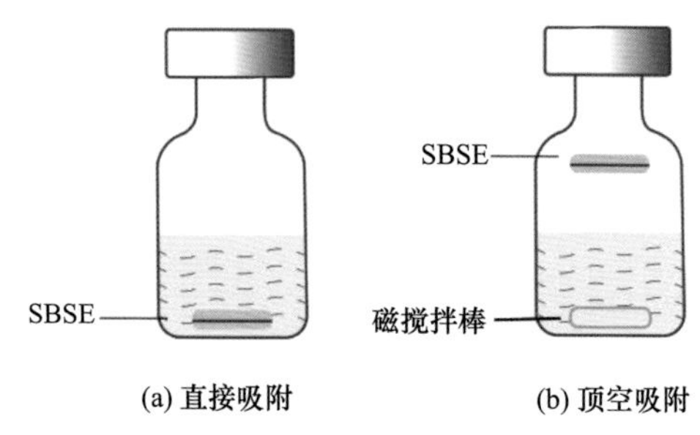

图 5-13 搅拌棒吸附萃取的两种方式

SBSE 的解吸分为热解吸和溶剂解吸两种，热解吸是通过与 GC 相连的热解吸仪完成。如果 SBSE 需与 LC 联用，或萃取的是热不稳定的物质，则需采用溶剂解吸。

【示例】倪永付等用搅拌棒吸附萃取法萃取微山湖水中的有机磷农药过程[54]：移取样品 10.00 mL 置于 50 mL 塑料离心管中，加入 PDMS 搅拌棒，控制氯化钠质量浓度为 50 g/L，在室温下，以 150 r/min 振荡速率萃取 30 min。加入甲醇 3.0 mL 进行解吸，解吸时间为 6 min。移取 1 μL 解吸液，按仪器工作条件进行测定。

9）圆盘固相萃取

圆盘固相萃取[55]（disk solid phase extraction，DSPE）是一种特殊的固相萃取（SPE），其基本原理与固相萃取相同，是一项速度更快、样品处理量更大的样品前处理技术，是对固相萃取的补充，可处理较脏或带有固体颗粒的样品。表 5-6 是 DSPE 和 SPE 不同的特点。由表 5-6 可见 DSPE 拥有较大的萃取界面，因此萃取路径很短，不易堵塞，相比于普通固相萃取速度更快，样品处理量更大，广泛用于大体积液态样品，尤其是大体积水样的有机磷化合物的萃取。

表 5-6 圆盘固相萃取(DSPE）与普通固相萃取(SPE）特点

	DSPE	SPE
萃取界面 (样品通过的截面）	直径 47 mm 的萃取膜片约 1730 mm^2	6 mL 的萃取柱截面积约 130 mm^2
萃取路径 (样品通过的距离）	很短	长
萃取时间	1 L 水样 47 mm 固相萃取膜片的载样时间约需 10 min	1 L 水样而言，6 mL 固相萃取柱的载样时间约需 66 min
萃取流速	通常 200～300 mL/min	通常 1～2 mL /min
固相萃取时堵塞问题	不易堵塞，适用所有样品	较脏样品常会堵塞柱子，使实验中途而止
洗脱消耗	较大	较小

圆盘型固相又称固相萃取膜片，是 DSPE 的核心，它是用丝状的聚四氟乙烯（PTFE）固定填充剂，将形成的 0.5 mm 厚的膜状物做成圆形。其中 90%是填充剂，10%是 PTFE。图 5-14[55]所示是商品化的固相萃取膜片。目前，市场上出售有内径为 25 mm、47 mm、90 mm 的不同种类填充剂的膜片[图 5-14（a）]。

如图 5-14（b）所示的杯形萃取膜片是将萃取膜片预装在一个萃取杯中，膜片上面有一层玻璃纤维，起到对样品颗粒过滤的作用。如图 5-14（c）所示的柱形萃取膜片是将萃取膜片固定在直径较大的固相萃取柱中。

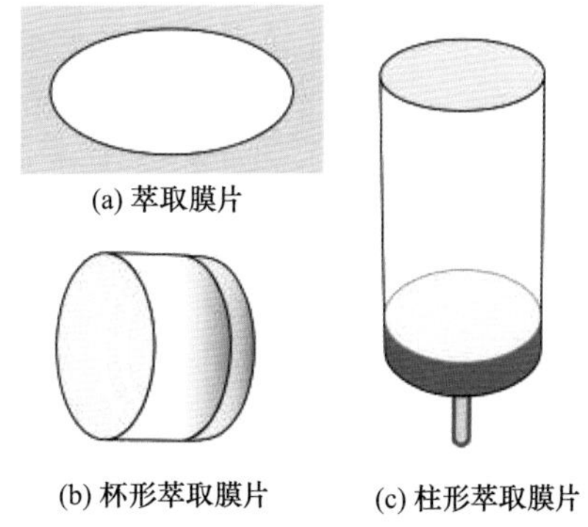

图 5-14　商品化的固相萃取膜片

DSPE 的操作过程与 SPE 相同，应用固相萃取膜片对样品进行萃取时通常包括 5 个步骤。

（1）萃取膜片预处理（活化）。

（2）载样（样品通过萃取膜片，目标化合物被吸附在膜片上）。

（3）洗涤（除去干扰杂质）。

（4）干燥（除去水分）。

（5）洗脱（洗脱并收集目标化合物）。

萃取装置可用手动固相萃取装置和自动化固相萃取仪。手动固相萃取装置类似于溶剂过滤装置，如减压过滤装置，所不同的是由萃取膜片取代过滤膜片。而自动化固相萃取仪则可以自动完成大体积水样萃取的全过程。

【示例】何森等用圆盘固相萃取法萃取地表水中有机磷农药的方法[56]：将 5 mL 丙酮倒入蓄水器，立刻在低真空状态下抽滤 5 min；分别加入 5 mL 甲醇和 5 mL 试剂水，继续在低真空状态下抽滤，待圆盘表面暴露在空气中前将水样倒入蓄水器中，调整真空度使样品流速保持 75～100 mL/min，待水样全部通过圆盘后，继续低真空状态下抽滤 5 min；最后将 5 mL 丙酮、10 mL 正己烷淋洗液依次倒入圆盘，低真空状态下抽滤，用收集瓶收集淋洗液。待淋洗液收集完成后，静置分层，将分层后的有机相转移至浓缩瓶中，N_2 吹浓缩有机相，最后正己烷定容至 1.0 mL，备 GC 测定。

10）分子印迹聚合物法

分子印迹聚合物[25,57,58]（molecular-imprinted polymer，MIP）法是制备对特定目标分子具有预定选择性和高亲和力的高分子化合物——分子印迹聚合物的技术。制备是以待检测的有机分子为模板，与功能单体通过模板和功能单体上的官能团之间的相互作用，进行预组装，再与交联剂聚合形成印迹基质（在科学界通常称为分子印迹聚合物）。随后移除部分或全部模板，留下与模板在尺寸和形状上互补的空腔。获得的空腔可以作为模板分子的选择性结合位点。根据模板分子与功能单位之间作用力的区别分为共价印迹法和非共价印迹法两种。

共价印迹法是模板分子与功能单体共价键合，然后聚合在一起。聚合后，模板分子从聚合物基质上裂解下来，留下一个空腔，形成模板。一旦印迹聚合物与模板分子再次相遇，即可通过共价键结合而完成特异性识别。而非共价印迹法，模板分子与功能单体之间的相互作用力是氢键、偶极与偶极相互作用和诱导偶极力。非共价印迹易于制备且可与模板分子结合的功能单体种类繁多，因此非共价印迹法是创建 MIP 最广泛使用的方法。图 5-15[57]是非共价印迹识别久效磷示意图。

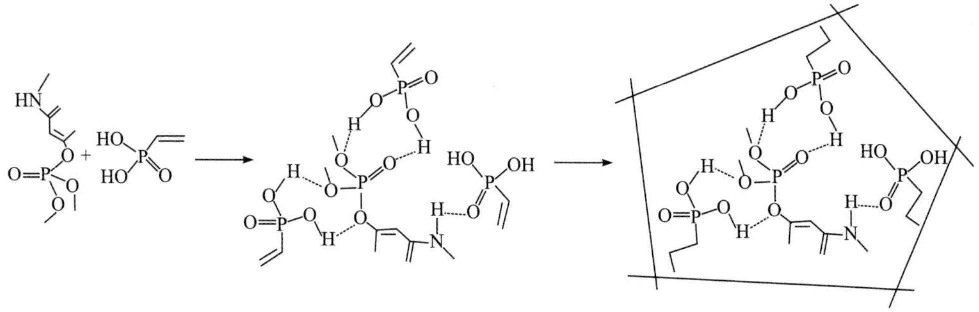

1　　2

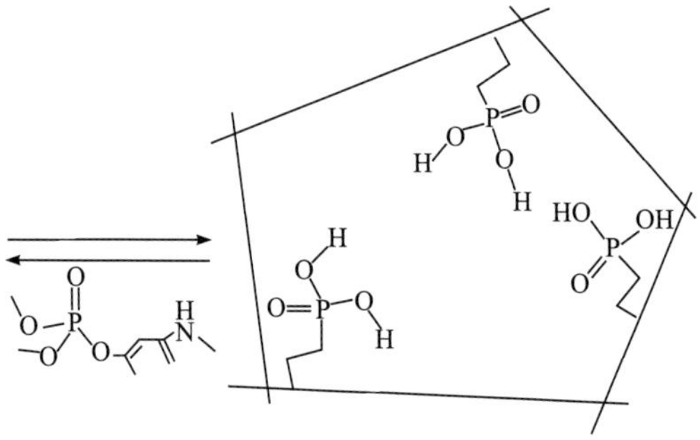

3

图 5-15　非共价印迹识别久效磷示意图

图 5-15 中 1 是指模板分子（久效磷）与功能单体通过氢键（非共价作用）结合而生成加合物，2 是加合物 1 周围进行复杂的交联聚合反应得到分子印迹聚合物。在分子印迹聚合物中，功能单体与模板分子结构匹配形成三维网状结构，该网状结构中功能单体与模板分子的几何构型与作用位点均呈互补契合状态；3 是通过溶剂洗脱将模板分子移除后聚合物中就形成了与模板分子空间互补并具有预定作用位点的“空穴”。因对模板分子的空间结构有记忆效应，所以能够高选择性地识别复杂样品中的目标分子。用分子印迹聚合物作萃取剂吸附能力极强，富集效率高，可用于检测环境样品中含量极低的有机磷农药残留。但环境样品中残留的有机磷农药种类较多，分子印迹聚合物法有一定的局限性，并且分子印迹聚合物制备过程复杂，对实验环境要求高。

分子印迹聚合物法首先是分子印迹聚合物制备，有机磷农药残留分子印迹聚合物的制备方法有本体聚合法、电化学聚合法、自组装法、沉淀聚合法等 11 种。有机磷分子印迹聚合物的应用有光学传感、化学传感等，在有机磷分析中也被广泛应用于样品前处理的固相萃取技术中，如分子印迹固相微萃取（MI-SPME）、分子印迹搅拌棒吸附萃取（MI-SBSE）、分子印迹磁性微球萃取（MMI-BE）等。

【示例】霍佳楠等制备有机磷分子印迹聚合物及采用分子印迹固相萃取柱萃取有机磷农药方法[58]：有机磷分子印迹聚合物的合成是选用沉淀聚合法制备有机磷农药分子印迹聚合物。称取 276 mg 的氯代磷酸二苯酯，置于 50 mL 平底烧瓶中，向其中加入 30 mL 的乙腈，再添加 129 mg 的功能单体（4-VP/MAA），置于回旋式振荡摇床上摇振 30 min；然后加入 1502 mg 的交联剂（TMPTMA/DVB/EGDMA）以及 30 mg 的引发剂（AIBN），超声溶解后，氮吹除氧 10 min，密封后置于 60℃的回旋式水浴振荡摇床中振摇反应 24 h。反应结束后，过滤得到沉淀，再用 30 mL 甲醇冲洗 3 次，55℃下进行真空干燥。最后在索氏提取器上用 200 mL 乙酸：甲醇（1：9，体积比）的洗脱液充分洗脱，直至洗脱液中检测不到氯代磷酸二苯酯。

将所制备的 MIPs 颗粒填充到小柱中，制备成分子印迹固相萃取柱（MIPs-SPE）。将制备的含氯唑磷的乙腈溶液加入 MIPs-SPE 小柱内，控制流速在 1 mL/min，以 3 mL 的甲醇和 3mL 的水作为活化液，1 mL 的水溶液作为上样液，再将 1mL 的纯水当作淋洗液，3 mL10%的乙酸-甲醇（1：9，体积比）作为洗脱液。收集洗脱液，氮吹后，乙腈定容至 1 mL，过膜后待上机测定。

11）浊点萃取

浊点萃取[59-61]（cloud point extraction，CPE）是近年来出现的一种新兴的液液萃取技术，它利用表面活性剂溶液的特殊相行为对溶质进行分离，即以中性表面活性剂胶束水溶液的溶解性和浊点现象为基础，改变实验参数引发相分离，将疏水性物质与亲水性物质分离。浊点萃取主要是运用表面活性剂的两个重要功能：增溶作用和浊点现象。表面活性剂分子在水溶液中能够形成亲水基团向外，憎水基团向内的胶束。该胶束溶液可以使微溶或不溶于水的有机物的溶解度大大增加，称为表面活性剂溶液的增溶。在一定的温度范围内，表面活性剂易溶于水成为澄清的溶液，而当温度升高（或降低）一定程度时，溶解度反而减小，会在水溶液中出现浑浊现象，表面活性剂由完全溶解转变为部分溶解，其转变时的温度为浊点温度，即浊点是非离子表面活性剂均匀胶束溶液发生相分离的温度。当温度上升到浊点以上，非离子型表面活性剂水溶液经放置或离心分离，溶液分成两相：一相为表面活性剂相，所占体积很小，仅约占总体积的 5%；另一相为水相。分相后，疏水性待测物结合在胶束中而进入表面活性剂相，从而达到分离富集的目的。

浊点萃取法安全、经济，表面活性剂易于处理。在形态多样、体系复杂且含量低的水体、土壤、沉积物、生物样品的磷化合物测定中应用广泛。磷酸盐也可通过生成疏水性化合物利用 CPE 技术萃取。CPE 技术和气相色谱、高效液相色谱等多种方法联用，在有机磷农药残留分析中，能够显著地提高分析效率。

【示例】黄善松等用浊点萃取法萃取卷烟中磷酸盐[61]：取 1 mL 浓度为 1 μg/mL 的磷酸二氢钾标准工作液于 10 mL 刻度离心管中，依次加入 4.0 mol/L 硫酸溶液 0.5 mL，加入质量分数为 10%的抗坏血酸 2 mL，加入钼酸盐 2 mL，加入阳离子表面活性剂溴化十六烷基三甲基铵 0.12 g，用高纯水稀释到刻度，混匀，放置 10 min，加入 10%的 Triton X-

114[$(CH_3)_3C(CH_2)C(CH_3)_2C_6H_4(OCH_2CH_2)_xOH$，$x \approx 8$]溶液 2 mL，用二次蒸馏水定容至刻度，置于 40℃恒温水浴中，加热 20 min 后，以 4000 r/min 离心 5 min 使其分相，取出离心管，弃去上层清液，用无水乙醇稀释至 3 mL 刻度，摇匀静止后，以无水乙醇为参比，用紫外-可见分光光度计测定其吸光度。

5.3 磷元素的分析方法

磷元素的分析检测方法主要是化学分析法与仪器分析法。应用化学反应与化学计量关系为基础的方法称为化学分析法。化学分析法主要有重量分析法和滴定分析法。磷元素化学分析主要用于磷含量在 1%以上的样品分析，因此又称常量分析，如磷的化工产品及畜禽和水产动物饲料中磷的测定。化学分析法准确度高（相对误差约为±0.2%），条件易于控制。磷元素仪器分析法是以含磷化合物的物理或物理化学参数为基础借助仪器对样品成分进行定性定量分析的一种方法。这种方法主要用于微量磷甚至超微量磷的含量分析及鉴定含磷化合物类别，鉴别磷化合物。

免疫分析法与化学和生物传感器分析方法也是目前含磷化合物分析测定应用较多且非常活跃的两种方法。免疫分析是生物分析化学的重要内容之一。其将免疫学原理应用于生物样品分析，如检测生物样品中所关注的物质是否存在、测定其中的成分含量、检测成分含量的变化、表征成分结构。其在磷化合物分析中的应用主要是有机磷化合物定量测定。化学和生物传感器是随着材料科学、电子技术的进步和计算机的应用而逐步发展起来的，其涉及分析化学、物理化学、有机化学、生物化学、无机化学、材料化学、电子学、光学及计算机技术等诸多学科。化学和生物传感器的重要应用是将化学反应和生物化学反应引起的浓度变化转换为可测信号对被测物质进行定量测定。目前化学和生物传感器用于磷化合物分析的方法及传感器的膜材料的研究较多，且呈上升趋势。

5.3.1 磷化合物的化学分析法

1. 磷化合物的重量分析法

重量分析法（gravimetric analysis）是通过称量物质的质量来确定被测物质组分含量的一种分析方法。重量分析法有沉淀法、气化法、电解法和萃取法。磷化合物含量测定采用沉淀法。就是利用沉淀剂将被测磷化合物以难溶化合物的形式沉淀下来，然后将沉淀过滤、洗涤，并经烘干或灼烧后使其转化为组成一定的物质，最后称重计算出被测组分的含量。磷化合物测定的重量法早先采用的是磷钼酸铵重量法和磷酸镁铵重量法，这是测定磷的经典法，但操作手续都很烦琐，已基本不用了。目前多采用磷钼酸喹啉重量法[22]，此法已列入磷分析的国家标准。此外二安替比林甲烷磷钼酸重量法[62]也是磷测定的国家标准。

1）磷钼酸喹啉重量法

在 HNO_3 溶液中，H_3PO_4 与喹钼柠酮溶液作用生成磷钼酸喹啉黄色沉淀。反应方程式如下：

$$H_3PO_4 + 3C_9H_7N + 12MoO_4^{2-} + 24H^+ \longrightarrow (C_9H_7N)_3H_3(PO_4 \cdot 12MoO_3) \cdot 12H_2O$$

$$(C_9H_7N)_3H_3(PO_4 \cdot 12MoO_3) \cdot 12H_2O \xrightarrow{加热} (C_9H_7N)_3H_3(PO_4 \cdot 12MoO_3) + 12H_2O$$

沉淀经抽滤、洗涤、烘干和称重并计算。具体操作过程如下。

吸取 15.0～25.0 mL 试样溶液（相当于 0.06～0.1 g 试样含五氧化磷 10～30 mg）于 300 mL 的烧杯中，加入 10 mL 体积比为 1∶1 的硝酸溶液，用水稀释至 100 mL，盖上表面皿后加热至沸，取下烧杯用少量水冲洗表面皿和杯内壁。在不断搅拌下加入 50 mL 喹钼柠酮沉淀剂，继续温和加热 1 min。取下烧杯冷却至室温，冷却过程中搅拌 3～4 次，静置沉降。

用预先干燥至恒重的 30 mL 4 号玻璃坩埚抽滤，先将上层清液滤完，然后用倾泻法洗涤沉淀 1～2 次（每次用水约 25 mL），将沉淀全部转入坩埚中，再用水洗涤 5～6 次。

将坩埚底部用滤纸吸干水分后，置于（180±2）℃烘箱内，干燥至恒重（45 min 以上），置于干燥器中冷却 30 min，称重。

喹钼柠酮沉淀剂的配制：70 g 钼酸钠用 100 mL 水溶解后加入到柠檬酸的硝酸溶液（60 g 柠檬酸用 100 mL 水溶解后加入 85 mL 体积比为 1∶1 的硝酸溶液）中，混匀；另将 35 mL 体积比为 1∶1 的硝酸和 100 mL 水于烧杯中混匀，加入 5 mL 喹啉，将此溶液加到前溶液混合均匀。静置过夜，用玻璃坩埚或滤纸过滤，于溶液中加入 280 mL 丙酮，并用水稀释至 1000 mL。

五氧化二磷的含量（%）按式（5-2）计算：

$$x = \frac{(m_1 - m_2) - (m_3 - m_4) \times 0.03207}{m} \times 100 \qquad (5\text{-}2)$$

式中，m_1 为磷钼酸喹啉沉淀和坩埚的质量，g；m_2 为坩埚的质量，g；m_3 为空白试验沉淀和坩埚的质量，g；m_4 为空白试验坩埚的质量，g；m 为吸取试样溶液相当试样的质量，g；0.03207 为磷钼酸喹啉质量换算为五氧化二磷质量的换算系数。

2）二安替比林甲烷磷钼酸重量法

在 0.24～0.60 mol/L 盐酸溶液中，加二安替比林甲烷和钼酸钠混合沉淀剂，生成二安替比林甲烷磷钼酸[$(C_{23}H_{24}N_4O_2)_3 \cdot H_3PO_4 \cdot 12MoO_3 \cdot 2H_2O$]沉淀。过滤洗涤后烘至恒重，用丙酮-氨水溶解沉淀，再烘至恒重，由失重计算磷含量。二安替比林甲烷磷钼酸重量法主要用于钢铁及合金中磷含量的测定。此法不受待测溶液中共存镍（360 mg）、锰（175 mg）、铝（80 mg）、钴（50 mg）、钒（30 mg）、铁（20 mg）、锆（5 mg）、铈（3 mg）干扰。具体操作步骤如下。

将试样溶液加热至 40～100℃，加入 10～15 mL 混合沉淀剂[42 mL 5%钼酸钠溶液，41 mL 盐酸，17 mL 5%二安替比林甲烷盐酸（$V_{盐酸}$∶$V_{水}$为 4∶96）溶液，使用时现混合]搅拌均匀。在 40～100℃处放置 30 min 以上，用 G5 玻璃坩埚过滤，沉淀全部移入坩埚中，用0.5%的盐酸溶液洗涤坩埚及沉淀10～15次，水洗2次，于110～115℃烘干至恒重，置于干燥器中冷却后称重。用20 mL混合试剂（100 mL丙酮、100 mL水和5 mL氨水混匀，用时现配）分2次溶解沉淀，用水洗6～8次，再烘干至恒重后置于干燥器中冷却称重。

磷的含量按式（5-3）计算：

$$P(\%)=\frac{[(m_1-m_2)-(m_3-m_4)]\times 0.01023}{m}\times 100 \tag{5-3}$$

式中，m_1为沉淀和坩埚的质量，g；m_2为坩埚加残渣的质量，g；m_3为空白试验沉淀和坩埚的质量，g；m_4为空白试验坩埚加残渣的质量，g；m为吸取试样溶液相当试样的质量，g；0.01023为二安替比林甲烷磷钼酸质量换算为磷质量的换算系数。

2. 磷化合物的容量分析法

容量分析法又称滴定分析法，此法是将一种已知浓度的试剂溶液滴加到被测物质的试液中，根据完成化学反应所消耗的试剂量来确定被测物质的量。容量分析法是化学分析法最重要的分析方法之一。依据滴定时化学反应类型，滴定分析法分为酸碱滴定分析法、沉淀滴定分析法、氧化还原滴定分析法和配位滴定分析法。磷化合物容量分析法主要涉及酸碱滴定分析法。酸碱滴定分析法已成为磷化合物分析的国家标准。磷化合物容量分析法有磷钼酸喹啉容量法[22]和磷钼酸铵容量法[63]。

1）磷钼酸喹啉容量法

在酸性介质中，正磷酸根与喹钼柠酮沉淀剂反应生成黄色的磷钼酸喹啉沉淀。将过滤洗涤后的沉淀溶于碱标准溶液中，用酸标准溶液滴定过量的碱，根据碱标准溶液的用量及酸标准溶液的消耗量求出五氧化二磷的含量。沉淀的溶解反应如下：

$$(C_9H_7N)_3H_3(PO_4\cdot 12MoO_3)+26NaOH\longrightarrow 3C_9H_7N+Na_2HPO_4+12Na_2MoO_4+14H_2O$$

具体测定步骤是先按磷钼酸喹啉重量法描述进行沉淀。沉淀用中速滤纸或脱脂棉过滤，先将上层清液滤完，然后用倾泻法洗涤沉淀3～4次（每次用水约25 mL），将沉淀全部转入漏斗中，再用水洗涤沉淀直至所得溶液（约20 mL）加一滴混合指示剂和一滴氢氧化钠标准溶液呈紫色为止。

将沉淀和滤纸（或脱脂棉）移入烧杯中，从滴定管中加入浓度为c_1(mol/L)氢氧化钠标准溶液，边加边搅拌，沉淀溶解后再加入5～8 mL，充分搅拌使沉淀完全溶解，消耗的氢氧化钠标准溶液体积记为V_1(mL)，加入100 mL无CO_2的水和1 mL混合指示剂，用浓度为c_2(mol/L)的盐酸标准溶液滴定至溶液从紫色经灰蓝色变为黄色为终点，消耗的盐酸标准溶液体积记为V_2(mL)。

混合指示剂配制：0.1g百里酚酞溶于2.2 mL 0.1 mol/L的氢氧化钠溶液，再加入60 mL乙醇，用水稀释至100 mL；0.1g酚酞溶于60 mL乙醇，用水稀释至100 mL。60 mL百里酚酞溶液和40 mL酚酞溶液混合均匀即可。

五氧化二磷的含量（%）按式（5-4）计算。

$$x=\frac{[(c_1V_1-c_2V_2)-(c_1V_3-c_2V_4)]\times 0.002730}{m}\times 100 \qquad (5\text{-}4)$$

式中，V_3 为空白试验氢氧化钠标准溶液消耗的体积，mL；V_4 为空白试验盐酸标准溶液消耗的体积，mL；m 为吸取试样溶液相当试样的质量，g；0.002730 为与 1.00mL 氢氧化钠标准溶液（浓度为 1.000mol/L）相当的五氧化二磷质量，g。

2）磷钼酸铵容量法

磷钼酸铵容量法与磷钼酸喹啉容量法最大的区别是沉淀的成分不同，磷钼酸喹啉容量法沉淀是$(C_9H_7N)_3H_3(PO_4\cdot 12MoO_3)\cdot 12H_2O$，而磷钼酸铵容量法是正磷酸与钼酸铵作用生成的沉淀$(NH_4)_2H(PMo_{12}O_{40})\cdot H_2O$。溶解和滴定两种方法类似，磷钼酸铵容量法的溶解反应是：

$$(NH_4)_2H(PMo_{12}O_{40})\cdot H_2O+24OH^- = HPO_4^{2-}+12MoO_4^{2-}+2NH_4^++13H_2O$$

具体操作步骤是在样品溶液中加入硝酸铵使其溶解，将溶液加热后冷却至 50℃，加入 50 mL 约 50℃的钼酸铵溶液，锥形瓶用橡皮塞塞紧并剧烈振摇 2～3 min，静置 2～3 h（最好过夜）。

溶解沉淀和滴定操作同磷钼酸喹啉容量法。指示剂用酚酞，用硝酸标准溶液滴定时，红色刚好消失为终点。

钼酸铵溶液配制：135 g 四水钼酸铵溶于温水中，冷却，用水稀释至 1000 mL，搅拌并徐徐倾入 1000 mL 硝酸溶液（$V_{硝酸}$：$V_{水}$为 2：3）中，混匀，加入 5 mg 磷酸氢二铵，静置 24 h，使用前用慢速滤纸过滤。

磷的含量按式（5-5）计算：

$$P(\%)=\frac{c[(V_1-kV_2)-(V_3-kV_4)]\times 0.001291}{m}\times 100 \qquad (5\text{-}5)$$

式中，c 为氢氧化钠标准浓度，mol/L；V_1 为试样溶液加入氢氧化钠标准溶液的体积，mL；V_2 为滴定试样溶液消耗硝酸标准溶液的体积，mL；V_3 为试剂空白加入氢氧化钠标准溶液的体积，mL；V_4 为滴定试剂空白消耗硝酸标准溶液的体积，mL；m 为吸取试样溶液相当试样的质量，g；0.001291 为 1.00 mL 1.000 mol/L 氢氧化钠溶液相当磷的摩尔质量，g/mol；k 为硝酸标准溶液对氢氧化钠标准溶液的换算系数，$k=\frac{25}{V}$，即 25.00 mL 氢氧化钠标准溶液与用硝酸标准溶液滴定所消耗硝酸标准溶液体积 V（mL）之比。

5.3.2 磷化合物的仪器分析法

1. 光谱分析法

光谱法又称光谱分析（spectral analysis 或 spectrum analysis）法[64]，是基于物质与辐射能作用时，由物质内部发生量子化的能级之间的跃迁而产生的发射、吸收或散射、辐射的波长和强度确定物质的结构与化学成分的分析方法。由分子中电子能级、振动和转动能级的变化产生的光谱分析方法称分子光谱法，它们分别是紫外-可见（UV-Vis）分光光度法、红外吸收光谱（IR）法、分子荧光分析（MFA）法和分子磷光光谱

（MPS）法等。由原子外层或内层电子能级的变化产生的光谱分析方法是原子光谱法，它们分别是原子发射光谱（AES）法、原子吸收光谱（AAS）法、原子荧光光谱（AFS）法以及 X 射线荧光光谱（XFS）法等。

1）紫外-可见分光光度法

紫外-可见分光光度法[64]是在 190～800 nm 波长范围内测定物质的吸光度，用于定性鉴别和定量测定的方法。当一束光穿过被测物质溶液时，物质对光的吸收程度随光的波长不同而变化。当光的波长不变，若光的强度为I_0，被溶液吸收后透射光强度为I_t，则：

$$T=\frac{I_t}{I_0} \tag{5-6}$$

式中，T为透光度，T越大，溶液对光的吸收越小，相反T越小，溶液对光的吸收越大。

溶液对光的吸收程度与溶液中被测物的浓度、液层厚度及入射光的波长等因素有关，如果维持波长不变，则溶液对光的吸收只与被测物浓度和液层厚度有关。当一束强度为I_0的单色光垂直照射到厚度为b的液层，液层溶液浓度为c时，则有

$$A=\lg\frac{1}{T}=\lg\frac{I_0}{I_t}=Kbc \tag{5-7}$$

式（5-7）是朗伯-比尔定律的数学表达式，式中A为吸光度；K为比例常数，K与吸光物质的性质、入射光的波长及温度等因素有关。若入射光波长、温度、溶液厚度等不变，则A只与被测物浓度有关。因此测定系列被测物质标准溶液对应的吸光度（一般 5 种浓度的标准溶液），用吸光度A为纵坐标，标准溶液浓度c为横坐标画标准曲线图。然后由测定的样品溶液的吸光度A_x在标准曲线上查出被测物浓度c_x。也可采用标准对比法，其计算式如下：

$$c_x=\frac{A_x}{A_{标}}c_{标} \tag{5-8}$$

紫外-可见分光光度法是仪器分析中应用最为广泛的分析方法之一，它具有如下特点。

a. 灵敏度高：光度法常用于测定试样中 0.001%～1%的微量成分，甚至可测定低至10^{-6}～10^{-7}的痕量成分。

b. 准确度较高：测定的相对误差为 2%～5%，采用精密的分光光度计测量，相对误差可减少至 1%～2%。对于常量组分的测定，此法准确度不及重量法和滴定法，但对于微量组分的测定已完全能满足要求。

c. 适用范围广：几乎所有的无机离子和许多有机化合物都可以直接或间接地用吸光光度法测定。

d. 操作简便、快速，仪器价格不昂贵，所以应用广泛。

紫外-可见分光光度法主要用于各种样品中微量、超微量和常量的磷化合物的定量测定。尽管样品中磷化合物含量高时，方法的准确度不如重量法和滴定法，但是在仪器上采取适当的方法，如用示差法，也可用于测定高含量组分。对于微量组分磷化合物测定，紫外-可见分光光度法具有明显的优势。因此紫外-可见分光光度法作为国家标准方法涉及钢铁产品、煤、肥料、水质、土壤、饲料、食品等的磷化合物测定，如磷钼蓝分

光光度法和铋磷钼蓝分光光度法。

（1）磷钼蓝分光光度法:在酸性介质中，正磷酸盐与钼酸铵反应生成黄色的磷钼杂多酸，其反应如下：

$$(NH_4)_2MoO_4+2HCl = H_2MoO_4+2NH_4Cl$$

$$H_3PO_4+12H_2MoO_4 = H_3[P(Mo_3O_{10})_4]+12H_2O$$

生成的磷钼酸被部分还原后形成蓝色的复杂化合物——磷钼蓝。在一定含磷浓度范围内，溶液蓝色的深浅与磷含量成正比。在一定的波长下测定其吸光度就能求出磷的含量。

磷钼蓝分光光度法使用的还原剂有氯化亚锡和抗坏血酸，即磷钼蓝分光光度法和钼锑抗分光光度法。两种方法虽然只是还原剂不同，但钼锑抗分光光度法灵敏度高，颜色稳定，重复性好，而磷钼蓝分光光度法虽灵敏，但稳定性差，受氯离子、硫酸盐等干扰。因此磷化合物的测定多采用钼锑抗分光光度法，此法已选为国家标准方法。

钼锑抗分光光度法具体操作如下[65]。

a. 钼酸盐溶液配制：在不断搅拌下，将 100 mL 0.13 g/mL 钼酸铵缓慢加入已冷却的 300 mL 体积比为 1∶1 的硫酸溶液中，再加入 100 mL 0.0035 g/mL 酒石酸锑氧钾溶液，混匀。该溶液储存在棕色玻璃瓶中，在 4℃下可储存 60 天。

b. 标准曲线绘制：分别量取 0 mL、0.50 mL、1.00 mL、2.00 mL、4.00 mL、5.00 mL 5.00 μg/mL 的磷标准溶液于 6 支 50 mL 具塞比色管中，用水稀释至刻度。在比色管加入 2～3 滴指示剂（0.002 g/mL 的 2, 4-二硝基酚溶液），用 3 mol/L 硫酸溶液和 2 mol/L 氢氧化钠溶液调节 pH 至溶液刚呈微黄色。加入 1.0 mL 0.1 g/mL 的抗坏血酸混匀，30 s 后加入钼酸盐溶液充分混匀，于 20～30℃下放置 15 min，用 30 mm 比色皿，于 700 nm 波长处，以水作参比，测定吸光度。以试剂空白校正的吸光度为纵坐标，对应的 50 mL 具塞比色管中溶液的磷含量（μg）为横坐标，绘制标准曲线。

c. 试样测试：取 10 mL 样品溶液于 50 mL 具塞比色管中，用水稀释至刻度。然后按标准曲线绘制相同操作步骤进行显色和测量。

d. 空白试验：不加样品与试样，同步操作。

e. 结果计算：试液吸光度减去空白试验吸光度后，在标准曲线上查出相应的磷含量。磷含量按式（5-9）计算，以 P（%）表示。

$$P=\frac{m_1 \times V \times 10^{-6}}{m \times V_1}\times 100 \tag{5-9}$$

式中，V_1 为测量时移取试液体积，mL；V 为试液总体积，mL；m_1 为从标准曲线上查得的磷含量，μg；m 为称取样品的质量，g。

（2）铋磷钼蓝分光光度法：在酸性介质中，磷与硝酸铋、钼酸铵形成黄色的三元配合物，用抗坏血酸还原生成铋磷钼蓝，用分光光度计于波长 700 nm 处测量其吸光度，计算磷的质量分数。此法以硝酸铋作催化剂，使黄色的三配合物在常温下迅速还原成磷钼蓝。试样中有硅存在，会生成硅钼杂多酸干扰磷的测定，但铋不催化硅钼蓝显色，黄哲元等证实 2 g/L 铋盐，共存离子（SiO_2 计）5000 μg/mL 不干扰。铋盐在此浓度下，显色迅速，并保持吸光度至少稳定 30 min。因此，此法为土壤、钢铁及合金中磷测定的国家标准。具体操作步骤[66]如下。

a. 标准曲线绘制：磷质量分数小于 0.050%时，分别量取 0 mL、0.50 mL、1.00 mL、2.00 mL、3.00 mL、5.00 mL 5.00 μg/mL 的磷标准溶液于 6 支 50 mL 容量瓶中；磷质量分数大于 0.050%时，分别量取 0 mL、1.00 mL、2.00 mL、3.00 mL、4.00 mL、6.00 mL 5.00 μg/mL 的磷标准溶液于 6 支 50 mL 容量瓶。加 2.5 mL 10 g/L 硝酸铋溶液、5 mL 30g/L 钼酸铵溶液，每加一种试剂立即混匀，用水吹洗瓶口或瓶壁，使溶液体积约为 30 mL，混匀。加 5 mL 20 g/L 抗坏血酸溶液，用水稀释至刻度，混匀。在室温下放置 20 min。以零浓度为参比，于波长 700nm 处测定各浓度的吸光度，吸光度为纵坐标，对应的磷含量，即 50 mL 溶液中磷含量（μg）为横坐标，绘制标准曲线。

b. 试样测定：量取二份试液各 10.00 mL 分别置于 50 mL 容量瓶中，一份按标准曲线绘制的步骤进行显色和测定。另一份同样操作，但不加钼酸铵，测量吸光度时作为参比。

c. 空白试验：不加试样，所有操作与试样测定同步。

d. 结果计算：同磷钼蓝分光光度法。

（3）钒钼磷酸比色法[67-70]:在稀的正磷酸盐溶液中，钼酸铵在酸性条件下生成钼磷酸，在钒存在下生成黄色的钒钼磷酸[$(NH_4)_3PO_4 \cdot NH_4VO_3 \cdot 16MoO_3$]，在波长 400 nm 下进行比色测定。此法操作简便，安全、准确度及精密度好、颜色稳定、干扰物质较少。但此法灵敏度较低。因此此法适用磷含量较高的样品分析，如饲料、含磷添加剂、食品和各种水样中磷的测定。

钒钼磷酸比色法具体操作步骤如下。

a. 钒钼酸铵显色试剂配制：称取偏钒酸铵 1.25 g，加浓硝酸 250 mL，另称取钼酸铵 25 g 溶于 400 mL 蒸馏水中，加热溶解。冷却后将此溶液倒入前溶液，定容至 1000 mL，避光保存。若有沉淀生成则停止使用。

b.标准曲线绘制：分别量取 0 mL、1.00 mL、2.00 mL、5.00 mL、10.00 mL、15.00 mL 50.00 μg/mL 的磷标准溶液于 6 支 50 mL 容量瓶中；各加入钒钼酸铵显色剂 10 mL，用蒸馏水稀释至刻度，摇匀，放置 10 min。以零浓度为参比，用 10 mm 比色皿，于波长 400 nm 处测各浓度的吸光度，吸光度为纵坐标，对应的磷含量，即 50 mL 溶液中磷含量（μg）为横坐标，绘制标准曲线。

c. 试样的测定：准确移取试样溶液 1～10 mL（含磷 50～750 μg）于 50 mL 容量瓶中，按标准曲线绘制步骤进行显色和测定。

d. 空白试验：不加试样，所有操作与试样测定同步。

e. 结果计算：同磷钼蓝分光光度法。

2）红外吸收光谱法

红外吸收光谱[64]（infrared absorption spectroscopy，IR）法是利用物质分子对红外光的吸收及产生的红外吸收光谱来鉴别分子的组成和结构或定量的方法，主要用于物质定性鉴别。它的解析能够提供许多官能团的信息，可以帮助确定部分乃至全部分子类型及结构。其定性分析有特征性高、分析时间短、需要的试样量少、不破坏试样、测定方便等优点。

当以连续波长（近红外区：0.75～2.5 μm；中红外区：2.5～25 μm；远红外区：25～1000 μm）的红外光为光源照射样品，引起分子振动能级之间跃迁，产生的分子振动光谱，称为红外吸收光谱。在引起分子振动能级跃迁的同时不可避免地要引起分子转动能级之间的跃迁，因此红外吸收光谱又称振-转光谱。

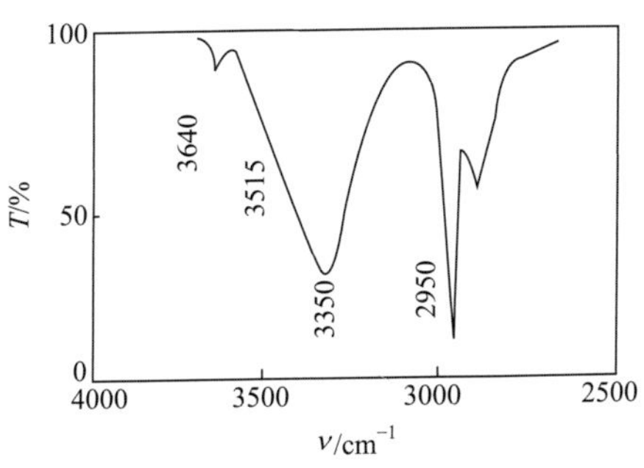

图 5-16　浓度为 1 mol/L 乙醇在 CCl_4 溶液中的 IR 光谱

将分子吸收红外光的情况用仪器记录下来，就得到红外光谱图。红外光谱图通常用波长 λ（μm）或波数 ν（cm^{-1}）为横坐标，表示吸收峰的位置，用透光率 T（%）或者吸光度（A）为纵坐标，表示吸收强度，如图 5-16 所示。

对于已知化合物的定性鉴定有两种方法。

（1）将试样的谱图与标准的谱图进行对照，或者与文献上的谱图进行对照。如果两张谱图各吸收峰的位置和形状完全相同，峰的相对强度一样，就可以认为样品是该种标准物。如果两张谱图不一样，或峰位不一致，则说明两者不为同一化合物，或样品有杂质。如用计算机谱图检索，则采用相似度来判别。使用文献上的谱图应当注意，试样的物态、结晶状态、溶剂、测定条件以及所用仪器类型均应与标准谱图相同。

（2）解析 IR 光谱图，在许多 IR 光谱专著中都详细地记载各种官能团的 IR 光谱特征吸收峰，表 5-7[71]是一些含磷基团的红外特征吸收峰。Osborne 等在《在食品分析中近红外光谱》一书中描述：在标准情况下，当选用分辨率为 8 cm^{-1} 时，可以把 5237～5245 cm^{-1} 之间出现的吸收均视为含磷基团的吸收。图 5-17[72]是甲胺磷的标准品的近红外二阶导数光谱。由图 5-17 可见，甲胺磷在 5241.72 cm^{-1} 处有特征吸收。但是利用这些特征频率表来解析 IR 光谱图，判断官能团存在与否，在很大程度上还要靠经验。解析时分析工作者必须熟知基团的特征频率表，如能熟悉一些典型化合物的标准红外光谱图，则可以提高 IR 光谱图的解析能力，加快分析速度。

表 5-7　有机磷化合物的红外特征吸收峰

基团	振动类型	波数/cm^{-1}	强度	备注
P—H	P—H 伸	2425～2325	中、强	峰形尖，位置恒定，受分子结构影响小
P—OH	O—H 伸	约 2700	中	
P—OR	P—O 伸	约 1020	中、强	
$(RO)_2(R)P{=}O$	P═O 伸	1263～1230	强	
$(RO)_2(R)P{=}O$	P—O—C 伸	1050～1030	中	
$(RO)_3P{=}O$	P═O 伸	1286～1258	强	
$(RO)_3(R)P{=}O$	P—O—C 伸	1050～950	中	
Ph—P	P—C 伸	1450～1420	中	
$P—CH_3$	P—C	1320～1280	中	

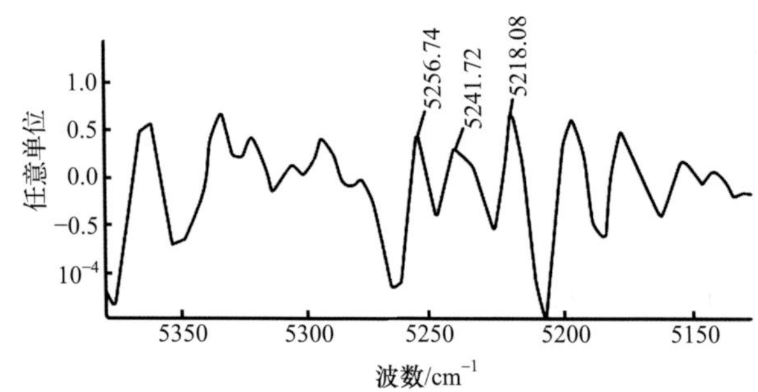

图 5-17　甲胺磷的近红外二阶导数光谱

对未知化合物的结构测定，红外光谱图解析比较复杂，请读者阅读专门书籍。

红外光谱定量分析方法类似紫外-可见分光光度法，视被测物质的情况和定量分析的要求可采用直接计算法、工作曲线法和内标法等。

周向阳等[72]将小油菜（经 GC-MS 分析确认为无农药污染）从中脉处一分为二，一半喷施一定浓度的甲胺磷溶液，另一半为对照，分别扫描采集 NIR 光谱，通过差谱及二阶导数处理，发现施药样品在 5241 cm^{-1} 处有强吸收，未喷药样品无此吸收峰出现，经多次反复比较研究证明，油菜中含磷基团的出现是由农药甲胺磷的引入造成的，并非植物本身的产物。对甲基异柳磷、毒死蜱和辛硫磷等三种有机磷类农药进行残留检测发现，甲胺磷等高毒有机磷农药污染的样品，其 NIR 区的特征吸收峰多出现在 5239.6～5242.5 cm^{-1} 范围内，中低毒有机磷农药污染的样品，其特征吸收峰略向两边偏移，多在 5237.6～5239.5 cm^{-1} 及 5242.6～5244.5 cm^{-1} 之间。508 个蔬菜样品的检测结果表明，样品受农药污染检出率（有机磷农药占检出农药 98.8%）NIR 光谱法与 GC-MS 方法的吻合率为 97.5%。

3）分子荧光分析法

分子荧光分析（molecular fluorometry analysis，MFA）法[64]是根据具有吸收光子能力的物质分子在特定波长光（如紫外光）照射下瞬间发射出比激发光波长长的荧光，利用物质的荧光光谱进行定性、定量分析的方法。荧光光谱辐射峰的波长与强度包含许多有关样品物质分子结构与电子状态的信息，但外界因素对其荧光强度也有一定的影响。

一种物质能否产生荧光以及荧光强度的高低，与它的分子结构及所处的环境密切相关。不含氮、氧、硫杂原子的有机荧光体多发生 $\pi\rightarrow\pi^*$类型的跃迁，这是电子自旋允许的跃迁，摩尔吸收系数大（约为 10^4），荧光辐射强。物质分子具有共轭体系，π 电子更容易被激发，产生更多的激发态分子，使荧光增强，增加体系的共轭度，荧光效率一般也将增大。因此大多数产生荧光的物质分子含有芳香环或杂环，如苯、萘、蒽三种物质。此外，荧光物质的刚性和共平面性增强，可使分子与溶剂或其他溶质分子的相互作用减小，也就是说向外转移能量损失减小，从而有利于荧光的发射。

芳烃和杂环上取代基不同的化合物，荧光光谱和荧光强度也不同。一般说来，给电子取代基，如—OH、$—NH_2$、—OR、$—NR_2$ 等能增强荧光；而吸电子取代基如$—NO_2$、—COOH、—C＝O、卤素离子等使荧光减弱。例如，苯胺和苯酚的荧光较苯强，而硝基苯则为非荧光物质。卤素取代基随卤素原子量的增加，其荧光效率下降。

此外，环境因素对荧光光谱和荧光强度也有影响，如温度对于溶液的荧光强度有着显著的影响。通常，随着温度的降低，荧光物质溶液的荧光量子产率和荧光强度将增大。大多数含有酸性或碱性基团的芳香族化合物的荧光光谱，对于溶剂的 pH 和氢键能力是非常敏感的。因此荧光分析时要保持低温且溶液温度和 pH 恒定。

由于能产生荧光的化合物占被分析物的数量有限，并且许多化合物发射的波长相差较小，因此荧光很少用于定性分析。

荧光分析用于定量测定一般多采用比较法和工作曲线法。值得注意的是，在定量测定时，待测物质分子本身发光；待测物质分子本身不发光，但与一个荧光或磷光的试剂反应而转化为发光物；待测物质分子本身既不发光又不能转化为发光物质，但能与一个发光物质反应生成一不发光的产物。这三类物质具体操作不尽相同。

（1）比较法：如果试样数量不多，可用比较法进行测定。设纯荧光物质配制标准溶液浓度为 c_s，试液浓度 c_x，注意 c_s 尽可能接近 c_x。在相同的条件下测得它们的荧光强度 F_x 和 F_s，试剂空白 F_0，则试液的浓度 c_x 按式（5-10）计算：

$$c_x = \frac{F_x - F_0}{F_s - F_0} c_s \tag{5-10}$$

（2）工作曲线法：若试样数量多，则可用工作曲线法进行测定。将已知量的标准物质经过与试样相同的处理后，配成一系列标准溶液并测定它们的相对荧光强度，以相对荧光强度对标准溶液的浓度绘制工作曲线，由试液的相对荧光强度对照工作曲线求出试样中荧光物质的含量。

【示例】程定玺等[73]在一系列 10 mL 比色管中依次加入一定量（使溶液浓度达 4.0×10^{-4}mol/L）的表面活性剂（十六烷基三甲基溴化铵，CTMAB），pH=6.0 的磷酸二氢钾-磷酸氢二钠缓冲溶液 0.8 mL，适量的辛硫磷标准溶液，1.0×10^{-4} mol/L 曙红溶液 1.0 mL，充分反应后，于激发波长 316 nm，发射波长 550 nm 处测定荧光强度（F），激发和发射光谱通带宽度均为 5 nm，在相同条件下测定试剂空白的荧光强度（F_0），计算荧光猝灭值 ΔF（$F_0 - F$）。以 ΔF 为纵坐标，辛硫磷浓度（mg/L）为横坐标绘制标准曲线。在此条件下线性范围为 0.024～0.56 mg/L，检出限（$3S/N$）为 0.03 mg/L。该方法已用于小米和土壤中有机磷农药残留总量的检测，回收率在 90.4%～100.4%之间，相对标准偏差（$n=11$）在 2.61%～4.14%之间。

4）原子发射光谱法

原子发射光谱（atomic emission spectrometry，AES）法[64]是依据待测物质的原子或离子在热激发或电激发下，发射的特征光谱线的波长和强度来确定物质的元素种类及其含量，进行元素的定性与定量分析的方法。

原子发射光谱分析过程分为激发、光谱图获得和检测。

a. 利用外界能量使试样蒸发，解离成气态原子，或进一步解离成气态离子，并将气态原子或离子的外层电子激发至高能态。

b. 高能态的原子或离子不稳定，一般在 10 s 后便跃迁到较低的能态，这时原子将释放出多余的能量而发射出特征的谱线。由于样品中含有不同的原子，就会产生不同波长的电磁辐射。利用光谱仪把电磁辐射按波长顺序记录在感光板上，可得有规则的谱线条即光谱图。

c. 检定光谱中元素的特征谱线的存在与否，可对试样进行定性分析；进一步测量各特征谱线的强度可进行定量分析。

原子发射光谱法可用于物质的定性、半定量及定量分析。

（1）定性分析：根据元素原子所发出的特征谱线的波长来确认某一元素的存在，这就是光谱定性分析。定性分析的方法主要有标准试样比较法和铁光谱比较法。

a. 标准试样比较法：将欲检出元素的物质或纯化合物与未知试样在相同条件下获得的发射光谱图进行对照检查，以确定未知试样中某元素是否存在。此法适用于试样中指定组分的定性。

b. 铁光谱比较法：此法是以铁的光谱图为参比，通过比较光谱图的方法检测试样的谱线。铁元素“标准光谱图”是在一张张放大 20 倍以后的不同波段的铁光谱图上方，准确标绘上 68 种元素的主要光谱线。在实际分析时，将试样与纯铁在完全相同条件下，于同一感光板上并列摄谱，将获得的两张谱图置于映谱仪上，谱图也放大了 20 倍，再与标准光谱图比较。比较时首先让纯铁光谱图与标准光谱图上某些铁光谱线重合，检查元素谱线，如果试样中的某谱线也与标准谱图中标绘的某元素谱线对准重叠，即为该元素的谱线，从而确定谱线的波长及所代表的元素。铁光谱比较法可同时进行多元素定性鉴定。

（2）半定量分析：光谱半定量分析方法可用于粗略估计试样中元素大概含量，其误差范围可允许在 30%～200%之间。常用的半定量方法有谱线强度比较法、谱线呈现法和均称线对法等。

a. 谱线强度比较法：待测元素的含量越高，则谱线的黑度越强。采用谱线强度比较法进行半定量分析时，将待测试样与被测元素的标准系列在相同条件下获得的光谱图，在映谱仪上用目视法比较待测试样与标准物质的分析线的黑度，黑度相同时含量也相等，据此可估测待测物质的含量。该方法只有在标准样品与试样组成相似时，才能获得较准确的结果。

b. 谱线呈现法：元素的谱线有强线和弱线，谱线的强度随元素的含量增加而增加。一些弱线在元素低含量时不出现（目测不到），但当含量达到一定程度时，一些弱线也相继出现。因此，可以将一系列已知含量的标准样品摄谱，确定某些谱线刚出现时对应的浓度，制成谱线呈现表，据此来测定待测试样中元素的含量。该方法不需要采用标准样品，测定速度快，但方法受试样组成变化影响较大。

（3）定量分析：光谱定量分析就是根据样品中被测元素的谱线强度来确定该元素的准确含量。常用的光谱定量分析方法有标准曲线法和标准加入法。

a. 标准曲线法：又称三标准试样法。是指在分析时，配制一系列被测元素的标准样品（不少于三个），在相同的实验条件下，测量标准样品和试样的发射光谱图，用标准样品的分析线对的黑度值差 $\Delta S_{标}$与其含量的对数值 $\lg c_{标}$绘制标准曲线。在标准曲线上，查出与试样的分析线对的黑度值差 $\Delta S_{样}$对应的试样中被测元素的含量 $\lg c_{样}$。

b. 标准加入法：又称增量法。在测定微量元素时，配制标准样品若找不到不含被分析元素的物质作为的基体时，可以在试样中加入不同已知量的被分析元素来测定试样中的未知元素的含量，这种方法称为标准加入法。

原子发射光谱法具有灵敏度高、选择性好、试样消耗少且不经分离即可同时进行多种元素快速定性定量分析的特点，是分析化学中重要的元素成分分析手段之一，在环境、钢铁冶金、矿产开发、材料分析等领域得到了广泛应用。

原子发射光谱分析的误差主要来自光源，因此选择的光源尽量满足高灵敏度、低检出限、良好的稳定性（试样能稳定地蒸发、原子化和激发，分析结果具有较高的精密度）、信噪比大、分析速度快、结构简单、容易操作且安全和校准曲线的线性范围宽的要求。在发射光谱的发射源（光源）中，电感耦合等离子体（ICP）是最能满足要求的光源，用 ICP 光源时，准确度高，标准曲线的线性范围宽，可达 4～6 个数量级。可同时测定高、中、低含量的不同元素。因此电感耦合等离子体发射光谱法（ICP-AES）已广泛应用于各个领域之中。磷化合物中磷元素的测定主要应用 ICP-AES，如测定水体中磷含量标准方法[74]和测定钨矿石、钼矿石中磷的标准方法[75]。

5）原子吸收光谱法

原子吸收光谱[64]（atomic absorption spectroscopy，AAS）又称原子分光光度法，是 20 世纪 50 年代中期出现并在以后逐渐发展起来的一种新型的仪器分析方法。其基本原理为：一束空心阴极灯或光源发射出的具有特定波长的光通过原子化器中产生待测样品的原子蒸气时，基态的气态原子中的外层电子将选择性吸收同种元素原子所发出的特征波长的光，从而使特征波长的光减弱，这种减弱的程度用吸光度表示，吸光度与被测样品中的待测元素含量成正比；即基态原子的浓度越大，吸收的光量越多，通过测定吸收的光量就可以求出样品中待测的金属及类金属物质的含量，对于大多数金属元素而言，共振线是该元素所有谱线中最灵敏的谱线。

原子吸收光谱法主要适用样品中微量及痕量组分分析。其分析方法主要有如下几种。

（1）工作曲线法：这是原子吸收光谱法常用的方法。此法是根据被测元素的灵敏度及其在样品中的含量来配制标准溶液系列，测出标准系列的吸光度，绘制出吸光度与浓度关系的工作曲线。测得样品溶液的吸光度后，在工作曲线上查出与吸光度对应的浓度，即为样品溶液中被测元素的浓度。标准曲线法适用于配制标准溶液的基体和样品的基体大致相同的情况，其优点是速度快，可在样品很多的时候使用。缺点是当样品基体复杂时误差较大。

（2）标准加入法：标准加入法也称标准增量法、直线外推法。此方法是在容量瓶中加入等体积的试样溶液和标准溶液并定容，配制一系列相同体积的溶液，并使加入的标准溶液最终浓度为 0、c_s、$2c_s$、$3c_s$、…，测定这一系列溶液的吸光度。以溶液中外加标准物质的浓度为横坐标，以吸光度为纵坐标对应作图，然后将直线延长使之与浓度轴相交，交点对应的浓度值即为试样溶液中待测元素的浓度。此法适用于样品中基体不明或基体浓度很高、变化大，很难配制相类似的标准溶液时使用。但其速度很慢，适合样品少的情况。

原子吸收光谱法由于检出限低、灵敏度高、精密度好、准确度高、选择性好、分析速度快、方法简便等特点，在地质、冶金、机械、化工、农业、食品、轻工、生物医药、环境保护、材料科学等各个领域有广泛的应用。可直接测定钢铁、合金、化工产品、岩矿、土壤、大气飘尘、水、植物、食品、生物组织等试样中的磷元素。

【示例】汪雨等[76]测定磷元素在乙炔-空气火焰条件下形成的 PO 双原子分子的吸光度，从而确定植物样品中磷含量。测定波长 246.40 nm。采用标准曲线法，线性范围 0～1000 mg/L，检出限 20 mg/L。宋鹏心等[77]测定磷铁中磷含量的测定条件是乙炔-空气流量比为 0.200（乙炔气与空气流量分别为 80 L/h 和 400 L/h），燃烧器高度为 8 mm，测定波长为 246.40 nm。采用标准曲线法，检出限为 20.55 mg/L，测量下限为 84.18 mg/L。

6）X 射线荧光光谱法

X 射线荧光光谱法[78]（X-ray fluorescence spectroscopy，XFS）又称 X 射线荧光光谱分析法。它是利用原级 X 射线光子或其他微观粒子激发待测物质中的原子，使之产生荧光（次级 X 射线）而进行物质成分分析和化学态研究的方法。它的基本原理是当一束 X 射线（原级 X 射线）通过气态的基态原子时，基态原子电子吸收合适的特定频率的辐射而被激发至高能态，约经 10^{-8} s，又跃迁至基态或低能态，并以光辐射的形式发射出特征波长的荧光。若原子荧光的波长与吸收线波长相同，称为共振荧光；若不同，则称为非共振荧光。共振荧光强度大，分析中应用最多。在一定条件下，共振荧光强度与样品中某元素浓度成正比。该法的优点是灵敏度高、谱线简单、再现性好；在低浓度时校准曲线的线性范围宽达 3～5 个数量级。其由于具有分析快速、样品处理简单且对样品不具破坏性的优点，较适合于野外和现场分析，而且一般使用便携式 X 射线荧光分析仪即可达到目的。

X 射线荧光分析法用于物质成分分析应用范围非常广，分析范围包括原子序数 $Z \geqslant 3$ 的所有元素。物质成分分析方法有以下几种。

（1）定性分析：不同元素的荧光 X 射线具有各自的特定波长，因此根据荧光 X 射线波长可以确定元素的组成。但如果元素含量过低或存在元素间的谱线干扰时，需要人工鉴别。在分析未知谱线时，需要根据样品的来源和性质等因素综合判断。

（2）定量分析：X 射线荧光光谱法进行定量分析的依据是元素的荧光 X 射线强度 I_i 与试样中的含量 W_i 成正比：

$$I_i = I_s W_i \tag{5-11}$$

式中，I_s 为 $W_i = 100\%$时，该元素的荧光 X 射线强度。根据上式，可以采用标准曲线法、增量法、内标法等进行定量分析。20 世纪 70 年代以前，数学校正法发展较慢，主要用于一些组成比较简单的物料方面；大量采用的是标准曲线法。其中常用的有外标法、内标法、增量法等。

20 世纪 70 年代以后，随着 X 射线荧光分析理论和方法的深入发展，以及仪器自动化和计算机化程度的迅速提高，人们普遍采用数学校正法。数学校正法的应用可有效地计算和校正由于基体的吸收和增强效应对分析结果的影响。对于谱线干扰和计数死时间，也可以得到有效的校正。数学校正法一般都比较迅速、方便，而且准确度更高。

X 射线荧光光谱法可用于冶金、地质、化工、机械、石油、建材等工业部门，以及物理、化学、生物、地学、环境科学、考古学等领域磷元素的测定。目前磷元素测定的方法研究十分活跃，尤其在多元素存在下磷元素测定方法的研究方面。刘海东等[79]以钢标准物质作为光谱标样，采用基本参数法校正基体效应，用 X 射线荧光光谱测定钢中磷元素。测定结果与化学法和原子吸收光谱法分析值相吻合，10 次制样测量，标准偏差约 2.7%。牛昌安等[80]选用钨的 Mα 线和钼的 Lα 线作为测量重叠干扰系数时的参照线。分别用只含钼和同时含钼、钨的两套标准样品测定重叠干扰系数。用X射线荧光光谱的标准曲线法测定铁基和镍基合金标准样品中的磷含量，测定值与认定值相符，测定值的相对标准偏差（n=10）为 0.68%。刘玉纯等[81]用微晶纤维素垫底镶边粉末压片制样，并采用 X 射线荧光光谱测定生物样品中的磷含量，测定结果与化学法相符。林忠等[82]采用四硼酸锂熔融-X 射线荧光光谱的标准曲线法测定锰矿石中磷含量。标准曲线用 Lachance-Trail 校正模式进行回归校正。测定快速、简便，结果准确。丁仕兵等[83]用四硼酸锂作熔剂、溴化锂作脱模剂制备玻璃熔片，以标准物质和高纯试剂制备标准片绘制标准曲线，并对吸收增强效应和光谱重叠做出校正。建立X射线荧光光谱法测定矾土中磷的氧化物的方法。此法测定标准样品，结果与认定值相符，回收率为 86.7%～106.2%。宋义等[84]采用人工混配有限煤炭标准样品粉末直接压片制样，X射线荧光光谱仪同时测量煤中的砷、硫、磷、氯。用可变 α 系数法进行基体校正。P 的测定范围为 0.003%～0.096%，检出限为 2.1 μg/g。实际测定结果与标准方法测定结果基本一致。

2. 色谱分析法

色谱法[78]（chromatography）又称“色谱分析”、“色谱分析法”、“层析法”，是一种分离和分析方法。色谱法在有机磷化合物分析中的应用就是利用磷化合物在不同的色谱条件下，相态间选择性分配，以流动相对固定相中的混合物进行洗脱，混合物中不同的磷化合物会以不同的速度沿固定相移动，最终达到分离的效果。

目前，在分析仪器中，色谱仪器具有重要地位。然而色谱仪有很多检测器，如氢火焰离子化检测器（FID）、热导检测器（TCD）、电子捕获检测器（ECD）、火焰光度检测器（FPD）、氮磷检测器（NPD）等，每种检测器只有一定限度的适用范围，不能通用，造成使用不便。而色质联用是将质谱仪作为色谱仪的质量检测器，可以取代色谱仪的多种检测器，通用性强，使用极其方便。可以说色谱是质谱的理想进样器，质谱是色谱的理想检测器。这样色谱技术和质谱技术联用将色谱的分离能力与质谱的定性功能结合起来，实现对复杂混合物的更准确的定量和定性分析。所以色质联用把分析仪器提高到一个新水平。在当前仪器分析中占有非常突出的地位。色质联用仪器是色谱技术、质谱技术与计算机技术三种现代化技术紧密结合的产物。磷化合物检测涉及色谱仪器多为气相色谱质谱联用（GC-MS）及液相色谱质谱联用（LC-MS）。

色谱法有很多，而用于磷化合物分析的方法主要有：柱色谱法（column chromatography，因方法费力、费时，已很少用，且原理同高效液相色谱和固相萃取，操作过程类似固相萃取，因此本章不讨论）、薄层色谱法（thin-layer chromatography，TLC）、气相色谱法（gas chromatography，GC）、高效液相色谱法（high performance liquid chromatography，HPLC）。目前，磷化合物的定量分析主要是气相色谱法、高效液相色谱法，而定性分析一般采用薄层色谱法。

1）气相色谱法

气相色谱[85]是指用气体（惰性气体，也称载气）作为流动相的色谱法。GC 是一种以分配平衡为机理的分配方法。因样品混合物中组分的沸点、极性及吸附性质的差异，每种组分都倾向于在流动相和固定相之间形成分配或吸附平衡。由于样品在气相中传递速度快，因此在 GC 的色谱柱内这种平衡能瞬间达到。但载气是流动的，每种组分在 GC 的色谱柱内平衡一直处于平衡-破坏-又平衡-又破坏的过程中。因此样品组分在载气的流动中进行反复多次的分配或吸附与解吸附，结果是在载气中分配浓度大的组分先流出色谱柱，而在固定相中分配浓度大的组分后流出，从而实现混合物的分离。

GC 系统由气路系统、进样系统、分离系统、温控系统、检测记录系统组成。系统的核心是色谱柱和检测器，色谱柱关系到组分能否分开；检测器关系到分离后的组分能否鉴定出来。目前检测器已超 30 种，其中常用的检测器是 FID、TCD、NPD、FPD、ECD 等类型。

气相色谱流程是以稳定的压力、恒定的速度的载气流经进样系统的气化室与气化的样品混合，将样品气体带入色谱柱中进行分离。分离后的各组分随着载气先后流入检测器，检测后载气放空。检测器将物质的浓度或质量的变化转变为一定的电信号，经放大后在记录仪上记录下来，就得到色谱流出曲线，根据色谱曲线由计算机定量给出组分含量。

GC 相对 HPLC，由于样品在气相中传递速度大大地快于样品在液体中的速度，因此样品组分在 GC 流动相和固定相之间达到平衡的速度也大大地快于 HPLC 流动相和固定相之间达到平衡速度，故 GC 检测时间短。另外加上可选作固定相的物质很多，因此 GC 是一个分析速度快和分离效率高的分离分析方法。近年来采用高灵敏、选择性强的检测器，使得它又具有分析灵敏度高、应用范围广等优点。因此在磷化合物检测中也大量使用气相色谱法。凡沸点在 500℃，分子量在 400 以下的磷化合物，原则上都可以用 GC 检测和分离。目前 GC 已作为检测有机磷农药的国家标准方法，如我国食品理化检验国家标准就采用了气相色谱检测有机磷农药，最小检出量为 1 ng。GC 检测磷化合物一般选用 NPD、FPD、ECD 等，这些检测器对于磷化合物的检测灵敏度高、线性范围宽、响应速度快、稳定性和重复性好，如 NPD 对磷化合物的检出限达 2.5×10^{-13} g/s（马拉硫磷）。它对磷化合物有较高的响应。响应值高于对其他化合物，有的甚至高 10000～100000 倍。FPD 对磷化合物的检出限也达 10^{-12} g/s。同时，FPD 对有机磷的响应值与碳氢化合物的响应值之比可达 10^4，因此可排除大量溶剂峰及烃类的干扰，非常有利于痕量磷分析，是检测有机磷农药残留的主要工具。

【示例】李建科[86]等用气相色谱法检测苹果浓缩汁中有机磷农药的残留时的气相色谱条件：载气为高纯氮气，流速 16 mL/min，检测器温度 270℃，进样口温度 250℃，氢气流速 65 mL/min，空气流速 115 mL/min，尾吹量 15 mL/min，不分流进样，进样量 1 μL。柱升温程序为：柱温在 175℃，保持 1 min，然后以 5℃/min 升温至 200℃，保持 2 min，再以 10℃/min 升温至 250℃，保持 1 min。

2）高效液相色谱法

高效液相色谱法[85]又称“高压液相色谱”、“高速液相色谱”等。高效液相色谱实际是一种柱色谱，因此又称“近代柱色谱”。它区别于柱色谱的是将固定相装在一金属柱中，采用高压输液系统，将具有不同极性的单一溶剂或不同比例的混合溶剂、缓冲液等流动相泵入装有固定相的色谱柱，当柱内混合物的组分分离后直接进入检测器进行检测，从而实现对试样的分析。

高效液相色谱系统由流动相储液瓶、输液泵、进样器、色谱柱、检测器和记录器组成，对样品的分离、测试一次性完成，并给出测定结果。因此高效液相色谱法有如下的特点。

（1）高压：为了克服液体流动相流经色谱柱的阻力，达到迅速通过色谱柱的目的，必须对液体流动相加高压。

（2）高速：因液体流动相流速较经典柱色谱法快得多，所以分析速度快，通常分析一个样品在 15～30 min，有些样品甚至在 5 min 内即可完成，一般小于 1 h。

（3）高效：分离效能高，可选择固定相和流动相以达到最佳分离效果。

（4）高灵敏度：紫外检测器可达 0.01 ng，进样量在μL 数量级。

（5）应用范围广：百分之七十以上的有机化合物可用高效液相色谱分析，特别是高沸点、大分子、强极性、热稳定性差的化合物的分离分析，显示出优势。

此外高效液相色谱还有色谱柱可反复使用、样品不被破坏、易回收等优点。因此在有机磷化合物测定中广泛使用高效液相色谱，尤其是有机磷农药残留的分析。高效液相色谱进行农药残留分析时一般使用 C_{18}、C_8 色谱柱，以甲醇、乙腈等水溶性溶剂作流动相的反相色谱。高效液相色谱连接的检测器一般有紫外吸收、质谱、荧光、二极管阵列检测器和电化学检测器。

【示例】刘敏等[87]用液相色谱-质谱检测蔬菜水果中氨基甲酸酯和有机磷农药时所用的色谱条件：色谱柱为 Shim-PackVP-ODS（150 mm×2.0 mm，5 μm）；流动相采用含 0.2%乙酸的甲醇-水体系；梯度条件：0～25 min，甲醇含量由 20%线性增加到 90%；25～30 min，甲醇含量保持 90%；30～40 min，甲醇含量为 20%。流速：0.5 mL/min；柱温：40℃。

3）薄层色谱法

薄层色谱法[88]又称薄层层析，是以支持物（吸附剂或纤维或离子交换剂或分子筛凝胶等）为固定相的一种液相色谱法，即将支持物在玻璃、金属或塑料等光洁的表面上均匀地铺成薄层，试样点在薄层的一端，以合适的溶剂为流动相，流动相借毛细作用流经固定相，对混合样品进行分离、鉴定和定量的一种层析分离技术。

薄层层析与液相色谱一样，根据作为固定相的支持物不同，分为薄层吸附层析、薄层分配层析等。但一般实验中应用较多的是以吸附剂为固定相的薄层吸附层析。类似于液相色谱，吸附薄层色谱分离法也是利用各成分对同一吸附剂吸附能力不同，在流动相（溶剂）流过固定相（吸附剂）的过程中，连续地发生吸附、解吸附、再吸附、再解吸附，从而达到各成分的互相分离的目的。

薄层层析首先是薄层板制备，薄层板的制备方法有干法制板和湿法制板。实验室常用的是湿法制板，一般是将 1 份固定相和 3 份水在研钵中向一方向研磨混合，去除表面的气泡后，倒入涂布器中，在玻板上平稳地移动涂布器进行涂布（厚度为 0.2～0.3 mm），取下涂好薄层的玻板，置水平台上于室温下自然干燥后，再放入烘箱中活化，进一步除去水分。不同的吸附剂及配方需要不同的活化条件。例如，硅胶一般在烘箱中逐渐升温，在 105～110℃下烘 30 min；氧化铝在 200～220℃下烘 4 h，可得到活性为Ⅱ级的薄层板，在 150～160℃下烘 4 h，可得到活性为Ⅲ～Ⅳ级的薄层板。活化后的薄层板放在干燥器内保存备用。当分离某些易吸附的化合物时，可不用活化。薄层板使用前检查其均匀度（可通过透射光和反射光检视）。

薄层层析步骤如下。

（1）点样：点样可采用手动点样和自动点样。手动点样多为了定性，一般用内径约 0.5 mm 管口平整的毛细管或微量注射器将样品溶液点在距薄层底边约 2 cm 处，点样直径不超过 5 mm，点间距为 1～1.5 cm 即可。定量手动点样需借助毛细作用吸样的定容管。含量测定多采用自动点样，采用半自动点样仪或全自动点样仪，按预设程序自动点样。如 Automatic TLC SamplerⅢ（ATSⅢ）型全自动点样装置结合了现代最先进的电子及机械技术，能进行点状或带状点样，采用先进计算机编程控制，灵活多用，点样量为 10～50 μL，可随意设定点样规范，可应用于单向、双向、环形或向心色谱展开，高度自动化的点样使定量分析结果准确。点样参数可与 ScannerⅡ扫描仪的 CATS 扫描分析软件连用，使定量分析工作达到高度自动化。

（2）展开：展开是在展开室进行，展开室需预先用展开剂饱和，可在室中加入足够量的展开剂，并在壁上贴两条与室一样高、宽的滤纸条，一端浸入展开剂中，密封顶盖，使系统平衡。将点好样品的薄层板置于加入足够量的展开剂的展开室中，浸入展开剂的深度为距薄层板底边 0.5～1.0 cm（切勿将样点浸入展开剂中），密封室盖，待展开至规定距离（一般为 10～15 cm），取出薄层板，晾干后检测。

（3）显色与检视：荧光薄层板可用荧光猝灭法；普通薄层板，如有色物质可直接检视；无色物质可用物理或化学方法检视。物理方法：如用紫外照射分离后的薄层，使化合物结构发生某些变化，形成荧光发射功能团，在薄层上显出不同颜色的荧光斑点，检出斑点的荧光颜色及强度进行定性、定量。该方法的灵敏度高、专属性强。化学方法：一般用化学试剂显色，如硫酸溶液（硫酸∶水为 1∶1，硫酸∶乙醇为 1∶1）、0.5%碘的氯仿溶液、中性 0.05%高锰酸钾溶液、碱性高锰酸钾溶液（还原性化合物在淡红色背景上显黄色斑点）等，显色后，立即覆盖同样大小的玻板，检视。

（4）测定比移值：设溶剂从原点渗透到距离 a（一般在 20～30 cm 时测定）时，如果位于原点的物质从原点向前移动到 b，那么 b/a 的值（0.0～1.0）就是这种物质的比移值（R_f值）。在一定的色谱条件下，特定化合物的 R_f 值是一个常数，因此有可能根据 R_f 值鉴定化合物。

薄层色谱法具有其他色谱法不具备的优点。它不需要特殊设备和试剂，方法简单、快速、直观且灵活。薄层分离能力强，效果明显，对物质的分离鉴定具有重要的作用，如分辨力一般比以往的纸层析高 10～100 倍，表 5-8 是薄层色谱与液相色谱的比较，由表 5-8 可见 TLC 对样品制备要求不高，只需对样品进行简单提取就能进行分离鉴定，且在一个薄层板同时进行多样品的分离鉴定，因此可用于对各种提纯方法的提纯效果的比较。

表 5-8 薄层色谱与液相色谱的比较

TLC	HPLC
在一块板上点上多个样品同时进行分离	每次只能分析一个样品
薄层板上的支持物是一次性的，可直接用样品的粗提取物点样	对样品制备要求高，必须不含可吸留在柱上的杂质，否则柱性能受损
展开后可用多种手段检测	可用检测器种类较少

薄层色谱法在磷化合物的鉴别中，也是应用比较广的微量快速检测方法，尤其是有机磷农药的检测。样品用适宜的溶剂提取，经纯化浓缩后，在固体吸附剂硅胶板或氧化铝薄层板上展开，显色后，与标准有机农药进行比移值比较来进行定性测定。如需定量测定，只需用薄层扫描仪扫描即可，检出限为 0.1～0.01 μg。若将薄层色谱法与有关技术相结合，可大大降低检测限。如与荧光显色技术结合，对有机磷的检出限不大于 0.01 μg；与酶抑制技术结合，检出限达 0.001 μg。

【示例】李顺兴等[89]将适量表面修饰粒径为 500 nm 的 TiO、硅胶 G、羧甲基纤维素钠搅拌均匀，涂布在 2.5 cm×10 cm 玻璃板上烘干，105℃下活化 0.5 h，制得薄层色谱板，以正己烷、丙酮、甲醇和水的混合剂为展开剂，避光层析 12 min，可将毒死蜱、马拉硫磷、对硫磷、甲基对硫磷、辛硫磷、甲胺磷等 6 种有机磷农药分离，用太阳光光照 15～20 min，将有机磷降解为磷酸盐，最后避光显色。在此条件下，在线性浓度 0.02～0.6 mg/L 范围内制备各有机磷农药的标准品薄层色谱对照谱图。水样在相同条件下展开和显色，得到的薄层色谱谱图与标准品薄层色谱对照谱图比对，便可知水样所含有机磷农药的种类及浓度。

5.3.3 磷化合物免疫分析法

免疫分析（immunoassay，IA）法是以抗原与抗体的特异性识别和结合为基础，把抗体作为生物化学检测器对化合物、酶或蛋白质等物质进行定性和定量分析的方法。免疫分析法在磷化合物分析中的应用主要是有机磷农药残留的测定。在免疫分析法检测有机磷农药时，若没加入有机磷农药，抗体完全与标记物结合生成标记物-抗体复合物。而加入有机磷农药后，有机磷农药将与抗体结合，生成有机磷农药-抗体复合物，从而抑制标记物与抗体的结合反应，使生成的复合物中标记物产物含量降低。若抗体和标记物的量固定，则加入的有机磷农药的量与复合物中标记物的含量之间存在一定的函数关系。选择合适的方法检测复合物中的标记物，则可据此计算出样品中有机磷农药的量。

免疫分析法不但具有比常规分析法更高的灵敏度，而且不需昂贵仪器设备，尤其是近年来免疫领域出现许多更加快速、实用的检测手段，使方法更加简便快捷，如全自动酶免疫分析装置、免疫分析微球、免疫分析芯片、免疫试纸条等。因此在有机磷农药残留的快速筛选和定量测定以及现场快速检测方面优势明显，受到食品安全和环境工作者的重视。

根据标记物的不同，免疫分析法可分为放射免疫分析（radioimmunoassay，RIA）法、酶联免疫分析（enzyme-linked immunoassay，EIA）法、化学发光免疫分析（chemiluminescence immunoassay，CLIA）法、荧光免疫分析（fluorescence immunoassay，FIA）法和金标记免疫分析（gold marker immunoassay，GIA）法。下面具体介绍有机磷农药残留检测涉及的几种主要的免疫分析方法。

1. 放射免疫分析法

放射免疫分析法[90]是放射性同素标记抗原（或抗体）与相应抗体（或抗原）结合，用 γ 射线探测仪或液体闪烁计数器测定标记的抗原或抗体辐射的 γ 射线或 β 射线的放射性强度，来测定抗体或抗原含量的技术。它包括以标记抗原为特点的放射免疫分析和以标记抗体为特点的免疫放射分析（immunoradiometricassay，IRMA）。前者以液相竞争结合法居多，既测大分子抗原，又测小分子抗原；后者以固相法测大分子抗原为主。用作标记的放射性同位素有 ^{125}I、^{32}P、^{3}H 等，而常用的同位素是 ^{125}I 和 ^{131}I。

被测定的抗原物质和其标记物（标记抗原）同特异性抗体之间存在着竞争性的结合。Ag 和 Ag*分别代表待测抗原和标记抗原，Ab 代表抗体，Ag·Ab 和 Ag*·Ab 分别代表非标记的和标记的抗原-抗体复合物，则当 Ag 与 Ag*同时存在时，这一系统呈如下的平衡关系：

$$\begin{array}{ccc} Ag^* + Ab & \rightleftharpoons & Ag^*\cdot Ab \\ + & & \\ Ag & \rightleftharpoons & Ag\cdot Ab \end{array}$$

在 Ab 恒定时，Ag 的存在使 Ag*·Ab 的产量减少。若 F 代表未结合的 Ag*，B 代表 Ag*·Ab 复合物，则 B/F 与 Ag 之间存在函数关系。若以 B/F 为纵坐标，Ag 浓度（ng/mL）为横坐标，则可绘制出剂量反应标准曲线。测量未知样品时，只需在同样条件下测量 B 和 F 的放射性，即可由标准曲线求出被测样品的浓度，而不需纯化样品。本方法要求有高纯度的标记抗原，测定标准曲线时要寻找合适的标准品，标准品的免疫活性应与待测样品相当，且不含放射性免疫干扰物。

RIA 早期应用于磷化合物分析是有机磷农药，如对硫磷。尽管该方法灵敏度非常高（RIA 通常为 10^{-9} g、10^{-12} g，甚至 10^{-15} g），应用范围广，但进行 RIA 需使用昂贵的计数器，也存在放射线辐射和污染等问题，因此在有机磷农药残留检测的应用和发展受到了一定的限制，并逐步为其他免疫分析方法所取代。目前此法在磷化合物分析的应用主要是临床免疫学上测定，如环磷酸鸟苷（cGMP）、环磷酸腺苷（cAMP）。

【示例】Ercegorich 等用放射免疫分析法检测对硫磷的操作[91]：在三支玻璃试管中依次加入 50 μL 样品或未标记的磷酸盐缓冲溶液（PBS，pH=7.2）标准稀释液、200 μL 抗血清和 65 μL PBS（pH=7.2）。分析混合物在旋涡搅拌器中搅拌并培养 1 h，使游离的对硫磷与抗体反应，然后将 100 μL 示踪物（^{14}C-乙基对硫磷，约 10000 dpm）乙醇溶液加入反应试管中，继续搅拌保温 3 h。加入 500 μL 葡聚糖活性碳（DCC）储备液，将混合物在旋涡匀浆器中搅拌，于 25℃保温 15 min，然后在 1500 *g* 下离心 10 min。吸移管把结合抗体的对硫磷转至液体闪烁计数器中测定放射性。

DCC 制备方法：将 10 g 放射性免疫分析级活性炭和 250 mg 葡聚糖在 100 mL PBS（pH=7.2）中混合，不断搅动防止沉淀。

2. 酶联免疫分析法

酶联免疫分析（EIA）法[90]是一种酶标记测定方法，它区别于放射免疫分析法的是以酶标记抗体（或抗原）作为主要试剂，代替了放射性同位素标记物，将抗原抗体反应的特异性和酶催化底物反应的高效性与专一性结合起来。酶催化底物的反应产生有色的、发光的或荧光的产物，通过对产物简单的肉眼观测定性测定，或通过测定终点产物的吸光度进行定量测定。根据抗原抗体反应后是否需要分离结合的和游离的酶标记物，酶联免疫分析分为均相和多相两种类型。

均相酶免疫分析不需要分离结合的和游离的酶标记物，因此快速，一般只需 2～3 min。但它的灵敏度比多相酶免疫分析要低得多，因此其主要应用于治疗药物的监测。

多相酶免疫分析方法较多，其中应用最广泛的是酶联免疫吸附分析（ELISA）。ELISA 也是目前有机磷农药监测中应用最广泛的免疫技术。ELISA 有不同类型的检测方式，其中三明治（sandwich）法、间接（indirect）法和竞争（competitive）法应用较多。竞争法在磷化合物分析中用得较多。竞争法既可测定抗原也可测定抗体。现以测定抗原为例介绍操作步骤。

（1）将已知的特异抗体包装在固相载体（塑料板凹孔或纸片）上后洗涤。

（2）在待测定管（管中含固相载体）中加入受检样品和一定量的酶标抗原混合液，受检样品中抗原和酶标抗原与固相抗体竞争结合。并在另一支待测管中只加酶标抗原作参照管，保温后洗涤。

（3）加底物显色：由于样品中的抗原与酶标抗原竞争性地与固相载体上的抗体结合，因此样品中目标分析物含量越多，则与抗体结合的酶标抗原就越少，显色后颜色就越浅，反之，目标分析物的含量越少，颜色越深。参照管中无目标分析物，结合的酶标抗原最多，因此颜色最深。参照管与待测管颜色深度之差，代表受检样品抗原的量。用酶免疫检测仪测量颜色的光密度，可定量测定抗原。

目前常用的标记物是辣根过氧化物酶（horseradish peroxidase，HRP）和碱性磷酸酶（alkaline phosphatase，ALP）。HRD 的显色底物是邻苯二胺（OPD），深橘黄色，检测波长 492 nm；3,3',5,5'-四甲基联苯胺（TMB），蓝绿色，检测波长 450 nm。ALP 的显色底物为 PNPP（对硝基苯磷酸酯），黄色，检测波长 405 nm。这些酶标记物制备简单、产物稳定、费用低廉，使 ELISA 应用于有机磷农药监测可靠性强、灵敏度高、分析时间短和成本低廉，尤其是一些化合物的特异单克隆和多克隆抗体的制备和应用为 ELISA 测定残留农药的快速发展奠定了基础。自 1993 年以来，酶联免疫分析法成为许多国际权威分析机构分析残留农药的首选方法。有些发达国家已经开发出商品检测试剂盒应用于食品、蔬菜和环境中的农药残留的检测分析。在有机磷农药的测定方面我国不少研究者研制开发了有机磷农药残留量 ELISA 方法，并开发出了试剂盒。

【示例】岳娅东等用酶联免疫吸附分析法测定纺织品中的有机磷农药时，采用间接竞争酶联免疫法的步骤[92]：用包被缓冲液将抗原稀释到最佳浓度，每孔 100 μL 加入 96 孔板中，37℃恒温 2 h；用移液枪吸取 PBST，每孔 200 μL，加入 96 孔板中洗涤 3 次；加入封闭液每孔 200 μL，37℃恒温 2 h；PBST 洗板 3 次；用稀释缓冲液将有机磷农药标准品按梯度稀释好，每孔加 50 μL，再加入稀释好的抗体每孔 50 μL，摇匀后在 37℃下静置 30 min；PBST 洗板 3 次；将稀释好的酶标二抗加入 96 孔板中，每孔 100 μL，37℃下静置 30 min；PBST 洗板 3 次；将底液 A、B 按 1∶1 比例混合均匀，每孔 100 μL 加入 96 孔板中，37℃下静置 20 min；吸取终止液每孔 100 μL 加入酶标板中；用酶标仪在波长 450 nm 下进行读数，即为 OD_{450} 值。

检测所用试剂：三唑磷抗原、对硫磷抗原、甲基对硫磷抗原、三唑磷抗体、对硫磷抗体、甲基对硫磷的鼠源抗体，HRP-羊抗鼠 IgG 羊抗鼠-HRP 酶标二抗；包被液（0.052 mol/L PBS，pH=9.6）、稀释液（0.012 mol/L PBS，pH=7.4）、洗涤缓冲液（0.012 mol/L PBST；pH=7.4，0.05%吐温-20）、封闭液（3% 的牛血清白蛋白）及过氧化物酶底物 TMB 显色 A、B 液、终止液（2 mol/L H_2SO_4）。

3. 化学发光免疫分析法

化学发光免疫分析[90]（chemiluminescence immunoassay，CLIA）法是根据放射免疫分析的基本原理，将高灵敏的化学发光技术与高特异性的免疫反应结合起来，通过化学反应产生光，以标记抗体来确定被测物浓度的分析方法，是各种抗原、半抗原、抗体、激素、酶、脂肪酸、维生素和药物等的检测分析技术。CLIA 具有分析灵敏度高、特异性强、线性范围宽、操作简便、没有放射性污染物、设备简单等优势，所以被广泛应用于生命科学、临床诊断、环境监测、食品安全、药物分析等领域。CLIA 在磷化合物分析中也得到广泛应用，尤其是有机磷农药残留的测定。目前已研制出有机磷农药化学发光免疫分析测定试剂盒，如三唑磷分析测试试剂盒。

化学发光免疫分析法根据标记物的不同可分为三大类，即化学发光免疫分析法、化学发光酶免疫分析（chemiluminescence enzymeimmunoassay，CLEIA）法和电化学发光免疫分析（electrochemiluminescenceimmunoassay，ECLIA）法。表 5-9 是这三类化学发光免疫分析法间的区别。

表 5-9　CLIA、CLEIA 和 ECLIA 的区别

	化学发光免疫分析法	化学发光酶免疫分析法	电化学发光免疫分析法
操作	化学发光剂直接标记抗体或抗原，免疫反应产生复合物后，加入碱性 H_2O_2 溶液	与酶联免疫分析法完全相同，只是酶反应的底物是发光剂	将三联吡啶钌标记抗体和生物素（B）标记的抗体与待测标本同时加入一个反应杯中孵育反应。加入链霉亲和素（SA）于反应杯中，再次孵育，形成 $[RU(BPY)_3]^{2+}$-Ab-Ag-Ab-B-SA-磁珠复合体。蠕动泵将复合体吸入流动室，磁珠被工作电极下面的磁铁吸附在电极表面。同时游离的 Ab 也被吸出测量室。蠕动泵加入 TPA。电极加电压，启动 ECL 反应过程

续表

	化学发光免疫分析法	化学发光酶免疫分析法	电化学发光免疫分析法
标记物	鲁米诺（3-氨基-苯二甲酰肼）类和吖啶酯类	辣根过氧化物酶（HRP）和碱性磷酸酶（ALP）	三联吡啶钌$[Ru(bpy)_3]^{2+}$
发光	鲁米诺类物质：在碱性溶液中，鲁米诺可被 H_2O_2 氧化剂氧化发光，反应慢，需添加某些酶类或无机催化剂 吖啶酯衍生物：通过启动发光试剂 H_2O_2 和 NaOH 作用后发光，吖啶酯类化合物能迅速发光，不需要加入催化剂	HRP 标记抗体，免疫反应后，发光底物（最常用鲁米诺及其衍生物）在过氧化物酶和启动发光试剂（NaOH 和 H_2O_2）作用下发光。因发光时间短，需在发光系统中（HRP-H_2O_2-鲁米诺）加入增强发光剂 AMPPD（1, 2-二氧环乙烷衍生物）是磷酸酯酶的直接发光底物	在电极（阳极）表面，强氧化性$[Ru(bpy)_3]^{3+}$和强还原性三丙胺自由基（TPA）发生氧化还原反应，$[Ru(bpy)_3]^{3+}$ 还原成激发态的$[Ru(bpy)_3]^{2+}$，能量来源于$[Ru(bpy)_3]^{3+}$与 TPA 之间的电势差，激发态$[Ru(bpy)_3]^{2+}$，以波长为 620 nm 光子的方式释放能量，而成为基态的$[Ru(bpy)_3]^{2+}$
特点	吖啶酯作为标记物：发光体系简单、快速，不需要加入催化剂，且标记效率高，本底低	ALP-AMPPD 发光体系几乎没有试剂本身的发光背景，具有非常高的灵敏度，反应速率快	①标记物可再循环利用，使发光时间更长，强度更高，易于测定；②敏感度高；③线性范围宽；④反应时间短；⑤试剂稳定性好，2～5℃可保持 1 年以上；⑥可实现全自动化

早期的化学发光免疫分析无法完成对灵敏度要求较高的检测。要达到提高灵敏度的目的，需要通过降低背景干扰同时增强信号强度来实现。近年来，通过对基于磁性微粒子（MPs）以及金纳米粒子（AuNPs）的化学发光免疫分析的研究，在提高分析检测灵敏度方面取得了重大进展。在免疫分析过程中，相对较为繁杂且耗时的步骤为分离抗原-抗体免疫复合物，这也往往是造成性价比低下的因素。目前选取磁性微粒作为免疫反应的固定载体，而这种固定载体极易分离。这就是基于磁性微粒载体的化学发光免疫分析。传统的免疫学检测，一般都用酶标板作为固定抗原抗体的载体，磁性微粒的出现，代替了酶标板来固定抗体或抗原。磁性微粒是由高分子或无机材料与磁性超细粉（包括磁性金属如 Fe、Co、Ni 或其金属氧化物等）构成的胶态复合物。其表面可以根据需要加入不同的活性基团，通过物理吸附或者化学键均可以固定抗体、酶、DNA、RNA 等生物活性物质。在 CLIA 中，磁性微粒通过物理吸附或者化学反应与抗体或抗原结合形成免疫复合物，在免疫反应结束后，在外加电场的作用下，能够快速分离出结合后的抗原-抗体复合物，使样品中基质的干扰因素得以清除，达到降低背景干扰，提高灵敏度的目的。整个过程快速、操作简单。

【示例】孟超用磁性微粒载体的化学发光免疫法检测有机磷农药残留的操作步骤[93]：取一定量的金磁微粒-抗体偶联物溶液于比色皿中，加入一定量的化学发光标记物及待检测物质的溶液，反应一段时间，使竞争性免疫反应达到动态平衡，磁性分离，弃上清液，向反应后的抗体中加入缓冲液，于化学发光分析仪（BPCL）中加入一定量的 H_2O_2 溶液，记录最大发光值。

免疫分析法由于在有机磷农药检测中明显的优势，在农产品残留检测、食品安全分析、环境监测、刑侦鉴定和临床检验中越来越被重视。而化学发光免疫分析法在常用的三种方法中是一种检测结果较为准确，而且灵敏度超高的微量测定方法。放射免疫分析法、酶联免疫吸附分析和化学发光免疫分析的现状、优缺点、灵敏度和线性范围的对比情况如表 5-10 所示。

表 5-10　免疫分析法三种检测方法比较

检测方法	现状	优点	缺点	灵敏度	线性范围
RIA	处于淘汰期	灵敏度高；准确度和重现性好；可作超微量定量分析	需贵重设备；放射性同位素对人体辐射损伤，检测废弃物对环境造成放射性污染，试剂保质期短，仅一个月	10^{-15}～10^{-18} mol/L	10^4～10^5 个相对发光单位（RLU）
ELISA	处于低增长期	操作简便，易普及	准确度和重复性不好；主要用于定性；底物大部分有毒或为致癌物，不能储存，酶标物本身不稳定，易受酸碱变化影响	10^{-9}～10^{-12} mol/L	10^2～10^3 个相对发光单位（RLU）
CLIA	处于成长期	准确度和重复性达到 RIA 水平；灵敏度高，特异性强，精密度好，线性范围宽；试剂无污染；易于普及	试剂成本较高、对检测环境要求严格、仪器设备复杂且昂贵、存在交叉反应风险、技术操作要求高及开发新检测项目周期长等不足	10^{-18} mol/L	10^5 个相对发光单位（RLU）

5.3.4　磷化合物化学和生物传感器分析方法

传感器[94]是一种装置。这种装置探测或感受外界信号（如光、热、溶液中离子、化合物分子或空气中气体分子等），并将探知的信号传递并转换为电信号。传感器种类繁多，其分类方法多种多样，可以用不同的观点对传感器进行分类，其中主要依据敏感元件的种类不同进行分类。按敏感元件感知外界信息的原理区分：基于力、热、光、声等的物理效应为物理类；基于化学反应原理为化学类；基于酶、抗体和激素等分子识别功能为生物类。传感器是由识别元件（敏感元器件）、转换器件和测量电路组成。核心元件是识别元件。分析化学传感器中的识别元件分别是化学感受器和生物感受器，因此在分析化学中又称化学传感器分析法和生物传感器分析法。下面就磷化合物分析涉及的化学传感器和生物传感器进行讨论。

1. 化学传感器

化学传感器[94]（chemical sensor）是一种将化学信息（如化学组成与浓度）转换为有用的分析信号的装置。分子或离子识别元件是化学传感器中基本单元，识别元件在识别区域选择性地识别待测物涉及的一个化学反应引起的化学或物理变化，如与待测物浓度有特定的关系的电势、电流、吸光度、温度、质量或电导等的变化。这些变化通过化学传感器另一个基本单元，也就是信号转换器转换为可测量的信号——电信号。图 5-18 是化学传感器的传感原理，化学传感器中信号转换器可以是电化学的、光化学的、热的和质量型的。磷化合物分析涉及的化学传感器主要是电化学型的、光化学型的和质量型的。

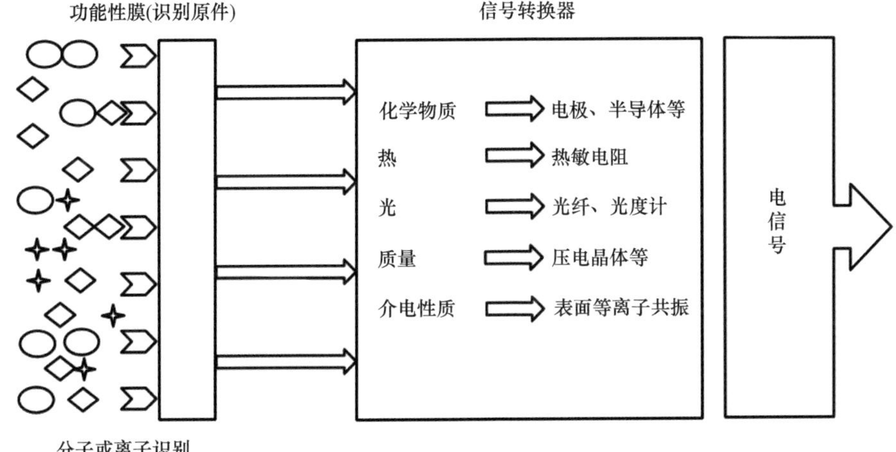

图 5-18　化学传感器的传感原理

1）电化学传感器

电化学传感器是将被分析物与电极相互作用的信号转换为电信号的装置。它们分别为测量零电流下电池电势的电势型传感器；测量被分析物发生氧化还原时所产生电流的伏安（安培）型传感器；测量由被分析物所引起电导变化的电导型传感器；测量由被分析物所引起电容变化的电容型传感器。

（1）电势型传感器也称离子选择电极，离子选择性膜（功能性膜）是离子选择性电极最重要的组成部分，它决定着电极的特性，其作用是将溶液中特定离子浓度（实际是活度）转变成电势信号（膜电势）。膜电势随着被测离子的浓度而变化，由能斯特方程确定待测物质的浓度。例如，pH 电极通过功能性膜（玻璃球表面）识别 H^+，并将 H^+浓度转换为电信号（膜电势），通过 pH 电极与参比电极间电势差就能定量地测定 H^+浓度。离子选择电极根据选择性膜的构造主要分为液膜电极、固体膜电极和隔膜电极。目前，液膜磷酸根选择电极和固体膜磷酸根离子选择电极的研究已经取得一定的进展[95]。

a. 液膜电极依据膜与水相间的离子交换原理。电极的敏感膜是将待测离子的盐类或者螯合物等溶解在不与水混合的有机溶剂中，加入对离子有选择性的离子载体，再使这种有机溶剂渗入惰性多孔物质而制成。液膜磷酸根选择电极是将活化性物质如有机锡离子交换剂掺入硝基苯或 PVC 增塑剂中，通过聚偏氟乙烯隔膜或 PVC 制备磷酸根敏感膜，并固定在电极顶端。有关液膜磷酸根选择电极敏感膜的研究较多，如用 PVC 的包含一种二氯化二苄基锡衍生物的磷酸盐敏感膜，在 pH 为 7 的 Tris 缓冲液中磷酸盐有良好的响应，范围为 10^{-5}～0.1 mol/L。在含有磷酸盐、硝酸盐、钾盐的溶液中响应速度不到 15 s 就达到平衡。但是，液膜磷酸根选择电极的敏感膜使用寿命短，一般不超过 14 天，且不适用于含有高浓度氟离子的溶液中测试磷酸根。

杨凯以聚四氟乙烯为载体制备液膜磷酸根选择电极的方法[96]：将聚四氟乙烯浸泡在 1-丁基-3-甲基咪唑六氟磷酸盐[Bmim]PF_6离子液体中，形成一层离子液体膜，在电极管中加入六氟磷酸钠即为液膜磷酸根选择电极，其与参比电极 Ag|AgCl|[Bmim]Cl 构成测定磷酸根离子的原电池。检测的线性响应范围为 10^{-5}～10^{-1} mol/L，检测下限为

1.0×10^{-6} mol/L，在 43℃下，响应时间为 2 min。该法成功应用于测定环境水及土壤样品中的磷酸根的含量，并表现出较强的重现性、稳定性和抗干扰性。

郭子娴[97]在杨凯研究的基础上，将碳纳米管（CNT）加入 1-己基-3-甲基咪唑六氟磷酸盐[Hmim]PF_6和环己酮 1∶1 的混合体中，CNT 的浓度为 0.1 g/L。制成的[Hmim]PF_6液膜 $H_2PO_4^-$ 选择电极，响应时间小于 1 s，测量的浓度范围 10^{-8}～10^{-1} mol/L，最低电位检测限可达 1.0×10^{-10} mol/L。

b. 固体膜电极是以固体膜作为敏感膜的电极。敏感膜是难溶性金属盐的粉末加压形成或单晶膜。固体膜电极是离子选择性电极中种类最多的电极。表 5-11 是固体膜离子选择电极一些敏感膜的测试环境及特点与不足。

表 5-11　固体膜离子选择电极的敏感膜

敏感膜	测试溶液	特点与不足	研究者及时间
玻碳电极涂上 $BiPO_4$ 涂层	pH 为 9 的磷酸盐溶液	线性 10^{-4}～0.1 mol/L，响应时间 30 s Cl^-、NO_3^-、SO_4^{2-} 干扰，重现性差	Grabner 等，1986[98]
羟基磷灰石	25℃，pH 为 5 的溶液	灵敏度好，Cl^-、NO_3^-、SO_4^{2-}、ClO_4^- 不干扰，响应时间 40 s，使用寿命 120 d	Giovanni 等，1996[99]
金属钴	30℃，pH 为 4.0 的邻苯二甲酸氢钾溶液	线性：对 $H_2PO_4^-$，10^{-5}～0.01 mol/L，检测限 5×10^{-6} mol/L，Cl^-、NO_3^-、SO_4^{2-}、Ac^-和 AsO_4^{3-} 不干扰，稳定性、重现性和选择性良好。溶解氧和压力对测定影响较大	肖丹等，1994[100]
Co∶Mn 为 9∶1 的金属粉融熔	0.025 mol/L 邻苯二甲酸氢钾的底液	线性：对 $H_2PO_4^-$，10^{-4}～0.1 mol/L，检测限 2×10^{-5} mol/L	王柯敏等，1999[101]
紫铜上电镀 Co-P 合金	pH 为 0.5 的溶液	线性：对 PO_4^{3-}，10^{-5}～0.01 mol/L，检测限 9×10^{-6} mol/L，良好的重现性和稳定性，较长的测量寿命，常见阴离子如 Ac^-、SO_4^{2-}、Br^-等无严重干扰	苏宾等，2000[102]
适配体溶液滴加在经氧化石墨烯-壳聚糖溶液修饰的丝网印刷碳电极上	pH 为 7.4 的溶液	丙溴磷、甲拌磷、水胺硫磷、氧化乐果检测范围 0.01～1000 nmol/L，最低检出限低至 0.003 nmol/L。应用于蔬菜中丙溴磷残留检测分析，加标回收率为 79.66%～136.90%	符家昀，2019[103]

（2）伏安型传感器是在恒定的外电压下，通过测量电极附近的待测活性物质在电极电势影响下被氧化或还原产生的化学电流与电极电势的关系进行定量或定性分析。伏安型传感器已广泛应用于有机磷化合物，尤其是有机磷农药残留的检测。目前研究主要是提高电极的选择性和灵敏度。电极表面修饰是提高电极选择性的方法，如用各种导电高分子、纳米颗粒、碳纳米管修饰的化学修饰电极以及用酶、适配体（aptamer）、抗原和抗体修饰的生物传感器的化学修饰电极。化学修饰电极是有机磷化合物分析最活跃的研究领域。魏小龙等[104]以四氨基苯硫酚作为功能单体，甲基对硫磷作为模板分子，通过电聚合的方法在多壁碳纳米管负载金纳米粒子修饰的玻碳电极表面构建了甲基对硫磷分子印迹电化学传感器（MIP/AuNPs/MWCNTs/GCE 电极）。该传感器分析测试甲基对硫磷无需预处理，选择性好，灵敏度和重现性高。各种脉冲技术和溶出伏安法是提高伏安型

传感器灵敏度的方法。

2）光化学传感器

光化学传感器是一类具有光学响应的化学传感器。它是利用化学发光、生物发光，由光敏器件与光导纤维技术制作的装置，也是由被分析物所引起的光学现象转换为电信号装置。它们分别为吸收型传感器（紫外、可见光与红外吸收）、反射型传感器（反射强度、反射光谱变化、反射角分布）、发光型传感器（荧光、磷光、化学发光）、光散射传感器（瑞利散射、拉曼散射）。利用化学发光、生物发光以及光敏器件与光导纤维技术制作的光纤光学传感器具有响应速度快、灵敏度高、抗电磁干扰能力强、体积小，可应用于其他传感器无法工作的恶劣环境等特点。

光化学传感器是利用敏感层（识别元件）与被测物质相互作用前后，物理或化学性质的改变所引起光传播时诸特性变化的光信号对待测物质进行定性或定量分析。如图 5-19 所示，测试时，光纤化学传感器插入待测溶液，入射光束通过光纤送入固定有敏感试剂的调制区，被测物质与试剂相作用，引起光的强度、波长（颜色）、频率、相位、偏振态等光学特性发生变化，这些变化成为被调制的信号光，信号光再经光纤送入光检测器，由信号处理装置转换成被测物质的信息，如吸光度。

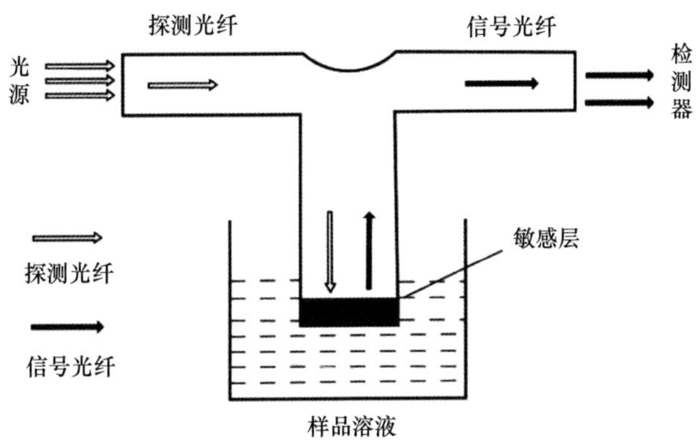

图 5-19　光纤传感示意图

光化学传感器的重要组成部分，即敏感层的敏感材料将直接影响传感器的各种性能，如稳定性、选择性、灵敏度和响应时间。因此敏感材料是目前磷化合物测定的光化学传感器研究最活跃的领域。郭业民等[105]将纳米金多壁碳纳米管（AuNPs@MWCNTs）和具有核壳结构的纳米金银复合材料（Au@AgNPs）共同修饰到铂金电极表面，提高电化学发光的灵敏度和稳定性，该传感器可特异性识别丙溴磷，检测丙溴磷的灵敏度高，操作简单。刘惠敏[106]用纳米银（AgNPs）、多壁碳纳米管复合纳米材料（AuNPs@MWCNTs）和金核银壳结构的双金属（Au@AgNPs）构建了基于 AgNPs 的电化学发光适配体传感器用于蔬菜中丙溴磷残留检测。该传感器以鲁米诺作为发光体，过氧化氢为共反应剂，AgNPs 作为电化学发光反应催化剂。该传感器的检测范围为 1～100 μg/mL，检测限为 5.32 fg/mL，用于油菜、菠菜和小白菜中丙溴磷的残留检测，回收率为 94%～102%。

3）质量传感器

根据国际纯粹与应用化学联合会（IUPAC）分析化学委员会在 1991 年对化学传感

器的分类，质量传感器包括三类：即压电传感器、表面声波传感器和悬臂梁（谐振）传感器。涉及磷化合物分析的质量化学传感器主要是压电传感器。

压电传感器[94]是一种对质量非常敏感的石英晶体微天平（QCM）。其因对多种物理化学变量具有响应能力，已经成为当今化学分析中性能良好的传感器。例如，压电免疫传感器是将抗体或抗原固定在石英晶体材料上，在外部电场的作用下石英晶体发生振动，若样品中无抗体或抗原，石英晶体负载不变，晶片以一个基础频率振荡。当样品中的抗原或抗体与包被在晶体表面上的抗体或抗原结合，石英晶体的负载增加，晶片的振荡频率会相应减少，减少值与吸附上去的质量存在相关性，其关系一般可认为满足 Sauerbrey 方程[107]：

$$\Delta f = \frac{-2f_0^2}{A\sqrt{\mu\rho}}\Delta m \quad (5\text{-}12)$$

式中，f_0 为晶体的基础频率，Hz；Δm 为晶体表面沉积物质质量的改变量，g；A 为晶体电极的面积，cm^2；μ、ρ 分别为晶体的剪切模量，$g/(cm \cdot s^2)$和密度，g/cm^3；Δf 为质量改变导致的频率变化，Hz。

【示例】陈苑明等[108]将以邻氟苯酚、3-溴丙烯与含氢硅油为原料合成的有机磷毒剂压电传感器敏感材料聚甲基[3-(2-羟基-3-氟)苯基]丙基硅氧烷涂覆在 QCM 传感器上，检测有机磷毒剂模拟剂甲基膦酸二甲酯（DMMP），在 13.2×10^{-6}～65.8×10^{-6} 范围内，传感器对 DMMP 的响应呈良好的线性关系，灵敏度为 9.369×10^{6} Hz，最低检测极限为 0.323×10^{-6}（S/N=3）。传感器对 DMMP 的响应远高于其他干扰气体。

2. 生物传感器

生物传感器[109]是利用酶、抗体、抗原、微生物、细胞、组织、核酸等生物敏感材料作识别元件，将所感受到的生物物质浓度转换为电信号进行检测的传感器。它由识别元件对待测物质进行分子识别，当分子识别元件与待测物特异结合（生物化学反应）后，所产生的复合物（或光、热等）通过信号转换器转变为电信号、光信号等输出，由检测器检测输出信号，并由信号与待测物质浓度的关系确定待测物质的含量，从而达到分析检测的目的。

生物传感器实际上是一种特殊的化学传感器，它和化学传感器的区别是生物传感器的识别元件是生命物质。根据生物传感器中分子识别元件即敏感元件可分为五类：酶传感器（enzymesensor）、微生物传感器（microbialsensor）、细胞传感器（cell sensor）、组织传感器（tissue sensor）和免疫传感器（immunosensor）。显而易见，所应用的敏感材料依次为酶、微生物个体、细胞器、动植物组织及抗原和抗体。

生物传感器在具体的检测中，表现出与其他传感器不同的特点。

（1）高灵敏度：经纳米材料等修饰的电极检测限可达到 10^{-18} mol/L。

（2）准确度高，一般相对误差可以达到 1%。

（3）分析速度比较快，通常可以在 1 min 得到结果。

（4）专一性强，只对特定的底物起反应，而且不受颜色、浊度的影响。

（5）成本低，在连续使用时，每例测定仅需要几分钱。

（6）采用固定化生物活性物质作催化剂，昂贵的试剂可以重复多次使用，弥补了成本高和化学分析烦琐复杂的缺点。

（7）操作系统非常简单，容易实现自动化。

这些特点深受检测人员的喜爱。因此生物传感器是目前分析化学中最活跃的研究领域之一。现就磷化合物分析涉及的主要生物传感器进行讨论。

1）酶传感器

酶传感器[94]是研究最早的生物传感器。酶是一类有生物催化活性的蛋白质，其不但对生物化学反应具有高效的催化转化能力，而且对底物具有高度的专一性。如果选择一种对某种被测物的特殊反应具有专一催化作用的酶，将这种酶固定在膜或选择电极上，便构建了酶传感器的敏感元件。在反应过程中，固定化酶膜上的酶与底物形成了酶-底物复合物，此时酶的构象对底物分子显示识别能力，或者有些化学物质对酶活性有特异性抑制作用或作为调节、辅助因子对酶活性进行修饰。信号转换器将酶促反应前后底物浓度或产物浓度的变化，或氧化还原中电子转移转换为电位或电流的变化，因这些变化与复杂化合物中某特定成分有关，所以就能间接地测定其含量。

酶传感器在待测物的分析测定中具有选择性好、灵敏度高、测量速度快、使用方便、不破坏样品等优点。因此在生化研究、环境监测等方面可发挥重要的作用。目前，用于有机磷农药检测的酶传感器的研究活跃。表 5-12 和表 5-13 分别是有机磷抑制酶传感器和有机磷催化酶传感器。由表 5-12 和表 5-13 可见，无论是有机磷抑制酶传感器还是有机磷催化酶传感器检测有机磷农药都具有很高的选择性和特异性，其中，乙酰胆碱酯酶（AChE）的有机磷传感器由于其抑制作用的不可逆性、价格低廉、容易处置、方便快捷和易自动化，因此具有良好的应用前景，研究较多。纳米材料的应用使有机磷化合物酶传感器拥有高灵敏度、良好的重现性和特异性。

表 5-12　有机磷抑制酶传感器

原理	固化 AChE 或 BChE（丁酰胆碱酯酶）的敏感元件浸入样品溶液，若样品溶液中不存在有机磷化合物，AChE 或 BChE 与底物乙酰硫代胆碱或丁酰硫代胆碱生成硫代胆碱，硫代胆碱在外加电压下会发生氧化–二聚反应；当有机磷化合物存在时，AChE 或 BChE 则无法将乙酰硫代胆碱或丁酰硫代胆碱转化为硫代胆碱，因此氧化反应在电极产生的电流与样品中有机磷的量呈反比关系，以此达到定量测定有机磷化合物的目标		
实例	敏感元件及制作	特点	研究者及时间
	金纳米粒子（AuNPs）与壳聚糖/SiO_2 杂化溶胶-凝胶构成复合固酶基质，将 AChE 固定于玻碳电极表面	对久效磷的线性范围为 0.5～12.0 μg/mL，检出限为 0.02 μg/mL。良好的重现性和稳定性，方法简便易行	孙春燕等，2011[110]
	将功能化离子液体修饰石墨烯（IL-GR）及 Co_3O_4 分散在壳聚糖（CHI）中，制得 IL-GR-Co_3O_4-CHI 分散液，与 AChE 混合均匀后滴涂在玻碳电极表面，最后经戊二醛交联	乐果的线性范围为 10^{-15}～1.0×10^{-6} mol/L 和检出限为 5.0×10^{-16} mol/L（S/N=3）。传感器制备简单，稳定性好，灵敏度高，重现良好	李婕，2015[111]
	介孔二氧化硅泡沫固定 AChE	良好的稳定性、重现性和高灵敏性，对久效磷的检测限达 0.05 ng/mL	吴硕等，2022[112]
	将 AChE 共价交联到聚乙烯亚胺包覆的玻碳电极	对敌敌畏的检测限达到 1 μmol/L	Ivnitskii 等，1994[113]
	BChE 固定到普鲁士蓝修饰的丝网印刷电极上	对氧磷和甲基毒死蜱的检测限分别为 4 ng/mL 和 1 ng/mL	Pundir 等，2012[114]

表 5-13　有机磷催化酶传感器

原理	固定在有机磷传感器功能膜上的敏感材料，即有机磷水解酶（OPH）对拥有P—O、P—S、P—F、P—CN键的有机磷化合物具有广泛的特异性。有机磷水解酶催化有机磷化合物水解生成对硝基苯酚，这些水解反应可以被识别元件识别，其信号正比于有机磷化合物的浓度		
	敏感元件及制作	特点	研究者及时间
实例	将孔径为0.45μm的硝酸纤维素浸泡在2.5 %戊二醛、10 %牛血清白蛋白（BSA）及纯酶的混合液，4℃放置 24 h，将固定好的酶片紧贴于pH平板电极上，用绝缘胶布固定	在 0.1 g/L 甲基对硫磷的磷酸盐缓冲溶液（5 mmol/L，pH 为 8.0）中 pH 变化大，且稳定	邱晓丽等，2009[115]
	将二氧化钛纳米纤维（TiO_2NFs）/羧酸功能化的多壁碳纳米管（c-MWCNTs）复合物滴加到玻碳电极（GCE）表面，*N*-羟基琥珀酰亚胺（NHS）和 1-乙基-3-（3-二甲基氨基丙基）碳化二亚胺盐酸盐（EDC）混合物对 c-MWCNTs 上的—COOH 进行活化，将 ELP（弹性蛋白多肽）-OPH 固定到电极上	ELP-OPH/BSA/TiO_2NFs/c-MWCNTs/GCE 电极对甲基对硫磷和对硫磷均快速地检测响应（<5 s），线性范围宽，检测限（*S/N*=3）低至 12 nmol/L（甲基对硫磷）和 10 nmol/L（对硫磷）	包静，2016[116]
	将OPH与牛血清白蛋白和戊二醛交联固定化形成酶层，直接固定在pH电极上	响应时间约 2 min，十分精确地测量出低达 2×10^{-6} mol/L 的对氧磷、对硫磷、甲基对硫磷和 5×10^{-6} mol/L 的二嗪农等有机磷农药。非有机磷农药不干扰该电极，在 4℃的缓冲液中保存 1 个月的时间活性不变	Mulchandani 等，1999[117]
	将高活力的OPH固定在丝网印刷碳电极表面	对氧磷、甲基对硫磷的线性范围 5×10^{-6}～4×10^{-5} mol/L，检测限分别为 9×10^{-8} mol/L、7×10^{-8} mol/L	Mulchandani 等，1999[118]
	将OPH固定到碳棒电极上	对氧磷和甲基对硫磷的检测限分别为 9×10^{-14} mol/L 和 7×10^{-14} mol/L，测定时不受其他一些有色化合物的干扰，无需加入其他酶和试剂	Mulchandani 等，1999[118]
	利用层层自组装的方式，将氨基酸离子液体-碳纳米管复合物、矿化的有机磷水解酶、高分子膜修饰在电极表面	对有机磷农药有很强的选择性，其线性范围为10～800 nmol/L，最低检测限为 0.7 fmol/L。灵敏度超高、制备简单、操作方便、选择性高等	韩磊等，2018[119]

2）微生物传感器

微生物传感器[120]是由固定化微生物、换能器和信号输出装置组成，以微生物活体作为分子识别敏感材料固定于电极表面构成的一种生物传感器。微生物传感器与酶传感器的区别是识别元件的敏感材料不同。尽管酶对底物高度专一，但价格较昂贵，且稳定性差。而用全活的细胞，如细菌、真菌等替代酶作为敏感材料制作的微生物传感器所需微生物的菌株培养比分离提纯酶的价格低得多，因此微生物传感器价格便宜，便于推广普及；菌体内的酶存在于细胞内的天然环境中，寿命长，即使微生物体内的酶的催化活性已经丧失，也可以因细胞的增殖使之再生，而很多纯化的酶不稳定；细胞中除酶外还包括代谢反应中所需的辅助因子，而某些用酶制作的电极需加昂贵的辅助因子。因此，若与被测物有关的酶还未分离出或复杂的反应还不清楚时，则用微生物细胞是唯一的方法。但其与酶传感器相比，响应时间较长（数分钟），选择性和重现性差。

微生物传感器利用微生物的呼吸作用或所含有的酶类来测定待测物质浓度的。若微生物传感器利用微生物体内酶的生物活性测定待测物质浓度，这时微生物传感器就相当于酶传感器。微生物本身就具有生命活动的细胞，有各种生理机能。因此根据微生物的呼吸机能（O_2 的消耗）和新陈代谢机能（物质的合成与分解），微生物传感器可分为以下两类。

（1）呼吸机能型：微生物有好（亲）气性和厌气性两种。好气性微生物生长需要氧气，可通过测量氧气来控制呼吸机能并了解其生理状态。呼吸时会使有机物氧化，消耗氧并生成 CO_2，因此可用 O_2 电极或 CO_2 气敏电极进行检测。厌气性微生物相反，它不需要氧气，氧气存在会妨碍微生物的生长。可通过测量 CO_2 及其他生成物来探知其生理状态。可见呼吸机能型微生物传感器是由微生物固定化膜和 O_2 电极（或 CO_2 电极）组成，在应用 O_2 电极时把微生物放在纤维性蛋白质中固定化处理，然后把固定化膜附着在封闭式 O_2 电极的透氧膜上。其工作原理如图 5-20（a）所示。

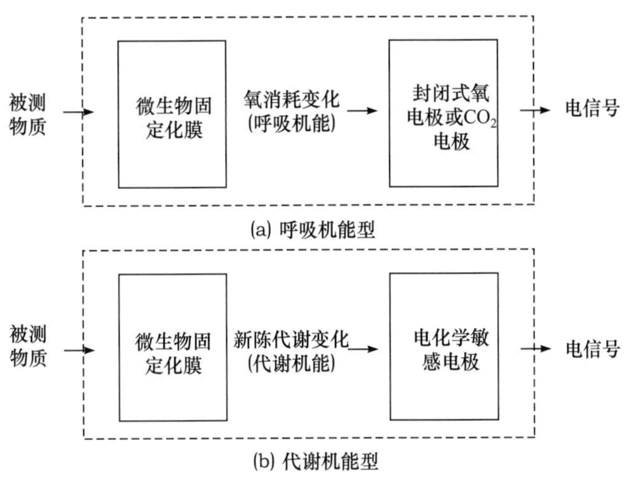

图 5-20　微生物传感器工作原理

由图 5-20（a）可知，固定化膜中微生物与待测物质作用（同化有机物）时，其细胞的呼吸活性有所提高。这样扩散到氧探头上的氧量就相应减少。则氧电流值降低，据此可间接求出被微生物同化的有机物的浓度。

（2）代谢机能型：微生物同化有机物产生各种代谢生成物，在这些代谢生成物中，含有各种电极敏感的物质（即电极活性物质），电极上发生电化学反应产生的信息转换成可被检测的电信号。这就是代谢机能型微生物传感器的工作原理，如图 5-20（b）所示。

微生物传感器在磷化合物分析测定方面的研究，目前多为有机磷农药检测。微生物降解有机磷农药的过程中会产生一种有机磷水解酶，该酶水解磷酸酯类有机磷农药产生一种中间产物对硝基苯酚（PNP），通过检测 PNP 的氧化还原信号来间接测定有机磷农药。耿芳芳等[121]将 4 株降解菌在甲基对硫磷（MP）初始浓度 50 mg/L、30℃、pH=7.0 的培养条件下培养 7 d，筛选出的 Klebsiella sp. MP-6 菌株能 100%降解 MP，且中间产物

PNP 只有极少部分进一步代谢。通过测定中间产物 PNP 的电位响应信号就能间接地测定 MP 的含量。该菌株适用于构建有机磷农药的微生物传感器。Mulchandani 等[122]将大肠杆菌细胞固定在 pH 电极表面，该菌细胞内的有机磷水解酶可水解对硝基苯酚取代的有机磷酸酯类农药，因此实现对氧磷、对硫磷和甲基对硫磷的快速检测。Tang 等[123]通过在玻碳电极修饰介孔碳材料和细胞表面表达的有机磷水解酶，构建了一种检测对硝基苯酚取代的有机磷酸酯类农药的微生物传感器。

聚磷菌（PAO）也是用于制备有机磷农药的微生物传感器的一株菌类。PAO 的好氧吸磷和厌氧释磷两种特性是因 PAO 能释放有机磷降解的包外酶。因 PAO 的特性，构建亲水性有机磷农药分析传感器是可行的。但由于大多数有机磷农药都属于疏水性化合物，在其分析过程中就需要加入一定量的有机溶剂溶解。而 PAO 不能在较高浓度有机溶剂中存活，因此需筛选培养能在有机溶剂中存活的 PAO。郭子娴[97]在丙酮的水溶液中加入 10 μL 的乙酸，驯化培养具有丙酮耐受性的 PAO，再从这批菌中分离筛选出了能高效降解非水溶性有机磷农药的杆状 PAO 菌株。在 18℃、pH=7.2 的条件下，驯化的 PAO 对水溶性农药甲胺磷降解率为 99.4%，对疏水性辛硫磷的降解率达 98.6%。驯化的 PAO 若制备成干膜化菌剂，可长期保存。杨凯[96]构建的检测甲胺磷的 PAO 传感器在 18℃，pH=7.2、含 0.2%乙酸溶液中测定甲胺磷，线性检测范围为 0.001～0.2 mg/L，最低检测限是 0.4 μg/L，相对标准偏差为 0.74%（n=3）。同样郭子娴[97]构建的聚磷菌全细胞有机磷农药传感器灵敏度高，线性范围广，长期使用性能好。

3）免疫传感器

利用抗体（或抗原）对相应抗原（或抗体）的识别和结合的双重功能，由偶联抗原（或抗体）分子的生物敏感膜与信号转换器组成的，用来测定抗原（或抗体）的传感器称为免疫传感器[94]。免疫传感器有非标记免疫传感器和标记免疫传感器之分。

非标记免疫传感器是在电极上固相化的抗体或抗原与溶液中的待测特异抗原或抗体结合后，电极膜电位因电极表面膜和溶液交界面电荷密度的改变而变化，变化程度与溶液中待测抗原或抗体的浓度成比例。

标记免疫传感器是经酶或荧光物质等标记的特异抗原或抗体与溶液中待测抗原或抗体竞争结合电极上抗体或抗原。电极取出后洗涤去除游离抗原或抗体，再浸入含酶或发光剂等底物的溶液中。通过电化学、光学等手段进行检测，从而实现高灵敏待测抗原或抗体的检测。

免疫传感器集合传统的免疫测试和生物传感技术诸多优点。在分析检测中，不仅具有高度特异性、敏感性和稳定性，还提高了灵敏度和重现性，减少了分析时间，也使得检测过程变得简单，易于实现自动化，因此在有机磷化合物检测中得到广泛应用。Xing 等[124]研制了便携式的光纤免疫传感器检测甲基对硫磷，其最小检测限为 0.1 ng/mL。Anis 等研制开发的光纤免疫生物传感器用于测定样品中的对硫磷，与色谱法相比，该法简便快速，分析周期缩短了 4/5。

纳米材料应用免疫传感器的研究和电极表面修饰技术的研究及利用克隆技术制备有机磷化合物的单克隆抗体的研究为有机磷化合物免疫传感器的发展和应用提供了新的途径。黄君冉[125]采用 1-乙基-3-（3-二甲基氨丙基）-碳化二亚胺（EDC）和 N-羟基琥珀酰

[J].食品安全质量检测学报, 2017, 8(3):935-941.

[44] 李晓晶, 陈安, 黄聪, 等. 分散液液微萃取-气相色谱法快速测定水中 23 种有机磷农药[J]. 分析测试学报, 2011, 30(3): 326-329.

[45] 侯秀丹, 丁荣, 杨庆利, 等. ZrO_2 纳米颗粒修饰的三维石墨烯材料及其在有机磷农药检测中的应用：202011427909 .7[P].2021-04-20.

[46] 孙静, 刘耀, 封世珍, 等. 固相萃取法提取净化生物检材中三类农药的实验研究[J]. 环境化学, 1995, 14(3): 221-225.

[47] 张道宁, 吴采樱. 固相微量萃取的进展[J]. 化学通报, 1998 (3): 1-8.

[48] 王凌, 徐晓琴, 李庆玲, 等. 固相微萃取-气相色谱/质谱 (SPME-GC/MS) 联用分析海水中痕量有机磷农药[J]. 环境化学, 2006, 25(1): 110-114.

[49] 吴科盛, 许恒毅, 郭亮, 等. 磁性固相萃取在检测分析中的应用研究进展[J]. 食品科学, 2011, 32(23): 317-320.

[50] 金晶, 张满成, 马艳, 等. 磁性固相萃取在环境分析中的应用[J]. 环境保护科学, 2015 (1): 90-94.

[51] 董融融, 林丽云, 李琪, 等. 磁固相萃取-气相色谱法检测黄瓜中丙溴磷[J]. 热带作物学报, 2021, 42(8): 2387-2396.

[52] 刘民, 徐枢雅. 新型吸附剂-固相萃取-超高效液相色谱-串联质谱法测定鱼塘水中 21 种常见农药[J]. 理化检验: 化学分册, 2020, 56(3): 268-276.

[53] 刘育坚, 刘智敏, 许志刚, 等. 搅拌棒吸附萃取技术[J]. 化学进展, 2020, 32(9): 1334.

[54] 倪永付, 闫秋成, 朱莉萍. 搅拌棒吸附萃取-液相色谱-串联质谱法测定微山湖水中的有机磷农药残留[J]. 理化检验-化学分册, 2016, 52(7): 766.

[55] 百度百科.固相萃取膜片[EB/OL].[2023-01-10].https://baike.baidu.com/item/固相萃取膜片/10791001?fr=ge_ala.

[56] 何森, 饶竹. 圆盘固相萃取富集-气相色谱法测定地表水中有机氯和有机磷农药[J]. 岩矿测试, 2008, 27(1):12-16.

[57] 吴茂, 范亚军, 郭亚平, 等. 有机磷农药残留分子印迹聚合物研究现状与展望[J]. 农药学学报, 2018, 20(6): 689-703.

[58] 霍佳楠, 刘欣雨, 焦逊, 等. 有机磷分子印迹聚合物的制备及其吸附性能评价[J].食品安全质量检测学报，2022, 13(3):933-940.

[59] 马立利, 秦冬梅, 简秋, 等. 浊点萃取法在农药残留分析中的应用[J]. 农药学学报, 2009, 11(2): 159-165.

[60] 饶通德, 梁丽娇, 潘杰, 等. 浊点萃取-分光光度法测定水环境中的痕量磷酸盐[J]. 光谱实验室, 2011, 28(4): 1880-1884.

[61] 黄善松, 蒋光辉. 浊点萃取-光度法测定卷烟中磷酸盐[J].云南化工, 2016, 43(3):33-35.

[62] 国家标准局. 钢铁及合金化学分析方法二安替比林甲烷磷钼酸重量法测定磷量: GB/T 223.3—1988[S/OL].[1988-01-18].https://max.book118.com/html/2022/0329/8052034112004066.shtm.

[63] 中华人民共和国冶金工业部. 钢铁及合金化学分析方法　磷钼酸铵容量法测定磷量: GB/T 223.61—1988[S/OL].[1988-01-20].https://max.book118.com/html/2020/1106/6053015123003015.shtm.

[64] 北京大学化学系仪器分析教学组. 仪器分析教程[M]. 北京：北京大学出版社, 1997:1-4.

[65] 环境保护部.土壤　总磷的测定　碱熔-钼锑抗分光光度法: HJ 632—2011[S/OL]. (2011-12-16).https://max.book118.com/html/2019/0111/8076061007002001.shtm.

[66] 中国国家标准化管理委员会.钢铁及合金　磷含量的测定　铋磷钼蓝分光光度法和锑磷钼蓝分光光度法:GB/T 223.59—2008[S/OL].[2008-08-19].https://www.doc88.com/p-9873805936286.html.

[67] 刁映红, 杨东霞, 张萍, 等. 钒-钼磷酸比色法测定水质中总磷[J]. 中国卫生检验杂志, 2001, 11(4): 438-437.

[68] 刘振法, 郭茹辉, 张利辉, 等. 磷钒钼黄比色法测定水处理剂中总磷含量[J]. 环境工程, 2004, 22(6): 74-75.
[69] 兰本健. 钒-钼酸铵比色法测定锰矿中的磷含量[J]. 中国锰业, 2002, 20(3): 45-46.
[70] 赵平娟, 张丙春, 王磊, 等. 钒钼黄比色法测定食品中的磷含量[J]. 山东农业科学, 2009 (2): 97-98.
[71] 分析测试网.含卤素、硫、磷、硅等元素的有机化合物的红外特征吸收[EB/OL].[2023-03-12]. https://www.antpedia.com/news/89/n-1465189.html.
[72] 周向阳, 林纯忠, 胡祥娜, 等. 近红外光谱法(NIR)快速诊断蔬菜中有机磷农药残留[J]. 食品科学, 2004, 25(5): 151-154.
[73] 程定玺, 赵亚鹏, 左国强. 荧光光谱法测定有机磷农药残留量[J]. 理化检验-化学分册, 2010, 46(6): 645-647.
[74] 中华人民共和国环境保护部.水质 32 种元素的测定 电感耦合等离子体发射光谱法: HJ776—2015[S/OL]. (2015-12-04). https://www.doc88.com/p-5019904339433.html.
[75] 国家标准化管理委员会.钨矿石、钼矿石化学分析方法：第 19 部分：铋、镉、钴、铜、铁、锂、镍、磷、铅、锶、钒和锌量的测定: GB/T 14352.19—2021[S/OL]. (2021-03-09). https://max.book118.com/html/ 2021/0606/7014022126003130.shtm.
[76] 汪雨, 刘晓端. 高分辨连续光源原子吸收光谱法测定植物中的磷[J]. 岩矿测试, 2009, 28(2): 113-118.
[77] 宋鹏心，杨志强，张东生，等. 一种磷铁中磷元素的连续光源原子吸收光谱测定方法: 201410133621.7[P].2014-07-16.
[78] 祁景玉主编.现代分析测试技术[M]. 上海:同济大学出版社, 2006:1-41.
[79] 刘海东, 侯丽华, 林颖. X 射线荧光光谱法测定钢中磷[J]. 测控技术, 2013, 32(增刊):380-381.
[80] 牛昌安, 张鹏, 滕志强, 等. X 射线荧光光谱法测定合金中的磷[J]. 理化检验: 化学分册, 2015 (2): 235-238.
[81] 刘玉纯, 梁述廷, 徐厚玲, 等. X 射线荧光光谱法测定生物样品中氯硫氮磷钾铜锌溴[J]. 岩矿测试, 2008, 27(1):41-44.
[82] 林忠, 蒋晓光, 李卫刚. 用波长色散 X 射线荧光光谱法测定锰矿石中的锰, 铁, 硅, 铝, 钛, 钙, 镁和磷等元素[J]. 中国锰业, 2002, 20(2): 1-3.
[83] 丁仕兵, 刘稚, 刘淑珍. X 射线荧光光谱法测定矾土中硅, 铁, 钾, 钙, 钛, 锰, 铝, 镁, 磷等氧化物含量[J]. 冶金分析, 2003, 23(4): 21-23.
[84] 宋义, 郭芬, 谷松海. X 射线荧光光谱法同时测定煤中砷硫磷氯[J]. 岩矿测试, 2006, 25(3): 285-287.
[85] 刘密新, 罗国安, 张新荣, 等. 仪器分析[M]. 2 版. 北京: 清华大学出版社, 2002: 217-255.
[86] 李建科，胡秋辉， 乌日娜，等. 基质固相分散萃取-气相色谱法检测苹果浓缩汁中 5 种有机磷农药的残留[J].南京农业大学学报，2005，28(2)：111-115.
[87] 刘敏, 端裕树, 宋苑苑, 等. 分散固相萃取-液相色谱-质谱检测蔬菜水果中氨基甲酸酯和有机磷农药[J]. 分析化学, 2006, 34(7): 941-945.
[88] 科学百科.薄层色谱[EB/OL].[2023-02-13].https://baike.baidu.com/item/薄层色谱法/149042?fr=ge_ala.
[89] 李顺兴, 郑凤英, 梁文杰. 一种快速分离、测定水中有机磷农药的方法: 2013103162253[P].2015-07-15.
[90] 巴德年. 当代免疫学技术与应用[M].北京: 北京医科大学，中国协和医科大学联合出版社, 1998：388-396.
[91] Ercegorich C D, 朱树秀. 放射免疫分析法检测对硫磷[J]. 核农学通报, 1983(1):52-57.
[92] 岳娅东，尹盈爱，白桦，等. 酶联免疫吸附分析法测定纺织品中的有机磷农药[J]. 商品与质量, 2020(45): 158-160.
[93] 孟超. 基于磁性微粒载体的化学发光免疫法对有机磷农药多残留检测的研究[D]. 武汉:华中农业大学, 2013.

[94] 赵常志, 孙伟. 化学与生物传感器[M]. 北京: 科学出版社, 2012:1-16.
[95] 姜涛钦. 磷酸根离子选择电极的研究与开发[D]. 无锡: 江南大学, 2016.
[96] 杨凯. 基于聚磷菌生理特性的有机磷农药残留传感器研究[D]. 扬州: 扬州大学, 2019.
[97] 郭子娴. 磷菌全细胞有机磷农药传感器的研究[D]. 扬州: 扬州大学, 2021.
[98] Grabner E W, Vermes I, Konig K H. A phosphate-sensitive electrode dased on $BiPO_4$-modified glassy carbon[J]. Electroanal Chemistry, 1986,214:135-140.
[99] Giovanni C P, Elizabete Y K, Lauro T K, et al. Hydroxyapatitc-based electrode: A new sensor for paosphate[J]. Anal Commum, 1996,33(7):227-229.
[100] 肖丹,俞汝勤,李军,等.磷酸根离子选择性电极.932344739[P].1994-10-26.
[101] 苏宾, 袁红雁, 王柯敏, 等. 钴锰合金磷酸根离子敏感电极研究[J]. 化学传感器, 1999, 19(4): 33-37.
[102] 苏宾, 袁红雁, 唐志文, 等. 基于钴磷合金的磷酸根离子敏感电极研究[J]. 化工技术与开发, 2000 (S1): 91-93.
[103] 符家昀. 电化学适配体传感器的构建及其在蔬菜有机磷农药残留检测中的应用[D]. 淄博: 山东理工大学, 2019.
[104] 魏小龙, 钱亚眩, 张亚芳, 等. 基于多壁碳纳米管负载金纳米粒子修饰的甲基对硫磷分子印迹电化学传感器的研制[J]. 化学通报, 2018, 81(3): 223-230.
[105] 郭业民, 孙霞, 张梅, 等. 一种用于特异性检测丙溴磷的电化学发光适配体传感器及其制备方法和应用. 202110943998.9[P].2021-11-09.
[106] 刘惠敏. 电化学发光适配体传感器的构建及其在蔬菜丙溴磷农药残留检测中的应用[D]. 淄博: 山东理工大学, 2021.
[107] Sauerbrey G. The use of oscillators for weighting thin layers and for microweighing[J]. Zeitschrift Fur Physik, 1959, 115: 206-222.
[108] 陈苑明, 何为, 刘忠祥, 等. 有机磷毒剂压电传感器敏感材料的制备及性能研究[J]. 材料导报, 2009, 23(20): 29-31.
[109] 百度百科. 生物传感器 [EB/OL].[2023-4-14].https://baike.baidu.com/item/生物传感器/5868469?fr=aladdin
[110] 孙春燕, 李宏坤, 平红, 等. AuNPs/Sol-gel 复合膜法固定乙酰胆碱酯酶生物传感器检测有机磷农药[J]. 高等学校化学学报, 2011, 32(11): 2533-2538.
[111] 李婕. 功能化石墨烯掺杂纳米粒子构筑电化学传感器用于有机磷检测[D]. 郑州: 河南工业大学, 2015.
[112] Wu S, Zhang L L,Lan X Q, et al. Ultra-sensitive biosensor based on mesocellular silica foam for rganophosphorous pesticide detection[J]. Biosensors and Bioelectronics, 2022, 26(6):2864-2869.
[113] Ivnitskii D M, Rishpon J. A potentiometric biosensor for pesticides based on the thiocholine hexacyanoferrate (Ⅲ) reaction[J]. Biosensors and Bioelectronics, 1994, 9(8): 569-576.
[114] Pundir C S, Chauhan N. Acetylcholinesterase inhibition-based biosensors for pesticide determination: A review[J]. Analytical Biochemistry, 2012, 429(1): 19-31.
[115] 邱晓丽, 郭康权, 项方献, 等. 有机磷水解酶生物传感器载体固定化酶的研究[J]. 传感器与微系统, 2009, 28(7): 27-29.
[116] 包静. 基于植物酯酶与有机磷水解酶的农药残留电化学传感器研究[D]. 重庆: 重庆大学, 2016.
[117] Mulchandani P, Mulchandani A, Kaneva I, et al. Biosensor for direct determination of organophosphate nerve agents. 1. Potentiometric enzyme electrode[J]. Biosensors and Bioelectronics, 1999, 14(1): 77-85.
[118] Mulchandani A, Mulchandani P, Chen W, et al. Amperometric thick-film strip electrodes for monitoring organophosphate nerve agents based on immobilized organophosphorus hydrolase[J]. Analytical chemistry, 1999, 71(11): 2246-2249.

[119] 韩磊，陈道缘，李峰．一种用于超灵敏检测有机磷农药的电化学生物传感器.201810573710 .1[P].2018-11-23.
[120] 维库电子通.微生物传感器[EB/OL].[2023-04-23].https://wiki.dzsc.com/6131.html.
[121] 耿芳芳, 王慧, 秦伟, 等. 基于构建微生物传感器的甲基对硫磷降解菌的分离鉴定及其降解特性研究[J].农业资源与环境学报, 2014, 31(6):521-526.
[122] Mulchandani A, Mulchandani P, Kaneva I, et al. Biosensor for direct determination of organophosphate nerve agents using recombinant Escherichia coli with surface-expressed organophosphorus hydrolase. 1. Potentiometric microbial electrode[J]. Analytical Chemistry, 1998, 70(19): 4140-4145.
[123] Tang X, Zhang T, Liang B, et al. Sensitive electrochemical microbial biosensor for *p*-nitrophenylorganophosphates based on electrode modified with cell surface-displayed organophosphorus hydrolase and ordered mesopore carbons[J]. Biosensors and Bioelectronics, 2014, 60: 137-142.
[124] Xing W L, Ma L R, Jiang Z H, et al. Portable fiber-optic immunosensor for detection of methsulfuron methyl[J]. Talanta, 2000, 52(5): 879-883.
[125] 黄君冉. 用于农药残留检测的压电免疫生物传感器的研究[D]. 杭州: 浙江大学, 2010.
[126] 蒋雪松. 用于有机磷农药残留检测的免疫生物传感器的研究[D]. 杭州:浙江大学, 2008.
[127] 奚亚男, 胡淑锦. 一种可用于有机磷农药检测的免标记免疫传感器及其制备方法. CN 110632150 A[P].2019-12-3.

第 6 章 磷元素生物化学

在生命科学的研究过程中，多学科的融合大大推动了科学的发展，使新的研究领域不断出现。20 世纪 70 年代，化学家就曾用化学的方法去研究生命体系中的一些化学反应，从而发展出生物无机化学、生物有机化学、生物分析化学等一些以生命体系为研究对象的化学分支。到了 90 年代，以基因重组技术为基础的分子生物学和结构生物学的发展，人类基因组计划框架图谱的完成、功能基因学的实施，对化学产生了很大的影响，化学生物学、化学基因组学相继出现。化学融合到生命学的研究为生命科学带来了快速的发展，学科的交叉和融合越来越受到重视。

化学家在分子的层面上用化学的思路和方法研究生命现象和生命过程，为生命科学的研究创造了新的技术和理论，从而形成了生命化学这一新兴的学科。生命化学从分子的基础去研究和了解大分子之间、化学小分子与生物大分子之间的相互作用，以及这些作用对生命体系的调节、控制等。应用化学法则研究生命科学的原理，揭示生命运动的本质，不但推动了医用生物科技的研究，而且将先进、尖端的化学科学领域和具生产价值的生物科技工程连接在一起，共同促进生命科学的发展[1]。

磷是组成生命活体至关重要的元素，人体内磷的含量大约占元素总量的 1%，占人脑总质量的 0.3%，占肝脏总质量的 0.2%。在人体中，磷元素大部分以磷酸盐的形式存在，以维持我们骨骼和牙齿的强壮；磷元素还参与生物体的遗传物质脱氧核糖核酸（DNA）和核糖核酸（RNA）的组成，这些长链状结构由磷酸和五碳糖交替排列形成骨架，构成生物体主要的遗传物质并实现蛋白质翻译，以维持生命过程的传承和延续；细胞的细胞膜是由磷脂双分子层组成的；蛋白质中也充满了磷的身影。目前，尚未发现在生命过程中不包含磷的生命体。随着科学的发展，人们越来越认识到磷在生命化学中扮演着十分重要的角色。诺贝尔奖获得者 Todd 教授提出了“哪里有生命，哪里就有磷”、“只有在有磷的星球上，才能存在生命”的著名论断[2]，认为磷元素是生命存在的必要条件。甚至于考察太空中生命迹象也用磷来作为判断标准[3]。哈佛大学的 Westheimer 教授从有机化学的角度阐述了“大自然为什么为生命选择了磷酸酯”[4]。美国加利福尼亚大学的 Mckenna 教授在第十五届国际磷化学会议中有关生物磷化学在 21 世纪的前景的报道中，提出在新的世纪中，磷仍将成为生物化学重点关注的研究中心，特别是与癌症治疗相关的药物在有机磷化学领域中将会有许多有利于人类健康的发明创造的机遇，预测了这一学科将会有很好的发展前景。因此，与生命科学相关的磷元素化学的研究是目前引人注目的研究领域之一。

6.1 磷元素与生命化学过程

著名化学家和科学作家艾萨克·阿西莫夫简洁地说："生命可以繁衍，直到所有的磷都消失了，然后就会出现无法阻止的停顿。"磷元素对所有生命——植物、动物和细菌都是必不可少的。

6.1.1 磷元素的发现

磷是在 1669 年首先由德国汉堡的炼金师何尼格·布兰德（Henning Brand）发现的[1]。他通过强热蒸发尿取得。在蒸发尿的过程中，偶然地在曲颈瓶的接收器中发现了一种特殊的白色固体，其在黑暗中不断发光，称为 kaltefeuer（德文，冷火）。

磷广泛存在于动植物体中，因而它最初从人和动物的尿以及骨骼中取得。羟基磷灰石，分子式为 $Ca_{10}(PO_4)_6(OH)_2$，是人体骨骼和牙齿的主要无机成分。这和古代人们从矿物中取得的那些金属元素不同，它是第一个从有机体中取得的元素。最初发现时取得的是白磷，其是白色半透明晶体，在空气中缓慢氧化，产生的能量以光的形式放出，因此在暗处发光。当白磷在空气中氧化所积聚的能量使温度达到磷的燃点 40℃时，就会自燃。

磷的拉丁名称 phosphorum 由希腊文 phos（光）和 phero（携带）组成，也就是"发光物"的意思，元素符号是 P。常说的"鬼火"是 P_2H_4 气体在空气中自动燃烧的现象。人体内部，除碳、氢、氧、氮四种元素外，还含有其他一些元素，如磷、硫、铁等。人体的骨骼里含有较多的磷酸钙。人死后，躯体埋在地下腐烂，发生着各种化学反应。磷由磷酸根状态转化为磷化氢。磷化氢是一种气体物质，燃点很低，在常温下与空气接触便会燃烧。磷化氢产生之后沿着地下的裂痕或孔洞冒出到空气中燃烧发出蓝色的光，这就是磷火，也就是人们所说的"鬼火"。

1811 年 Vanquelin 从生物体的脂肪中提取得到一种含磷的物质，到 1850 年才被 Gobley 证实为磷脂。

1868 年 Miescher 从细胞核中提取出一种含磷有机物，取名为"核素"，后被人称为"核酸"。腺苷三磷酸（ATP）是在 1929 年被 Fiske、Subbarow 从肌肉中提取得到的，Todd 于 1949 年以人工方法合成了 ATP。

1932 年 Embden 与 Meyerhof 证明了糖的水解过程有磷酸化合物参与。1937 年 Kreb 证明了葡萄糖氧化过程中也有磷化物参与。1941 年 Lipmann 提出了高能磷酸酯键学说。至此，人类对生物体内磷化合物重要性的认识上升到理性的阶段。

1940 年以前，人们已知核酸是一类高分子聚合物，是细胞核内决定生物遗传的染色体的主要成分。1953 年 Crick 与 Watson 等证明了脱氧核糖核酸（DNA）的双螺旋结构，这是 20 世纪人类最重要的科学发现之一。由此开始了人们对基因的系统研究，特别是在 20 世纪末完成的“人类基因组计划”，取得了在 20 世纪可与原子能应用、计算机技术相提并论的成就。

实际上，磷元素不仅在遗传过程中起着重要的作用，而且在生命的起源、发育以及所有生命化学过程中都扮演着重要的角色，甚至可以说，磷几乎参与了所有生命体的形成。例如，人体内（去水后）主要元素的质量分数为：氧 65%，碳 18%，氢 10%，氮 3%，钙 1.5%，磷 1.0%，钾 0.3%，硫 0.2%。可见磷元素对生命体的形成具有重要作用。

6.1.2 磷是活化生命的元素

磷是人体的重要元素成分，在众多的生命活动中具有极其重要的作用。目前，还没有发现不含磷的生命体。磷之所以是生命过程中的重要元素，是因为多数酶的催化反应都是以它们的磷酸化和去磷酸化来调控的；生物体所需能量的基本储存单元 ATP 参与了生命化学过程中的几乎每一个反应，新陈代谢过程常以含磷衍生物为中间体而进行。生物体内的遗传物质 DNA 和 RNA 的核苷之间是通过磷酸二酯键连接的。

一般而言，磷酸化的目的是“激活”或“能化”底物分子，增大它的能量，以使其可参加随后的自由能负变化的反应。磷酸基团的添加或除去（去磷酸化）对许多生物化学反应起着“开/关”作用。在生物化学里，激酶是一类从高能供体分子（如 ATP）转移磷酸基团到特定靶分子（底物）的酶。最大的激酶族群是蛋白激酶（proteinkinase）。蛋白激酶又称蛋白质磷酸化酶（protein phosphokinase），是一类催化蛋白质磷酸化反应的酶。蛋白质的磷酸化决定蛋白质的构造和活性，影响细胞内信息传递过程，以对外来刺激作出适当反应。磷酸基团的添加或除去能使酶活化或失活，控制诸如细胞分裂这样的过程。其他不同的激酶作用于小分子物质（脂质、糖、氨基酸、核苷等）使它们磷酸化，或者为了发出信号，或者使它们为代谢中各种生化反应作好准备。具体的有丙酮酸激酶、己糖激酶、核苷二磷酸激酶、甘油激酶等。脂类磷酸化后形成的磷脂构成了细胞膜的基本结构，将细胞内含物与环境分隔开来。

生物体内的产能过程实际上是一个氧化磷酸化的过程。单糖环状结构中的羟基都可酯化。在生物体内重要的是糖的磷酸酯。单糖磷酸酯广泛地存在于各种细胞中，如糖酵解途径的中间物：葡萄糖-1-磷酸、葡萄糖-6-磷酸、果糖-6-磷酸、果糖-1,6-二磷酸、甘油醛-1-磷酸和二羟丙酮磷酸；磷酸戊糖途径和光合作用的 Calvin 循环的中间物：赤藓糖-4-磷酸、核糖-5-磷酸、木酮糖-5-磷酸、核酮糖-5-磷酸和景天庚酮糖-7-磷酸等。核苷之间通过磷酸二酯键连接形成 DNA 和 RNA。部分核苷酸，如腺苷三磷酸（ATP）或鸟苷三磷酸（GTP）的形成也是经由腺苷二磷酸和鸟苷二磷酸的磷酸化而来。ATP 作为磷酸基团的共同传递体能传递能量，活化底物。糖原和淀粉是生物体内储存能量、容易动员的多糖。糖原和淀粉通过磷酸解产生葡萄糖-1-磷酸进入酵解途径。糖的磷酸化过程实际上是一个活化过程，磷酸化后的糖广泛参与生物体内的生理生化反应。磷酸化能够开启糖类、蛋白质、脂类的生物活性。

6.1.3 磷元素在生命化学过程中的作用

磷是组成生命活体至关重要的元素，接下来将从蛋白质、遗传物质、新陈代谢、

ATP 和生命起源五个方面分析磷在生命化学进化中的作用。

1. 磷元素与蛋白质

磷元素通过对蛋白质磷酸化来调节蛋白质的功能，进而参与调节一系列生命活动和行为。复杂生命体需要对内部和外部环境变化做出反应，这是生命得以顺利进行的核心要求之一。无论是寻找营养物质并保持最佳的细胞条件以促进生长，还是避免有害环境，这种适应性必须能实时得到反馈和更新。因此，细胞已经进化出严格的监管系统，能够感知、传输、存储和解释信息，从而使监管机制能够做出协调和及时的反应。例如，胰岛素是控制生物体糖脂代谢的关键蛋白质激素，胰岛素通过激活受体酪氨酸激酶来启动下游一系列信号通路，受体酪氨酸激酶可以聚集并磷酸化各种底物蛋白，如胰岛素受体底物（IRS）蛋白家族；受体酪氨酸激酶将 IRS 磷酸化后暴露出结合位点，供众多信号转导伴侣结合。

蛋白质是生物体中不可缺少的组成部分，磷与蛋白质、多肽等具有极其密切的关系。在人体中，约有 30%的蛋白质被磷酸化。早在 1933 年 Schmidt 和 Levene 等就从水解酪蛋白中分离得到含磷的肽，此后许多与磷通过共价键结合的磷酰蛋白、磷酰肽相继被发现，人们逐渐证实了磷在酶的活性调节、蛋白质的生物合成、开关血浆膜上某些特殊离子的微孔、调节膜的渗透等主要过程中起着关键作用[1-5]。蛋白质的磷酰化是生物体内普遍存在的过程，各种不同类型的磷酰蛋白在细胞中起着不同的作用，根据其不同的功能可以将其分为两大类：一类是具有酶活性的磷酰蛋白，另一类不具有酶活性。磷酰酶、糖元合成酶以及丙酮酸激酶等都是催化性磷酰蛋白的典型例子。细胞有丝分裂过程也是磷酰化对酶活性调节的事例之一。生命物质的新陈代谢有赖于酶的调节，已有越来越多的实验事实表明，许多酶的活性是以其磷酰化和去磷酰化来调控的。

2. 磷元素与遗传物质

遗传物质也对磷情有独钟。遗传物质 DNA 和 RNA 是磷酸二酯，磷酸基团是连接核酸的桥连基团。为什么大自然选择磷酸基团而不是其他替代基团，如柠檬酸、砷酸、硅酸或者硫酸呢？我们知道，电离了的分子更容易保留在细胞膜内。磷酸以及磷酸单酯或二酯的 pK 值均约为 2，在生理 pH 条件下能发生电离，从而能够使其保留在细胞膜所限定的区域内。磷酸酯的特殊功能也导致了它被选为 DNA 和 RNA 的桥连基团。在 DNA 和 RNA 分子中，核苷相互连接以形成可携带基因密码的长链，形成的长链又可以发生断裂以保证核苷重新利用。若要长链发生断裂，最好的化学方法是水解，这意味着最好的键连方式是酯化反应。要将小分子连成长链，其键连基团至少必须是二价的，以保证一端连接一个核苷。此外，考虑到保证最终形成的分子能够电离，键连基团至少必须是三价的。此时最容易想到的是磷酸，而不是二元酸硫酸。同时，磷酸二酯的水解速度远低于电中性的羧酸酯类，磷酸二酯的带电性起了独特的作用。其带电性不仅使其能存在于细胞膜内，而且所带的负电荷能有效地减少亲核试剂的进攻。正是由于 DNA 中磷酸酯基带有负电荷，DNA 不易水解，保证了磷酸基扮演基因长链中的桥连基团角色。而柠檬酸的三级电离很弱，不足以稳定遗传物质；砷酸可能有毒，且其二酯很容易水解；

硅酸酯也极易水解，且中性 pH 条件下不发生电离。

3. 磷元素与新陈代谢

磷酸及其酸酐统治着生命界，这在生命体的新陈代谢过程中也不例外，磷酸酯是代谢过程的中间物以及生物体活动的能源。磷酸基在生物体内发生的化学反应中具有重要的作用，然而长期以来并未受到化学家的足够重视。例如，实验室中常用“好”的离去基，如—Cl、—Br、—I 等，却从未用过磷酰基。但是，在代谢过程中，最普遍的离去基是磷酰基或焦磷酰基；在有机化学反应中需要各种基团参与反应，而在生物体系中，磷酰基却担负着多重使命。正是磷酸能与许多有机物结合成酯，可使生物体内有机物的新陈代谢由温和、高效的生化过程来完成。

4. ATP 的作用实质

在生物活性体系中有一种非常重要的磷酸盐——ATP。结构如图 6-1 所示。

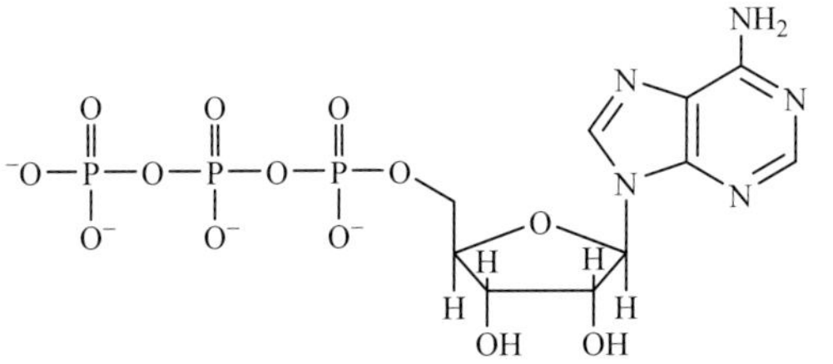

NH$_2$
N N
O O O
$^-$O—P—O—P—O—P—O
N N
O
O$^-$ O$^-$ O$^-$
H H
H H
OH OH

图 6-1 ATP 结构图

ATP 分子中存在随时可供利用的“高能磷酸键”，是许多生化反应的初级能源，参与了生命化学过程中几乎每一个反应。ATP 在生物能学方面的功能与其水解过程极为相关，ATP 与 ADP 可作为磷酸基团转移的供体-受体对，在很多情况下，ATP 水解自由能被用于支持另一些热力学上不易发生的反应，通常是将这些反应中的某一反应物磷酸化而起到支持作用。从这个角度而言，磷酸基可称为生化反应的催化剂。因此，在磷化学家眼中，ATP 与其说是“生命活动的能量源泉”，不如说是“生化过程的磷酸基源泉”[6]。ATP 的水解是一个放能反应，但并不是放能最多的，有些磷酸酯化合物水解放出的能量比 ATP 更多，但在许多生物代谢过程中又都有 ATP 参加。这是由于它水解自由能 ΔG 值比较适宜，若 ΔG 太大，意味着要合成它时需要更多的能量，若 ΔG 值太小，则不能支持其他不易发生的反应。ATP 在生物代谢循环中如此重要，因此将它称为“能量的货币”，在代谢过程中发挥巨大作用。

5. 磷元素在生命起源的化学进化中的作用

磷控制了现有生物的生命过程，那么磷是怎样在生命起源的化学进化过程中发挥作用的呢？

1）氨基酸起源中磷元素的作用

20 世纪 50 年代，StanleyMiller 在 HaroldUrey 的指导下完成了一个著名的实验——通过放电作用模拟原始气体（CH_4、NH_3、N_2、H_2O）经反应生成了氨基酸。后来其他研究者改进条件，使模拟原始气体的放电反应生成的氨基酸种类由三种增加到十几种。其反应机理与 Strucker 机理相同。

其后，Ridgway 和 Ponnamperuma 领导的研究小组在木星和土星大气层中分别探测到 PH_3[7]，因此推测在地球原始大气中也曾存在 PH_3。对含 PH_3 的原始大气（CH、N_2、NH_3、H_2O）和同样条件下不含 PH_3 的原始大气进行高压放电对比研究，发现 PH_3 原始大气可以产生除组氨酸以外的 19 种氨基酸，而不含磷的体系只产生了 6 种氨基酸，见表 6-1[8,9]。这一实验表明磷的参与帮助了氨基酸的起源。PH_3 可能是放电反应中有效的催化剂。

表 6-1　PH_3 在氨基酸形成过程中的作用

氨基酸	P-1 条件下的产生量/10^{-9} mol	P-2 条件下的产生量/10^{-9} mol	N-1 条件下的产生量/10^{-9} mol
肌氨酸	230	2700	—
丙氨酸	57	540	18000
α-丙氨酸	75	—	—
缬氨酸	44	—	34000
甘氨酸	970	6700	5800
β-氨基丙酸	6	120	20
异亮氨酸	73	280	—
亮氨酸	59	55	—
N-亮氨酸	100	140	—
脯氨酸	32	110	—
苏氨酸	110	79	—
丝氨酸	1000	63	—
天冬氨酸	160	280	11000
苯丙氨酸	46	160	—
谷氨酸	250	260	100
α, β-二氨基丙酸	74	44	—
酪氨酸	5	—	—
鸟氨酸	610	250	—
赖氨酸	31	110	—

注：P-1、P-2 反应条件：气相中 CH_4 和 N_2 均为 2.67×10^4 Pa，PH_3 分别为 4.00×10^3 Pa 和 9.33×10^3 Pa；水相中水 100 mL，NH_4^+ 50 mol/L，pH 8.0～8.7，温度 60℃，火花放电 24 h。N-1 反应条件：气相不含 PH_3，其他与 P-1、P-2 反应条件相同。

2）糖形成中磷元素的作用

早在 1861 年，已经知道在 $Ca(OH)_2$ 作用下甲醛聚合可以生成糖。但是在糖的混合物中，只有很少的核糖。近来研究表明，磷酰化羟基乙醛与甲醛反应（图 6-2）或磷酸化甘油酯与甲醛反应可以高收率地生成戊糖（主要是吡喃戊糖）[10,11]。

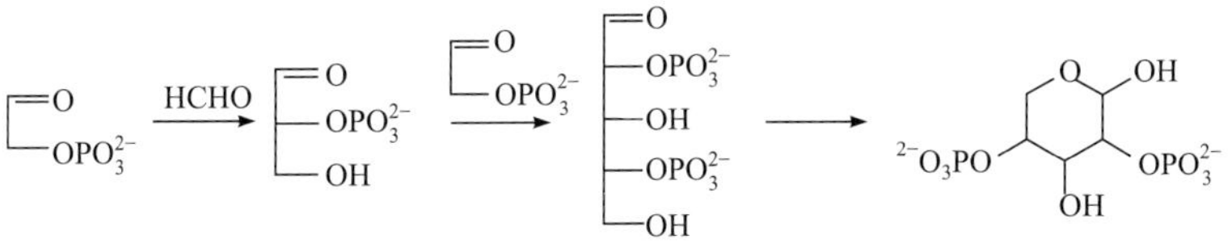

图 6-2　含磷吡喃戊糖的生成

吡喃戊糖是核糖的异构体，其 2,4-二磷酰化吡喃戊糖能形成独特的核酸链（P-RNA）。这种核酸链比 RNA 具有更好的复制作用（模板作用）。因此，它与肽链核酸（PNA）一起被认为可能是“RNA 世界”之前的遗传物质。如图 6-3 所示为三种可能的遗传物质 DNA、P-RNA 和 PNA 的结构。

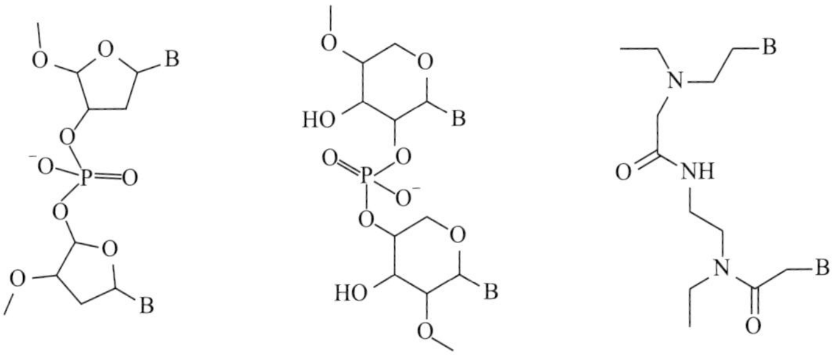

图 6-3　三种可能的遗传物质 DNA、P-RNA 和 PNA 结构

除此之外，已有报道，Na_2HPO_3 与乙炔在紫外光照下可以生成乙烯基膦酸并进一步生成膦酸乙醛[12]。而膦酸乙醛与磷酰化羟基乙醛一样可以形成 2,4-二膦酸吡喃戊糖。

3）核苷形成中磷元素的作用

无论是先形成核苷再磷酸化连接成核酸，还是先形成磷酸酯连接的多糖再加上碱基形成核酸，碱基与 1-羟基的取代反应是不可避免的。令人惊讶的是，这看上去与磷毫无关系的反应也有磷的参与。实验发现[13]，腺嘌呤与核糖的稀溶液在 253.7 nm 的紫外线照射下可以形成腺苷。但需要有乙基偏磷酸或磷酸的参与。这个结论同样适用于腺嘌呤和脱氧核糖的反应[14]，没有磷参与则不能生成脱氧腺苷。由光化学反应来合成核苷需要有磷酸的参与非常有意义，因为在原始地球上，这两者都是充足的，图 6-4 所示为聚磷酸催化的核苷生成反应。

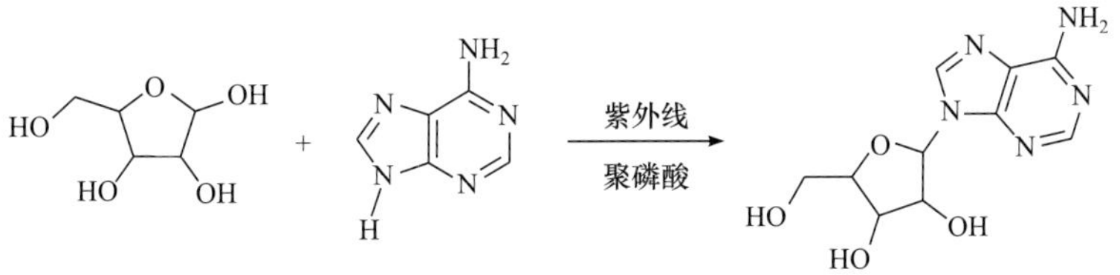

图 6-4　聚磷酸催化核苷的生成

4）肽形成中磷元素的作用

多肽的形成在生命起源上的意义是不言自明的。要使氨基酸聚合成多肽，必须脱掉

水分子。因此人们首先想到的是将氨基酸在高温下（120～200℃）加热来模拟多肽的形成。但在高温下加热随之而来的问题是交联(丝氨酸、苏氨酸)及产生二酮哌嗪等副反应。但当用聚磷酸作为催化剂时，可在中低温（65℃）下发生氨基酸的聚合反应[15]。值得注意的是，在同样条件下，浓 H_2SO_4 却不能促进氨基酸的聚合。

固态反应中，在环三聚磷酸钠（P_3m）、Mg^{2+}和咪唑的作用下，甘氨酸的聚合产率达 25%（65℃、10 d），其中 1.1%超过 7 个氨基酸的长度。如果在 100℃反应 4 h，则多肽可达 10 个氨基酸长度[16]。

随后，Feldmann 和 Rabinowitz 发现，多聚磷酸盐在水中也能促进氨基酸的聚合成肽的反应[17]。他们发现用环三聚磷酸钠处理甘氨酸和α-丙氨酸能得到比较理想的二肽产率。Rabinowitz 等将这个反应扩展至前生源条件（稍偏碱性、低温、低浓度）[18]，同样获得满意的结果。最佳反应条件为 pH 7.5～9.5、70℃，反应 70 h，二肽产率可达 35%。

5）核酸形成中磷元素的作用

在核酸结构里，磷是基本的成分，因此其作用是不言而喻的。下面分核苷的磷酰化和核酸单体的缩聚两部分来介绍磷在核酸形成中的作用。

核苷上核糖和脱氧核糖的羟基经磷酰化即得到核苷酸，它是形成核酸的单体。主要有以下几种方法模拟可能的原始地球环境磷酰化核苷。一种方法是在缩合剂存在下，使水溶液中的无机磷和核苷反应；另一种方法是加热核苷与合适的无机磷酸盐的干混合物。

第一种反应可用图 6-5 的反应式表示。这里 X 代表—OH、—NH_2、—CN 或胍基，R 为烷基。磷酸根与缩合剂形成的中间体能够将磷酰基转移至核苷的羟基上而实现对核苷的磷酰化[19]。但是这种方法的主要问题是由于海水中的磷酸主要以不溶性磷酸盐（如羟基磷灰石）的形式存在，原始地球上，海洋中磷酸的浓度是极低的。现在海洋中磷酸根的浓度也只是 10^{-7}～10^{-6} ppm（1 ppm=10^{-6}）。如果那时地球上海水中的磷酸根浓度也这么低，那么在水溶液中由缩合剂活化的磷酸磷酰化核苷的效率可以忽略不计。

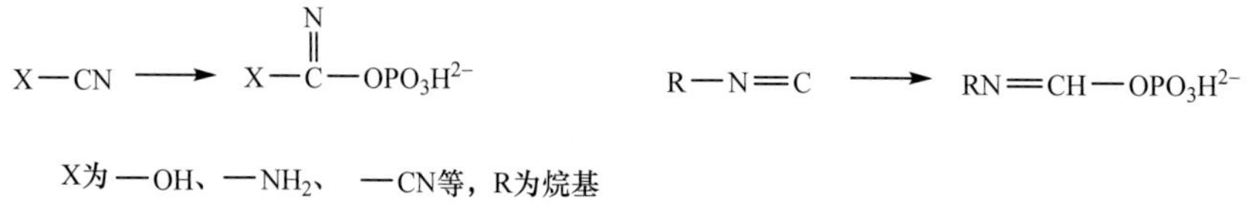

$$X-CN \longrightarrow X-\overset{\overset{\displaystyle N}{\|}}{C}-OPO_3H^{2-} \qquad R-N=C \longrightarrow RN=CH-OPO_3H^{2-}$$

X为—OH、—NH_2、—CN等，R为烷基

图 6-5 磷酸根的活化

第二种方式是用可溶性的酸式磷酸盐（如 KH_2PO_4 等）与核苷一起加热，能获得相当的磷酰化核苷产率[20,21]，见图 6-6。当用尿素和无机磷酸盐（此处以 Pi 表示）在 65～100℃温度范围内与核苷加热时，开始得到以 5′-核苷酸为主的磷酰化产物，以及痕量的 2′和 3′的异构体。继续加热则得到 2′,3′-环磷酸核苷为主体的产物。将 Mg^{2+}加入到反应混合物中，可促进焦磷酸产物的生成，因而得到以 5′-焦磷酸核苷为主的磷酸化产物，同时也得到少量三磷酸核苷。总的磷酸化产率可达 90%。

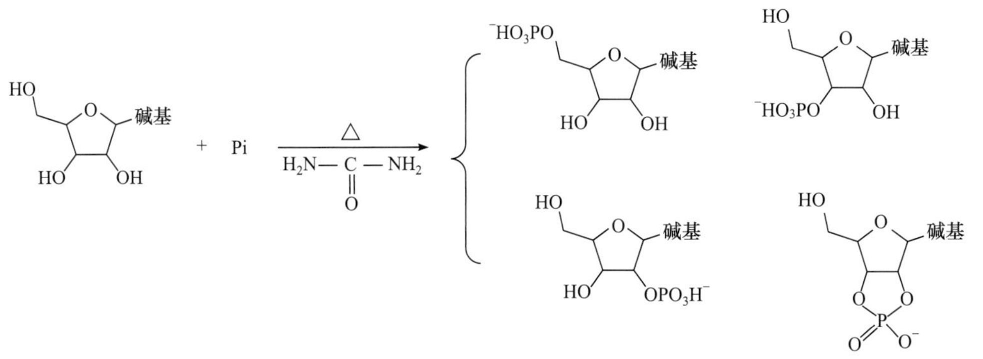

图 6-6　核苷的磷酰化反应

核酸的起源分为两步，第一步是随机序列核酸的形成，第二步是模板指导下特定序列核酸的形成。后者有自我复制的意义。核酸单体聚合时，需要脱去水分子。有两种办法可以实现这种反应。其一是在低湿度下加热单体进行缩聚；其二是在加入缩合剂，如多聚磷酸盐或氰氨等试剂的条件下聚合。核酸单体可以通过碱基配对方式排列到互补核酸链上去，因而核酸单体之间的距离可以拉近，然后进行聚合反应。例如，在聚尿苷酸Poly(U)上可以生成腺苷酸聚合体的不同分子量的混合物。比合成更有意义的是，以这种方式合成的新的核苷酸链正好是原模板的互补链，因此等于把原有链的信息拷贝了一次，具有自我复制的意义（图 6-7）。

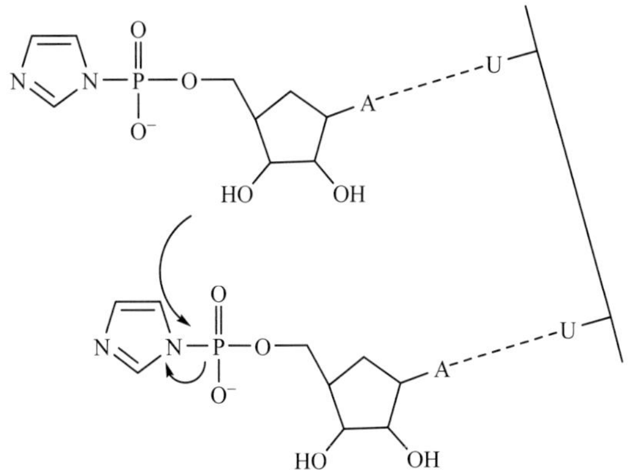

图 6-7　聚尿苷酸模板上腺苷单体的聚合

6.1.4　生物体内的有机磷化合物

在生物体内，存在着很多种有机磷化合物，它们对正常的生命活动起着重要的作用[22,23]。其中，最为重要的是磷酸核苷类、生物膜和磷脂、核酸等三类有机磷化合物。

1. 磷酸核苷

这类化合物是核苷（核糖+碱基）的磷酸酯，磷酸可以有 1～3 个。含 2 个磷酸的是焦磷酸酯，含 3 个磷酸的是三聚磷酸酯。此外，该类化合物的分子中还可能连有一些其他基团。按结构与功能的不同此类化合物可分为下列几种。

1）作为能量载体的 ATP

ATP 类化合物都是生物体所需能量的载体。生物体要保持正常活动，无论是生物体的机械运动，还是组织内的生物化学反应，都需要能量。能量总的来源是一些被称为“燃料”的化合物，主要是糖和脂肪，也有少量的氨基酸。它们在体内先由大分子变成小分子，小分子进一步分解为能起反应的各种反应单位，再发生各种反应，最后变成乳酸或二氧化碳和水等，同时释放出能量。生物体内的这些反应，既需要酶的催化，又需要一些能储存和转移能量的载体以提供反应所需的能量，这种载体通常就是磷酸核苷类化合物。核苷是由核糖与碱基组成的，与核糖组成核苷的碱基有下列 5 种（图 6-8）。

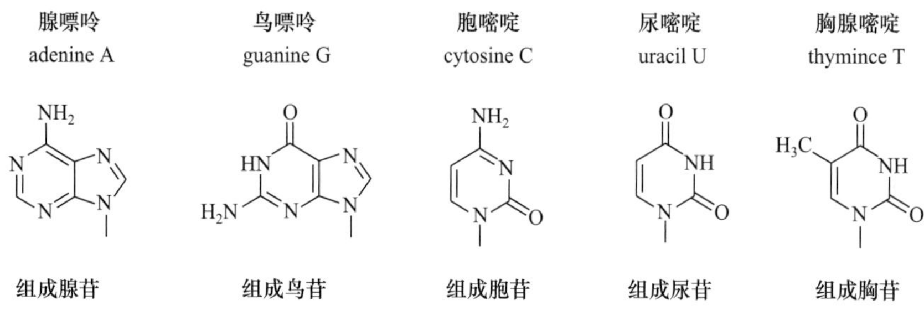

图 6-8 几种与核糖组成核苷的碱基

组成能量载体最常见的碱基是 A 和 G。磷酸可以是 1～3 个，与 A 结合，分别组成腺苷单磷酸（AMP）、腺苷二磷酸（焦磷酸）（ADP）和腺苷三磷酸（ATP）。由于所含磷酸根不同，ATP、ADP 和 AMP 三者的分子能量也不同。含磷酸基越多，所含能量也越多。一个 ATP 参与的生化反应，如反应过程中 ATP 转化成了 ADP，就会放出能量，提供给生化反应，使其前体吸收能量变成后体（此时，反应会放出更多的能量供生命活动的需要）。因此，ATP 转化为 ADP 有利于需要吸收能量才能发生的生化反应。当然，ATP 也可以转化为 AMP，释放出更多的能量。反之，一个 ADP 或 AMP 参与的反应，在反应过程中转化为 ATP，能够吸收能量。这有利于一个需要放出能量才能发生的生化反应。实际上，这是生成 ATP 的反应，因而 ATP 在生物体内是可循环的。需要注意的是，这些反应的发生均需酶的参与，除磷酸腺苷外，这类化合物还包括磷酸鸟苷 GTP、GDP 和 GMP。另外，磷酸尿苷 UTP、UDP 和 UMP 或其他磷酸核苷也具有类似的作用。

2）作为电子、乙酰基等重要反应单元的载体的磷酸核苷

生物体内含有核苷和磷酸的重要化合物还有烟酰胺腺嘌呤二核苷酸（NADH，后一个 H 表示有一个活泼氢）和黄素腺嘌呤二核苷酸（$FADH_2$，后两个 H 表示有两个活泼氢）。

NADH 的组成是：烟酰胺（有 1 个吡啶环）+核糖 + 2 个磷酸 + 腺苷。

$FADH_2$ 的组成是：黄素（有 1 个苯环和 2 个含氮杂环）+ 5 个碳链（有 3 个羟基）+ 2 个磷酸+尿苷。

在生化反应中，NADH 能电离成 NAD^+、H^+和 2 个电子，这是因为 NADH 分子中有一个吡啶环，能吸收与放出 2 个电子。这种放出电子或吸收电子的电离反应，对某些生化过程具有氧化还原作用。

$FADH_2$在生化反应中能放出2个氢原子变成FAD^{2+}；相反，FAD^+能够吸收2个氢原子变成 $FADH_2$。这也是分子中含氮杂环存在的结果。因此，$FADH_2$ 在生化反应中能起到氢化还原作用。

3）辅酶

生物体内还有一种很重要的物质，称为辅酶A（CoA），其结构如下：

β-巯基乙胺 + 泛酸 +2个磷酸 + 磷酰化（3位）腺苷

在生化反应中，辅酶具有乙酰基载体的作用，也就是说，乙酰化 CoA 在某些生化反应中可以作为乙酰化试剂对反应物进行乙酰化。

4）环磷酸腺苷

环磷酸腺苷（cAMP）是一种单磷酸腺苷，其特别之处是磷酸根将 3 位和 5 位上的氧原子连在一起形成一个环，因而是一种环磷酸酯，其结构见图 6-9。

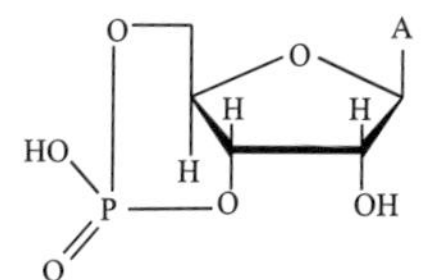

图 6-9 环磷酸腺苷结构图

cAMP 参与生物体的调节过程，因而能控制生物的生长、分化和细胞对激素的响应，同时，它还是许多激素的第二信使。由内分泌产生的激素到达靶细胞后，作为第一信使与细胞膜上某专一受体相结合。此时，细胞膜上的 cAMP 环化酶活性大大提高，使细胞内的 ATP 转化为 cAMP。结果是 cAMP 的浓度大大增加，并扩散到整个细胞。随后，cAMP 以第二信使的身份指令细胞对激素起某些特定反应。例如，甲状腺素作为第一信使与细胞膜上特定受体结合后，cAMP 就可起第二信使的作用，使细胞分泌出更多的甲状腺素；cAMP 在肾上腺细胞中能分泌出胆固醇激素，而在肝细胞中能使糖原转化为葡萄糖。

2. 生物膜和磷脂

生物膜是细胞的重要组成部分，它不仅起着保护和支持细胞的作用，而且还与细胞的生长、分化有很大关系。此外，很多生命基本过程，如能量转换、物质运输等也与细胞膜有密切关系。生物膜的组成有多种，其中磷脂是很重要的一部分（其他还有糖脂和胆固醇等）。磷脂即磷酸甘油酯，与甘油相连的3个酸基为2个脂肪酸基和1个磷酸基。磷酸有 3 个羟基，其中 1 个形成甘油酯，另外 2 个则与某种特定的醇形成酯，如磷脂酰胆碱，其是与胆碱醇形成的一种酯式的内盐，其结构见图 6-10。

此外，鞘磷脂的结构也是磷酰胆碱，但另有 R—CO—NH 基和鞘氨醇基所形成的酯，其分子结构见图 6-11。

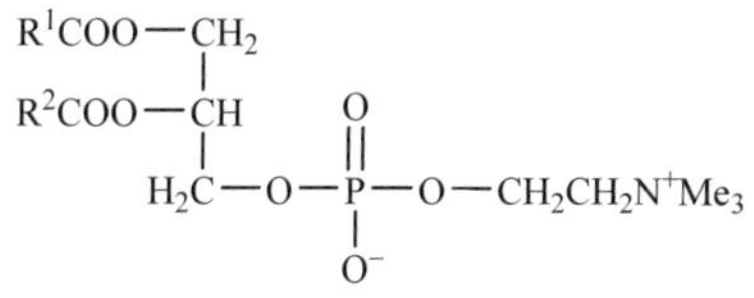

$R^1COO-CH_2$
$R^2COO-CH$
$H_2C-O-P(=O)(O^-)-O-CH_2CH_2N^+Me_3$

图 6-10 磷脂酰胆碱的分子结构

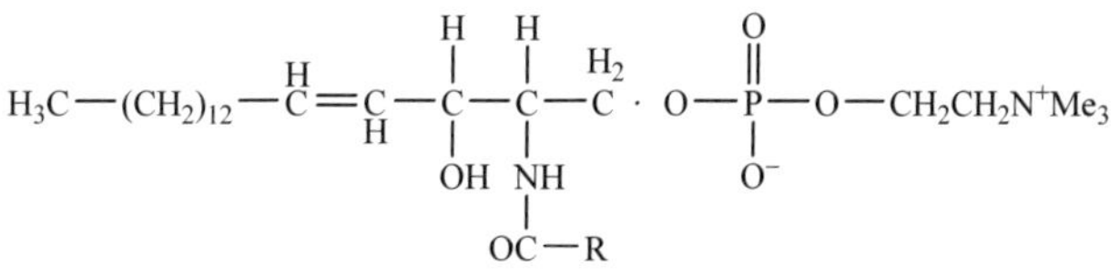

$H_3C-(CH_2)_{12}-CH=CH-CH(OH)-CH(NH-OC-R)-CH_2-O-P(=O)(O^-)-O-CH_2CH_2N^+Me_3$

图 6-11 鞘磷脂的分子结构

3. 核酸

核苷与磷酸组成核苷酸，核酸则是以核苷酸为单体的大分子聚合物，有 DNA 和 RNA 两种。DNA 的分子链比 RNA 要长。DNA 由两条长链互相以碱基配对的方式绕成双股长链，并通过碱基的配对形成了密码，进而形成了基因，由此便产生了在生命活动中具有特别重要作用的信息的保存、复制与传递。

6.2 磷酰化氨基酸

在生命化学中，磷和氨基酸具有重要地位。目前，在生命过程中还未发现不含磷的生命体。在人体中磷的含量大约占元素总量的 1%，占 DNA 分子量的 9%[24]。磷之所以是生命过程中的重要元素，是因为绝大多数酶的催化反应是以它们的磷酰化和去磷酰化来调控的；生物体所需能量的基本储存单元 ATP 参与了生命化学过程中的几乎每一个反应，新陈代谢过程常以含磷衍生物为中间体进行。而氨基酸是与生命起源和生命活动密切相关的蛋白质的基本组成单位，是合成人体激素、酶和抗体的原料，参与人体新陈代谢和各种生理活动，在生命中显示特殊作用。几乎所有的细胞活动皆是靠蛋白可逆磷酰化来调控的[25]。尽管已有许多有关化学进化过程的研究报道，但关于早期地球上蛋白质的形成与磷和氨基酸的内在联系的研究并不多，诸如天然蛋白质的骨架为什么仅由 α-氨基酸组成等问题也未得到很好解释。正是考虑到氨基酸是前生命化学进化中的关键分子，而磷对现存生命活动调控起中心作用，因此把磷和氨基酸的有机结合物——磷酰化氨基酸作为研究对象。20 多年的研究表明，生命起源可能与 *N*-磷酰化 α-氨基酸的进化有密切关系，并提出了磷酰化氨基酸是核酸和蛋白质共起源的学说。

6.2.1 磷原子的电子排布及化合物的配位特点

生物化学的发展已经揭示出生物体从构造到功能均离不开含磷化合物以及磷酰基转移反应的参与。从根本上认识这些生物化学反应的机理，对于人类理解生命现象的本质，防治疾病和协调人与自然的关系大有裨益。诺贝尔奖获得者、著名核酸化学家 Todd 曾指出：“磷是寻找生命的唯一标识！”[2]1987 年，著名有机化学家 Westheimer 教授则提醒科学界应注意：“为什么大自然选择了磷？”[3]

磷元素在生物体内的特殊作用与磷原子的核外电子排布是密切相关的。磷原子的核外电子排布：$1s^22s^22p^63s^23p^3$，在外层有 3 个未成对的电子和 5 个 3d 空轨道，共有 5 个价电子；而磷的电负性为 2.1，与氢相等，即磷原子核对价电子的吸引电子能力适中，因此，磷外层电子 3s→3d 的激发活化能为 16.5 eV，比相应的氮化物的 22.9 eV 要低，所以磷原子可利用其 3d 窄轨道参与形成杂化轨道。当磷与其他原子成键时，磷原子可分别用 sp^3d、sp^3d^2 杂化轨道生成五、六配位磷化合物[26]。

生物体内的磷虽然以四配位形式存在，但从 1968 年，Westheimer 在研究环磷化合物水解时提出了反应是经过五配位磷过渡态的假说后[27]，人们相继发现了许多生化反应包括磷酸单酯的水解[28]（如蛋白质的去磷酰化反应），磷酸二酯的水解（如 cAMP 水解[29]），RNA 的水解[30]，Ribozyme 自剪接反应等均涉及五配位磷作为中间体的反应机理[31]。20 世纪 70 年代 Ramirez 等成功地合成了一系列五配位磷化合物[32]，并提出了磷的两种立体构型（图 6-12）。

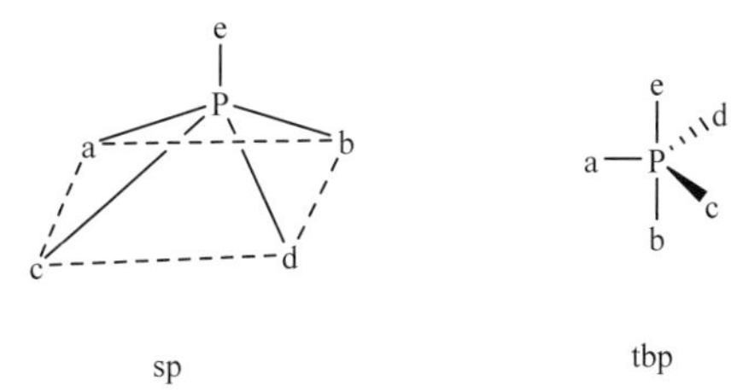

图 6-12　五配位磷化合物的两种构型

多数五配位磷化合物是以 $sp^3d_{z^2}$ 杂化轨道形成的五个 δ 键，呈三角双锥型（trigonalbipyramidal，tbp），少量以 $sp^3d_{x^2-y^2}$ 杂化的五个键形成四方锥形（squarepyramidal，sp）。

一系列具有稳定结构的五配位磷化合物从 20 世纪 70 年代起也得到合成，而且化学性质稳定，有些已得到单晶[23]。但无环的六配位磷化合物只能存在于溶液中，迄今还没有分离出来，五、六配位化合物通称高配位磷化合物。

由于磷能够生成高配位化合物，磷酰基参与的反应机理就比碳酰基的要复杂得多。在涉及磷酸化蛋白的反应中，多个氨基酸残基的侧链可通过蛋白质在空间上的折叠作用而接近，能够同时与磷成键形成高配位磷中间体或过渡态，从而形成以磷为中心的酶与底物的结合；并且通过假旋转后选择性断键而发生磷酰基的迁移反应。

6.2.2　*N*-磷酰化氨基酸模型的提出

在由于蛋白质分子量大，空间立体结构复杂，反应涉及的因素很多，直接研究磷酰化蛋白的作用在技术上困难较大，有必要设计出模型化合物来简化研究。赵玉芬院士及其领导的科研小组在多年的研究基础上，提出了 *N*-磷酰化氨基酸这一模型化合物（图 6-13）。从结构上看，该分子中同时含有磷酰基和羧基，二十个磷酰化氨基酸小分子包含了磷酰蛋白的全部官能团，因此可以称作磷酰蛋白的最简模型，这一模型可用来研究磷酰基、羧基及侧链官能团之间相互调控的基本化学规律。此外，*N*-磷酰化氨基酸分子中磷酸二酯及氨基酸的共同存在也为研究蛋白质与核酸的相互作用提供了一个基本模型[33]。研究结果表明，在分子内羧基的催化下，*N*-磷酰化氨基酸分子中的磷酸二酯可发生磷上酯交换反应，而该反应正是核酸切割与连接的本质反应。

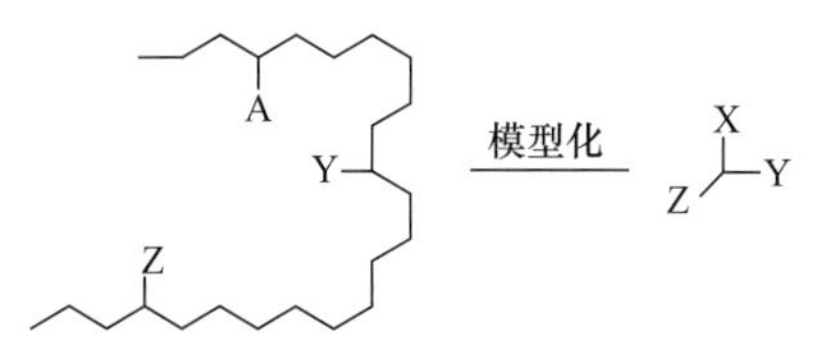

图 6-13　磷酰化蛋白的模型化

6.2.3　*N*-磷酰化氨基酸与生命起源

在 *N*-磷酰化氨基酸的众多化学性质中，最引人注目的就是 *N*-磷酰化氨基酸的自身活化成肽特性，以及 *N*-磷酰化氨基酸与核苷能够发生反应形成寡核苷酸，这些反应是在没有任何催化剂的条件下自发进行，这与生命体中酶催化条件下的蛋白质的合成以及酸碱催化的人工合成截然不同。众所周知，生命起源是科学界面临的挑战性课题。蛋白质和核酸在地球上出现谁先谁后的争论至今尚无定论，而对 *N*-磷酰化氨基酸的研究为生命起源提供了重要线索。磷酰化α-氨基酸系统具有自催化、自组装的功能，能把蛋白质和核酸合成这两个过程偶联起来。同时，它既作为能源，又作为磷酰基供体，是一个在物质交换和能量交换上自循环的体系。在这一循环体系中，磷酰化氨基酸分子表现出各种“原始酶”（转肽酶、连接酶、RNase、DNase 等）特性[34]，体现出一个生命进化的最小分子模型。因此，*N*-磷酰化氨基酸可以看成是蛋白质和核酸的共同起源[35]。同其他生命起源学说相比，这一模型更符合生命的基本特征（自复制、生长、变异和进化），以及 Eigen“超循环论”的自组织和进化的理论框架[36]。

6.2.4 *N*-磷酰化氨基酸的性质

1. *N*-磷酰化氨基酸的化学性质

通过对 20 种基本氨基酸的磷酰化的合成以及进一步深入研究发现，磷酰化氨基酸具有多种多样的化学反应性质，和普通氨基酸相比，*N*-磷酰化氨基酸具有更多的化学反应活性，能够在温和条件下发生一系列生物有机化学反应，如能够发生自身活化成肽[37]、成酯[38]，并能发生类似于真核生物细胞核中 mENA 前体剪接机理的磷上酯交换反应[39]，当氨基酸侧链上有羟基时（如 Ser，Thr），会发生 N$\rightarrow$O 的磷酰基转位反应[40,41]，另外，*N*-磷酰化氨基酸还能与核苷的核糖上的 *cis*-2′, 3′-diol 发生酯交换反应，从而把核苷转化为核苷酸[42]。

更为有意义的是，*N*-磷酰化氨基酸的反应活性随着氨基酸侧链的变化而变化[43]。氨基酸侧链上的细微差别，都将引起 *N*-磷酰化氨基酸性质上的显著差异。例如，*N*-磷酰α-氨基酸能够自身活化发生各种反应，而 *N*-磷酰β-氨基酸却不能够自身活化。同样，*N*-磷酰丝氨酸具有非常活泼的化学反应活性，很容易发生成肽、成酯等反应。但是，与丝氨酸仅有一个原子差别的 *N*-磷酰半胱氨酸的反应活性则大大降低。*N*-磷酰天冬氨酸的羧基对其性质有活化作用，而与其仅有一个 CH_2 差异的 *N*-磷酰谷氨酸的羧基没有类似的作用。由 *N*-磷酰氨基酸的性质可以看出，*N*-磷酰化氨基酸的性质与其结构有很大的关系。实际上，*N*-磷酰化氨基酸中的磷酰基对氨基酸的结构效应起放大的作用。进一步的研究表明，这种结构差异的放大主要是通过磷酰基的参与，形成一个五元环的五配位磷酸与羧酸的混酐的过渡态机理完成的。其中，磷中心被羧基激活。*N*-磷酰化氨基酸的反应活性与其对应的五配位磷中间体的稳定性及反应活性密切相关。对于不同种类的 *N*-磷酰化氨基酸，它们形成五配位磷中间体的能力不同，由此导致其活性的不同。对于拥有不同侧链的 *N*-磷酰 α-氨基酸，其侧链官能团对五配位磷中心的作用则导致了其活性上的差异。磷酰化氨基酸的化学性质表明通过氨基酸的磷酰化可以完成通常在生物体内才能实现的聚合成肽、蛋白质和核酸合成等系列复杂的生化反应，这揭示了磷的生命化学本质是磷酰基的主动参与以及其他官能团精密调控的协调过程，进而提出了“磷是生命化学过程的调控中心”的学术观点。同时，解释了为什么从简单的单细胞或病毒到复杂的人类的蛋白骨架皆是由 α-氨基酸，而非 β,γ-氨基酸等组成的[44]。

1）自身活化反应——磷上酯交换、成肽和成酯及反应机理

20 种天然存在的氨基酸 *N*-磷酰化后，在 40℃下醇介质中均能发生磷上酯交换反应及生成相应的 *N*-磷酰化氨基酸酯[44-47]，并且能够在醇甚至水体系中自身成肽或与其他氨基酸分子成肽[48-50]。磷酰基上两个烷氧基分子的结构对其活化效应有显著影响，烷氧基体积越小，反应活性越高（MeO>EtO>BuO>^{i}PrO），*N*-二甲氧基磷酰氨基酸甚至难于被纯化。而若将氨基酸的羧基酯化后再合成磷酰化氨基酸酯，则该类化合物不再具有磷上酯交换及成肽等性质，并且即使加入少量冰醋酸也不能发生反应。因此该反应是一个分子内羧基和磷酰基同时参与的自身活化反应。

磷酰化氨基酸自身活化反应机理如下。

根据磷酰基与羧基相互活化的实验事实可以推断，反应可能经历了分子内磷-碳混酐结构的五配位磷化合物中间体（图 6-14）。

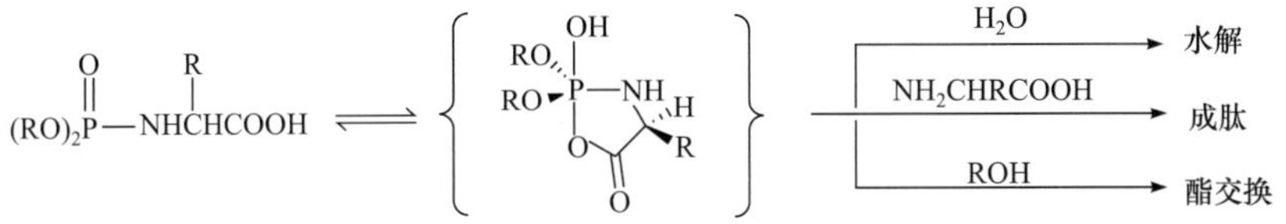

H_2O → 水解；$NH_2CHRCOOH$ → 成肽；ROH → 酯交换

图 6-14　磷酰化氨基酸活化反应机理

为了证实上述反应机理的可能性，王倩等利用硅醚化的氨基酸与磷酰氯反应[51]，观察到了一系列五配位磷化合物的信号（图 6-15）。

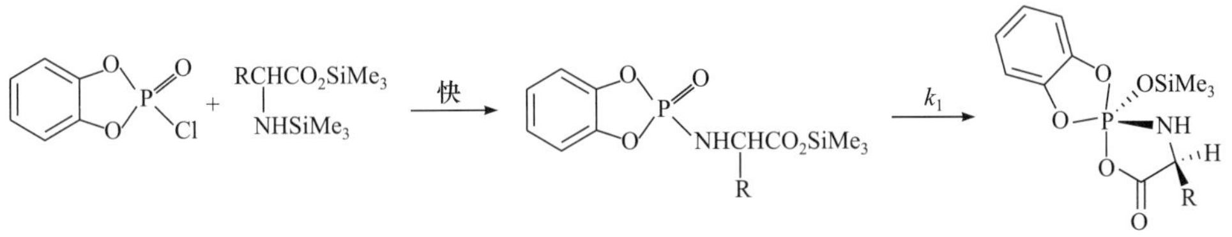

快；k_1

图 6-15　五配位磷化合物的合成

通过反应跟踪，测定了五配位磷化合物的生成速率常数，发现五配位磷化合物生成速率的快慢顺序与磷酰化氨基酸活化反应速率恰好一致[52,53]。由此说明假设的五配位混酐中间体的反应机制是正确的，它的生成速率决定了磷酰化氨基酸活化及水解反应的速率。

磷酰脯氨酸由于存在环状刚性结构而不能生成五配位磷化合物；磷酰甘氨酸则在四、五配位磷化合物间存在平衡，浓度比为 1∶3。因此，这两种磷酰化氨基酸的活化反应速率最慢，产物也较简单。至于侧链官能团对活化反应的催化作用，His 中咪唑可能是起稳定五配位磷中间体作用；Ser、Thr 中羟基则可以与磷结合而生成第二种五配位中间体，这已由试验证实（图 6-16）；对于 Asp、Glu、Cys 的活化机理还需进一步研究。

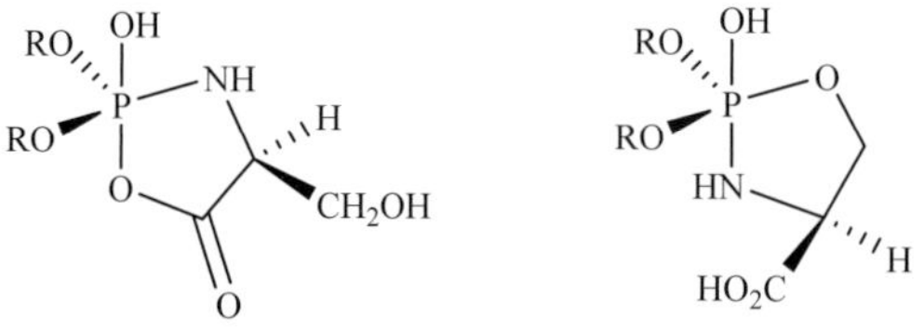

五配位 I　　　　五配位 II

图 6-16　磷酰丝氨酸的两种五配位磷中间体

2）氨基酸侧链对水解及活化反应的影响

通过 ^{31}P-NMR 的积分对 *N*-磷酰化氨基酸进行定量跟踪研究，该类化合物的水解及丁醇中的自身活化反应均为动力学准一级反应。通过测定 t-ln$C$ 的工作曲线，可求出反应速率常数 k 及半衰期 $t_{1/2}$。结果发现磷酰化氨基酸自身活化反应速率由快到慢大致可分为三组，His、Cys、Ser、Thr、Asp、Glu 等包含侧链咪唑、羟基、羧基和巯基等官能团的氨基酸活性最高：Gly、Pro 反应最慢，它们一个为无侧链氨基酸，另一个为环状氨基酸。其余侧链主要由非极性基团构成的氨基酸的反应活性居中。由此可见，磷酰化氨基酸的侧链极性基团参与了自身活化及水解反应。

2. *N*-磷酰化氨基酸的生化性质

N-磷酰化氨基酸除了其多样的化学性质之外，还有广泛的生物活性。单个的磷酰化氨基酸也具有很重要的药理和生理功能。例如，*N*-磷酰天冬氨酸及其盐用来治疗神经衰弱和体虚；*N*-磷酰组氨酸和 *N*-磷酰赖氨酸及其盐有防衰强心的功效；*N*-磷酰化氨基酸对胰蛋白酶具有一定的抑制活性，并且其抑制效果随着氨基酸种类的不同而不同；部分 *N*-磷酰化氨基酸（磷酰组氨酸、磷酰半胱氨酸等）对 RNA 和 DNA 有切割作用，在此基础上可望将其发展成为一种人工酶。

6.2.5　*N*-磷酰化氨基酸的合成方法

1. $POCl_3$ 法

在过量的 MgO 和胺的水溶液中，滴加 $POCl_3$ 的四氯化碳溶液，可以得到磷酰胺的镁盐（方法 1a）[54-56]。

$$2RNH_2 + 2POCl_3 + 5MgO \longrightarrow 2RNHP(O)O_2Mg + 3MgCl_2 + H_2O \quad (1a)$$

该方法已用于合成多种磷酰氨基酸和小肽、对酪氨酸、半胱氨酸，反应同时在氨基、羟基和巯基上进行[57]，组氨酸的 NH_2 和 NH、赖氨酸的 α-和 ε-氨基都可以磷酰化，采用赖氨酸和精氨酸的铜螯合物只得到末端胺及磷酰化产品[58]。这个反应的产率很低，对甘氨酸产率大约为 50%，但对其他氨基酸产率就低得多。须将 MgO 换成碱性较强的 NaOH，产率可以得到提高（方法 lb）。

$$RNH_2 + POCl_3 + 5NaOH \longrightarrow RNHP(O)(ONa)_2 + 3NaCl + 3H_2O \quad (1b)$$

将 $POCl_3$ 与保护了氨基的氨基酸反应就能得到纯粹的 *O*-磷酰化产物（方法 lc、1d）：

$$POCl_3 \xrightarrow[-HCl]{ROH} ROP(O)Cl_2 \quad (1c)$$

$$\downarrow H_2O, -HCl \qquad\qquad \downarrow H_2O, -HCl$$

$$ClP(O)(OH)_2 \xrightarrow[-HCl]{ROH} ROP(O)(OH)_2 \quad (1d)$$

典型的反应条件为 2 h/60℃，85%磷酸，或者不要溶剂。用 H_2O 终止反应后用酸水解以防止任何聚磷酸酯形成，产率 77%～96%。

加入 NaOH 中和反应生成的 HCl（方法 1e）[59]：

$$ROH + POCl_3 + 5NaOH \longrightarrow ROP(O)(ONa)_2 + 3NaCl + 3H_2O \quad (1e)$$

如果不保护氨基，反应后必须用酸去掉 P—N 键，才能得到单一的 *O*-磷酰化产品。

此方法的优点是反应后可以直接得到磷酸单酯 $(RO)P(O)(OH)_2$ 和磷酸酰胺 $RNHP(O)(OH)_2$，不必通过磷酸酯 $RXP(O)(OR')_2$ 降解的步骤，使所得到的磷酰化氨基酸更接近天然存在的形式。但反应的产率低和反应剧烈也很难克服，而且以前所做的工作都不是很彻底，产物的鉴定缺乏足够的数据，此方法有待进一步改进。

2. 二烷基或二芳基磷酰氯$(RO)_2P(O)Cl$ 法

$(RO)_2P(O)Cl$ 直接与胺反应就得到 *N*-烷基或二芳基磷酰氨基酸（方法 2a）[60]

$$RNH_2 + (R'O)_2P(O)Cl + R''_3N \longrightarrow RNHP(O)(OR')_2 + R''_3N \cdot HCl \quad (2a)$$

该反应产率较好（70%～80%），但是反应需要将氨基酸变为酯并在有机溶剂中磷酰化；氨基酸中若存在自由的 OH、SH 和 NH 基团，且只用 1eq 的磷酰化试剂时，磷酰化反应仅发生在 α-NH_2 上；Lys 和 Arg 的磷酰化在 α-NH_2 和末端 NH_2 上均能发生。

同 $POCl_3$ 一样，$(RO)_2P(O)Cl$ 在碱存在下也能与羟基发生反应生成磷酸酯（方法 2b）[61]，氨基酸中的氨基也需要保护起来。

$$ROH + (R'O)_2P(O)Cl + R''_3N \longrightarrow ROP(O)(OR)'_2 + R''_3N \cdot HCl \quad (2b)$$

若 R′为苄基，反应温度最好在 0℃以下，因为二苄基磷酰氯很活泼，如果反应后长时间不处理，就会生成少量的聚磷酸酯$(RO)P(O)(OR')OP(O)(OR')_2$（<5%），苄基的对位被硝基取代后，活性大大降低，若在反应中加入咪唑，将酰氯转化为磷酰咪唑中间体，反应进行得较好[62]。磷酰化反应进行得较好，相对$(^iPro)_2P(O)O(iPro)_2P(O)F$ 的活性较低。

$(RO)_2P(O)Cl$ 既可与 NH_2、OH 反应生成 P—N、P—O 键，又能与羧酸或羧酸的银盐反应生成混合酸酐，成为另一种形式的磷酰化氨基酸（方法 2c）[63]：

$$RCO_2Ag + (R'O)_2P(O)Cl \longrightarrow RCO_2P(O)(OR')_2 + AgCl \quad (2c)$$

这种混合酸酐为一透明的、比重很大的油，由于吸湿性较高，产品不易分离纯化，反应产率一般较低。

将以上得到的各种磷酸酯 $RXP(O)(OR')_2$ 通过氢解或水解即可得到与天然存在的磷酰化氨基酸一样形式的 $RXP(O)(OH)_2$。

当R′为苯基和苄基时，很容易用铂和钯催化氢解除去。例如，*N*-二苄基磷酰氨基酸酯可用Pd/C催化氢解，氢解产率为72%～78%（方法2d）：

$$RNHP(O)(OCH_2Ph)_2 + 2H_2 \xrightarrow{Pd} RNHP(O)(OH)_2 + 2PhCH_3 \quad (2d)$$

如果最终产品为 *N*-磷酰自由氨基酸，可以用两种方法得到，第一种方法是磷酰化氨基酸酯在醇的氢氧化钠溶液中氢解，在磷酸酯氢解的同时羧酸酯也可以皂化，一步得到 *N*-磷酰自由氨基酸；若羧基保护基为苄基，则可以采用第二种方法，即氢解同时除去三酯，但是这种方法的产率较低，因为自由羧基有利于分子内的降解反应。方法 2d 也用于 *p*-碘苄基或 *p*-硝基苄基酯的降解。

当 R′为苯基时，不能采用 Pd 催化氢解，若改用 Pt 催化氢解时，虽然反应时间较长，但最终可以得到想要的产品（方法 2e）[64]：

$$ROP(O)(OPh)(OH) + 4H_2 \xrightarrow{Pd} ROP(O)(OH)_2 + C_6H_{12} \quad (2e)$$

方法 2e 已用于制备 *N*-磷酰化 Glu、*O*-磷酰化 Ser 和它们的肽，反应前常常先用 Pd 催化剂预处理除去羧基或氨基保护基，反应中有时也会遇到麻烦，但总的来说，氢解还是一个较好的方法。

除了采用氢解的办法可以除去磷酸之中的R′基外，也可以用碱水解的办法得到同样的结果。但是碱水解没有氢解用得多，因为随着 R、R′基的不同，反应条件也不同，不如氢解反应容易掌握。

二苯基磷酰氨基酸或酯在碱作用下[NaOH、KOH、$Ba(OH)_2$]分步脱去两个苯基，同时也除去保护羧基的酯基，得到磷酰自由氨基酸。在反应中 P—N 键没有发生断裂（方法 2f）[65]。

$$\begin{aligned} &RNHP(O)(OR')_2 + NaOH \longrightarrow RNHP(O)(OR')ONa + R'OH \\ &RNHP(O)(OR')ONa + NaOH \longrightarrow RNHP(O)(ONa)_2 + R'OH \end{aligned} \quad (2f)$$

在强碱条件下，氨基酸一般会发生消旋反应，但至今没有实验进行这方面的工作，因此需要进一步的实验证实此方法才可能推广使用。

另外，烷基和苄基磷酸酯对碱较稳定，不宜用这种方法降解。降解 *O*-磷酰氨基酸酯需要先将 *N*-保护基除去，因为即使在室温的情况下也容易发生β-消除脱去磷酸酯。例如，*O*-磷酰丝氨酸和苏氨酸的二苯基酯用 1 N NaOH 水解的反应（方法 2 g）：

$$(PhO)_2P(O)OCH_2CH(NHBoC)(CO_2Et) \xrightarrow[RT]{OH^-} (PhO)_2P(O)OH + H_2C{=}C(NHBoC)(CO_2H)$$

$$(PhO)_2P(O)OCH_2CH(NHBoC)(CO_2Et) \xrightarrow{HBr} (PhO)_2P(O)OCH_2CH(NH_2)CO_2Et \quad (2g)$$

$$(PhO)_2P(O)OCH_2CH(NH_2)CO_2Et \xrightarrow{OH^-} (HO)_2P(O)OCH_2CH(NH_2)CO_2H + 2PhOH$$

该方法已用于 *O*-磷酰 Ser、T11r、SerGly、SerGlu 的合成，产率只有 10%～33%。

O-磷酰丝氨酸的二苄基酯和它的二肽用 NaI 在丙酮中回流可以失去一个苄基（方法 2h），这是唯一采用过的保留 N、O 保护基降解三烷基磷酸酯的方法[66]。

$$(RO)P(O)(OCH_2Ph)_2 + NaI \longrightarrow ROP(O)(OCH_2Ph)ONa + PhCH_2I \quad (2h)$$

3. 膦酰氯和硫代膦酰氯法

与$(RO)_2P(O)C1$ 相似，$R_2P(O)Cl$ 与氨基酸酯反应可得到膦酰氨基酸酯（方法 3a）:

$$R_2P(O)Cl + H_2NHR' \longrightarrow R_2P(O)HNR' \quad (3a)$$

当硫代膦酰氯与氨基酸反应时，不需要保护分子中存在的羟基与羧基，直接与氨基酸反应即可得到硫代膦酰胺。反应在氢氧化钠水溶液或二氧六环-三乙胺水溶液中进行，Ser 和 Thr 只得到 α-NH_2 磷酰化产品，Cys 的—SH 和 α-NH_2 均发生膦酰化反应，Tyr 既可得到 α-NH_2 单膦酰化产品也有 α-NH_2，—OH 双膦酰化产品（方法 3b）[67]。

$$2PhP(S)Cl + RNH_2 + NaOH \longrightarrow Ph_2P(S)NHR + NaCl + H_2O \quad (3b)$$

这个方法的优点是不需要将羧酸变为酯，减少了酯化和皂化两步反应，而且产品较磷酰化产品易于纯化，但是膦酰氨基酸与天然的磷酰化氨基酸性质差别很大，这是很难克服的缺点。

4. $PhOP(O)Cl_2$ 法

$PhOP(O)Cl_2$ 在 $Ba(OH)_2$ 水溶液中与胺反应可得磷酰胺单苯基酯的钡盐（方法 4a）:

$$2RHNH_2 + 2PhOP(O)Cl_2 + 3Ba(OH)_2 \longrightarrow [RNHP(O)(OPh)O]_2Ba + 2BaCl_2 + 4H_2O \quad (4a)$$

此方法已用于 Ala、Phe、Val、Leu 等，产率 60%～84%，也有人报道这个方法不适用于 Glu、Arg、Leu-Gly-Gly。

$PhOP(O)Cl_2$ 与羟基反应，可得到 Ser 等的羟基磷酰化产品（方法 4b），反应若在水中进行或者反应完后用水处理，可得到烷基或苯基磷酸酯:

$$(RO)P(O)(OPh)Cl + H_2O \longrightarrow ROP(O)(OPh)OH + HCl \quad (4b)$$

5. $(R'O)P(O)OAg$ 法

二烷基磷酸酯的银盐与卤代烷反应得到三烷基磷酸酯（方法 5a），这一反应已用于制备一些 *O*-磷酰丝氨酸的衍生物，这是一个从一般有机物制备氨基酸衍生物的方法。

$$(R'O)_2P(O)OAg + RBr \longrightarrow (RO)(R'O)_2PO + AgBr \quad (5a)$$

$(R'O)_2P(O)OAg$ 还可以与 N-保护的氨基酸发生酰氯反应，得到混合酸酐（方法 5b）:

$$RCOCl + (R'O)_2P(O)OAg \longrightarrow (RCO_2)P(O)(OR')_2 + AgCl \quad (5b)$$

6. 单烷基磷酸酯法

在脱水剂 DCCl 存在下，单烷基磷酸酯同胺反应生成 *N*-磷酰化氨基酸，烷基很容易通过碱水解除去（方法 6a）：

$$RNH_2 + R'OP(O)(OH)_2 \xrightarrow{DCCl} RNHP(O)(OR')OH + H_2O \quad (6a)$$

此反应同样能用在 *O*-磷酰氨基酸的合成中，氨基酸的氨基和羧基均需要保护起来，反应在吡啶溶液中进行，反应温度 0℃，反应时间 40 h 以上（方法 6b）。

$$ROH + R'OP(O)(OH)_2 \xrightarrow{DCCl} ROP(O)(OR')OH + H_2O \quad (6b)$$

7. 磷酸和聚磷酸法

磷酸在脱水试剂存在下可以直接与氨基酸的羟基发生反应，生成 *O*-磷酰氨基酸（方法 7a）：

$$ROH + H_3PO_4 + CCl_3CN \xrightarrow{R_3N} ROP(O)(OH)_2 + CCl_3CONH_2 \quad (7a)$$

聚磷酸也能发生类似的反应（方法 7b）。

$$nROH + H\left[O-\underset{OH}{\overset{O}{\overset{\|}{P}}}-O-\underset{OH}{\overset{O}{\overset{\|}{P}}}-O\right]_n OH \longrightarrow nROP(O)(OH)_2 + nH_3PO_4 \quad (7b)$$

反应条件依底物的不同而不同，对像 Ser 这样单个的氨基酸，70℃反应 20 min 就够了，对丝胶蛋白的磷酰化需要在室温反应三天。反应后用热的 2 N HCl 处理，水解除去二聚、三聚磷酸酯，如果在磷酸存在下用 6 N HCl 处理，得不到 *O*-磷酰化产品。

8. $NH_2P(O)(OH)OK$ 法

$NH_2P(O)(OH)OK$ 可以用二苯基磷酰胺与 KOH 水解制得，这个试剂溶于水，在碱中稳定，对酸敏感，它和 His 环中的 NH 反应形成 π 和 τ-磷酰胺氨基酸（方法 8a）。

$$R_2NH + NH_2P(O)(OH)OK \longrightarrow R_2NP(O)(OH)OK + NH_3 \quad (8a)$$

在一定条件下，它也能磷酰化 α-NH_2，羟基、羧基和巯基对反应没有影响，但反应产率很低，在 20%～50%范围内，很多氨基酸、蛋白质都用这种方法进行了磷酰化。

$NH_2P(O)(OH)OK$ 试剂反应时最有效的 pH 为 7～8，但此时大多数胺仍含有正电荷，不利于反应进行，当 pH 升高，胺的反应活性增高时，$NH_2P(O)(OH)OK$ 又转化为不反应的双负离子。如果用咪唑取代 $NH_2P(O)(OH)OK$ 中的 NH_2，由于分子具有共振结构，能分散双负离子的负电荷，而且咪唑是一个较好的离去基团，因此试剂在较宽的 pH 范围均有反应活性[53]。

9. 亚磷酸酯四氯化碳水相合成法

赵玉芬院士领导的研究小组利用 Todd 反应，探索出利用三乙胺、水、乙醇和四氯化碳作溶剂的水相合成法（方法 9a）。

$$\begin{array}{c}{}^{i}PrO\\{}^{i}PrO\end{array}\!\!>\!\overset{O}{\overset{\|}{P}}H + H_2N-\underset{H}{\overset{R}{\overset{|}{C}}}-\overset{O}{\overset{\|}{C}}-OH \xrightarrow[2.H_3\overset{+}{O}]{1.Et_3N/CCl_4/EtOH/H_2O} \begin{array}{c}{}^{i}PrO\\{}^{i}PrO\end{array}\!\!>\!\overset{O}{\overset{\|}{P}}-\overset{H}{N}-\underset{H}{\overset{R}{\overset{|}{C}}}-\overset{O}{\overset{\|}{C}}-OH \quad (9a)$$

该方法反应条件温和、选择性高、副产物少、收率高，是很好的合成磷酰化氨基酸的方法，但四氯化碳是致癌物质，不利于规模化生产。

6.3 核酸切割

核酸切割，尤其是人工核酸切割试剂在生物化学和分子生物学领域中有着重要的应用价值，近 20 年来有关的研究一直非常活跃。

6.3.1 核酸切割的概念

核酸是生物体的遗传物质，是由磷酸二酯键连接核苷酸而成的多聚体。它包括 DNA 和 RNA，分别作为遗传信息的储存者和传递者。由于核酸具有非常重要的生物学功能，对其结构和生化反应特性的研究一直是化学家和生物化学家最为关注的前沿领域之一。

核酸的切割反应是一类重要的核酸化学反应。近 20 年来，核酸切割的研究一直是生物化学和分子生物学中最为活跃的前沿领域之一。核酸切割就是通过化学反应将长链的核酸分子断裂成较短的碎片。核酸切割分为随机切割和定点切割两类。如没有特别指明是定点切割，一般都是指随机切割。核酸的定点切割是指在核酸底物的某些固定的特殊位置将其断裂。能够切割核酸的试剂可以分为两类，一类是天然的，另一类是人工的。天然的核酸切割试剂主要是指核酸酶，它包括 RNA 酶和 DNA 酶。核酸酶对核酸的切割既有随机切割也有定点切割，如 DNA 酶 DNaseI 对 DNA 的切割便是随机切割，而 DNA 限制性内切酶对 DNA 的切割则是定点切割。人工核酸切割试剂对核酸的切割也有随机切割和定点切割两种。普通的人工核酸切割试剂对核酸的切割大多是随机的，而人工定点切割试剂则可以对核酸底物进行定点切割。研究人工核酸切割试剂的主要目的是合成核酸定点切割试剂。它由两部分组成，第 1 部分称为切割系统，为某种核酸切割试剂，第 2 部分称为识别系统，由可以识别核酸底物的特定核苷酸序列的某种分子组成。定点切割试剂可以在核酸底物的特定部位将其断裂，这与限制性内切酶对核酸的切割十分相似，因此定点切割试剂又被称为人工核酸酶。

6.3.2 核酸切割的意义

研究人工核酸切割试剂具有非常重要的理论和应用价值。首先，对人工核酸切割试剂的切割机理的研究将大大有助于我们对核酸酶催化机理的透彻了解。一个突出的例子是 Breslow 研究 RNaseA 的模拟物对 RNA 的切割机理[68]，使人们对 RNaseA 的酶催化机理有了更为深入的认识。另一个例子是对金属离子催化核酸水解的机理的研究，可以有助于理解金属离子参与核酸酶催化核酸水解时所起的作用。

其次，定点切割试剂在疾病的基因治疗中有着十分重要的应用。基因治疗的化学基础是反义技术[69]，即基因专一性地使表达有害蛋白的 mRNA 失活或者解体，从而抑制有害蛋白的合成而达到治疗疾病的目的。具体的做法是采用与靶 mRNA 上某段序列互补的寡聚核苷酸作为识别系统，合成合适的定点切割试剂，然后将它作用于靶 mRNA 上使之被切断而失活。

再次，核酸切割试剂尤其是定点切割试剂可以作为重要的分子生物学工具。众所周知，天然的核酸限制性内切酶所能识别的碱基序列非常短，只有 4、6 或 8 个碱基对。因此,在较长的核酸链中，这样短的识别序列出现的频率会很高。所以当一条较长的核酸链被限制性内切酶切断时，将产生非常多的碎片，这些碎片很难被进一步利用。而定点切割试剂的识别系统可识别的核苷酸序列可以远远地大于 8 个碱基对，因而其专一性比限制性内切酶要高得多，所产生的切割碎片可以很少，进一步利用非常方便。

最后，将定点切割试剂用于反义 PCR 技术[70]，还可以大大推进克隆技术的发展。普通的核酸切割试剂在足迹技术中也得到了广泛的应用[71]。足迹技术中往往使用化学试剂或是核酸酶来水解与蛋白结合在一起的核酸。大多数核酸酶由于体积太大而只具有有限的分辨率，因此需要更小的化学探针来获得更高的分辨率。人工核酸切割试剂便可以充当这种化学探针。同理，它也可以作为研究核酸高级结构的探针[72]。

6.3.3 核酸切割试剂

核酸切割试剂的切割机理主要分为自由基机理、酯水解机理和消去机理 3 大类，下面按照这 3 种机理将众多的核酸切割试剂分别作一介绍。

1. 按自由基机理氧化切割核酸的试剂

按自由基机理切割核酸的试剂都能产生某种自由基进攻核酸的糖环或是碱基，夺去氢原子而导致其氧化破坏，进而使核酸链发生断裂[73]。由于产生的自由基的体积往往很小且易于扩散，因此这类切割试剂常常可以用作性能良好的足迹试剂。不过这类试剂也存在着较多的缺点：①切割产生的碎片的末端结构不同于酶解产生的末端结构，因此它们不能再用连接酶连接而很难被进一步利用；②由于这类试剂产生的自由基很容易扩散，会在多个位点造成切割，因此用这类试剂作切割系统的定点切割试剂的序列专一性会受到影响；③自由基对生物活体有毒副作用，因而无论是用于活体细胞内的研究还是作为药用都是不利的；④往往需要具有氧化还原活性的辅助因子，增加了体系的复杂性。

目前按照自由基机理切割核酸的研究主要集中在 DNA 上，原因是 RNA 远比 DNA 容易发生水解反应，因此有关 RNA 的切割大多都是按水解机理进行的。

1）EDTA-Fe^{2+}/H_2O_2 体系

Fe^{2+}的 EDTA 络合物在双氧水存在下可以切割 DNA，原因是该体系可以发生氧化反应而生成羟基自由基。这就是 Fenton 反应，$[Fe(EDTA)]_2$ 被过氧化氢氧化，产生羟基自由基，然后它进攻脱氧核糖环，将其上的氢原子脱去，再经过一系列后续反应而导致 DNA 断裂。反应产物有 5-磷酸单酯和 3-磷酸单酯。脱氢的优先级大致为 H-5 > H-4 > H-2 > H-3 > H-1。羟基自由基很容易扩散，所以它对 DNA 的切割没有选择性[74]。此外，由于羟基自由基体积很小，因此它可以作为高分辨率的足迹试剂。Tullius 等曾用 EDTA-Fe^{2+}/H_2O_2 体系作为足迹试剂研究 DNA-蛋白质的相互作用和核酸的高级结构[75]。

2）1,10-二氮杂菲铜[$Cu(phen)^{2+}$]体系

1,10-二氮杂菲（phen）可与 Cu^+形成四面体的[$Cu(phen)^{2+}$]络合物。该络合物可与 DNA 的小沟结合，并在过氧化氢的存在下切割双链 DNA。据推测反应中间体可能是羟基自由基，而且非常可能是与铜络合的羟基自由基，如[$CuOH]^{2+}$等[76]。自由基进攻 DNA 链中脱氧核糖的 H-1，引发一系列的消除反应，造成 DNA 链断裂。产物有自由碱基和等量的含有 3-磷酸化和 5-磷酸化末端的 DNA 片段，以及脱氧核糖环被破坏的产物 5-甲叉-2-呋喃酮。

切割反应与 DNA 底物的二级结构密切相关。其中，B 型 DNA 对[$Cu(phen)^{2+}$]最为敏感，A 型 DNA 是 B 型 DNA 反应性的 14%～17%，Z 型 DNA 是 B 型 DNA 反应性的 2%以下。[$Cu(phen)^{2+}$]对单链 DNA 几乎没有作用[77]。[$Cu(phen)^{2+}$]也可以切割 RNA，但严格地切割单链区域，而不切割双链区[78]。

3）1,10-二氮杂菲的八面体络合物体系

钌、铑、铁、锌和钴等金属可以与 1,10-二氮杂菲形成八面体络合物。与四面体的[$Cu(phen)^{2+}$]不同的是，它们主要作用于 DNA 的大沟。

钌的 1,10-二氮杂菲络合物可以产生单线态氧，并进攻 DNA 与络合物结合部位的邻近位点上的碱基，从而使 DNA 断裂。对不同的碱基反应性次序为 dGMP>dTMP>dCMP=dAMP[79]。顺便提及，钌的其他一些络合物也可以通过自由基机理切割核酸，如 $Ru(tpy)(bpy)O^{2+}$，其中 tpy 代表 2,2,2-三吡啶，bpy 代表 2,2-二吡啶[80]。

铑的 1,10-二氮杂菲络合物可以切割 DNA 和 RNA，反应是光依赖的氢原子夺去反应[81]。其进攻部位是核糖的 H-3。由于反应是直接作用于核糖的，因此没有碱基特异性。

4）Cu^{2+}/还原剂体系

Cu^{2+}可以切割 DNA，但活性较弱，浓度需要达到 1 mmol/L 级才有明显的切割效果[82]。不过当有某些还原性物质存在时其切割活性可以得到提高。

常用的还原剂是硫醇类化合物以及其他含巯基的化合物，如半胱氨酸二硫苏糖醇还原型谷胱甘肽等。这些化合物本身也可以切割 DNA，但活性较弱。当与 Cu^{2+}共存时，总的切割活性会大大增加[83]。另外常用的一些还原剂还有氨基葡萄糖、氨基蔗糖和维生素 C 等。切割机理是 Cu^{2+}被还原成 Cu^+，然后 Cu^+再经过一系列的反应生成羟基自由基或是其他的氧自由基，这些自由基再对 DNA 产生切割作用[84]。

2. 卟啉以及金属卟啉体系

在无金属离子存在时，卟啉可以作为光敏剂，在光照下生成单线态氧而进攻脱氧核糖环，从而导致 DNA 断裂。切割反应对核苷没有选择性[85]。具有氧化还原活性的金属离子，如 Co^{3+}、Fe^{3+}、Mn^{3+}等与卟啉络合形成金属卟啉，在有维生素 C、过氧化物或亚

碘酰苯存在时，可切割富含 AT 的区域，而不切割富含 GC 的区域。其原因可能是卟啉与小沟结合，而鸟嘌呤上的 2-NH_2 会抑制这一结合。

3. 光化学切割体系

目前已经发现了许多具有光化学活性的物质在光照下可以切割 DNA，如前面提到的铑的络合物卟啉以及金属卟啉，还有铀盐[86]、双核 Pt^{2+}离子络合物[87]、富勒烯[88]、3-氨基-1,2,4-苯并三嗪的 1,4-二氧化物[89]和四苯基卟啉磷化合物[90]。其中研究得较多的是铀盐体系。

铀盐切割 DNA 无序列特异性，产物带有 3-磷酸或 5-磷酸末端。它可以作为足迹试剂研究蛋白质-核酸的相互作用。铀盐切割的足迹图谱与 EDTA-Fe^{2+}切割产生的图谱非常相似。将乙酸铀用作光活性足迹试剂有其优点，即无需加入任何外源的激活因子即可启动对 DNA 的切割。Sigman 等发现光活化的乙酸铀也可切割 RNA，并且不具有一级和二级结构特异性。所以乙酸铀还可以用于研究 RNA-蛋白质相互作用。

4. 可以螯合金属的三肽

Gly-Gly-His（GHK）在 pH 6.5～11.0 的范围内能够与 Cu^{2+}和 Ni^{2+}以 1∶1 的定量关系形成络合物[91]。这个三肽 N-端的胺基两个肽键的酰胺氮原子和组氨酸咪唑基上的亚胺基共提供 4 个氮原子作为配体。Inoue 等证明这种络合物能产生活性氧自由基[92]，从而可以切割 DNA。1999 年 Huang 等利用组合化学中合成肽库的方法[93]，研究了各种三肽与 Ni^{2+}形成的络合物对 DNA 的切割活性大小。此外，Ni^{2+}与 GGH、Lys-Gly-His 和 Arg-Gly-His 形成的络合物可以选择性地切割 RNA 的环结构[94]。

Gly-His-Lys（GHK）三肽也可与 Cu^{2+}以 1∶1 的比例形成络合物[28]并具有切割 DNA 的活性[95]。Bailly 等将 GHK、能与 DNA 小沟结合的纺锤菌素（Net）及 DNA 嵌合剂吖啶衍生物（GA）三者连接起来，在有 Cu^{2+}、H_2O_2 和维生素 C 存在时能切割 DNA，并且 NetGA-GHK 较 NetGA 与 DNA 的结合常数要高 20 倍[96]，由此可见三肽对 NetGA-GHK 与 DNA 结合的贡献。

5. 铑的络合物

Rh^{3+}与 DNA 嵌合剂偶合后可与 DNA 结合，在光的存在下夺去 H-3 而发生 DNA 链的断裂。这类光反应试剂包括$[Rh(phen)_2(phi)]^{3+}$和$[Rh(phi)_2(bpy)]^{3+}$等（图 6-17）（phi = 9,10-菲醌二亚胺）[81]。其反应过程大致为：Rh 络合物通过光诱导形成一个 phi 正离子自由基，然后它进攻 H-3′，生成的产物为含 5′,3′-和 5′-磷酸化末端的 DNA 碎片、以 3′-磷酸甘油醛为末端的 DNA 碎片、自由碱基以及碱基丙烯酸。氧也可能参与了反应，分子氧同脱氧核糖环上的 3′-自由基反应产生过氧化氢自由基，重排后氧插入糖环，再引起糖环断裂而使 DNA 降解。

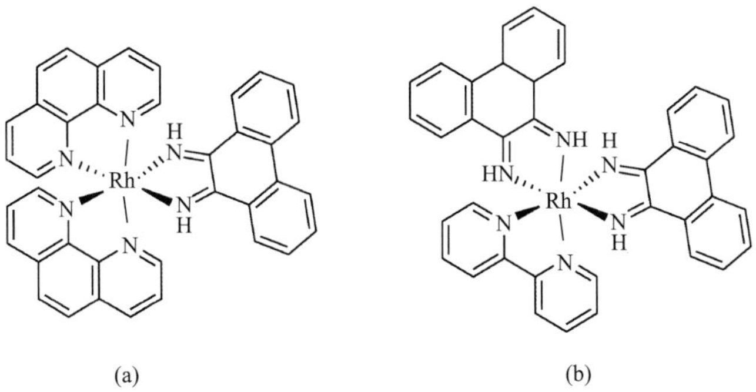

(a) (b)

图 6-17 $[Rh(phen)_2(phi)]^{3+}$ (a)和$[Rh(phi)_2(bpy)]^{3+}$ (b)的结构

6. 抗生素

许多具有抗肿瘤功能的抗生素能够断裂双链 DNA，并具有一定的区域选择性，如博来霉素（bleomycin）[97]，它是一种糖肽抗生素，对 5′-GC-3′和 5′-GT-3′含量高的部位有特殊的亲和力。与 Fe^{2+}、Co^{2+}、Cu^{2+}、Cu^{+}等离子结合后，由分子氧或 H_2O_2 等活化，在结合位点断裂DNA。切割产物包括自由碱基带3′-和5′-磷酸末端的DNA碎片以及带3′-磷酸甘油醛末端的 DNA 碎片。博来霉素也可以切割 RNA 以及 DNA-RNA 杂交分子[98]。

烯二炔类抗生素也可以切割 DNA[99]。这些天然产物中含有能形成一个双自由基的烯二炔单元。这一组化合物包括新制癌菌素 neocarzinostatin、calicheamicin、dynemicin A、esperamicinA 和 maduropeptin 等。烯二炔形成的双自由基能跨越 DNA 的小沟并与之反应，使双链均断裂，实验表明反应过程中试剂夺去 DNA 底物一条链上的 1-′H 或 4-′H，互补链则发生不同的化学过程，新制癌菌素对RNA双链无切割活性，但对DNA与RNA的杂交分子有切割活性。

6.3.4 以酯水解机理切割核酸的试剂

核酸中磷酸二酯键的水解也可以导致核酸断裂。对于 RNA 而言，往往是切割试剂促使 2′-OH 脱质子化形成 2′-O-，然后它进攻连在 3′-位上的磷原子，从而发生分子内转酯反应形成 2′,3′-环磷酸酯，同时使得 RNA 断裂。对于 DNA 而言，则往往是切割试剂直接提供某种亲核基团进攻磷原子，从而发生亲核取代反应而使 DNA 水解。

水解类切割试剂相比于自由基类切割试剂而言具有许多优点：①生成的碎片具有 3-或是 5-磷酸末端，且碱基和糖环不会被破坏，因此可以用连接酶连接起来而进一步加以利用；②这类试剂不产生易扩散的自由基，因此有利于合成高度序列专一性的定点切割试剂；③不需要氧化还原性的辅助因子，对生物体的毒害较小。

鉴于水解型切割试剂的上述优点，它可以作为定点切割试剂最佳的切割系统。

1. 核酸酶模拟物

设计核酸酶模拟物的基础是对天然核酸酶的结构与作用机理的了解。酶模拟物的催化基团一般选择存在于天然酶活性位点处的催化基团或其他具有类似催化作用的基团。Breslow、Cram 和 Bender 等将这些催化基团共价连接在环糊精、冠醚或其他一些电环化合物母体上以模仿天然酶的空间结构。

由于 RNaseA 的活性中心含有两个组氨酸残基，人们便用含有两个咪唑基团的化合物来模拟 RNaseA。Breslow 合成了含有两个咪唑基的β-环糊精衍生物来催化环磷酸酯的水解[68]，发现的确具有一定的活性，并且催化反应选择性地生成B和痕量的A（图 6-18）。其机理与 RNase A 的极为相似，也是一个咪唑基作为一般碱催化剂而另一个则以质子化的形式作为一般酸催化剂。虽然这种酶模拟物的催化活性远低于 RNase A，但它很好地再现了其催化机理和效果。

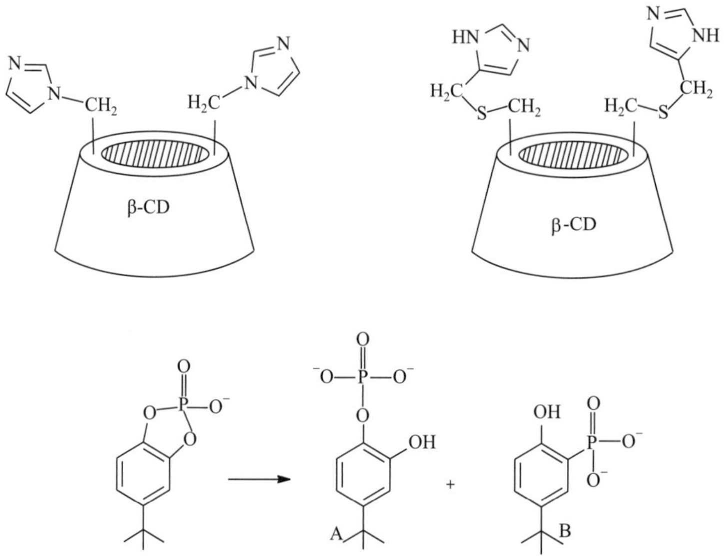

图 6-18　以环糊精作骨架的 RNase A 模拟物及其对环磷酸酯的水解

将两个咪唑基共价连接到碱基嵌入剂上可以使之与 RNA 结合得更为牢固，从而可以提高切割活性。Giege 等[100]和 Lorente 等[101]将 2 个甚至 4 个咪唑基连接到吖啶环上，得到的酶模拟物具有很好的切割 RNA 的活性。

由于咪唑本身也可以切割 RNA[102]，因此只含有一个咪唑基的酶模拟物也受到了关注。Konevetz 等报道了一些只含有一个咪唑基的化合物可以切割 tRNA[103]。

为了模拟葡萄球菌核酸酶（SNase）的作用机理，人们还合成了一些带有 SNase 活性基团的化合物[104]，其均具有不同程度催化 RNA 或其模型化合物水解的活性。

目前核酸酶模拟物还存在许多缺陷，主要是切割效率低，多以模型化合物为底物，且反应在有机溶剂中进行，所以酶模拟物实际上并不能完全模拟酶的作用。

2. 金属离子及其络合物

许多金属离子及其络合物都可以作为 Lewis 酸而催化核酸水解。它们有 3 个方面的催化作用：一是它们可以与核酸上的磷氧负电荷结合从而提高磷原子的亲电性，这有利于亲核试剂进攻形成五配位磷过渡态。二是它们可与过渡态中带部分负电荷的离去基团结合，帮助其离去。三是 H_2O 与金属离子结合后，可以生成与其络合的氢氧根离子作为亲核试剂[105]。

对于金属络合物而言，其配体的顺反结构对其是否具有切割活性有很大的影响。在水溶液体系中，往往有两个甚至更多的水分子可以与络合物中的金属离子结合。当两个水分子处于顺式位置时，这个络合物才可能具有切割活性[106]。例如，在络合物 $[Co(N_4)(H_2O)_2]^{3+}$中（N_4代表各种胺类配体，如三乙二撑四胺、两个乙二胺、两个 1,3-丙二胺、环状四乙二撑四胺等），只有当 N_4处于顺式位置时，与 Co^{3+}结合的两个水分子才会处于顺式位置，这时才可以催化核酸水解[107]。其机理如图 6-19 所示。

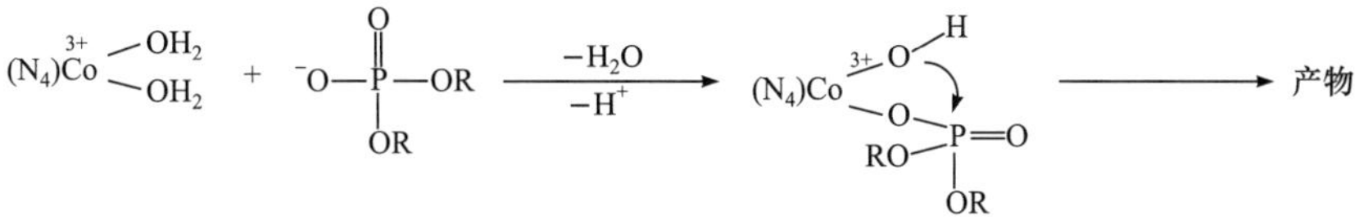

$$(N_4)Co^{3+}(OH_2)_2 + {}^{-}O{-}P(=O)(OR){-}OR \xrightarrow[-H^+]{-H_2O} (N_4)Co^{3+}(OH)(O{-}P(=O)(OR)(OR)) \longrightarrow \text{产物}$$

图 6-19　含两个顺式水分子的金属络合物催化核酸水解的机理

可以促进 RNA 水解的金属离子及其络合物有很多[108]，如 Co^{3+}、Zn^{2+}、Cu^{2+}、Mg^{2+}、Pb^{2+}、Mn^{2+}、三价镧系金属离子（Ln^{3+}）以及它们各自的络合物等。Baker 报道 Cu^{2+}本身以及其与 Phen、Bpy 或是 2,2,6,2-四吡啶形成的络合物对 RNA 以及寡聚 RNA 有切割活性[109]。Mg^{2+}、Pb^{2+}和 Zn^{2+}等可以催化 RNA 的某些模型化合物的水解[110]，却不能催化 ApA 或是 UpU 的水解[111]，Mg^{2+}、Pb^{2+}和 Mn^{2+}等则可与具有三级结构的 tRNA 在特定的位置相结合，使其在这些特殊位点发生水解[112]。

Ln^{3+}对 RNA 具有很高的切割活性。Komiyama 等在研究了 Ln^{3+}对 ApA 水解的催化活性后发现[113]，所有镧系三价离子都有催化活性，而且活性随镧系离子原子序数的增加而增加，镧系的最后 3 个离子 Tm^{3+}、Yb^{3+}和 Lu^{3+}的催化活性最高。对于 $LuCl_3$，在 pH=7.2，T=30℃时可使 ApA 的水解速度提高 10^8 倍[114]。即使是催化活性最低的 La^{3+}，在 pH=8，T=30℃时，也可使 ApA 的水解速度提高 10^5 倍[111]。Ln^{3+}的许多络合物也可以切割 RNA，如与一些六亚胺基大环化合物形成的络合物（图 6-20）可以高效地催化 tRNA 或是 $Oligo(A)_{12\sim18}$的水解[115,116]。

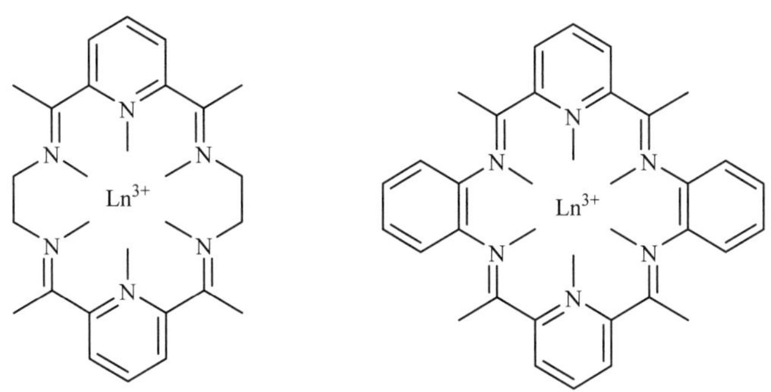

图 6-20　Ln^{3+}的大环络合物

金属离子及其络合物能否切割 RNA 还取决于 RNA 的结构。例如，镧系离子络合物不能切割 DNA-RNA 杂合双链，且在有聚乙烯吡咯烷或乙烯二胺存在时，对 RNA-RNA 双链的切割速度大大低于单链 RNA 的切割速度[117]。

能够以水解方式切割 DNA 的体系还非常少，不多的几个例子都集中在铈离子上。1994 年 Chin 的研究小组发现 Ce^{4+}能快速将 dApdA 切割为 dA 和无机磷[118]。Komiyama 等则发现 Ce^{4+}在特定的缓冲液中催化水解磷酸单酯的活性大于磷酸二酯[112]，如水解 dAp 的速度是 d(ApA)的 580 倍[119]。Ce^{4+}与来苏糖、核糖、木糖、戊醛糖和葡萄糖胺等糖类化合物可以在中性条件下络合形成均相溶液，该溶液对 DNA 的水解也有显著的催化效果，如 Ce^{4+}与葡萄糖胺的络合物可以使 TpT 的水解速度提高 10^9 倍[120]。除了 Ce^{4+} 以外，Ce^{3+}与 Fe^{3+}或 Sn^{4+}的混合物也可以切割 DNA，而单独的 Ce^{3+}、Fe^{3+}和 Sn^{4+}均对 DNA 无切割活性[121]。Ce^{4+}对 DNA 的切割无碱基特异性，而且对单链和双链 DNA 都有切割作用。

值得一提的是近年来有关双核金属离子络合物切割核酸的报道越来越多。实际上，许多天然的磷酸酶就需要两个甚至多个金属离子活化才能发挥催化效果[122]。目前有关 Zn^{2+}[123]、Fe^{2+}[124]、Cu^{2+}[125]、Co^{3+}[126]和三价镧系离子的双核络合物切割核酸的研究表明，双核金属离子络合物的催化活性比相应的单核络合物要高出许多，这是因为双核络合物中的两个金属离子可以产生协同效应，共同催化核酸底物的水解。

不同的金属离子在切割核酸中也具有协同效应。Komiyama 等发现 Ce^{4+}可以与别的三价镧系离子共同作用于核酸底物而大大提高催化效率[113]。例如，当 Ce^{4+}与 Pr^{3+}或是 Nd^{3+}的摩尔比为 2∶1 时，Ce^{4+}水解切割 DNA 的速度会有很大提高，而单独的 Pr^{3+}与 Nd^{3+}均对 DNA 无切割活性[127]。他们还发现 Zn^{2+}与 Sn^{2+}、In^{3+}、Fe^{3+}和 Al^{3+}以 1∶1 的摩尔比混合后的切割效率大大高于任何一个金属离子单独的催化活性[128]。La^{3+}与 Fe^{3+}或 Sn^{4+}也有协同效应。

3. 二胺和多元胺

在中性条件下，多元有机碱可以催化 RNA 的分子内转酯反应而导致其水解，而一元胺则没有切割活性。对于二元胺而言，它可以催化 RNA 水解的条件是两个胺基的 pK_b 必须相差较大，以保证一个胺基质子化的同时，另一个胺基非质子化。非质子化的胺基可以作为 Lewis 碱帮助 RNA 的 2-羟基脱去质子而发生分子内转酯反应，而正电性的质子化胺基可以稳定发生转酯反应时形成的带负电荷的五配位磷过渡态[129]，如图 6-21 所示，多元胺的催化机理与二元胺类似。

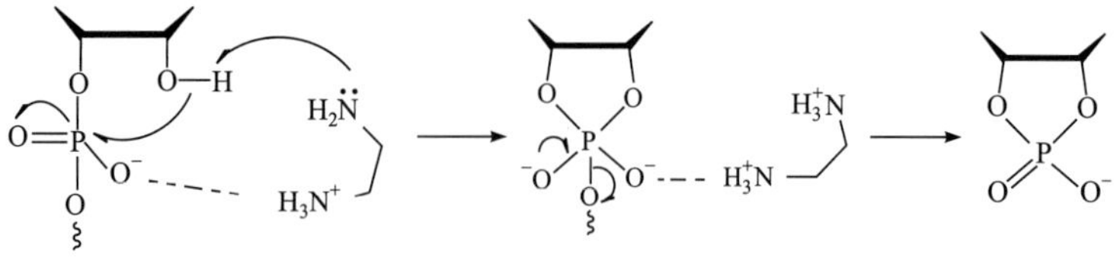

图 6-21　二元胺和多元胺切割核酸的机理

据报道[130]，乙二胺、二乙撑三胺、三乙撑四胺以及五乙撑六胺均对 Poly(A)、Poly(U)和 Poly(C)有切割活性，但对 Poly(G)没有活性，这与 RNA 的高级结构有关。1,3-丙二胺对 RNA 也有明显的切割活性[129]。乙二胺在众多多元胺中具有较高的活性，它的浓度为 1mol/L 时，在 pH=8，T=50℃条件下经 48 h 可将聚合度为 1100 的 Poly(A)水解为小于五聚的碎片[130]。将具有切割活性的胺与 RNA 的亲和物质相连后，可以使切割活性提高[131]。

4. 含有碱性氨基酸残基的多肽

许多含精氨酸或赖氨酸的多肽可以催化 RNA 的水解[132]。Poly(Lys)、Poly(Arg)、Poly(Leu-Lys)、Poly(Arg-Leu)、Poly(Leu-Arg-Arg-Leu)以及75%的Arg-Leu与25%的Arg-Leu-Glu-Leu 的共聚物均对寡聚 RNA 有切割作用。其中 Poly(Leu-Lys)最为有效，在 pH=7.5，赖氨酸残基浓度为 1 mmol/L 时可使 Oligo(A)的水解速度提高 200 倍。多肽的二级结构对其是否具有切割活性有着重要的影响，β-折叠或α-螺旋结构对切割是必须的。Poly(His)不能切割 RNA，原因是其侧链咪唑基的碱性不够强，而且其二级结构也不合适。经过模型研究发现，带正电荷的碱性氨基酸残基排列成线形时可对 RNA 水解起催化效应，而亮氨酸这样的脂肪族氨基酸残基的存在可以使多肽链具有合适的二级结构。

5. 丝组二肽体系

赵玉芬的研究小组发现，丝组二肽可以在中性条件下通过水解方式切割线形和超螺旋形的 DNA[133,134]。这是迄今的第 1 例不含金属离子的 DNA 水解型切割试剂，也是第 1 例能够以水解方式切割 DNA 的小肽。丝组二肽所含的 *N*-端胺基羟基和咪唑基为切割的必需基团。尽管目前切割机理尚不十分清楚，但可以合理地推测羟基起到了亲核进攻磷原子的作用，而正电性的质子化胺基很可能可以稳定带负电核的五配位磷过渡态，咪唑基的作用还难以推断。

非常有趣的是，与丝组二肽十分相似的组丝二肽对 DNA 没有切割活性。可见上述 3 个必需基团的相互位置对其是否具有切割活性也是至关重要的。

6.3.5 以消除机理切割核酸的试剂

1981 年，Helene 和 Laval 的实验室同时分别发现了赖色赖三肽 KWK，其不仅可以识别 DNA 中的脱碱基部位[135,136]，并且可以在该部位产生切口。其原因可能是色氨酸残基因与核酸之间的碱基堆积作用而占据了脱碱基部位附近的位置，从而使赖氨酸残基接近脱碱基部位，而脱碱基的核糖存在半缩醛和开环的醛的互变异构，因而该位点非常容易被切断。这类试剂相当少，不具有普遍性。

6.3.6 定点切割试剂

上述各类切割试剂连上识别系统即构成定点切割试剂。目前已经发展了多种识别系统，包括寡聚核苷酸（既可以是寡聚 DNA，又可以是寡聚 RNA）、多肽核酸（peptide nucleic acid，PNA，是一种 DNA 类似物）、胍基脱氧核酸（deoxyribonucleotide guanidine，DNG，也是一种 DNA 的类似物，它以胍基骨架取代了 DNA 中的磷酸二酯骨架）、多聚酰胺、DNA 结合蛋白和多肽等。后两种识别系统由于和核酸底物结合的特异性不高而很少使用。

最常使用的识别系统是寡聚核苷酸，尤其是寡聚 DNA，其结构见图 6-22。这里举几个例子。Komiyama 等曾将两段寡聚 DNA 连接到一个碳原子上，然后将 RNA 切割试剂乙二撑三胺也连接到同一个碳上，从而得到了一个 RNA 定点切割试剂[137]。类似地，他们又将乙二胺与一个十九聚的 DNA 的 5-端相连，可序列选择性地切割一个三十聚的 RNA[138]。Silnikov 等则将一种含有两个咪唑基的化合物连接到寡聚 DNA 的 3-端或是 5-端[139]，所得的试剂可以对 tRNA 进行定点切割。除了使用寡聚 DNA 以外，也可以使用寡聚 RNA 作为识别系统。Sigman 等的研究小组将[Cu(phen)$^{2+}$]与一段 RNA 相连后用于切割单链或是双链的 DNA[140]，RNA 链段分别与 DNA 单链或是双链形成杂交双链或是三链从而发挥识别作用，得到了较好的序列特异性的切割结果。

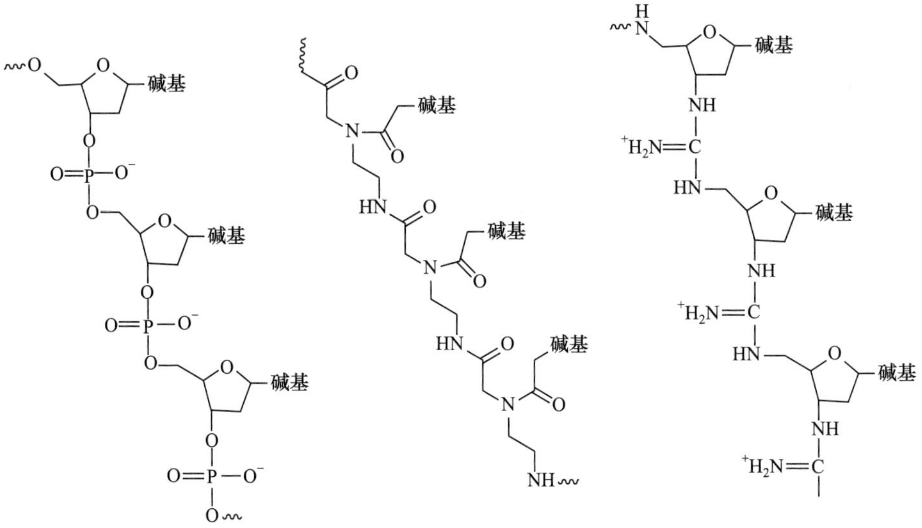

图 6-22　DNA、PNA 与 DNG 的结构比较

DNA 结合蛋白也是较为常用的识别系统，如大肠杆菌中含有一种基因激活蛋白，它能与 DNA 发生特异性的结合。Ebright 等利用其上的一个半胱氨酸残基与[Cu(phen)$^{2+}$]偶合后可以定点切割 DNA[141]。Nagaoka 等以及 Dervan 的研究小组[142,143]，则分别将甘甘组三肽与 Ni^{2+}或 Cu^{2+}的络合物共价连接到一个具有锌指结构的 DNA 结合蛋白或是 Hin 重组酶的 *N*-端，得到的试剂对 DNA 的切割也具有序列特异性。

近来又发展了两类新的 DNA 识别系统，一类是多肽核酸 PNA[144]，另一类是多聚酰胺。PNA 是一种 DNA 类似物，它以肽键骨架取代了 DNA 中的脱氧核糖磷酸骨架（图 6-22）。PNA 可以与互补的 DNA、RNA 或 PNA 形成类似 DNA 双螺旋的结构，并遵守 Watson-Crick 碱基配对原则，PNA 还可与双链 DNA 结合形成三链。PNA 与互补的核酸链结合，具有亲和性高、特异性强及稳定性好等特点。

近些年来文献中已报道了一些定点切割试剂采用 PNA 作为识别系统。例如，Lohse 等曾将次氨基三乙酸（nitrilotriaceticacid）共价连接到一段 PNA 上[145]。次胺基三乙酸与 EDTA 在结构上较为相似，它与 Fe^{2+}形成的络合物在 DTT 存在下也可以通过自由基机理切割 DNA。连接后所得的定点切割试剂可以和双链的 DNA 底物形成三螺旋而产生识别作用，具有较好的序列特异性切割效果。1996 年 Footer 等将两段 10 个碱基长度的 PNA 通过一条脂肪链相连[146]，然后在其中某一段 PNA 的末端连上 Gly-Gly-His，所得的试剂可以嵌入到双链 DNA 底物中，与其中的一条链相结合而形成三螺旋结构。当体系中有 Ni^{2+}时，Gly-Gly-His～PNA～PNA 便可以序列特异性地切割双链 DNA。Bigey 等则将卟啉和 Mn^{3+}的络合物连接到一段 PNA 上[147]，用以切割一段长 247 个碱基对的双链 DNA，同样得到了序列特异性的切割结果。

多聚酰胺含有多个 *N*-甲基吡咯（Py）、*N*-甲基-3-羟基吡咯（Hp）、*N*-甲基咪唑（Im）单元和一个 *γ*-氨基丁酸，如图 6-23 所示。它通过与 DNA 小沟结合而发挥识别作用。*γ*-氨基丁酸的引入可以使它形成头针（hairpin）状的反平行结构，并且可以增大多聚酰胺与 DNA 的亲和性，提高碱基识别效率。

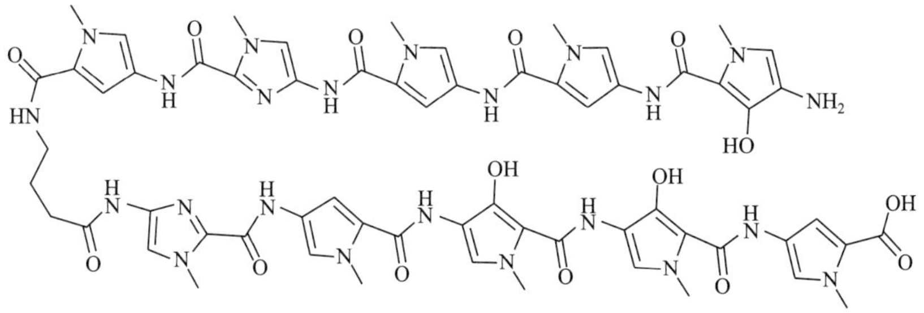

图 6-23　多聚酰胺的结构

美国加州理工大学的 Dervan 教授在 1998 年提出了多聚酰胺识别 DNA 碱基对的规则：反平行成对的 Im/Py 识别 GC 碱基对，反之 Py/Im 则识别 CG 碱基对；反平行成对的 Py/Hp 识别 AT 碱基对，反之 Hp/Py 则识别 TA 碱基对（图 6-24）[148]。由于多聚酰胺最近才发展起来，将其用于定点切割的报道还很少。

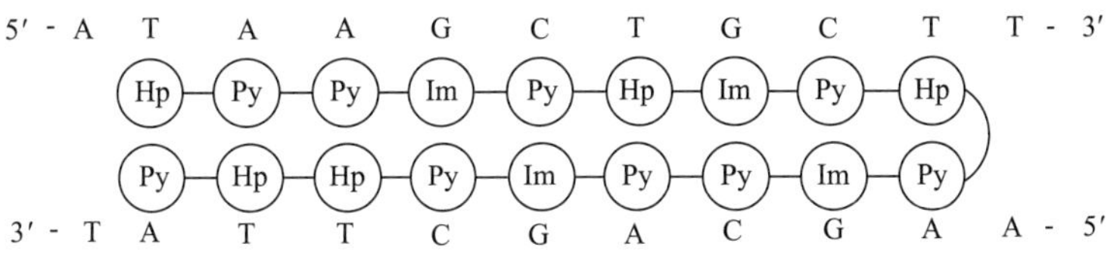

图 6-24　多聚酰胺对 DNA 双链的识别作用

将切割系统和识别系统通过某种分子（称为连接手臂）共价连接在一起后，便可以得到定点切割试剂。衡量定点切割试剂的优劣有两个标准：一是其切割活性；二是其位置专一性。

1. 影响定点切割试剂切割活性的因素

影响定点切割试剂切割活性的因素主要有以下 4 点[23]。

（1）切割系统对识别系统不应有切割作用，否则定点切割试剂会发生自我切割反应而导致其识别系统断裂。

（2）当使用寡聚核苷酸、PNA、多聚酰胺和 DNG 作为识别系统时，应尽可能地将切割系统连在识别系统的中间。因为这些识别系统都是靠其上的碱基或者是芳香环来识别底物的，它们与底物结合的强弱和这些碱基或者芳香环的多少呈正相关。当切割系统连在识别系统的中间时，切割反应一发生，底物便被切成两个甚至多个片段。识别系统上与每个片段相结合的碱基或者芳香环的数目都比原来的要少，因此比较容易从识别系统上离解下来。这有利于定点切割试剂游离出来再与另一个底物分子发生反应，从而可以提高切割效率。当然，与把切割系统连在识别系统的两端相比，将其连在中间往往在合成上更难，因此需要综合考虑切割效率与合成难度这两个因素。

（3）识别系统与底物的结合能力不能太强，否则当切割反应发生后，定点切割试剂无法与被切断的底物碎片离解开来，从而使其不能切割别的底物分子。

（4）连接手臂不能过短，其刚性也不能太大，否则切割系统无法接触到底物，会使切割活性减小甚至丧失。

2. 影响定点切割试剂位置专一性的因素

定点切割试剂位置专一性的高低主要取决于下面 3 个因素[23]。

（1）识别系统与底物结合的序列特异性的高低直接决定了位置专一性的好坏。寡聚核苷酸、PNA、多聚酰胺和 DNG 对核酸底物识别的特异性都相当高，可以作为性能良好的识别系统。而能与 DNA 小沟结合的试剂和碱基嵌合试剂识别底物的特异性都较差，因而很少应用。

（2）连接手臂过长或是柔性过大都会导致切割系统无法在底物上准确定位，从而使得位置专一性下降。

（3）切割系统的切割机理也会影响位置专一性。当切割系统以自由基机理切割底物时，如果生成的活性自由基可以扩散，那么它将使邻近切割系统的多个底物位点都发生断裂而降低位置专一性。当切割机理为水解机理时则没有这种缺点。

目前只有一小部分定点切割试剂可以使底物在唯一的位点上发生断裂而真正做到定点切割。其他许多定点切割试剂的位置专一性都不是非常好，只能做到序列特异性切割，也就是使底物在某段特殊的核苷酸序列中的少数几个位点上发生断裂。

6.4 磷与糖类化合物

6.4.1 糖类化合物的结构特点及其生物学意义

糖类是与脂质、核酸、蛋白质一同构成生命体，并广泛参与自然界碳循环的重要生物有机分子[149]。糖类的单体由多羟基醛或多羟基酮骨架构成，经常附有磷酸化、酰胺化、甲基化等生物修饰[150]。不同糖单体之间仅由羟基取向的不同就可产生十余种六碳和五碳异构体，另有 D 及 L 型旋光异构体及特定位置的脱氧异构体。六碳糖和五碳糖在不同物相条件下还会产生开链式、呋喃式、吡喃式等不同构象（图 6-25）。以单糖（或修饰单糖）为基本结构单元，2～10 个单糖以糖苷键连接的多糖称为寡糖。由于糖苷键连接方式以及结构单元的多种多样，寡糖的结构也千变万化，成为其承担丰富生物学功能的物质基础。

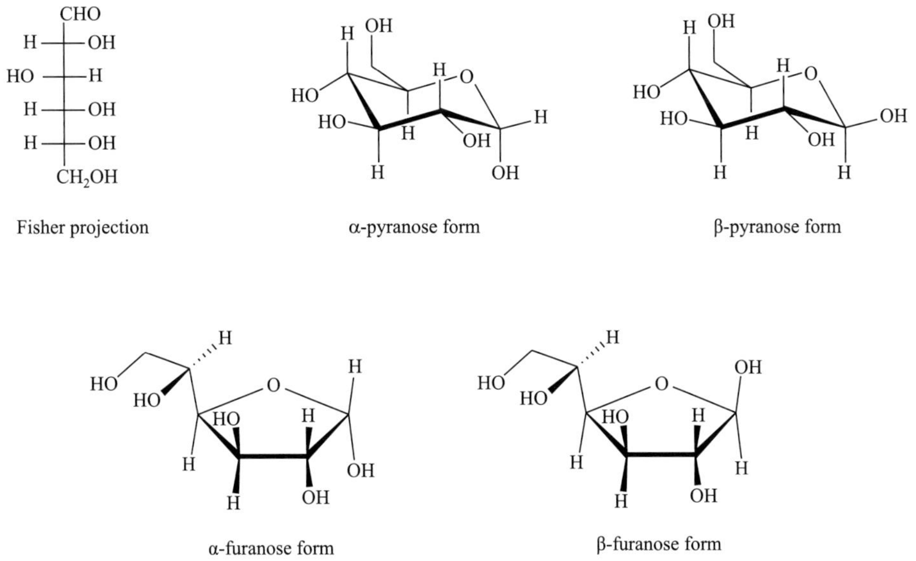

Fisher projection　α-pyranose form　β-pyranose form

α-furanose form　β-furanose form

图 6-25　D-葡萄糖的若干构型

100 多年前德国著名科学家 E. Fischer 就开始了对糖类的研究。1923 年 M. Heidelberger 和 T. Oswald 提出细菌的抗原部分是多糖而不是蛋白质，因此，糖类的生命科学几乎与蛋白质的生命科学同时诞生。但是，在生命科学范围，对糖类研究的进展远远落后于对蛋白质和核酸研究的飞跃发展。20 世纪 60 年代以后，人们逐渐发现多糖具有许多方面的生物活性，多数无毒，是比较理想的药物，如昆布多糖和肝素有抗凝血作用，硫酸软骨素可防止血管硬化，香菇多糖、银耳多糖、刺五加多糖、黄芪多糖、灵芝多糖、酵母葡聚糖、茯苓多糖、地黄多糖、枸杞多糖等具有增强免疫和抗癌作用。

现代科学研究发现，在细胞发展过程中，糖类分子决定两个相反的基本细胞操作过程：正确地保持自身免疫防御体系（抗细菌或病毒感染）；当细胞脱轨出现自身免疫疾病或癌症时，细胞表面的糖分子就改变结构和组成。当代化学家们也认识到这样的事实：糖类是天才、绝妙的简明信息箱。最近的发现支持这种假说，即细胞表面的糖分子参与了细胞-细胞的特异性识别。特异性白细胞-内皮细胞的细胞黏结分子 CAM 参与了感染部位的白细胞补充和某些癌细胞的代谢（或者说生物多糖是修复细胞的特异性黏结剂，黏结过程受配糖体调节）。以糖类为主要成分的药物也逐渐被发现，如拜糖平的鉴定是发现糖类作为先导药物的重大进展。

糖类在遗传学中也有重要地位。糖类在遗传学中是非常重要的物质之一，过去人们并没有给予足够的评价。例如，DNA 与 RNA 的区别，既不在碱基上也不在磷酸上，其唯一差别是在核糖或脱氧核糖上。RNA 的核糖上 2′-位有羟基，DNA 的核糖上 2′-位无羟基。核糖的 2′-位羟基对于 RNA 来说，不仅是折叠成固有三维结构的关键因素，也是 RNA 具有催化作用的重要组成部分。核糖 2′-位羟基是 DNA 和 RNA 在遗传学上的本质差别，由此可见糖类在遗传学上扮演着核心和关键角色。根据糖类在生命过程中所扮演的重要角色，来推测糖类应该有自己的遗传密码。

通常研究认为糖基化作为最重要的翻译后修饰之一是寡糖承担糖类生物学意义的主

要体现。糖基化异常会导致多种疾病，如阿尔茨海默病、Ⅱ型糖尿病、戈谢病等。作为信号分子的寡糖具有非基因编码的微不均一性，由此产生的巨大信息库是免疫应答过程中抗原变异和宿主适应的物质基础。

1. 糖类和血型

众所周知，血型在输血、器官移植以及法医鉴定中是十分重要的。人类的主要血型是 A、B、O 型。血型是在 1900 年由 K. Landsteiner 发现的，这一发现在第一次世界大战期间对抢救伤员做出了重大贡献。K. Landsteiner 因发现 A、B、O 血型而获得 1930 年诺贝尔生理或医学奖。血型为 A 和 B 型的人，他们的红细胞表面分别具有 A 和 B 型抗原，其血清中则分别存在着抗 B 和抗 A 的抗体。而 O 型血的人红细胞表面不存在 A 型和 B 型抗原，但是具有 H 血型物质（或 H 抗原），是 A 和 B 两种抗原的前体，而他们的血清中同时存在着抗 A 和抗 B 两种抗体。

经过许多免疫学家包括 Landsteiner 和 Watkins 等半个多世纪的研究，1960 年 Watkins 确定了 ABO(H)的抗原是由糖类决定的，并测定了有关糖类的结构。H 抗原的前体是糖脂或糖蛋白中糖链非还原末端的二糖半乳糖-*N*-乙酰氨基葡萄糖（GAL-*N*-GLcNAc）。在抗原上进一步接上 *N*-乙酰氨基半乳糖或半乳糖之后，则 H 抗原就转变成 A 抗原或 B 抗原。由此不难看出，仅一个糖基的差异就改变了血型[151]。

2. 糖链和细胞表面的特征

在多细胞生物的细胞外表面覆盖着一层糖链，通常也称为糖被。在日文中将其形象地描述为细胞的颜面。细胞表面的糖链也可比拟为大地表面的植被。糖蛋白上多分支 N-糖链像树上粗大的树枝，O-糖链则是细小的树枝。膜糖蛋白的胞外肽链如树根，糖蛋白的根深而叶茂。糖脂的脂质插入脂双层的外层，其糖链犹如小草。在细胞表面还包裹着一层作为细胞间质组分的蛋白聚糖。最近发现一些蛋白聚糖也能整和到质膜中，这些不同组成和结构的糖蛋白/糖脂和蛋白聚糖被统称为糖复合物。在细胞表面形成分支的糖链宛如天线，在细胞间它们正式地起到传递信息的作用，这些糖链参与了细胞间的黏附，如作为细菌/病毒等病原体的受体，或是作为激素等信息分子的接受体。

常规验血时，在一般显微镜下只能对红细胞和白细胞进行计数。但是，在高倍显微镜下，它们不止是一个小圆球，还能清晰地观察到其细胞表面的糖被。在这些细胞表面存在着结构不同、数目不等的糖复合物。在红细胞表面数目较多的一种糖蛋白是载糖蛋白 A。据推算，每个红细胞表面约有 50 万个这种载糖蛋白 A。它的肽链由 131 个氨基酸组成，含糖量约为 60%，在肽链 N 末端的 15 肽上就带有 9 条 O-糖链。红细胞表面 80%的唾液酸集中在这种糖蛋白 A 的表面。它们还与 MN 血型有关。有另一种唾液酸，其总量的 85%存在于蛋白球表面，其肽链含有 381 个氨基酸残基，N 端肽段中有 80 多个 O-糖链。这种糖蛋白在粒细胞、单核细胞和 T 细胞表面都有。表面携带着大量的唾液酸，为这些血细胞表面提供了众多的负电荷，进而避免了它们在血管中流动时可能发生的相互黏附以及与血管内皮细胞的黏附。

3. 糖链和疾病

最近的研究结果表明，糖复合物表面糖链结构的改变和很多疾病的发生是相伴随的，有关的例子越来越多。从方法学上看，1975 年 Milstein 等创建的单克隆抗体技术，不仅对免疫学研究做出了众多贡献，而且也被越来越广泛地应用于糖链的检测和鉴定，以及相关疾病的诊断。

4. 糖链和多细胞生物的生命现象

20 世纪 60 年代发展起来的分子生物学，在核酸及其直接表达产物蛋白质水平上阐明生命现象中的很多重要问题，已取得突出的进展和重大的成就。例如，人类基因组和水稻基因组的研究已有了重大进展，酿酒酵母和美丽线虫等低等生物的基因组测定也已完成，但试图利用它们来阐述多细胞生物的生命现象还是远远不够的。

原核单细胞（如大肠杆菌）的分裂，经过对数生长期，在几小时内就可达到每毫升 100～108 个细胞。而高等生物受精卵的分裂，不仅要相互结合，还要保持合理的空间配置和时间进程。在不同的时期可以出现不同的生物分子。糖链的结构也在发育过程中发生变化。例如，在细胞分裂的 8～16 细胞期出现了 Lex 抗原。为此，这类抗原被称为阶段特异胚抗原。Lex 称为 SSEA-1，它可能和桑葚期的致密过程有关。1985 年，Feizi 等首先提出了“糖分化抗原”的概念，即在发育过程中细胞糖蛋白和糖脂所携带的糖类抗原的改变是通过有序地逐个增加或减少糖基而完成的。

人体有 40 亿～50 亿个细胞，这些细胞又组成了许多的细胞集团。每个集团的细胞以不同的方式相互黏附，细胞和基质之间也存在着相互识别和相互作用，集团之间又相互识别、相互作用和相互制约，调节和控制着高等生物沿着固有的空间轴和时间轴井然有序地发展。在这样的发展过程中，所需的极大量的“生物信息”只能由所含信息量比核酸和蛋白质大几个数量级的糖链分子来承担，这就导致了“糖生物学”的诞生。

6.4.2 糖类化合物的磷酯化反应

1. 糖类化合物磷酯化的意义

糖类物质广泛分布于动植物及微生物中，与自然界其他三类生物分子（蛋白质、核酸与脂质）比较，糖类化合物结构与生物功能的研究一直未受到应有的重视。近十多年来由于多糖以及糖缀合物的分离纯化、组分测定和结构分析有了长足进步，同时由于细胞生物学和分子生物学的发展，发现糖类化合物特别是糖缀合物上的糖链参与了各种生命现象的调节，如细胞识别、粘连与融合、信号传导、免疫与应答、细胞转化和分化都离不开糖链的参与。同时随着糖类的生物学功能研究的迅速发展，人们对糖这一类重要生命物质有了新的认识，糖及糖缀合物结构与功能的研究正成为生命科学研究中又一新的前沿和热点。

自 20 世纪 70 年代以来，大量的研究表明多糖类化合物作为一种免疫调节剂，能激活免疫细胞，提高机体的免疫功能而对正常细胞没有毒副作用，而且炎症、老化、癌细胞异常增殖及转移、病原体感染等过程中都涉及糖链的参与，在临床上用来治疗肿瘤、肝

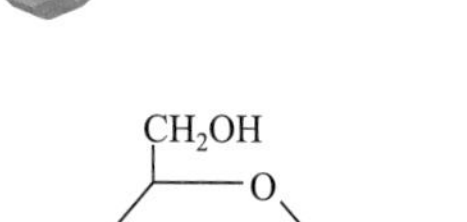

图 6-26 糖类磷酸酯的衍生物结构图

炎等疾病早已被大家所接受。

糖磷酸酯广泛存在于生物体中，为许多生化反应的重要中间体。糖的磷酸酯也是核酸和辅酶的组成部分，而且糖类磷酸酯本身也有许多生理活性，如 D-果糖-1-磷酸酯具有抗癌作用，D-1,6-二磷酸果糖已用于治疗心血管类疾病，肌醇磷酸酯可作为生物体内第二信使。碳水化合物的代谢、光合反应、糖的发酵等均与糖的磷酯化有关。糖类磷酸酯的衍生物结构如图 6-26 所示。

近年来，人们又发现某些糖类磷酸酯的衍生物具有抗肿瘤、抗病毒等生物活性[152,153]，因此对这类化合物的研究引起国内外化学家和生物化学家普遍关注。

2. 单糖的磷酯化反应

目前，国内外学者对糖类化合物的研究大多侧重于分离、纯化、结构及生物活性等方面，以及利用一些无机磷试剂通过保护后的糖类化合物进行反应，然后脱保护基合成糖类化合物的磷酸酯。而在糖与磷的反应及相互作用机理及其在生命化学中的作用等方面的研究甚少。有关糖类化合物仍然有很多悬而未解的问题。例如，为何生物体中能量的载体是 ADP、ATP，为何核酸的骨架采用的是 D-核糖而不是 D-葡萄糖。事实上，在自然界中六碳糖（如 D-葡萄糖、蔗糖等）大量存在，并且是生物体中能量的主要来源。迄今，糖类的磷酸酯的合成主要是利用一些无机磷试剂通过保护后的糖类化合物进行反应，然后脱保护基进行合成；或者是利用生物化学的方法得到糖类磷酸酯化合物。反应机理方面的研究仅限于生物化学方面，如磷酸酯酶对反应的影响等。然而，未见有关从化学小分子入手，来研究糖类化合物与磷的关系、它们在反应过程中的立体化学以及糖的磷酯化反应机理、产物结构与反应过程的关系等方面的工作。磷酰基的参与在生命体中具有非常重要的作用，从磷化学角度研究生命现象，有必要对这类化合物的磷酯化反应的立体效应及其机理、产物与反应过程的关系等进行系统的研究，从而揭示糖磷酸酯这类化合物在生物体内作用的本质。因此，我们实验室试图从有机化学的角度出发，利用有机磷试剂对糖类化合物进行磷酯化反应，并利用现代波谱分析手段跟踪反应的过程以研究其反应机理，通过化学反应模拟生物体内糖类磷酸酯的生化反应，并对糖类磷酸酯的生物功能和作用机制进行探讨。研究结果可提供生命化学研究的新视角，同时建立起联系化学与生物学的桥梁。

3. 多糖的磷酸和磷脂化修饰及其生物活性

多糖（polysaccharide）是由 10 个或 10 个以上的单糖及其衍生物通过缩合过程形成的、多个糖苷键互相紧密连接的、结构繁杂的天然高分子物质，广泛存在于植物的枝干、种子、根茎及微生物细胞壁中。多糖类产品通常指的是由聚合度不同的多聚糖组成的一类混合物，具有调节机体微生态平衡、改善免疫系统功能、增强抗氧化等重要生物活性[154]。多糖的生物活性与其侧链长短、空间结构、取代基类型和位置等密切关联[155,156]。选择合适的方式对多糖分子进行修饰，可提高其生物活性[157]。化学修饰是对多糖分子修饰的方法，目前常用的有乙酰化[158]、羧基化[159]、烷基化[160]、硒化[161]、硫酸化和磷酸化等[162,163]，其中，磷酸化修饰是常用的多糖分子改性共价修饰，其本质是多糖侧链上的羟基被磷酸基团取代的过程[164]。经磷酸化处理后的多糖衍生物具有抗氧化、抗肿瘤、抗病毒和增强免疫力等活性[165]。

1）糖的磷酸酯及其意义

在糖的衍生物中，磷酸酯是一类比较重要的糖类衍生物。糖的磷酸酯广泛存在于自然界中，如王英等从 *Enterococcus faecalis*（粪产肠球菌）中分离得到一种由葡萄糖、甘油及磷酸根组成的磷酸酯多糖[166]。Van Casteren 等从 *Trichoderma viride*（绿色木霉）中分离得到了一种磷酸根取代的由葡萄糖、鼠李糖、半乳糖组成的磷肪多糖[167]。Severn 等从 *Mycobacterium bovis*（牛结核分支杆菌）中分离得到几种寡糖磷酸酯[168]。Parolis 等从 *Pichia pastoris*（毕赤酵母）中分离得到甘露聚糖磷酸酯[169]。

由于从自然界分离得到的寡糖或多糖的磷酸酯数量有限，种类也不是很多，影响对糖的磷酸酯的生物活性及磷酸酯在生物体内的作用进行系统的研究，为了深入研究糖的磷酸酯衍生物，糖化学家们转向了人工合成。利用人工合成方法，不仅可以合成各种各样的磷酰化多糖、寡糖，还可合成一些它们的类似物并可进行一些区域选择性的衍生化，更有效、系统地研究它们的构效关系。

糖基磷酸酯类化合物，特别是葡萄糖基磷酸酯类化合物的合成及其生物活性的研究早有报道[170]。研究表明磷酸酯类衍生物具有抗肿瘤[171]、抗病毒、抗菌和免疫调节剂等生物活性[172,173]。果糖、葡萄糖等单糖本身不具有抗肿瘤、抗病毒等生物活性，但其磷酯化后就具有这些活性。1988 年 Hayauchi 等发现葡萄糖基磷酸酯衍生物具有抗肿瘤、抗病毒等生物活性[174]，并作为药物而应用于临床。磷酸果糖可用于治疗重型脑梗死[175]、冠心病[176]、拮抗庆大霉素肾毒性以及用于辅助治疗心律失常等[177,178]。陈茹玉等合成的 *N*,*N*-二（2-氯乙基）果糖基磷酰胺酯的抗肿瘤活性实验结果表明该类化合物对 L1210 细胞和 S-180 腹水癌有一定的抑制作用[179]。

磷酰化多糖及寡糖具有很多的生物活性，可使一些原本不具有活性的多糖显示抗肿瘤等生理活性。Suzuki 等对酵母甘露聚糖进行硬脂酰化和磷酰化后能有效地抗 S-180 和艾氏腹水癌[180]。由 α-(1→6)葡萄糖构成的葡聚糖经硬脂酰化和磷酰化后有抗肿瘤作用，而对其单独衍生化都不具有生物活性，说明在硬脂酸及磷酸根的协同作用下，其对肿瘤细胞具有杀伤力，具体的作用机制有待于进一步的深入研究。Inoue 等对有一定抗肿瘤活性的甘葡聚糖进行降解后[181]，发现其生物活性消失，但对降解产物进行磷酰化后，对于低取代度的产物有一定的生物活性，而高取代度无生物活性，说明磷酸根与自由羟基的数目对活性有一定的影响，并且糖链的长短及磷酸根的数目与其抗肿瘤活性有着密切的关系。而魔芋葡甘聚糖进行磷酸酯化后具有一定的抗菌作用[182]。Williams 等对 β-(1→3)-D-葡聚糖进行了磷酰化后其活性大大提高[183]。这一方面与磷酸根的引入而使其溶解度增加有关，另一方面也与它的化学结构、磷酸基团及磷酰化后构象的变化有关。

由此可见，在糖基上引入磷酸根，使一些本无活性的糖类化合物具有了活性，并能提高某些多糖、寡糖的生物活性。因此很有必要研究各种寡糖、多糖及其类似物的磷酸酯的生理功能，以期找到磷酰化后产物的生理功能的一些规律，研究磷酸基团在生理功能中的作用，为设计生理活性更好的磷酸酯衍生物提供指导思想[184]。

2）天然磷酸化多糖

磷酸化多糖广泛存在于自然界中，形式多样，结构复杂。天然磷酸化多糖以磷酸酯形式区分，主要分为两大类：多糖磷酸双酯和多糖磷酸单酯。

从自然界分离得到的磷酸化多糖中，磷酸双酯是较为常见的存在形式，这类多糖大多来自革兰氏阴性菌，是脂多糖的重要组成部分。磷酸双酯可存在于多糖主链，起到连接糖单元的作用。Perepelov 等从普通变形杆菌（*Proteus vulgaris*）O42 中分离得到了由五糖重复单元组成的直链多糖磷酸酯[185]，磷酸根以磷酸双酯的形式存在于主链，起到连接桥的作用。Kübler-Kiełb 等从蜂房哈夫尼菌（*Hafnia alvei*）481-L 中分离得到了由六糖重复单元组成的带有分支结构的多糖磷酸酯[186]，磷酸根也是以磷酸双酯的形式存在于主链，该多糖是蜂房哈夫尼菌细胞壁内毒素的组成部分。

磷酸双酯也可以作为多糖主链与侧链的连接桥。Suárez 等从蛋白核小球藻（*Chlorella pyre-noidosa*）中分离得到了半乳聚糖磷酸酯[187]，该聚糖由(1-3)-β-D-半乳糖四糖重复单元组成，α-D-甘露糖及 3-*O*-甲基-α-D-甘露糖通过磷酸双酯连于主链。另外，一些非糖基团也可以通过磷酸双酯连于多糖主链，Senchenkova 等从奇异变形杆菌（*Proteus mirabilis*）O41 中分离得到了四糖重复单元组成的多糖磷酸酯[188]，乙醇胺（Etn）及核糖醇（D-Rib）通过磷酸双酯与多糖主链相连。

天然磷酸化多糖除以磷酸双酯的形式存在外，磷酸单酯也较为常见。Severn 等从牛结核分支杆菌（*Mycobacterium bovis*）中分离得到了甘露寡糖磷酸酯[189]，磷酸根是以磷酸单酯的形式存在，该类寡糖是脂阿拉伯甘露聚糖（LAM）的核心结构；脂阿拉伯甘露聚糖是分支杆菌细胞壁上主要的糖类抗原，可以抑制宿主 T 淋巴细胞的增殖。

目前报道的天然磷酸化多糖大多来自菌类，而从动植物中分离得到的磷酸化多糖鲜有报道。20 世纪初，Fernbach 等发现马铃薯块茎淀粉中存在少量的酯化磷酸基团（0.2%～0.4%，质量分数）。Wischmann 等研究发现[190]，每 200～300 个葡萄糖单位就有一个被磷酸基团取代，且大部分磷酸基团以磷酸单酯的形式结合在葡萄糖残基的 C6 位上。之后人们陆续发现除少数谷物储藏淀粉外，从不同植物中提取的淀粉几乎都是磷酸化的，但磷酸化程度有所差异。少量磷酸基团的引入使淀粉的理化性质发生了显著改变，其水合作用及黏度均得到显著增强[191]。

3）磷酸化多糖的制备

自然界中磷酸化多糖结构繁杂多样，在动植物中以多糖磷酸酯的形式存在。但由于提取难度大、种类有限，限制了对磷酸化多糖的系统化研究，因而化学合成磷酸化多糖越来越受到人们的青睐。磷酸化多糖的制备通常是在反应体系中加入各种含有磷酸基团的试剂使多糖侧链羟基与碳链发生断裂，而后磷酸基团与多糖侧链碳共价结合形成磷酸化多糖。目前，磷酸化多糖的制备方法主要有酸法、磷酰氯法和磷酸盐法。

A. 酸法

酸法是制备磷酸化多糖应用较早的方法，指的是在多糖的反应体系中引入磷酸或亚磷酸试剂[192]，磷酸基团活性大[193]，在多糖复合体系中易与羟基基团发生取代反应，进而生成更稳定的分子结构即磷酸化多糖[194]。Suflet 等以纤维素为原料，用磷酸对其进行分子修饰[195]，在 150℃条件下反应 2 h，制备得到了磷含量为 12.21%的磷酸化纤维素。Chen 等将 β-D-葡聚糖溶解在二甲基亚砜（dimethylsulfoxide, DMSO）中[165]，加入磷酸和尿素，在反应温度 100℃、时间 6 h 条件下，制备得到取代度为 0.153 的磷酸化 β-D-葡聚糖。酸法制备磷酸化多糖的操作简单、技术相对成熟、制备成本相对较低，但由于磷酸化过程反应剧烈、温度较高，容易发生多糖降解，因此获得的多糖磷酸化衍生物产率低，同时酸性条件影响产物活性。

磷酸酐如五氧化二磷、焦磷酸、多聚磷酸等也常用于多糖磷酰化反应中。这些试剂虽比磷酸有所改进，但也存在同样问题。另外，也有用偏磷酸作磷酰化试剂。此外，考虑到五氧化二磷的吸水性，可将其与磷酸混合使用，虽有改善，但效果并不很明显。总之这些试剂都是非特异性的磷酰化剂，反应中易使糖样品降解，磷酰化能力低、副反应多，造成收率低且不易得到纯的产物。

B. 磷酰氯法

磷酰氯法是以三氯氧磷作为磷酸化试剂，添加至多糖体系中制备磷酸化多糖的方法，是制备磷酸基团高取代度的磷酸化多糖最常用的修饰方法[196]。三氯氧磷基团活性大，在水中极易水解，因此，反应体系多为 *N*, *N*-二甲基甲酰胺、无水吡啶等有机溶液。张雪红等在 50℃果胶的二甲基亚砜溶液中以液固比 3∶1 的比例添加三氯氧磷[197]，制备了磷含量为 11.52%的磷酸化果胶，且果胶中磷含量还与反应温度呈正相关性。Wang 等以三氯氧磷和沙蒿多糖为原料[198]，在甲酰胺和无水吡啶混合液中，梯度温度下，得到了不同取代度的磷酸化沙蒿多糖。磷酰氯法制备磷酸化多糖的特点是反应时间短、操作步骤简便、取代度及产物活性高、多糖不会发生水解[199]，但是反应过程激烈、有毒副产物较多，由于反应必须在有机试剂中进行并伴随刺激性气味，而多糖在有机试剂中溶解度小，因而降低了磷酸化多糖的产率。

Kim 等用三氯氧磷对蔗糖 6-位羟基进行保护后[200]，进行磷酰化可区域选择性地得到 6′-磷酰化产物。先在冰水浴下在乙腈中加入一定摩尔比的 $POCl_3$、水及吡啶，制备磷酰化试剂，再将糖的乙腈溶液加入上述反应液中，在冰水浴下搅拌反应，可得磷酰化产物，另外，还可用一取代或二取代的磷酰氯作为磷酰化试剂，以降低反应的活性及副产物。但最后需脱取代基，可能会引起降解或破坏产物，因而很少用于多糖、寡糖的磷酰化，而大多用于核酸的酯化。

以三氯氧磷为磷酰化试剂时，三氯氧磷需在有机溶剂中进行，而多糖一般在有机溶剂中溶解度不好，从而影响了反应的进行，而使取代度不高。同时由于三氯氧磷本身之间的缩合，还会形成二聚、三聚磷酸取代，使产物复杂化，不利于分析。但是相对其他磷酰化试剂，三氯氧磷的酰化能力较强，可获得高取代度的产物。

C. 磷酸盐法

磷酸盐法是一种反应温和的多糖磷酸化修饰方法[201]，磷酸化反应时，先溶解一部分的磷酸盐溶液，并调节溶液的 pH，加入一定量的多糖，于不同的温度下反应一定时间，将磷酸基团接枝到多糖上[202]。常用于多糖磷酸化修饰的磷酸盐试剂主要有多聚磷酸钠[203]、磷酸氢二钠、三偏磷酸钠[204]、磷酸二氢钠及这些盐的混合物[205]。

Muhammad等用多聚磷酸钠和三偏磷酸钠修饰西米淀粉[206]，5%多聚磷酸钠、2%三偏磷酸钠与西米在pH为6条件下作用3 h，制备了磷含量为0.32%的西米淀粉。此外，孙雪等应用响应面分析法优化了磷酸化浒苔多糖的制备条件[207]，在80℃浒苔多糖的糖溶液中以6∶1的质量比添加多聚磷酸钠和三偏磷酸钠混合磷酸盐，修饰时间5 h，在pH为9条件下得到了磷接枝量为14.62%的磷酸化浒苔多糖。磷酸盐法制备工艺简便、安全、经济效益高，产生的副产物和有毒有害物较少，在工业生产中应用最为普及。这种方法可避免多糖的降解，但磷酸盐基团活性低，不易获得高取代度的磷酸化多糖，且其提取产率并不理想，提高磷酸化多糖的取代度及制取率的磷酸化技术仍有待进一步研究。

以盐作为磷酰化试剂，其酰化能力不强，导致取代度极低，一般不到0.05，因而只用于对淀粉等的改性研究。环三聚磷酸酯（P3m）是近十几年来较为广泛应用的磷酰化试剂，它可对氨基酸、醇、酚、核酸等进行磷酰化，其反应条件简便。将一定量的P3m溶于水中，调节所需pH，加入糖样品，可在室温下反应，但反应时间较长，一般需要2～3天（如有必要可延长反应时间和调节温度）。

由于P3m是三聚体化合物，用其作磷酰化试剂时，在反应过程中其本身也有降解，因而伴随着单、双磷酸酯的副产物使得反应复杂化，不易得到目标产物。但利用P3m可对一些简单的单、双、寡糖进行选择性的修饰。Hideko等利用P3m，在室温下[208]，pH为12，反应24 h，对半乳糖、木糖等几种单糖进行了选择性的磷酰化，在无需保护其他羟基的情况下，对1-位羟基选择性地进行了磷酰化，而其他位的酯化产物很少或没有。但产物的收率不高。而Mitsutom等用P3m选择性地对葡萄糖6-位羟基进行选择性磷酰化[209]，而无1-位磷酰化产物。因而选择合适的反应条件，用P3m可方便地对简单的糖进行区域选择性酯化。虽然P3m对单糖的修饰效果较好，但应用于多糖时，存在与磷酸盐同样的缺点。

4）磷酸化多糖的生物活性

多糖的生物活性与其分子结构相关[210]，磷酸基团对多糖进行结构修饰可改变多糖的分子量、取代基及空间构象等[211]，从而改变多糖的结构和活性[212]。目前，有关磷酸化多糖生物特性的研究主要集中在抗氧化、抗肿瘤、抗病毒、免疫调节等方面。

A. 抗氧化活性

多糖的抗氧化活性与其分子结构具有相关性[213]，而磷酸化修饰通过改变多糖的分子基团及结构可提高或赋予多糖抗氧化活性[214]。吴琼等利用三氯氧磷修饰银耳多糖并研究其抗氧化活性[215]，发现磷酸化银耳多糖有良好的抗氧化活性，并能抑制1,1-二苯基-2-三硝基苯肼[1,1-diphenyl-2-picrylhydrazylradical 2,2-diphenyl-1-(2,4,6-trinitrophenyl) hydrazyl, DPPH]自由基的形成，且磷酸化银耳多糖抗氧化活性高于银耳多糖，进一步的自由基活性分析表明，磷酸化银耳多糖的抗氧化作用受磷酸基团的取代度影响，在50 μg/mL同等浓度下，磷酸化银耳多糖中磷酸基团取代度由0.02提高至0.041时，磷酸化银耳多糖对DPPH自由基的抑制率提高了41.8%。郑常领等探究了混合磷酸盐修饰的黑木耳多糖的抗氧化能力[216]，发现磷酸化黑木耳多糖对超氧阴离子、DPPH自由基和羟基自由基的清除率均强于黑木耳多糖。自由基是机体新陈代谢的中间产物，机体内自由基的代谢量一旦超过正常免疫应答范围，就会引起自由基的连锁反应，促使蛋白质、碳水化合物、脂质等细胞基本组成物质遭受氧化反应而转化为新的自由基，恶性循环下，可损伤机体器官，导致机体功能失调紊乱[217]。磷酸化多糖之所以具有较高的自由基清除率，可能是由于磷酸基团活化了多糖异端碳链上的氢原子，多糖高度磷酸化的衍生物可作为良好的氢原子供体，能够将更多游离自由基转化为更稳定的产物。此外，磷酸基团是强吸电子基团，磷酸基团的引入，进一步增强了多糖对自由基的清除率[218]。磷酸基团具有亲核特性，可与游离的亚金属离子形成螯合物，进而抑制脂质过氧化反应，这可能是磷酸化多糖具有良好抗氧化特性的另一原因。磷酸化多糖具有抗氧化特性，因此作为抗氧化剂应用于动物保健、医学、化妆等领域中，具有广泛的应用前景。

B. 抗肿瘤活性

癌症是人体细胞恶性增殖的疾病，也是临床上导致死亡率最高的病因，探索天然、无毒害作用的抗肿瘤药物对保护人体健康具有重要意义[219]，而对多糖进行磷酸化结构修饰提高其抗肿瘤活性是研究的热点之一[220]。张忠等研究了磷酸化灵芝 β-葡聚糖体外的抗肿瘤作用[221]，证实磷酸化修饰后的灵芝 β-葡聚糖提高了抗肿瘤活性，在 200 μg/mL 浓度下其对肿瘤细胞 L1210 和 K562 细胞的抑制率分别为 50.05%和 58.74%，其抑制效果随着磷酸基团取代度和浓度的增加而增强。Ye 等探究了利用混合磷酸盐分子修饰后的粒毛盘菌 YM120 多糖体内抗肿瘤活性[222]，发现磷酸化 YM120 多糖具有良好的抗肿瘤活性，其中 YM120 多糖以 400 mg/kg 给药时可以抑制 KM 小鼠体内 S180 肿瘤的生长，抑制率可高达 69.04%，磷酸化 YM120 多糖还可提高白细胞介素-2(interleukin-2,IL-2)水平，促使淋巴细胞增殖，增强对肿瘤的杀伤作用，进一步协助抗体的形成。此外，磷酸化多糖可以增强机体内超氧化物歧化酶活力，稳定机体生理平衡，缓解癌变过程。也有研究证实磷酸基团的引入可以提高肿瘤坏死因子（tumornecrosis factor-*α*, TNF-*α*）水平，促进抗肿瘤细胞因子分泌，辅助强化机体对肿瘤的免疫反应[223]。磷酸化多糖可通过提高机体免疫应答水平进而增强对肿瘤的抑制效果，且其抗肿瘤活性与其结构也紧密相关，因此磷酸化多糖作为潜在抗肿瘤物质，具有重要的研究意义。

C. 抗病毒活性

近年来的研究发现多糖经磷酸化修饰后的抗病毒生物活性有了显著提高[224]。Feng 等[225]通过体外实验发现亲核性的磷酸基团的引入，使磷酸化丹参多糖可以竞争性结合病毒表面蛋白，抑制犬细小病毒对猫肾细胞的吸附和渗透能力，且抑制效果强于丹参多糖。Ming 等通过病毒侵染细胞实验证实了磷酸化党参多糖对鸭病毒性肝炎病毒（duck virual hepatitis virus, DHV）效力有抑制作用[226]。磷酸化党参多糖可通过下调微管相关蛋白轻链 3Ⅱ(microtubule-associated proteins light chain3-Ⅱ,LC3-Ⅱ)的表达水平来抑制自噬体的形成，降低 DHV 的基因表达，进而提高抗 DHV 活性，此外磷酸化党参多糖还可降低血清中磷脂酰肌醇-3-磷酸的浓度，并缓解 DHV 感染后的鸭肝损伤，提高了鸭子的生存率[227]。Wang 等研究发现磷酸化黄芪多糖在体内和体外均能显著抑制 DHV 病毒的增殖[228]，且磷酸化黄芪多糖可以抑制 DHV 病毒 RNA 的复制。磷酸化多糖的抗病毒活性为多糖特性的探究提供了新方向，后续在相关方面可进行深入探究。

D. 免疫调节

大量研究表明，多糖类化合物作为一种免疫调节剂，能够激活免疫细胞，提高机体的免疫功能。近年来磷酸化多糖所表现出的免疫调节活性越来越引起人们的关注。

磷酸基团的引入可提高多糖的免疫活性，免疫调节是机体维持正常生理功能、保持机体内环境稳定的关键。路垚将磷酸盐制备的磷酸化姬松茸多糖（0.01 g/mL）对小鼠进行灌胃后[229]，发现其可提高小鼠 IL-2、IL-4、干扰素-γ(interferon-γ, INF-γ)的表达水平，增加血清中一免、二免免疫球蛋白 G(immunoglobulin G, IgG)含量，进而增强小鼠对体液免疫的调控。Zhang 等也通过实验发现，磷酸化天花果皮多糖以 400 mg/kg 剂量灌胃 D-半乳糖诱导的衰老小鼠后[230]，磷酸化天花果皮多糖可提高小鼠的体重、脾脏和胸腺功能指数，增加体内的超氧化物歧化酶、过氧化氢酶和谷胱甘肽过氧化物酶含量，并削减了衰老小鼠肝脏、血液和大脑中的丙二醛含量。张扬发现磷酸化平菇多糖的免疫调节活性高于平菇多糖[231]，且呈剂量依赖性[232]，说明磷酸化多糖对免疫系统的调节功能与其磷酸基团含量有关。Duan 等进一步证实磷酸化平菇多糖可降低小鼠血清中的丙氨酸氨基转移酶、天冬氨酸氨基转移酶、碱性磷酸酶和总胆固醇含量，对 CCl_4 诱导的小鼠肝损伤有较强的保护作用[233]。此外，磷酸化剑麻多糖能刺激 T-淋巴细胞的增殖，激活产生更多的细胞因子，进而提高免疫活性[234]。磷酸化多糖可通过调节特异性和非特异性免疫反应，进而强化机体免疫调节功能，且其增强效果具有一定的剂量依赖性。

合成磷酸化多糖同样也具有免疫调节的活性。Nagasawa 等[235]发现葡聚糖经磷酸化之后能够促进小鼠脾细胞的有丝分裂，增强 B 淋巴细胞及树突状细胞表面的 CD86 和 CD69 的表达，也能促进 IL-10 的分泌。

磷酸化多糖的免疫调节机制并不明确，有学者认为其免疫调节活性与钙离子吸收有关[236]。钙离子是触发淋巴细胞增殖反应的第一信号，磷酸化多糖具有抑制磷酸钙沉淀形成的能力[237]，这样可以有助于钙离子与钙离子载体 A23187 结合，促进钙离子细胞内流，激发 B 细胞和 T 细胞增殖[238]。

E. 其他活性

除上述生物活性外，磷酸化多糖还具有许多其他的功能特性，如抑菌活性[239]、保鲜保水作用、吸附澄清作用、增加水溶性等[240]。丁丁研究发现磷酸化香菇多糖可调控黄曲霉菌丝内活性氧来抑制产毒活性[241]。磷酸基团固水能力强，可与水发生溶剂化作用，进而提升多糖保湿生物特性。另外，磷酸基团类属亲水性基团，磷酸基团的引进可增强多糖的水溶性。研究证实磷酸化海藻多糖可降低冷冻虾仁的汁液损失，保护虾肉肌纤维蛋白稳定，进而起到保鲜作用[242]。艾绿叶等通过持水性实验发现[243]，磷酸化烟叶多糖在低湿环境下可保持烟丝水分含量，改善烟叶品质。还有学者认为磷酸基团的引入可改变多糖在溶液中的构象，改善其水溶性和机械强度，表现出有利于吸附絮凝的特性[244]。冯小玲等也发现[245]，裂褶多糖经磷酸基团修饰后，其水溶性和保湿性有了极大的改善。Liu 等发现磷酸化葡甘露聚糖可作为结肠靶向药物的载体，降低水溶性药物的损耗[246]。多糖经磷酸基团修饰后，增强了其生物相容性和吸附活性，可作为良好的重金属吸附剂或药载体应用于生物医药领域，但其具体的作用机理仍亟待探索。

5）磷酸化多糖的其他应用

多糖经磷酸化之后，除具有多种生物活性之外，也赋予其良好的性能，目前研究最为广泛的是磷酸化纤维素、磷酸化壳聚（寡）糖、磷酸化淀粉等。

磷酸化纤维素具有微纤结构，可以作为蛋白质吸附剂，有希望用于蛋白质生物制品的电泳分离和提纯[247]；磷酸化纤维素也能吸附金属离子[248]，可应用于污水处理。

磷酸化壳聚糖具有良好的生物相容性，能作为骨骼替换材料[249]；适用于整形和组织工程；磷酸化壳聚糖凝胶可以作为药物控释材料，用于控制口服给药系统，避免在高酸性胃流体区域的药物释放[250]。

6.5 元素磷与生物膜

现代生物学发展中，具有革命性意义的成就之一就是认识到细胞——生命的基本单元，主要是由膜系组成的多分子动态体系。生物膜不仅是细胞结构的组织形式，而且也是生命活动的主要结构基础[23]。

6.5.1 生物膜的基本组成与结构

生物膜的主要组成成分是膜脂及蛋白质，在不同的细胞及细胞的不同位置，二者的成分及比例差异很大。

组成细胞膜的膜脂主要是磷酸甘油酯，其结构通式如图 6-27 所示。

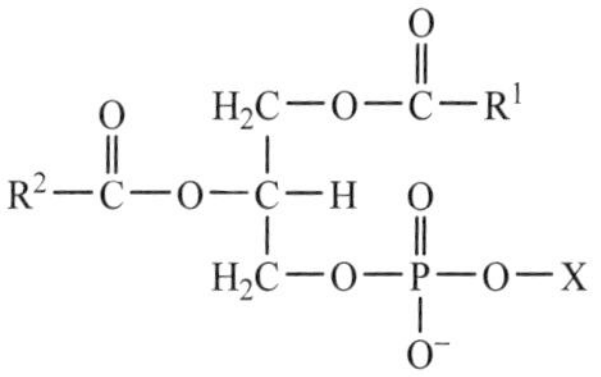

```
                          O
                          ‖
               H2C—O—C—R1
       O        |
       ‖        |
R2—C—O—C—H      O
                |       ‖
               H2C—O—P—O—X
                        |
                        O⁻
```

图 6-27 磷酸甘油酯的结构

其中 R^1 通常为饱和脂肪酸基，R^2 为不饱和脂肪酸基，X 可以是胆碱、胆胺、丝氨酸、肌醇等，对应地，它们分别为磷脂酰胆碱、磷脂酰胆胺、磷脂酰丝氨酸、磷脂酰肌醇等。

从磷脂的结构可知，甘油分子中两个碳原子被脂肪酸羧基酯化，具有疏水性（非极性尾）；第三个碳原子被磷酸酯化，并带有一个亲水性的胆碱、胆胺等基团，具有亲水性（极性头），因此磷脂分子被视为双亲分子。

当磷脂处于水环境中时，由于相似相溶作用，磷脂分子自然形成脂双分子层结构，所有亲水端伸向水相，而所有疏水端远离水相，磷脂分子彼此平行排列形成细胞膜的骨架结构。这个磷脂双层具有双重作用：它既对本体膜蛋白起溶剂作用，又是一个通透性屏障。

组成不同生物膜的蛋白分子在种类和数量上具有差异，正是这种差异，使不同细胞膜或细胞膜的不同部位具有不同的功能。

许多生物膜中还含有糖脂和胆固醇。糖脂，即含糖的脂类。在动物细胞中，糖脂通常是从鞘氨醇中引出的，在糖脂分子中可能含一个或多个糖基。而胆固醇通常存在于真核生物中，在多数原核生物中并不存在。

生物膜的具体结构到底如何，一直是 20 世纪 50 年代之前人们争论的话题之一。1972 年 S. J. Singer 和 G. Nicolson 根据生物大分子在水相中的热力学原理和膜蛋白、磷脂的“双型”特征，对生物膜总体组织提出了一个流动镶嵌模型。它主要把生物膜视为定向的球形蛋白和脂类的二维溶液。从膜的横切面看，膜中内嵌膜蛋白与磷脂的双分子层交替排列，其极性端（图中蝌蚪形的头部）突出膜表面伸向水相（注意有上下两面）而非极性端（图中蝌蚪形的尾部）埋藏在膜脂的疏水部分，在上下双层的中间。有些内嵌膜蛋白或其聚合体可横穿膜层。两面的极性部分伸向水相，中间疏水部分与脂双分子层的脂肪链部分呈疏水性结合。外周膜蛋白与膜外侧的极性部分以离子键结合。

一些膜脂与特定膜蛋白发生专一相互作用，这对它们的功能是必需的。除非被特殊的相互作用所限制，膜蛋白在脂类基质中可以自由地侧向扩散，但不能自由地从膜的一面转到另一面。

“流动镶嵌”这一模型近年来一直得到不断发展和深化，但都主要强调流动的脂双分子层构成膜的连续主体，蛋白质分子则流动在脂类的“海洋”中，即整个生物膜处于动态中，许多基本生命过程，如能量转换、物质运输、信息识别与传递、细胞发育与分化以及神经传导、激素及药物作用等，都与膜的性质有关。

6.5.2 生物膜的基本功能

生物膜是由膜蛋白和膜脂组成的有机聚集体。膜使细胞与它们的环境以及细胞内各区域相互隔离，使之具有各自独立的功能。膜是具有高度选择性的半透性隔膜，而不是不可穿透的壁，因为它们含有专一性的分子泵和阀。这些运输系统调节着细胞内介质的分子和离子的组成。

膜也控制着细胞及其环境之间的信息流。它们含有对外来刺激的专一性受体。细菌向食物的运动、靶细胞对像胰岛素这样的激素的反应以及对光的感受这类过程都是有关的实例。由膜中专一性受体来检测信号，而有些膜却产生化学的或电的信号。因此，膜在生物通信中起着重要作用。

生物体系中两种最重要的能量转换过程是由含有酶和其他蛋白的高度有序阵列的膜系统执行的：①光能转换成化学键能的光合作用是在叶绿体的内膜上进行的；②燃料分子氧化成腺苷三磷酸（ATP）的氧化磷酸化作用是在线粒体的内膜上进行的。

脂双层膜对离子和大多数极性分子的通透性很低。但水是一个例外，它很容易穿过脂双层膜。小分子的通透性系数与它们在非极性溶剂或水中的相对溶解度相关联。因此小分子可能以如下方式通过脂双层膜：首先，它脱去其水合层，然后溶入膜的碳氢核心中，最后，它在扩散中通过核心到膜的另一侧，并在那里重新被水合。

执行不同功能的膜含有不同的蛋白质，这是因为它们承担由膜实现的绝大多数动态过程。膜脂形成通透性屏障，从而建立分隔室，而专一膜蛋白则具有独特的膜功能，如运输、通信和能量转换等。膜脂为这样的蛋白创造了合适的环境。

生物膜具有一定的流动性，即形成双分子层的脂分子之间可以具有一定程度的相对运动（一般不离开分子层面）。每个脂分子的脂肪酰链也处于一定的运动状态中，脂肪酰链的运动程度一般取决于其链长及不饱和度。

生物膜的结构不是刚硬的。膜脂和许多膜蛋白都在不断进行着横向运动，有些运动速度还很快。然而，相对于在膜平面中的扩散，膜脂从膜的一侧自发翻转到另一侧的过程都是非常缓慢的。膜蛋白分子翻转的势垒比膜脂更大，因为膜蛋白的极性区域更为宽广。实际上，膜蛋白分子的翻转从未被观察到，因此，膜的不对称性能保持很久。

6.5.3 重要的膜脂

膜脂的主要组分是磷脂，它不但是膜的功能性砌块，而且对膜的结构完整、膜的离子传输和分子识别等功能的正常发挥以及依赖于磷脂的蛋白质系统的活性等都起着决定作用。

细胞膜上的磷脂主要为甘油的磷酸酯，或称为磷脂酸（phosphatidic acid, PA）的衍生物。此外还有少量鞘氨醇的磷酸酯，即鞘磷脂（sphingomyelin，SM）。PA 的衍生物主要有磷酯酰胆碱（phosphatidylcholine, PC，卵磷脂）、磷酯酰乙醇胺(phosphatidylethanolamine, PE，脑磷脂)、磷酯酰甘油（phosphatidylglycerol，PG）、磷酯酰丝氨酸（phosphatidylserine, PS）和磷酯酰肌醇（phosphatidylinositol, PI）。常见磷脂中磷酯酰胆碱在高等生物的生物膜及动物组织中含量最丰富，磷酯酰乙醇胺是含量居二的磷脂。磷酯酰肌醇的含量虽少，但却是细胞的信息分子，经磷脂酶 C 水解得到的肌醇三磷酸酯和 1,2-二酰基甘油能激发蛋白激酶 C，引发细胞反应，如收缩、分泌和代谢等。

6.5.4 重要的膜蛋白

大多数膜过程由膜蛋白实现，如运输、通信和能量转换等这些独特的功能均由特定的膜蛋白担当。

各种膜的蛋白含量并不相同。作为神经纤维周围绝缘体的一种膜，蛋白含量仅为 18%；而大多数其他细胞的质膜的蛋白含量约为 50%；涉及能量转换的膜，如线粒体和叶绿体的内膜，拥有最高的蛋白含量，约 75%。

膜蛋白在膜脂双层上的分布不同，有些膜蛋白嵌入脂双层，而另一些膜蛋白附着在膜表面。嵌入脂双层的膜蛋白与膜脂的烃链发生广泛的相互作用，相互作用力强，难以分开，只有通过加入能与这些非极性相互作用竞争的试剂才能使它们从膜中脱离出来。最常见的方法是加入表面活性剂或有机溶剂，这种膜蛋白通常被称作本体膜蛋白。而附着在膜表面的蛋白是通过静电和氢键与膜结合的。这些极性作用通过加入盐或改变 pH 就能被破坏，因此应用高离子强度溶液进行抽提即可使这种蛋白释放出来。这种膜蛋白常被称为外周膜蛋白。已有研究发现，大多数外周膜蛋白是与本体蛋白的表面相结合的。

6.5.5 含磷化合物对生物膜的影响

生物膜处于动态运动之中，膜脂具有一定的堆积方式及流动性，膜蛋白也具有与其功能相适应的特定空间构象。许多基本生命过程都与膜脂及膜蛋白的状态和运动方式有关。许多小分子化合物对膜脂及膜蛋白均产生一定影响，从而调控生物膜的功能。因此有必要采取近代生物学、物理学技术对膜脂及膜蛋白的动态性质和影响因素进行研究。

赵玉芬等以人体血红细胞膜及洋葱、豌豆等植物细胞膜为模型，研究了一些含磷化合物对生物膜的影响。

1. *N*-磷酰化氨基酸对人体血红细胞膜的影响

采用激光拉曼光谱等方法研究了 *N*-磷酰化氨基酸对人体血红细胞膜的影响[251]。研究发现，一般情况下，*N*-磷酰化氨基酸的加入使膜磷脂分子极性头部更加紊乱，分子链之间堆积更加松散，碳氢链的尾部甲基的运动受到限制。疏水链倾向于采取较多的反式构象。

N-磷酰化氨基酸的结构与膜脂有相似之处，它既有极性部分（氨基酸部分），又有非极性部分磷上碳氢链。因此，*N*-磷酰化氨基酸倾向于参与膜脂的堆积，并且以氨基酸部分与膜脂极性头部分相邻，磷酰基上碳氢链部分与膜脂疏水部分相邻。当 *N*-磷酰化氨基酸插入在磷脂分子之间时，磷脂分子间距离加大，分子间堆积松散，费米共振减弱，极性头部之间的有序堆积也被打破，同时也限制了碳氢长链的活动区域，使得碳氢长链尽可能多地采取占空间少的全反式，碳氢链尾部的活动性也受到限制。

在实验的pH条件下（pH=7.4），*N*-磷酰化氨基酸以阴离子形式存在，所带的负电荷与红细胞膜的磷脂极性头（从总体上讲带负电荷）相互作用，导致极性头部分排列紊乱，使之更加无序。

N-磷酰化氨基酸所带电荷、侧链基团尺寸大小、磷酰基上烷氧基体积、侧链上是否存在苯环等因素，均会改变其影响膜磷脂流动性的灵敏性。这些结果表明，不同的磷酰化蛋白对膜磷脂流动性变化可能具有不同的影响能力。同时也从另一个角度说明了经磷酰化修饰的蛋白为何具有特殊的生物功能。

不同浓度的 *N*-磷酰化氨基酸对人体血红细胞膜磷脂流动性的影响不同，如 *N*-磷酰化脯氨酸对膜流动性的影响并非是单调变化的。当浓度较低时，浓度的改变对膜流动性变动的影响不大，然而当浓度增加到一定值时，对膜流动性具有较大的影响。可以推测，在生物体系中，磷酰化蛋白的浓度变化可能影响膜的流动性，而且其影响效果可能有赖于浓度范围的变化（如可能有一个阈值）。

磷酰化氨基酸与游离氨基酸对膜流动性的影响有一些类似之处，二者对膜磷脂的横向流动性和长链末端流动性的影响类似，而对膜磷脂碳氢链的全反式与扭式的比例变化的影响有所不同。这可能与二者在膜磷脂双层中的嵌入程度不同有关。

2. cAMP、cGMP、ATP 对人体血红细胞膜的影响

应激性是生物的基本特性之一。无论是最低等的原生生物，还是人类，都具有对外界刺激做出适应性反应的能力。然而生物的应激性是怎样产生的，生物如何协调自身的代谢和各种功能？这个问题一直引起人们的极大兴趣并成为近年来生物学和生物化学领域研究的热点之一。

在早期，人们主要致力于研究激素的作用机理，而作为第二信使的 cAMP，它是一种重要的信息传递物质，在细胞的功能调节中起到了不可忽视的作用，因此近年来很受人们关注。

最早研究的激素——肾上腺激素，是通过 cAMP 信使系统起作用的。肾上腺激素作用于肝细胞膜上受体引起 cAMP 浓度升高，使肝细胞内的糖原分解为葡萄糖，调节体内糖的代谢。

cAMP 还调节细胞膜的通透性并开闭膜上离子通道。霍乱毒素引起的严重腹泻就是因为该毒素使肠表皮细胞内 cAMP 浓度持续上升，致使大量 Na^+和水流到肠腔中。

此外，cAMP 还是细胞增殖的调节因子之一。在细胞分裂周期的不同阶段，Ca^{2+}和 cAMP 的浓度有节律地波动，控制着分裂各阶段的交替更迭，使细胞分裂能够正常进行。癌细胞的增殖失控与细胞 cAMP 水平失常也有着必然的联系。

那么，cAMP 到底是如何影响细胞的生理活性，尤其是如何影响细胞膜的生理功能的？为此，赵玉芬团队探讨了 cAMP 对人血红细胞膜流动性及膜蛋白二级结构等的影响[252-255]。此外，人们还发现 cAMP 在细胞中的作用受到 cGMP 的拮抗。实验表明，cAMP 和 cGMP 对细胞代谢反应和生理功能的调节作用是相反的。人们普遍认为二者的动态平衡对调节细胞功能比各自的浓度更为重要。因此，有必要系统地研究 cAMP 和 cGMP 对细胞膜的协同作用，以进一步了解生物膜的调控机制。作为 cAMP 前体的 ATP，对 cAMP 的作用也有影响，因此也有必要探讨 ATP 与 cAMP 的协同作用。

研究发现，cAMP 引起红细胞膜膜蛋白二级结构的变化与它对磷脂流动性的改变可能具有相关性：二者都呈非单调关系变化，极值点也近似（在 10 mol/L 附近）。由此推测，cAMP 对细胞功能的作用可能与这两种因素有关。但因为 cAMP 是小分子化合物，它对红细胞膜的宏观性质，即流动性直接产生较大影响的可能性不大，流动性变化的来源可能是磷脂和膜蛋白的作用。较合理的推测是 cAMP 结合于红细胞膜上的蛋白质，引起其结构和功能的变化，进而对膜磷脂的流动性产生影响。

外周蛋白膜除了与膜内在蛋白相结合外，还可能通过离子键与膜磷脂极性头结合。如果这种结合变弱，可能导致膜脂极性头无序性增大。当蛋白质的螺旋结构增大时，蛋白质自身卷曲成有规则的结构，与磷脂之间的作用会减弱，从而导致极性头无序性增大。

膜内在蛋白以疏水键与磷脂非极性地键合。如果构象的变化使蛋白表面的疏水基团数量发生变化，必然会影响膜脂碳链的流动性。当蛋白质的疏水基团减少时，碳氢链与蛋白质之间的作用减弱，从而导致碳氢链之间的作用增强。

3. *N*-磷酰化氨基酸对植物细胞膜渗透性的影响

赵玉芬团队研究了 20 种游离的氨基酸及其磷酰化产物对洋葱、豌豆等植物细胞膜水透性的影响，发现游离的氨基酸中只有丝氨酸、苏氨酸可使植物细胞膜水透性增强，而磷酰化氨基酸中只有部分 *N*-磷酰化极性氨基酸，如磷酰化丝氨酸、磷酰化苏氨酸、磷酰化天门冬氨酸、磷酰化谷氨酸及磷酰化组氨酸等可使植物细胞膜水透性增强。

对游离氨基酸及其磷酰化衍生物对洋葱、豌豆等植物细胞膜溶质透性的影响的研究发现，植物细胞膜上脲、甲脲等小分子溶质的透性可被极性及非极性的游离氨基酸和 *N*-磷酰化氨基酸增强。这些化合物是通过与膜脂和/或膜蛋白相互作用而影响膜透性的，且种种迹象表明，脲、甲脲在植物细胞膜上更可能是通过膜脂双层进行扩散转运的。

研究结果表明，游离的氨基酸及 *N*-磷酰化氨基酸与植物细胞膜的膜脂发生了某种作用，可能使植物细胞膜脂的横向流动性增大。对于通过膜脂双层进行扩散转运的脲、甲脲等小分子来说，这种作用可使它们更容易透过膜脂双层。

6.5.6 有机磷化合物的生物膜毒性效应

有机磷化合物的急性毒性主要归因于对胆碱能神经突触后膜上乙酰胆碱酯酶（AChE）的抑制，造成突触间隙乙酰胆碱（ACh）蓄积，后者持久地作用于乙酰胆碱受体（AChR），而引起一系列的胆碱能神经兴奋症状。然而，有机磷化合物的所有毒性效应并非都能用胆碱能作用机制解释[256]。文献资料表明，有机磷化合物的某些毒性与其对 AChE 的抑制程度无平行关系。昆虫毒理学的研究结果也表明 AChE 的抑制并不是有机磷化合物引起昆虫中毒和死亡的唯一原因[257]。鉴于目前对此尚未研究清楚，因此统称为有机磷化合物的非胆碱能毒性作用。有机磷化合物对生物膜的影响可能在上述毒性中起重要作用。

1. 有机磷化合物致生物膜毒性效应的基础

有机磷化合物种类众多，但基本结构相同，因而具有一些类似的理化性质。首先，有机磷化合物多具有较好的脂溶性，这种特性使它们可能掺入生物膜的脂区中，影响膜的结构、功能、生物化学及生物物理性质。Antunes-Madeira 研究证明[258]，对硫磷（parathion）可掺入到人工膜及天然生物膜的脂区中，掺入量受膜脂的组成（尤其是胆固醇的含量）、膜脂流动性及温度的影响。而对硫磷的掺入可使膜热相变温度改变。在研究有机磷和有机氯化合物对昆虫骨骼肌肌质网钙泵的影响时，也发现这些化合物对钙泵的影响程度与它们在已烷中和生物膜中的分配系数有一定的关系。其次，有机磷化合物具有磷酰化和烷基化两种性能[259]，当有机磷化合物与膜 AChE 络合，P—X 键断裂脱下 X 基团，即形成磷酰化酶，使 AChE 活性丧失。同时也可能使其他膜酶或膜蛋白磷酰化，而 AChE 或膜蛋白磷酰化尤其是酶老化时，可能会引起膜表面电荷的变化。不仅如此，有机磷化合物与 AChE 形成络合物后，其 R—O 键或 X 基团中所含有的 O—C 键也可断裂而脱下烷基，脱下的烷基往往是有活性的烷化剂，特别是那些能够形成环状结构的碳离子均是烷基化能力较强的烷化剂。烷化剂可使含—SH 酶或蛋白烷基化。因此，有机磷化合物的烷化性能可能是抑制某些含—SH 酶活性的原因。此外，R—O 键断裂脱烷基也可能是 AChE 老化的原因。最后，有机磷化合物对 AChE 的抑制，导致突触间隙 ACh 蓄积，实验证明 ACh 可以增强神经组织的磷酯转换（turnover，主要限于磷脂酰肌醇和磷脂酸）。Lapetine 等认为 ACh 刺激磷脂酰肌醇的转换，可能与突触膜流动性变化有关。因此，Davis 等推测有机磷化合物很有可能间接或直接地促进磷脂酰肌醇和/或磷脂酸的代谢而改变突触膜的通透性，并由此影响突触联系。他们研究有机磷化合物对参与磷脂酰肌醇和磷脂酸代谢的二酰基甘油激酶（diacyl-glyceral kinase）及磷脂酰肌醇磷酸二酯酶（phosphatidylinositol phosphodiesterase）活性影响的结果似乎支持他们的推测[260]。上述性质即构成了有机磷化合物的生物膜毒性效应的基础。

2. 有机磷化合物对膜生化性质的影响

有机磷化合物对膜生化性质影响的一个主要方面是对膜酶的影响。其除特异性地抑制 AChE 外，对多种组织的 ATPase 也有作用[261]。TOTP（tri-*o*-tolyl phosphate）、速灭磷对鸡脊神经索突触体 Na^+，K^+-ATPase 和 Mg^{2+}-ATPase，对硫磷对大鼠膈肌肌质网 Ca^{2+}-ATPase 和 Mg^{2+}-ATPase 以及梭曼和 DFP 对大鼠脑皮质 Na^+，K^+-ATPase 都有抑制作用，并存在时间、剂量依赖关系。且同一种 ATPase 对不同的有机磷化合物的反应不一，同一种有机磷化合物对不同的 ATPase 的抑制能力也不同。而且有机磷化合物对 ATPase 的抑制能力与其抗胆碱酯酶活性不呈平行关系。例如，TOTP 不抑制 AChE 活性，却可抑制 Mg^{2+}-ATPase 和 Na^+，K^+-ATPase 的活性。对硫磷对 Ca^{2+}-ATPase 的抑制能力较对氧磷强，但其抗胆碱酯酶活性弱于后者许多。相反，也有报道 DFP 可使大鼠脑和肾匀浆微粒体组分 Na^+，K^+-ATPase 活性增加，对硫磷、谷硫磷使昆虫骨骼肌肌质网钙泵活性增加[262]。

腺苷酸环化酶（AC）和鸟苷酸环化酶（GC）是参与环核苷酸代谢的另一类重要膜酶，它们与磷酸二酯酶（PDE）一起调节组织中环核苷酸的水平。在某些有机磷化合物中毒时，动物常常出现类似于甲基黄嘌呤类（如咖啡因）中毒的症状并伴随有血浆及脑组织中 cAMP、cGMP 和 cAMP/cGMP 比值的变化，说明有机磷化合物可能干扰了参与环核苷酸代谢的酶系统。Ševaljević 等发现，大鼠 VX 或梭曼中毒时，血浆和脑组织中的 cAMP 及 cGMP 含量均明显增加。而血浆中 cAMP 水平升高与红细胞 AChE 活性抑制程度之间呈相关关系。用 HI-6（bisquaternary oxime）治疗 VX 中毒大鼠，随着红细胞膜 AChE 活性的恢复，血浆 cAMP 水平相应地降至近于正常。而梭曼中毒用 HI-6 治疗，既无红细胞 AChE 活性的重活化，也无 cAMP 水平的恢复，表明调节血浆 cAMP 水平的机理和调节 AChE 活性的机理是相联系的。用利血平预处理动物，可以明显减少 VX 中毒所引起的 cAMP 水平升高，说明儿茶酚胺可能是 VX 中毒时使 cAMP 水平升高的原因之一。因此作者认为可能是有机磷化合物对 AChE 的抑制，导致 ACh 增加，ACh 诱导儿茶酚胺释放，后者再活化 AC 活性，使 cAMP 生成增加。后来，他们进一步证明梭曼中毒大鼠脑突触体膜磷酸化比对照增加，AC 活性增高[263]。Dell 等也发现 Wofotox 50 EC 在有 GPP(NH)P 或异丙肾上腺素和 GTP 共存时，可刺激鸡胚胎肌肉组织的 AC 活性，使 cAMP 水平增加[264]。Coult 等认为梭曼所引起的 cAMP、cGMP 增加可能是梭曼既干扰了胆碱能系统，又干扰了 GABA 能系统，即梭曼抑制 AChE，导致 ACh 增加，刺激 cGMP 释放，后者反馈性刺激 GABA 受体，GABA 再刺激 cAMP 的释放，结果是 cAMP、cGMP 均增加。按照上述观点，凡能抑制 AChE 的有机磷化合物都应引起环核苷酸代谢的变化。实际上，双环有机磷化合物 IPTBO（4-isopropyl-2,6,7-trioxa-1-phosphabicyclo[2,2,2]octone）并无抗胆碱酯酶活性，却可使小鼠脑组织中 cGMP 水平升高，cAMP 水平下降。有趣的是，有人发现 DFP 可降低脑、心组织中 cAMP 含量，同时可抑制 AC 活性。国内也有报道倍硫磷可使血浆中 cAMP、cGMP 含量降低，cAMP/cGMP 比值增加。这说明有机磷化合物对细胞膜环化酶的影响可能因结构而异。

此外，有机磷化合物对其他膜酶的影响可能与其毒性也有一定的关系。例如，对脂酶的影响可能引起膜脂组成和含量的变化。对神经毒性酯酶的抑制可能是发生迟发性神经毒性的生化基础。

有机磷化合物对膜生化性质影响的另一个方面是对膜脂质的作用，包括膜脂组成变化和脂质过氧化。

3. 有机磷化合物对膜通透性及离子转运的影响

Antunes-Madeira 等发现在 10^{-5} mol/L 的对硫磷作用下，脂质体在尿素和赤藓醇的等渗液中可发生明显的渗透肿胀，而在不可透性的电解质如钠、钾和钙的醋酸盐等渗液中并无渗透肿胀增加，但当加入各自特异的离子载体，如缬氨霉素和 ionophore X-537A 时，即可见渗透肿胀增加。此后他们还观察了有机磷化合物对猪红细胞及红细胞膜提取脂质体通透性的影响[265]，发现对硫磷、谷硫磷明显增加红细胞在高渗甘油中的始相肿胀速率。在 0.5 mol/L 甘油溶液中，对硫磷等使红细胞溶血率或胞内 K^+外漏出量均明显增加，而脂质体内 K^+则完全漏出。相比之下，由红细胞膜提取脂制备的脂质体比完整红细胞对对硫磷的作用更敏感。结果表明，有机磷化合物可使脂质体膜和红细胞膜对非电解质和离子载体复合物的通透性增加，而脂质体与完整红细胞对有机磷化合物的敏感性差异则提示脂质-蛋白质的相互作用在膜通透性调节过程中具有重要作用。然而，他们在标准低渗盐水溶血试验时，发现对硫磷等对猪红细胞膜具有保护作用。作者认为这种作用可能是由于有机磷化合物与膜蛋白结合，导致蛋白、脂质分区，从而减少了脂质与蛋白相接界面连续性缺陷的数目，并加强了脂质-脂质间及蛋白质间的相互作用，由此增强了膜的强度，相应地使膜对渗透损伤的抵抗力增强。以往研究表明，脂膜对非电解质的通透性与膜脂流动性呈函数关系。既然有机磷化合物使膜对非电解质通透性增加而无明显的脂膜损伤，且对不透性电解质只有在特异性载体存在时才有通透性增加，说明有机磷化合物似乎并不引起去污剂样对膜的永久性损伤。因此，Antunes-Madeira 等推测有机磷化合物使膜对非电解质及离子载体复合物的通透性增加，可能是由于有机磷化合物使膜脂流动性增加。

有机磷化合物不仅影响膜对物质的被动转运，而且对离子的主动转运也有影响。Huddart[266]报道较低浓度对硫磷就可明显抑制阴虱或蟑螂等昆虫骨骼肌肌质网钙泵对钙的摄取，而且可使已摄取的钙又重新释放，说明对硫磷对肌质网的整个钙富集系统有直接作用。后来，他们进一步发现在接近体内钙浓度的情况下，肌质网对钙的结合能力要比线粒体强，而线粒体摄钙受到有机磷化合物的抑制却比肌质网更敏感。同时还发现在体内条件下当肌质网无钙可释放时，有机磷化合物尚可诱导线粒体内钙的释放。因此，他们认为对硫磷所引起的肌细胞内游离钙浓度的增加以及随之发生的肌肉收缩，可能主要是由对线粒体钙主动摄取的抑制所致。但是，Antunes-Madeira 等发现，对硫磷与谷硫磷等可明显刺激肌质网钙泵的活性，使钙摄取、ATP 水解及 Ca^{2+}/ATP 比率均明显增加，而且这些效应与它们对膜通透性的影响以及对哺乳动物的某些毒性基本一致。他们认为，既然有机磷化合物可改变膜脂流动性而引起膜对非电解质和离子载体复合物通透性的增加，那么有机磷化合物对肌质网膜可能也有同样的影响，推测有机磷化合物与肌质网的相互作用可能使得肌质网膜处于一种适合于钙泵发挥活性的流动性或黏度状态，也可能是影响了脂质-蛋白质的相互作用，从而给酶（钙泵）提供了一个有利于其活性的适当构象，因而肌质网钙泵活性增加。作者认为由此可以解释有机磷化合物中毒时一些生理效应的变化，如肌肉麻痹。不仅如此，Gauna 等还发现对硫磷在尚未抑制狗红细胞和肾组织 AChE 活性的剂量下[267]，即可使肾小球钠排泄量明显增加，钾排泄量明显减少，除了尿量有轻微增加以外，其他各参数（包括肾小球滤过率、肾血流、滤过物成分及血浆钠浓度）都无变化，而且所给的对硫磷剂量远远低于能够抑制 Na^+，K^+-ATPase 的剂量。作者认为这可能是由于低剂量对硫磷引起肾小管膜的结构变化，从而减少了钠的重吸收。这进一步说明有机磷化合物可直接影响膜的主动转运。

有机磷化合物除直接影响膜的离子转运外，在神经突触连接处，还可通过 ACh 的作用间接影响突触膜的离子转运。由于 AChE 受到抑制，突触间隙 ACh 蓄积，而引起持久的 Na^+、Ca^{2+}内流及 K^+外流，由此引起一系列生理效应的变化。

4. 有机磷化合物对膜生物物理性质的影响

膜脂流动性与膜的通透性有密切关系。前已提及，有机磷化合物使人工膜对非电解质及离子载体复合物通透性的增加可能就是膜脂流动性变化的结果。Domenech 等根据膜结合酶的 H 系数（即 n 值）与膜脂流动性的关系[268]，首次报道马拉硫磷、对硫磷在尚未抑制大鼠红细胞膜 AChE 的浓度（10^{-9}～10^{-7} mol/L）时，即可引起红细胞膜脂流动性下降及膜结合性 AChE 变构行为的改变。此后，尚有人报道 DFP 和沙林可降低电鱼肌纤维膜（electroplax membrane）的胆固醇与磷脂比例，提示它们也可改变膜脂流动性。

有机磷化合物也可影响膜相变温度及诱导相分离。Antunes-Madeira 等报道对硫磷、谷硫磷与脂双层脂质体相互作用，使膜热相变温度明显向低温范围移动，表明膜脂双层无序化增加[269]。这种作用可能与膜脂排列无序性增加伴随磷脂烃链的运动增加有关。脂双层疏水核心区无序化的增加通过范德华引力和降低膜脂黏度而减弱了脂肪酸链间的相互作用，这样就造成脂屏障的减弱或瞬间缺失，由此引起膜通透性的增加。这同有机磷化合物使人工膜对非电解质和离子复合物通透性增加而无膜完整性破坏的现象是一致的。作者发现有机磷化合物对短链脂的影响比对长链脂的影响更明显，认为在衡量有机磷化合物与膜脂这种相互作用的程度时，似乎脂链的长度比脂的头部组成更为重要。除相变温度的变化外，对硫磷等尚可诱导 DMPC 和 DSPC 两种混合脂膜发生双相相变即相分离。混合脂膜中某些组分在较低温度范围内就发生了相变成为流动相，而其余仍保持凝胶状。对硫磷等更易于与由短链磷脂组成的流动性大的流动相作用。由于天然生物膜中有较多量的流动脂，因此作者预测有机磷化合物可能更易于与流动性高的膜脂作用而引起相分离。相分离在生物膜平面中液-固界面引入侧向异性（lateral heterogenetities）提供了一条途径。这些效应可能导致侧向压缩性

（lateral compressibilities）和侧向扩张性（lateral extensibilities）出现，并由此影响生物膜的生理功能。作者还观察到对硫磷等能部分地消除胆固醇对热相变的影响，提示对硫磷等可干扰胆固醇-膜脂的相互作用。另外，膜相变又影响对硫磷掺入膜中的量。在相变温度范围内，对硫磷掺入膜中的量最大。可能相变时，凝胶相与液晶相共存，脂链高速摆动，邻近相的有序摆动可能引起有序区和无序区间的瞬间缺陷，从而利于外来分子掺入。此外，相变时的侧向压缩性和侧向扩张性可能也有益于对硫磷的掺入。当然，这种掺入反过来又影响膜脂热相变温度。

有机磷化合物对生物膜的电学特性也可间接地或直接地产生影响。当 AChE 受到抑制，突触间隙内 ACh 浓度增加，ACh 可直接作用突触后膜，引起快兴奋性突触后电位，也可干扰环核苷酸代谢而影响慢抑制性突触后电位及慢兴奋性突触后电位。有机磷化合物还可发挥改变递质释放的突触前效应而使微小终板电位频率改变。有机磷化合物也可直接与膜作用而影响膜表面电荷。Toia 等发现有机磷化合物使 α-糜蛋白老化后，蛋白电泳现象明显不同于老化前，说明蛋白分子纯电荷发生了变化[270]。这提示有机磷化合物使膜 AChE 或其他膜蛋白老化时，可能也会引起膜电荷的变化。Bradburg 和 Haddart 先后都观察到对硫磷等可明显使甲虫类肌纤维膜电位去极化。

有机磷化合物的膜毒性除以上三方面的表现外，它们对膜受体的影响也是近年来人们所重视的一个重要问题。已有研究发现，某些有机磷化合物急性中毒和慢性中毒对膜受体的影响是不同的[271]。乙拌磷（disulfoton）亚急性染毒两周，可明显减少动物脑和腺体组织中的胆碱能 M 受体和脑组织中 N 受体的数目，但受体与其特异性配体的亲合力并无改变。同样，对氧磷（paraoxon）和 DFP 等亚急性染毒也可使大鼠脑组织中 M 受体和 N 受体数目明显减少而无受体亲和力的变化。但一次性急性染毒无上述效应。此外，有机磷化合物还可作用于突触前受体而影响神经递质的释放。这些结果可以解释动物对某些有机磷化合物产生耐受性的现象。

6.6 磷元素在药学中的作用

6.6.1 磷与生命化学

磷元素对于生命活动来说是至关重要的，如磷酸二酯键连接了核糖核苷酸或脱氧核糖核苷酸，从而构成 RNA 或 DNA；磷脂双分子层是构成细胞膜的基本骨架，对维持细胞的生命活动发挥重要的作用。人体内的磷主要以磷酸根的形式参与许多对生命活动非常重要的物质代谢过程，也是骨盐的重要成分。遗传物质的最基础分子核苷酸就是通过磷酸基团连接成 DNA 和 RNA 的；磷与脂类结合构成磷脂，进而与蛋白结合，构成细胞膜的组成成分。磷还以 ATP 的形式参与能量代谢，尤其是氧化磷酸化过程，引起遗传物质的转录和翻译、蛋白的表达、细胞代谢的合成与分解，为细胞代谢供应能量。磷参与了 DNA、RNA 以及许多辅酶的构成，调节酶的活性，如焦磷酸硫胺素、磷酸吡哆醛、辅酶Ⅰ及辅酶Ⅱ等，它们在物质代谢中具有重要作用。在糖酵解过程中，组成 1,3-二磷酸甘油酸，通过二磷酸甘油酸变位酶转变成 2,3-二磷酸甘油酸（2,3-DPG）。在红细胞内2,3-DPG的浓度是调节血红蛋白对氧亲和力的重要因素。DPG能和血红蛋白结合，这样就降低了血红蛋白对氧的亲和力，使氧解离曲线右移。当血液通过组织时，红细胞中 DPG 存在就能显著增加氧的释放，有利于组织获得较多的氧。在患者患有严重阻塞性肺气肿时及人们对高山适应不全时，就是通过红细胞内 DPG 浓度增高，释放较多的氧，以调整缺氧的状况。磷酸盐在血浆内组成 Na_2HPO_4-NaH_2PO_4、红细胞内组成 K_2HPO_4-KH_2PO_4 缓冲系统，调节体内酸碱平衡。此外，白细胞进行吞噬活动时，磷酸戊糖代谢途径的活性增强；摄入的氧被还原成过氧离子（O_2^-），可自发地或在超氧化物歧化酶（SOD）的作用下生成 H_2O_2，H_2O_2 和 O_2^- 可氧化细菌细胞膜脂类而破坏细菌细胞膜，起到杀菌作用[272]。

磷既是遗传物质 DNA 和 RNA、细胞脂膜、蛋白质（酶），甚至是骨的组成成分，又参与体内几乎所有的合成与分解代谢，随时调节体内酸碱平衡，维持机体正常运行。在生命从胚胎发育到衰亡过程中，磷始终发挥着重要的生理功能[23]。

磷化物良好的生物活性主要归结于其独特的化学结构特点[272-275]：①磷原子中心是四面体结构，相对于平面结构的含碳化合物而言，含有磷原子的结构类似物能更好地模拟过渡态的四面体结构。因此磷化物作为稳定的过渡态类似物通常可以抑制酶的活性；②磷酰基具有强极性，在体内可以作为良好的氢键受体参与作用；③P═O、P—OH 基团能够形成金属离子复合物，可以有效地调控体内的金属离子；④通常磷（膦）酸酯在哺乳动物中毒性较低，因此这些磷化物作为药物被广泛应用。

6.6.2 磷为构成药物基本母核的元素

由于磷在体内存在的形式较多，有许多为代谢中间体，因此可以模拟、改造这些代谢中间体的结构，甚至直接利用这些中间体，达到医治疾病的目的[276]。如利用代谢中间体 1,6-二磷酸果糖（FDP）治疗心功能衰弱疾病。当心功能衰弱，机体缺氧时，提供外源性 FDP 可促进葡萄糖代谢，产生 ATP，供给细胞能量，并促使 K^+内流，增加细胞内 K^+ 浓度，恢复细胞极化状态，减轻细胞内酸中毒，增加心肌收缩能力与全身供氧。磷酸烯醇式丙酮酸是葡萄糖转移酶的催化底物，用来合成细菌细胞壁。磷霉素的结构与磷酸烯醇式丙酮酸相似，因此可以与其竞争葡萄糖转移酶，使细胞壁的合成受到抑制而导致细菌死亡。病毒核酸的复制需要特定核酸聚合酶，那么该聚合酶催化的底物或产物核苷酸类似物的特征性结构是设计抑制核酸聚合酶药物的关键。磷甲酸类抗病毒药模仿了核苷酸中焦磷酸的部分，将单个或多个 P—O 键替换成 P—C 键，即使识别 P—O 键的水解酶不会将其降解，保持应有的稳定性，又保留其原有的结构，易被核酸聚合酶识别，因此它们能竞争性地与核酸聚合酶结合，阻止病毒核酸的复制，达到杀灭病毒的目的。该类药物不仅具有抗巨细胞病毒及其他病毒的作用，还有抗艾滋病病毒的作用。

氮芥为抗肿瘤药中烷化剂的一类，磷酰基的介入不仅大大降低了该类药物的毒性，而且极大地提高了药效。无活性的环磷酰胺进入体内后，先在肝脏中经氧化酶系统转化，达到 4-羟基环磷酰胺与醛磷酰胺的平衡状态，并在肝、肾等正常组织内经酶促反应转化无活性的代谢产物 4-酮环磷酰胺与羧磷酰胺。而肿瘤细胞缺乏正常组织内所具有的酶，不能进行上述转化，则不稳定的醛磷酰胺分解成磷酰胺氮芥，继而形成具有活泼正碳的亚乙基亚胺离子。该正碳离子与细胞内蛋白、核酸上的各种亲核基团如磷酸基、氨基、羟基和咪唑基等形成共价键，使细胞发生变异，影响细胞分裂，导致细胞死亡。噻替哌类抗肿瘤药可直接提供亚乙基亚胺正碳离子与细胞内 DNA 的碱基如鸟嘌呤结合，从而改变了 DNA 功能，影响癌细胞分裂，达到抗癌目的。

6.6.3 含磷药物的临床应用

临床上含磷药物使用由来已久，常用的含磷药物包括最普遍的磷酸盐、磷酸酯、磷酰胺等，临床上可用于抗癌、抗菌、抗炎、抗骨质疏松或促进心脑血管循环等。

1. 无机磷酸盐类药物

无机磷酸盐类药物在临床上使用历史悠久，常用的无机磷酸盐包括用于补钙的磷酸氢钙、可预防低磷血症或导泻的磷酸二氢钠及磷酸氢二钠、用于临床骨扫描或心肌梗死成像的锝[^{99m}Tc]焦磷酸盐或亚锡焦磷酸钠等。另外，磷酸属于中强酸（$pK_{a1} = 2.12$，$pK_{a2} = 7.21$，$pK_{a3} = 12.67$），临床上常将其与有机碱制成磷酸盐，磷酸盐对生理 pH 的影响小，因此，一些碱性药物，如用于缺血性脑血管疾病的川芎嗪，治疗疟疾的萘酚喹、氯喹、伯氨喹、咯萘啶或哌喹等，可镇咳或镇痛的可待因或苯丙哌林，用于室性心律失常的丙吡胺，主要用于胃分泌功能等检查或用于脱敏的组胺，抑制神经氨酸酶用于治疗流感的奥司他韦等，均可与磷酸成盐[277]，成盐后这些有机碱性药物在水中的溶解度得到提高，便于制备成含水的剂型，如针剂、口服液等。同时，还可使油状的有机碱变为固体，便于通过重结晶等方式对药物进行分离纯化，并可促使制剂成型。

2. 磷酸酯类药物

1）抑菌剂——克林霉素磷酸酯

克林霉素是林可霉素的结构改造物[278,279]，通过抑制细菌蛋白的合成而发挥抑菌作用，与林可霉素相比，其抗菌作用强 4～8 倍。克林霉素磷酸酯是克林霉素糖环 2-位羟基磷酸酯化后的衍生物，其结构见图 6-28。在体外无抗菌活性，进入体内后经磷酸酯酶水解为克林霉素而发挥抗菌活性，对革兰阳性球菌、厌氧菌、对甲氧苯青霉素耐药的葡萄球菌和链球菌所导致的感染均具有良好的疗效，吸收好、骨浓度高，临床上作为骨感染治疗的首选药。

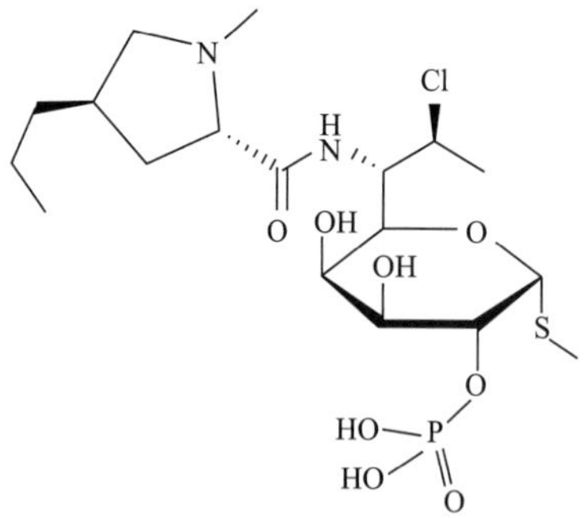

图 6-28 克林霉素磷酸酯的结构

酯化后的前药水溶性大为提高，可制备为静脉注射或肌肉注射剂型，也可局部应用。因为酯化后脂溶性降低，所以药物能更快速地在注射部位扩散，但由于磷酸酯高度极化，它在细胞之间扩散至相邻组织的现象被最大程度地减少，因而相较于克林霉素盐酸盐，在注射克林霉素磷酸酯时的刺激性及疼痛感大为降低。克林霉素磷酸酯也可在局部应用。由于皮肤表面的磷酸酯酶活性低，因而应用于皮肤疾病如痤疮时，副作用如腹泻、假膜性结肠炎等发生率极低[280]。作为阴道栓剂使用时，虽然前药能快速转化为克林霉素，但是血药浓度相较于口服克林霉素盐酸盐而言低很多，副作用也能得到降低。

2）抗癫痫药——磷苯妥英钠

与克林霉素磷酸酯类似，磷苯妥英钠是苯妥英钠的磷酸酯化后的前药[281]，于 1996 年在美国上市（其结构见图 6-29）。其作用机理是阻断压力控制的钠通道，主要用于癫痫患者的痉挛症状以及抑制或控制神经外科手术中惊厥的发作。

但是相较于苯妥英钠而言，机体不管是在局部还是整体上均对磷苯妥英钠的耐受性更佳[282]，使用磷苯妥英钠时副作用（包括对心血管系统的影响，如高血压、心律失常等，以及感觉异常、瘙痒症，或嗜眠症、头痛、头晕、眼球震颤、共济失调等中枢系统疾病）较苯妥英钠程度更轻；发生紫色手套综合征（purple glove syndrome，即四肢水肿、脱色及注射部位的末梢疼痛）的概率比苯妥英钠要低得多。并且可肌肉或静脉注射，肌肉注射后 30 min 内达到治疗所需的血药浓度。因此在美国，该药物已经替代苯妥英钠在临床上使用，并首选于苯二氮䓬类治疗无效的痉挛性癫痫的治疗[283]，不过国内至今尚未见进口及申请临床。

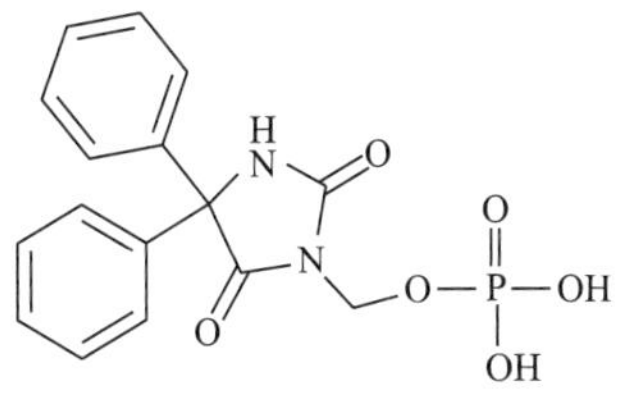

图 6-29　磷苯妥英钠的结构

3）营养剂——甘油磷酸盐

甘油磷酸钠是 α-甘油磷酸钠与 β-甘油磷酸钠的混合物，即甘油 1-位或 2-位羟基与磷酸形成的酯。磷可参与骨质的形成，或以磷脂形式参与细胞膜的组成，同时磷也与许多代谢酶的活性有关，在能量代谢中的作用至关重要。甘油磷酸钠在临床上静脉注射时用作磷补充剂[284]，以补充机体对磷的需要。甘油磷酸钙与甘油磷酸钠类似，常用作营养药，用于病后虚弱的辅助治疗[285]。不同甘油磷酸盐结构见图 6-30。

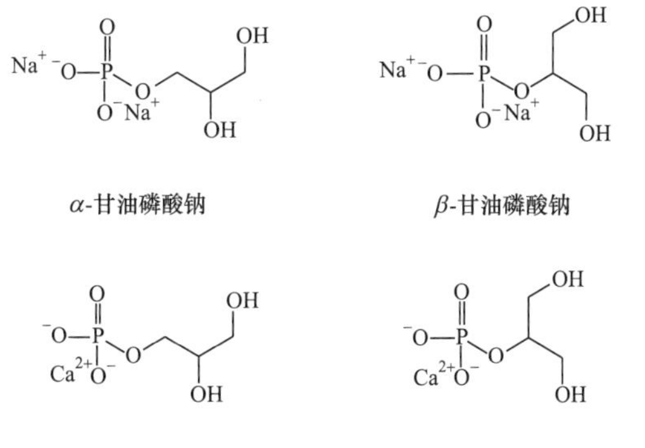

α-甘油磷酸钠　β-甘油磷酸钠

α-甘油磷酸钙　β-甘油磷酸钙

图 6-30　不同甘油磷酸盐

4）改善心脑血管循环的内源性含磷药物

改善心脑血管循环的内源性含磷药物主要有胞磷胆碱钠、三磷酸腺苷二钠、环磷腺苷三类，它们的结构见图 6-31。

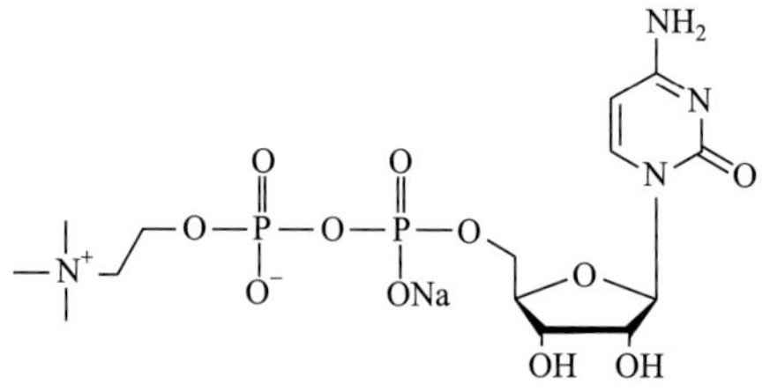

胞磷胆碱钠

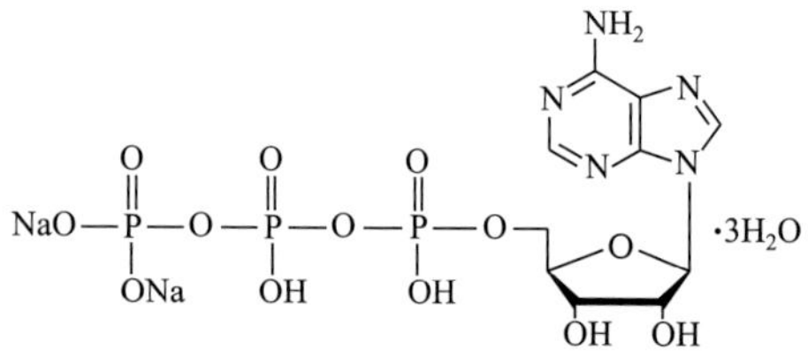

三磷酸腺苷二钠

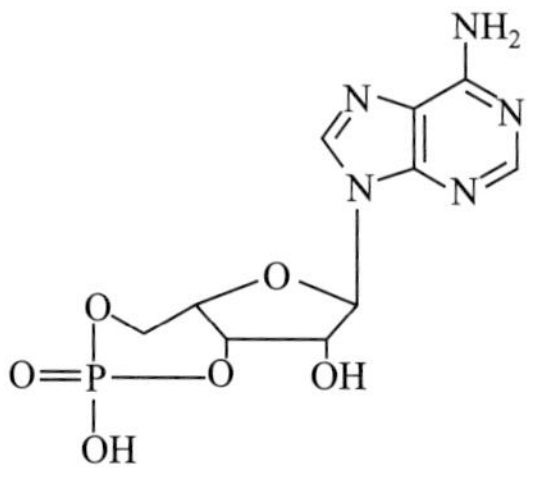

环磷腺苷

图 6-31　不同内源性含磷药物的结构

A. 胞磷胆碱钠

胞磷胆碱（或胞嘧啶核苷 5′-二磷酸胆碱）是一种内源性物质，是细胞膜磷脂质生物合成过程（如合成卵磷脂）的中间体，临床使用其单钠盐。胞磷胆碱钠口服后迅速在肠壁和肝脏中水解为胆碱及胞嘧啶核苷。水解的两种产物都进入到循环系统当中，通过血脑屏障进入脑组织，并在脑组织内重新形成胞磷胆碱，进而促进细胞膜磷脂质的生物合成[286]，并减少游离脂肪酸的释放，并可重新建立线粒体内膜的心磷脂的磷脂成分[287]。胞磷胆碱钠在治疗局部缺血、帕金森病、阿尔茨海默症以及弱视、缺血性视神经病或青光眼等眼科疾病方面是极具潜力的药物。

胞磷胆碱被认为是无毒的分子，对动物的毒理实验表明，服药后血液、器官的组织形态、神经或泌尿系统均不受影响。临床试验也无严重的副作用，只有很少的胃肠道不适、不安或烦躁。

B. 三磷酸腺苷二钠

腺苷三磷酸也是内源性物质，由 1 分子腺嘌呤、1 分子核糖和 3 分子磷酸基团组成，简称 ATP，临床使用其二钠盐。ATP 参与体内脂肪、蛋白质、糖、核酸以及核苷酸的代谢，是生物体内最直接的能量来源。临床上主要用于进行性肌萎缩、脑出血后遗症、心功能不全、心肌受损、阵发性室上性心动过速及肝炎等的辅助治疗[288]。

当机体需要能量时，腺苷三磷酸即分解成腺苷二磷酸（ADP）及磷酸基，同时释放出能量。三磷酸腺苷二钠能够穿越血-脑脊液屏障，提高神经细胞膜性结构的稳定性和重建能力、促进神经突起的再生长。

C. 环磷腺苷

环磷腺苷是腺苷 3,5′-二羟基与磷酸形成的内酯结构，是细胞内调节物质代谢和生物学功能的重要物质，是生命信息传递的“第二信使”。具有心脑血管的保护作用，可以减轻缺血性卒中再灌注损伤或心肌梗死后再灌注损伤，临床上主要用于病毒性心肌炎、心绞痛、急性心肌梗死等的治疗，副作用小[289,290]。

5）抗炎药

A. 地塞米松磷酸钠或倍他米松磷酸钠

地塞米松磷酸钠或倍他米松磷酸钠属于糖皮质激素类药物[291-294]，结构见图 6-32，是C21位的羟基与磷酸成酯后的衍生物，二者结构的差别仅仅是C16位的差向异构体，二者药理作用相似，后者抗炎作用较前者强，0.5 mg 倍他米松磷酸钠与 0.75 mg 地塞米松磷酸钠疗效相当。酯化后形成前药，可制备为具有良好水溶性的盐，可制成针剂，能极大地改善地塞米松或倍他米松因缺少亲水基团而水溶性太小的不足，属于临床上已应用的最强糖皮质激素之列。它们钠潴留的副作用均很少，具有抑制免疫、抗炎、抗毒及抗休克作用，主要用于过敏性与自身免疫性炎症性疾病，可治疗和预防药物过敏及治疗病毒性感冒引起的发烧等症状。

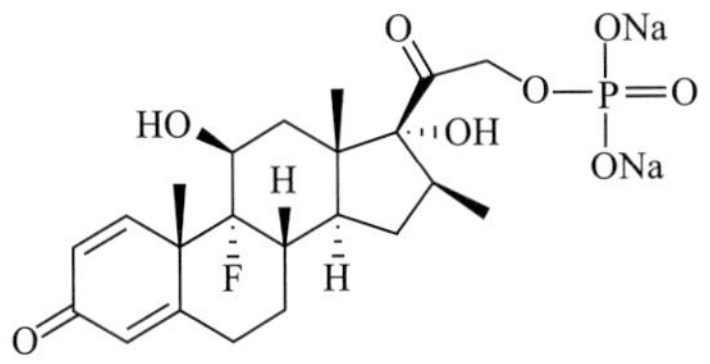

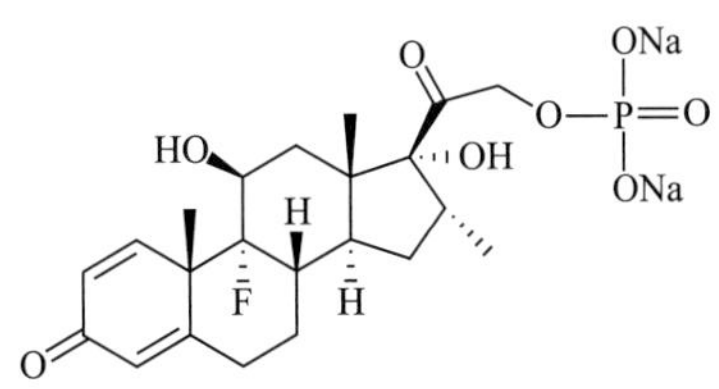

倍他米松磷酸钠　　地塞米松磷酸钠

图 6-32　倍他米松磷酸钠和地塞米松磷酸钠的结构

B. 核黄素磷酸钠

核黄素又称为维生素 B2，是体内黄酶类辅基的组成部分，其结构见图 6-33，黄酶在生物氧化还原中发挥递氢作用，当缺乏黄酶时，机体的生物氧化将受到影响，使代谢发生障碍。其病变多表现为口、眼和外生殖器等部位的炎症，如口角炎、唇炎、舌炎、眼结膜炎和阴囊炎等。

核黄素磷酸钠是核黄素-5′-(二氢磷酸酯)的单钠，可用于上述疾病的防治，无明显的副作用。由于体内维生素 B2 的储存是很有限的，需要每天通过饮食提供。鉴于上述特征，核黄素磷酸钠也可作为食品色素添加剂[295,296]。

3. 磷酰胺类药物

1）抗癌药——环磷酰胺或异环磷酰胺

1958 年，Arnold 等首次报道了环磷酰胺（cyclophosphamide）具有抗癌活性[297,298]，该药于次年在美国被批准用于癌症的治疗。虽然它具有手性，但临床上使用的是消旋体，结构见图 6-34。

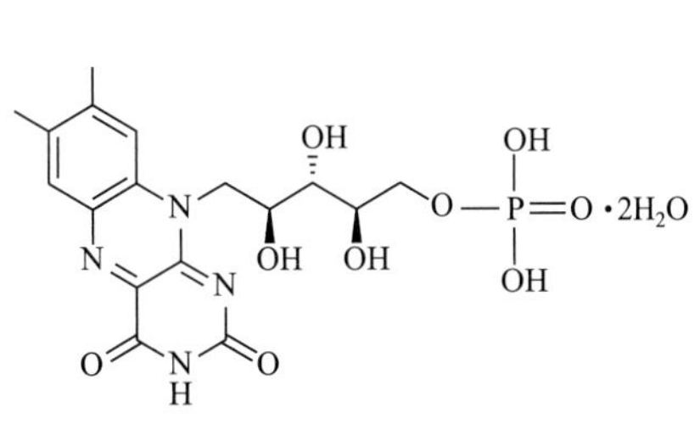

图 6-33　核黄素磷酸钠的结构

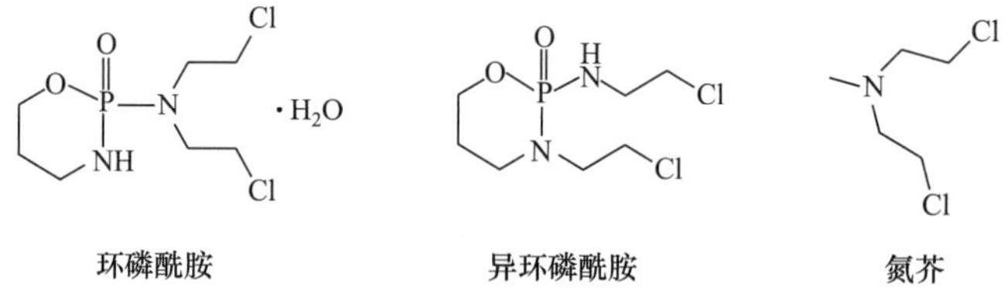

环磷酰胺　　异环磷酰胺　　氮芥

图 6-34　含磷抗癌药的结构

环磷酰胺或异环磷酰胺（ifosfamide）属于氮芥类生物烷化剂，结构见图 6-34。氮芥能使得碱基发生烷基化反应从而使 DNA 功能丧失，因而具有抗肿瘤活性，但是它对增生活跃的肿瘤细胞及正常细胞的选择性差，毒副作用大。

在对氮芥类结构进行优化设计时引入磷酰基作为烷基化反应（反应部位是 β-氯乙胺基）的载体结构，从而构建环磷酰胺类抗癌药。它们自身并不具备抗癌活性，需要在体内被肿瘤细胞中高活性的磷酰胺酶选择性地水解为高活性的去甲氮芥[$HN(CH_2CH_2Cl)_2$]才能发挥烷基化的活性。

相较于活性很强的氮芥，环磷酰胺类前药对肿瘤细胞的选择性得到了极大的改进，毒性大为降低。

环磷酰胺是已证明的临床上常用的抗癌药，抗瘤谱较广，用于恶性淋巴瘤、急性淋巴细胞白血病、神经母细胞瘤、多发性骨髓瘤、肺癌、乳腺癌、卵巢癌、鼻咽癌等[299]。但这类药物除了对生长迅速的肿瘤细胞产生抑制作用外，对增生较快的正常细胞（如胃肠黏膜、骨髓细胞、肠上皮细胞等）也同样具有毒副作用[300]，副作用包括骨髓抑制、肾毒性、尿道出血等。环磷酰胺环外的氯乙基移至环上的氮原子后得到异环磷酰胺，其作用机制与环磷酰胺类似，但治疗指数更高，毒性更小，与其他烷化剂无交叉耐药性，此外，它的抗瘤谱与环磷酰胺不完全相同，主要用于肉瘤、乳腺癌、子宫颈癌、非小细胞肺癌、食管癌、头颈部癌的治疗。

2）磷酸肌酸钠

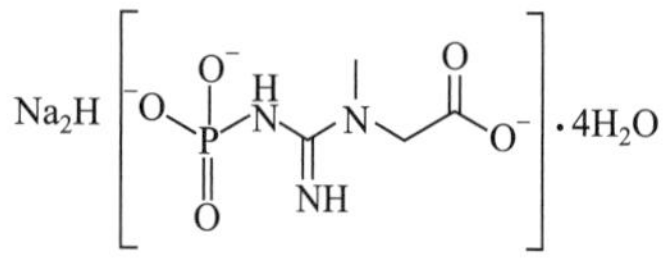

图 6-35　磷酸肌酸钠的结构

磷酸肌酸（phosphocreatine，PCr）是人体内源活性物质，可促进 ATP 的再合成，维持 ATP 的水平[301,302]，其结构见图 6-35。当机体需要能量时，PCr 在肌酸激酶的催化下能把高能磷酸转移给 ADP 而生成 ATP，补充 ATP；另外，在生命活动过程中 ATP 被消耗转化为 ADP 与 PCr。因此，PCr 是 ATP 的储存形式。PCr 能改善缺血心肌的能量状态，维持细胞膜及线粒体膜的稳定性，促进微循环，保护线粒体。

临床上 PCr 在心脏手术时加至心脏停搏液中，可保护心肌缺血状态下的心肌代谢异常等。PCr 的副作用很少，多年临床使用无严重的不良反应，安全性较高，因此临床上 PCr 滥用的情况比较普遍，但目前研究尚无结论性的证据表明该药可对其他适应症有效。

4. 膦酸类药物

1）抗骨质疏松药——双膦酸盐

偕碳原子上有羟基等取代的双膦酸盐能抑制破骨细胞。破骨细胞参与骨的重吸收，在骨的构建和重建中发挥作用，能分泌酸性离子和蛋白溶解酶，溶解和吞噬骨基质，将钙离子释放到血液当中，从而将骨骼破坏[303,304]。双膦酸盐与骨骼稳定地结合，抑制破骨细胞的活性从而抑制骨的重吸收，减缓了骨质的流失，降低骨周转的频率，用于骨质疏松、变形性骨炎或骨肿瘤等引起的高钙血症的治疗，是高钙血症、骨痛和变形性骨炎的一线治疗药物[305]。

自 1969 年瑞士 Fleisch 等发现双膦酸盐对骨质疏松具有抑制作用以来[306]，对双膦酸盐构效关系的研究一直是药物研究的热点，目前已有三代衍生物上市[307-310]。

第一代的双膦酸盐是侧链结构比较简单的衍生物，如偕碳原子上有甲基和羟基取代的依替膦酸或有两个氯原子取代的氯膦酸。其作用机理主要是与骨骼结合，被破骨细胞摄取代谢为 ATP 类似物，进而拮抗 ATP 导致破骨细胞凋亡[311,312]。

第二代的双膦酸盐侧链均含有氨基取代，如帕米膦酸、阿仑膦酸、伊班膦酸。氮原子的存在使得抗骨吸收活性比第一代的增加 10～100 倍。其中，侧链被叔胺取代的伊班膦酸活性最强，是依替膦酸的 1000 倍以上。第二代的双膦酸盐相较于第一代而言不干扰骨细胞钙化，可连续用药，主要的副作用包括食管炎、胃溃疡、肌肉骨骼疼痛、心房颤动、荨麻疹、颌骨坏死等。

第三代的双膦酸盐主要是侧链为氮杂环取代的衍生物，如唑来膦酸、利塞膦酸等。其活性比简单的第一代双膦酸盐活性强 1 万倍以上，如唑来膦酸，可用于绝经后妇女骨质疏松症，只需一年静脉注射一次[313-315]。疗效和安全性方面更佳，可能引起的副作用是肾衰。

第二代或第三代的双膦酸盐作用机制与第一代不同，含氮的衍生物主要与甲羟戊酸通道的法尼基焦磷酸（FPP）合成酶及异戊烯焦磷酸（IPP）结合形成稳定的三元复合物，从而抑制 FPP 合成酶，抑制 FPP 及牻牛儿基焦磷酸（GPP）的合成，干扰了腺苷三磷酸结合蛋白的法尼基化和牻牛儿基反应[316-318]，该过程对破骨细胞的生存及分化起至关重要的作用。

目前国内临床上使用的双膦酸盐主要是第一代及第二代的衍生物，对它们的应用及特点总结如表 6-2 所示。

表 6-2 双膦酸盐抗骨质疏松药

名称	临床使用	结构	特点
依替膦酸二钠	口服，用于骨代谢病、骨质疏松，连续用药会引起骨密度异常增加和低钙血症，临床应用已逐渐减少	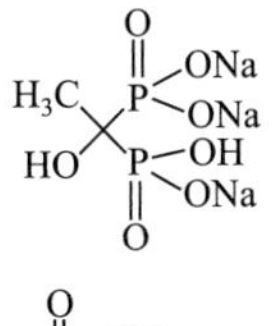 H_3C, HO 与 C 相连；两个 $P(=O)$，分别带 ONa, ONa 及 OH, ONa	第一代，第一个上市的双膦酸药物
氯膦酸二钠	口服或注射用，高剂量使用可导致肾毒性	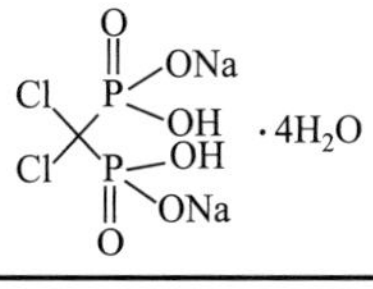 Cl, Cl 与 C 相连；两个 $P(=O)$，分别带 ONa, OH 及 OH, ONa $\cdot 4H_2O$	第一代

续表

名称	临床使用	结构	特点
帕米膦酸二钠	静脉注射给药，用于变形性骨炎、恶性肿瘤转移引起的高钙血症	$H_2NCH_2CH_2C(OH)[P(O)(OH)(ONa)]_2 \cdot 5H_2O$	第二代
阿仑膦酸钠	空腹口服，用于妇女绝经后的骨质疏松症，因皮质激素引起的骨质疏松	$H_2N(C_2H)_3C(OH)[P(O)(OH)(ONa)]_2 \cdot 3H_2O$	第二代，强效破骨细胞抑制剂，第一个用于男性骨质疏松的药物
伊班膦酸	口服或静脉注射给药，用于恶性肿瘤引起的高钙血症、绝经后妇女骨质疏松症	$n\text{—}C_5H_{11}\text{—}N(CH_3)CH_2CH_2C(OH)[P(O)(OH)_2]_2 \cdot 5H_2O$	第二代，第一个也是唯一可每月用药一次的药物，第一个用于绝经后妇女骨质疏松症的注射用药
唑来膦酸	除了同第二代适用症外，可用于骨疽切除术、清创术；疗效和安全性方面更佳，可能的副作用是肾功能减弱或肾衰	咪唑-1-基$\text{—}CH_2C(OH)[P(O)(OH)_2]_2$	第三代，第一个也是唯一只需一年静脉注射一次的抗骨质疏松药

此外，利用二膦酸盐对骨骼组织的稳定结合作用力，临床上锝[^{99m}Tc]亚甲二膦酸盐注射液被用于早期诊断恶性转移性骨肿瘤和原发性骨肿瘤、外伤性骨折、骨骼炎症、代谢性骨病、移植骨的存活等。

2）抗病毒药

A. 膦甲酸钠

膦甲酸钠是磷酸盐类似物，属于人工合成的非核苷类抗广谱病毒药物，对巨细胞病毒（CMV）、水痘-带状疱疹病毒（VZV）、单纯疱疹病毒（HSV）、EB 病毒（EBV）、乙型肝炎病毒（HBV）、人免疫缺陷病毒（HIV）等均有抑制作用。通过阻断病毒 DNA 聚合酶的焦磷酸盐结合位点来抑制酶的活性，从而抑制疱疹病毒的复制[319,320]。临床可用于敏感病毒所致的皮肤感染、黏膜感染。

B. 阿德福韦及其酯

阿德福韦是 5′-单磷酸脱氧阿糖腺苷衍生的含磷抗病毒药物，属于非环状核苷膦类逆转录酶抑制剂。该分子有游离的膦酸基，极性过大，脂溶性差，口服生物利用度只有 10%，不利于其在胃肠道中吸收。将膦酸基转化为二酯衍生物后可解决这一问题，如阿德福韦酯（adefovir dipivoxil， ADV）酯化后脂溶性增加，在体内被水解为阿德福韦而发挥抗病毒作用，口服生物利用度可达到 30%～45%[321]，此类化合物结构见图 6-36。

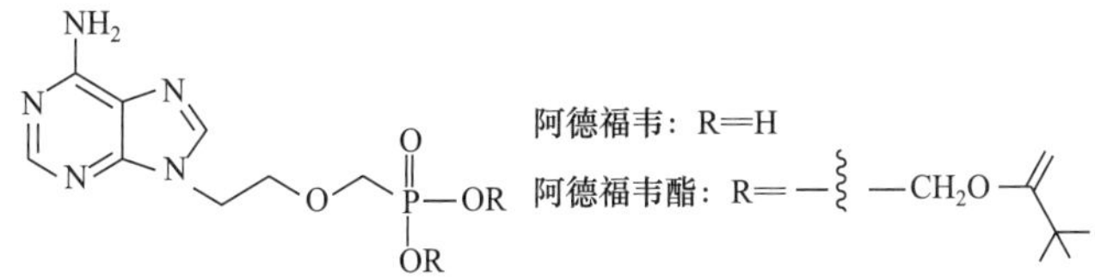

阿德福韦：R=H

阿德福韦酯：R=

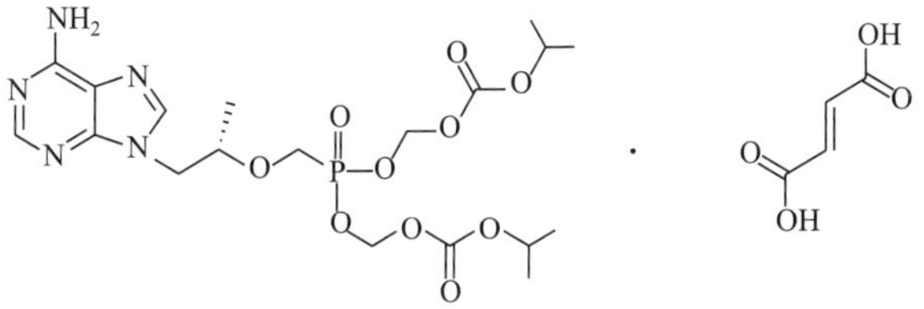

富马酸替诺福韦酯

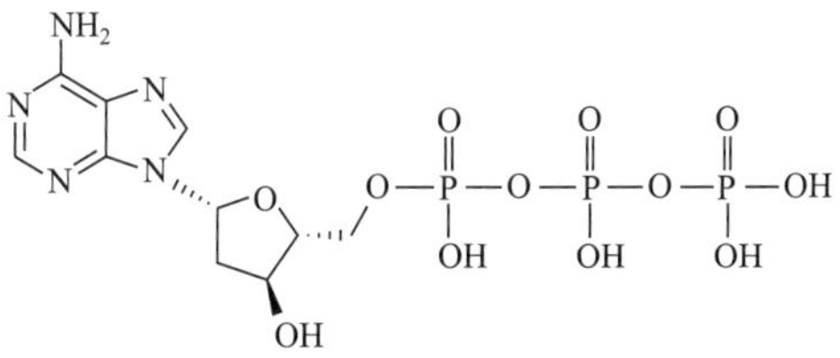

脱氧腺苷三磷酸

图 6-36　阿德福韦及其酯的结构

目前临床上已获准上市的还有富马酸替诺福韦酯（tenofovir disoproxil fumarate，TDF），其结构与 ADV 极相似，TDF 的侧链具有手性并且含有碳酸酯基，而 ADV 的侧链连着酯基。它们均是在体内被磷酸化后转化为活性代谢产物膦酸盐，再与脱氧腺苷三磷酸（deoxyadenosine triphosphate，dATP）竞争性地结合逆转录酶，但由于 TDF 或 ADV 无核苷的 3′-羟基，因而它们竞争性地终止逆转录病毒 DNA 链的合成[322]。它们也具有抗 HIV 及 HBV 的活性，可用于 HIV 或 HBV 感染的治疗。相较而言，TDF 耐药性更低，安全性更高，副作用主要是肾脏和骨骼毒性。

3）抗生素类药物——磷霉素

磷霉素于 1969 年被报道，具有广谱的抗菌活性，并于 1971 年在临床开始大规模生产应用[323]。它作为细菌繁殖期杀菌剂，对大多数革兰阳性菌和阴性菌有作用，并且与临床常用的抗生素不易产生交叉耐药性，并具有协同作用，因此常与其他抗生素合用，增强杀菌效果。其作用机制是抑制细菌细胞壁合成的早期阶段，其分子结构与磷酸烯醇丙酮酸相似，因此可能竞争结合鸟苷二磷酸-*N*-葡萄糖胺（UDP-NAG）转移酶，抑制了黏肽的合成，使鸟苷二磷酸-*N*-葡萄糖胺无法转化为鸟苷二磷酸-*N*-乙酰胞壁酸，因而抑制了细菌细胞壁的合成，导致细菌死亡。磷霉素及衍生物的结构见图 6-37。

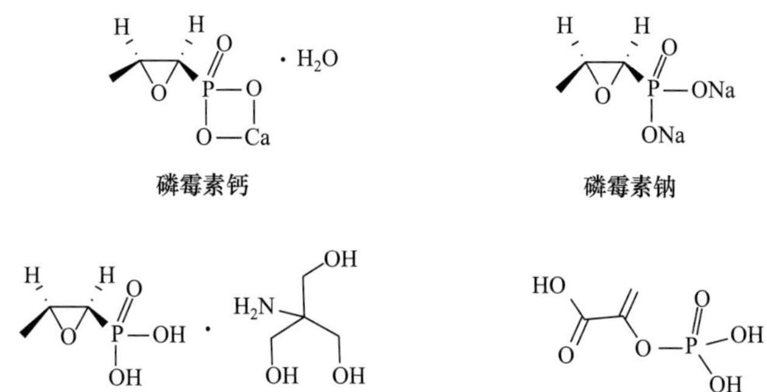

图 6-37 磷霉素及衍生物的结构

磷霉素具有分子量小、穿透性好、体内分布广、用药安全性高等特点，可通过血脑屏障及胎盘屏障。临床上常使用磷霉素成盐后的口服制剂，如磷霉素钙、磷霉素钠或磷霉素氨丁三醇，主要用于敏感菌所致的单纯性下尿路感染。但抗菌活性较弱，尤其是磷霉素钙或磷霉素钠，使用剂量较大，传统治疗方案每天多次给药，至少使用 5 天，患者依从性差，这限制了它的使用。磷霉素氨丁三醇服用相对简单，安全性更高。该类药物耐受性好，不良反应较轻，主要为胃肠道反应、过敏、高血压等心血管系统反应。

参考文献

[1] 周国萍. 磷在生命化学过程中的作用[J]. 贵州化工, 2008, 33(6): 52-55.

[2] Todd A R. Where There's Life, There's Phosphorus[M]. Tokyo: Japan Science Society Press, 1981: 275-279.

[3] Weckwerth G, Schidlowski M. Phosphorus as a potential guide in the search for extinct life on Mars[J]. Advances in Space Research, 1995, 15(3): 185-191.

[4] Westheimer F H. Why nature chose phosphates[J]. Science, 1987, 235(4793): 1173-1178.

[5] Thomas G, Podesta E J, Gordon J. Protein Phosphorylation and Bio-regulation[M]. Basel: S. Karger AG, 1980.

[6] 赵玉芬,李艳梅.磷化学与生命化学过程[J]. 科技导报, 1994(3): 6-8.

[7] 王文清,Kensi Kobayashi,Cyril Ponnamperuma.甲烷、氮、三氢化磷与水混合物的预生物合成[J].北京大学学报(自然科学版), 1984(6): 36-44.

[8] Kobayashi K, Wang W, Zhao N, et al. Electric dtscharge reactions in a mixture of phosphine, methane, nitrogen and water[J]. Origins of Life and Evolution of the Biosphere, 1986, 16: 230-231.

[9] Wang W, Yril P. Prebiotic synthesis in a mixture of phosphine, methane, nitrogen and water-the possible role of phosphine in chemical evolution[J]. 科学通报：英文版, 1985 (2): 281.

[10] Pitsch S, Eschenmoser A, Gedulin B, et al. Mineral induced formation of sugar phosphates[J]. Origins of Life and Evolution of the Biosphere, 1995, 25: 297-334.

[11] Krishnamurthy R, Pitsch S, Arrhenius G. Mineral induced synthesis of ribose phosphates[J]. Origins of Life and Evolution of the Biosphere, 1996, 26: 240-241.

[12] De Graaf R M, Visscher J, Schwartz A W. Reactive phosphonic acids as prebiotic carriers of phosphorus[J]. Journal of Molecular Evolution, 1997, 44: 237-241.

[13] Ponnamperuma C, Mariner R, Sagan C. Formation of adenosine by Ultra-violet irradiation of a solution of adenine and ribose[J]. Nature, 1963, 198(4886): 1199-1200.

[14] Ponnamperuma C, Kirk P. Synthesis of deoxyadenosine under simulated primitive earth conditions[J]. Nature, 1964, 203(4943): 400-401.

[15] Harada K, Fox S W. The thermal copolymerization of aspartic acid and glutamic acid[J]. Archives of

Biochemistry and Biophysics, 1960, 86(2): 274-280.
[16] Zubay G. Biochemistry[M]. 2nd ed. New York: Macmillan Publishing Company, 1988: 1142.
[17] Feldmann W. Ringaufspaltung des trimetaphosphations, $P^3O_9{}^{3}$-, durch aminosäuren in wäßriger lösung; Über die knüpfung von peptidbindungen mit $P^3O_9{}^{3}$-[J]. Zeitschrift für Chemie, 1969, 9:154-155.
[18] Cherbuliez E, Baehler B, Marszalek J, et al. Exchange reactions of alkyl residues in the presence of orthophosphoric and benzenephosphonic monoesters[J]. Helvetica Chimica Acta, 1969, 52(8): 2676-2679.
[19] Lohrmann R, Orgel L E. Prebiotic synthesis: Phosphorylation in aqueous solution[J]. Science, 1968, 161(3836): 64-66.
[20] Beck A, Lohrmann R, Orgel L E. Phosphorylation with inorganic phosphates at moderate temperatures[J]. Science, 1967, 157(3791): 952.
[21] Moravek J. Formation of oligonucleotides during heating of a mixture of uridine 2′(3′)-phosphate and uridine[J]. Tetrahedron Letters, 1967, 8(18): 1707-1710.
[22] 赵玉芬, 赵国辉. 元素有机化学[M]. 北京: 清华大学出版社, 1998.
[23] 赵玉芬, 赵国辉, 麻远. 磷与生命化学[M]. 北京: 清华大学出版社, 2005.
[24] Zhao Y F, Li Y M. Phosphorus chemistry and process of life chemistry[J]. Science and Technology Review, 1994, 3: 6-8.
[25] 沈同, 王镜岩. 生物化学(下册)[M]. 北京: 高等教育出版社, 2000.
[26] 刘纶祖, 刘钊杰. 有机磷化学导论[M]. 武汉: 华中师范大学出版社, 1991.
[27] Westheimer F H. Account Chem[J]. Res. T, 1968, 70: 18.
[28] Vincent J B, Crowder M W, Averill B A. Hydrolysis of phosphate monoesters: a biological problem with multiple chemical solutions[J]. Trends in Biochemical Sciences, 1992, 17(3): 105-110.
[29] Holmes R R. Main Group Chemistry News, 1993, 1: 18.
[30] Fersht A. 酶的结构和作用机制. 杜锦珠, 茹柄根, 卫新成, 译. 北京: 北京大学出版社, 1991: 292-295.
[31] Breslow R, Labelle M. Sequential general base-acid catalysis in the hydrolysis of RNA by imidazole[J]. Journal of the American Chemical Society, 1986, 108(10): 2655-2659.
[32] Ugi I, Ramirez F. Stereochemistry of 5-coordinate phosphorus[J]. Chemistry in Britain, 1972, 8(5): 198-201.
[33] Zhao Y F, Cao P. Phosphoryl amino acids: Common origin for nucleic acids and protein[J]. Journal of Biological Physics, 1995, 20: 283-287.
[34] Zhao Y F, Cao P S. Basic model of chemical evolution of life: The minimum evolving system[M]//Chela-Floresl, Raulin. Chemical evolution: physics of origin and evolution of life. Netherlmad: Kluwer Academic Publisher, 1996: 279-285.
[35] 王亚辉. 生命起源的现代探讨[J]. 生命科学, 1998, 10(3): 111-114.
[36] Eigen M, Schuster P. The Hypercycle: A principle of natural self-organization Part B: The abstract hypercycle[J]. Naturwissenschaften, 1978, 65: 7-41.
[37] Li Y M, Yin Y W, Zhao Y F. Phosphoryl group participation leads to peptide formation from *N*-phosphorylamino acids[J]. International Journal of Peptide and Protein Research, 1992, 39(4): 375-381.
[38] Li Y M, Zhang D, Zhang H, et al. *β*-carboxyl catalytic effect of *N*-phosphoryl aspartic acid[J]. Bioorganic Chemistry, 1992, 20(4): 285-295.
[39] 谭波, 赵玉芬. 磷酰氨基酸的酯交换反应研究[J]. 有机化学, 1995, 15(1): 30-34.
[40] 尹应武, 张保忠, 陈益, 等. *N*磷酰氨基酸的分子内磷酰基迁移与结构的关系[J]. 科学通报, 1994, 39(4): 333-336.
[41] Li Y C, Tan Bo, Zhao Y F. Phosphoryl trailsfer reaction of phosphohitidine[J]. Heteroratom Chemistry, 1993, 44(1):415-419.
[42] Miao Z W, Fu H, Tu G Z, et al. Synthesis and novel properties of alkyl thiophosphoramidate derivatives of

nucleosides[J]. Chinese Journal of Chemistry, 2002, 20(5): 492-496.
[43] 赵玉芬, 李艳梅, 尹应武, 等. 磷酰基与氨基酸侧链的相互作用[J]. 中国科学, 1993, 23(6): 561-566.
[44] 赵玉芬, 卢奎. 分子进化的基本化学规律[J]. 厦门大学学报(自然科学版), 2001, 40(2): 360-365.
[45] Xue C B, Yin Y W, Zhao Y F. Studies on phosphoserine and phosphothreonine derivatives: *N*-diisopropyloxyphosphoryl-serine and-threonine in alcoholic media[J]. Tetrahedron Letters, 1988, 29(10): 1145-1148.
[46] Li Y C, Zhao Y F. Synthesis and properties of *N*-(diisopropyloxyphosphoryl)-cysteine and its derivatives[J]. Phosphorus, Sulfur, and Silicon and the Related Elements, 1991, 60(3-4): 233-237.
[47] Li Y M, Jin Y, Li Y C, et al. Phosphorylation of tyrosine and the reactivity of dialkyl phosphites with tyrosine[J]. Phosphorus, Sulfur, and Silicon and the Related Elements, 1995, 101: 141-147.
[48] Li Y F, Wang Q, Zhao Y F, et al. The chemical properties of *N*-(*O*,*O*-diisoopropyl) phosphoryl-arginine[J]. Phosphorus, Sulfur, and Silicon and the Related Elements, 1995, 106: 131-136.
[49] Fujitam J M, Steiner A W, Nichols S E, et al. A simple preparation of *N*-Phosphorylated lysine and arginine[J].Preparative Biochemistry, 1980, 10(2): 205-213.
[50] Fu H, Li Z L, Zhao Y F, et al. Oligomerization of *N*,*O*-bis(trimethylsilyl)-α-aminoacids into peptides mediated by *o*-phenylene phosphorochloridate[J]. Journal of the American Chemical Society, 1999, 121: 291-295.
[51] 王倩, 赵玉芬, 安逢龙, 等. 通过 *O*,*O*-亚苯基磷酰氯与α-氨基酸三甲基硅基衍生物的反应观察五配位磷[J]. 中国科学(B 辑 化学 生命科学 地学), 1995(7): 683-688.
[52] 尹应武, 麻远, 赵玉芬, 等. *N*-磷酰化氨基酸的水解与去磷酰化反应研究[J]. 中国科学(B 辑 化学生命科学 地学), 1995(5): 472-479.
[53] 赵玉芬, 肖强, 巨勇, 等. 生命有机磷化学[J]. 有机化学, 2001, 21(11): 869.
[54] Bettelheim F A. Nature of crystallinity of alpha-crystallin preparation of bovine lenses[J]. Experimental Eye Researchs, 1972, 14: 251-258.
[55] Zetterqvist Ö, Engström L. Isolation of *N*-ε-[^{32}P] phosphoryl-lysine from rat-liver cell sap after incubation with [^{32}P] adenosine triphosphate[J]. Biochimica et Biophysica Acta (BBA)-General Subjects, 1967, 141(3): 523-532.
[56] Neuberg C, Oertel W. The induction of phosphoric acid into amino acids, peptons, albumones and proteins[J]. Biochemische Zeitschrift, 1914, 60: 491-508.
[57] Binkley F. Preparation and properties of S-phosphocysteine[J]. Journal of Biological Chemistry, 1952, 195(1): 283-285.
[58] Fujitaki J M, Steiner A W, Nichols S E, et al. A simple preparation of *N*-phosphorylated lysine and arginine[J]. Preparative Biochemistry, 1980, 10(2): 205-213.
[59] Rimington C. Phosphorylation of proteins[J]. Biochemical Journal, 1927, 21: 272.
[60] Li S O. Synthesis of *N*-phosphoryl amino acid esters[J]. Journal of the American Chemical Society, 1952, 74(23): 5959-5961.
[61] Riley G, Turnbull J H, Wilson W. 260. Synthesis of some phosphorylated amino-hydroxy-acids and derived peptides related to the phosphoproteins[J]. Journal of the Chemical Society (Resumed), 1957: 1373-1379.
[62] Theodoropoulos D, Gazopoulos J, Souchleris I. Tryptic and phosphatase action on certain synthetic phosphorylated peptides[J]. Nature, 1960, 188(4749): 489-491.
[63] Katchalsky A, Paecht M. Phosphate anhydrides of amino acids[J]. Journal of the American Chemical Society, 1954, 76(23): 6042-6044.
[64] Fölsch G, Ross S, Eriksson S, et al. Synthesis of phosphopeptides. Ⅲ. Derivatives of d-seryl-l-leucine obtained by separation from a dl-l diastereoisomeric mixtur[J]. Acta Chemica Scandinavica, 1959, 13:

1422-1424.

[65] Zervas L, Katsoyannis P G. *N*-Phosphoroamino acids and peptides[J]. Journal of the American Chemical Society, 1955, 77(20): 5351-5353.

[66] Avaeva S M, Kara-Murza S N, Botvinik M M. Hydrolysis of seryl pyrophosphates by inorganic pyrophosphatase of yeast[J]. Biokhimiia (Moscow, Russia), 1967, 32(2): 205-209.

[67] Ueki M, Ikeda S. Phosphinyl-and phosphinothioylamino acids and peptides. Ⅰ. Preparation of diphenylphosphinothioyl (Ppt)-amino acids[J]. Chemistry Letters, 1976, 5(8): 827-830.

[68] Breslow R. Bifunctional acid-base catalysis by imidazole groups in enzyme mimics[J]. Journal of Molecular Catalysis, 1994, 91(2): 161-174.

[69] Crooke S T. Antisense oligonucleotides[J]. Cancer Ther, 1997: 299-336.

[70] Ausubel F M, Brent R, Kingston R E, et al. Current Protocols in Molecular Biology[M]. Vol 2. New York: Green Publishing Associates and Wiley-Interscience, 1992.

[71] Tullius T D. DNA footprinting with hydroxyl radical[J]. Nature, 1988, 332(6165): 663-664.

[72] Muth G W, Thompson C M, Hill W E. Cleavage of a 23s rRNA pseudoknot by phenanthroline-Cu(Ⅱ)[J]. Nucleic Acids Research, 1999, 27(8): 1906-1911.

[73] Pogozelski W K, Tullius T D. Oxidative strand scission of nucleic acids: Routes initiated by hydrogen abstraction from the sugar moiety[J]. Chemical Reviews, 1998, (3): 1089-1108.

[74] Rokita S E, Romero-Fredes L. The ensemble reactions of hydroxyl radical exhibit no specificity for primary or secondary structure of DNA[J]. Nucleic Acids Research, 1992, 20(12): 3069-3072.

[75] Tullius T D, Dombroski B A. Hydroxyl radical “footprinting”: High-resolution information about DNA-protein contacts and application to l repressor and cro protein[J]. Proceedings of the National Academy of Sciences of the United States of America, 1986, 53(15): 5469-5473.

[76] Sigman D S, Graham D R, D’Aurora V, et al. Oxygen-dependent cleavage of DNA by the 1,10-phenanthroline cuprous complex[J]. Journal of Biological Chemistry, 1979, 254(24): 12269-12272.

[77] Kuwabara M, Yoon C, Goyne T, et al. Nuclease activity of 1,10-phenanthroline-copper ion: Reaction with CGCGAATTCGCG and its complexes with netropsin and EcoRI[J]. Biochemistry, 1986, 25(23): 7401-7408.

[78] Murakawa G J, Chen C B, Kuwabara M D, et al. Scission of RNA by the chemical nuclease of 1, 10-phenanthroline-copper ion: preference for single-stranded loops[J]. Nucleic Acids Research, 1989, 17(13): 5361-5375.

[79] Mei H Y, Barton J K. Tris(tetramethylphenanthroline) ruthenium (Ⅲ): a chrial proke that cleaves A-DNA conformations[J]. Proceedings of the National Academy of Sciences of the United States of America, 1988, 85(5): 1339-1343.

[80] Neyhart G A, Cheng C C, Thorp H H. Kinetics and mechanism of the oxidation of sugars and nucleotides by oxoruthenium(Ⅴ): Model studies for predicting cleavage patterns in polymeric DNA and RNA[J]. Journal of the American Chemical Society, 1995, 117(5): 1463-1471.

[81] Sitilani A, Long E C, Pyle A M, et al. DNA photocleabage by phenanthrenequinone diimine complexes of rhodium(Ⅲ): shape-selective recognition and reaction[J]. Journal of the American Chemical Society, 1992, 114(7): 2303-2312.

[82] Mack D P, Iverson B L, Dervan P B. Design and chemical synthesis of a sequence-specific DNA-cleaving protein[J]. Journal of the American Chemical Society, 1988, 110(22): 7572-7574.

[83] Reed C J, Douglas K T. Single-strand cleavage of DNA by Cu (Ⅱ) and thiols: A powerful chemical DNA-cleaving system[J]. Biochemical and Biophysical Research Communications, 1989, 162(3): 1111-1117.

[84] John D C A, Douglas K T. A common chemical mechanism used for DNA cleavage by copper(Ⅱ) activated

by thiols and ascorbate is distinct from that for copper(Ⅱ): hydrogen peroxide cleavage[J]. Transition Metal Chemistry, 1996, 21(5): 460-463.

[85] Ward B, Skorobogaty A, Dabrowiak J C. DNA cleavage specificity of a group of cationic metalloporphyrins[J]. Biochemistry, 1986, 25(22): 6875-6883.

[86] Nielsen P E, Jeppesen C, Buchardt O. Uranyl salts as photochemical agents for cleavage of DNA and probing of proteinDNA contacts[J]. FEBS Letters, 1988, 235(1-2): 122-124.

[87] Carter P J, Breiner K M, Thorp H H. Effects of secondary structure on DNA and RNA cleavage by diplatinum(Ⅱ) [J]. Biochemistry, 1998, 37(39): 13736-13743.

[88] Bernstein R, Prat F, Foote C S. On the mechanism of DNA cleavage by fullerenes investigated in model systems: electron transfer from guanosine and 8-*oxo*-guanosine derivatives to C_{60}[J]. Journal of the American Chemical Society, 1999, 121(2): 464-465.

[89] Daniels J S, Chatterji T, Macgillivrag L R, et al. Photochemical DNA cleavage by the antitumor agent 3-amino-1,2,4-benzotriazine 1,4-dioxide[J]. Journal of Organic Chemistry, 1998, 63(26): 10027-10030.

[90] Shimidzu T. Oligonucleotides shackled with tetraphenylporphyrin[J]. Phosphorus, Sulfur, and Silicon and the Related Elements, 1996, 109(1-4): 269-272.

[91] Lau S J, Kruck T P A, Sarker B. A peptide molecule mimicking the copper(Ⅱ) transport site of human serum albumin[J]. Journal of Biological Chemistry, 1974, 249(18): 5878-5884.

[92] Inoue S, Kawanishi S. ESR evidence for superoxide, hydroxyl radicals and singlet oxygen produced from hydrogen peroxide and nickel(Ⅱ) complex of glycylglycyl-l-histidine[J]. Biochemical and Biophysical Research Communications, 1989, 159(2): 445-451.

[93] Huang X F, Pieczko M E, Long E C. Combinatorial optimizaton of the DNA cleaving Ni2+-Xaa-Xaa-his metallotripeptide domain[J]. Biochemistry, 1999, 38(7): 2160-2166.

[94] Brittain I J, Huang X F, Long E C. Selective recognition and cleavage of RNA loop structures by Ni(Ⅱ) Xaa -gly-his metallopeptides[J]. Biochemistry, 1998, 37(35): 12113-12120.

[95] Freedman J H, Pickard L, Weinstein B, et al. Structure of the glycyl-L-histidyl-L-lysine-copper(Ⅱ) complex in solution[J]. Biochemistry, 1982, 21(19): 4540-4544.

[96] Bailly C, Sun J S. Footprinting studies on the sequence-selective binding of tilorone to DNA[J]. Bioconjugate Chemistry, 1992, 3: 100-103.

[97] Burger R M. Cleavage of nucleic acids by bleomycin[J]. Chemical Reviews, 1998, 3: 1153-1171.

[98] Boger D L, Cai H. Bleomycin: synthetic and mechanistic studies[J]. Angewandte Chemie International Edition, 1999, 38(4): 448-476.

[99] Zeng X P, Xi Z, Kappen L S, et al. Double-stranded damage of DNA-RNA hybrids by neocarzinostatin chromophore: Slective C-1' chemistry on the RNA strand[J]. Biochemistry, 1995, 34(38): 12435-12444.

[100] Podyminogin M A, Vlassov V V, Giege R. Synthetic RNA- cleaving molecules mimicking ribonuclease an active Center: Design and cleavage of tRNA transcripts[J]. Nucleic Acids Research, 1993, 21(25): 5950-5956.

[101] Lorente A, Espinosa J F, Fernandezsaiz M, et al. Synthesis of imidazole-acridine conjugates as ribonuclease A mimics[J]. Tetrahedron Letters, 1996, 37(25): 4417-4420.

[102] Baker B F. "Decapitation" of a 5-capped oligoribonucleotide by *o*-phenanthroline: Cu(Ⅱ)[J]. Journal of the American Chemical Society, 1993, 115(8): 3378-3379.

[103] Konevetz DA, Beck I E, Beloglazova, et al. Artificial ribonucleases: Synthesis and RNA cleaving properties of cationic conjugates bearing imidazole residues[J]. Tetrahedron, 1999, 55(2): 503-512.

[104] Breslow R. How do imidazole groups catalyze the cleavage of RNA in enzyme models and in enzymes? Evidence from "negative catalysis" [J]. Accounts of Chemical Research, 1991, 24(11): 317-324.

[105]Bruice T C, Tsubouchi A, Dempcy R O, et al. One-metal and 2-metal ion catalysis of the hydrolysis of adenosine 3′-alkyl phosphate-esters models for one-metal and 2-metal ion catalysis of RNA hydrolysis[J]. Journal of the American Chemical Society, 1996, 118(41): 9867-9875.
[106] Chin J. Developing artificial hydrolytic metalloenzymes by a unified mechanism approach[J]. Accounts of Chemical Research, 1991, 24(5): 145-152.
[107] Komiyama M, Sumaoka J, Yonezawa K, et al. Structure-reactivity relationship for the cobalt(Ⅲ) complex-catalysed hydrolysis of adenosine 3′,5′-cyclic monophosphate[J]. Journal of the Chemical Society, Perkin Transactions 2, 1997, (1): 75-78.
[108] Eichhorn G L, Marzilli L G. Advances in Inroganic Biochemistry[M]. Vol 9. Englewood Cliffs: Prentice Hall, 1994.
[109] Baker B F. “Decapitation” of a 5 -capped oligoribonucleotide by O-phenanthroline: Cu(Ⅱ)[J]. Journal of the American Chemical Society, 1993, 115(8): 3378-3379.
[110] Stern M K, Bashkin J K, Sall E D. Hydrolysis of RNA by transition-metal complexes[J]. Journal of the American Chemical Society, 1990, 112(13): 5357-5359.
[111] Breslow R, Huang D L. Effects of metal ions, including Mg^{2+} and lanthanides, on the cleavage of ribonucleotides and RNA model compounds[J]. Proceedings of the National Academy of Sciences of the United States of America, 1991, 88(10): 4080-4083.
[112] Komiyama M, Matsumura K, Matsumoto Y. Unprecedentedly fast hydrolysis of the RNA dinucleoside monophosphates ApA and UpU by rare earth metal ions[J]. Journal of the Chemical Society, Chemical Communications, 1992(8): 640-641.
[113] Wrzesinski J, Michalowski D, Ciesiolka J, et al. Specific RNA cleavages induced by manganese ions[J]. FEBS Letters, 1995, 374(1): 62-68.
[114] Matsumura K, Komiyama M. Enormously fast RNA hydrolysis by lanthanide(Ⅲ) ions under physiological conditions: Eminent candidates for novel tools of biotechnology[J]. The Journal of Biochem, 1997, 122(2): 387-394.
[115] Hayashi N, Takeda N, Shiiba T, et al. Site-selective hydrolysis of RNA by lanthanide metal complexes[J]. Inorganic Chemistry, 1993, 32(26): 5899-5900.
[116] Morrow J, Buttrey L A. Efficient catalytic cleavage of RNA by l anthanide(Ⅲ) macrocyclic complexes: Toward synthetic nucleases for in vivo applications[J]. Journal of the American Chemical Society, 1992, 114(5): 1903-1905.
[117] Kolasa K A, Morrow J R, Sharma A P. Trivalent Ianthanide ions do not cleave RNA in DNA-RNA hybrid[J]. Inorganic Chemistry, 1993, 32(19): 3983-3984.
[118] Takasaki B K, Chin J. Cleavage of the phosphate diester backbone of DNA with cerium(Ⅳ) and molecular oxygen[J]. Journal of the American Chemical Society, 1994, 116(3): 1121-1122.
[119] Miyama S, Asanuma H, Komiyama M. Hydrolysis of phosphomonoesters in nucleotides by cerium(Ⅳ) ions. Highly selective hydrolysis of monoesters over diester in concentrated buffers[J]. Journal of the Chemical Society, Perkin Transactions 2, 1997, (9): 1685-1688.
[120] Kajimura A, Sumaoka J, Komiyama M. DNA hydrolysis by cerium(Ⅳ)-saccharide complexes[J]. Carbohydrate Research, 1998, 309(4): 345-351.
[121] Irisawa M, Komiyama M. Hydrolysis of DNA and RNA through cooperation of two metal ions: A novel mimic of phosphoesterases[J]. Journal of Biochemistry, 1995, 117(3): 465-466.
[122] Komiyama M, Yoshinari K. Kinetic analysis of diamine-catalyzed RNA hydrolysis[J]. Journal of Organic Chemistry, 1997, 62(7): 2155-2160.
[123] Hurst P, Takasaki B K, Chin J. Rapid cleavage of RNA with a La(Ⅲ) dimmer[J]. Journal of the American

Chemical Society, 1996, 118(41): 9982-9983.

[124] Schnaith L M T, Hanson R S, Que L. Double-stranded cleavage of pBR322 by a diiron complex via a "hydrolytic" mechanism[J]. Proceedings of the National Academy of Sciences of the United States of America, 1994, 91(2): 569-573.

[125] Liu S, Hamilton A D. Rapid and highly base selective RNA cleavage by a dinuclear Cu(Ⅱ) complex[J]. Chemical Communications, 1999, (7): 587-588.

[126] Seo J S, Hynes R C, Williams D, et al. Structure and reactivity of dinuclear cobalt(Ⅱ) complex with peroxide and phosphate diester analogues binding the metal ions[J]. Journal of the American Chemical Society, 1998, 120(38): 9943-9944.

[127] Takeda N, Imai T, Irisawa M, et al. Unprecedentedly fast DNA hydrolysis by the synergism of the cerium(Ⅳ)-praseodymium(Ⅲ) and the cerium(Ⅳ)-neodymium(Ⅲ) combinations[J]. Chemistry Letters, 1996, (8): 599-600.

[128] Irisawa M, Takeda N, Komiyama M. Synergetic catalysis by two non-lanthanide metal ions for hydrolysis of diribonucleotides[J]. Journal of the Chemical Society, Chemical Communications, 1995 (12): 1221-1222.

[129] Komiyama M, Yoshinari K. Kinetic analysis of diamine- catalyzed RNA hydrolysis[J]. Journal of Organic Chemistry, 1997, 62(7): 2155-2160.

[130] Yoshinari K, Yamazaki K, Komiyama M. Oligoamines as simple and efficient catalysts for RNA hydrolysis[J]. Journal of the American Chemical Society, 1991, 113(15): 5899-5901.

[131] Oivanen M, Kuusela S, Lonnberg H. Kinetics and mechanisms for the cleavage and isomerization of the phosphodiester bonds of RNA by Bronsted acids and bases[J]. Chemical Reviews, 1998, 98(3): 961-990.

[132] Barbier B, Brack A. Conformation-controlled hydrolysis of polyribonucleotides by sequential basic polypeptides[J]. Journal of the American Chemical Society, 1992, 114(9): 3511-3515.

[133] Li X H, Wan R, Qiong Z, et al. The interactions of amino acids and peptides with DNA[J]. Phosphorus, Sulfur, and Silicon and the Related Elements, 1999, 147(1): 211-211.

[134] Phosphorus Chemistry. Cincinnati Section American Chemical Society[J]. Cincinnati, Ohio, 1998: 130.

[135] 赵玉芬, 李向红, 麻远, 等. 丝氨酰组氨酸、磷酰化丝氨酸、磷酰化苏氨酸用作核酸切割试剂: 中国专利号. ZL 961143134 [P]. 1996.

[136] Behmoaras T, Toulme J J, Helene C. Tryptopha-containing peptide recognized and cleaves DNA at apurinic sites[J]. Nature, 1981, 292(5826): 858-859.

[137] Pierre J, Laval J. Release of 7-methylguanine residules from alkylated DNA by extracts of micrococcus luteus and escherichia Coli[J]. Journal Biological Chemistry, 1981, 256: 10217-10220.

[138] Endo M, Azuma Y, Saga Y, et al. Molecular design for a pinpoint RNA scission: interposition of oligoamines between two DNA oligomers[J]. The Journal of Organic Chemistry, 1997, 62(4): 846-852.

[139] Komiyama M, Inokawa T, Yoshinari K. Ethylenediamine-oligo DNA hybrid as sequence-selective artificial ribonucleas[J]. Journal of the Chemical Society, Chemical Communications, 1995, (1): 77-78.

[140] Silnikov V, Zuber G, Behr J P, et al. Design of ribonuclease mimics for sequence specific cleavage of RNA[J]. Phosphorus, Sulfur, and Silicon and the Related Elements, 1996, 110(1-4): 277-280.

[141] Chen C H B, Gorin M B, Sigman D S. Sequence specific scission of DNA by the chemical nuclease activity of 1, 10-phenanthroline-copper(Ⅱ) targeted by RNA[J]. Proceeding of the National Academy of Sciences of the United States of America, 1993, 90(9): 4206-4210.

[142] Ebright R H, Ebright Y W, Pendergrast P S, et al. Conversion of a helix-ture-helix motif sequence-specific DNA binding protein into a site-specific DNA cleavage agent[J]. Proceeding of the National Academy of Sciences of the United States of America, 1990, 87(8): 2882-2886.

[143] Nagaoka M, Hagihara M, Kuwahara J, et al. A novel zinc finger-based DNA cutter: biosynthetic design and highly selective DNA cleavage[J]. Journal of the American Chemical Society, 1994, 116(9): 4085-4086.

[144] Mack D P, Dervan P B. Sequence-specific oxidation cleavage of DNA by a designed metalloprotein, Ni(Ⅱ)-GGH(Hin139-190)[J]. Biochemistry, 1992, 31(39): 9399-9405.

[145] Nielsen P E, Egholm M, Buchardt O. Peptide nucleic-acid (PNA)-A DNA mimic with a peptide backbone[J]. Bioconjugate Chemistry, 1994. 5(1): 3-7.

[146] Lohse J, Hui C, Sonnichsen S H, et al. Sequence selective DNA cleavage by PNA-NTA conjugates. DNA and RNA cleavers and chemotherapy of cancer and viral diseases, Meunier B ed, Dordrecht/Boston/London[J]. Kluwer Academic Publishers, 1995: 133-141.

[147] Footer M, Egholm M, Kron S, et al. Biochemical-evidence that a D-loop is part of a 4-stranded PNA-DNA bundle-nickel-mediated cleavage of duplex DNA by a Gly-Gly-His bis-PNA[J]. Biochemistry, 1996, 35(33): 10673-10679.

[148] Bigey P, Sonnichsen S H, Meunier B, et al. DNA-binding and cleavage by a cationic manganese porphyrin-peptide nucleicacid conjugate[J]. Bioconjugate Chemistry, 1997, 8(3): 267-270.

[149] Lindhorst T K. Essentials of carbohydrate chemistry and biochemistry[M]. 3rd ed. Weinheim: Wiley-VCH, 2000.

[150] Palaniappan K K, Bertozzi C R. Chemical Glycoproteomics[J]. Chemical Reviews, 2016, 116(23): 14277-14306.

[151] Telen M J. Erythrocyte blood-group antigens—not so simple after all[D]. Blood, 1995, 85: 299-306.

[152] 陈茹玉，陈小茹,毛丽娟. 胺基葡萄吡喃糖的含磷衍生物的合成及其抗肿瘤活性[J]. 中国科学(B辑), 1993, 23(12): 1233-1239.

[153] Itzstein M, Venkins I D. The reaction of diols with triphenylphosphine and di-isopropyl azodicarboxylate Part 2, formation of cyelic phosphoranes from 1, 5-1, 12-diols[J]. Journal of the Chemical Society, Perkin Transactions 1, 1987: 2057-2060.

[154] Yang H, Bai J, Ma C, et al. Degradation models, structure, rheological properties and protective effects on erythrocyte hemolysis of the polysaccharides from Ribes nigrum L[J]. International Journal of Biological Macromolecules, 2020, 165: 738-746.

[155] 杨雪. 枸杞多糖纳米硒体外消化吸收特性及抗疲劳活性研究[D]. 扬州：扬州大学, 2021.

[156] Tong X, Zhao X, Wu Y, et al. The molecular structures of polysaccharides affect their reverse osmosis membrane fouling behaviors[J]. Journal of Membrane Science, 2021, 625: 118984.

[157] Hitri K, Kuttel M M, De Benedetto G, et al. *O*-acetylation of typhoid capsular polysaccharide confers polysaccharide rigidity and immunodominance by masking additional epitopes[J]. Vaccine, 2019, 37(29): 3866-3875.

[158] Lin C, Wang P, Lee W, et al. Chitosan with various degrees of carboxylation as hydrogel electrolyte for pseudo solid-state supercapacitors[J]. Journal of Power Sources, 2021, 494: 229736.

[159] 牛庆川. 马齿苋多糖的羧甲基修饰及抗肿瘤活性的研究[D]. 南昌：江西科技师范大学, 2020, 000281.

[160] 靳宁宁. 烷基化壳聚糖/多巴胺-氧化石墨烯复合材料的制备及性能研究[D]. 郑州：郑州大学, 2020, 000216.

[161] 王虹，王新峰，丁艳，等. 硒化甘草多糖对雏鸡生长性能及内脏器官发育的影响[J]. 山东畜牧兽医, 2021, 42(6): 1-5.

[162] 高丽娜，周利润，李曼曼，等. 硫酸化修饰对玄参多糖抗炎活性的影响[J]. 中国现代应用药学, 2021, 38(12): 1431-1435.

[163] Sun X, Liu Y, Jiang P, et al. Interaction of sulfated polysaccharides with intestinal Bacteroidales plays an important role in its biological activities[J]. International Journal of Biological Macromolecules, 2021, 168: 496-506.

[164] 何淼, 张宝康, 粟灵琳, 等. 磷酸化修饰对山豆根多糖抗Ⅰ型鸭肝炎病毒效果的影响[J]. 南京农业大学学报, 2021, 44(2): 322-330.

[165] Chen X, Xu X, Zhang L, et a. Chain conformation and anti-tumor activities of phosphorylated (1→3)-β-D-glucan from Poria cocos[J]. Carbohyd Polym, 2009, 78(3): 581-587.

[166] Wang Y, Huebner J, Tzianabos A O, et al. Structure of an antigenic teichoic acid shared by clinical isolates of *Enterococcus faecalis* and vancomycin-resistant *Enterococcus faecium*[J]. Carbohydrate Research, 1999, 316(1-4): 155-160.

[167] Van Casteren W H M, Kabel M A, Dijkema C, Schols H A, Beldman G, Voragen A G J. Endoglucanase V and a phosphatase from *Trichoderma viride* are able to act on modified exopolysaccharide from *Lactococcus lactis* subsp. *cremoris* B40[J]. Carbohydrate Research, 1999, 317: 131.

[168] Xu I, Liu W, Yao W B, et al. Carboxymethylation of a polysaccharide extracted from *Ganoderma lucidum* enhances its antioxidant activities *in virtro*[J]. Carbohydrate Polymers, 2009, 78(2): 227-234.

[169] Voitenko A V, Volkova L V, Evstigneeva R P. Synthesis of 2,3,4,6-tetra-*O*-acyl-beta-d-glucopyranosyl-1-phosphates[J]. Obshch. Khim. 1980, 50(9): 2140.

[170] Voitenko A V, Volkova L V, Evstigneeva R P. Synthesis of 2,3,4,6-tetra-o-acyl-beta-d-Glucopyranosyl-1-phosphates[J]. Obshch. Khim. ,1980, 50(9): 2140.

[171] Mastsuura M, Kiso M, Hasegawa A. Activity of monosaccharide lipid A analogues in human monocytic cells as agonists or antagonists of bacterial lipopolysaccharide[J]. Infection and Immunity, 1999, 67(12): 6286-6292.

[172] Nichima T, Soga T, Shiba T, Jpn. Kokai Tokkyo Koho JP 63183594, 1988. [Chem. Abstr. 1989, 110, 135648] .

[173] Macher I. Eur. Pat. Appl. EP 309411, 1989. [Chem. Abstr. 1989, 111: 174596] .

[174] Hayauchi Y, Lockhoff O, Babczinski P, et al. Syntheses of peptidoglycolipid analogs with distinct immunomodulating activities. Ger. Offen. DE 3631004, 1988. [Chem. Abstr. 1989, 110: 135656] .

[175] 杨霞峰, 张洪军, 秦绍林, 等. 眼外肌受累的家族性进行性脊肌萎缩症二例报告[J]. 中华神经科杂志, 1997(1): 61-62.

[176] 王慧萍, 徐惠芬, 赵美华, 等. 影响不稳定性心绞痛预后的因素[J]. 上海第二医科大学学报, 2001(6): 540-542.

[177] 赵景波, 张燕琳, 于松青. 口服果糖二磷酸钠拮抗庆大霉素肾毒性[J]. 新药与临床, 1997(4): 46-47.

[178] 惠小平, 朱莹. 果糖二磷酸钠辅助治疗心律失常[J]. 新药与临床, 1997(6): 36-37.

[179] 陈茹玉, 陈小茹. *N,N*-二(2-氯乙基)果糖基磷酰胺酯的合成及其抗肿瘤活性研究[J]. 高等学校化学学报, 1993(7): 963-965.

[180] Suzuki M, Matsumoto T, Mikami T, et al. Preparation of yeast mannan derivatives by stearoylation and phosphorylation[J]. Chemical & Pharmaceutical Bulletin, 1976, 24: 1100.

[181] Inoue K, Kawamoto K, Kadoya S. Structural studies on an antitumor polysaccharide from *Microellobosporia grisea*[J]. Carbohydrate Research, 1983, 114(2):245-256 .

[182] 胡敏, 胡慰望, 谢笔钧. 魔芋葡甘聚糖磷酸酯化反应的研究(Ⅰ)[J]. 天然产物研究与开发, 1990(2): 8-14.

[183] Williams D L, Mcnamee R B, Jones E L, et al. A method for the solubilization of a (1→3)-beta-D-glucan isolated from Saccharomyces cerevisiae[J]. Carbohydrate Research, 1991, 219: 203.

[184] 陈晓明, 田庚元. 多糖磷酸酯化的研究进展[J]. 有机化学, 2002(11): 835-839.

[185] Perepelov A V, Bartodziejska B, Shashkov A S, et al. Structure of a glucosyl phosphate-containing O-

polysaccharide of *Proteus vulgaris* O42[J]. Carbohydrate Research, 2007, 342(18): 2826-2831.

[186] Kübler-Kiełb J, Vinogradov E, García Fernández J M, et al. Structure and serological analysis of the *Hafnia alvei* 481-L O-specific polysaccharide containing phosphate in the backbone chain[J]. Carbohydrate Research, 2006, 341(18): 2980-2985.

[187] Suárez E R, Kralovec J A, Bruce G T. Isolation of phosphorylated polysaccharides from algae: The immunostimulatory principle of *Chlorella pyrenoidosa*[J]. Carbohydrate Research, 2010, 345(9): 1190-1204.

[188] Senchenkova S N, Perepelov A V, Cedzynski M, et al. Structure of a highly phosphorylated *O*-polysaccharide of *Proteus mirabilis* O41[J]. Carbohydrate Research, 2004, 339(7): 1347-52.

[189] Severn W B, Furneaux R H, Falshaw R, et al. Chemical and spectroscopic characterisation of the phosphatidylinositol manno-oligosaccharides from *Mycobacterium bovis* AN5 and WAg201 and *Mycobacterium smegmatis* mc2 155[J]. Carbohydrate Research, 1998, 308(3-4): 397-408.

[190] Wischmann B, Nielsen T H, Moller B L. *In vitro* biosynthesis of phosphorylated starch in intact potato amyloplasts[J]. Plant Physiology, 1999, 119(2): 455-62.

[191] Blennow A, Engelsen S B, Nielsen T H, et al. Starch phosphorylation: A new front line in starch research[J]. Trends Plant Science, 2002, 7(10): 445-50.

[192] 任勤. 壳聚糖磷酸酯糖用澄清剂的制备及其应用工艺研究[D]. 南宁: 广西大学, 2017.

[193] 张灿, 丁娅, 杨波, 等. *N*-亚甲基磷酸盐壳聚糖衍生物的设计、合成和表征[J]. 中国天然药物, 2004 (2): 33-37.

[194] 曹维琴. 磷酸化糖类燃料电池的构建及性能研究[D]. 扬州: 扬州大学, 2019.

[195] Suflet D M, Chitanu G C, Popa V I. Phosphorylation of polysaccharides: New results on synthesis and characterisation of phosphorylated cellulose[J]. Reactive & Functional Polymers, 2006, 66(11): 1240-1249.

[196] 程浩. 大蒜多糖衍生物的制备及抗氧化活性研究[D]. 重庆: 重庆师范大学, 2020.

[197] 张雪红, 刘利娜, 林翠梧. 果胶的磷酸化修饰及其免疫活性研究[J]. 粮油食品科技, 2017, 25(3): 65-69.

[198] Wang J, Wang Y, Xu L, et al. Synthesis and structural features of phosphorylated *Artemisia sphaerocephala* polysaccharide[J]. Carbohydrate Polymers, 2018, 181: 19-26.

[199] 薛胜霞, 金丽琴, 叶发青, 等. 牛膝多糖硫酸酯和磷酸酯衍生物对人肺癌 A549 细胞的影响[J]. 中国生化药物杂志, 2007 (6): 406-408.

[200] Kim K B, Beluman E J. A new synthesis of sucrose 6'-phosphate[J].Carbohydrate Research. 1995, 270: 71.

[201] 倪海钰, 关珊, 衣蕾, 等. 响应面法对磷酸化淫羊藿多糖制备工艺的研究[J]. 畜牧与兽医, 2017, 49(7): 114-119.

[202] 辛灵莹. 乳酸乳球菌胞外多糖磷酸化及其生物活性研究[D]. 南京: 南京师范大学, 2012.

[203] 季舒婷, 谢静茹, 赵培, 等. 松树蕈多糖磷酸化修饰工艺及其抗氧化活性[J]. 常熟理工学院学报, 2018, 32(5): 106-114.

[204] 张明均, 李坚斌, 朱静. 雪莲果低聚果糖磷酸化修饰研究[J]. 食品科技, 2018, 43(4): 277-282.

[205] 张难, 邱树毅, 吴远根, 等. 磷酸化香菇多糖的制备及其部分理化性质的研究[J]. 食品研究与开发, 2008 (8): 21-25.

[206] Muhammad K, Hussin F, Man YC, et al. Effect of pH on phosphorylation of sago starch[J]. Carbohydrate Polymer, 2000, 42(1): 85-90.

[207] 孙雪, 潘道东, 曾小群, 等. 浒苔多糖的磷酸化修饰工艺[J]. 食品科学, 2011, 32(24): 73-77.

[208] Inoue H, Nakayama H, Tsuhako M. A one-step phosphorylation of D-aldohexoses and D-aldopentoses

with inorganic *cyclo*-triphosphate[J]. Carbohydrate Research, 2000, 324(1): 10-16.

[209] Tsuhako M, Sueyoshi C, Baba Y, et al. Phosphorylation of Glucose with *cyclo*-triphosphate[J]. Chemistry Letters, 1987, 16(7): 1431-1434.

[210] Wei D, Cheng W, Wei Y, et al. Phosphorylated modification and *in vitro* antioxidant activity of Radix hedysari polysaccharide[J]. Glycocon Jugate Journal, 2012, 29(4): 167-172.

[211] Wang X, Zhang Z, Yao Q, et al. Phosphorylation of low-molecular-weight polysaccharide from *Enteromorpha linza* with antioxidant activity[J]. Carbohydrate Polymer, 2013, 96(2): 371-375.

[212] Song Y, Ni Y, Hu X, et al. Effect of phosphorylation on antioxidant activities of pumpkin (*Cucurbita pepo*, Lady godiva) polysaccharide[J]. International Journal of Biological Macromolecules, 2015, 81: 41-48.

[213] Chen T, Zhu L, Liu X, et al. Synthesis and antioxidant activity of phosphorylated polysaccharide from *Portulaca oleracea* L. with H3PW12O40 immobilized on polyamine functionalized polystyrene bead as catalyst[J]. Journal of Molecular Catalysis A-Chemical, 2011, 342-343: 74-82.

[214] 张难. 香菇的深层培养及其多糖的结构修饰[D]. 贵阳: 贵州大学, 2008.

[215] 吴琼, 代永刚. 磷酸酯化修饰碱溶性银耳多糖的研究[J]. 食品科技, 2010, 35(3): 75-77, 81.

[216] 郑常领, 赵柄舒, 王玉华, 等. 黑木耳多糖的磷酸化修饰及其抗氧化活性研究[J]. 食品工业科技, 2019, 40(17): 134-141, 147.

[217] 刘洋. 酵母甘露聚糖及其衍生物的抗氧化活性研究[D]. 重庆: 重庆师范大学, 2018.

[218] 陈放. 苦瓜多糖及其衍生物的制备和抗氧化活性研究[D]. 重庆: 重庆师范大学, 2020.

[219] Cheng X, Zhang J, Han G. Studies on synthesis and antitumor activity of phosphorylated *Achyranthes bidentata* polysaccharide (P-AbPS)[J]. Chinese Journal of Chemistry, 2002, 20(11): 1406-1410.

[220] 袁如月. 粒毛盘菌 YM120 多糖的结构表征、磷酸化修饰及其活性研究[D]. 合肥: 合肥工业大学, 2013.

[221] 张忠, 张劲松, 唐庆九, 等. 灵芝β-葡聚糖磷酸化衍生物体外抑制肿瘤细胞增殖的作用[J]. 食用菌学报, 2020, 27(1): 63-68.

[222] Ye M, Yuan R, He Y, et al. Phosphorylation and anti-tumor activity of exopolysaccharide from *Lachnum* YM120[J]. Carbohydrate Polymer, 2013, 97(2): 690-694.

[223] Thornton B P, Vetvicka V, Pitman M, et al. Analysis of the sugar specificity and molecular location of the beta-glucan-binding lectin site of complement receptor type 3 (CD11b/CD18)[J]. Journal of Immunology, 1996, 156(3): 1235-1246.

[224] 白景英, 韩开顺, 杜红旭, 等. 绞股蓝皂苷及其磷酸化修饰物体外抗 DHAV 作用的比较[J]. 中国兽医学报, 2018, 38(5): 978-985.

[225] Feng H, Fan J, Yang S, et al. Antiviral activity of phosphorylated Radix cyathulae officinalis polysaccharide against canine parvovirus *in vitro*[J]. International Journal of Biological Macromolecules, 2017, 99: 511-518.

[226] Ming K, Chen Y, Yao F, et al. Phosphorylated Codonopsis pilosula polysaccharide could inhibit the virulence of duck hepatitis A virus compared with Codonopsis pilosula polysaccharide[J]. International Journal of Biological Macromolecules, 2017, 94: 28-35.

[227] Ming K, He M, Su L, et al. The inhibitory effect of phosphorylated Codonopsis pilosula polysaccharide on autophagosomes formation contributes to the inhibition of duck hepatitis A virus replication[J]. Poultry Sciences, 2020, 99(4): 2146-2156.

[228] Wang Y, Chen Y, Du H, et al. Comparison of the anti-duck hepatitis A virus activities of phosphorylated and sulfated Astragalus polysaccharides[J]. Experimental Biology and Medicine, 2017, 242(3): 344-353.

[229] 路垚. 磷酸化姬松茸多糖的制备及药理作用研究[D]. 天津: 天津农学院, 2016.

[230] Zhang M, Su N, Huang Q, et al. Phosphorylation and antiaging activity of polysaccharide from

Trichosanthes peel[J]. Journal of Food Drug Analysis, 2017, 25(4): 976-983.

[231] 张扬. 平菇多糖的磷酸化修饰及其结构、肝保护作用的研究[D]. 西安: 陕西师范大学, 2019.

[232] Chen F, Huang G, Huang H. Preparation, analysis, antioxidant activities *in vivo* of phosphorylated polysaccharide from *Momordica charantia*[J]. Carbohydrate Polymer, 2021, 252: 117-179.

[233] Duan Z, Zhang Y, Zhu C, et al. Structural characterization of phosphorylated *Pleurotus ostreatus* polysaccharide and its hepatoprotective effect on carbon tetrachloride-induced liver injury in mice[J]. International Journal of Biological Macromolecules, 2020, 162: 533-547.

[234] 张雪红. 剑麻多糖的分离纯化及磷酸化修饰和部分生理活性研究[D]. 南宁: 广西大学, 2013.

[235] Nagasawa C, Nishimura U J, Tohno M, et al. Oral administration of phosphorylated dextran regulates immune response in ovalbumin-immunized mice[J]. Asian-Australasian Journal of Animal Sciences, 2010, 23(1): 106-115.

[236] Otani H, Sakakibara I, Aoki T. Immunomodulatory effects of phosphorylated dextrin in mouse spleen cell cultures[J]. Journal of Nutritional Science Vitaminology, 2007, 53(4): 349-353.

[237] Nakano T, Salvador A S, Tamochi J, et al. Phosphorylation of starch and dextrin by dry-heating in the presence of phosphate, and their calcium phosphate-solubilizing ability[J]. Nahrung-Food, 2003, 47(4): 274-278.

[238] Toyoshima S, Iwata M, Osawa T. Kinetics of lymphocyte stimulation by concanavalin A[J]. Nature, 1976, 264: 447-449.

[239] 路垚, 杨琳燕, 朱清杰, 等. 磷酸化姬松茸多糖制备、安全性及抑菌性研究[J]. 华北农学报, 2020, 35(S1): 371-377.

[240] Rao M R P, Warrire D U, Gaikwad S R, et al. Phosphorylation of psyllium seed polysaccharide and its characterization[J]. International Journal Biological Macromolecules, 2016, 85: 317-326.

[241] 丁丁. 香菇多糖及其衍生物抑制 AFB1 合成及其抑制机理研究[D]. 西安: 西北农林科技大学, 2013.

[242] 张小利, 祈雪儿, 姚慧, 等. 磷酸化海藻糖制备工艺优化及其活性评价[J]. 食品安全质量检测学报, 2020, 11(5): 1446-1451.

[243] 艾绿叶, 任天宝, 冯雪研, 等. 响应面优化烟叶多糖磷酸化工艺及保润性评价[J]. 精细化工, 2018, 35(12): 2065-2071.

[244] 罗珊, 陈前林, 敖先权, 等. 磷酸化壳聚糖对镉离子的吸附研究[J]. 环境科学与技术, 2019, 42(6): 101-105.

[245] 冯小玲, 方兆华, 刘建欣, 等. 裂褶多糖磷酸化衍生物的制备与性能研究[J]. 日用化学工业, 2017, 47(11): 637-640.

[246] Liu M, Fan J, Wang K, et al. Synthesis, characterization, and evaluation of phosphated cross-linked konjac glucomannan hydrogels for colon-targeted drug delivery[J]. Drug Deliver, 2008, 14(6): 397-402.

[247] Oshima T, Taguchi S, Ohe K, et al. Phosphorylated bacterial cellulose for adsorption of proteins[J]. Carbohydrate Polymer, 2011, 83(2): 953-958.

[248] Oshima T, Kondo K, Ohto K, et al. Preparation of phosphorylated bacterial cellulose as an adsorbent for metal ions[J]. Reactive Functional Polymers, 2008, 68(1): 376-383.

[249] Li Q L, Chen Z Q, Darvell B W, et al. Biomimetic synthesis of the composites of hydroxyapatite and chitosan-phosphorylated chitosan polyelectrolyte complex[J]. Materials Letters, 2006, 60(29-30): 3533-3536.

[250] Win P P, Shin-Ya Y, Hong K J, et al. Formulation and characterization of pH sensitive drug carrier based on phosphorylated chitosan (PCS)[J]. Carbohydrate Polymers, 2003, 53(3): 305-310.

[251] Li Y M, Wang X H, Zhao Y F, et al. Effects of *N*-phosphorylated amino acids on membranc phospholipid

of human erythrocytes[J]. Journal of Biological Physics, 1993, 19: 85-94.
[252] 李艳梅. *N*-磷酰氨基酸的自身活化及对红细胞膜磷脂流动性的影响[D]. 北京: 清华大学, 1992.
[253] Li Y M, Wei M, Zhao Y F. Fourier transform infrared spectroscopic studies on the effect of cyelic adenosine monophosphate on the secondary structure of human erythrocyte membrane proteins[J]. Spectroscopy Letters, 1998, 31: 1537-1545.
[254] Li Y M, Wei M, Zhao Y F, et al. Investigations on the effects of cAMP on membrane phospholipid of human erythrocytes by laser Raman spectroscopy[J]. Spectroscopy Letters, 1999, 32: 197-203.
[255] 李艳梅, 魏闵, 赵玉芬, 等. 环磷腺苷对人血红细胞膜蛋白二级结构影响的 FTIR 光谱研究[J]. 光谱学与光谱分析, 1997, 17(6): 28-31.
[256] 袁玉坤, 张铣. 有机磷化合物的生物膜毒性效应[J]. 生物化学与生物物理进展, 1989, 16(2): 98-102.
[257] 童建. 胆碱酯酶及其抑制剂研究进展[J]. 农药, 1988(1): 48-49, 62.
[258] Antunes-Madeira M C, Madeira M C. Partition of parathion in synthetic and native membranes[J]. Biochimica et Biophysica Acta, 1984, 778(1): 49-56.
[259] 江藤守盛. 有机磷农药的有机化学与生物化学[M]. 杨先石等, 译. 北京: 化学工业出版社, 1981.
[260] Davies D B, Holub B J. Comparative effects of organophosphorus insecticides on the activities of acetylcholinesterase, diacylglycerol kinase, and phosphatidylinositol phosphodiesterase in rat brain microsomes[J]. Pesticide Biochemistry and Physiology, 1983, 20(1): 92-99.
[261] Binder N, Landon E J, Weckhr L, et al. Effect of parathion and its metabolites on calcium uptake activity of rat skeletal muscle sarcoplasmic reticulum *in vitro*[J]. Biochemical Pharmacology, 1976, 25(7): 835-839.
[262] Antunes-Madeira M C, Madeira V M C. Interaction of insecticides with the Ca^{2+}-pump activity of sarcoplasmic reticulum[J]. Pesticide Biochemistry and Physiology, 1982, 17(2): 185-190.
[263] Ševaljević L, Krtolica K, Bošković B. The effect of soman poisoning on phosphorylating capability and adenylate cyclase activity of isolated synaptosomal membranes[J]. Biochemical Pharmacology, 1984, 33(22): 3714-3716.
[264] Dell E, Kiss Z. The effect of organophosphorous insecticide Wofatox 50 EC on the adenylate cyclase activity of chicken embryo muscle[J]. Biochemical Pharmacology, 1986, 35(9): 1603-1605.
[265] Antunes-Madeira M C, Carvalho A P, Madeira V M C. Interactions of insecticides with erythrocyte membranes[J]. Pesticide Biochemistry and Physiology, 1981, 15(1): 79-89.
[266] Huddart H. The effect of some organophosphorus and organochlorine insecticides on contractility, membrane potential and calcium regulation on insect skeletal muscle[J]. Comparative Biochemistry and Physiology Part C: Comparative Pharmacology, 1977, 58(1): 91-95.
[267] Gauna H F, Domenech C, Orías R. Effect of parathion on renal water and electrolyte excretion in the dog[J] Pesticide Biochemistry and Physiology, 1982, 18(3): 271-279.
[268] Domenech C E, de Domenech E E M, Balegno H F, et al. Pesticide action and membrane fluidity. Allosteric behaviour of rat-erythrocyte membrane-bound acetylcholinesterase in the presence of organophosphorous compounds [J]. FEBS Letters, 1977, 74: 243-246.
[269] Antunes-Madeira M C, Carvalho A P, Madeira V M C. Effects of insecticides on thermotropic lipid phase transitions[J]. Pesticide Biochemistry and Physiology, 1980, 14(2): 161-169.
[270] Toia R F, Casida J E. Electrophoretic and ^{31}P nuclear magnetic resonance evidence for alterations in conformation and net charge on phosphorylation and “aging”of αlpha-chymotrypsin[J]. Biochemical Pharmacology, 1979, 28: 3307.
[271] Costa L G, Shao M N, Basker K, et al. Chronic administration of an organophosphorus insecticide to rats

alters cholinergic muscarinic receptors in the pancreas[J]. Chemico-Biological Interactions, 1984, 48(3): 261-269.

[272] 姚秋丽, 任林静, 冉茂刚, 等. 临床应用含磷药物结构特点的综述[J]. 化学试剂, 2019, 41(2): 139-146.

[273] Kukuhar V P, Hudson H R. Aminophosphorus acids and aminophosphinic acids[M]. Chichester: Wiley, 2000.

[274] Engl R. Handbook of Organophosphorus Chemistry[M]. New York: Marcel Dekker, Inc., 1992.

[275] Quin L D. A guide to Organophosphorus Chemistry[M]. New York: A John Wiley & Sons, Inc., 1992.

[276] Dabkowski W, Tworowska I, Michalski J, et al. Novel unique activating reagents in synthesis of biophosphates via phosphoroamidite route[J]. Phosphorus, Sulfur and Silicon, 1999, 146: 109-112.

[277] 国家药典委员会. 中华人民共和国药典[M]. 北京: 化学工业出版社, 2005.

[278] Zambrano D. Clindamycin in the treatment of obstetric and gynecologic infections: A review[J]. Clinical Therapeutics, 1991, 13 (1): 58-80.

[279] Stella V J, Borchardt R T, Hageman M J, et al. Prodrugs: Challenges and Rewards[M]. New York: Springer, 2007.

[280] Ochsendorf F. Clindamycin phosphate 1.2% tretinoin 0.025%: a novel fixed-dose combination treatment for acne vulgaris[J]. Journal of the European Academy of Dermatology and Venereology, 2015, 29 (S5): 8-13.

[281] Poplawska M, Borowicz K K, Czuczwar S J. The safety and efficacy of fosphenytoin for the treatment of status epilepticus[J].Expert Review of Neurotherapeutics, 2015, 15 (9): 983-992.

[282] Uthman B M,Wilder B J, Ramsay R E. Intramuscular use of fosphenytoin: An overview[J]. Neurology, 1996, 46 (1): 24-28.

[283] Zelano J, Ben-Menachem E. Treating epileptic emergencies—pharmacological advances[J].Expert Opinion on Pharmacotherapy, 2016, 17 (16): 2227-2234.

[284] Langenbach F, Handschel J. Effects of dexamethasone,ascorbic acid and β-glycerophosphate on the osteogenic differentiation of stem cells *in vitro*[J]. Stem Cell Research & Therapy, 2013, 4 (5): 117.

[285] Luk'yanova E M, Apukhovskaya L I, Ivash-Kevich S P, et al. Effectiveness of using vitamin D3, potassium orotate and calcium glycerophosphate in diet therapy for rickets[J]. Visnyk of the National Academy of Sciences of Ukraine, RSR, 1985 (6): 33-38.

[286] Roberti G, Tanga L, Michelessi M, et al. Cytidine 5′-diphosphocholine (citicoline) in glaucoma: Rationale of its use, current evidence and future perspectives[J]. International Journal of Molecular Sciences, 2015, 16 (12): 28401-28417.

[287] Rao A M, Hatcher J F, Dempsey R J. Does CDP-choline modulate phospholipase activities after transient forebrain ischemia?[J]. Brain Research, 2001, 893 (1): 268-272.

[288] 蒋劲柏. 三磷酸腺苷转复阵发性室上性心动过速75例临床体会[J]. 齐齐哈尔医学院学报, 2014, 35 (19): 2851-2852.

[289] 高飞, 胡晓露, 陈康宁. 环磷腺苷信号通路与血管重塑关系的研究进展[J]. 中国卒中杂志, 2017, 12 (9): 863-868.

[290] 李光超, 金瑄. 环磷腺苷联合维生素 C 治疗小儿病毒性心肌炎的作用机制[J]. 西南国防医药, 2017, 27 (6): 606-609.

[291] Papangkorn K, Prendergas E, Higuchi J W, et al. Noninvasive ocular drug delivery system of dexamethasone sodium phosphate in the treatment of experimental uveitis rabbit[J]. Journal of Ocular Pharmacology and Therapeutics, 2017, 33 (10): 753-762.

[292] Kitano A, Matsumoto T, Tabata A, et al. Antiinflammatory effects of the betamethasone sodium phos-

phate enema on carrageenan induced colitis in the rabbit[J]. Nippon Shokakibyo Gakkai Zasshi, 1993, 90 (1): 24-32.

[293] Mimura T, Funatsu H, Usui T, et al. Topical ocular drug delivery to inner ear disease and sinusitis[J]. Southern Medical Journal, 2006, 99(11): 1287-1290.

[294] 王丽, 刘铭. 产前应用地塞米松和倍他米松对胎儿的影响[J]. 山东医药, 2008, 48 (34): 117-118.

[295] EFSA Panel on Food Additives and Nutrient Sources added to Food (ANS). Scientific Opinion on the re-evaluation of riboflavin (E 101 (ⅰ)) and riboflavin-5'-phosphate sodium (E 101 (ⅱ)) as food additives[J]. EFSA Journal, 2013, 11 (10): 3357-3406.

[296] Karin N, Petra C, Evgeny T, et al. Evidence-based intravenous pain treatment with analgesic infusion regimens[J]. Arzneimittel Forschung Drug Research, 2010, 60 (5): 256-261.

[297] Arnold H, Bourseaux F. Cytostatic active cyclic *N'*, *O*-alkylene-*N*, *N*-bis(β-chloroethyl) diamidophosphates[J]. Angewandte Chemie International Edition, 1958, 70 (17/18): 539-544.

[298] Arnold H, Bourseaux F, Brock N. Neuartige krebs-chemotherapeutika aus der gruppe der zyklischen *N*-lost-phosphamidester[J]. Naturwissenschaften, 1958, 45 (3): 64-66.

[299] 韦凤华. 环磷酰胺临床应用研究进展[J]. 中国药事, 2013, 27 (3): 324-326.

[300] Lohrmann H P. The problem of permanent bone mar- row damage after cytotoxic drug treatment[J]. Oncology, 1984, 41 (3): 180-184.

[301] 袁芳, 彭冉, 梁虹艺, 等. 外科手术患者围术期磷酸肌酸钠应用评价[J]. 广东药学院学报, 2016, 32 (5): 625-628.

[302] 胡涛桃, 章玲玲, 宋洪涛. 某院 2015 年注射用磷酸肌酸钠临床应用合理性分析[J]. 实用药物与临床, 2016, 19 (9): 1172-1175.

[303] Bijvoet O, Fleisch H, Canfield R, et al. Bisphos-Phonate on Bones[M]. Amsterdam: Elsevier, 1995.

[304] Fleisch H. Bisphosphonates: pharmacology and use in the treatment of tumor-induced hypercalcemic and meta- static bone disease[J]. Drugs, 1991, 42 (6): 919-944.

[305] 白东鲁,陈凯先. 高等药物化学[M]. 北京: 化学工业出版社, 2011.

[306] Fleisch H, Russel L R, Francis M D. Diphospho- nates inhibit hydroxyapatite dissolution *in vitro* and bone resorption in tissue culture and *in vivo*[J]. Science, 1969, 165 (3899): 1262-1264.

[307] Fernndez D, Ramis R, Ortega-Castro J, et al. New insights into human farnesyl pyrophosphate synthase inhibition by second-generation bisphosphonate drugs[J]. Journal of Computer-Aided Molecular Design, 2017, 31 (7): 675-688.

[308] Chandluri P, Ganpisetti R,Lakshmi B V S,et al. Use of bisphosphonates drug in treatment of osteoporosis[J]. Indo American Journal of Pharmaceutical Research, 2016, 6 (8): 6495-6504.

[309] Mehrtra B. Safety profile of intravenous bisphosphonates[J]. Seminars in Oncology, 2007, 34 (4): 24-27.

[310] Desikan R, Veksler Y, Raza S, et al. Nephrotic proteinuria associated with high-dose pamidronate in multiple myeloma[J]. British Journal of Haematology, 2015, 119 (2): 496-499.

[311] Frith J C, Monkkonen J, Blackburn G M, et al. Clodronate and liposome-encapsulated clodronate are metabolized to a toxic ATP analog, adenosine 5'-(β, γ-dichloromethylene) triphosphate, by mammalian cells *in vitro*[J]. Journal of Bone and Mineral Research, 1997, 12 (9): 1358-1367.

[312] Brown J P, Morin S, Leslie W, et al. Bisphospho-nates for treatment of osteoporosis: Expected benefits, potential harms, and drug holidays[J]. Canadian Family Physician, 2014, 60 (4): 324-333.

[313] Black D M, Delmas P D, Eastell R, et al. Once-yearly zoledronic acid for treatment of postmenopausal osteoporosis[J]. The New England Journal of Medicine, 2007, 356 (18): 1809-1822.

[314] 郝二军, 廉洁, 苏永祥. 唑来膦酸钠的合成工艺改进[J]. 化学试剂, 2009, 31 (5): 383-385.

[315] 王富军, 李凝, 华绍广. 含有双膦酸酯基的 1, 3, 4-噻二唑衍生物的合成[J]. 化学试剂, 2013, 35 (6):

573-576 .

[316] Van Beek E, Lowik C, Van Der Pluijm G, et al. The role of geranylgeranylation in bone resorption and its suppression by bisphosphonates in fetal bone explants in vitro: a clue to the mechanism of action of nitrogen-containing bisphosphonates[J]. Journal of Bone and Mineral Research, 1999, 14 (5): 722-729.

[317] Rogers M J, Gordon S, Benford H L, et al. Cellular and molecular mechanisms of action of bisphosphonates[J]. Cancer, 2000, 88 (12): 2961-2978.

[318] Kavangh K L, Guo K, Dunford J E, et al. Themolecular mechanism of nitrogen-containing bisphosphonates as antiosteoporosis drugs[J]. Proceeding of the National Academy of Sciences of the United States of America, 2006, 103 (20): 7829-7834.

[319] Bleymehl K, Cinatl J, Schmidt-Chanasit J. Phenotypic and genetic characterization of varicella-zoster virus mutants resistant to acyclovir, brivudine and or foscarnet[J]. Medical Microbiology and Immunology, 2011, 200 (3):193-202.

[320] 丁艳. 膦甲酸钠治疗带状疱疹临床疗效[J]. 临床医学工程, 2012, 19 (11): 1909-1910.

[321] 白东鲁, 陈凯先. 高等药物化学[M]. 北京: 化学工业出版社, 2011.

[322] 邵金曼, 唐晓凤, 刘妍, 等. 替诺福韦酯对阿德福韦酯应答不佳患者的挽救治疗研究进展[J]. 传染病信息, 2017, 30 (6): 371-375.

[323] Silver L L. Rational Approaches to Antibacterial Discovery: Pre-genomic Directed and Phenotypic Screening Antibiotic Discovery and Development[M]. US: Springer, 2012.

附录　湖北三峡实验室简介

湖北三峡实验室由湖北省人民政府批复，依托宜昌市人民政府组建，是湖北省十大实验室之一。实验室由湖北兴发化工集团股份有限公司牵头，联合中国科学院过程工程研究所、武汉工程大学、三峡大学、中国科学院深圳先进技术研究院、中国地质大学（武汉）、华中科技大学、武汉大学、四川大学、武汉理工大学、中南民族大学和湖北宜化集团有限责任公司共同组建，于2021年12月21日揭牌成立。

湖北三峡实验室实行独立事业法人、企业化管理、市场化运营模式，定位绿色化工，聚焦磷石膏综合利用、微电子关键化学品、磷基高端化学品、硅系基础化学品、新能源关键材料、化工高效装备与智能控制六大研究方向，开展基础研究、应用基础研究和产业化关键核心技术研发，推动现代化工产业绿色和高质量发展。

湖北三峡实验室